FREQUENCY STANDARDS: BASICS AND APPLICATIONS

"十二五"国家重点图书出版规划项目

湖北省学术著作出版专项资金资助项目

世界光电经典译丛

丛书主编　叶朝辉

频标：基础与应用

Fritz Riehle 著

魏荣　邓见辽　徐震 译

华中科技大学出版社
http://www.hustp.com

中国·武汉

湖北省版权局著作权合同登记　图字：17-2020-107 号

图书在版编目(CIP)数据

频标：基础与应用/(德)弗里茨·里尔著；魏荣，邓见辽，徐震译.—武汉：华中科技大学出版社，2021.1
（世界光电经典译丛）
ISBN 978-7-5680-1550-9

Ⅰ.①频⋯　Ⅱ.①弗⋯　②魏⋯　③邓⋯　④徐⋯　Ⅲ.①频率基准　Ⅳ.①TM935.11

中国版本图书馆 CIP 数据核字(2020)第 250239 号

频标：基础与应用　　　　　　　　　　　　　　　　Fritz Riehle　著
Pinbiao：Jichu yu Yingyong　　　　　　　　　魏荣　邓见辽　徐震　译

策划编辑：徐晓琦
责任编辑：徐晓琦　李　昊
装帧设计：原色设计
责任校对：曾　婷
责任监印：周治超
出版发行：华中科技大学出版社(中国·武汉)　　电话：(027)81321913
　　　　　武汉市东湖新技术开发区华工科技园　　邮编：430223
录　　排：武汉正风天下文化发展有限公司
印　　刷：湖北新华印务有限公司
开　　本：710mm×1000mm　1/16
印　　张：35.5
字　　数：595 千字
版　　次：2021 年 1 月第 1 版第 1 次印刷
定　　价：248.00 元

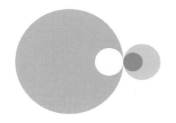

译者序

频标是近 20 年来物理学中最引人注目、发展最迅速的研究领域之一。本书是频标领域最重要的、教科书级的文献之一。正如它的名称那样,本书不仅全面系统地介绍了频标的基础知识,而且对与频标相关的精密测量领域以及频标的各个应用领域进行了全面的介绍。本书出版于 2004 年,当时探测土星及"土卫六"的"卡西尼"飞船还处于飞赴土星的漫漫旅途中(见本书 13.1.2.2节),如今,该计划作为人类最成功的太空探索项目之一,已经随着 2017 年"卡西尼"飞船在土星表面的陨落而谢幕。这些年来,以光钟为标志的频标技术及其应用研究取得了飞速的发展,性能指标相比书中提到的参数有了显著提升,而书中提到的许多展望也已经实现。特别地,书中介绍的将国际单位制中的时间单位与其他基本单位通过基本物理常数联系起来的设想,已经在 2018 年11 月 13 日至 16 日举行的第 26 届国际计量大会(CGPM)上实现,这是计量学自 1875 年签署《米制公约》以来的最重要的一次变革,将对未来产生深远影响。尽管随着频标技术的发展,新的技术不断涌现,但本书中介绍的频标核心技术和方法并未过时,仍然是当前频标研究的最重要和最核心的技术基础,例如基于低热膨胀材料、振动不敏感、低温等技术,目前的光频振荡器的稳定度已经达到 10^{-16} 甚至更高的量级,但其中的技术内核仍然是本书第 4 章介绍的宏观振荡器的相关知识。这就是经典的魅力。如果我们想在时频领域有所建树,就必须熟悉并熟练掌握本书中的相关知识。

这些年来,我们国家在时频领域取得了飞速的发展,频标研究和应用不断取得进步,研究队伍也不断壮大。在科研领域,光钟、喷泉钟、星载钟、光纤时频传递等研究都取得了长足的进步,特别是在国际上首次实现了在轨运行的空间冷原子钟实验。在时频应用领域,我国已完成或正在建设一系列对国民经济有重大影响的项目,例如,北斗三号卫星导航系统已经建成开通,国内的光纤时频网络正在建设之中,并且发展起像成都天奥电子这样的专注于频标产品的上市公司。不过在时频研究的许多领域,我国与国际先进水平还有相当大的差距。希望我辈中人夙兴夜寐、不懈努力,使我国在频标领域的研究全面达到国际先进水平。

本书在国际频标领域享有盛誉,是原子频标领域的教科书级的经典著作,可以作为相关学科领域的研究生教材和科研人员参考书。本书第 1 章概述了时间计量的发展和频标的研究内容;第 2 章介绍了频标信号的基本概念、信号调制及稳频方法;第 3 章介绍了频率信号的噪声特征、测量和评价方法;第 4 章介绍了晶振、微波腔、光学 FP 腔等常用的宏观振荡器,以及它们的特征和参数;第 5 章概述了原子、分子、离子等微观振荡器的性能特征及影响频移的因素;第 6 章介绍了原子和分子冷却与俘获等工作介质制备与探询的方法;第 7 章介绍了基准铯频标的种类、工作原理和性能指标;第 8 章介绍了其他类似的微波钟,包括主动氢钟、各种铷钟等;第 9 章介绍了光频标;第 10 章介绍了离子阱频标的相关技术、种类及性能指标;第 11 章介绍了光频合成的相关技术;第 12 章介绍了时标和时间发布的各种方法,包括长波、全球卫星导航系统、甚长基线干涉等;第 13 章介绍了高精度时频信息在基础研究和高技术领域的多个应用;第 14 章介绍了超越目前频标技术指标的各种可能的技术突破。

本书作者 Fritz Riehle 教授是国际时频领域的著名专家,德国联邦技术研究院(PTB)时频部门的负责人。作者对频标相关领域有着广泛而深入的了解,并且有着丰富的科研经历,所以才可以在本书中呈现出频标相关领域的全貌。另一方面,本书内容非常具体,通过许多实例将频标的原理与方法深入浅出地进行讲解,例如它以一套实在的激光稳频电路介绍了电路伺服系统(见 2.4.2 节),因此读者阅读起来并不困难。对于想了解或学习频标相关知识和技术的科研人员而言,本书是值得首选的推荐书目之一。华中科技大学出版社找到我们翻译这本书时,我们既深感荣幸,又有些忐忑,唯恐不能胜任。翻译过程也是一个不可多得的学习过程,我们通过本书的翻译受益良多。本书的序言、第1章、第5章、第9章、第11章由徐震翻译,第2章、第4章、第10章、第12章、第13章由魏荣翻译,第3章、第6章、第7章、第8章、第14章由邓见辽翻译。特别感谢华中科技大学徐晓琦编辑在翻译时给予的帮助和指导。由于译者水平有限,翻译的不当之处在所难免,欢迎广大读者批评指正。

译者

2020 年 10 月

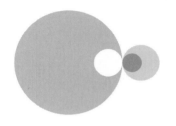

中文版机构、会议译名对照表

各国相关机构

National Measurement Laboratory	（澳）国家计量实验室（NML）
Commonwealth Scientific and Industrial Research Organisation of Australia	澳大利亚联邦科学和工业研究组织（CSIRO）
MaxPlanck Institute	（德）马普研究所（MPI）
Physikalisch-Technische Reichsanstalt	（德）帝国物理技术局
Physikalisch-Technische Bundesanstalt	（德）联邦物理技术研究所（PTB）
French Commissariat `a l'Energie Atomique	（法）法国原子能委员会
Bureau National de Me′trologie Syste`mes de Reférence Temps Espace	（法）国家计量局-时空参考系实验室（BNM-SYRTE）（本书中的名称）
Laboratoire Primaire du Temps and Fréquences	时频基准实验室（LPTF）（BNM-SYRTE 曾用名）
Laboratoire national de métrologie et d'essais-Système de Références Temps-Espace	国家计量实验室-时空参考系实验室（LNE-SYRTE）（BNM-SYRTE 现在的名称）
National Research Council of Canada	（加）加拿大国家研究委员会
National Bureau of Standards	（美）国家标准局（NBS）

US National Institute of Standards and Technology	（美）国家标准与技术研究院（NIST）
Jet Propulsion Laboratory	（美）喷气推进实验室（JPL）
United States Naval Observatory	（美）海军天文台（USNO）
National Research Laboratory of Metrology	（日）国家计量研究实验室（NRLM）
National Institute of Information and Tele-communications Technology	（日）国家信息和电信技术研究所（NICT）
Swiss National Metrology Institute	（瑞士）国家计量研究所（METAS）
National Physical Laboratory	（英）国家物理实验室（NPL）

国际组织、国际会议

General Conference of Weights and Measures	国际计量大会（CGPM）
International Astronomical Union	国际天文学联合会（IAU）
Bureau International des Poids et Mesures (International Bureau of Weights and measures)	国际计量局（BIPM）
International Earth Rotation and Reference Systems Service	国际地球自转和参考系统服务（IERS）
International GPS Service for Geodynamics, International GNSS service (renamed @ Mar. 14th, 2015)	国际地球动力学 GPS 服务机构（IGS），2015 年 3 月 14 日更名为国际 GNSS 服务机构（IGS）
International Telecommunication Union	国际电信联盟（ITU）
Centre for Orbit Determination in Europe	欧洲定轨中心
International Committee of Weights and Measures	国际计量委员会（CIPM）
Consultative Committee of Electricity	电力咨询委员会（CCE）

卫星导航系统

Global Positioning System	（美）全球定位系统 GPS
Russian Global Navigation Satellite System	（俄）全球导航卫星系统（GLONASS）
Global Navigation Satellite System	全球导航卫星系统

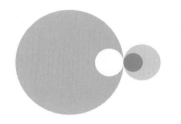

序言

对全球贸易、交通和绝大多数科技领域来说，准确的时间频率测量的贡献是不可低估的。这里仅举其中的两个众所周知的典型例子：精确已知频率的稳定信号源的可用性是实现全世界数字数据网络的运行和精确卫星定位的先决条件。现在，精确的频率测量对基本理论的正确性给出了最严格的限制。当人们构建最精确的时钟，并且将不同时间和位置的测量结果结合到一个共同的系统中时，频率标准将与上述的所有方面以及许多其他领域的发展密切联系起来。

这些领域的快速发展以惊人的速度产生了新的知识和认知，本书致力于介绍频率标准的基础知识和相关应用。大部分和频率标准有关的材料散落在电子工程、物理学、计量学、天文学等领域的优秀书籍、综述文章或科技杂志中。在大部分情况下，关注于特定子领域的特定应用、需求和符号的论著，通常是写给专家们阅读的。本书旨在为更广泛的读者群服务，它针对的是对于这个快速发展的领域希望有一般性或介绍性了解的研究生、工程师或物理学家。本书内容是从作者在汉诺威大学和康斯坦茨大学给研究生开设的课程中演变过来的。特别要指出的是，这本专著旨在达到以下几个不同的目的。

首先，本书综述了统一的表象下的横跨微波到光频频段的频率标准的基本概念，从而可以应用于不同的领域。它包括了从力学、原子物理学、固体物理学、光学和伺服控制方法等方面的选定主题。如果可能的话，对于一些通常被认为是很复杂的主题,例如相对论原理和结论,本书则从简单的物理描述开始介绍,然后再将该主题的论述扩展到所需的水平,以便在本书的范围内对它进行充分理解。

其次,本书讨论了常用单元的实现手段,例如振荡器、宏观频率参考和原子频率参考。本书强调的不仅仅是理解其基本原理及应用,还有实际的例子。其中的一些主题可能让更专业的读者感兴趣。在这种情况下,为了简明起见,本书向读者提供了已评估过的参考文献列表,这些文献描述了该主题的必要细节。

第三,本书要为读者提供足够详细的、最重要的频率标准的描述,例如铷钟、氢钟、铯原子钟、离子阱或稳频激光器。对一个频率标准的"重要性"的判据包括了它对科学和技术在从前、现在和未来的重要影响。除了不断创造纪录的基准时钟之外,我们的兴趣还集中在微小、廉价且易于操作的频率标准,以及在全球导航卫星系统中使用的同步时钟系统。

第四,本书介绍了频率标准在当代高科技领域的各种应用,包括基础研究的前沿领域、计量学及探索研究最精确的时钟等。对于频率标准在预测未来更大时间尺度上的技术演变,即使只可能实现非常有限的拓展,这里也会罗列出一些可能的发展方向。通过探讨基本原理设定的主要限制,读者将能够理解这里讨论的这些概念,并达到或规避这些极限。最后,除了为学生、工程师和研究人员提供一个参考文献之外,本书还旨在让读者在这样的物理和技术的漫游中获得智力上的乐趣和享受。

本书的第 1 章综述了基本术语,并介绍了时钟发展的简要历史;第 2 章和第 3 章介绍了理想的和实际的振荡器的特性;第 4 章介绍了宏观频率参考的性质,而第 5 章则对应微观频率参考的性质,即原子和分子频率参考;对于原子和分子频率参考最重要的制备和探询方法在第 6 章中进行了介绍;第 7 章至第 10 章详述了从微波到光学波段的频率标准的具体例子,强调了它们的特色、不同的工作区域及其主要应用;第 11 章描述了测量光学频率时选取的一些原理和方法,它和最快速发展的当前和未来的频率标准直接相关;第 12 章讨论了频率标准的一个特定应用——时间测量。本书的其余章节用于探讨频率标准的特殊应用和基本极限。

我要对所有同事的持续帮助表示感谢,他们给予了有益的讨论,并提供了

各种信息和图表。我非常感谢 Wiley-VCH 团队的耐心和帮助，感谢
Hildegard 持之以恒的鼓励，并帮助我修改图和参考文献。我特别感谢 A.
Bauch、T. Binnewies、C. Degenhardt、J. Helmcke、P. Hetzel、H. Knöckel、
E. Peik、D. Piester、J. Stenger、U. Sterr、Ch. Tamm、H. Telle、S. Weyers
和 R. Wynands，他们分别仔细地阅读了一部分手稿。但是，对于本书中的任
何缺陷，或者在特定主题上可能需要更多的耐心和努力才能被理解的情况，这
些同事不负有任何责任。此外，与任何频率标准一样，反馈是必要的，并且非
常欢迎读者们一起来消除错误，或提出更好的建议，以便造福未来的读者。

Fritz Riehle

(fritz.riehle@ptb.de)

于　布伦瑞克

2004 年 6 月

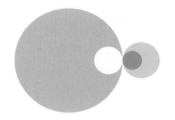

目录

第 1 章
引　言

1.1　频标和时钟的特征

在所有测量的量中,频率代表了可以达到的最高准确度。频率测量在过去一段时间已经取得了巨大的进展,这使得其他物理量和技术量能以前所未有的精度进行测量,因为无论何时,它们都可以追溯到频率的测量。现在,频率的测量已经能精确到 1×10^{-15} 以内。为了比对和链接不同场地、不同位置或不同时间获得的结果,必须为频率测量提供一个共同的基础。频率标准(根据使用习惯,以下均简称为"频标")是一种能够以特定的准确度产生稳定的和已知的频率的仪器,因此,它能在科学和技术所关注的巨大频率范围(见图 1.1)内提供必要的参考。通过使用一个公共单位"赫兹",频标将不同的频段连接起来。例如,考虑两个独立的时钟,如果它们的相对频率差为 1×10^{-15},那么它们的读数将在三千万年后仅仅相差 1 s。除了实现精确的时钟和时标这个重要应用之外,频标还提供了广泛的应用,这是因为与频率相关的测量可以非常精确地确定许多物理量。其中一个著名的例子是"长度"这个物理量的测量。通过测量电磁波脉冲穿过该距离的时间间隔,可以很容易地以很高的精度测量很长的距离。警察使用的雷达枪则代表了另一个例子,通过一个时间或频率的测量,可以确定其感兴趣的物理量,即车辆的速度。其他的物理量,例如磁场或者电压,则可以用对外场敏感的质子进动频率,或者用约瑟夫森效应来和频率的测量直接关联,从而获得前所未有的超高精度。

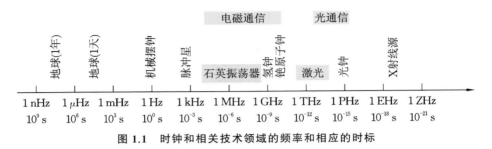

图 1.1　时钟和相关技术领域的频率和相应的时标

随着对天文、力学、固体物理与电子学、原子物理学、光学的结论和相互关系的理解和掌握不断取得进展,人们可以掌控的频率不断增加(见图 1.1),对应的精度也不断提高(见图 1.2)。这个发展演化可以从机械钟(共振频率 $\nu_0 \approx 10^0$ Hz)开始追溯,经历晶体振荡器和雷达发射机技术(10^3 Hz $\leqslant \nu_0 \leqslant 10^8$ Hz)、微波原子钟(10^8 Hz $\leqslant \nu_0 \leqslant 10^{10}$ Hz),一直到当今第一台基于激光的光钟($\nu_0 \leqslant 10^{15}$ Hz)。与之同步,当今的加工制造技术发展了更小、更可靠、更强大的同时更廉价的电子元件,拓展了频率技术的应用。如果没有同步发展的对应的振荡器、频标和时间同步技术,石英振荡器和雷达控制时钟的使用就不会越来越多,基于卫星的船舶、飞行器和汽车的导航以及高速数据网络也不可能实现。

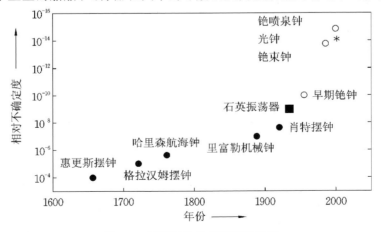

图 1.2　不同时钟的相对不确定度

机械摆钟(实心圆圈)、石英钟(实心方形)、铯原子钟(空心圆圈)、光钟(星号)及其相关详细信息,请参阅第 1.2 节。

通常按照其工作方式,将频标分为主动或被动两种装置。被动频标由一个对单个频率或一组已知频率、具有特定灵敏度的设备或材料组成(见图1.3)。这样的参考频率可以是类似谐振器的宏观谐振装置(见第 4 章),或者像吸收池中的原子系统这样的微观量子系统(见第 5 章)。当使用一个合适的振荡器探询时,由频率与频率参考源的依赖关系可以得到一个吸收谱线,该谱线在谐振频率 ν_0 处具有透射的最小值。从一个对称的吸收信号 I,可以得到一个反对称的误差信号 S,它可以在伺服控制系统中产生伺服信号。将伺服信号作为振荡器的伺服输入,可以调谐振荡器的频率 ν,使其尽可能地接近参考频率 ν_0。闭合伺服回路后,振荡器的频率 ν 被"稳定"或"锁定"到接近参考频率 ν_0,从而该装置可用作频标,提供足够精确且稳定的频率 ν。

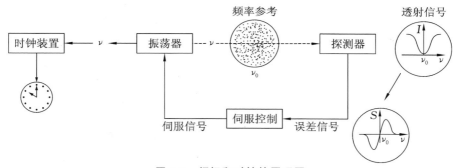

图 1.3　频标和时钟的原理图

与被动频标不同,主动频标是由一个激发态原子振荡器系统直接产生一个确定的频率信号的装置,其频率由原子的性质决定。这个信号是高度相干的,因为发射出的一部分辐射被用来激发其他的激发态原子。主动频标包括主动氢钟(见第 8.1 节)或者氦氖激光器这类的气体激光器(见第 9.1 节)。

如果一个频标的频率可以在一个时钟装置中分频和显示,那么该频标就可以作为一台时钟来使用。让我们以一个平时使用的石英手表作为例子,它的石英谐振器(见第 4.1 节)定义的振荡器的频率为 $32768\ \mathrm{Hz}=2^{15}\ \mathrm{Hz}$,它与分频器一起产生脉冲,用于驱动秒针的步进电机。

在不同领域中经常有不同的特定要求,因此很多不同的设备都可用作频标。尽管针对不同的应用有多种不同的手段实现频标,但对于任何一个设备来说,两个要求是必不可少的。首先,设备产生的频率必须在时间上是稳定的。然而,由实际的设备产生的频率通常会有一定范围的变化。这种变化可能与环境的温度、湿度及气压的波动有关,或者还与运转的条件有关。我们评价一个"好"的频标的判据是:它有能力产生仅有微小变化的稳定频率。

成为频标的第二个必要条件是其频率可以溯源。一个稳定的频率源本身并不能代表一个频标。频率 ν 必须以一个绝对单位来表示。在国际上采用的单位体系(Le Systéme International d'unités 国际单位制;SI 制)中,以赫兹(Hz)为单位测量频率,它表示一秒钟内的周期数(1 Hz=1/s)。只有将这个特定的稳定设备与另一个频率源进行了频率的比对测量,且该频率源可溯源到用于"复现"SI 单位的基准频标①,这个稳定的设备才能代表一个频标。

在满足了这两个先决条件后,这个设备就可以进一步作为二级频标,用来校准其他的稳定振荡器。

通常,我们用一些专业术语来表征频标的质量,如稳定度、精确度和准确度。Vig 将振荡器的时间输出与射手打到靶子上的子弹孔的序列进行了比较(见图 1.4),从而将其中一些术语用图片进行诠释[2]。图 1.4(a)显示了一位技术娴熟的神枪手拥有一把好枪的射击结果。靶上的所有弹孔都精确定位在中心,每一枪都具有很高的精度。对于一个频率源,射击子弹的序列被频率 ν 的连续测量所替代,对应的每个频率与中心频率 ν_0 的偏差则对应于每个子弹孔

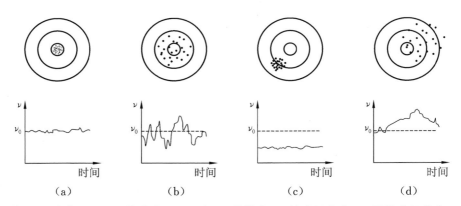

图 1.4　目标靶(上排)上的弹孔显示四种不同的模式:(a)精确且准确;(b)不精确但准确;(c)精确但不准确;(d)不精确且不准确。相对应的,频率源(下排)显示的频率输出为(a)稳定且准确;(b)不稳定但准确;(c)稳定但不准确;(d)不稳定且不准确。

---

　　① 基准频标是这样一种频标,其频率为秒定义采用的频率,其标称的精度不需要进行设备的外部校准即可实现[1]。

与靶心的距离②。这样一个稳定且准确的频率源可以作为频标来使用。在图 1.4(b)中,子弹孔以较低的精度散落,但准确地包围了中心;说明对应的频率源有较差的时间稳定性,但在较长时间内的平均频率是准确的。在图 1.4(c)中,所有子弹孔都精确地位于一个偏离中心的位置。对应的频率源与要求的频率 ν_0 具有一定的频率偏移。如果该偏移在时间上是稳定的,则确定并修正这个偏移后,可以将该信号源用作频标。在图 1.4(d)中,可能是神枪手的注意力下降了,大多数弹孔位于中心的右侧;说明对应的振荡器产生的频率既不稳定也不准确,因此它不能用作频标。

在图 1.4(c)中所描述的频率源的准确度和稳定度可以被量化,分别由与中心频率的偏差和频率的离散度给出,以赫兹为单位。为了比较完全不同的频标,通常使用相对量来表示,如"相对准确度"("相对稳定度"等),即相应的频率偏差(频率离散度)除以中心频率。与准确度、稳定度和精确度类似,现在我们也使用不准确度、不稳定度和不精确度这样的专业术语来表征频标的特性。例如对于一个具有较低不准确度的好的频标,用较小的数字来表征,即对应为较小的频率偏差,且较高的准确度对应于较小的频率偏差。

然而,在许多非常重要的情况下,神枪手射靶的简单图像(见图 1.4)不足以表征一个频标的质量。让我们来考虑一个频标,其性能被认为能胜过其他所有的可用频标。因此,不能直接用一个更高级的频标来确定它的准确度。这种情况相当于一个既没有中心标记也没有同心环的白靶。对目标进行射击后,仍然可以确定枪支或射手的精确度,但不能确定其准确度。然而,可以用测量一个"先验"未知的待测量的方式来"估计"频标的准确度。现在,人们普遍同意按照"测量不确定度的表示指南"(GUM)中的程序来确定不确定度[3]。因此,特定的不确定度代表了"一个测量量或计算量的置信度区间的极限"[1],其中应指定置信度极限的概率。如果概率的分布形式是高斯型,则通常使用标准偏差(1σ 值)③作为不确定度,对应于 68% 的置信水平。为清楚起见,我们在此重申一下更严格的定义表示,即准确度是"测量值或计算值与其定义值的一致程度",精确度是"一系列单独测量值之间的相互一致程度;通常但不一定用标准差来表示"[1]。

---

② 子弹孔在下半平面的距离计为负数。

③ 在置信度太低的情况下,可由 $k\sigma$ 给出扩展不确定度,例如 95.5%($k=2$)或 99.7%($k=3$)。

1.2　时钟和频标的历史沿革

1.2.1　自然界的时钟

自然界的周期性，例如天体的显著运动以及日光、季节或海边潮汐的相关变化，从一开始就统治了地球上的所有生命。因此人类自然而然会将这些周期作为时间间隔，根据这些相关事件和日期建立计时的序列，用作天然的时间测量。早期历法中的年、月、日分别关联到地球围绕其极轴的旋转（每天一次）、月球围绕地球旋转（每月一次）和地球围绕太阳的旋转（每年一次）的标准频率。如果所有成员都参考相同的时间单位（例如天）作为自然的时间标准，则两方或更多方之间的时间间隔的沟通就是非常清楚且准确的。类似地，自然的频标（每天一个周期）可以由这样的自然时钟得到。因此，人们根据设定的起始时间和时间单位来建立时标，从而形成历法④。由于上述的三个旋转的标准频率之比并不是整数，且历法的建立过程稍有些复杂，目前，一个回归年⑤为 365.2422 天，而一个朔望月则为 29.5306 天⑥。如今的太阳历中，一年有365 天，而每四年一次的闰年则有 366 天。这可以追溯到由恺撒大帝（Julius Caesar）在公元前 45 年制定的罗马历法⑦。

使用基于天体运动的自然时钟有两个缺点。其一，一个良好的时标要求其刻度单位不能随时间变化。由天文观测和地质年代测量提供的证据表明，地球绕太阳公转的轨道角频率与其自转的角频率之比并不是一直恒定的⑧。其二，宏观天体的公转频率太低，通常对于技术应用来说，用其作为刻度单位显得太大了⑨。

---

④　但是，时标的设置绝不仅与周期性事件有关。特别地，对于较大的时间周期，可以利用某些放射性物质的指数衰减，例如人们可以利用碳同位素 ^{14}C，通过测得的连续衰减的 $^{14}C/^{12}C$ 比率的方法，推断经过的时间间隔的持续时间。

⑤　回归年是太阳连续两次穿过春分点的时间间隔，春分点是北半球春季的开始。

⑥　朔望月是两次连续新月事件之间的时间间隔。单词"synode"意为"聚集"，是指新月，即从地球上看月球和太阳聚集在一起的时刻。

⑦　闰年的规则是由教皇格里高利十三在 1582 年修订的，那么除了那些数字是 400 的整数倍的年份之外，数字是 100 的整数倍的年份中没有闰年。据此，公历的平均年有 365.2425 天，接近上面给定的值。

⑧　珊瑚礁的生长显示出与树的年轮类似的褶皱，这被解释为碳酸盐岩分泌率的每日和每年的变化。相应的褶皱比率解释了侏罗纪时代的一年（1.35 亿年前）约有 377 天这一事实[4]。

⑨　快速旋转的毫秒脉冲星可以代表"自然界中最稳定的时钟"[5]，但是它们的频率仍然太低，无法满足当今的许多需求。

1.2.2　人造时钟和频标

因此,在伟大的两河文明(底格里斯河和幼发拉底河谷的苏美尔人)以及埃及文明时期,一天的时间已经划分为较短的时间段,并且用人造钟对历法进行了补充。时钟是以相同增量显示经历时间的设备。直到中世纪末的很长一段时间里,作为今天的时钟前身的古代人造钟包括了日晷、水钟或沙漏及其各种改进形式。后一类时钟使水或沙子以一个或多或少的恒定速率流动,并用移动物质的积分量来近似为一个恒定的时间流。当人们开始使用可以工作在特定共振频率的振荡系统之后,钟表制造取得了飞速发展,这种振荡器的频率由振荡系统的特性来定义。如果该系统的振荡频率 ν_0 是已知的,则其倒数可以用来定义时间的增量 $T = 1/\nu_0$。因此,通过对经历的周期数计数,并将该数乘以一个周期的时间 T,就可以测量任意的时间间隔。任何产生一个已知频率的设备都被称为一个频标,该设备可用于建立一个时钟。要制造一个好的时钟,需要设计这样的系统,其振荡频率既不受环境变化的干扰,也不受工作条件或时钟装置的干扰。

1.2.2.1　机械时钟

在机械时钟中,时钟装置可以完成两个不同的功能,首先是测量和显示振荡器的频率或经过的时间;其次,它要向振荡器反馈所需的能量,以维持振荡。来自外部的能量是必需的,因为任何自由振荡的系统都会和环境耦合,并且该能量的耗散最终将导致振荡系统停止振荡。在机械装置中,采用所谓的擒纵结构来管理能量流,其功能是在驾驭时钟装置时尽可能少地反作用于振荡器。从 14 世纪初开始,意大利大教堂的钟楼上使用了基于振荡系统的大型机械时钟。在地球的重力势能下,重物在下降时失去的势能为时钟装置提供了能量。这些时钟由所谓的边缘和平衡摆擒纵结构来调节,这种擒纵机构是基于一种扭摆来实现的。尽管这些时钟基本上都基于相同的原理(后来成功地用于更高的准确度),但实际的实现方式使它们非常容易受到时钟装置中的摩擦力和其他驱动力的影响。人们确信,这些时钟可以将一天的误差精确到约一刻钟。因此,我们可以用分数不确定度来描述控制这些时钟的振荡器频率的相对不确定度,即 $\Delta T/T = \Delta\nu/\nu \approx 1\%$。高质量摆钟发明的起点,往往可以追溯到意大利科学家伽利略·伽利莱(Galileo Galilei,1564—1642)的发现。伽利略发现,对于不太大的摆动距离,一个钟摆的振荡周期实际上和摆动距离无关,而仅取决于钟摆的长度。然而，第一个可以工作的摆钟是由荷兰物理学家克里斯蒂安·惠更斯(Christian Huygens)于 1656 年发明的。据报道，这种时钟精确到每天误差为 1 min，后来好于每天误差 10 s，相当于 $\Delta T/T \approx 10^{-4}$（见图1.2）。大家公认的是，惠更斯还发展了摆轮游丝组件。乔治·格雷厄姆(George Graham)在 1721 年进一步改进了摆钟，他对钟摆长度随温度的变化进行了补偿，使时钟的准确度达到每天误差为 1 s($\Delta T/T \approx 10^{-5}$)。

约翰·哈里森(John Harrison)在 1761 年开发了航海天文钟，它可以作为精确时钟对交通和交通安全进展的贡献的重要例子。基于一个蚱蜢擒纵轮结构，即使在颠簸起伏的航海船舶上，时钟也能精确到每天误差为 0.2 s($\Delta T/T$ 为 2—3$\times 10^{-6}$)。哈里森的天文钟首次解决了如何在旅途中准确确定经度的问题[6]。经过持续的改进，非常稳定的摆钟达到了它的巅峰，例如十九世纪末由德国人里夫勒(Riefler)制造的摆钟——里夫勒钟，非常稳定，每天误差为 1×10^{-2} s($\Delta T/T \approx 10^{-7}$)，在 20 世纪 20 年代被肖特(Shortt)钟替换之前，一直在新成立的国家标准局里作为时间间隔标准提供服务。威廉·H.肖特(William H.Shortt)于 1920 年开发出一种具有两个同步钟摆的时钟。一个主钟摆在真空室内尽可能不受干扰地摆动。由时钟装置驱动的从钟摆通过电磁连接同步，并且每半分钟一次轻推一下主钟摆以补偿耗散的能量。肖特钟的守时精度优于 2 ms/d($\Delta T/T \approx 2 \times 10^{-8}$)，并且每年的误差优于 1 s($\Delta T/T \approx 3 \times 10^{-8}$)。

1.2.2.2　石英钟

在 1930 年左右，石英振荡器(见第 4.1 节)被用作射频标准，后来取代机械时钟进行时间测量。它通过辅助的电路和温度控制设备，产生约 100 kHz 的振荡频率。石英晶体经过精心切割和制备，其确定的弹性振荡周期决定了石英钟的频率。石英的机械振荡通过压电效应耦合产生电子振荡。石英振荡器的频率漂移约为 1 ms/d($\Delta \nu/\nu \approx 10^{-8}$)[7]，因此，除非经过校准，否则它不能用作频标。当时，频率校准是通过与天文观测确定的平均太阳时的精确测量值的差来实现的。

从 1934 年年初到 1935 年年中，Scheibe 和 Adelsberger 证实了德国帝国物理技术局(Physikalisch-Technische Reichsanstalt)的三台石英钟与恒星日相比具有相同的偏差，从而证实了石英振荡器[7]对于机械钟和地球自转的优越性。研究人员得出结论，其主要的偏差来源于天文学研究机构测得的时间中存在由地球的角速度变化导致的系统误差⑩。今天,石英振荡器已经得到了广泛的应用,事实上所有电池供电的手表都是基于石英振荡器制作的。

1.2.2.3 微波原子钟

与机械钟不同的是,原子钟采用量子力学系统作为其"钟摆",其振荡频率与两个量子态之间的能量差有关。只有在人们能产生相干的电磁波之后,才可以探询这些振荡器,即将其耦合到时钟装置中。因此,在 20 世纪 40 年代雷达和微波技术得到发展之后,微波原子钟也很快发展起来。在那个时期的研究人员那里可以获得原子钟发明相关的早期历史的详细描述(参见文献[9-12]),我们在这里只能扼要地列举其中的一些突破。物理学家伊西多·拉比(Isidor Rabi)提出在原子束中使用磁共振技术建立原子钟,这是最早的原子钟建议之一,他在 1944 年因发明磁共振光谱技术而获得了诺贝尔奖。铯(Cs)原子钟的成功故事在 1948 年至 1955 年之间,当时包括美国国家标准局(NBS,现为国家标准与技术研究院,NIST)和英国国家物理实验室(NPL)的几个团队研制了原子束装置。他们根据物理学家诺曼·拉姆齐(Norman Ramsey)提出的想法,使用分离场激发方法(见第 6.6 节)得到渴望的窄线宽共振谱线。NPL 实验室的 Essen 和 Parry(图 1.2 中表示为"早期铯钟")实现了第一个实验室的铯原子频标的运转,并测量了铯原子基态超精细跃迁的频率[13,14]。不久之后(1958 年),第一批商用铯原子钟就出现了[15]。在接下来的几十年中,全世界建立了许多实验室的铯原子频标,最好的时钟的精确度大约每十年提高一个数量级。这一发展直接导致 1967 年对基本单位秒的重新定义,在第 13 届国际计量大会(CGPM)上将单位秒定义为"对应于铯 133 原子的两个基态超精细能级之间跃迁的 9 192 631 770 周期的持续时间"。二十年后,铯束钟的相对不确定度已经降到 2.2×10^{-14}(例如 1986 年在德国联邦物理技术研究所(Physikalisch-Technische Bundesanstalt,PTB)的 CS2 钟,在图 1.2 中表示为"铯束钟")[16]。

位于巴黎的时频基准实验室(法语 Laboratoire Primaire du Temps et Fréquences,LPTF;现为 BNM-SYRTE)建立了一个铯原子喷泉的原型机[17],这开启了铯钟的新时代。在这类原子钟里,铯原子被激光冷却,并在重力场中自由飞行约 1 s。它通过激光冷却方法(见第 6.3.1 节),实现了更长的相互作

---

⑩ T. Jones[8]指出:"地球自转的季节性变化的最初迹象是通过使用肖特钟一点点地收集来的。"

用时间,从而减小了共振谱线的线宽。由于铯原子的速度低,原子钟的几个频移贡献项都减小了。在初次实现之后不到十年的时间里,喷泉钟的相对不确定度达到 $1\times10^{-15[18-20]}$(参见图 1.2 中的"铯喷泉钟")。

1.2.2.4　光钟及未来展望

从历史回顾中可以得到这样的结论,频标准确度的提高是和振荡器的频率的提高并行发展的。从摆钟的赫兹级的频段开始,经过石英振荡器的兆赫兹的频段,再到微波原子钟的千兆赫兹的频段,振荡器的频率增加了十个数量级。更高的频率具有这样几个优势。首先,对于特定的吸收谱的线宽 $\Delta\nu$,通常把相对线宽的倒数称为谱线品质因数 Q。频率越高,则谱线的品质因数也越高。即

$$Q=\nu_0/\Delta\nu \tag{1.1}$$

对于确定的"分辨谱线"能力,即定位谐振谱线中心的能力,其频率不确定度与 Q 成正比,因此也和探询用的本地振荡器的频率成正比。另一个的优势更加清楚,假设有两个最好的摆钟,它们具有相同的频率 1 Hz,一年后误差为 1 s($\Delta\nu/\nu_0\approx3\times10^{-8}$)。如果两个钟摆在相同的初始相位开始摆动,经过大概半年可测得其相位偏差达到 180°。如果两个时钟的工作频率在 10 GHz 附近,经过 1.6 ms 后就能看到相同的差异。因此,使用更高的频率能极大地促进对引起频移的系统效应的探询和抑制。因此,可以预见,使用光学频率标准(以下简称为"光频标")可以进一步改进原子钟的性能,因为其振荡频率比微波频标要高五个数量级。最近发展的从光学频段到微波频段的分频器(见第 11 节)已经可以用于光钟[21],并使得光钟已经能与最好的微波钟相提并论(参见图 1.2 中的"光钟")。

现在就可以预见,一些可实现的频标(主要是光频标)的复现性将优于最好的铯原子钟。只要时间单位的定义还是基于铯原子的超精细跃迁,这些频标就无法在秒或赫兹单位的复现上超过最好的铯钟。但是,它们作为二级频标,并提供更准确的频率比值,最终将导致对时间单位的新的定义。

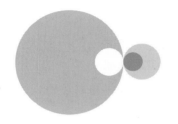

第2章
频标基础

2.1 振荡的数学描述

自然和技术领域的许多过程从某种意义上讲都存在一个独特的性质,即同样的事件会以非常确定的时间间隔 T 周期性地发生。例如,差不多每12个小时($T \approx 12.4$ h),海平面的高度出现一次最大值。类似地,钟摆的摆动($T \lesssim 1$ s)、墙上插座中的电压变化($T \approx 0.02$ s)、调频(FM)无线电发射机的电场强度($T \approx 10^{-8}$ s)、原子发出的光波($T \approx 2 \times 10^{-15}$ s)都是周期性的事件。每一个事件中,一个特定的物理量 $U(t)$,例如水面相对平均海平面的高度或者输电线上的电压,显示振荡的特征。

2.1.1 理想真实的谐振子

虽然上面事例的时间间隔 T 和相应的频率 $\nu_0 \equiv 1/T$ 明显不同,但它们的振荡通常都可以被统一描述为(理想的)简谐振荡的形式:

$$U(t) = U_0 \cos(\omega_0 t + \phi) \tag{2.1}$$

在给定振幅为 U_0 时,频率为

$$\nu_0 = \frac{\omega_0}{2\pi} \tag{2.2}$$

初始相位为 ϕ 的情况下,可以知道振荡器的关注量 $U(t)$ 在任意 t 时刻的瞬时值。取 ω_0 为角频率,$\varphi = \omega_0 t + \phi$ 是谐振子的瞬时相位。初始相位确定了(任意选择的)初始时刻 $t=0$ 的 $U(t)$。

(2.1)式的简谐振荡是描述一个理想谐振子的微分方程的解。例如,考虑一个大质量块与一个钢弹簧相连组成的机械振荡器。如果把弹簧从平衡位置拉长至 U,则有一个力试图拉回质量块 m。对于许多材料,恢复力 $F(t)$ 与拉长长度可以很好地近似为正比例关系,满足胡克定律:

$$F(t) = -DU(t) \tag{2.3}$$

胡克定律(2.3)式中的常数 D 由弹簧的刚度决定,它取决于弹簧的材料和尺寸。同时,这个力对质量块加速,加速度为 $a(t) = \mathrm{d}^2 U(t)/\mathrm{d}t^2 = F/m$。考虑等式两边在任意 t 时刻都相等,得到微分方程为

$$\frac{\mathrm{d}^2 U(t)}{\mathrm{d}t^2} + \omega_0^2 U(t) = 0 \tag{2.4}$$

其中,$\omega_0 \equiv \sqrt{\dfrac{D}{m}}$。

可以很容易检验,(2.1)式就是(2.4)式的解。振荡器的角频率 ω_0 由振荡器的材料特性决定。质量块振荡时的角频率 ω_0 由质量 m 和弹簧常数 D 根据(2.4)式给出。

如果我们选择由一个电容为 C 的电容器和一个电感为 L 的线圈组成的谐振电路的例子,那么角频率为 $\omega_0 = 1/(\sqrt{LC})$。原子振荡器的共振频率则由原子特性决定。在本章剩余部分和下一章中,我们将不具体说明特定振荡器的特性,而是讨论更一般的情况。

所有的振荡器都有一个共同点,就是需要一定的能量来启动振荡。在弹簧系统中,势能存储在从平衡点拉长 U_0 的弹簧形变中。当系统自行运行时,弹簧将对这个质量块施加一个作用力并加速它。物体的速度 $v = \mathrm{d}U(t)/\mathrm{d}t$ 将会增加,它将获得的动能为

$$E_{\mathrm{kin}}(t) = \frac{1}{2}mv^2 = \frac{1}{2}m\left[\frac{\mathrm{d}U(t)}{\mathrm{d}t}\right]^2 = \frac{1}{2}m\omega_0^2 U_0^2 \sin^2(\omega_0 t + \phi) \tag{2.5}$$

这里我们利用了(2.1)式,随着作用在物体上的力不断增加,振荡系统的动能增加到最大值。作用力在平衡位置消失,对应 $\sin^2(\omega_0 t + \phi) = 1$,此时总能量等于最大动能(或最大势能):

$$E_{\text{tot}} = \frac{1}{2} m\omega_0^2 U_0^2 = \frac{1}{2} D U_0^2 \tag{2.6}$$

储存在振荡运动中的能量[①]与振幅的平方成比例,这是所有振荡器的共同特征。

我们也可以使用正弦函数,而不是用余弦函数来描述 (2.1) 式的简谐振荡。从公式 $\cos\varphi = \sin\left(\varphi + \dfrac{\pi}{2}\right)$ 可以明显看出,只要起始相位 ϕ 改变 $\pi/2$ 就可以实现。更一般地,每个简谐振荡可以表示为相同频率的正弦函数和余弦函数的叠加,如下所示:

$$\begin{aligned} U(t) &= U_0 \cos(\omega_0 t + \phi) \\ &= U_0 \cos(\omega_0 t)\cos(\phi) - U_0 \sin(\omega_0 t)\sin(\phi) \\ &= U_{01} \cos(\omega_0 t) - U_{02}\sin(\omega_0 t) \end{aligned} \tag{2.7}$$

这里我们用到了公式 $\cos(\alpha + \beta) = \cos\alpha \cos\beta - \sin\alpha \sin\beta$。两个参量 $U_{01} = U_0 \cos\phi$ 和 $U_{02} = U_0 \sin\phi$ 被称为振荡的正交振幅。由于计算正弦和余弦函数有时不太方便,因此我们采用了复指数欧拉公式 $\exp(\mathrm{i}\varphi) = \cos\varphi + \sin\varphi$ 更方便地描述简谐振荡,则 (2.1) 式替换为

$$\begin{aligned} U(t) &= \mathrm{Re}\{U_0 \mathrm{e}^{\mathrm{i}(\omega_0 t + \phi)}\} = \mathrm{Re}\{\widetilde{U}_0 \mathrm{e}^{\mathrm{i}\omega_0 t}\} = \frac{\widetilde{U}_0 \mathrm{e}^{\mathrm{i}\omega_0 t} + \widetilde{U}_0^* \mathrm{e}^{-\mathrm{i}\omega_0 t}}{2} \\ &= \frac{1}{2}\{\widetilde{U}_0 \mathrm{e}^{\mathrm{i}\omega_0 t} + c.c.\} \end{aligned} \tag{2.8}$$

其中,复相量 $\widetilde{U}_0$ 为

$$\widetilde{U}_0 = U_0 \mathrm{e}^{\mathrm{i}\phi} = U_{01} + \mathrm{i}U_{02} \tag{2.9}$$

复数表示的相量 $\widetilde{U}_0$ 中包含了它的模 $U_0 = |U(t)|$ 和初始相位角。利用振荡的复数表象进行计算的优点是复指数运算规则简单。完成运算后,只需保

---

① 这里讨论的能量是指储存在振荡器振荡中的能量,如果没有在耗散过程中损耗这些能量,振荡将永远进行下去。不要将它与可从实用振荡器中提取的能量混淆,实用振荡器利用其他能量源维持振荡。例如,电学振荡器的两个端子间的电压 $U(t)$ 能够给输入电阻为 R 的装置供应 $I(t)$ 的电流。该电流 $I(t) = U(t)/R$ 在外部装置上输出含时变化的电功率 $P(t) = U(t)I(t) = U_0^2(t)/R\cos^2(\omega_0 t + \phi)$。平均功率 P,即电功率在一个周期的积分平均 $\int_0^T U_0^2/R\cos^2(\omega_0 t + \phi)\mathrm{d}t = U_0^2/(2R)$ 也与 U_0^2 成正比,并且振荡器在 t' 时间段内传递的能量 $E(t') = \int_0^{t'} P(t)\mathrm{d}t = U_0^2/R\int_0^{t'}\cos^2(\omega_0 t + \phi)\mathrm{d}t$ 也与 U_0^2 成正比。与储存在无阻尼振荡器中的能量相比,该能量 $\int_0^{t'} P(t)\mathrm{d}t$ 随时间 t' 线性增加。

留最终(复数)结果的实部就可以了[②]。相应地,可以用不同的表象图形化地表示(2.8)式描述的理想简谐振荡。为了在时域(见图2.1(a))中描述振荡,必须知道振荡的初始相位ϕ、振幅U_0和频率$\nu_0=1/T$。而频域(见图2.1(b))中的振荡不包含关于振荡器相位的任何信息。如果用复相量表示,则可以在复平面图(阿甘特(Argand)图;图2.1(c))中用长度为U_0的指针表示$\tilde{U}_0=U_0\mathrm{e}^{\mathrm{i}\phi}$,该指针可以用极坐标或笛卡尔坐标表示。初始相位表示为实数轴与指针之间的夹角ϕ。不应将该相量与复指针$U_0\mathrm{e}^{\mathrm{i}(\omega_0 t+\phi)}$混为一谈,后者以恒定角速度$\omega_0$逆时针旋转[③]。

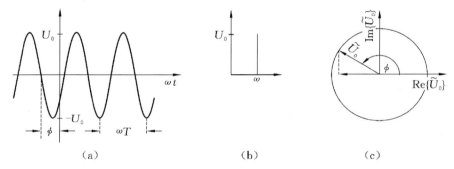

图2.1 理想谐振子的3种表象

(a)时域表象;(b)频域表象;(c)相量表象

理想谐振子有一个特有属性,就是我们可以根据(2.1)式从初始条件(相位、振幅和频率)出发以期望的精度预测任何时刻的相位。而对于上面举例给出的真实振荡器,它们的性质只能以一个固有的不确定度进行预测。例如,潮水并不总是涨落到同一水平,而且还不时出现异常高的大潮。这是由于这种月球引力引起的振荡幅度也被太阳的引力“调制”造成的。对于摆动的钟摆,只有当摩擦耗散的能量得到补偿时,振幅才是恒定的。否则,摆锤的振幅将逐渐消失,类似发出波列的振荡原子的振幅变化。实际上,真实振荡器的振幅和

---

② 为简单起见,在复数计算过程中,通常不写出实部运算符 Re,而只在最终结果中使用实数部分。但需要注意的是,这种操作仅适用于线性运算,例如和一个数的相加与相乘、积分或微分,但不适用于非线性运算。这可以从两个复数的乘积运算中看出,一般情况下,$\mathrm{Re}(A^2)\neq[\mathrm{Re}(A)]^2$。

③ 实际上,有一种在数学上等价的描述振荡的方法,就是在(2.8)式中写为负相位的形式,即写作 $U(t)=\mathrm{Re}\{\tilde{U}_0\mathrm{e}^{-\mathrm{i}\omega_0 t}\}$。从 $\mathrm{e}^{-\mathrm{i}\phi}=\cos\phi-\sin\phi$ 可以清楚地看出,此时指针在阿甘特图中以顺时针旋转。有些物理量的虚部符号也将随之改变。在下文中可能存在混淆的地方,我们将再次明确提及这一点。

频率都不是真的恒定的。长期的频率变化可能很小,例如水的潮汐和地球的固体潮引起的摩擦作用导致地球的角速度逐渐降低,使得海潮的频率以极小的变化率改变,但是经过大量的振荡之后,这种变化会变得非常重要(见第 1 章脚注 ⑧)。除了上述这两个例子中遇到的自然调制,振荡器的频率也可以被有意地调制。调频(FM)发射机产生的电磁场的频率被调制以传输语音和音乐。总的来说,可以将振荡器的含时振幅变化看作幅度调制,将它的相位或频率的变化看作是相位调制或频率调制。下面我们将更详细地研究振荡器的幅度调制(简称“调幅”)和相位调制过程,并给出描述这些调制的方法。

对于与频标相关的振荡器,可以假定调制仅是对恒定振幅 U_0 和相位 $\omega_0 t$ 的微扰。调幅信号写为

$$U(t) = U_0(t)\cos\varphi(t) = [U_0 + \Delta U_0(t)]\cos[\omega_0 t + \phi(t)] \quad (2.10)$$

瞬时频率为

$$\nu(t) \equiv \frac{1}{2\pi}\frac{\mathrm{d}\varphi(t)}{\mathrm{d}t} = \frac{1}{2\pi}\frac{\mathrm{d}}{\mathrm{d}t}[2\pi\nu_0 t + \phi(t)] = \nu_0 + \frac{1}{2\pi}\frac{\mathrm{d}\phi(t)}{\mathrm{d}t} \quad (2.11)$$

它与理想振荡器的频率 ν_0 的偏差为

$$\Delta\nu(t) \equiv \frac{1}{2\pi}\frac{\mathrm{d}\phi(t)}{\mathrm{d}t} \quad (2.12)$$

下面我们将分别研究振荡器的幅度调制和相位调制。

2.1.2　幅度调制

一个真实振子的含时振幅变化 $\Delta U_0(t)$ 通常可能是非常复杂的,不可能用解析的方法描述它与时间的关系。在这种情况下,随机的含时行为可以用概率分布来描述。我们将在本章第 3 节推导这些情况。本节中,我们只研究确定性调制,并考虑幅度调制的两种特殊情况,它们可以给出明确的 $\Delta U_0(t)$ 含时表达式。下面我们分别考虑简谐调制和振幅指数衰减这两种情况。

2.1.2.1　简谐调幅振荡器的频谱

我们假设振幅在平均值 U_0 附近以纯正弦或余弦函数变化,最大偏差为 ΔU_0,调制频率为 $\nu_m = \omega_m/(2\pi)$(见图 2.2(a))。实际应用中,调制频率 ν_m 通常远低于振荡频率 ν。调幅(AM)振荡由下式给出

$$U_{AM}(t) = (U_0 + \Delta U_0\cos\omega_m t)\cos\omega_0 t = U_0(1 + M\cos\omega_m t)\cos\omega_0 t \quad (2.13)$$

其中

$$M \equiv \frac{\Delta U_0}{U_0} \quad (2.14)$$

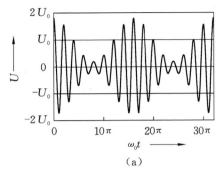

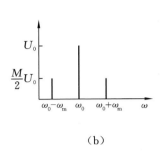

（a）

（b）

图 2.2 （a）根据（2.13）式取 $\omega_{\mathrm{m}} = \omega_0/8$ 和 $M = 0.8$ 得到的调幅振荡随时间的变化；（b）（2.13）式给出的简谐调幅振荡的频谱

被称为调幅的调制系数。利用恒等式 $\cos\alpha\cos\beta = \frac{1}{2}\cos(\alpha+\beta) + \frac{1}{2}\cos(\alpha-\beta)$，（2.13）式可写为

$$U_{\mathrm{AM}}(t) = U_0\left[\cos\omega_0 t + \frac{M}{2}\cos(\omega_0+\omega_{\mathrm{m}})t + \frac{M}{2}\cos(\omega_0-\omega_{\mathrm{m}})t\right] \quad (2.15)$$

调幅振荡（2.15）式的频谱包括三个分量（见图 2.2（b））。（2.15）式方括号中的第一项称为载波，即先前未调制的角频率分量 ω_0。第二项和第三项分别称为高频边带[④]和低频边带，表示由调制产生的分量。两个边带的频率相对载波频率的间隔为调制频率 ω_{m}。两个边带具有相同的振幅，该振幅由载波的振幅和调制系数决定。

如果使用（2.1）式的振荡的复数表示，将获得与（2.15）式相同的结果

$$\begin{aligned}U_{\mathrm{AM}}(t) &= U_0\,\mathrm{Re}\{[1+M\cos\omega_{\mathrm{m}}t]\,\mathrm{e}^{\mathrm{i}\omega_0 t}\}\\ &= U_0\mathrm{Re}\left\{\left[1+\frac{M}{2}(\mathrm{e}^{\mathrm{i}\omega_{\mathrm{m}}t}+\mathrm{e}^{-\mathrm{i}\omega_{\mathrm{m}}t})\right]\mathrm{e}^{\mathrm{i}\omega_0 t}\right\}\\ &= U_0\mathrm{Re}\left\{\mathrm{e}^{\mathrm{i}\omega_0 t}+\frac{M}{2}\mathrm{e}^{\mathrm{i}(\omega_0+\omega_{\mathrm{m}})t}+\frac{M}{2}\mathrm{e}^{\mathrm{i}(\omega_0-\omega_{\mathrm{m}})t}\right\}\end{aligned} \quad (2.16)$$

（2.16）式最后一行的调幅振荡可以在相量图中用复平面上的三个相量表示。载波相量固定在实轴[⑤]上，而高频边带的相量相对载波相量逆时针旋转

---

④ 在更常见的情况下，"带"是指用一个频带进行幅度调制。

⑤ 在我们的讨论中，载波的相量由实轴表示。而电气工程师更喜欢将简谐振荡表示为不同于（2.1）式的正弦实数函数。相应地，载波相量将旋转 $\mathrm{e}^{\frac{\mathrm{i}\pi}{2}}$，也就是 $90°$，它将指向虚轴方向。

$\omega_m t$,低频边带的相量则顺时针旋转 $-\omega_m t$,边带相量的长度为 $M/2$。幅度调制的影响由两个边带的相量之和给出。求和所得的相量总是与载波相量平行,但它的长度和方向按照调制频率周期性的变化。因此,由所有三个相量合成的、描述简谐调制振荡的总相量的长度也周期性的变化(见图 2.3)。

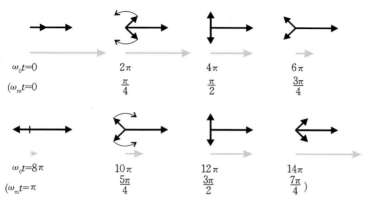

图 2.3   简谐调幅振荡的相量表示图

图 2.3 中,调制的表示式由(2.16)式给出,时域信号如图 2.2(a)所示,参数为 $\omega_m = \omega_0/8,M = 0.8$。相对载波相量,高频边带的相量以 ω_m 的角速度旋转,低频边带的相量以 $-\omega_m$ 的速度旋转。由三个单独相量合成的总相量(灰色箭头)的长度周期性的变化。

简谐调幅振荡所包含的功率与振幅的平方成正比(参见本章脚注 ①),在(2.16)式的复振幅表示中,将其看作振幅与它的复共轭的乘积,即

$$
\begin{aligned}
P_{AM} \propto U_0 & \left[e^{i\omega_0 t} + \frac{M}{2} e^{i(\omega_0+\omega_m)t} + \frac{M}{2} e^{i(\omega_0-\omega_m)t} \right] \\
& \times U_0^* \left[e^{-i\omega_0 t} + \frac{M}{2} e^{-i(\omega_0+\omega_m)t} + \frac{M}{2} e^{-i(\omega_0-\omega_m)t} \right] \\
= & |U_0|^2 \left[1 + 2\frac{M}{2} e^{-i\omega_m t} + 2\frac{M}{2} e^{i\omega_m t} + 2\frac{M^2}{4} + 2\frac{M^2}{4} e^{2i\omega_m t} + 2\frac{M^2}{4} e^{-2i\omega_m t} \right] \\
= & |U_0|^2 \left[1 + \frac{M^2}{2} + 2M\cos\omega_m t + \frac{M^2}{2}\cos(2\omega_m t) \right]
\end{aligned}
$$

$$(2.17)$$

考虑测试时间 $t \gg 2\pi/\omega_m$ 时,快速振荡余弦项的平均值为零,上式可得

$$
P_{AM} \propto |U_0|^2 \left[1 + \frac{M^2}{2} \right] \tag{2.18}
$$

因此,幅度调制振荡的总功率为未调制载波上包含的功率加上两个边带上包含的功率。

振荡器振幅的简单简谐调制产生了两个附加频率。因此,可以预期,更复杂的调制形式将产生包含大量边带的更复杂频谱。在简谐 AM 调制的情况下,可以采用添加简谐函数的简单规则获得相应的频谱。当时域的振幅函数已知时,推导频谱的一般步骤是利用傅里叶变换给出的。

2.1.2.2　傅里叶变换

傅里叶变换利用了让・巴普蒂斯特・约瑟夫(Jean Baptiste Joseph),即傅里叶男爵(Baron de Fourier,1768—1830)的理论。根据这个理论,以时间周期 T 为特征的任何周期函数 $f(t)$ 都可以明确地表示为由时间周期 T_i 定义的谐振函数之和的形式,其中 T_i 是 T 的单位分数倍,分别为 $T,\dfrac{T}{2},\dfrac{T}{3},\dfrac{T}{4},\cdots$。

这个理论有一种等价的表述方法,即角频率为 $\omega_{\mathrm{g}}=\dfrac{2\pi}{T}$ 的任意周期(时间)函数 $U(t)$ 可以用角频率为基频 ω_{g} 整数倍的(有限或无限)正弦和余弦项之和来表示。这些基频的高次谐波的振幅代表了合成该时间函数所需的各谐波分量的权重。图 2.2 的简谐调幅振荡器的时间函数包含角频率分别为 $\omega_0-\omega_{\mathrm{m}}$、$\omega_0$ 和 $\omega_0+\omega_{\mathrm{m}}$ 的三个单频分量,其各自的(振幅)权重分别为 $\dfrac{M}{2}U_0$、U_0 和 $\dfrac{M}{2}U_0$。换言之,我们可以通过这三个纯简谐函数合成如图 2.2 所示的时间函数。将傅里叶级数推广到非周期函数,可将任意时间函数 $U(t)$ 表示为角频率为 ω 的简谐函数的傅里叶积分形式:

$$U(t)=\frac{1}{2\pi}\int_{-\infty}^{+\infty}A(\omega)\mathrm{e}^{\mathrm{i}\omega t}\,\mathrm{d}\omega \tag{2.19}$$

与表示简谐振荡类似,这里我们使用复数表示傅里叶积分,这在数学的表示形式上更简单。复数谱函数 $A(\omega)$ 给出了时间函数 $U(t)$ 中包含的所有谐波分量(通常称为傅里叶频率为 ω 的傅里叶分量)的权重。为了确定某个特定(复数)傅里叶分量的权重,我们必须使用(复数)傅里叶变换:

$$A(\omega)=\mathrm{Re}A(\omega)+\mathrm{i}\,\mathrm{Im}A(\omega)=\mathcal{F}\{U(t)\}\equiv\int_{-\infty}^{+\infty}U(t)\mathrm{e}^{-\mathrm{i}\omega t}\,\mathrm{d}t \tag{2.20}$$

不幸的是,文献中并没有对(2.20)式给出的傅里叶变换和(2.19)式给出的傅里叶逆变换形成一致的定义方式。需要根据复数振荡相位的正或负号选择(见脚注 ③),变换(2.20)式和(2.19)式中复指数函数相位角的正负号。有时(2.19)式中的 $1/(2\pi)$ 因子也写成 $1/\sqrt{2\pi}$ 平均分配到(2.20)式和(2.19)式中。

将复数傅里叶变换应用在(2.13)式的简谐调幅振荡中,有

$$
\begin{aligned}
A(\omega) &= U_0 \int_{-\infty}^{+\infty} \frac{(\mathrm{e}^{\mathrm{i}\omega_0 t} + \mathrm{e}^{-\mathrm{i}\omega_0 t})}{2} \mathrm{e}^{-\mathrm{i}\omega t}\,\mathrm{d}t \\
&\quad + MU_0 \int_{-\infty}^{+\infty} \frac{(\mathrm{e}^{\mathrm{i}\omega_\mathrm{m} t} + \mathrm{e}^{-\mathrm{i}\omega_\mathrm{m} t})}{2} \frac{(\mathrm{e}^{\mathrm{i}\omega_0 t} + \mathrm{e}^{-\mathrm{i}\omega_0 t})}{2} \mathrm{e}^{-\mathrm{i}\omega t}\,\mathrm{d}t \\
&= \frac{U_0}{2} \int_{-\infty}^{+\infty} \mathrm{e}^{-\mathrm{i}(\omega-\omega_0)t}\,\mathrm{d}t + \frac{U_0}{2} \int_{-\infty}^{+\infty} \mathrm{e}^{-\mathrm{i}(\omega+\omega_0)t}\,\mathrm{d}t \\
&\quad + \frac{U_0 M}{4} \int_{-\infty}^{+\infty} \mathrm{e}^{-\mathrm{i}(\omega-\omega_0-\omega_\mathrm{m})t}\,\mathrm{d}t + \frac{U_0 M}{4} \int_{-\infty}^{+\infty} \mathrm{e}^{-\mathrm{i}(\omega+\omega_0-\omega_\mathrm{m})t}\,\mathrm{d}t \\
&\quad + \frac{U_0 M}{4} \int_{-\infty}^{+\infty} \mathrm{e}^{-\mathrm{i}(\omega-\omega_0+\omega_\mathrm{m})t}\,\mathrm{d}t + \frac{U_0 M}{4} \int_{-\infty}^{+\infty} \mathrm{e}^{-\mathrm{i}(\omega+\omega_0+\omega_\mathrm{m})t}\,\mathrm{d}t
\end{aligned}
\tag{2.21}
$$

上式遇到的 $\int_{-\infty}^{+\infty} \mathrm{e}^{-\mathrm{i}(\omega-\omega')t}\,\mathrm{d}t$ 积分式是狄拉克 δ 函数[⑥]的一种特殊表示,满足

$$
\delta(\omega-\omega') = \frac{1}{2\pi} \int_{-\infty}^{+\infty} \mathrm{e}^{-\mathrm{i}(\omega-\omega')t}\,\mathrm{d}t
\tag{2.23}
$$

因此,有

$$
\begin{aligned}
A(\omega) &= 2\pi \frac{U_0}{2} \delta(\omega+\omega_0) + 2\pi \frac{U_0 M}{4} \delta[\omega+(\omega_0+\omega_\mathrm{m})] \\
&\quad + 2\pi \frac{U_0 M}{4} \delta[\omega+(\omega_0-\omega_\mathrm{m})] + 2\pi \frac{U_0}{2} \delta(\omega-\omega_0) \\
&\quad + 2\pi \frac{U_0 M}{4} \delta[\omega-(\omega_0+\omega_\mathrm{m})] + 2\pi \frac{U_0 M}{4} \delta[\omega-(\omega_0-\omega_\mathrm{m})]
\end{aligned}
\tag{2.24}
$$

与(2.16)式的振幅谱相比,(2.24)式振幅谱的角频率不限于 $\omega_0-\omega_\mathrm{m}$、$\omega_0$ 和 $\omega_0+\omega_\mathrm{m}$ 分量,还包括了负角频率 $-(\omega_0-\omega_\mathrm{m})$、$\omega_0$ 和 $-(\omega_0+\omega_\mathrm{m})$。因此,

---

⑥ 更具体地说,所谓的狄拉克 δ 函数不是函数。它由所谓的筛选属性定义

$$
\int_{-\infty}^{+\infty} \delta(\omega-\omega') f(\omega)\,\mathrm{d}\omega = f(\omega')
\tag{2.22}
$$

其中 $f(\omega)$ 对应在 ω' 点连续的任意函数。如果将 $f(\omega)$ 替换为 $f(\omega)=1$,则有 $\int_{-\infty}^{+\infty} \delta(\omega-\omega')\,\mathrm{d}\omega = 1$。在 $\omega' \to \omega$ 时,δ 函数趋于 ∞。

复数傅里叶分析导出的振幅谱相对角频率零点是对称的。由于振荡所包含的功率与采用复数傅里叶分析还是实数傅里叶分析无关,因此后者的频谱均匀地分布到正、负角(镜像)频率上。这使得(2.24)式和(2.15)式的振幅谱相差 1/2。

2.1.2.3　阻尼振荡器的频谱

现在讨论另一种幅度调制,振荡的振幅经历一段时间后逐渐消失。当受激原子发射电磁辐射而失去能量时,就会面临这种情况。为了描述损耗率,通常假设在任何时刻 t,在 $\mathrm{d}t$ 时间段发射的能量 $\mathrm{d}W$ 与该特定时刻存储在振荡器中的能量 $W(t)$ 成正比,即 $\mathrm{d}W(t) = -\Gamma W(t)\mathrm{d}t$[⑦]。对 $\mathrm{d}W(t)/W(t) = -\Gamma \mathrm{d}t$ 积分可得 $\ln W(t) - \ln W_0 = -\Gamma t$,并且有

$$W(t) = W(t=0)\exp(-\Gamma t) \tag{2.25}$$

由于储存在振荡器中的能量与振幅 $U(t)$ 的平方成正比,所以阻尼振荡可以写成

$$U(t) = U_0 \mathrm{e}^{-\frac{\Gamma}{2}t}\cos\omega_0 t \tag{2.26}$$

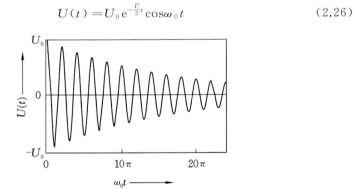

图 2.4　由(2.26)式给出的阻尼简谐振荡(其中 $\Gamma = 0.04\omega_0$)

方程(2.26)是在 $\Gamma \ll \omega_0$ 条件下,质量为 m、弹簧常数为 D、阻尼常数为 α 的阻尼谐振微分方程的一个近似解,该微分方程为

$$\frac{\mathrm{d}^2 U(t)}{\mathrm{d}t^2} + \Gamma\frac{\mathrm{d}U(t)}{\mathrm{d}t} + \omega_0^2 U(t) = 0 \tag{2.27}$$

其中,在 $\Gamma \ll \omega_0$ 条件下,$\omega_0 \equiv \sqrt{\dfrac{D}{m}}$,$\Gamma \equiv \dfrac{\alpha}{m}$。

---

⑦　本书的公式中同时使用了频率 ν 和角频率 ω,相应地,$\Gamma = 2\pi\gamma$ 为角频率域表示的阻尼常数、线宽等,γ 为频率域表示的对应物理量。

取尝试解为 $U(t) = U_0 \exp(\mathrm{i}\omega t)$,解微分方程(2.27)可得

$$-\omega^2 U(t) + \mathrm{i}\omega \Gamma U(t) + \omega_0^2 U(t) = 0 \tag{2.28}$$

对于任意 $U(t) \neq 0$ 的振幅,该方程通过下式求解

$$\omega_{1,2} = \frac{\mathrm{i}\Gamma}{2} \pm \sqrt{\frac{-\Gamma^2}{4} + \omega_0^2} \tag{2.29}$$

由 $\Gamma \ll \omega_0$ 可得 $\omega_{1,2} \approx \dfrac{i\Gamma}{2} \pm \omega_0$。将这两个解插入到尝试解 $U(t) = U_0' \exp(\mathrm{i}\omega t)$ 中,对这两个特定解求和可以得到(2.25)式并且有 $U_0' = \dfrac{U_0}{2}$。

为了得到阻尼谐振子的频谱,利用(2.20)式对(2.26)式进行傅里叶变换,有

$$A(\omega) = \int_0^{+\infty} U_0 \mathrm{e}^{-\frac{\Gamma}{2}t} \cos(\omega_0 t) \mathrm{e}^{-\mathrm{i}\omega t}\, \mathrm{d}t \tag{2.30}$$

这里将积分下限由 $-\infty$ 变为 0,因为 $t < 0$ 时 $U(t) = 0$。则有

$$A(\omega) = \int_0^{+\infty} U_0 \mathrm{e}^{-\frac{\Gamma}{2}t} \left(\frac{\mathrm{e}^{\mathrm{i}\omega_0 t} + \mathrm{e}^{-\mathrm{i}\omega_0 t}}{2} \right) \mathrm{e}^{-\mathrm{i}\omega t}\, \mathrm{d}t$$

$$= \int_0^{+\infty} \frac{U_0}{2} \mathrm{e}^{[\mathrm{i}(\omega_0 - \omega) - \frac{\Gamma}{2}]t}\, \mathrm{d}t + \int_0^{+\infty} \frac{U_0}{2} \mathrm{e}^{[\mathrm{i}(-\omega_0 - \omega) - \frac{\Gamma}{2}]t}\, \mathrm{d}t$$

$$= \frac{U_0}{2} \frac{1}{\mathrm{i}(\omega_0 - \omega) - \frac{\Gamma}{2}} \left\{ \mathrm{e}^{[\mathrm{i}(\omega_0 - \omega) - \frac{\Gamma}{2}]t} \right\}_0^{+\infty} + \frac{U_0}{2} \frac{1}{\mathrm{i}(-\omega_0 - \omega) - \frac{\Gamma}{2}} \left\{ \mathrm{e}^{[\mathrm{i}(-\omega_0 - \omega) - \frac{\Gamma}{2}]t} \right\}_0^{+\infty}$$

$$= \frac{U_0}{2} \left[\frac{1}{\mathrm{i}(\omega - \omega_0) + \frac{\Gamma}{2}} + \frac{1}{\mathrm{i}(\omega + \omega_0) + \frac{\Gamma}{2}} \right] \tag{2.31}$$

如果只是对频谱中 ω_0 附近的频率 ω 感兴趣,即满足 $\omega - \omega_0 \ll \omega_0$,由于上式第二项通常比第一项小得多,可以忽略不计[⑧]。用分母的复共轭分别与分子和分母相乘后,得到

$$A(\omega) = \frac{U_0}{2} \frac{-\mathrm{i}(\omega - \omega_0) + \frac{\Gamma}{2}}{\left[\mathrm{i}(\omega - \omega_0) + \frac{\Gamma}{2} \right] \left[-\mathrm{i}(\omega - \omega_0) + \frac{\Gamma}{2} \right]} = \frac{U_0}{2} \frac{-\mathrm{i}(\omega - \omega_0) + \frac{\Gamma}{2}}{(\omega - \omega_0)^2 + \left(\frac{\Gamma}{2} \right)^2} \tag{2.32}$$

与上面给出的简谐调制振荡器例子不同,谱函数 $A(\omega) = \mathrm{Re}A(\omega) + \mathrm{i}\mathrm{Im}A(\omega)$ 包括了实部和虚部:

---

⑧　这种近似通常被称为"旋波近似"。

$$\mathrm{Re}A(\omega)=\frac{U_0}{2}\frac{\dfrac{\Gamma}{2}}{(\omega-\omega_0)^2+\left(\dfrac{\Gamma}{2}\right)^2}$$

$$(2.33)$$

$$\mathrm{Im}A(\omega)=-\frac{U_0}{2}\frac{\omega-\omega_0}{(\omega-\omega_0)^2+\left(\dfrac{\Gamma}{2}\right)^2}$$

如图 2.5(a) 和图 2.5(b) 所示[⑨]。

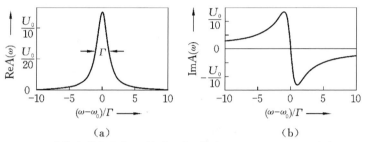

(a)   (b)

图 2.5 (2.33)式给出的阻尼振子的谱函数(其中 $\Gamma=0.04\omega_0$,(a) 实部;(b) 虚部)

傅里叶分量的功率谱 $P(\omega)\propto A(\omega)A^*(\omega)=\left[\mathrm{Re}A(\omega)\right]^2+\left[\mathrm{Im}A(\omega)\right]^2$,即

$$P(\omega)\propto\frac{U_0^2}{4}\frac{(\omega-\omega_0)^2+\left(\dfrac{\Gamma}{2}\right)^2}{\left[(\omega-\omega_0)^2+\left(\dfrac{\Gamma}{2}\right)^2\right]^2}=\frac{U_0^2}{4}\frac{1}{(\omega-\omega_0)^2+\left(\dfrac{\Gamma}{2}\right)^2}\qquad(2.34)$$

也具有与 $\mathrm{Re}A(\omega)$ 类似的洛伦兹线型(见图 2.6)。这样,阻尼简谐振荡的振幅指数衰减使得频谱变成了一个线宽为 $\Delta\omega$ 的连续频带。为了确定频带的线宽 $\Delta\omega$,首先确定洛伦兹线型的最大值为 $A(\omega=\omega_0)A^*(\omega=\omega_0)=U_0^2/\Gamma^2$。需要计算频率 $\omega_{1/2}$ 以确定半高全宽度(the Full Width at Half Maximum,FWHM),对应位置的 $A(\omega_{1/2})A^*(\omega_{1/2})$ 降至最大值的一半,即 $A(\omega_{1/2})A^*(\omega_{1/2})=\frac{1}{2}A(\omega_0)A^*(\omega_0)$,则有

$$\frac{1}{2}\frac{U_0^2}{\Gamma^2}=\frac{U_0^2}{4}\frac{1}{(\omega_{1/2}-\omega_0)^2+\left(\dfrac{\Gamma}{2}\right)^2}\qquad(2.35)$$

---

⑨ (2.33)式和图 2.5(b)的虚部的符号是我们选择(2.19)式和(2.20)式作为傅里叶变换 - 逆变换对的结果。如果互换(2.19)式和(2.20)式中复指数函数的符号,(2.33)式和图 2.5(b)中的符号也将随之变化。

求解（2.35）式可得 $(\omega_{1/2}-\omega_0)^2 = \left(\dfrac{\Gamma}{2}\right)^2$。因此，洛伦兹谱线的半高全宽度 $\Delta\omega_{\mathrm{FWHM}} \equiv 2(\omega_{1/2}-\omega_0)$ 由"阻尼常数"给出[⑩]，满足

$$\Delta\omega_{\mathrm{FWHM}} = \Gamma \tag{2.36}$$

根据（2.25）式，$1/\Gamma \equiv \tau$ 表示储存在振荡器中的能量减少到 $1/e$ 的特征时间。对阻尼原子而言，原子振荡器的激发能量通过辐射功率衰减，并且衰减的时间常数 τ 相同，线宽与激发态的寿命 τ 有关，满足

$$\Delta\omega = \Gamma = \frac{1}{\tau} \tag{2.37}$$

如果起始和终止能级分别以 τ_2 和 τ_1 的寿命衰减，则谱线的带宽为

$$\Delta\omega = \Gamma = \frac{1}{\tau_1} + \frac{1}{\tau_2} \tag{2.38}$$

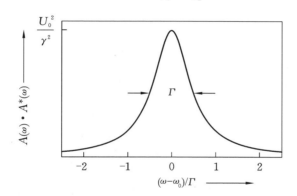

图 2.6 阻尼简谐振荡的傅里叶变换的模的平方为洛伦兹线型

原子的光学跃迁通常是从寿命只有几纳秒的激发态开始的。以钙原子的 $^1\mathrm{P}_1$ 激发态为例，它衰变到基态的时间常数 $\tau \approx 4.6$ ns，发射波长 $\lambda \approx 423$ nm（频率 $\nu = c/\lambda \approx 7\times10^{14}$ Hz）的蓝光辐射。将衰减时间与这个跃迁的振荡周期联系起来，我们可以发现，只有在大约 300 万次振荡之后，发射波列的振幅才衰减到 $1/e \approx 0.37$。因此一次振荡周期内的振幅变化非常小，在图 2.4 这样的图中很难看到。

为了描述阻尼振荡，定义品质因子（Q 因子）为平均储能 W 除以平均耗散能，满足

---

⑩　本书中，我们用 Γ 表示角频率（ω）域的半高全宽度，用 γ 表示频率 ν 域的半高全宽度。

$$Q \equiv \frac{\omega_0 W}{- \mathrm{d}W/\mathrm{d}t} \tag{2.39}$$

利用（2.26）式可得 $W \propto \overline{U(t)^2} = U_0^2/2\exp(-\Gamma t)$，$\mathrm{d}W/\mathrm{d}t \propto -\Gamma U_0^2/2\exp(-\Gamma t)$，这样由（2.39）式可得

$$Q = \frac{\omega_0}{\Gamma} = \frac{\omega_0}{\Delta\omega} \tag{2.40}$$

因此，可通过测量谱线的相对线宽 $\Delta\omega/\omega_0$ 得到 Q 因子，（2.39）式和（1.1）式对 Q 值的定义是等价的。

作为光学跃迁的典型例子，钙原子上述谱线的品质因子 $Q \approx 2 \times 10^7$。同一原子也可以激发到 $^3\mathrm{P}_1$ 长寿命能态，原子在该能态的寿命 $\tau = 0.4 \ \mathrm{ms}$，之后衰变到基态，同时发出红色辐射（$\lambda = 657 \ \mathrm{nm}$），相应的阻尼振荡品质因子 $Q > 1.1 \times 10^{12}$。

我们已经利用傅里叶变换导出了振荡衰减时间与相应频带宽度之间的关系式 $\Delta\omega\tau = 1$（（2.37）式）。该式与普朗克常数 $\hbar = h/(2\pi)$ 相乘，得到 $\hbar\Delta\omega\tau = \Delta E\tau = \hbar$，表明（2.37）式与量子力学的海森堡不确定原理有着密切关系，即

$$\Delta E \Delta t \geqslant \frac{\hbar}{2} \tag{2.41}$$

振荡的时域描述和互补的频域描述得到的积分功率谱必须相等，这两种描述由此联系起来，如下文所示。阻尼振动中包含的总能量（参见第 2 章脚注 ①）正比于

$$\int_{-\infty}^{+\infty} |U(t)|^2 \mathrm{d}t = \int_{-\infty}^{+\infty} U(t)U^*(t)\mathrm{d}t = \int_{-\infty}^{+\infty} U(t)\left[\frac{1}{2\pi}\int_{-\infty}^{+\infty} A^*(\omega)\mathrm{e}^{-\mathrm{i}\omega t}\mathrm{d}\omega\right]\mathrm{d}t \tag{2.42}$$

交换积分顺序可得

$$\int_{-\infty}^{+\infty} |U(t)|^2 \mathrm{d}t = \frac{1}{2\pi}\int_{-\infty}^{+\infty} A^*(\omega)\left[\int_{-\infty}^{+\infty} U(t)\mathrm{e}^{-\mathrm{i}\omega t}\mathrm{d}t\right]\mathrm{d}\omega$$

和

$$\int_{-\infty}^{+\infty} |U(t)|^2 \mathrm{d}t = \frac{1}{2\pi}\int_{-\infty}^{+\infty} |A(\omega)|^2 \mathrm{d}\omega \quad （\text{Parseval 公式}） \tag{2.43}$$

这里我们利用了（2.19）式和（2.20）式。因为 $|A(\omega)|^2\mathrm{d}\omega$ 是角频率 ω 和 $\omega + \mathrm{d}\omega$ 间隔内的功率，所以 $|A(\omega)|^2$ 代表角频率域的功率谱密度。（2.43）式中的 Parseval 公式表明，时域上的积分总功率等于傅里叶频域上的积分总功率。

本节小结：任何简谐振荡的调幅都会产生载波频率之外的额外频率分量。因此，只有当振荡器的振幅具有很高的含时稳定度时，振荡器才能实现窄

线宽。在阻尼振荡随时间常数 τ 衰减的情况下就会产生频带,并且它的宽度与衰减时间 τ 成反比。类似地,受限于有限周期或者在有限观测时间 τ 内探询的任何振荡,对应的频率带宽与 τ 间接成反比(见第 5.4.1 节)。

2.1.3 相位调制

本节研究简谐振荡的相位调制及其对频谱的影响。为了简化数学并尽可能纯粹地确定它的影响,让振幅保持恒定,同时为了简单起见,选择相位的简谐调制如下:

$$U_{PM}(t) = U_0\cos\varphi = U_0\cos(\omega_0 t + \delta\cos\omega_m t) \tag{2.44}$$

调制系数 δ(相位调制系数)对应调制振荡器的相位与未调制振荡器的相位之间的最大差。利用(2.11)式可导出(2.44)式的瞬时角频率 $\omega(t)$ 为

$$\omega(t) = \omega_0 - \omega_m\delta\sin\omega_m t \equiv \omega_0 - \Delta\omega\sin\omega_m t \tag{2.45}$$

这里

$$\Delta\omega = \omega_m\delta \tag{2.46}$$

表示瞬时角频率与未受扰动角频率 ω_0 间的最大偏差。

根据(2.46)式,相位调制和频率调制密切相关,这两个术语一起使用。如果调制系数 δ 与调制频率 ω_m 无关并保持不变,无线电工程师就称之为相位调制。在这种情况下,频率偏差 $\Delta\omega = \omega_m\delta$ 随调制频率线性增加。如果调制过程中频率偏差 $\Delta\omega$ 是固定的,并且不依赖于调制频率 ω_m,则称之为频率调制。此时调制系数 $\delta = \Delta\omega/\omega_m$ 反比于调制频率 ω_m。

图 2.7 所示的是一个简谐相位调制的振荡,其中 $\omega_m = 0.1\omega_0$,调制系数 $\delta = 7.5$。从(2.46)式可以看出,该调制系数对应频率偏差为 $\Delta\omega = 0.75\omega_0$,瞬时频率在 $0.25\omega_0$ 和 $1.75\omega_0$ 之间波动。显然,相位调制振荡不能用单一频率来表示。为了研究相位调制振荡的频谱,我们将(2.44)式写成

$$U_{PM}(t) = U_0\cos(\omega_0 t + \delta\cos\omega_m t) = U_0\operatorname{Re}\{\exp(i\omega_0 t)\exp(i\delta\cos\omega_m t)\} \tag{2.47}$$

将第二部分的复指数函数展开成幂级数形式,通过适当的三角公式将 $\cos\omega_m t$ 的高次幂变换成高次谐波 $n\omega_m t$ 的余弦项,即

$$\exp[i\delta\cos(\omega_m t)] = 1 + i\delta\cos(\omega_m t) + i^2\frac{1}{2!}\delta^2\frac{1}{2}[1 + \cos(2\omega_m t)]$$

$$+ i^3\frac{1}{3!}\delta^3\frac{1}{4}[3\cos(\omega_m t) + \cos(3\omega_m t)]$$

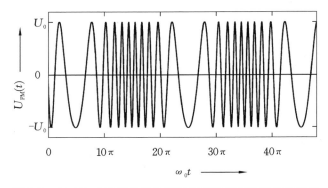

图 2.7 （2.44）式给出的相位调制振荡的振幅随时间的变化

$$+ \mathrm{i}^4 \frac{1}{4!} \delta^4 \frac{1}{8} \big[3 + 4\cos(2\omega_m t) + \cos(4\omega_m t) \big]$$

$$+ \mathrm{i}^5 \frac{1}{5!} \delta^5 \frac{1}{16} \big[10\cos(\omega_m t) + 5\cos(3\omega_m t) + \cos(5\omega_m t) \big]$$

$$+ \mathrm{i}^6 \frac{1}{6!} \delta^6 \frac{1}{32} \big[10 + 15\cos(2\omega_m t) + 6\cos(4\omega_m t)$$

$$+ \cos(6\omega_m t) \big] + \mathrm{i}^7 \frac{1}{7!} \delta^7 \frac{1}{64} \big[35\cos(\omega_m t)$$

$$+ 21\cos(3\omega_m t) + 7\cos(5\omega_m t)$$

$$+ \cos(7\omega_m t) \big] + \cdots$$

重新排列各项得

$$\exp\big[\mathrm{i}\delta\cos(\omega_m t)\big] = J_0(\delta) + 2\mathrm{i}J_1(\delta)\cos(\omega_m t) + 2\mathrm{i}^2 J_2(\delta)\cos(2\omega_m t)$$
$$+ \cdots + 2\mathrm{i}^n J_n(\delta)\cos(n\omega_m t)\cdots \qquad (2.48)$$

其中，J_n 是第一类贝塞尔（Bessel）函数，满足

$$J_0(\delta) = 1 - \left(\frac{\delta}{2}\right)^2 + \frac{1}{4}\left(\frac{\delta}{2}\right)^4 - \frac{1}{36}\left(\frac{\delta}{2}\right)^6 + \cdots$$

$$J_1(\delta) = \left(\frac{\delta}{2}\right) - \frac{1}{2}\left(\frac{\delta}{2}\right)^3 + \frac{1}{12}\left(\frac{\delta}{2}\right)^5 - \cdots$$

$$J_2(\delta) = \frac{1}{2}\left(\frac{\delta}{2}\right)^2 - \frac{1}{6}\left(\frac{\delta}{2}\right)^4 + \frac{1}{48}\left(\frac{\delta}{2}\right)^6 - \cdots \qquad (2.49)$$

$$J_3(\delta) = \frac{1}{6}\left(\frac{\delta}{2}\right)^3 + \frac{1}{24}\left(\frac{\delta}{2}\right)^5 + \frac{1}{240}\left(\frac{\delta}{2}\right)^7 - \cdots$$

$$\vdots$$

贝塞尔函数 J_0 至 J_{10} 如图 2.8 所示。

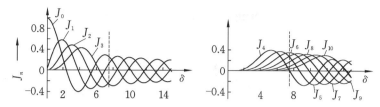

图 2.8　$0 \leqslant n \leqslant 10$ 阶（第一类）贝塞尔函数 $J_n(\delta)$ 随 δ 的变化（图中虚线表示图 2.7 中使用的调制系数 $\delta = 7.5$ 对应的位置）

由此，(2.47) 式可以写为

$$U_{\mathrm{PM}}(t) = U_0 \sum_{n=-\infty}^{\infty} \mathrm{Re}\{(\mathrm{i})^n J_n(\delta) \exp[\mathrm{i}(\omega_0 + n\omega_{\mathrm{m}})t]\} \tag{2.50}$$

负阶贝塞尔函数可由下式计算得到，即

$$J_{-n} = (-1)^n J_n \tag{2.51}$$

(2.50) 式可以确切表示为

$$\begin{aligned}
U_{\mathrm{PM}}(t) = U_0 \mathrm{Re}\{ & J_0(\delta) \exp(\mathrm{i}\omega_0 t) \\
& + \mathrm{i} J_1(\delta)\{\exp[\mathrm{i}(\omega_0 t + \omega_{\mathrm{m}} t)] + \exp[\mathrm{i}(\omega_0 t - \omega_{\mathrm{m}} t)]\} \\
& - J_2(\delta)\{\exp[\mathrm{i}(\omega_0 t + 2\omega_{\mathrm{m}} t)] + \exp[\mathrm{i}(\omega_0 t - 2\omega_{\mathrm{m}} t)]\} \\
& - \mathrm{i} J_3(\delta)\{\exp[\mathrm{i}(\omega_0 t + 3\omega_{\mathrm{m}} t)] + \exp[\mathrm{i}(\omega_0 t - 3\omega_{\mathrm{m}} t)]\} \\
& + J_4(\delta)\{\exp[\mathrm{i}(\omega_0 t + 4\omega_{\mathrm{m}} t)] + \exp[\mathrm{i}(\omega_0 t - 4\omega_{\mathrm{m}} t)]\} \\
& + \mathrm{i} \cdots \} \\
= U_0\{ & J_0(\delta) \cos\omega_0 t \\
& - J_1(\delta)\sin(\omega_0 t + \omega_{\mathrm{m}} t) - J_1(\delta)\sin(\omega_0 t - \omega_{\mathrm{m}} t) \\
& - J_2(\delta)\cos(\omega_0 t + 2\omega_{\mathrm{m}} t) - J_2(\delta)\cos(\omega_0 t - 2\omega_{\mathrm{m}} t) \\
& + J_3(\delta)\sin(\omega_0 t + 3\omega_{\mathrm{m}} t) + J_3(\delta)\sin(\omega_0 t - 3\omega_{\mathrm{m}} t) \\
& + J_4(\delta)\cos(\omega_0 t + 4\omega_{\mathrm{m}} t) + J_4(\delta)\cos(\omega_0 t - 4\omega_{\mathrm{m}} t) \\
& - \cdots \}
\end{aligned} \tag{2.52}$$

从 (2.52) 式可知，简谐相位调制振荡在频谱上表现为角频率为 ω 的载波和无穷多个角频率为 $\omega \pm n\omega_{\mathrm{m}}$ 的边带分量，以角调制频率 ω_{m} 的倍数排列，这与简谐调幅振荡不同，后者在载波两侧只有一阶频率分量为 $\omega \pm \omega_{\mathrm{m}}$。从图 2.8 可以看出，只有当调制系数大于 1 时，高阶贝塞尔函数才变得重要。为了更详细地说明这一点，我们研究了图 2.7 所示的相位调制振荡。由于该示例的调制系

数为 $\delta = 7.5$,因此必须根据(2.49)式计算 $J_n(7.5)$,或者必须在图2.8中表示 $\delta = 7.5$ 的虚线处查找它们。从图2.9(a)所示的 $J_n(7.5)$ 振幅可以看到,在载波的每一侧都需要大约有10个分量表示调制系数 $\delta = 7.5$ 的相位调制振荡,而更高阶分量的振幅则迅速变得不那么重要。根据经验,调制系数给出了对频谱有显著贡献的边带数目。这很容易看出,因为(2.46)式给出的最高瞬时频率就是 $\omega_{max} = \omega_0 + \Delta\omega = \omega_0 + \omega_m\delta$。为了准确地合成图2.7中的最快振荡,我们需要重点考虑这个最大频率以内的所有频率分量。

图2.9(a)给出了用不同频率的振幅分量表征的相位调制振荡,这些振幅分量的平方可用来衡量包含在各频率分量的功率。功率谱相对于载波频率是对称的。在所选的例子中,只有振荡总功率的大约7%留在载波中。载波和所有边带中包含的总功率必须等于未调制振荡的总功率,这虽然不能从(2.50)式中明显看出,但它可以从Parseval公式,即(2.43)式得到。因此,相位调制使总功率保持不变,但根据调制系数将其分配到边带上。这与幅度调制(见(2.18)式)不同,幅度调制的总功率随着(幅度)调制系数 M 的增加而增加。

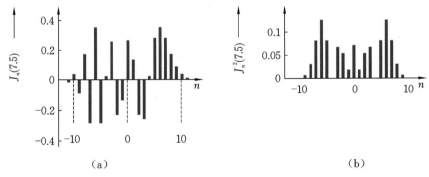

(a)   (b)

图2.9　(a)对图2.7的相位调制振荡频谱有贡献的贝塞尔函数 $J_n(\delta = 7.5)$;(b)图2.9(a)的振幅谱的平方,表示图2.7的简谐相位调制振荡的各边带所包含的功率

频标中使用的振荡器通常只有很低的相位调制,因此调制系数很小($\delta < 1$)。在这种情况下,仅考虑分别由 J_0 和 J_1 确定的载波和一阶边带就足够了,因为更高阶的贝塞尔函数变得非常小(见图2.8和(2.52)式)。这种情况与调幅振荡类似,在 ω_0 处有一个载波,在 $\omega_0 + \omega_m$ 和 $\omega_0 - \omega_m$ 处有两个边带,然而根据(2.52)式,载波的余弦函数和一阶边带的正弦函数之间保持相位差,使二者之间存在显著差别。为了更清楚地看到这一点,我们取调制系数 $\delta = 1$,在相量

图上研究相位调制振荡(见图 2.10)。这种情况下,$J_0 = 0.765$,$J_1 = 0.44$,$J_2 = 0.115$,说明只保留载波和两个一阶边带就可以了。相位 $\omega_0 t$ 通常被选为 2π 的倍数,这样载波相位就落在实轴上。在 $t = 0$ 开始时刻,即 $\omega_0 t = 0$ 时,由于 (2.52) 式中余弦和正弦函数(或相位因子 $\mathrm{i} = \exp(\mathrm{i}\pi/2)$)之间的 $90°$ 相移,表示两个边带的相量相对载波相量旋转 $90°$。合成相量由载波相量和两个与载波相量垂直的边带相量求和得到,表示 $\omega_0 t = 0$ 处的相位调制振荡。合成相量的角度为 $\arctan\alpha = (2 \times 0.4)/1 \approx 38.7°$。当载波相位增加 2π(第二幅图像)时,表示低频边带的相量后退了 $45°$,表示高频边带的相量前进了 $45°$。在这种情况及如图 2.10 所示的所有情况下,两个边带相量相对虚轴对称,并且两个一阶边带的合成相量始终垂直于载波相量。从图 2.10 中可以看出,在相位调制振荡的情况下,合成的相量围绕载波相量“摆动”。相对于固定的载波相量,合成相量有时在载波之前,有时在载波之后。

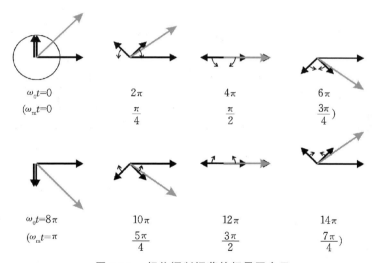

图 2.10　相位调制振荡的相量图表示

图 2.10 中,相位调制振荡由(2.52)式给出,取调制系数 $\delta = 1$,调制频率 $\omega_m = \omega_0/8$,总的相量通过指向横坐标右侧的载波相量和两个旋转边带相量合成。

图 2.10 所示的结果初看是令人惊讶的,因为即使我们假设采用了振幅恒定的“纯”相位调制,合成相量的长度仍然不固定,相当于进行了额外的幅度调制。这种表象上的幅度调制是由于我们只考虑一阶边带相量造成的。精确的处理需要将所有频率为 $\omega_0 + n\omega_m$ 和 $\omega_0 - n\omega_m$ 的更高阶边带相量包括进来。

真实的振荡器一般不会以上面描述的简单方式进行调制。可以预期,真实振荡器至少在一定程度上同时显示相位和振幅的调制。调制通常不能简单表示为单一调制频率或简谐时间函数的形式。如果知道确切的含时调制函数,就可以根据傅里叶变换将其分解成有限或无限个谐波函数。在这种情况下,边带的频谱可能非常稠密。通常,真实振荡器的调制甚至不能用解析时间函数来描述,因为相位和振幅的时间演化是以一种不确定的方式波动的。本章第 3 节将介绍描述此类振荡器振幅和频率波动的方法。

2.2　带反馈的振荡器

从上一节的结果可以看出,用于频标的振荡器必须使所有的振幅和相位调制都保持最小。为了保持振荡器的振幅恒定,必须对振荡器中提取或耗散的功率进行补偿。可以通过从发射功率中分出一部分,然后进行放大并以适当的相位反馈给振荡器(见图 2.11(a))实现补偿。如果功分器和放大器的位置互换,反馈同样可以工作(见图 2.11(b))。

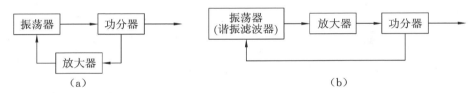

图 2.11　(a) 为了补偿从振荡器中提取的功率,部分提取功率从功分器中分离出来,然后放大并反馈回振荡器;(b) 图 2.11(a) 中功分器和放大器的顺序可以互换

为了保持连续振荡的振幅恒定,必须满足一定的条件,当图 2.11(a) 描述的系统处于平衡态时,可从输入、输出的平衡中导出这些条件。考虑振荡器输出端的振荡信号为 $U_{out}(t) = U_0 e^{i\omega t}$,它可以代表电压、微波功率或光波的场强等参量。该信号振幅的一小部分 k 从功分器中分离出来,并通过振幅放大系数为 A 的放大器反馈给振荡器。在稳态下,必须把从振荡器中提取的功率($\propto U_{out}^2$)馈入到振荡器的输入端($\propto U_{in}^2$),以保证振幅不变[11],即

$$U_{out} = U_0 \exp(i\omega t) = U_{in} = kAU_0 \exp\{i[\omega t - \alpha(\omega) - \beta(\omega)]\} \quad (2.53)$$

在(2.53)式中,α 和 β 分别是信号在反馈路径中以有限速度传播一定时间

---

[11]　简单起见,我们假设输入和输出的阻抗相等。

引进的频率相关相移,以及放大器引起的频率相关相移。根据(2.53)式的振荡条件,振幅和相位分别需要满足如下的关系:

$$kA = 1 \quad \text{（振幅条件）} \tag{2.54}$$

并且 $\qquad \alpha + \beta = 0, 2\pi, \cdots \quad \text{（相位条件）} \tag{2.55}$

相位条件 $\alpha + \beta = 0, 2\pi, \cdots$ 要求反馈到振荡器的信号与振荡器同相。根据振幅条件,只有当增益补偿了所有损耗时才会发生简谐振荡。增益偏小时,振荡振幅指数衰减;而增益偏大时,振荡振幅随时间指数增加。由于放大器的输出是有限的,输出信号的振幅将在某个值达到饱和,饱和值取决于诸如电源提供的电压等参数。然而放大器的非线性会使振荡器的信号失真,不再输出纯谐振信号。这样,输出信号中除了基频外还包括高次谐波频率成分。为了避免这种谐波失真,放大器的控制系统必须确保(2.54)式的振幅条件始终成立。

在图 2.11(a) 的反馈系统中,振荡器的部分功率通过放大器反馈给振荡器,振荡器现在不再是自由振荡,而是成为受迫振荡器。由于功分器和放大器的顺序可以互换(见图 2.11(b)),可以对该反馈回路给出另一种解释,认为放大器输出的部分功率通过振荡器耦合回到放大器的输入端。这种情况下,振荡器起谐振滤波器的作用,下面将研究它的性质。

为了计算受迫振荡器(共振滤波器)的频率依赖关系,我们修改阻尼谐振子的动力学方程(2.27)式,增加一项周期性的附加力 $F(t)$。为了简化计算,将其以复数形式表示为 $F(t) = u_0/m \exp(\mathrm{i}\omega t)$,由此得到

$$\frac{\mathrm{d}^2 U(t)}{\mathrm{d}t^2} + \Gamma \frac{\mathrm{d}U(t)}{\mathrm{d}t} + \omega_0^2 U(t) = \frac{u_0}{m} \mathrm{e}^{\mathrm{i}\omega t} \tag{2.56}$$

(2.56)式可以取尝试解 $U(t) = \tilde{U}_0 \exp(\mathrm{i}\omega t)$ 进行求解[⑫],满足

$$\tilde{U}_0 = \frac{u_0}{m(\omega_0^2 - \omega^2 + \mathrm{i}\Gamma\omega)} = \frac{u_0(\omega_0^2 - \omega^2)}{m(\omega_0^2 - \omega^2) + m\Gamma^2\omega^2} - \mathrm{i}\frac{u_0\Gamma\omega}{m(\omega_0^2 - \omega^2)^2 + m\Gamma^2\omega^2} \tag{2.57}$$

$\tilde{U}_0$ 是受迫振荡器(谐振滤波器)的频率相关复响应。通常,一个复数传递函数被定义为响应和驱动力之比:

$$\chi(\omega) \equiv \frac{\tilde{U}_0}{u_0/m} \tag{2.58}$$

———————————

⑫　这个特解不一定是一般的解。

谐振滤波器的响应在复平面上既可以(在笛卡尔坐标下,如(2.58)式)用实部 $\mathrm{Re}\tilde{U}_0$ 和虚部 $\mathrm{Im}\tilde{U}_0$ 表示,也可以(在极坐标中)用振幅和相位角表示,即

$$\tilde{U}_0 = a(\omega)\mathrm{e}^{\mathrm{i}\varphi}$$

其中

$$
\begin{aligned}
a(\omega) &= |\tilde{U}_0| = \sqrt{\tilde{U}_0\tilde{U}_0^*} = \sqrt{\mathrm{Re}\tilde{U}_0^2 + \mathrm{Im}\tilde{U}_0^2}\\
&= \sqrt{\frac{u_0^2[(\omega_0^2-\omega^2)^2+\Gamma^2\omega^2]}{m^2[(\omega_0^2-\omega^2)+\Gamma^2\omega^2]^2}} = \frac{u_0}{m\sqrt{(\omega_0^2-\omega^2)^2+\Gamma^2\omega^2}}
\end{aligned}
\tag{2.59}
$$

及

$$\tan\varphi = \frac{\mathrm{Im}\tilde{U}_0}{\mathrm{Re}\tilde{U}_0} = \frac{\Gamma\omega}{\omega^2-\omega_0^2} \tag{2.60}$$

复传递函数(2.59)式的模给出了谐振滤波器的振幅增益,对于低频 $\omega \ll \omega_0$ 的情况,增益几乎是恒定的(见图 2.12(a));而在 $\Gamma < \omega_0$ 的条件下,角频率接近 ω_0 时,振幅增益不断增加;当经过 ω_0 处的最大值后,它大致按正比于 $1/\omega$ 的速度迅速下降;而在 $\omega \gg \omega_0$ 的高频段,它以正比于 $1/\omega^2$ 的速度下降。在谐振频率附近,谐振滤波器的相位从 $0°$ 变化到 $-180°$,如图 2.12(b) 所示。

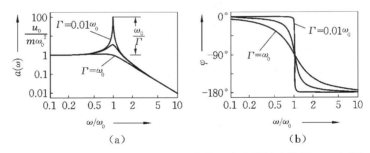

图 2.12 $\Gamma = \omega_0$,$\Gamma = 0.1\omega_0$,和 $\Gamma = 0.01\omega_0$ 的谐振滤波器的波特图((a) 振幅;(b) 相位)

用复传递函数表示反馈环路中的一个特定元件是处理相关问题的一般方法,传递函数的模描述了信号振幅增益的频率响应,它的相位表示信号在元件中传递时经历的相移。如果环路中有不止一个元件,则总的相移是这些元件各自产生的相移之和,而合成振幅是各个元件增益之积。因此,电子元件的复传递函数的模 $a(\omega)$ 和相移 $\varphi(\omega)$ 通常表示为图 2.12 的形式,并称之为波特图,其中(幅度)增益以对数坐标表示,而相移以线性坐标表示。然后对各个特定元件的波特图求和生成组合系统的波特图。需要说明的是,传递函数的频率响应通常涵盖几个数量级的频率范围,所以波特图的频率轴用对数坐标表示。

可以利用共振频率附近的快速相位变化,将探询振荡器的频率维持在接近共振频率的位置。因此我们有必要更详细地研究共振附近的相位变化,如图 2.12(b) 所示。由(2.60)式可得

$$\varphi = \arctan \frac{\Gamma \omega}{\omega^2 - \omega_0^2} \approx -\frac{\pi}{2} - \frac{\omega^2 - \omega_0^2}{\Gamma \omega} \qquad (2.61)$$

这里,我们利用了公式 $\arctan x = \pm \frac{\pi}{2} - \frac{1}{x} + \frac{1}{3x^2} - \cdots$。$\varphi$ 在 $\omega = \omega_0$ 处的斜率为

$$\left. \frac{\mathrm{d}\varphi}{\mathrm{d}\omega} \right|_{\omega = \omega_0} = -\frac{\omega^2 + \omega_0^2}{\Gamma \omega^2} \bigg|_{\omega = \omega_0} = -\frac{2}{\Gamma} = -\frac{2Q}{\omega_0} \qquad (2.62)$$

这里用到了(2.40)式。

2.3 频率稳定

宏观或微观频率参考在其共振附近的响应都是急剧变化的,可利用图 2.12 的振幅或相位响应实现振荡器的频率稳定。

2.3.1 伺服环路模型

考虑如图 1.3 所示的频标伺服系统。如果反馈环路[13]打开,则自激振荡器的频率 ν_i 与参考频率 ν_0 之间没有固定关系。稳定方案包括称之为鉴相器的器件,该器件通过测量振荡器的实际频率 ν_s 与参考频率 ν_0 之间的频率偏差 $\delta\nu \equiv \nu_s - \nu_0$ 给出误差信号 S。需要注意的是,即使反馈回路是闭合的,也必须将自激振荡器的频率 ν_i 与振荡器的频率 ν_s 区分开来。有多种技术可以生成误差信号,其中一些将在后面讨论。这里,为了简单起见,我们假设在频率偏差 $\delta\nu$ 不太大的情况下,误差信号 S 与频率偏差成正比:

$$S \approx C(\nu_s - \nu_0) = C\delta\nu \qquad (2.63)$$

误差信号在伺服放大器中一般通过适当的滤波和放大进行进一步处理,然后产生伺服信号。伺服信号 U_R 作用于伺服元件以改变振荡器的频率,使得频率偏差 $\delta\nu$ 最小化。用频率相关增益 $g(f)$ 描述伺服放大器[14],即

---

[13] 这里的反馈环路与第 2.2 节中的反馈环路不同,那个环路假设振荡器因反馈而振荡。这里,我们假设振荡器已经振荡,反馈只是用于频率稳定。

[14] 这里,我们必须区分载波频率域的振荡器频率 ν 和用于描述频率偏差 $\delta\nu(f)$ 的(傅里叶)频谱的傅里叶频率 f。

$$U_R = g(f)C\delta\nu \tag{2.64}$$

假设伺服元件引起的振荡器频率变化正比于伺服信号 U_R 和频率相关响应 $D(f)$，则伺服环路的联合频率相关传递函数为 $D(f)g(f)C$。当伺服环路闭合时，伺服元件引起振荡器的频率变化必须通过负反馈抵消频率偏差 $\delta\nu$，因此有

$$\nu_s = \nu_i - Dg(f)C\delta\nu \tag{2.65}$$

将 (2.65) 式的两边同时减去 ν_0，可得

$$\nu_s - \nu_0 = \nu_i - \nu_0 - Dg(f)C\delta\nu \tag{2.66}$$

我们发现 (2.66) 式的左边表示频率稳定振荡器的频率 ν_s 与参考频率 ν_0 的偏差 $\delta\nu$。定义自激振荡器的频率与参考频率的偏差为 $\nu_i - \nu_0 \equiv \Delta\nu$，则 (2.66) 式可写为

$$\Delta\nu = \delta\nu + Dg(f)C\delta\nu = \delta\nu[1 + Dg(f)C] \tag{2.67}$$

上式可得

$$\delta\nu = \frac{\Delta\nu}{1 + CDg(f)} \tag{2.68}$$

在这个具有比例增益和负反馈的伺服环路简单模型中，自激振荡器的频率偏差 $\Delta\nu$ 是原来的 $(1 + CDg(f))$ 分之一。令人惊讶的结果是存在一个非零的残余频率偏差 $\delta\nu$。为了使稳频振荡器的频率尽可能接近参考频率，环路的总增益 $CDg(f)$ 必须尽可能高。一般来说，放大器的增益和伺服元件的灵敏度都是和频率相关的。为了使伺服回路的性能达到最佳，需要知道每个元件的复频率响应，包括振幅增益和相位。伺服元件、电缆或放大器中的死时间或传输时间都将导致环路中产生频率相关的相移。相移是极其重要参数，如果这些相移相加起来产生 180° 的总相移，则反馈将变成正反馈而不是负反馈，从而增加频率偏差。为了描述伺服环路的特征或设计优化伺服环路，有必要深入了解所有元件的频率相关传递函数。第 2.4 节将举例给出一些常用电子元件的传递函数。

2.3.2 误差信号的产生

有多种方法可以产生误差信号。误差信号不必像 (2.63) 式所假设的那样，是（相对参考频率）频移的线性函数，但它应该是单调的，在共振时过零点。谐振频率处的这种符号变化允许伺服系统区分振荡器的频率是大于还是小于参考频率，并去抵消相应的频率偏差。测量像图 2.12(b) 那样的滤波器谐

振附近的相位变化,然后减去恒定相位 $-\pi/2$,立即产生具有期望特性的误差信号。然而,通过扫描振荡器的频率并监测其穿过谐振频率时环路中的功率变化,得到如图 2.12(a) 所示的传递函数线型是几乎对称的钟型曲线,该曲线在共振频率处无法直接给出误差信号。在下文中,我们给出了两个例子,说明如何利用这种共振对称的线型生成反对称的色散信号。在讨论特定的频标时,将给出更多示例,详见第 9 章。

2.3.2.1　锁边法稳频

有特别简单的振荡器稳频方法,可以选取谐振谱线一侧的、传递信号在最大值和最小值之间某个适当点作为参考频率(见图 2.13)。

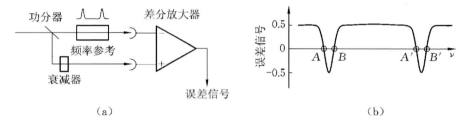

（a）　　　　　　　　　　　　　　　（b）

图 2.13　（a）锁边示意图；（b）对经过频率参考的信号进行功率探测,该信号与参考信号差分得到的误差信号

在这种锁边方案中,锁定到频率参考上的振荡器将部分功率输出,并通过功分器大致平均地分配到不同的路径,信号在其中的一条路径上与频率参考相互作用。在讨论锁边技术时,我们不需要指定具体的振荡器和参考。无论我们考虑的是激光和法布里－珀罗干涉仪的组合还是与吸收池相关的微波振荡器,它们都通过合适的光电二极管或微波探测器探测透射后的功率并产生对特定参考具有频率依赖关系的信号。第二条路径提供参考信号,振荡器输出的功率通过功分器分出的一部分,第二个探测器对其进行探测得到这个信号,这部分功率可以通过合适的衰减器进行调节。利用差分放大器让两个信号求差就可以得到类似图 2.13(b) 所示的信号,该信号在每个共振点两边都各有两个合适的锁定点 A 和 B。差分信号在锁定点 A 和 B 附近具有锁边的期望特性,即它是在锁定点处改变符号的单调曲线。锁边非常容易实现,并且它允许通过调节偏置在有限范围内调节频率。差分信号的优点是可以在很大程度上消除振荡器功率起伏的影响。锁边的简单性必然也带来一些缺点:第一,所选择的锁定点与谐振中心不重合,而是由衰减器设定的偏置点确定的;第二,

由此导致锁定点不是很稳定。只有那些对两个独立探测信号变化相同的起伏才可以实现功率波动补偿,与频率参考耦合的变化将影响传输功率并引起频移,这种变化并非不可能,例如在法布里-珀罗干涉仪中,模式竞争很容易降低入射激光束设定点的稳定性;第三,稳定伺服的捕获范围通常非常不对称,如图 2.13(b) 所示。考虑选取过零 A 点作为误差信号的给定极性锁定点。任何降低振荡器频率的扰动都会产生正的误差信号,并由伺服单元抵消。只要误差信号为负,即振荡器的频率在 $\nu(A)$ 和 $\nu(B)$ 之间的范围内,增加振荡器频率的扰动造成的影响将由伺服单元通过减小频率进行控制。然而,如果扰动导致的频率增加高于 $\nu(B)$,则误差信号将再次为正,因此振荡器的频率将被推离谐振,并可能跳到下一个更高的谐振锁定点 A'。这些缺点可以通过采用基于调制技术的锁定方案来克服。

2.3.2.2 使用调制技术产生误差信号

可以通过调制频率差 $\nu_s - \nu_0$ 的办法将振荡器的频率 ν_s 稳定到谐振的中心频率 ν_0。一般来说,既可以调制振荡器的频率也可以调制参考的中心频率。后一种方法通常应用于宏观频率参考,但它也可用于基于微观量子吸收器的频标,只要它们的钟跃迁与可调制外部参数相关,例如具有明显塞曼效应的吸收线。对于不可调谐的谐振线,必须通过直接调制振荡器的频率或使用外部调制器来实现对探询振荡器的频率调制。在微波和光学频标中,有两种调制方式,即方波调制和简谐调制。使用方波调制时,振荡器的频率 ν_s 以时间间隔 $\tau/2$ 周期性地在 $\nu_s + \delta\nu$ 和 $\nu_s - \delta\nu$ 之间切换(见图 2.14(a))。

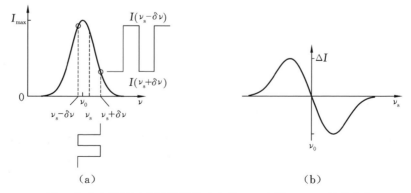

图 2.14　(a) 以 ν_0 为中心的钟形共振线型的功率谱;(b) 由图 2.14(a) 的差分信号 $\Delta I(\nu_s) \equiv I(\nu_s + \delta\nu) - I(\nu_s - \delta\nu)$ 得到的在 $\nu_s = \nu_0$ 处过零点的鉴频曲线

考虑如下的情况,对传输通过吸收体并被探测器测量的功率信号进行积分,积分时间对应两个半周期 $\tau/2$。将两个积分信号的差 $\Delta I(\nu_s) \equiv I(\nu_s + \delta\nu) - I(\nu_s - \delta\nu)$ 作为振荡器相对中心频率偏差 $\nu_s - \nu_0$ 的函数,可以得到反对称的鉴频曲线(见图 2.14(b))。

因此,差分信号可以用作伺服单元的明确误差信号。如果振荡器的频率低于参考的中心频率,则误差信号为正,反之亦然。利用所谓的锁相放大器可以获得积分的差分信号。该装置将信号与调制信号的频率同步地集成在一起,从而在调制周期的一半之后改变输入信号的符号。这种相敏检测技术能够检测埋藏在非常强的背景下非常微弱的周期信号,因为除了调制频率处的频率分量、直流分量和所有其他频率分量都被积分为零。

方波调制的信号常常并不适用,有几个原因:方波调制引入了非常高的谐波,通过所谓的混叠可以将高频噪声成分混合到基带(见第 3.5.3 节);此外,快速切换可能将振铃效应引入到与调制的实际频谱相关的窄带滤波器中。因此,通常采用简谐调制方法对探询振荡器的频率或参考源的谐振频率进行调制,并将幅度调制信号作为频率调制的函数对其进行探测(见图 2.15)。

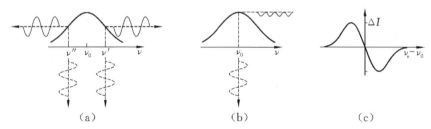

图 2.15 在共振谱线的不同频率点,对振荡器频率的简谐调制(点)产生了信号幅度的不同调制方式(实线)((a) 在正的半高宽(ν')附近调制频率时,正的频偏会导致输出信号的减小,反之亦然,在负的半高宽斜坡(ν'')上,正的频偏会导致输出信号的增加;(b) 中心频率(ν_0)附近的频率调制产生了两倍频率调制的信号调制;(c) 调幅信号的相敏检测可得到反对称鉴频曲线)

相敏信号由同步探测器或锁相放大器等探测得到,作为振荡器频率相对共振中心频率频差的函数,它显示为反对称鉴频曲线(见图 2.15(c))。从图 2.15(a)可以看出,误差信号的符号变化是由于在共振频率两边的调制信号有 π 相移造成的。

2.4 电子伺服系统

在图 1.3 所示的伺服控制单元中，鉴相器产生的误差信号被转换成伺服信号，当伺服回路闭合时，伺服信号被反馈给振荡器。本节将讨论伺服控制单元中一些广泛使用的电子元件的功能和频率响应。

2.4.1 元件

为了确定伺服系统的频率响应，可以用电子等效电路来描述特定的电子元件，例如电子放大器或滤波器以及其他机械和热学元件。

2.4.1.1 低通滤波器

第一个示例考虑电子低通的情况（见图 2.16）。由于低通特性也存在于机械元件、高频截止放大器、压电驱动器或其他元件中，因此电子低通常充当此类器件的等效电路。

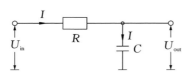

图 2.16　低通滤波器

频率相关的复振幅增益满足

$$A(\omega) \equiv \frac{U_{\text{out}}}{U_{\text{in}}} \qquad (2.69)$$

从图 2.16 中可以发现，外加电压 U_{in} 产生的电流 I 由纯欧姆电阻 R 和电容器的频率相关复阻抗 $R_C = 1/(\text{i}\omega C)$ 所确定。这个电流 I 同时产生了电容器两端的电压降，该电压降用输出电压 U_{out} 表示。因此，它满足

$$I = \frac{U_{\text{in}}}{R + \dfrac{1}{\text{i}\omega C}} \quad \text{和} \quad I = \frac{U_{\text{out}}}{\dfrac{1}{\text{i}\omega C}} \qquad (2.70)$$

让这两个结果相等，可以得到复振幅响应（见(2.69)式）：

$$A(\omega) = \frac{1}{1 + \text{i}\omega RC} = \frac{1}{1 + \omega^2 R^2 C^2} - \text{i}\,\frac{\omega RC}{1 + \omega^2 R^2 C^2} \qquad (2.71)$$

$A(\omega)$ 的性能由无量纲量 ωRC 表征，其中 RC 是特征"拐点"角频率 ω_c 的倒数：

$$\omega_c = 2\pi\nu_c \equiv \frac{1}{RC} \qquad (2.72)$$

模 $|A|$ 和相位 φ 的频率依赖关系计算如下：

$$|A| = \sqrt{\frac{1^2 + \omega^2 R^2 C^2}{(1^2 + \omega^2 R^2 C^2)^2}} = \sqrt{\frac{1}{1^2 + \omega^2 R^2 C^2}} \qquad (2.73)$$

并且 $\tan\varphi = \dfrac{\mathrm{Im}\{A(\omega)\}}{\mathrm{Re}\{A(\omega)\}} = -\omega RC$，或者 $\varphi = -\arctan(\omega RC)$。

频率低于拐点频率（$\nu \ll \nu_c$ 或 $\omega RC \ll 1$）时，振幅响应的模几乎是恒定的，而对于频率远高于拐点频率的情况，即 $\omega RC \gg 1$，振幅响应的模随 $1/\nu$ 减小（见图 2.17）。

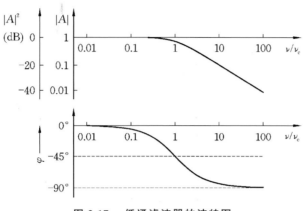

图 2.17　低通滤波器的波特图

与谐振滤波器的波特图类似，伺服环路中电子元件的响应通常以对数表示，而不用振幅比（2.69）式表示。功率比 $P_{\mathrm{out}}/P_{\mathrm{in}}$ 的十进制对数的单位是 1B（贝尔）$= 10$ dB（分贝）。因此，功率比用 dB 表示为

$$10\lg \frac{P_{\mathrm{out}}}{P_{\mathrm{in}}} = 10\lg \frac{U_{\mathrm{out}}^2}{U_{\mathrm{in}}^2} = 20\lg \frac{U_{\mathrm{out}}}{U_{\mathrm{in}}} \tag{2.74}$$

如果将恒定增益为 40 dB（振幅增益 $A = 100$）的宽带放大器与低通滤波器串联接入到伺服环路中，则图 2.17 中组合系统的振幅增益波特图上升 40 dB。在特征频率以上，频率每增加 1 个量级，低通滤波器的增益减少 20 dB，或者频率每增加 1 倍则增益减少约 6 dB。增益为 $A = 1$（或 0 dB）处的频率称为单位增益频率。增加（频率无关的）比例增益将导致更高的单位增益频率。而增加一些具有频率相关相移的器件则可能导致高于某个特定频率的傅里叶频率分量产生超过 $180°$ 的相移。这时负反馈转换成了正反馈，频率起伏被增益 A 大于 1 的伺服环路放大。

2.4.1.2　运算放大器

为了增加伺服回路的增益，通常采用带运算放大器的电路。运算放大器是如图 2.18 所示的符，它是具有特定性能的集成电子器件。

它通常由 $12\,\mathrm{V} \leqslant U_\mathrm{s} \leqslant 15\,\mathrm{V}$ 的对称电压 $\pm U_\mathrm{s}$ 供电。运算放大器有两个输入端,可以实现无接地差分输入。对地输出电压 U_out 的值可以介于 $+U_\mathrm{max}$ 和 $-U_\mathrm{max}$ 之间,且 $+U_\mathrm{max}$ 略低于电源电压 $+U_\mathrm{s}$。由于开环增益 A 很大,有

$$10^5 \leqslant \frac{U_\mathrm{out}}{U_\mathrm{in}} \leqslant 10^6 \tag{2.75}$$

因此,假设 $U_\mathrm{max}=10\,\mathrm{V}$ 和 $A=10^5$,按照图 2.19 的增益曲线,$100\,\mu\mathrm{V}$ 的输入电压足以使输出电压饱和。以负输入端作为参考,输出电压与输入电压的极性一致。因此这种输入称之为正相输入,与之相对的第二种输入方式是输出电压改变极性的反相输入。作为高增益的结果,只要输出电压在线性范围,就可以保持 $+U_\mathrm{in} \approx -U_\mathrm{in}$(见图 2.19)。

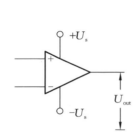

图 2.18　运算放大器的符号

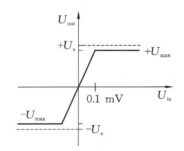

图 2.19　运算放大器的增益曲线

尽管这种元件的增益曲线(见图 2.19)非常特殊,输出电压在最小的输入电压下就会饱和,但如果与外部反馈电路一起使用,运算放大器就是非常有用的器件。为了描述具有反馈的运算放大器的功能,可以应用运算放大器的两个"黄金法则"[22],具体如下:

Ⅰ.运算放大器的输出电压总是使得两个输入之间的电压差为零;　(2.76)

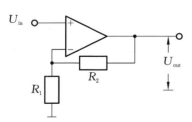

图 2.20　正相放大器

Ⅱ.输入电流很低(零)。　(2.77)

不过这些规则仅适用于运算放大器不饱和的情况。

2.4.1.3　正相比例放大器

在图 2.20 所示的电路中,应用正相输入的方法输入电压,输出电压的一个小分量通过电阻器 R_2 反馈到反相输入端。负反馈的

结果使得部分输出电压反馈补偿输入端子之间的电压差,从而使黄金法则
Ⅰ(2.76)成立。

由于正相输入和反相输入的电势相同($U_{R_2} \approx U_{\text{in}}$),根据黄金法则 Ⅱ
(2.77),几乎没有输入电流,因此电压满足

$$U_{R_2} = U_{\text{out}} \frac{R_1}{R_1 + R_2} \approx U_{\text{in}} \tag{2.78}$$

由此可知,增益 A 不再取决于开环增益,而是取决于外部电阻 R_1 和 R_2 的
值,满足

$$A \equiv \frac{U_{\text{out}}}{U_{\text{in}}} = \frac{R_1 + R_2}{R_1} \tag{2.79}$$

这样的电路就是比例放大器。然而对于高频信号,该电路的增益将减小,
这与运放的具体类型有关,频率响应包含相关的相移,具有低通滤波器的
特征。

2.4.1.4　反相放大器

在图 2.21 中,以正相输入作为参考,反相输入端的正信号将导致输出电压为
负,其中一小部分通过电阻器 R_2 反馈给反相输入端。根据黄金法则Ⅱ(2.77),没
有电流流入运算放大器的输入端,因此,输入电流 I_{in} 等于输出电流 I_{out},有

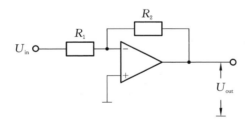

图 2.21　反相放大器

$$I_{\text{in}} = \frac{U_{\text{in}}}{R_1} = \frac{U_{\text{out}}}{R_2} = I_{\text{out}} \tag{2.80}$$

比例增益为

$$A = \frac{U_{\text{out}}}{U_{\text{in}}} = -\frac{R_2}{R_1} \tag{2.81}$$

这里,负号表示输出电压与输入信号极性相反。根据黄金法则 Ⅱ(2.77),
正相放大器具有无限大的输入阻抗,与之相比,反相放大器在 R_2/R_1 为高增益
时,输入电阻 R_1 很小,需要的输入电流较高,这是它的一个不足。

2.4.1.5　积分器

如果反馈网络中的欧姆电阻 R 被电容值为 C 的电容所代替,则反相放大器转换为积分放大器(见图 2.22)。

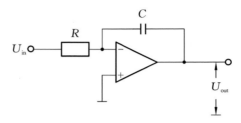

图 2.22　作为积分器的运算放大器

由于电容器的频率相关阻抗为 $1/\omega C$,振幅增益按照 $1/\nu$ 减小(见图 2.23)。为了理解网络的工作方式,我们假设将电压 U_{in} 馈入到反相输入端。应用黄金法则 Ⅰ(2.76),两个输入端的电位相同,这样电流 $I = U_{in}/R$ 通过反馈回路流动,使 C 充电。因此,电容器 C 上的电压 $U = Q/C$ 增加,这使得它的阻抗也随时间增加,相应地,输出电压 U_{out} 随时间线性增加。 如果在稍后的时刻将输入电压设置为零($U_{in} = 0$),并且输出 U_{out} 未饱和,则输入端子之间的电压为零(见(2.76) 式)。这时没有电流通过 R 流动,电容器上的电荷保持不变,输出电压保持恒定。 然而,如果再次馈入输入电压 U_{in},电容器将被进一步充电。应用黄金法则 Ⅱ(2.77),输入电流 I_{in} 通过反馈回路流向输出端,即

$$I_{in} = \frac{U_{in}}{R} = -\frac{dQ}{dt} = -\frac{d}{dt}(CU_{out}) = -C\frac{dU_{out}}{dt} \tag{2.82}$$

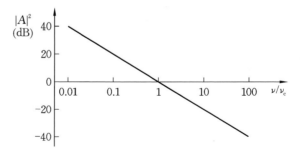

图 2.23　积分器的频率相关增益

对(2.82)式积分可得

$$U_{\text{out}} = -\frac{1}{RC}\int U_{\text{in}}\mathrm{d}t + \text{const} \qquad (2.83)$$

从(2.83)式可以看出,输出电压与输入电压的(时间)积分成正比[15]。然而在实际应用中,由于运算放大器中存在不可避免的偏置,因此即使将积分器的输入端子短路,它的输出电压也可能增加到饱和。运算放大器的外部端子可用于调节该偏置。为了将温度依赖性考虑进来,偏置调节必须在实际的工作环境中进行。

2.4.1.6 比例-积分(P-I)放大器

考虑图 2.24 所示的情况,它的反馈环路由电容器和欧姆电阻器串联组成。对于高频信号,器件的增益由电阻决定;而对于小频率信号,增益则由电容器的电抗 $1/(\omega C)$ 决定(见图 2.25)。可以导出与(2.73)式类似的结果,即

$$|A| = \sqrt{1 + \frac{1}{\omega^2 R^2 C^2}} \qquad (2.84)$$

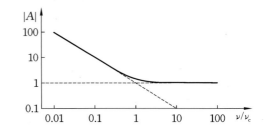

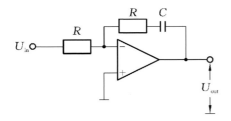

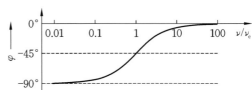

图 2.24　作为 P-I 放大器的带反馈网
　　　络的运算放大器

图 2.25　P-I 放大器的频率相关幅度增益

并且

$$\varphi = -\arctan\frac{1}{\omega RC} \qquad (2.85)$$

---

[15]　该积分无须使用输入电阻 R,输入电流也可以积分。

"比例积分"(P-I)放大器的积分增益(见图 2.25 顶部点虚线)与比例增益(见图 2.25 顶部破折线)相交的拐点频率 ν_c 由 $\omega_c RC = 1$ 确定(见(2.84)式)。

2.4.2 电子伺服系统举例

将上面讨论的各种电路和类似电路组合起来,可以定制满足期望的频率响应的伺服控制器。例如,考虑一个将二极管激光系统的频率稳定到法布里 - 珀罗干涉仪[23]的伺服系统(见图 2.26)。该系统采用两个独立的伺服元件改变激光器的频率,分别是半导体激光器的电流输入(快输入)和用于改变激光器腔长的压电元件(慢输出)。因此,图 2.26 的伺服控制器产生两个输出,分别是用于激光二极管电流输入的快输出和用于压电控制器的慢输出。由于为压电控制器提供高电压的驱动器的频率响应是 3 dB 且频率为 32 Hz 的低通,运算放大器 D 在 $\nu < 32$ Hz 频段作为积分器使用,对于更高的频率,它的恒定增益为 0 dB,这些特征决定了组合电路的行为。电路由积分特征转变到比例增益的拐点频率为 $\nu_c \approx 32$ Hz,电容器 $C = 470$ nF 和电阻器 $R = 10$ kΩ 根据公式 $1/(2\pi\nu_c C) = R$ 给出。我们将伺服控制器的快输出和激光二极管的快输入综合考虑,选择它们的组合频率响应在频率高于 4.5 kHz 时的综合特性。由于测得的激光幅度传递函数在频率为 40 kHz $\leqslant \nu \leqslant$ 350 kHz 时呈现积分($1/\nu$)特征,在频率高于 350 kHz 时呈现双积分($1/\nu^2$)特征,因此按照图 2.26 的插图 B 和 C 所示的曲线选择了运算放大器 B 和 C 的频率相关增益。考虑运算放大器 B,对于极低频率,反馈回路中的电容器(330 pF)具有非常高的阻抗,振幅增益由 120 kΩ/600 Ω = 200 或 46 dB 给出。对于非常高的频率,电容器的阻抗可以忽略不计,120 kΩ 和 12 kΩ 的两个电阻并联给出 10.9 kΩ 的反馈电阻,从而获得 25.2 dB 的增益。下拐点频率($\nu_c = 4.5$ kHz)组合阻抗通过 $1/(2\pi\nu_c$ 330 pF$) + 12$ kΩ 等于 120 kΩ 确定,而上拐点频率由公式 $1/(2\pi\nu_c$ 330 pF$) = 12$ kΩ 给出。

如果运算放大器 A 反馈环路中的开关打开,则该电路对 230 Hz 以上频率信号起第二个积分器的作用[16]。双积分区域中的频率响应随 $1/\nu^2$ 衰减。55.2 dB 的幅度增益是放大器的增益(10 MΩ/5 kΩ)和随后的分压器的压降(1.62 kΩ/5.62 kΩ)共同作用的结果。增益随频率变化的关系为频率每提高 2 倍,增益减少为原来的四分之一,对应于每次倍频减少约 12 dB 的功率。第二个积分器为低频段的傅里叶频率提供了高增益,以便抑制技术噪声贡献最大波段的频率

---

⑯ 运算放大器 A 输入端的 R-C 网络用来防止在运算放大器阶段发生振荡。

起伏（见(2.68)式）。有关电子激光稳定方案的更详细讨论请参阅文献[24]。

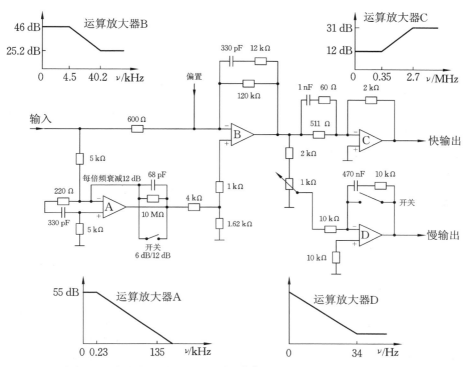

图 2.26　稳频激光系统的伺服控制器的示意图[23]（其中包含特殊运算放大器的波特图）

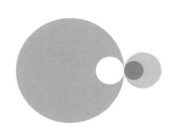

第3章
幅度和频率噪声的表征

即使最先进的振荡器，它的频率和幅度也不是真正的常量，而是随时间变化起伏的。在上一章中，我们已经分析了以严格确定的方式对幅度和频率进行调制的情况。对振荡信号的幅度进行正弦调制使得其频谱除了载波频率外新增了分立的边带频率，而幅度随时间指数衰减的振荡信号的频谱则包括连续的频率带。在这两种情况下，我们可以预测过去或者未来任意时刻的瞬时振幅、瞬时频率和瞬时相位的准确值。但对于实际的振荡器，各种未受控的物理过程以复杂的方式影响上述物理量。因此任何一个振荡器的振幅、相位或者频率将以无规则的方式起伏，从而它们一般不再表达为时间的解析函数。这些多余的起伏通常称为噪声或者抖动，必须采用统计方法描述这些起伏。而以统计量表征的频标特征可以让我们选择最合适的频标，或者推断出使频标性能恶化的可能来源。

频标一般涉及的是可获得的最好的振荡器，它们的振幅和相位的统计性"调制"通常很小。因此我们采用如下的振荡器模型，它的瞬时输出电压信号可以写成类似（2.10）式的形式：

$$U(t) = [U_0 + \Delta U_0(t)]\cos(2\pi\nu_0 t + \phi(t)) \tag{3.1}$$

$U(t)$ 可以代表晶体振荡器的输出信号,也可以代表微波或者光频段振荡器的电场。与(2.10)式相比,现在 $\Delta U_0(t)$ 代表围绕 U_0 的随机性而不是确定性的振幅起伏。类似地,相位的起伏 $\phi(t)$ 也来源于随机过程。在(3.1)式中,进一步假设相位和振幅的起伏是正交的,这意味着不存在振幅起伏和相位起伏之间的相互转换。为了比较工作在不同频率 ν_0 的频标,我们定义归一化的相位起伏为

$$x(t) \equiv \frac{\phi(t)}{2\pi\nu_0} \tag{3.2}$$

它有时也称为相位时间。类似地,不使用瞬时频率起伏本身(见(2.11)式)而是定义瞬时相对频率偏差 $y(t)$:

$$y(t) \equiv \frac{\Delta\nu(t)}{\nu_0} = \frac{\mathrm{d}x(t)}{\mathrm{d}t} \tag{3.3}$$

在推导(3.3)式时用到了(2.12)式。

3.1　频率起伏的时域描述

考虑测量一个起伏量的时间序列得到的连续函数 $y(t)$(见图 3.1(a)),或者一系列离散读数 y_i(见图 3.1(b))。例如用频率计数器测量 $y(t)$ 就可以得到后者。因此连续函数 $y(t)$ 被简化为一个由一系列平均时间为 τ 的不间断测量平均值构成的离散数列(见图 3.1(c)):

$$\bar{y}_i = \frac{1}{\tau} \int_{t_i}^{t_i+\tau} y(t)\mathrm{d}t \tag{3.4}$$

它们也称为平均时间为 τ 的归一化频率偏差。这些量的实验测定将在 3.5 节讨论。由于 y_i 的重复测量结果通常是互不相等的(见图 3.1(b)),我们接下来回顾一些通常用来表征这样一个数据集的统计方法。众所周知,平均值和实验标准偏差的平方的定义分别为

$$\bar{y} = \frac{1}{N} \sum_{i=1}^{N} y_i \tag{3.5}$$

和

$$s_y^2 = \frac{1}{N-1} \sum_{i=1}^{N} (y_i - \bar{y})^2 = \frac{1}{N-1} \left[\sum_{i=1}^{N} y_i^2 - \frac{1}{N} \left(\sum_{i=1}^{N} y_i \right)^2 \right] \tag{3.6}$$

平均值的标准偏差是

$$s_{\bar{y}} = \frac{s_y}{\sqrt{N}} \tag{3.7}$$

其中,s_y 是分布直方图 F_y(见图 3.1(d))宽度的量度,这里 $y(t)$(或 y_i)已经以 Δy 为单位进行分组。

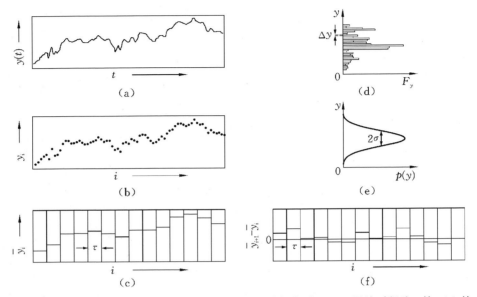

图 3.1　(a) 连续时间序列 $y(t)$;(b) 起伏量的离散时间序列 y_i;(c) 平均时间为 τ 的 $y(t)$ 的不间断平均值 $\bar{y}_i$(见图 3.1(a));(d) 以 Δy 为单位的 y 值分布对应的直方图 F_y;(e) 对应的高斯概率密度 $p(y)$;(f) 用于根据(3.13)式计算阿兰方差的 $\bar{y}_{i+1} - \bar{y}_i$

通常 $y(t)$ 的起伏可以认为来源于一个统计过程。如果导致 $y(t)$ 起伏的过程是稳态的[①],根据概率论的中心极限定理,我们预期当 $T \to \infty$ 时 F_y 将演化为方差为 σ^2 的高斯概率密度函数(见图 3.1(d)):

$$p(y) = \frac{1}{\sigma \sqrt{2\pi}} \exp\left(-\frac{(y - \bar{y})^2}{2\sigma^2}\right) \tag{3.8}$$

这一统计过程用期望值:

$$\langle y \rangle \equiv \int_{-\infty}^{+\infty} y p(y) \mathrm{d}y \tag{3.9}$$

和方差:

$$\sigma^2 = \int_{-\infty}^{+\infty} (y - \langle y \rangle)^2 p(y) \mathrm{d}y \tag{3.10}$$

---

① 如果描述一个统计过程的统计参数例如平均值或者方差是时间无关的,则称这一过程是稳态的。

来表征。采用(3.9)式的符号,(3.10)式可以写成:

$$\sigma^2 = \langle (y - \langle y \rangle)^2 \rangle = \langle y^2 - 2y\langle y \rangle + \langle y \rangle^2 \rangle = \langle y^2 \rangle - \langle y \rangle^2 \qquad (3.11)$$

统计过程的期望值(3.9)式和方差(3.10)式只能由起伏量的有限测量值序列估算得到。采用这种方法得到的平均值(3.5)式是高斯过程期望值$\langle y \rangle$的估计值,标准偏差的平方(3.6)式是其方差σ^2的估计值。

　　除了对连续测量值,例如单个振荡器的频率值可以定义平均值和标准偏差,对于一组相同的振荡器样本,也可以通过类似的统计平均来定义它的平均值和标准偏差。对于一个稳态过程,样本平均独立于所选择的测量时间。对于一个遍历过程[②],σ^2既可以通过时间平均估算,也可以通过样本平均估算[③]。

　　当把平均值和标准偏差这样的统计工具应用于具有相关性的起伏量时会遇到困难。如果我们将图3.1(a)的时间序列像图3.1(c)那样分成一系列相等的时间间隔就可以看出这一点。粗略看一眼就可以发现图3.1(a)或(b)中每个数据子集的离散度远小于数据总集的离散度。通常利用数据子集计算得到的实验标准偏差(3.6)式也远小于利用数据总集计算得到的实验标准偏差。这样的结果表明相邻的数据点不是相互独立的,而是存在某种相关性。因此,平均值的标准偏差不像无关联数据那样随着 N 的增大按照 $1/\sqrt{N}$(见(3.7)式)减少。从而,通过不同的数据子集估算标准偏差可以获得相关性存在的有关信息。必须指出的是,一个具有相关性的起伏量的统计特性有时也可以用一个高斯分布进行很好的描述,因此不能用缺少此属性来识别其相关性。

3.1.1　阿兰方差

　　在存在相关性的情况下,为了对统计过程进行有意义的评估,我们必须指定测量(采样)数 N,单次测量时间 τ 和连续测量时间间隔 T,这里 T 可以不等于 τ,从而存在死时间 $T - \tau$(见图3.2)。这样做之后,对于给定的采样数 N 和

　　[②]　如果一个过程的无限多个样本的平均值等于无限长时间内的平均值($\langle y \rangle = \bar{y}$),则称其为遍历过程。

　　[③]　用来模拟实际频标起伏的统计过程通常具有稳态性和遍历性的数学性质。由于任何可用的测量时间都是有限的,同时可获得的同一种频标的数量也是有限的,因此这些性质不能够被证明,仅仅代表合理的假设。在把基于这些假设得出的结论应用于实际情况时必须保持谨慎。例如在它们的使用寿命内,频标可能会变得"噪声"更大,在这段时间内稳态性无法保证。

给定值 T 和 τ(见图 3.2),我们可以对这个数据集定义一个类似(3.6)式的 N 采样方差[④]:

$$\sigma^2(N,T,\tau) = \frac{1}{N-1}\sum_{i=1}^{N}\left(\bar{y}_i - \frac{1}{N}\sum_{j=1}^{N}\bar{y}_j\right)^2 \qquad (3.12)$$

现在普遍同意[25] 采纳戴夫·阿兰(Dave Allan)[26,27] 提出的建议,从所有可能的采样方差中选择 $N=2$ 并且 $T=\tau$ 的所谓双采样方差的期望值。因此,阿兰方差 $\sigma_y^2(2,\tau,\tau)$ 有时也简化为 $\sigma_y^2(2,\tau)$ 或者 $\sigma_y^2(\tau)$,它可以用(3.12)式定义为

$$\sigma_y^2(\tau) = \left\langle\sum_{i=1}^{2}\left(\bar{y}_i - \frac{1}{2}\sum_{j=1}^{2}\bar{y}_j\right)^2\right\rangle = \frac{1}{2}\langle(\bar{y}_2 - \bar{y}_1)^2\rangle \qquad (3.13)$$

阿兰方差的平方根有时也称为阿兰(标准)偏差。阿兰方差以及阿兰偏差都是基于相邻频率值的偏差,而不是像"真实"标准偏差那样基于与平均值的频率偏差。

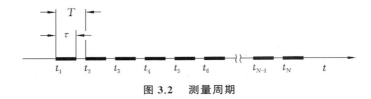

图 3.2 测量周期

此外,阿兰方差也可以通过相位偏差 $\phi(t)$ 或者归一化相位偏差 $x(t)$ 确定。对于给定的测量间隔 τ,从(3.3)式可以得到

$$\bar{y}_i = \frac{\bar{x}_{i+1} - \bar{x}_i}{\tau} \qquad (3.14)$$

将它代入(3.13)式可以得到

$$\sigma_y^2(\tau) = \frac{1}{2\tau^2}\langle(\bar{x}_{i+2} - 2\bar{x}_{i+1} + \bar{x}_i)^2\rangle \qquad (3.15)$$

3.1.1.1 阿兰方差的实际测定

在实验中,特定振荡器"1"的阿兰方差可以通过利用计数器在测量时间 τ 内对振荡器"1"和振荡器"2"(参考振荡器)的拍频信号(3.87)式,即它们的频率差进行计数来测定。根据定义必须确保相邻的两次测量之间没有死时间。

---

④ 更准确地说,N 采样方差有不止一个可能的定义。各种定义由于预设系数不同而存在差异,每种定义对于特定类型的噪声有各自的优势[25]。

计算 ν_i 和 ν_{i+1} 两个相邻频率的归一化频率差的平方平均值,将其结果除以 2 就得到了特定测量时间 τ 的阿兰方差 $\sigma_{y,\mathrm{tot}}^2$。为了获得(3.13)式中与期望值($\langle\ \rangle$)较近的近似值,必须使用足够多的频率差数据。对不同时间 τ 重复上述过程就可以得到如图 3.3 所示的阿兰偏差曲线。图 3.3 对工作频率从微波频段到光学频段的各种频标和振荡器的阿兰偏差 $\sigma_y(\tau)$ 进行了比较。

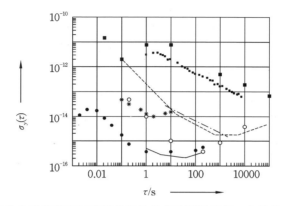

图 3.3   作为频标的各种高稳定振荡器的阿兰偏差随测量时间 τ 变化的曲线。图 3.3 中的曲线,包括商用铯原子钟(大方块[28],小方块[29]),主动氢钟(典型值,虚线;也参见图 8.5),铯喷泉钟(点划线)[18],蓝宝石填充腔的微波振荡器(粗线)[30],超导腔稳频微波振荡器(空心圆)[30],法布里 - 珀罗腔稳频激光(圆点)[31],钙原子稳频激光(星号)[32]

在实践中,为了考虑获取全部所需信息的最短必要测量时间,阿兰方差的测定方法略有不同。计数器的闸门时间被设置为计算阿兰方差的最短时间 τ_0,振荡器之间的频率差 $\bar{y}_{i,\tau_0}$ 被重复测量并且数据被存储起来以确保整个数据采集过程没有死时间存在(见图 3.4(a))。为了获得长时间,例如 $\tau = 3\tau_0$ 的数据,我们采用后处理方法按照 $\bar{y}_{1,\tau} = (\bar{y}_{1,\tau_0} + \bar{y}_{2,\tau_0} + \bar{y}_{3,\tau_0})/3$,$\bar{y}_{2,\tau} = (\bar{y}_{4,\tau_0} + \bar{y}_{5,\tau_0} + \bar{y}_{6,\tau_0})/3$ 和 $\bar{y}_{3,\tau} = \cdots$,测定一系列归一化平均频率值,然后计算 $\tau = 3\tau_0$ 的阿兰方差。以此类推可以计算出其他 τ 时间的阿兰方差。

为了更充分地利用存储的数据,我们可以采用图 3.4(c)所示的 $\bar{y}_{1,\tau} = (\bar{y}_{1,\tau_0} + \bar{y}_{2,\tau_0} + \bar{y}_{3,\tau_0})/3$,$\bar{y}_{2,\tau} = (\bar{y}_{2,\tau_0} + \bar{y}_{3,\tau_0} + \bar{y}_{4,\tau_0})/3$,$\bar{y}_{3,\tau} = \cdots$ 的数据处理方法来获得近似 n 倍的 $\bar{y}_{i,\tau=n\tau_0}$ 数据。

如果参考振荡器的频率稳定度远优于待测振荡器,则阿兰方差是对待测

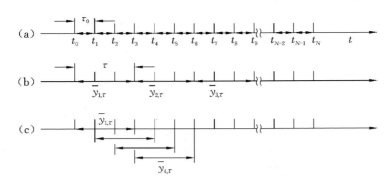

图 3.4　计算阿兰方差的可选方法

振荡器频率不稳定度的量度。如果我们采集两个相同的振荡器"1"和"2"的阿兰方差,并且假设两个振荡器对不稳定度的贡献相同,则两个振荡器对阿兰偏差测量值 $\sigma_{y,\text{tot}}$ 贡献相同,从而有

$$\sigma_{y,\text{tot}}^2(\tau) = \sigma_{y,1}^2(\tau) + \sigma_{y,2}^2(\tau)$$

和
$$\sigma_{y,1}(\tau) = \sigma_{y,2}(\tau) = \frac{1}{\sqrt{2}}\sigma_{y,\text{tot}}(\tau) \tag{3.16}$$

阿兰方差 $\sigma_y^2(\tau)$ 是表征振荡器频率不稳定度的一个有用的时域量度。它允许为特定的应用选择理想的振荡器。例如,考虑如图 3.3 所示的典型主动氢钟和最佳稳频激光的阿兰偏差。后者在测量时间 $1 \sim 100$ s 内有最佳稳定度 $\sigma_y \leqslant 5 \times 10^{-16}$,而前者在测量时间为一至数小时达到最佳频率稳定度。在 $\sigma_y(\tau)$ 曲线图中通常可以识别出一些区域,在这些区域中某一特定频标的频率不稳定度符合一个明确定义的幂函数。在 3.1.1.2 节中我们将看到,线性漂移导致阿兰偏差与 τ 成正比。例如在主动氢钟的频率稳定度曲线(见图 3.3)中可以识别出 τ^{-1} 和 $\tau^{-1/2}$ 的依赖关系,潜在的噪声过程将在 3.3 节讨论。

除了随机起伏外,给定振荡器的确定性频率变化对测量的阿兰方差也产生重要影响。接下来我们将研究两个重要的例子,线性频率漂移和正弦频率调制。

3.1.1.2　线性频率漂移的影响

考虑一个振荡器的归一化频率存在线性漂移 $y(t) = at$,其中 a 是漂移的斜率。由于 $\bar{y}_1 = [at_0 + a(t_0 + \tau)]/2$ 和 $\bar{y}_2 = [a(t_0 + \tau) + a(t_0 + 2\tau)]/2$,根据 (3.13) 式可以计算得到存在线性频率漂移的阿兰偏差:

$$\sigma_y(\tau) = \langle a\tau/\sqrt{2} \rangle = \frac{a}{\sqrt{2}}\tau \tag{3.17}$$

因此,线性频率漂移使阿兰偏差随测量时间 τ 线性增大。

3.1.1.3   正弦频率调制的影响

接下来我们考虑一个振荡器,它的频率存在调制频率为 f_m 的正弦调制[⑤]:

$$y(t) = \frac{\Delta\nu_0}{\nu_0}\sin(2\pi f_m t) \tag{3.18}$$

利用(3.18)式计算(3.13)式得到存在正弦频率调制的阿兰偏差[25]:

$$\sigma_y(\tau) = \frac{\Delta\nu_0}{\nu_0}\frac{\sin^2(\pi f_m \tau)}{\pi f_m \tau} \tag{3.19}$$

从(3.19)式可以看出当 $\tau = 1/f_m$ 时频率调制对阿兰偏差的影响为零,即当 τ 等于调制周期 $1/f_m$ 或者它的倍数时调制的影响被平均为零。当 $\tau \approx n/2f_m$(n 为奇数)时调制的影响最大。

3.1.2   关联的起伏

识别测量数据之间相关性的一个简单方法是绘制每个测量数值与前一个测量数值的关系曲线(见图 3.5)。作为存在相关性起伏量的一个例子,我们考虑如下的简单模型:

$$y_{k+1} = \alpha y_k + \varepsilon \tag{3.20}$$

这里起伏量 y 的每个数值都有一个纯的统计贡献 ε,同时它也通过相关系数 $0 \leqslant \alpha \leqslant 1$ 受到前一数值的影响。在图3.5(a)中, $\alpha = 0$, $y_{k+1}(y_k)$ 的数据点均匀分布在四个象限,相邻数据点之间不存在相关性。与之形成对比的是图3.5(b),数据点聚集在第一和第三象限的事实表明相邻数据之间存在相关性。在处理频标时会遇到存在相关性的时间序列,下面我们将讨论更适合处理它们的通用统计方法。

通常,任意起伏信号 $B(t)$,例如 $y(t)$, $U(t)$ 或 $\Phi(t)$ 可以分解为一个纯起伏贡献 $b(t)$ 和平均值 $\overline{B(t)}$:

$$B(t) = b(t) + \overline{B(t)} \tag{3.21}$$

考虑如下定义的信号起伏的自相关函数:

---

⑤   在本章用 f 代替 ν 表示调制频率和傅里叶频率,以便于更好地将它们与载波频率区分开来。

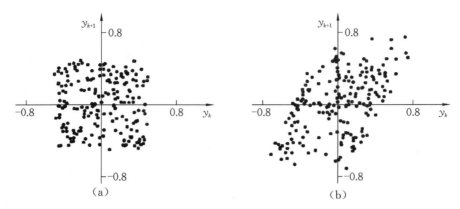

图 3.5 根据(3.20)式计算的 200 个伪随机数据序列((a) 不相关的数据($\alpha = 0$)；(b) 使用 $\alpha = 0.5$ 的关联数据)

$$R_{\mathrm{b}}(\tau) \equiv \overline{b(t+\tau)b(t)} = \lim_{T \to \infty} \frac{1}{2T} \int_{-T}^{+T} b(t+\tau)b(t)\mathrm{d}t \qquad (3.22)$$

将 t 时刻的信号起伏 $b(t)$ 和 $t+\tau$ 时刻的信号起伏 $b(t+\tau)$ 相乘，然后在所有时间段取平均值就得到信号起伏的自相关函数。如果起伏完全不相关，则对于任意时间 τ 乘积的时间平均值 $\overline{b(t+\tau)b(t)}$ 为零。对于稳态过程由于 $R_{\mathrm{b}}(-\tau) = R_{\mathrm{b}}(\tau)$，因此自相关函数是偶函数。将 $\tau = 0$ 时自相关函数的定义(3.22)式，与一个纯起伏量(即$\langle B \rangle^2 = 0$)的(3.11)式右边进行比较，可以发现 $\tau = 0$ 时的自相关函数值代表信号起伏的方差：

$$R_{\mathrm{b}}(\tau = 0) = \sigma_{\mathrm{b}}^2 \qquad (3.23)$$

对于非常大的时间 τ，我们可以假设功率起伏是不相关的，并且当 $\tau \to \infty$ 时自相关函数趋近于零。前一章给出含时振幅函数的傅里叶变换表示傅里叶频域内的振幅谱。在统计起伏的情况下，振荡器功率的时间函数 $U(t)$ 是未知的，但自相关函数 $R_{\mathrm{b}}(\tau)$ 却是可以测定的。为了计算(3.22)式中的积分，考虑 $b(t)$ 是 $a(\omega)$ 的傅里叶变换，即 $b(t) = \mathcal{F}(a(\omega))$(见(2.19)式)。在交换积分顺序之后，可以清楚看到 $a(\omega)$ 的相关性，有

$$R_{\mathrm{b}}(\tau) = \lim_{T \to \infty} \frac{1}{2T} \int_{-T}^{+T} \frac{1}{(2\pi)^2} \int_{-\infty}^{+\infty} a(\omega)\mathrm{e}^{\mathrm{i}\omega(t+\tau)}\mathrm{d}\omega \int_{-\infty}^{+\infty} a(\omega')\mathrm{e}^{\mathrm{i}\omega t}\mathrm{d}\omega'\mathrm{d}t$$

$$= \frac{1}{(2\pi)^2} \int_{-\infty}^{+\infty}\int_{-\infty}^{+\infty} \left[\lim_{T \to \infty} \frac{1}{2T}\int_{-T}^{+T} \mathrm{e}^{\mathrm{i}\omega(t+t')}\mathrm{d}t \right] a(\omega)a(\omega')\mathrm{e}^{\mathrm{i}\omega\tau}\mathrm{d}\omega'\mathrm{d}\omega$$

$$(3.24)$$

在 $T \to \infty$ 极限时,方括号内的项可以用狄拉克 δ 函数表示(见(2.23)式),因此得到

$$R_b(\tau) = \frac{1}{2\pi} \int_{-\infty}^{+\infty} \int_{-\infty}^{+\infty} a(\omega) a(\omega') \mathrm{e}^{\mathrm{i}\omega\tau} \delta(\omega + \omega') \, \mathrm{d}\omega \, \mathrm{d}\omega'$$

$$= \int_{-\infty}^{+\infty} \frac{|a(\omega)a(\omega')|}{2\pi} \mathrm{e}^{\mathrm{i}\omega\tau} \, \mathrm{d}\omega \equiv \int_{-\infty}^{+\infty} S_b(f) \mathrm{e}^{\mathrm{i}2\pi f\tau} \, \mathrm{d}f \quad (3.25)$$

为了发现 $S_b(f)$ 的重要性,在(3.25)式中我们设 $\tau = 0$,得到

$$R_b(0) = \int_{-\infty}^{+\infty} S_b(f) \mathrm{d}f \quad (3.26)$$

考虑(3.26)式的左边是起伏量 $b(t)$ 的平方的平均值(见(3.22)式),S_b 代表功率谱密度。对于电压起伏,谱密度的单位为 V^2/Hz。

自相关函数 $R_b(\tau)$ 和谱密度函数 $S_b(f)$ 构成了傅里叶变换对:

$$S_b^{2-\mathrm{sided}}(f) \equiv \mathcal{F}^*\{R_b(\tau)\} = \int_{-\infty}^{+\infty} R_b(\tau) \exp(-\mathrm{i}2\pi f\tau) \mathrm{d}\tau \quad (3.27)$$

$$R_b(\tau) \equiv \mathcal{F}\{S_b^{2-\mathrm{sided}}(f)\} = \int_{-\infty}^{+\infty} S_b(f) \exp(\mathrm{i}2\pi f\tau) \mathrm{d}f \quad (3.28)$$

这里上标{2 − sided} 的意义将在下面进行讨论。(3.27)式是 Wiener-Khintchine 定理的一种形式,利用它我们可以从含时振幅信号自相关函数得到它的谱密度函数。

如果我们选择振荡器的功率起伏 $\delta P(t)$ 而不是振幅起伏 $b(t)$,则对应的自相关函数 $R_{\delta P}(\tau)$ 的傅里叶变换就表示功率起伏平方的谱密度(单位是 W^2/Hz)[6]。

类似地,相位随时间的起伏 $\phi(t)$[7] 导致以 $\mathrm{rad}^2/\mathrm{Hz}$ 为单位的相位起伏功率谱密度。需要注意的是,在文献中有时也会使用 $S_b(f)$ 的平方根,它正比于 $\alpha(\omega)$(见(3.25)式)。

在傅里叶频域中由(3.27)式表示的频率起伏的功率谱密度定义的傅里叶频率范围为 $-\infty < f < \infty$,因而它扩展到了频谱的正负两侧。因此,$S_b(f)$ 被

---

[6]　这个量与所谓的相对强度噪声(RIN)密切相关:

$$\mathrm{RIN}(f) \equiv \frac{S_{\delta P}}{P_0^2} \quad (3.29)$$

它经常用于描述激光器的功率起伏。

[7]　功率谱密度不仅用来描述物理量随时间的波动,而且还可以用来表征表面的粗糙度[33]。

称为双边带功率谱密度 $S_b^{2-\text{sided}}(f)$。由 $R_b(\tau)=R_b(-\tau)$ 可以发现 $S_b(f)$ 是一个非负的实数并且是偶函数,即 $S_b(-f)=S_b(f)$,而在实验工作中通常只对正频率感兴趣。因此,经常引入傅里叶频率在 $0 \leqslant f < \infty$ 的单边带功率谱密度(见图 3.6):

$$S_b^{1-\text{sided}}(f) = 2S_b^{2-\text{sided}}(f) \tag{3.30}$$

由于功率谱密度是一个实数,因此不需要采用(3.27)式和(3.28)式,仅仅使用实数傅里叶变换对就足够了。改变 Wiener-Khintchine 关系式的积分下限,单边带功率谱函数 $S_b^{1-\text{sided}}(f)$ 可以写成

$$S_b^{1-\text{sided}}(f) = 4\int_0^{+\infty} R_b(\tau)\cos(2\pi f\tau)\mathrm{d}\tau \tag{3.31}$$

$$R_b(\tau) = \int_0^{+\infty} S_b^{1-\text{sided}}(f)\cos(2\pi f\tau)\mathrm{d}f \tag{3.32}$$

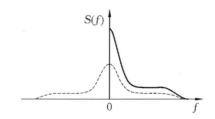

图 3.6　双边带(点)和单边带(线)功率谱密度

3.2　频率起伏的傅里叶频域描述

对于进行适当稳频的振荡器,可以预期作为时间函数的瞬时频率 $\nu(t)$ 仅仅偏离它的时间平均值 $\bar{\nu}$ 一个很小的数值,即如下关系式成立。

$$\Delta\nu(t) \equiv \nu(t) - \bar{\nu} \ll \bar{\nu} \tag{3.33}$$

我们假设频率起伏 $\Delta\nu(t)$ 是稳态分布的,即它们的分布与时间无关。与(3.22)式类似,我们定义频率偏差的自相关函数作为这种分布的一种量度,满足

$$R_\nu(\tau) \equiv \lim_{T \to \infty} \frac{1}{2T}\int_{-T}^{+T} \Delta\nu(t+\tau)\Delta\nu(t)\mathrm{d}t \tag{3.34}$$

利用 Wiener-Khintchine 关系可以由频率偏差的自相关函数得到频率偏差的功率谱密度

$$S_\nu^{2-\text{sided}}(f) = \int_{-\infty}^{+\infty} R_\nu(\tau)\exp(-\mathrm{i}2\pi f\tau)\mathrm{d}\tau \tag{3.35}$$

除了频率起伏的功率谱密度 $S_\nu(f)$，相对频率起伏 $y(t)$ 的功率谱密度 $S_y(f)$（见（3.3）式、（3.34）式和（3.35）式）可以表示为

$$S_y(f) = \frac{1}{\nu_0^2} S_\nu(f) \tag{3.36}$$

类似地，可以定义相位起伏的功率谱密度 $S_\phi(f)$，考虑到频率起伏本质上是相位起伏对时间的导数（$2\pi\Delta\nu(t) = \mathrm{d}/\mathrm{d}t\,\Delta\phi(t)$），比较（3.34）式和（3.35）式我们可以得到

$$S_\nu(f) = f^2 S_\phi(f) \tag{3.37}$$

由后两个方程可以得到

$$S_y(f) = \left(\frac{f}{\nu_0}\right)^2 S_\phi(f) \tag{3.38}$$

上面定义的三个功率谱密度包含同样的信息。

从图 3.7 所示的典型功率谱密度中，我们可以识别出不同的区域。如果 $\bar{B}(t)$ 的平均值不等于零，则 $f=0$ 处就会出现一个 δ 函数，而对于纯粹的起伏量 $b(t)$ 则不会出现 δ 函数。在傅里叶频率低频区的噪声贡献随频率增加而减小，称为 $1/f$ 噪声。在中间频率区频率起伏的功率谱密度往往与频率无关，称为白频率噪声。频率起伏的总功率可以由下式得到

$$\int_0^{+\infty} S_\nu^{1-\text{sided}}(f)\mathrm{d}f = \int_{-\infty}^{+\infty} S_\nu^{2-\text{sided}}(f)\mathrm{d}f = \langle[\Delta\nu(t)]^2\rangle = \sigma_\nu^2 \tag{3.39}$$

推导过程中我们使用了（3.23）式和（3.26）式。由于能量守恒，总功率必须是有限的，因此可以预期在更高的傅里叶频率区域，频率起伏的功率谱频率再次减小（见图 3.7）。

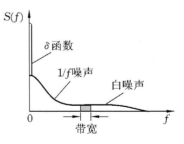

图 3.7　功率谱密度的不同区域

从石英振荡器到原子频标的各种不同频率源的谱密度测定结果表明，测得的谱密度函数 $S_y(f)$ 可以很好地用五种幂函数 f^α 的独立噪声过程的叠加模型表示，其中 α 是满足 $-2 \leqslant \alpha \leqslant 2$ 的整数（见表 3.1）：

$$S_y(f) = \sum_{\alpha=-2}^{2} h_\alpha f^\alpha \tag{3.40}$$

在时域上这些特殊噪声也有典型的特征(见图 3.8)。

表 3.1　相对频率起伏功率谱密度的幂函数模型 $S_y(f)=h_\alpha f^\alpha$ 和相对应的相位起伏功率谱密度 $S_\phi(f)$(3.3 节中推导出的相应阿兰方差 $\sigma_y^2(\tau)$ 适用于截止频率 f_h 满足 $2\pi f_h \tau \gg 1$ 的低通滤波器)

$S_y(f)$	$S_\phi(f)$	噪声类型	$\sigma_y^2(\tau)$
$h_{-2}f^{-2}$	$\nu_0^2 h_{-2}f^{-4}$	随机行走频率噪声	$(2\pi^2 h_{-2}/3)\tau^{+1}$
$h_{-1}f^{-1}$	$\nu_0^2 h_{-1}f^{-3}$	闪烁频率噪声	$2h_{-1}\ln 2\,\tau^0$
$h_0 f^0$	$\nu_0^2 h_0 f^{-2}$	白频率噪声(随机行走相位噪声)	$(h_0/2)\tau^{-1}$
$h_1 f$	$\nu_0^2 h_1 f^{-1}$	闪烁相位噪声	$h_1[1.038+3\ln(2\pi f_h\tau)]/(4\pi^2)\tau^{-2}$
$h_2 f^2$	$\nu_0^2 h_2 f^0$	白相位噪声	$[3h_2 f_h/(4\pi^2)]\tau^{-2}$

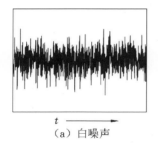
（a）白噪声

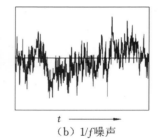
（b）1/f 噪声

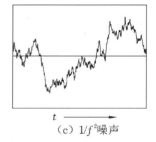
（c）1/f² 噪声

图 3.8　时域信号

在双对数坐标图中,很容易通过它们的斜率来确定(3.40)式中各种类型噪声的贡献,从而可以识别出振荡器噪声机理的成因。表 3.1 所示的噪声特征有时候可以在频标中辨别出来[25]。随机行走频率噪声($\alpha=-2$)通常是由于受环境参数如温度、振动等的影响而产生的。闪烁频率噪声($\alpha=-1$)一般出现在主动设备中,例如石英晶体振荡器、主动氢钟或激光二极管,而且它也出现在如铯钟等被动频标中。白频率噪声($\alpha=0$)可能来源于主动频标中振荡器回路的热噪声。它也存在于被动频标中,可能来源于光子或原子的散粒噪声,它代表了量子极限。闪烁相位噪声($\alpha=1$)通常由存在噪声的电子线路引起,通过精选元器件可以降低其噪声水平。白相位噪声($\alpha=2$)在傅里叶频率高频区比较重要,对频标的输出加带通滤波的办法可以降低它。

我们必须记住(3.40)式的纯幂函数代表了一个理论模型,它并不总是以这种形式出现。低频区噪声有时称为 $1/f$ 噪声,实际上它通常遵循 $f^{-\beta}$ 的关系,这里 $0.5 \leqslant \beta \leqslant 2$(例如见图 3.10),观测到的噪声谱幂函数也可能是几种噪声过程的叠加。

3.3　从傅里叶频域到时域的转换

到目前为止,我们已经用功率谱密度在傅里叶频域以及用阿兰方差在时域描述了振荡器的频率不稳定度。下面我们发展一个由给定功率谱密度计算阿兰方差的方法。

由(3.13)式和(3.4)式定义的阿兰方差可写成

$$\sigma_y^2(\tau) = \frac{1}{2} \langle (\bar{y}_2 - \bar{y}_1)^2 \rangle = \left\langle \frac{1}{2} \left(\frac{1}{\tau} \int_{t_{k+1}}^{t_{k+2}} y(t') \mathrm{d}t' - \frac{1}{\tau} \int_{t_k}^{t_{k+1}} y(t') \mathrm{d}t' \right)^2 \right\rangle$$

(3.41)

这里对于所有的 i 有 $t_{i+1} - t_i = \tau$。在(3.41)式中对于单个采样时间 τ,首先计算相对频率起伏 $y(t)$ 在两个相邻的持续时间 τ 内的平均值之差的平方的一半,然后阿兰方差就是这个量的期望值。为了获得多个采样时间的阿兰方差,不需要将函数 $y(t')$ 划分为离散的时间间隔,而是推导出针对每一个时刻 t 的统一公式,如下所示:

$$\sigma_y^2(\tau) = \frac{1}{2} \left\langle \left(\frac{1}{\tau} \int_t^{t+\tau} y(t') \mathrm{d}t' - \frac{1}{\tau} \int_{t-\tau}^t y(t') \mathrm{d}t' \right)^2 \right\rangle$$

(3.42)

(3.42)式可以写成

$$\sigma_y^2(\tau) = \left\langle \left(\int_{-\infty}^{+\infty} y(t') h_\tau(t - t') \mathrm{d}t' \right)^2 \right\rangle$$

(3.43)

这里我们引入了一个函数 $h_\tau(t)$(见图 3.9(a)):

$$h_\tau(t) = \begin{cases} +\dfrac{1}{\sqrt{2}\,\tau} & -\tau < t < 0 \\[2mm] -\dfrac{1}{\sqrt{2}\,\tau} & 0 \leqslant t < \tau \\[2mm] 0 & \text{其他} \end{cases}$$

(3.44)

(3.43)式中的积分代表时间序列 $y(t)$ 与函数 $h_\tau(t)$ 的卷积。如果我们对输入信号 $y(t)$ 作用一个尖脉冲(狄拉克 δ 函数)它的效果可以用 $h_\tau(t)$(见(2.22)式)表示,这就是函数 $h_\tau(t)$ 的物理意义。因此(3.43)式中的卷积积分可以解

释为具有冲击响应 $h_\tau(t)$ 的假想线性"滤波器"对输入信号 $y(t)$ 的含时响应。所以阿兰方差就是滤波器输出的，经过滤波的时间起伏量平方的平均值。另一方面，平均值为零的未滤波信号 $y(t)$ 的（真实）方差由（3.39）式给出，是对相应功率谱密度的积分。

为了考虑滤波函数 $h_\tau(t)$ 对功率谱密度的影响，我们采用卷积定理。卷积定理表明 $y(t)$ 和 $h_\tau(t)$ 在时域的卷积对应于它们的傅里叶变换 $\mathcal{F}(y(t))$ 和 $\mathcal{F}(h_\tau(t))$ 在傅里叶频域的乘积。类似地，在傅里叶频域中滤波后的功率谱密度可以表示为未滤波功率谱密度与加权函数的乘积，其中加权函数是滤波器传递函数的平方[8]。因此我们得到

$$\sigma_y^2(\tau) = \int_0^{+\infty} |H_\tau(f)|^2 S_y^{1-\text{sided}}(f)\mathrm{d}f \tag{3.45}$$

这里传递函数 $H_\tau(f)$ 代表滤波函数 $h_\tau(t)$ 的傅里叶变换：

$$H_\tau(f) = \mathcal{F}\{h_\tau(t)\} \tag{3.46}$$

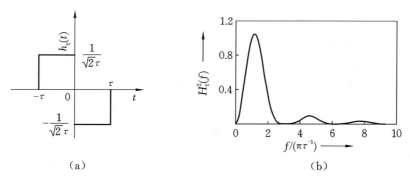

(a)　　　　　　　　　　　(b)

图 3.9　(a)(3.44) 式表达的滤波函数；(b) 图 3.9(a) 所示滤波函数对应的传递函数 $|H_\tau(f)|^2$

现在我们计算（3.44）式表示的滤波函数 $h_\tau(t)$ 的传递函数：

$$H(f) = \int_{-\tau}^0 \frac{1}{\sqrt{2}\,\tau}\exp(\mathrm{i}2\pi ft)\mathrm{d}t - \int_0^\tau \frac{1}{\sqrt{2}\,\tau}\exp(\mathrm{i}2\pi ft)\mathrm{d}t = \frac{1}{\sqrt{2}\,\mathrm{i}\pi f\tau}2\sin^2(\pi f\tau) \tag{3.47}$$

从而得到

$$|H(f)|^2 = 2\frac{\sin^4(\pi\tau f)}{(\pi\tau f)^2} \tag{3.48}$$

---

[8]　注意此关系仅在对应的时间函数不相关时才成立。

和

$$\sigma_y^2(\tau) = 2\int_0^{+\infty} S_y(f) \frac{\sin^4(\pi\tau f)}{(\pi\tau f)^2} \mathrm{d}f \tag{3.49}$$

这样我们就可以直接由（单边带）功率谱密度计算出阿兰方差。

作为一个例子，我们利用（3.49）式计算白相位噪声（$S_y = h_2 f^2$）的阿兰方差：

$$\sigma_y^2(\tau) = 2\int_0^{+\infty} h_2 f^2 \frac{\sin^4(\pi\tau f)}{(\pi\tau f)^2} \mathrm{d}f = \frac{2h_2}{\pi^2\tau^2} \int_0^{+\infty} \sin^4(\pi\tau f) \mathrm{d}f \tag{3.50}$$

当 $f \to \infty$ 时，（3.50）式的积分发散。由于每个测量设备高频带宽是有限的，因此在实验中这个问题不会出现。采用具有陡峭截止频率 f_h 的低通滤波器来模拟有限带宽，然后利用 $\int \sin^4(ax)\mathrm{d}x = 3/8x - 1/(4a)\sin 2ax + 1/(32a)\sin 4ax$，（3.50）式可以写成

$$\sigma_y^2(\tau) = \frac{2h_2}{\pi^2\tau^2} \int_0^{f_h} \sin^4(\pi\tau f) \mathrm{d}f = \frac{3h_2 f_h}{4\pi^2\tau^2} + \mathcal{O}(\tau^{-3}) \tag{3.51}$$

由于当 $f_h \gg 1/(2\pi\tau)$ 时 $\mathcal{O}(\tau^{-3})$ 这一项一般可以忽略，因此白相位噪声的阿兰方差符合幂函数 $\propto \tau^{-2}$。类似地，可以计算出其他的功率谱密度的阿兰偏差 $\sigma_y(\tau)$，每一项的阿兰方差也显示出一个明确的幂函数依赖关系（见表 3.1）。

从 $|H(f)|^2$ 有无限多个按照 $1/f^2$ 减小的旁瓣（见图 3.9(b)）可以看出，（3.49）式的积分对于闪烁相位噪声（$S_y(f) = h_1 f$）也是发散的。正如上面所讨论的白相位噪声情形，对 $S_y(f)$ 的低通滤波导致阿兰方差依赖于低通滤波器的截止频率。对于（3.40）式中所有的 $\alpha \geqslant -1$ 的幂函数，当 $f \to \infty$ 时（3.49）式的积分通常都是发散的。当 $f \to 0$ 时 $\alpha = -1$ 和 $\alpha = -2$ 的幂函数功率谱密度的积分也是发散的。不过由于这两种情况在实验中都不会出现，因此在现实中不会观察到无穷大的方差。$f \to 0$ 的情况需要无限长的测量时间，而 $f \to \infty$ 则需要测量设备具有无限高的带宽。不过这两种情况下，$\sigma_y^2(\tau)$ 取决于最大测量时间或设备的带宽，这并不能令人满意。

在低频的截止频率处，（3.49）式的积分对于所有 $\alpha \geqslant -2$ 的 $S_y(f) \propto f^\alpha$ 都收敛。如果 $S_y(f)$ 可以由（3.40）式的幂函数表示，则用（3.49）式计算相应的两采样标准偏差一般也导致 $\sigma_y^2(\tau)$ 是测量时间 τ 的幂函数。在 $\alpha = -2, -1, 0$ 的情况下的功率谱幂函数的指数与阿兰方差幂函数的指数之间是一一对应的。然而，在实践中阿兰方差与测量时间 τ 的依赖关系无法区分白相位噪声

$(S_y(f) \propto f^2; \sigma_y^2(\tau) \propto \tau^{-2})$ 和闪烁相位噪声 $(S_y(f) \propto f^1; \sigma_y^2(\tau) \propto \tau^{-2}[1.038 + 3\ln(2\pi f_h \tau)]$;见表 3.1)。为了克服这个缺陷引入了修正阿兰方差[1,34],即

$$\mathrm{Mod}\ \sigma_y^2(\tau) = \frac{1}{2}\left\langle \left[\frac{1}{n}\sum_{i=1}^{n}\left(\frac{1}{n}\sum_{k=1}^{n}\bar{y}_{i+k+n,\tau_0} - \frac{1}{n}\sum_{k=1}^{n}\bar{y}_{i+k,\tau_0} \right) \right]^2 \right\rangle \quad (3.52)$$

这种类型的方差不影响如表 3.1 所示的前四种功率谱密度的方差,但增加了对白相位噪声的灵敏度。这里,对于 $S_y(f) \propto h_2 f^2$,修正阿兰方差 $\mathrm{Mod}\ \sigma_y^2(\tau) = 3h_2 f_h \tau_0/(4\pi^2)/\tau^3$ 正比于 τ^{-3},不同于常规阿兰方差正比于 τ^{-2}。

因为利用简单计数器测量得到的时间序列可以很容易计算出阿兰方差,因此阿兰方差经常用于描述振荡器在时域的不稳定度。不过,如果功率谱密度能被正确测定,则对起伏的傅里叶频域描述包含了关于噪声过程的完整信息,进而也可以根据(3.49)式计算出阿兰方差。相比之下,从测得的阿兰方差计算功率谱密度需要解一个积分方程,这只有在简单的情况下才可能实现,例如之前讨论的功率谱密度由一个简单的幂函数给出的那种情况。然而,如果功率谱密度在限定的频率范围内遵循幂函数规律,那就有充分的理由认为它是由不同噪声过程的叠加而形成的。例如考虑主动氢钟的阿兰偏差(见图 3.3),在较短的测量时间里占主导地位的是白相位噪声($\propto \tau^{-1}$)或者闪烁相位噪声(也近似正比于 τ^{-1}),在更长的测量时间里占主导地位的是白频率噪声($\propto \tau^{-1/2}$)。然后阿兰偏差到达所谓的闪烁噪底,之后它可能由于频率漂移($\propto \tau^{1/2}$)再次增大。引起这一现象的潜藏物理过程将在 8.1 节中进行详细的描述。

3.4 从傅里叶频率域到载波频率域

通常在处理激光或微波频标时,人们感兴趣的是振荡器在载波频率域中的功率谱。一个工作在频率 ν_0 的理想振荡器在载波频率域中由一个位于频率 ν_0 的 δ 函数构成。对于受噪声干扰的真实振荡器,功率分布在中心频率 ν_0 附近的一个频率范围内。功率谱可以用不同的方法测量出来。第一种方法是利用一个中心频率可以在振荡器中心频率附近一定范围内调谐的带通滤波器。振荡器的功率谱直接对应滤波器的透射功率是随滤波器设置频率变化的函数。在光学频段,可调谐的法布里 - 珀罗干涉仪(见第 4.3.1 节)通常被选为滤波器来扫描激光谱线。另一种测量载波频域内功率谱的可能方法是将振荡器的输出信号同时输入到并联滤波器组。并联滤波器组也可以用一个数字化的

数字滤波信号的快速傅里叶变换来进行模拟。不过必须指出,功率谱具有确定形状和线宽的概念一般不适用于所有的噪声过程。例如,考虑有较大 $1/f$ 分量的功率谱密度。由于较长的观测时间对应于较低的傅里叶频率,中心频率可能会发生漂移,此时,由于功率谱测量宽度将取决于观测时间,因此它没有唯一的"线宽"。

考虑到这一点,我们将在本节中展示如何由特定的噪声频谱密度例如傅里叶频域中的 $S_\nu(\nu)$ 来确定载波频率域内的发射谱线型。电场 $S_E(\nu)$ 的功率谱可以通过以下方法进行计算[35-37]。与(3.27)式和(3.28)式类似,我们定义双边带功率谱密度 $S_E(\nu)$ 是电场 $E(t)$ 自相关函数 $R_E(\tau)$ 的傅里叶变换:

$$S_E(\nu) = \int_{-\infty}^{+\infty} \exp(-\mathrm{i}2\pi\nu t) R_E(\tau) \mathrm{d}\tau \qquad (3.53)$$

$$R_E(\tau) = \langle E(t+\tau) E^*(t) \rangle \qquad (3.54)$$

对于具有实数振幅 E_0 和可以忽略的振幅起伏的电磁波,电场的复数表示为

$$E(t) = E_0 \exp\mathrm{i}[2\pi\nu_0 t + \phi(t)] \qquad (3.55)$$

它的自相关函数可以写成

$$R_E(\tau) = E_0^2 \exp[\mathrm{i}2\pi\nu_0\tau] \langle \exp\{\mathrm{i}[\phi(t+\tau) - \phi(t)]\} \rangle \qquad (3.56)$$

现在 $\langle \exp\{\mathrm{i}[\phi(t+\tau) - \phi(t)]\} \rangle$ 必须用相位起伏的谱密度 $S_\phi(f)$ 来表示。首先,假设噪声过程是遍历的,即时间平均等于相应的系综平均,则有

$$\overline{\exp[\mathrm{i}\Phi(t,\tau)]} = \langle \exp[\mathrm{i}\Phi(t,\tau)] \rangle = \int_{-\infty}^{+\infty} p(\Phi) \exp(\mathrm{i}\Phi) \mathrm{d}\Phi \qquad (3.57)$$

这里

$$\Phi(t,\tau) = \phi(t+\tau) - \phi(t) \qquad (3.58)$$

是在时间间隔 τ 内的相位积累。(3.57)式的右边使用了概率密度 $p(\Phi)$ 已知时 $\exp[\mathrm{i}\Phi(t,\tau)]$ 期望值的通常定义。对于大量不相关的相移事件,根据中心极限定理,可以使用方差为 σ^2 的高斯概率密度:

$$p(\Phi) = \frac{1}{\sigma\sqrt{2\pi}} \exp\left(-\frac{\Phi^2}{2\sigma^2}\right) \qquad (3.59)$$

由于 $p(\Phi)$ 是偶函数,(3.57)式中的复指数仅有实部(余弦函数)存在。利用(3.59)式和 $\int_{-\infty}^{+\infty} \exp(-a^2 x^2) \cos x \mathrm{d}x = \sqrt{\pi}/a \exp(1/4a^2)$,(3.57)式可以写成

$$\langle \exp[\mathrm{i}\Phi(t,\tau)] \rangle = \exp\left(-\frac{\sigma^2}{2}\right) \qquad (3.60)$$

当平均值 $\langle \Phi \rangle = 0$ 时,根据(3.11)式和(3.58)式,有

$$
\begin{aligned}
\sigma^2(\Phi) = \langle \Phi^2 \rangle &= \langle [\phi(t+\tau) - \phi(t)]^2 \rangle \\
&= \langle [\phi(t+\tau)]^2 \rangle - 2\langle [\phi(t+\tau)\phi(t)] \rangle + \langle [\phi(t)]^2 \rangle
\end{aligned}
\tag{(3.61)}
$$

利用(3.54)式和(3.32)式可以发现

$$
\langle [\phi(t+\tau)\phi(t)] \rangle = \int_0^{+\infty} S_\phi(f)\cos(2\pi f \tau)\,\mathrm{d}f = R_\phi(\tau)
\tag{3.62}
$$

$$
\langle [\phi(t+\tau)]^2 \rangle = \langle [\phi(t)]^2 \rangle = \int_0^{+\infty} S_\phi(f)\,\mathrm{d}f = R_\phi(0)
\tag{3.63}
$$

将(3.62)式和(3.63)式代入(3.61)式得到

$$
\sigma^2 = 2\int_0^{+\infty} S_\phi(f)[1 - \cos 2\pi f \tau]\,\mathrm{d}f
\tag{3.64}
$$

可以用它从(3.56)式推导出自相关函数:

$$
R_E(\tau) = E_0^2 \exp(i2\pi\nu_0\tau)\exp\left(-\int_0^{+\infty} S_\phi(f)[1 - \cos 2\pi f \tau]\,\mathrm{d}f\right)
\tag{3.65}
$$

由(3.53)式和(3.65)式可知,当(3.65)式中括号内的积分收敛时,就可以由给定的相位噪声谱密度 $S_\phi(f)$(见(3.37)式)计算出载波频率域的功率谱密度为

$$
S_E(\nu - \nu_0) = E_0^2 \int_{-\infty}^{+\infty} \exp-[i2\pi(\nu - \nu_0)\tau]\exp\left(-\int_0^{+\infty} S_\phi(f)[1 - \cos 2\pi f \tau]\right]\,\mathrm{d}f\right)\,\mathrm{d}\tau
$$

$$
\tag{3.66}
$$

3.4.1 有白频率噪声信号源的功率谱

我们现在考虑一个信号源,它的傅里叶频域功率谱密度可以用白(频率无关)频率噪声 S_ν^0 表示(见表 3.1),则有

$$
S_\phi(f) = \frac{S_\nu^0}{f^2} = \frac{\nu_0^2 h_0}{f^2}
\tag{3.67}
$$

(3.66)式的指数中的积分可以利用 $\int_0^{+\infty} [1 - \cos(bx)]/x^2\,\mathrm{d}x = \pi|b|/2$ 得到解析形式,然后可以得到

$$
\begin{aligned}
S_E(\nu - \nu_0) &= E_0^2 \int_{-\infty}^{+\infty} \exp\{-[i2\pi(\nu - \nu_0)\tau]\}\exp(-\pi^2 h_0 \nu_0^2 |\tau|)\,\mathrm{d}\tau \\
&= 2E_0^2 \int_0^{+\infty} \exp\{-\tau[i2\pi(\nu - \nu_0) + \pi^2 h_0 \nu_0^2]\}\,\mathrm{d}\tau
\end{aligned}
$$

$$
\tag{3.68}
$$

求解(3.68)式的积分并取实部得到功率谱密度为

$$S_E(\nu-\nu_0)=2E_0^2\frac{h_0\pi^2\nu_0^2}{h_0^2\pi^4\nu_0^4+4\pi^2(\nu-\nu_0)^2}=2E_0^2\frac{\gamma/2}{(\gamma/2)^2+4\pi^2(\nu-\nu_0)^2}$$

$$(3.69)$$

这里 $\gamma\equiv 2h_0\pi^2\nu_0^2=2\pi(\pi h_0\nu_0^2)=2\pi(\pi S_\nu^0)$。因此一个在傅里叶频域有白频率噪声 S_ν^0 的振荡器,它在载波频率域的频率起伏的功率谱密度是洛伦兹线型,它的半高全宽由下式给出,即

$$\Delta\nu_{\mathrm{FWHM}}=\pi S_\nu^0 \tag{3.70}$$

类似地,其他类型的相位噪声谱密度也可以相应地计算出来。Godone 和 Levi 进一步处理了白相位噪声和闪烁相位噪声的情况[38]。

3.4.2　半导体激光器的功率谱

作为白频率噪声的例子,考虑激光中由于自发辐射光子引起的频率起伏[39]。它们导致所谓的 Schawlow-Townes 线宽:

$$\Delta\nu_{\mathrm{QNL}}=\frac{2\pi h\nu_0(\Delta\nu_{1/2})^2\mu}{P} \tag{3.71}$$

这里,$h\nu_0$ 是光子能量,$\Delta\nu_{1/2}$ 是被动激光谐振腔的半高全宽,$\mu\equiv N_2/(N_2-N_1)$ 是描述激光介质布居数反转的参数,P 是激光的输出功率。在独立半导体激光器的实测噪声谱中,高于 80 kHz 转折频率的傅里叶频率区域可以发现这种量子噪声限制的功率谱密度(对于激光二极管,它由亨利线宽增强系数增强,见(9.37)式)。在低于转折频率的区域,功率谱密度随着频率的减小近似地按照 $1/f$ 幂函数规律增大。对于外腔半导体激光器(见第 9.3.2.5 节)在高于大约为 200 kHz 的转折频率 f_c 的区域,也可以发现白频率噪声特性,但由于线宽 $\Delta\nu_{1/2}$ 的压缩(见(3.71)式),$S_\nu(f)$ 减小了约 33 dB。

由于 $1/f$ 特性通常是由技术噪声引起的,这种噪声或多或少存在于任意振荡器中,因此研究(3.69)式的有效性是一件很有意义的事。O'Mahony 和 Henning[41] 研究了低频($1/f$)载波噪声对半导体激光器线宽的影响。在他们的发现中,Koch[40] 给出了如下的一个判据,利用它可以从转折频率 f_c 的位置来获取线型的信息,即

$$S_\nu(f_c)/f_c \gg 1 \quad 洛伦兹线型 \tag{3.72}$$

$$S_\nu(f_c)/f_c \ll 1 \quad 高斯线型 \tag{3.73}$$

我们将这些判据应用于图 3.10 所示的频率噪声的功率谱密度,可以发现对于独立半导体激光(三角形)$S_\nu(f)/f_c > 100$,因此判据(3.72)式适用。 根据

(3.70) 式,预期是一个线宽大约为 5 MHz 的洛伦兹线型。由另一台外腔半导体激光器(见第 9.3.2.5 节)的频率起伏功率谱密度(见图 3.10 中的正方形)可以发现 $S_\nu(f)/f_c \approx 10^{-2}$,因此根据判据(3.73)式,预计是高斯线型。高斯线型可以认为是由一条线宽由(3.70)式给定的小洛伦兹谱线绕着一个中心频率随机行走形成的。高斯函数的宽度取决于平均时间 T,也就是测量时间 T,它也决定了最低可测量傅里叶频率为 $1/T$。对于具有真正 $1/f$ 特性的 S_ν,由于 $\int_{1/T}^{\infty} S_\nu(f)\mathrm{d}f = \infty$(见(3.66)式),因此线宽将是无限的。然而,由于有限的测量时间 T 和低频截止频率 $1/T$,在实验中人们总能发现有限的线宽。平均频率漂移 $\Delta\nu_{\mathrm{rms}}$(线宽)可以由(3.39)式计算得到,即

$$\Delta\nu_{\mathrm{rms}} = \sqrt{\int_{1/T}^{f_c} S_\nu(f)\mathrm{d}f} \tag{3.74}$$

对于具有光学反馈的外腔半导体激光器(见图 3.10 中的正方形),当测量时间等于 10 ms 时我们可以推导出高斯线型的 FWHM 大约是 120 kHz。

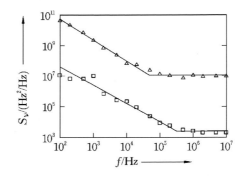

图 3.10　测量的无光反馈半导体激光(三角形)和光栅反馈半导体激光(正方形)的频率起伏功率谱密度与傅里叶频率 f 的关系[40]

3.4.3　白相位噪声信号源的低噪声谱

利用(3.62)式和(3.63)式,我们可以将(3.66)式写成

$$S_E(\nu-\nu_0) = E_0^2 \int_{-\infty}^{+\infty} \exp[-R_\phi(0)]\exp[R_\phi(\tau)]\exp[-\mathrm{i}2\pi(\nu-\nu_0)\tau]\mathrm{d}\tau \tag{3.75}$$

对于非常低的相位起伏,即 $\int_0^{+\infty} S_\phi(f)\mathrm{d}f \ll 1$,可以将(3.75)式中的前两个指数函数进行级数展开并且只保留前两项,得到

$$S_E(\nu - \nu_0) \approx E_0^2 \int_{-\infty}^{+\infty} [1 - R_\phi(0) + R_\phi(\tau)] \exp[-\mathrm{i}2\pi(\nu - \nu_0)\tau] \mathrm{d}\tau$$

$$(3.76)$$

利用狄拉克 $\delta(\nu - \nu_0)$ 函数的定义(见(2.23)式)和 Wiener-Khintchine 关系(3.28)式,可以得到

$$S_E(\nu - \nu_0) \approx E_0^2 [1 - R_\phi(0)] \delta(\nu - \nu_0) + E_0^2 S_\phi^{2-\mathrm{sided}}(\nu - \nu_0) \quad (3.77)$$

因此,在载波频率域中的频谱包含一个位于 $\nu = \nu_0$ 的载波(δ 函数)和 $f = |\nu - \nu_0|$ 的两个对称边带,它们的幅度等于 $f = |\nu - \nu_0|$ 处的相位噪声谱密度 $S_\phi(f)$。

通常商用振荡器是通过测量所谓的谱纯度 $\mathcal{L}(f)$ 来表征的,即直接用频谱分析仪来测量振荡器的信号在载波的每个边带处的噪声[1]:

$$\mathcal{L}(f) \equiv \frac{S_\Phi^{2-\mathrm{sided}}(\nu - \nu_0)}{1/2E_0^2} \quad (3.78)$$

这里假设与相位噪声相比振幅噪声可以忽略不计。然后谱纯度代表除原点即(3.77)式中的 δ 函数以外的所有傅里叶频率的相位噪声。

3.5　测量技术

在实际应用中,可以通过不同的方法从所测量的时间序列信号 $\Delta\nu(t)(\Delta\phi(t))$ 得到信号的频率(相位)起伏的功率谱密度。利用一些具有不同中心频率的滤波器将频谱分成频率带然后测量每个滤波器的透射(交流)功率就可以得到 $S_\nu(f)$。对滤波器的带宽分别进行划分后,测量得到的这些离散功率值代表在傅里叶频率等于滤波器中心频率处的 $S_\nu(f)$。另一个方法是使用数字频谱分析仪,利用快速傅里叶变换(FFT)算法给出,例如

$$\Delta\phi(f) = \mathcal{F}(\Delta\phi(t)) \quad (3.79)$$

由此可确定相位起伏的功率谱密度为

$$S_\phi(f) = \frac{[\Delta\phi(f)]^2}{BW} \quad (3.80)$$

这里选择的以 Hz 为单位的测量带宽 BW 必须满足 $BW \ll f$ 的条件。这个过程等价于通过已知特征噪声过程的自相关函数定义功率谱密度。为了使读者能够发现可能的含义,(3.80)式的推导过程如下。采用复数形式重写(3.31)式和(3.32)式[42] 如下

$$S_b(f) = 4 \lim_{T \to \infty} \frac{1}{T} \int_0^{+T} \left[\int_0^{+T} b(t)b(t+\tau)dt \right] \exp(2\pi i f\tau)d\tau \qquad (3.81)$$

代换

$$\tau \to z - t \qquad (3.82)$$

得到

$$S_b(f) = 4 \lim_{T \to \infty} \frac{1}{T} \int_0^{+T} \left[\int_0^{+T} b(z)\exp(2\pi i f z)dz \right] b(t)\exp(-2\pi i f t)dt$$

$$(3.83)$$

由于方括号中的表达式是一个复数,它可以被移出积分,即

$$S_b(f) = 4 \lim_{T \to \infty} \frac{1}{T} \int_0^{+T} b(z)\exp(2\pi i f z)dz \int_0^{+T} b(t)\exp(-2\pi i f t)dt \quad (3.84)$$

如果平移积分间隔 τ 后积分值(见(3.82)式)不变,则其中每一个积分都是另一个的复共轭,因此我们最终得到单边带功率谱密度 $S_b(f)$ 如下

$$S_b(f) = 4 \lim_{T \to \infty} \frac{1}{T} \left| \int_0^{+T} b(t)\exp(-2\pi i f t)dt \right|^2 \qquad (3.85)$$

通过鉴频器,频率起伏可以被转换为幅度或功率起伏。电子滤波器、光学法布里－珀罗干涉仪(FPI)或吸收线的斜率都可以用作这样的鉴频器。如果调谐振荡器或滤波器使得振荡器的载波频率在斜坡处,最好是在拐点附近(见图 3.11),则滤波器输出的功率在一阶近似下随信号的频率线性变化:

$$V(\nu - \nu_S) = (\nu - \nu_S)k_d + V(\nu_S) \qquad (3.86)$$

这里 k_d 是滤波器在 ν_S 处的斜率。图 3.11(a)中滤波器后面的探测器将功率起伏转换成电压起伏,然后可以通过电子频谱分析仪进行分析。现代频谱分析仪显示一个与信号起伏的频谱密度直接相关的量。为了得到以 Hz^2/Hz 为单位的频率起伏功率谱密度必须确定鉴频器的斜率 k_d。应用这个方法时,要求其他噪声源的贡献不影响测量。滤波器中心频率的起伏或信号振幅的起伏可以模拟出较大的频率起伏频谱密度。后者的贡献必须通过稳定输入信号的振幅,或通过使用第二个具有频率无关响应特性的探测器直接测量振幅起伏,然后对滤波器输出的信号进行归一化来消除。振幅起伏的影响可以很容易地通过调整滤波器的中心频率或信号的频率使两者相一致来检测。对于不太高的频率偏移,滤波器中心频率附近的平坦部分对频率起伏不太敏感,因此观测到的透射信号的起伏与输入信号的振幅起伏有关。高达几吉赫兹的电子信号的频率可以直接用计数器测量。最简单的计数器测量给定时间间隔 τ 内的周期

数,即检测到的以正斜率过零点的次数。时间间隔由一个参考频率的确定周期数提供。在这个简单的例子中,被测频率的分辨率限制在 ±1 个周期内。通常电子计数器使用插值技术来估计周期的小数部分。无论如何,计数器频率测量的不确定度随 $1/\tau$ 而减小。

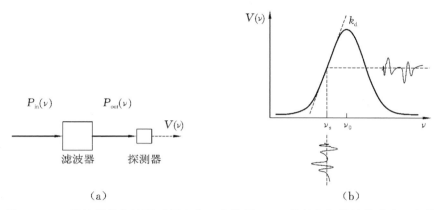

(a)　　　　　　　　　　　　　　　　　(b)

图 3.11　(a)滤波器的传输可以用来将一个信号 $P(\nu)$ 的频率起伏转换成电压起伏 $V(\nu)$;(b)在一个合适的工作点 ν_s 滤波器充当一个鉴频器,其中电压起伏近似正比于频率起伏(见(3.86)式)

3.5.1　外差频率测量

更高的频率可以用外差技术测量。外差技术通过混频产生被测设备(DUT)频率为 ν 的信号和频率为 ν_0 的参考信号之间的差频信号。考虑两个频率分别为 ν 和 ν_0 的超高频简谐信号(见图 3.12(a)和(b)),例如叠加在光电探测器上的两个激光束。单个场的频率太高,以至于电子设备无法直接追踪它们。然而与合成场振幅平方成正比的功率显示出幅度调制信号(见图 3.12(c))。经过低通滤波后,这个信号(见图 3.12(d))的所谓拍频 ν_{beat} 等于频率差,即

$$\nu_{\text{beat}} = |\nu - \nu_0| \tag{3.87}$$

由于光电探测器的输出信号与电场的乘积成正比,因此它对输入电场的响应是高度非线性的。类似地,在射频波段也采用非线性器件产生两个输入信号的乘积。我们简要回顾一下这种乘法混频器的基本特性。混频器将两个输入信号,通常称为射频(RF)和本振(LO),它们相乘产生一个被称为中频(IF)的输出信号。如果两个输入信号是简谐信号,则输出信号

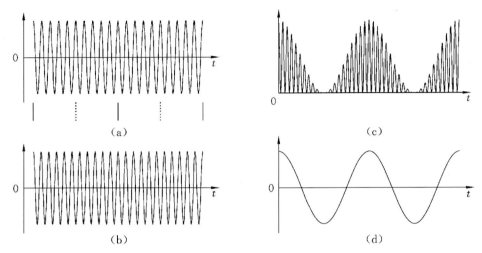

图 3.12　(a,b)频率偏差 10％的信号；(c)信号(a)和(b)的平方和；(d)拍频信号

$$\cos(\omega_{RF}t)\cos(\omega_{LO}t)=\frac{1}{2}\cos[(\omega_{RF}+\omega_{LO})t]+\frac{1}{2}\cos[(\omega_{RF}-\omega_{LO})t] \quad (3.88)$$

包含两个输入信号的和频信号和差频信号，但不包含输入信号或它们的谐波信号。经常用于混频的双平衡混频器(DBM)(见图 3.13)是一个基于四个二极管和两个变压器的电子设备，它可以方便地只产生和频信号或差频信号，而不产生输入信号或它们的谐波。

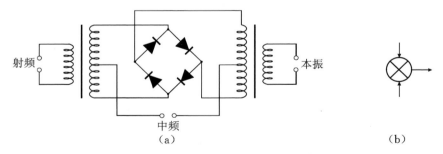

图 3.13　双平衡混频器((a)装置；(b)符号)

它的重要应用对应 $\omega_{LO}=\omega_{RF}\equiv\omega$ 的情况，此时两个频率相同但存在相位差的信号送到混频器的输入端。使用(3.88)式得到

$$\cos(\omega t+\phi)\cos(\omega t)=\frac{1}{2}\big[\cos(2\omega t+\phi)+\cos\phi\big] \quad (3.89)$$

输出信号中包含一个两倍于输入频率的交流分量 $(1/2)\cos(2\omega t+\phi)$ 和一个直

流信号$(1/2)\cos\phi$，它取决于两个输入信号之间的相位差。

因此，如图 3.14 所示[1]的混频器可以作为鉴相器来检测相位起伏，比较待测振荡器信号的相位与参考振荡器信号的相位。如果用频谱分析仪测量混频器的电压起伏，则在幅度调制可以忽略的情况下，其测量结果对应相位差的起伏。如果参考振荡器的相位比待测振荡器稳定很多，就可以认为相位差的起伏仅仅来源于待测振荡器的相位起伏。为了使鉴相器有一个恒定的斜率，在测量期间它必须工作在相位差接近 90°的位置，这种情况下(3.89)式中的余弦函数在接近零点处可以用一个线性鉴频曲线近似。这仅适用于在测量期间两个振荡器的平均频率保持一致，即它们的平均相位被锁定的情形。该条件可以通过采用锁相环(PLL)来实现，它使用来自混频器的代表振荡器之间相位差的信号作为误差信号。对误差信号进行积分获得伺服信号来控制参考振荡器的频率。假设已知鉴相器的斜率 k_d 和放大器频率相关的增益 $G(f)$，根据(3.80)式傅里叶频率 f 处的相位起伏功率谱密度由测量带宽为 1 Hz 的均方相位起伏给出。

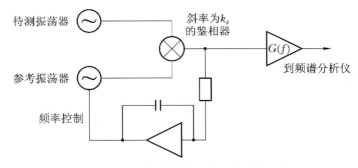

图 3.14 　 待测振荡器的相位噪声测量系统

如果频率通过和频、倍频或分频进行了转换，则在确定相位起伏的功率谱密度时必须十分小心。在拍频测量中(见(3.87)式)，由于频率转换，参考振荡器的随机相位调制(PM)噪声和执行频率转换的非线性器件的 PM 噪声 $S_\phi^{\mathrm{trans}}(f)$ 也被添加到待测振荡器的 PM 噪声中，即

$$S_\phi(\nu,f)=S_\phi^{\mathrm{DUT}}(\nu_0,f)+S_\phi^{\mathrm{RefOsc}}(\nu_1,f)+S_\phi^{\mathrm{trans}}(f) \tag{3.90}$$

在非线性器件的 N 倍频过程中同时也使相位乘了系数 N，因此相位起伏也乘了系数 N。从(3.80)式可以看出在这种情况下，PM 噪声增大到 N^2 倍：

$$S_\phi(N\nu_0,f)=N^2 S_\phi(\nu_0,f)+S_\phi^{\mathrm{mult}}(f) \tag{3.91}$$

这里 $S_{\phi}^{\text{mult}}(f)$ 是非线性器件倍频过程增加的 PM 噪声。类似地 $1/N$ 分频也使 PM 噪声减少到原来的 $1/N^2$。因此,如果高频信号通过分频而不是通过混频进行下转换,则剩余噪声将降低[43]。

3.5.2 自外差

单个振荡器的相位噪声也可以采用自外差技术来测量,它通过比较振荡器的信号和振荡器前一段时间的信号来确定振荡器的相位起伏(见图 3.15)。信号通过功分器 PS 分为两路,在再次混频和放大之前,其中一路的信号相对另一路延迟。功分器的分束和混频器的复合使这个装置本质上相当于一个干涉仪加上方波探测器。

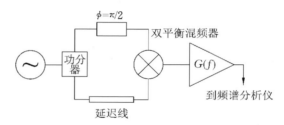

图 3.15 采用延迟线鉴相器的相位噪声测量装置

3.5.2.1 微波频段 AM 和 PM 噪声的灵敏测量

对于低噪声微波器件,由于载波功率通常要比待测噪声功率高几个数量级,因此在载波附近相位和幅度噪声的灵敏测量是比较困难的。早在 1968 年就产生了一种基于干涉技术的高灵敏度测量方法[44],后来该方法达到了超高灵敏度[45]。在这样一个微波干涉仪(见图 3.16)中,通过将相移＋90°的待测信号与相移－90°的经过适当调整的参考信号相加可以在 Δ 分支消除载波。因此 Δ 分支工作在干涉仪的暗条纹。被抑制载波的信号在读出系统被放大后和 Σ 参考分支进行混频。根据参考相移器对参考信号的不同相移,可以测量相位噪声或者幅度噪声。

3.5.2.2 光纤光学干涉仪

干涉测量系统也经常应用于光纤通信频段,用来研究半导体激光器的线宽,这种情况下干涉仪包含作为延迟线的光纤和改变干涉仪一条支路频率的声光调制器(AOM)(见第 11.2.1 节)。当延迟时间较小,与激光的相干时间相当时,激光功率谱密度由叠加在基底上的 AOM 频率处的 δ 函数组成[46,47](见

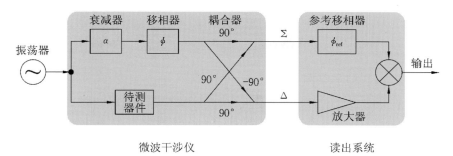

图 3.16　用于测量 AM 和 PM 噪声的微波干涉仪

图 3.17)。随着延迟时间的增加,激光的相位变得不相关,当延迟时间大约是相干时间 6 倍时,尖峰变成线型的自卷积[46]。对于线宽为 10 kHz 的高相干激光振荡器,光纤延迟线需要达到几十公里。相比于几公里的光纤,100 m 长的光纤产生的光程差与激光的相干长度相比很小。在这种情况下,干涉信号的每个频率分量对应激光频率噪声的傅里叶分量。在这个频段,将计算得到的功率谱与测量功率谱(见图 3.17)进行比较可以导出激光器的线宽。此外它还给出了导致相位稳定性恶化影响因素的线索[46]。

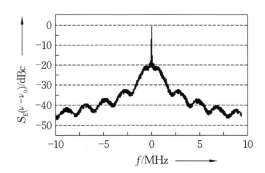

图 3.17　线宽为 0.4 MHz 的 1.5 μm 半导体激光器功率谱密度 $S_E(\nu - \nu_0)$,在外差光纤干涉仪输出口测量得到(由 U.Sterr 提供)

3.5.3　混叠

当对连续信号进行数字采样以获得谱密度时必须小心。如果在图 3.15 中使用数字频谱分析仪,就会遇到这种情况。众所周知,简谐信号只有满足在每个周期 T 内至少有两个采样点(见图 3.18(a)中的空心圆)的条件下才能被正确地数字采样。对应的最低采样频率

$$\nu_{\mathrm{N}} \equiv \frac{2}{T} \tag{3.92}$$

称为 Nyquist 频率。考虑一个简谐信号，它被以每周期 T 中的采样点少于 2（见图 3.18(a) 中的点）的方式采样。采样周期 Δt 大于信号周期 T 的一半，因此信号的频率高于 Nyquist 频率。图 3.18(a) 中频率为 ν 的信号在 10 个周期内被采样了 11 个数据点。因此，被采样信号的频率 $\nu = 20/11\nu_{\mathrm{N}}$ 比 Nyquist 频率高 82%。采样信号的频率看起来比原始信号（见图 3.18(a) 中的虚线）频率低。在频域中（见图 3.18(b)）这个信号出现在 $\nu' = \nu/10 = 0.18\nu$ 处，即比 Nyquist 频率低 82% 的频率处。高于 Nyquist 频率的频率分量似乎被"反射"到了低于 Nyquist 频率区域。在对一个完整的频谱采用太粗糙的方式采样，而功率谱密度又在高于 Nyquist 频率处具有非零频谱分量的情况下，位于 ν_{N} 和 $2\nu_{\mathrm{N}}$ 之间的频谱密度被反射到 $0 \leqslant \nu \leqslant \nu_{\mathrm{N}}$ 区间。因此，功率谱密度被区间外的贡献破坏。这种由于采样不充分引起的功率谱密度的破坏称为"混叠"。

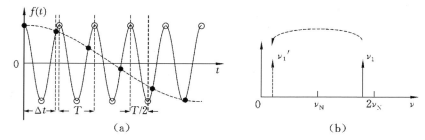

图 3.18 混叠（(a) 余弦信号（实线）只有在满足每周期至少两个采样点（空心圆）时才能被正确地采样，如果以每个周期采样点少于两个的方式采样（点），则重构后的信号显示出较低的频率（虚线）；(b) 真实频率 $\nu_1 = 1/T$ 高于 Nyquist 频率 ν_{N} (3.92) 式，看起来像较低频率 ν_1'）

3.6　带噪声信号的频率稳定

在采用被动频率参考的信号来稳定频标频率的频标方案中（见图 1.3），来自被动参考信号 I 的起伏导致稳定频率的起伏。举个例子，考虑被动参考的带噪声吸收信号（见图 3.19），这里振荡器的频率与中心频率 ν_0 的偏差是通过对频率进行 $\pm\Delta\nu/2$ 的频率调制，然后比较吸收线两侧的信号来确定。给定工

作点 ν_{wp} 的信号起伏用 $\sigma^{(I)}$ 描述,频率 ν_{wp} 对应的不确定度用 $\sigma^{(\nu)}$ 描述,它们与吸收线在 ν_{wp} 的斜率有如下关系:

$$\sigma^{(\nu)} = \sigma^{(I)} \frac{1}{\left.\dfrac{dI(\nu)}{d\nu}\right|_{\nu_{wp}}} \tag{3.93}$$

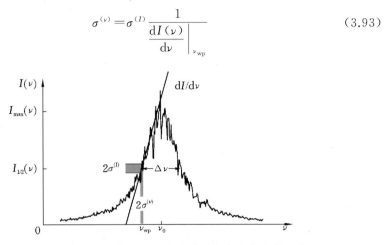

图 3.19 来自被动频率参考信号的波动对频率稳定度的影响

通常,斜率可以写成

$$\frac{dI(\nu)}{d\nu} = K \frac{I_{max}}{\Delta\nu} \tag{3.94}$$

这里 K 是一个依赖 $I(\nu)$ 的 1 量级的常数,$\Delta\nu$ 是半高全宽。作为一个例子,我们将图 3.19 中的 $I(\nu)$ 近似为一个高为 I_{max}、底为 $2\Delta\nu$ 的对称三角形。在这个简化的例子中,$K=1$ 成立。第二个重要的例子是 $I(\nu) = I_{max}\{1 + \cos[2\pi(\nu - \nu_0)t]\}/2$,它将在无背景 Ramsey 激励(见(6.44)式)中遇到。在这种情况下,$K = \pi$。信号的起伏经常受限于白频率噪声,例如来源于被探测光子或原子的散粒噪声,有如下关系:

$$\sigma^{I}(\tau) = \sigma^{I}(\tau = 1s) \frac{1}{\sqrt{\tau/s}} \tag{3.95}$$

从(3.93)式可以推导出一种估算频标最终频率稳定度的有用计算公式:

$$\sigma_y(\tau) = \frac{1}{K} \frac{1}{Q} \frac{1}{S/N} \frac{1}{\sqrt{\tau/s}} \tag{3.96}$$

这里我们使用了 $Q = \nu_0/\Delta\nu$,$\sigma^{(\nu)} = \nu_0\sigma_y(\tau)$,并且信噪比 S/N 由信号 $S = I_{max}$ 和 $\sigma^{I}(\tau = 1s)$ 的噪声 N 确定。如果只在占总周期 T_c 的 τ/T_c 部分时间内对原子进行探询,总周期 T_c 包括制备和探询原子的时间,则(3.96)式必须修改为

$$\sigma_y(\tau) = \frac{1}{K}\frac{1}{Q}\frac{1}{S/N}\sqrt{\frac{T_c}{\tau}} \qquad (3.97)$$

在已知信噪比时,(3.96)式和(3.97)式被广泛用来确定可实现的以阿兰偏差表征的不稳定度。

3.6.1 由于混叠而导致频率稳定性恶化

在频标中,本机振荡器的频率通过调制技术稳定到被动参考上,采用(3.97)式计算的期望频率稳定度常常由于各种混叠效应而下降。这些效应将自由运行的本机振荡器的高频噪声映射到经过稳定的振荡器的输出频率。

这种效应[48,49]称为"互调效应",它来源于产生误差信号的鉴频曲线(见图3.19)的非线性斜率。伺服控制回路中的非线性元件会使得调制频率的谐波分量和该分量频率附近的振荡器高频噪声进行差频,产生下转换的差频信号,从而将高频噪声混合到基带。这些低频起伏被伺服控制单元解释为需要抵消的频率起伏,从而增加了稳定后的振荡器的频率起伏。

这种效应在以脉冲方式运行或者探询的被动频标中尤其明显,例如在喷泉原子钟(第7.3节)或单离子频标(见第10章)中,原子按一定的时序被制备和探询。只有在探询过程中才对控制回路进行的周期性激活又一次使探询频率谐波附近的振荡器频率噪声下转换进入基带,从而进入控制回路的带宽。由于所谓的"Dick效应"增加的噪声已经被Dick[50]预测并在原子频标中被观察到[51]。

恶化程度取决于特定的探询方式,各种不同的运行方式和参数引起的恶化已经被计算出来[51-53]。通常,使用所谓的"灵敏度函数"$g(t)$,它是原子系统对探询振荡器相位阶跃的响应或者对t时刻发生的频率变化的冲激响应[51]。这里灵敏度函数$g(t)$考虑了在探询被动谐振时,本机振荡器频率起伏对误差信号的影响在周期时间T_c内不同时刻有很大的差别。作为一个例子,考虑一个正弦调制的本机振荡器,在这种情况下当瞬时频率接近共振线的最大值时频率起伏几乎没有影响,但是当瞬时频率位于最大斜率附近时贡献达到最大值(见图2.15)。灵敏度函数是周期为T_c的周期函数,可以用傅里叶级数表示为

$$g(t) = \sum_{m=-\infty}^{\infty} g_m e^{i2\pi m f_c t} \tag{3.98}$$

其中 $f_c = 1/T_c$。可以用自由运转的本机振荡器的相对频率起伏功率谱密度 $S_y^{LO}(f)$ 与灵敏度函数相应傅里叶分量的乘积来确定本机振荡器噪声引起的阿兰方差[51,53]：

$$\sigma_y^2(\tau) = \frac{1}{\tau} \sum_{m=1}^{\infty} \frac{|g_m|^2}{g_0^2} S_y^{LO}(m f_c) \tag{3.99}$$

其中 g_0 是 $g(t)$ 在周期时间 T_c 内的平均值。由于 Dick 效应和互调效应会严重影响最先进频标可达到的稳定度，因此必须对本机振荡器进行选择，使其噪声特性与所选探询方案相匹配[51]。

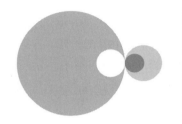

第 4 章
宏观频率参考

对几何形状进行专门设计的宏观结构可以激发产生特定的谐振频率。这种谐振子的本征频率完全取决于它们的尺寸和制造它们的介质的特性。谐振子可用于稳定振荡器的频率,这些振荡器可作为二级频率参考使用,其中最常用的是石英振荡器(第 4.1 节),其振动石英晶片决定了它的频率。在微波(第 4.2 节)和光学(第 4.3 节)频段,介质谐振子或空腔用作频标的稳定飞轮。此外,腔谐振子也通过作用于量子吸收体提供确定的频率信号。

4.1 压电晶体频率参考

在固体中,可以通过激发机械变形产生振动,它的谐振频率取决于所选材料的性质和尺寸。石英(SiO_2)或硅酸镓镓($La_3Ga_5SiO_{14}$)及其同构物等的一些材料还具有压电性能,可以将这类机械谐振子耦合到电路中并产生高频电振荡。

4.1.1 压电材料的基本特征

考虑一块压电材料板,它的两个相对的表面各涂有一层薄的金属层。当对它施加应力时,每个单元的正负电荷中心都发生相对移动。材料内部的电荷相互抵消,但在金属化的表面,无法补偿的电荷在这两块表面之间产生电压,电压值与这块板在两个导电表面间形成的电容 C 有关。因此,该压电材料板的任何机械振荡都与振荡电压直接相关;反之,施加在表面上的电压会产生应变,而交流电压可以用于激发该材料板的机械振荡。

在几种不同 SiO_2 的晶体构型中,α-石英具有从室温到 573 ℃ 的热稳定性,并且具有如下的特性,使其成为搭建振荡器的首选材料:首先,该材料具有很高的机械刚度和弹性系数,使适当切割的晶片能够激发具有高频率和高 Q 值的机械振动;其次,石英是一种可以高纯度、低成本大量生长的材料;最后,该材料易于加工。

硅酸镧镓($La_3Ga_5SiO_{14}$)及它的同构物铌酸镧镓($La_3Ga_{5.5}Nb_{0.5}O_{14}$)和钽酸镧镓($La_3Ga_{5.5}Ta_{0.5}O_{14}$)的 Q 值高于最适合切割的石英晶体,并且具有更高的压电耦合。此外,这些材料在 1400 ℃ 左右的熔点以下都属于无相变范围。因此,在某些应用中,这些材料和其他压电材料[54] 可能会取代更常用的石英。

4.1.2 机械谐振

石英样品中可以激发的机械振动可能非常复杂。为了推导与特定运动模式相关的频率,我们仅限于讨论矩形板的简单情况,这里我们考虑了拉伸、弯曲和剪切模式(见图 4.1)。考虑一个由均匀的各向同性介质组成的,长度为 l,宽度为 a,高度为 b 的矩形板。对板的两端施加力 F 将使其长度(见图 4.1(a))拉伸 Δl。在胡克定律成立的弹性状态下,相对长度变化 $\Delta l/l$ 与 F 成正比,可写为 $F = EA\Delta l/l$,其中 $A = a \cdot b$,E 为杨氏弹性模量。也可将其写为应力 $S \equiv F/A$ 和由此产生形变 $s \equiv \Delta l/l$ 的关系式:

$$S = Es \tag{4.1}$$

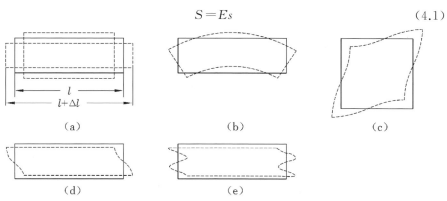

（a） （b） （c）

（d） （e）

图 4.1 石英晶片的不同应变模式((a)伸展模式;(b)弯曲模式;(c)面剪切模式;(d)厚度剪切模式(基本模式);(e)三泛音厚度剪切模式)

与遵循胡克定律((2.3)式)的弹簧类似,弹性介质板也可以在交替拉伸和压缩处振动。当板的长度增加时,它的宽度和高度就会减小(见图4.1(a)),在各向同性介质中,它的厚度减小方式与宽度和高度的变化方式相同,相应的厚度变化通常用 $\Delta a/a = \Delta b/b = -\sigma \Delta l/l$ 描述,其中 σ 被称为泊松比。然而,一般来说,(4.1)式必须用张量方程代替,因为沿任何方向的应力不仅会导致该方向的形变,还会引起其他所有方向的形变。

下面我们简单回顾一下所有表面都没有限制的细长条板的本征频率的推导过程。它的厚度变化很小,可以忽略不计,因此只需要考虑沿着细长板 x 方向的应力。(纵向)振动的本征频率可以从牛顿公理和胡克定律的基本关系中推导出来。与推导(2.4)式所选取的单独质量不同,现在必须处理大量的质量元 Δm_i,它们通过力 $\sum F_{i,j}$ 与其他质量元耦合。我们用质量元 Δm_i 的线性链模拟细板,坐标为 q_i 的第 i 个质量元只与其直接相邻的质量元相互作用。对于每个质量元,牛顿第二定律写为

$$\frac{\mathrm{d}}{\mathrm{d}t}\left(\Delta m_i \frac{\mathrm{d}}{\mathrm{d}t}q_i\right) = F_{i,i+1} - F_{i-1,i} \tag{4.2}$$

引入密度 $\rho \equiv \Delta m_i/(A\Delta x)$ 和描述质量元位移的连续函数 $u(x,t)$,可以通过

$$\frac{\mathrm{d}}{\mathrm{d}t}\left(\Delta m_i \frac{\mathrm{d}}{\mathrm{d}t}q_i\right) \quad \rightarrow \quad A\Delta x\rho \frac{\partial}{\partial t}\frac{\partial u(x,t)}{\partial t} \tag{4.3}$$

和

$$F_{i,i+1} - F_{i-1,i} \quad \rightarrow \quad A\frac{\partial S(x,t)}{\partial z}\Delta x \tag{4.4}$$

实现从单个质量 Δm_i 到弹性连续体的转换。用(4.3)式与(4.4)式的右边项等价替换为左边项,代入(4.2)式可得

$$\rho\frac{\partial}{\partial t}\frac{\partial u(x,t)}{\partial t} = \frac{\partial S(x,t)}{\partial x} \tag{4.5}$$

将板的任何位置和任意时刻的形变 $S(x,t)$ 与应力联系起来,把胡克定律:

$$S(x,t) = Es(x,t) = E\frac{\partial u(x,t)}{\partial x} \tag{4.6}$$

插入(4.5)式,最终得到 $u(x,t)$ 的波动方程:

$$\frac{\partial^2}{\partial x^2}u(x,t) - \frac{\rho}{E}\frac{\partial^2}{\partial t^2}u(x,t) = 0 \tag{4.7}$$

(4.7)式的波动方程通过尝试解的方法求解,即

$$u(x,t)=u(x)\exp(i\omega t) \tag{4.8}$$

代入可得

$$\frac{\partial^2}{\partial x^2}u(x)-k^2 u(x)=0 \tag{4.9}$$

其中波数为

$$k=\omega\sqrt{\frac{\rho}{E}} \tag{4.10}$$

(4.9)式的解写为余弦或正弦函数、或二者的线性组合的形式。不过某些"边界条件",会限制一些可能的解。如果杆的两端都是自由的,那么在 $x=0$ 和 $x=l$ 处的应力必须为零。由(4.6)式可得 $\partial u(x)/\partial x=0$,因此有

$$u(x)=A\cos kx \tag{4.11}$$

其中,$k=m\pi/l$。将该结果与(4.10)式结合考虑,我们发现振动板的等距角本征频率为

$$\omega_{\mathrm{m}}=\frac{m\pi}{l}\sqrt{E/\rho} \tag{4.12}$$

其中,$m=1,2,3,\cdots$。

对于长度 l'(厚度)相对横向尺寸($l'<a$ 且 $l'<b$)较小的薄板,其他应力分量不可以忽略。可以通过类似的、但更长的公式推导[55]得到本征频率为

$$\omega_{\mathrm{m}}=\frac{m\pi}{l'}\sqrt{\frac{E}{\rho}\frac{1-\sigma}{(1+\sigma)(1-2\sigma)}} \tag{4.13}$$

比较两个公式可知,(4.13)式的 $\omega_{\mathrm{m}}l'$ 总是小于(4.12)式的 $\omega_{\mathrm{m}}l$,它们相差一个系数 $\sqrt{(1-\sigma)/(1-\sigma-2\sigma^2)}$,该系数取决于泊松比 σ。(4.12)式对应(4.13)式的极限情况,随着矩形块宽度的增加,期望的纵模频率将逐渐降低。因此,对于这样的矩形块,不同方向的拉伸振动分别有特定的特征频率。

这个简单的模型并不能解释石英晶片等实际晶片中可能出现的各种效应。首先,除了拉伸振动外,晶片还可以根据外力的作用方向激发其他模式(见图 4.1)。其次,由于泊松比描述的不同方向之间的机械耦合,各特征频率也表现出耦合效应。第三,真正的石英晶片是一种高度各向异性的介质,从宏观石英晶体的复杂形状(见图 4.2(a))就可以看出这一点,这表明它是沿不同方向的各向异性生长而成的,不同方向的弹性系数和热膨胀系数也不相同。后一种特性导致本征频率依赖于外部参数,从而降低石英振荡器的频率稳定

度。但是如果按照选定的晶体学方向切割晶体,可以显著降低这些影响,例如所谓的 AT 切割使得器件的电性能温度系数变得非常小,SC 切割具有良好的应力补偿,而 LC 切割的石英晶体显示出近似线性的温度系数,可以用作石英温度计,其本征频率的变化被用来监测温度变化。图 4.2(b)和图 4.2(c)显示了一些常见切割的位置及其相对于晶轴的角度。

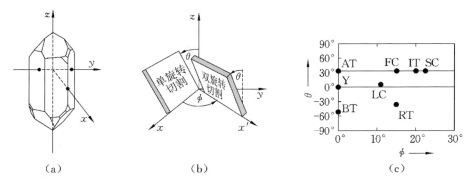

图 4.2 (a)天然石英晶体;(b)单旋转石英晶体和双旋转石英晶体的切割方向;(c)根据参考文献[2]给出的一些重要切割的角度

4.1.3 等效电路

在石英振荡器中,能量在电容中储存的电能和晶体弹性形变中储存的机械能之间转换。这种电能和机械能之间的能量转换类似于振荡电路。在该电路中,系统的能量交替地存储在电感为 L 的线圈磁场和电容为 C 的电容器中。所以,石英晶体系统很容易由等效电路表示(见图 4.3),其中电阻 R 表征了由振荡引起的、以晶体本身和底座的热耗散为主的能量损耗。$C-L-R$ 分支称为运动臂,表示通过压电效应耦合到电路中的谐振子机械振动体的电当量。C_0 是电极和引线的静态电容。为了确定晶体振荡器的共振频率,我们通过如下公式计算图 4.3 中等效电路的阻抗 Z:

$$\frac{1}{Z} = \frac{1}{Z_1} + \frac{1}{Z_2} = \frac{1}{\mathrm{i}\omega L + \dfrac{1}{\mathrm{i}\omega C} + R} + \frac{1}{\dfrac{1}{\mathrm{i}\omega C_0}} \tag{4.14}$$

器件的阻抗 Z 通常是一个复数,决定晶振对振荡电压的电流响应。它的实部是常规电阻,其虚部对应电抗,当电流相位滞后于电压时,电抗为正。以 4 MHz 石英的典型值($L \approx 100$ mH,$C \approx 0.015$ pF,$C_0 \approx 5$ pF 和 $R \approx 100$ Ω)为例,可以发现,当它靠近共振时,与阻抗的其他贡献相比,电阻 R 的贡献较小。

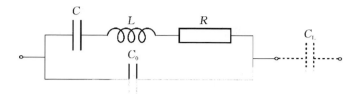

图 4.3　石英晶体单元的等效电路

因此,接下来忽略 R,可得到电抗的表达式为

$$Z = \frac{\dfrac{L}{C_0} - \dfrac{1}{\omega^2 C C_0}}{\dfrac{1}{\mathrm{i}\omega C_0} + \mathrm{i}\omega L + \dfrac{1}{\mathrm{i}\omega C}} = \frac{\omega^2 LC - 1}{\dfrac{\omega C}{\mathrm{i}} + \mathrm{i}\omega^3 C C_0 L + \dfrac{\omega C_0}{\mathrm{i}}} = \frac{\mathrm{i}}{\omega}\,\frac{\omega^2 LC - 1}{C_0 + C - \omega^2 LC C_0}$$

$$(4.15)$$

晶振有两个特征频率,由 $Z=0$ 和 $Z \to \infty$ 给出,分别称为串联谐振频率 ν_s 和并联谐振频率 ν_p。可以通过让(4.15)式的分子和分母为零求得这两个频率为

$$\nu_s = \frac{1}{2\pi\sqrt{LC}} \qquad \text{串联谐振} \qquad (4.16)$$

$$\nu_p = \frac{1}{2\pi\sqrt{LC}}\sqrt{1 + \frac{C}{C_0}} \qquad \text{并联谐振} \qquad (4.17)$$

串联和并联谐振的频率间隔很近(见图 4.4)。该图所选的示例中,它们相差 0.15%。串联谐振的谐振频率完全取决于确定的 LC,而并联谐振还包括电极和引线产生的电容 C_0,它的值不像 LC 一样确定。

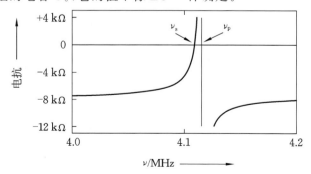

图 4.4　由(4.15)式计算的一种 $4\,\mathrm{MHz}$ 典型石英的电抗值(这里取 $L \approx 100\,\mathrm{mH}$, $C \approx 0.015\,\mathrm{pF}$,$C_0 \approx 5\,\mathrm{pF}$)

晶体振荡器利用了 ν_s 和 ν_p 之间电抗的陡坡（见图 4.4）。从原理上讲，振荡器由作为有源元件的放大器和插入反馈回路中的石英（见图 4.5）组成，反馈回路可以通过各种不同的电路实现（见文献[22]）。如果反馈回路中的增益为 1（见(2.54)式），且相移为 2π 的整数倍（见(2.55)式），则振荡器保持稳定振荡。由于频率-电抗曲线的陡坡使得振荡器的频率对维持振荡的参数不敏感，即使振荡回路中元件的参数随温度等变化，也只会产生很小的频率偏差。考虑图 4.5 的放大器中的任意相位起伏 $\Delta\phi_{\text{amp}}$。为了维持 $n2\pi$ 的振荡相位条件，必须通过谐振子中的反向相位波动来补偿这个相位起伏 $\Delta\phi_{\text{res}} = -\Delta\phi_{\text{amp}}$，该相位起伏会引起谐振子频率的波动，可根据共振附近（见图 4.4）的相移进行评估。从 (2.62)式可知

$$\frac{\Delta\nu}{\nu_0} = \frac{1}{2Q_L}\Delta\phi_{\text{amp}} \tag{4.18}$$

其中，Q_L 是谐振子的有载 Q 值。因此可知，需要高 Q 的谐振子和低相位波动 $\Delta\phi_{\text{amp}}$ 的放大器才能得到最优的频率稳定度。

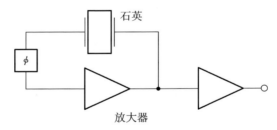

石英

放大器

图 4.5　石英振荡器的原理图

通常需要调整石英振荡器的频率。这可以通过调节影响串联谐振频率的负载电容 C_L（见图 4.3）实现。根据(4.15)式给出的等效电路，需要在串联阻抗上加上相应的 $1/(\text{i}\omega C_L)$，由此可得

$$Z' = \frac{1}{\text{i}\omega C_L}\frac{C + C_0 + C_L - \omega^2 LC(C_0 + C_L)}{C_0 + C - \omega^2 LCC_0} \tag{4.19}$$

由分子为 0 可得串联谐振频率为

$$\nu_s' = \frac{1}{2\pi\sqrt{LC}}\sqrt{\frac{C + C_0 + C_L}{C_0 + C_L}} = \nu_s\sqrt{1 + \frac{C}{C_0 + C_L}} \tag{4.20}$$

考虑 $C \ll C_0 + C_L$，将平方根展开为

$$\omega_s' = \omega_s\left[1 + \frac{C}{2(C_0 + C_L)}\right] \tag{4.21}$$

因此,负载电容 C_L 使串联谐振频率改变为

$$\frac{\Delta \nu_s}{\nu_s} = \frac{C}{2(C_0 + C_L)} \tag{4.22}$$

负载电容通常由固定电容与可变电容串联组成,可变电容能够通过变化的电压调节它的电容值,以微调石英晶振的频率。这种压控晶振(VCXO)是对晶振良好的天然稳定度和可调谐性($10^{-5} \lesssim \Delta \nu / \nu \lesssim 10^{-4}$)的折中。在正常的工作温度范围,VCXO 的频率稳定度通常为百万分之几。

生产厚度薄到足以产生 30 MHz 以上基频的石英晶片会遇到困难。为了实现更高频率的石英振荡器,可以通过使用电路实现所需的功能,例如选择性地激发石英振荡器的更高阶模,或通过锁相环(PLL)锁定低频石英 LC 振荡器的高次谐波等。

4.1.4　石英振荡器的稳定度与准确度

石英振荡器的相位和频率的噪声和不稳定性是由多种因素造成的,如老化、对温度、加速度、磁场或电子电路中的噪声等外部影响的敏感性等,这里仅举几个例子。引起老化的因素包括:晶体内的应力释放或晶格键的调整、分子的吸收或解吸、晶体上的直流偏压、负载电抗变化(见(4.22)式)等,还可能是由许多其他原因引起的。石英晶片的固定对于实现高 Q 值、(不同模式之间)低交叉耦合(见图 4.1)和最小外应力至关重要。在石英晶片上涂上金属电极通常会产生应力,并且该应力在谐振子的使用寿命期内会部分降低,引起共振频率的变化,从而对晶振的"老化"有贡献。所谓的"BVA"无电极谐振子结构可以避免这种老化源[56](见图 4.6)。该结构中,电极安装在辅助片上,它与振动晶片之间的间隙只有几微米,但辅助片本身没有振动。此外,振动晶片上没有电极,就会使振动不受电极材料阻尼的影响,因此可以获得高 Q 值。

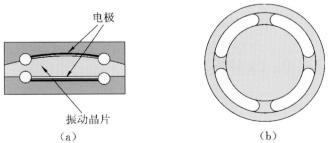

图 4.6　BVA 石英谐振子的结构((a)两个带沉积电极的石英夹持器夹持振动石英晶片的侧面图;(b)振动晶片的俯视图,四个石英桥将振动部分连接到被夹持的外环上)

从外部影响来看,即使采用了温度补偿切割,温度起伏仍然影响石英晶体的频率。使用温补晶振(TCXO)可实现对温度波动更高的抗扰性,它是利用对温度敏感的电抗补偿石英晶体的温度灵敏度。微机补偿晶体振荡器(MCXO)利用双模振荡器获得更好的性能(见表 4.1),双模振荡器同时工作在基频 ν_1 和第三泛音上($\nu_3 = 3\nu_1$)。

表 4.1 参考文献[2]给出的石英晶振的性能

项目	TCXO	MCXO	OCXO
相对不确定度/年	2×10^{-6}	5×10^{-8}	1×10^{-8}
老化率/年	5×10^{-7}	2×10^{-8}	5×10^{-9}
温度稳定度/年(−55℃ 到+85 ℃)	5×10^{-7}	3×10^{-8}	1×10^{-9}
$\sigma_y(\tau = 1 \text{ s})$	1×10^{-9}	3×10^{-10}	1×10^{-12}

由于频率差 $3\nu_1 - \nu_3$ 随温度以约−14 Hz/K 的斜率呈几乎线性的单调变化,MCXO 通过微机监测该频率差得到温度,并由此修正输出频率。恒温晶振(OCXO)让一块零温度系数切割的晶体工作在≳80 ℃的恒温炉中,用恒温器保持温度恒定。一个典型的 10 MHz 商业高性能振荡器,在数秒到数小时的时间间隔之间,不稳定度保持在 10^{-11} 量级。

石英振荡器的频率稳定度取决于各种环境参数。即使石英是抗磁的,石英晶体谐振子对外部磁场也比较敏感,外部磁场会影响电路进而引起 $2 \times 10^{-8} \text{T}^{-1}$ 的相对频率变化[57]。石英谐振子对振动和冲击特别敏感。相关的频率偏移是由谐振子对应力的敏感性引起的。最好的实用 SC 切割 BVA 谐振子的相对频率随加速度的变化在 10^{-10}g^{-1} 到数倍的 10^{-12}g^{-1} 之间[57]。环境湿度和压力的起伏会引起振荡器组件和振荡器电路的形变进而影响频率。电源电压的波动会改变谐振子的驱动电压和负载电抗,进而改变振荡回路中信号的振幅或相位。电子电路的噪声是石英振荡器频率不稳定度的另一个原因。

10 MHz 输出、采用第三泛音 SC 切割的 BVA 超稳石英振荡器可以在 $0.3 \text{ s} \leqslant \tau \leqslant 500 \text{ s}$ 范围得到低于 $\sigma_y(\tau) < 10^{-13}$ 的不稳定度[57]。测得的最好样品的老化率介于每天 2×10^{-11} 到每天 5×10^{-13} 之间。

4.2 微波腔振荡器

微波频标通常利用谐振腔将电磁场限制在由导电表面限定的结构中。边

界影响腔中电磁场的性质。为了定量分析微波
腔振荡器,必须根据特定形状的腔体给出的边界
条件,用麦克斯韦方程求解。这里,我们将仅限
于讨论频标中广泛采用的正圆柱形谐振腔,主动
氢钟(见第 8.1 节)、铷钟(见第 8.2 节)或铯喷泉
钟(见第 7.3 节)等都采用了这种腔。正圆柱形
谐振腔可以认为是在有限圆柱波导的两端用金
属端盖密封得到的,如图 4.7 所示。

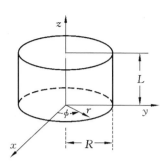

图 4.7   在微波腔中使用的
正圆柱坐标

带圆端面的柱形腔长度取为 L,半径取为
R,我们取坐标系的 z 轴与柱形腔的轴重合,与
轴线的径向距离表示为 r。为方便起见,我们将腔的一个端面定义为轴向 $z=$
0 点,由此定义轴向距离 z,ϕ 角是相对于规定的径向方向绕轴线偏转的角度。
在对这些谐振子特征进行数学描述时,我们将分两步走,首先从麦克斯韦方程
出发,找出能在圆形波导中传播的电磁波;然后,寻找由于引入金属端盖而产
生的驻波和共振频率。下面的章节将介绍这种微波谐振空腔。最后,我们还
将讨论这些谐振腔填充介电介质后,作为飞轮在频标中的应用。

4.2.1 电磁波方程

通常从微分形式的麦克斯韦方程开始推导,即在一个没有电流和电荷,充
满均匀的非耗散介质的空间体积中,电场 $\boldsymbol{E}$ 和磁感应 $\boldsymbol{B}$ 满足

$$\nabla \times \boldsymbol{E} = -\frac{\partial \boldsymbol{B}}{\partial t} \tag{4.23}$$

$$\nabla \times \boldsymbol{B} = \mu\mu_0\varepsilon\varepsilon_0\, \frac{\partial \boldsymbol{E}}{\partial t} \tag{4.24}$$

$$\nabla \cdot \boldsymbol{E} = 0 \tag{4.25}$$

$$\nabla \cdot \boldsymbol{B} = 0 \tag{4.26}$$

这里,$\mu_0 = 4\pi \times 10^{-7}$ Vs/(Am) 和 $\varepsilon_0 = 8.854 \times 10^{-12}$ As/(Vm) 分别是真空
的磁导率和介电常数。可以通过取(4.23)式的旋度,即 $\nabla \times (\nabla \times \boldsymbol{E}) = \nabla \times$
$(-\partial \boldsymbol{B}/\partial t)$ 来推导电场的波动方程。利用已知的 $\nabla \times \nabla \times \boldsymbol{E} = \nabla(\nabla \cdot \boldsymbol{E}) - \nabla \cdot (\nabla$
$\boldsymbol{E})$ 关系,可以推导得到电场的波动方程为 $0 - (\nabla^2 \boldsymbol{E}) = \nabla \times (-\partial \boldsymbol{B}/\partial t) = -\partial/\partial t$
$\nabla \times \boldsymbol{B} = -\mu_0\mu_0\varepsilon\varepsilon_0 \partial^2 \boldsymbol{E}/\partial t^2$,同样可得磁场的波动方程,写为

$$\nabla^2 \boldsymbol{E} - \frac{\mu\varepsilon}{c^2}\frac{\partial^2 \boldsymbol{E}}{\partial t^2} = 0 \tag{4.27}$$

$$\nabla^2 \boldsymbol{B} - \frac{\mu\varepsilon}{c^2}\frac{\partial^2 \boldsymbol{B}}{\partial t^2} = 0 \qquad (4.28)$$

这里，我们利用了真空中光速的表达式为 $c = 1/\sqrt{\mu_0\varepsilon_0}$。假设电磁场的含时谐振关系为 $\exp(\mathrm{i}\omega t)$，可以推导得到电磁波空间部分的微分方程为

$$\nabla^2 \boldsymbol{E} + k_0^2 \boldsymbol{E} = 0 \qquad (4.29)$$

$$\nabla^2 \boldsymbol{B} + k_0^2 \boldsymbol{B} = 0 \qquad (4.30)$$

其中 k_0 是波数，满足

$$k_0 = \frac{\sqrt{\mu\varepsilon}}{c}\omega \qquad (4.31)$$

为了求解这两个波动方程，必须考虑与第 4.1.2 节情况类似的边界条件。简单起见，我们假设腔壁具有无限的导电性，并且没有损耗。对于一个理想导电表面，表面的切向电场一定会消失，因为理想导体内的电荷会在该电场下移动，产生的电荷场分布完全抵消外加电场。在两个介质"1"和"2"间的交界处，电场的切向分量"$\boldsymbol{E}$"是连续的，且磁场的法向分量"$\boldsymbol{B}$"也是连续的，即

$$\boldsymbol{n} \times \boldsymbol{E}_1 = \boldsymbol{n} \times \boldsymbol{E}_2 \qquad (4.32)$$

$$\boldsymbol{n} \cdot \boldsymbol{B}_1 = \boldsymbol{n} \cdot \boldsymbol{B}_2 \qquad (4.33)$$

其中 $\boldsymbol{n}$ 表示曲面的法向量。介质"2"为金属时，满足 $\boldsymbol{E}_2 = 0$ 和 $\boldsymbol{B}_2 = 0$ 的边界条件，上面公式可以简写为

$$\boldsymbol{n} \times \boldsymbol{E}|_s = 0 \qquad (4.34)$$

$$\boldsymbol{n} \cdot \boldsymbol{B}|_s = 0 \qquad (4.35)$$

因此，在圆柱表面 S，电场 $\boldsymbol{E}$ 必须垂直于表面才能使（4.34）式成立。同样，在具有无限导电性的导体表面，磁场的法向分量 $\boldsymbol{B}$ 消失（见（4.35）式），因为任何进入导体的磁场都会在导体内部激起电流，产生相反的磁场。由于波动方程（4.27）和（4.28）只处理 $\boldsymbol{E}$ 和 $\boldsymbol{B}$，它们分别只需要（4.34）式和（4.35）式的边界条件就可以求解。波动方程的解是波导中可能存在的波形。为了达到这个目的，我们只需要知道（4.29）式中 $\boldsymbol{E}$ 的 z 分量，或者（4.30）式中 $\boldsymbol{B}$ 的 z 分量就可以得到所有其他的分量，这个可在下文中明显看到。

4.2.2 柱形波导中的电磁场

我们使用圆柱坐标系描述电磁场，3 个坐标轴分别为 r、ϕ 和 z，相应的单位矢量分别为 $\hat{e}_r$、$\hat{e}_\phi$ 和 $\hat{e}_z$。在波导中沿 $+z$ 方向传播的电磁场满足

$$\boldsymbol{E}(r) = \boldsymbol{E}(r,\phi)\mathrm{e}^{-\mathrm{i}kz} \qquad (4.36)$$

$$B(r) = B(r, \phi) e^{-ikz} \tag{4.37}$$

其中 k 表示波导中的波数。如果已知轴向分量,则径向分量和方位角分量可由麦克斯韦方程(4.23)式和(4.24)式确定,如下文所述。例如,考虑(4.24)式,柱坐标中 B 的旋度为

$$\boldsymbol{\nabla} \times \boldsymbol{B} = \left(\frac{1}{r} \frac{\partial B_z}{\partial \phi} - \frac{\partial B_\phi}{\partial z} \right) \hat{\boldsymbol{e}}_r + \left(\frac{\partial B_r}{\partial z} - \frac{\partial B_z}{\partial r} \right) \hat{\boldsymbol{e}}_\phi + \left(\frac{1}{r} \frac{\partial (rB_\phi)}{\partial r} - \frac{1}{r} \frac{\partial B_r}{\partial \phi} \right) \hat{\boldsymbol{e}}_z \tag{4.38}$$

应用(4.24)式和(4.38)式,可以得到(4.36)式和(4.37)式的各矢量分量随 z 变化的场方程为

$$i\omega\mu\mu_0\varepsilon\varepsilon_0 E_r = \frac{1}{r} \frac{\partial B_z}{\partial \phi} + ikB_\phi \tag{4.39}$$

$$i\omega\mu\mu_0\varepsilon\varepsilon_0 E_\phi = -ikB_r - \frac{\partial B_z}{\partial r} \tag{4.40}$$

$$i\omega\mu\mu_0\varepsilon\varepsilon_0 E_z = \frac{1}{r} \frac{\partial (rB_\phi)}{\partial r} - \frac{1}{r} \frac{\partial B_r}{\partial \phi} \tag{4.41}$$

类似地,可以从(4.23)式得到

$$-i\omega B_r = \frac{1}{r} \frac{\partial E_z}{\partial \phi} + ikE_\phi \tag{4.42}$$

$$-i\omega B_\phi = -ikE_r - \frac{\partial E_z}{\partial r} \tag{4.43}$$

$$-i\omega B_z = \frac{1}{r} \frac{\partial (rE_\phi)}{\partial r} - \frac{1}{r} \frac{\partial E_r}{\partial \phi} \tag{4.44}$$

这些方程组合起来,就可以用轴向分量 E_z 和 B_z 表示横向分量 E_r、E_ϕ、B_r 和 B_ϕ(例如,从(4.39)式和(4.43)式可以得出(4.45)式),各分量表达式如下

$$E_r = -\frac{ik}{\omega^2\mu\mu_0\varepsilon\varepsilon_0 - k^2} \left(\frac{\partial E_z}{\partial r} + \frac{\omega}{k} \frac{1}{r} \frac{\partial B_z}{\partial \phi} \right) \tag{4.45}$$

$$E_\phi = -\frac{ik}{\omega^2\mu\mu_0\varepsilon\varepsilon_0 - k^2} \left(\frac{1}{r} \frac{\partial E_z}{\partial \phi} - \frac{\omega}{k} \frac{\partial B_z}{\partial r} \right) \tag{4.46}$$

$$B_r = -\frac{ik}{\omega^2\mu\mu_0\varepsilon\varepsilon_0 - k^2} \left(\frac{\partial B_z}{\partial r} - \mu\mu_0\varepsilon\varepsilon_0 \frac{\omega}{k} \frac{1}{r} \frac{\partial E_z}{\partial \phi} \right) \tag{4.47}$$

$$B_\phi = -\frac{ik}{\omega^2\mu\mu_0\varepsilon\varepsilon_0 - k^2} \left(\frac{1}{r} \frac{\partial B_z}{\partial \phi} + \mu\mu_0\varepsilon\varepsilon_0 \frac{\omega}{k} \frac{\partial E_z}{\partial r} \right) \tag{4.48}$$

因此,波动方程只能利用适当边界条件对柱形谐振腔(见图 4.7)的 E_z 和

B_z 求解,然后可以通过(4.45)式至(4.48)式推导其他的分量。由(4.29)式和(4.36)式可知

$$\nabla^2 \left[E_z(r,\phi) \mathrm{e}^{-ikz} \right] + k_0^2 E_z(r,\phi) \mathrm{e}^{-ikz} = 0 \tag{4.49}$$

$$\nabla^2 \left[E_z(r,\phi) \right] \mathrm{e}^{-ikz} + E_z(r,\phi) \nabla^2 (\mathrm{e}^{-ikz}) + k_0^2 E_z(r,\phi) \mathrm{e}^{-ikz} = 0 \tag{4.50}$$

或者

$$\nabla^2 \left[E_z(r,\phi) \right] + (k_0^2 - k^2) E_z(r,\phi) = 0 \tag{4.51}$$

$$\nabla^2 \left[B_z(r,\phi) \right] + (k_0^2 - k^2) B_z(r,\phi) = 0 \tag{4.52}$$

波导内的电磁场反映了圆柱对称性,导电表面的内边界导致了磁感应 **b** 和电场 **E** 不同的边界条件,分别对应(4.34)式和(4.35)式。由于边界条件一般不能同时满足,因此有两类截然不同的场型。分别对应 $B_z=0$ 的横向磁场(TM)模式和 $E_z=0$ 的横向电场(TE)模式[58]。TM 波和 TE 波也分别称为 E 波和 H 波。

为了确定 E_z 和 B_z 的 $\psi(r,\phi)$ 函数对 r 和 ϕ 的依赖关系,必须用拉普拉斯算子在柱坐标下求解波动方程(4.27)式和(4.28)式,具体如下

$$\nabla^2 = \frac{\partial^2}{\partial r^2} + \frac{1}{r}\frac{\partial}{\partial r} + \frac{1}{r^2}\frac{\partial^2}{\partial \phi^2} + \frac{\partial^2}{\partial z^2} \tag{4.53}$$

将(4.53)式代入(4.51)式得

$$\left[\frac{\partial^2}{\partial r^2} + \frac{1}{r}\frac{\partial}{\partial r} + \frac{1}{r^2}\frac{\partial^2}{\partial \phi^2} + \gamma^2 \right] E_z(r,\phi) = 0 \tag{4.54}$$

其中

$$\gamma^2 \equiv k_0^2 - k^2 \tag{4.55}$$

我们来寻找(4.54)式的如下形式的解:

$$E_z(r,\phi) = A(r)\Phi(\phi) \tag{4.56}$$

推导可得

$$r^2 \frac{\frac{\partial^2 A(r)}{\partial r^2}}{A(r)} + r \frac{\frac{\partial A(r)}{\partial r}}{A(r)} + r^2 \gamma^2 = -\frac{\frac{\partial^2 \Phi(\phi)}{\partial \phi^2}}{\Phi(\phi)} \tag{4.57}$$

(4.57)式的左边和右边分别只与 r 和 ϕ 相关,两边都等于一个实数常数,我们称之为 m^2。由此可以得到两个常微分方程为

$$\frac{\partial^2}{\partial r^2} A(r) + \frac{1}{r}\frac{\partial}{\partial r} A(r) + \left(\gamma^2 - \frac{m^2}{r^2} \right) A(r) = 0 \tag{4.58}$$

$$\frac{\partial^2}{\partial \phi^2} \Phi(\phi) + m^2 \Phi(\phi) = 0 \tag{4.59}$$

(4.59)式的特解为 $\sin m\phi$ 和 $\cos m\phi$。为了保证 E_z 和 B_z 是 ϕ 的单值函数，方位角的解必须满足 $m=0,1,2,\cdots$。对于每个 $m\neq0$，都有一对简并的方位角本征函数，一个是 $\sin m\phi$，另一个是 $\cos m\phi$。然而，只有一个旋转对称的解（$m=0$）。

(4.58)式被称为贝塞尔微分方程[59]。在(4.59)式的特殊解中，只有第一类贝塞尔函数 $J_{\pm m}(\gamma r)$（见(2.49)式）是有意义的，它在 $r=0$ 时为有限值。由于(4.34)式的边界条件要求 $E_z(r=R)=0$，因此，只有满足在 $r=R$ 时为 0 的 m 阶贝塞尔函数 $J_m(\gamma r)$ 才是方程的解，即

$$x_{mn}=\gamma_{mn}R \tag{4.60}$$

是等式 $J_m(\gamma R)=0$ 的第 n 个根，它的前几个值如表 4.2 所示。

表 4.2 第一类 m 阶贝塞尔函数的根（$J_m(x)=0$）

m	x_{m1}	x_{m2}	x_{m3}	x_{m4}
0	2.405	5.520	8.654	11.792
1	3.832	7.016	10.173	13.324
2	5.136	8.417	11.620	14.796
3	6.380	9.761	13.015	16.223

由此，电场的 z 分量的解为

$$\begin{cases} E_z(r,\phi,z)=E_0 J_m\left(x_{mn}\dfrac{r}{R}\right)\sin m\phi \cdot \exp(-\mathrm{i}kz) \\[2mm] E_z(r,\phi,z)=E_0 J_m\left(x_{mn}\dfrac{r}{R}\right)\cos m\phi \cdot \exp(-\mathrm{i}kz) \end{cases} \tag{4.61}$$

应用(4.61)式和 $\boldsymbol{\nabla}\times\boldsymbol{E}=-\mathrm{i}\omega\boldsymbol{B}$（该式是通过(4.23)式并考虑了电磁场的含时简谐函数推导得到的），立即可以发现 B_z 等于零。也就是说，(4.61)式对应于磁场只有横向分量的解。这个解就是横磁（TM）波，有时称为 E 波。

现在我们从(4.30)式开始，使用边界条件(4.35)式。在腔的曲面上，E_ϕ 和 B_r 场必须为零。这相当于贝塞尔函数的导数 $J_0'(\gamma r)$ 在 $r=R$ 时为零的条件。与贝塞尔函数本身类似，柱形谐振腔的共振频率由 $J_0'(\gamma r)=0$ 给出，标记为 $x_{mn}'=\gamma_{mn}R$，它的前几个值如表 4.3 所示。同样可以得到横电（TE）波（H 波）的 z 分量解为

$$
\begin{cases}
B_z(r,\phi,z) = B_0 J_m\left(x'_{mn}\dfrac{r}{R}\right)\sin m\phi \cdot \exp(-\mathrm{i}kz) \\[3mm]
B_z(r,\phi,z) = B_0 J_m\left(x'_{mn}\dfrac{r}{R}\right)\cos m\phi \cdot \exp(-\mathrm{i}kz)
\end{cases}
\tag{4.62}
$$

表 4.3　第一类 m 阶贝塞尔函数的极大值或极小值($J'_m(x)=0$)

m	x'_{m1}	x'_{m2}	x'_{m3}	x'_{m4}
0	3.832	7.016	10.173	13.324
1	1.841	5.331	8.536	11.706
2	3.054	6.706	9.969	13.170
3	4.201	8.015	11.346	14.586

4.2.3　柱形腔谐振子

下面讨论柱形谐振腔中的电磁场。在腔中,以 $\mathrm{e}^{-\mathrm{i}kz}$ 因子表征的沿 $+z$ 方向传播的波被端盖反射。忽略损耗,反射波与入射波具有相同的振幅,但传播方向相反,由 $\mathrm{e}^{+\mathrm{i}kz}$ 因子表征,两束波干涉形成随 z 变化的驻波场,写为 $A\sin kz$ $+B\cos kz$ 的形式。我们还必须考虑端盖处的边界条件:

$$
k = q\frac{\pi}{L}
\tag{4.63}
$$

其中,$q=0,1,2,3,\cdots$。

由于边界条件(4.34)式,电场的横向分量 E_r 和 E_ϕ 必须在圆柱体的底部($z=0$)和顶部($z=L$)为零。另一方面,磁场的 z 分量也必须在圆柱体的底部和顶部为零(见(4.35)式)。TM 模的本征振荡 z 分量由下式给出,即

$$
\begin{cases}
E_z(r,\phi,z) = E_0 J_m\left(x_{mn}\dfrac{r}{R}\right)\sin m\phi \cdot \cos\left(\dfrac{q\pi z}{L}\right) \\[3mm]
E_z(r,\phi,z) = E_0 J_m\left(x_{mn}\dfrac{r}{R}\right)\cos m\phi \cdot \cos\left(\dfrac{q\pi z}{L}\right)
\end{cases}
\tag{4.64}
$$

其中,$m=0,1,2,\cdots$; $n=1,2,3,\cdots$;$q=0,1,2,\cdots$。

相应的,TE 模的本征振荡 z 分量为

$$
\begin{cases}
B_z(r,\phi,z) = B_0 J_m\left(x'_{mn}\dfrac{r}{R}\right)\sin m\phi \cdot \sin\left(\dfrac{q\pi z}{L}\right) \\[3mm]
B_z(r,\phi,z) = B_0 J_m\left(x'_{mn}\dfrac{r}{R}\right)\cos m\phi \cdot \sin\left(\dfrac{q\pi z}{L}\right)
\end{cases}
\tag{4.65}
$$

其中,$m=0,1,2,\cdots$;$n=1,2,3,\cdots$;$q=1,2,3,\cdots$。三个整数 m、n 和 q 分别对应沿 ϕ、r 和 z 坐标的场的零点数目。此外,m 还表示第一类贝塞尔函数的阶数。由这些整数决定的场型称为腔模。(4.55)式的本征值需要改写为

$$\gamma_{mn}^2 = \mu\varepsilon\frac{\omega^2}{c^2} - \left(\frac{q\pi}{L}\right)^2 \tag{4.66}$$

这些模式的共振角频率 ω_{mnq} 可以通过代入表 4.2 中的相应零点 $x_{mn}=\gamma_{mn}R$ 计算得到,满足

$$\nu_{mnq}^{(TM)} = \frac{c}{2\pi\sqrt{\mu\varepsilon}}\sqrt{\frac{x_{mn}^2}{R^2} + \frac{q^2\pi^2}{L^2}} \tag{4.67}$$

取腔的直径为 $D=2R$,可以将(4.67)式改写为 $(D/\lambda)^2$ 随尺寸 $(D/L)^2$ 线性变化的函数关系,如图 4.8(a)所示。

同样,TE 波的共振频率为

$$\nu_{mnq}^{(TE)} = \frac{c}{2\pi\sqrt{\mu\varepsilon}}\sqrt{\frac{(x')_{mn}^2}{R^2} + \frac{q^2\pi^2}{L^2}} \tag{4.68}$$

它的曲线如图 4.8(b)所示。根据(4.65)式,每个 $m\neq 0$ 都有两个简并振荡,分别为 $\sin m\phi$ 和 $\cos m\phi$(见图 4.8)。在 $2R/L<0.985$ 时,本征频率最小的振荡为 TE_{111} 模;在 $2R/L>0.985$ 时,它为 TM_{010} 模。

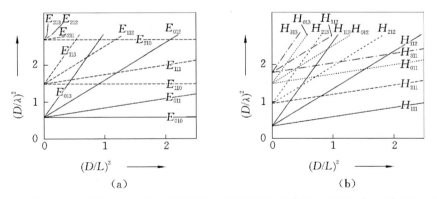

图 4.8 高度为 L,半径为 $R=D/2$ 的圆柱形谐振腔的共振波长((a)TM 波(E 波)由(4.67)式计算得到;(b)TE 波(H 波))

下面以 TE_{011} 谐振的柱形腔(见图 4.9)为例说明,在诸如 Cs 喷泉或主动氢钟的频标中,该模式的谐振腔常用于探询或激发超精细磁偶极跃迁,即与磁场作用的原子,通过腔底部和顶部中心的小孔进入和离开谐振腔。

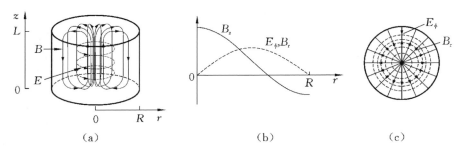

图 4.9 (a)圆柱形谐振腔 TE_{011} 模的磁力线(实线)和电场线(虚线);(b)由(4.69)式,(4.72)式和(4.73)式给出的各径向场分量随径向长度的变化;(c)磁力线和电场线的俯视图。

当 $m=0$ 时,磁场与方位角无关,与 z 的关系由(4.65)式给出,其中取 $q=1$。磁场沿着圆柱体的 z 轴有一个极大值,为

$$B_z = B_0 J_0\left(3.832\,\frac{r}{R}\right)\sin\left(\frac{\pi z}{L}\right) \tag{4.69}$$

$$E_z = 0 \tag{4.70}$$

利用(4.45)式到(4.48)式,可以计算 TE_{011} 模的其他分量。将(4.69)式和(4.70)式代入(4.45)式可得

$$E_r = 0 \tag{4.71}$$

类似地,我们得到

$$E_\phi = B_0\,\frac{\omega}{\omega^2\mu\mu_0\varepsilon\varepsilon_0 - k^2}J_1\left(3.832\,\frac{r}{R}\right)\cos\left(\frac{\pi z}{L}\right) \tag{4.72}$$

$$B_r = B_0\,\frac{k}{\omega^2\mu\mu_0\varepsilon\varepsilon_0 - k^2}J_1\left(3.832\,\frac{r}{R}\right)\cos\left(\frac{\pi z}{L}\right) \tag{4.73}$$

这里,我们用到

$$J_m'(x) \equiv \frac{\mathrm{d}J_m(x)}{\mathrm{d}x} = \frac{m}{x}J_m(x) - J_{m+1}(x) \tag{4.74}$$

(4.45)式到(4.48)式中的虚数因子 i 使得 E_ϕ(见(4.72)式)、B_r(见(4.73)式)和 B_z(见(4.69)式)之间具有 $\pi/2$ 的相移。将(4.69)式和(4.70)式代入(4.48)式可得

$$B_\phi = 0 \tag{4.75}$$

B_z、E_ϕ 和 B_r 随径向尺寸 r 的变化如图 4.9 所示。

4.2.4 有限电导率引起的损耗

由于谐振腔壁的有限导电率,高频电磁场可以进入腔体的金属壁内。同时,腔壁表面流动的电流会受到欧姆损耗的影响,对本征振荡起阻尼作用。然而,圆柱腔内部的场分布与无限导电的理想谐振腔的场分布差别不大。特别对于(m,n,q)中某个模数等于零的本征振荡,需要对场分布做的修改很小。电磁波的一部分能量由于腔壁电流的欧姆损失不断地耗散为热能,因此腔壁的能量通量随特征长度呈指数衰减。在常规导电材料(例如铜)中,该特征长度由几微米的趋肤深度 δ_S 给出。在超导材料中,穿透深度由更小的伦敦深度给出,例如,铌的伦敦深度为 $\lambda_L \approx 30$ nm。

为了确定腔模的品质因子(见(2.39)式),必须计算存储的电磁能量与耗散到腔壁的功率之比[58],即

$$\mathrm{d}W/\mathrm{d}t = R_s \oint \mid H_t \mid^2 \mathrm{d}A \qquad (4.76)$$

这里的积分范围必须扩展到微波腔的所有腔壁,公式中 H_t 是垂直于腔表面的磁场分量,R_s 是表面电阻率。根据这些计算,品质因子通常可以写为

$$Q \equiv \omega \, \frac{W}{-\mathrm{d}W/\mathrm{d}t} = \frac{\Gamma}{R_s} \qquad (4.77)$$

式中,$\Gamma = \mu_0 c G(R/L)$ 与真空电阻率 $\mu_0 c = 376.73$ Ω 在同一量级,几何因子 $G(R/L)$ 在"1"的量级。铜和超导铌(温度为 1.8 K)的表面电阻率分别为 $R_s \approx 5$ mΩ 和 $R_s \approx 7$ nΩ,品质因子分别为 50000 和 4×10^{10}。由于 TE_{0nq} 模的腔壁损耗通常较低,因此该模式具有最高的 Q 值。极高 Q 值的微波谐振子则是采用了超导材料,超稳的超导腔谐振子[30]已经应用于基础研究[60,61]、加速器物理和空间应用[62]等领域。

4.2.5 介质振荡器

在 10 GHz 附近,单晶蓝宝石沿晶体 c 轴的介电常数高达 $\varepsilon = 11.5$,可以用它构造紧凑的微波腔(见(4.67)式和(4.68)式)。考虑一个柱对称性的蓝宝石腔谐振子,微波腔中心轴与蓝宝石晶体的 c 轴重合,在蓝宝石表面镀导电材料。这种谐振子可以看作一个在真空腔中填充蓝宝石介电材料,具有第 4.2.2 节所述的 TE_{mnq} 模或 TM_{mnq} 模的微波腔。

这种腔的空载品质因子为[30]

$$Q = \frac{1}{R_s \Gamma^{-1} + p_\varepsilon \tan\delta + p_\mu \chi''} \qquad (4.78)$$

式中,p_ε 和 p_μ 分别是电和磁的填充系数。除了 R_s/Γ (见(4.77)式) 描述的金属屏蔽损耗,介质的损耗降低了 Q 值。介电材料的损耗因数 $\tan\delta = \varepsilon''/\varepsilon'$ 由相对介电常数的实部和虚部 ε' 和 ε'' 确定。χ'' 是顺磁杂质引起的交流磁化率的虚部。在理想导电屏蔽和无顺磁杂质的情况下,Q 值可由(2.39)式计算的介电损耗和最大电能密度得到,根据 $W = \varepsilon'\varepsilon_0 \int |E|^2 dV$ 和 $dW/dt = \omega_0 \varepsilon''\varepsilon_0 \int |E|^2 dV$ 得到 $Q = 1/\tan\delta$。当屏蔽层为蓝宝石晶体的直接金属涂层时,表面电阻对 Q 品质因子的影响最大。因此,典型的谐振子是将金属屏蔽层放置在离表面一定距离的位置,并且选取了一种可以将振荡场优化地限制在介电介质中的模式结构,如"回音廊模式"①(WG 模式,见图 4.10)。一般来说,这样排布的模式是混合模,但回音廊模式可以得到以轴向电场为主的模式,称为 E 模、准 TM 模或 WGH 模。在以轴向磁场为主的情况下,它们被称为 H 模、准 TE 模或 WGE 模。

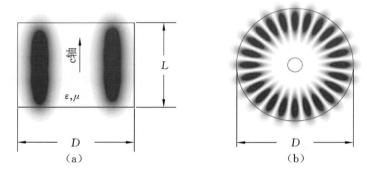

图 4.10 介质谐振子中的电场结构(暗区)示例,图中方位模数为 $m = 12$
(未显示金属屏蔽)((a)侧视图;(b)俯视图)

对于很好设计的蓝宝石谐振子,空载腔的 Q 值((4.78)式)由介电材料的损耗因数决定。在低温条件下,对于 12 GHz 附近的频率,空载品质因子在 10^8(50 K 温度)到 10^{10}(2 K 温度)之间[30]。这种谐振子的频率稳定度受限于温度稳定性,因为诸如机械尺寸和介电常数等参数具有显著的温度关联性。顺磁补偿、介电补偿或机械补偿等不同的技术被应用于对不同的温度相关效

---

① 该模式以伦敦圣保罗大教堂的"耳语画廊"命名,那里的声学设计使得人们可以在画廊的一端听到另一端的耳语。

应进行补偿[63]。第一种技术利用了介质中合适的顺磁离子的贡献,通过磁化率的温度依赖关系补偿介电常数的温度依赖关系。第二种方法利用两种不同的介电材料进行相互补偿,例如金红石和蓝宝石,它们显示出的介电常数随温度变化的斜率正好相反,同时又都具有较低的微波损耗。蓝宝石-金红石复合谐振子具有温度拐点,它输出的谐振频率具有很好的频率稳定度和很高的 Q 值。第三种方法是选取两种具有不同热膨胀系数的材料来补偿 ε 的变化。上述各种改进想法的实现,使谐振子具有了极佳的短期和中期稳定度[63]。对于几秒到大约一百秒之间的积分时间 τ,最好的蓝宝石振荡器可以达到在 $\sigma(\tau) \approx 3 \times 10^{-16}$ 的阿兰偏差闪烁噪底。基于介电材料(如单晶蓝宝石)的超低噪声微波谐振子已被证明是优异的飞轮振荡器,可用于 Cs 喷泉钟[18,64]或深空应用(见第 13.1.2.2 节[65])等领域。

4.3　光学谐振腔

光学谐振腔与微波谐振子不同,约一微米的工作波长与谐振子的尺寸相比要小得多。因此,衍射效应通常不明显,不需要从所有三维方向进行限制,只要用几个分离的镜片就可以构造谐振腔。最简单的结构是两个面对面排列的反射镜,它们之间相距 L(见图 4.11(a))。两个以上的镜子可以布置成环形结构(见图 4.11(b)),甚至三维结构。

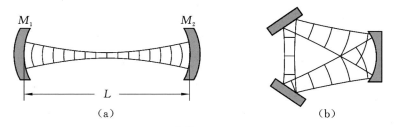

$$(a) \qquad\qquad (b)$$

图 4.11　(a)线性光学谐振腔;(b)光学环形谐振腔

4.3.1　法布里-珀罗干涉仪(FPI)中的反射与透射

简单起见,我们研究平面镜组成的线性谐振腔,通常称之为平面法布里-珀罗干涉仪(the Fabry-Pérot Interferometer,FPI)。用 E_0、E_r 和 E_t 表示发生在第一个镜片 M_1(见图 4.12)上的电磁波复振幅,分别对应谐振腔输入耦合器的输入、反射、透射波的幅度。我们假设反射发生在指向谐振腔内侧的反射镜表面。因此,当反射波从折射率较低的介质向折射率较高的介质传播时,反射波在该界面处会发生 π 相移。反射镜的特征由它的(振幅)反射系数 r_1 和 r_2 及(振幅)透射系数 t_1 和 t_2 描述。选择入射波的相位因子为 $\exp[\mathrm{i}(\omega t - \boldsymbol{k} \cdot \boldsymbol{r})]$,使其在入射镜表面是统一的。

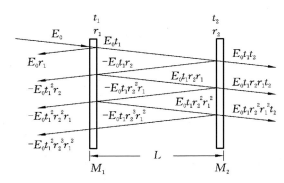

图 4.12 光学谐振腔(平面法布里-珀罗干涉仪)部分波振幅的反射和透射

下面我们计算谐振腔透射和反射的波的振幅(见图 4.12)。为了看清特定的反射或透射部分波,图中我们将光束稍微倾斜,但在计算中不考虑这个倾斜引起的相移。透射波的复振幅是直接透射部分和在谐振腔内循环一次、两次、三次后再透射的部分振幅耦合叠加得到,每次循环都增加一个相位因子 $\exp(-\mathrm{i}\boldsymbol{k} \cdot \boldsymbol{r}) = \exp(-\mathrm{i}\omega/c \cdot 2L)$,满足

$$
\begin{aligned}
E_T &= E_0 t_1 t_2 \mathrm{e}^{-\mathrm{i}\omega L/c} + E_0 t_1 t_2 r_1 r_2 \mathrm{e}^{-\mathrm{i}\omega 3L/c} + E_0 t_1 t_2 r_1^2 r_2^2 \mathrm{e}^{-\mathrm{i}\omega 5L/c} \cdots \\
&= E_0 t_1 t_2 \mathrm{e}^{-\mathrm{i}\omega L/c} [1 + r_1 r_2 \mathrm{e}^{-\mathrm{i}\omega 2L/c} + r_1^2 r_2^2 \mathrm{e}^{-\mathrm{i}\omega 4L/c} \cdots]
\end{aligned} \tag{4.79}
$$

利用下式:

$$
\sum_{n=0}^{\infty} q^n = \frac{1}{1-q} \quad 和 \quad q = r_1 r_2 \mathrm{e}^{-\mathrm{i}\omega 2L/c} \tag{4.80}
$$

可以将(4.79)式括号内的几何级数项合并为 $1/[1 - r_1 r_2 \exp(-\mathrm{i}\omega 2L/c)]$。(4.79)式,得

$$
E_T = E_0 \frac{t_1 t_2 \exp(-\mathrm{i}\omega L/c)}{1 - r_1 r_2 \exp(-\mathrm{i}\omega 2L/c)} \tag{4.81}
$$

由

$$
\begin{aligned}
E_T &= E_0 \frac{t_1 t_2 \exp(-\mathrm{i}\omega L/c)[1 - r_1 r_2 \exp(\mathrm{i}\omega 2L/c)]}{[1 - r_1 r_2 \exp(-\mathrm{i}\omega 2L/c)][1 - r_1 r_2 \exp(\mathrm{i}\omega 2L/c)]} \\
&= E_0 \frac{t_1 t_2 [\exp(-\mathrm{i}\omega L/c) - r_1 r_2 \exp(\mathrm{i}\omega L/c)]}{1 + r_1^2 r_2^2 - 2 r_1 r_2 \cos(2\omega L/c)}
\end{aligned} \tag{4.82}
$$

可以计算得到

$$E_T E_T^* = E_0^2 \frac{t_1^2 t_2^2}{1 + r_1^2 r_2^2 - 2r_1 r_2 \cos(\omega 2L/c)} \tag{4.83}$$

该式与 FPI 的透射功率成比例,具有艾里(Airy)函数(见图 4.13)的形式,它的值取决于相邻部分波之间的相移:

$$\Delta\phi = \omega 2L/c \tag{4.84}$$

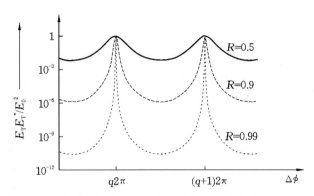

图 4.13 穿过法布里-珀罗干涉仪的透射功率相对入射功率的变化(根据(4.83)式的艾里函数得到,其中 3 条曲线对应 $R = r_1^2 = r_2^2 = 0.5, R = 0.9, R = 0.99$,且 $T = t_1^2 = t_2^2 = 1 - R$)

如果这种相移对应 2π 的整数(q)倍,则所有的部分波都对干涉增强有贡献,而在其他所有情况下,部分波干涉都会或多或少地破坏干涉。显然,部分波之间的相位差,以及由此形成的透射功率,都随入射辐射的角频率 ω 变化。如果频率差使得共振腔内两次连续往返的辐射相位相差 2π,则该频率差称为法布里-珀罗干涉仪的自由光谱范围(FSR),满足

$$\text{FSR} = \frac{c}{2L} \tag{4.85}$$

如果更多的部分波对透射振幅有贡献,即如果反射镜的反射率 r_1 和 r_2 更高,则干涉条纹的线宽 $2\pi\delta\nu$(FWHM)会变得更加尖锐。在 $\Delta\phi = 2\omega L/c \ll 2\pi$ 的小相移情况下,可以很容易地导出 $\delta\nu$ 与反射率之间的定量关系。展开 (4.83)式分母中的余弦函数,得到

$$E_T E_T^* = E_0^2 \frac{t_1^2 t_2^2}{1 + r_1^2 r_2^2 - 2r_1 r_2 \left(1 - \dfrac{4\omega^2 L^2}{2c^2} + \cdots\right)}$$

$$\approx E_0^2 \frac{t_1^2 t_2^2}{(1-r_1 r_2)^2 + 4 r_1 r_2 \dfrac{\omega^2 L^2}{c^2}} \tag{4.86}$$

在这种近似情况下,谐振曲线变为洛伦兹线型(见(2.34)式),在角频率 $\omega_{1/2}$ 处透射功率降低到 50%。半高全宽度(FWHM)$2\pi\delta\nu=2\omega_{1/2}$ 可以根据 $I_T(\omega=\omega_{1/2})=1/2 I_T(\omega=0)$ 的条件,取 $\omega_{1/2}^2 = c^2(1-R)^2/(L^2 4R)$ 计算得到

$$\delta\nu = \frac{2\omega_{1/2}}{2\pi} = \frac{(1-r_1 r_2)}{\pi \sqrt{r_1 r_2}} \frac{c}{2L} \tag{4.87}$$

线宽对自由光谱范围(4.85)式的归一化被称为法布里-珀罗谐振腔的精细度 F^*,利用(4.87)式给出

$$F^* \equiv \frac{\mathrm{FSR}}{\delta\nu} = \frac{\pi \sqrt{r_1 r_2}}{1-r_1 r_2} \tag{4.88}$$

例如,对于长度为 $L=30\ \mathrm{cm}$、反射镜反射率为 $R=r_1 r_2 = 99\%$ 的法布里-珀罗干涉仪,它的精细度为 $F^* \approx 314$,自由光谱范围为 $\mathrm{FSR}=500\ \mathrm{MHz}$,线宽为 $\delta\nu \approx 1.6\ \mathrm{MHz}$。

在光子图像中,高精细度的光学谐振腔存储光子的平均时间为 τ,然后光子通过输出镜逃逸。由于精细度和时间 τ 是相关的,因此可以从存储在谐振腔中光功率的衰减时间来确定精细度,具体地讲,就是突然关断谐振腔的输入光功率后,测量输出耦合镜后面的光功率衰减(见图 4.14)。指数衰减电磁波的谱线宽度与衰减时间的关系为 $\delta\nu = \delta\omega/2\pi = 1/(2\pi\tau)$,因此,精细度为

$$F^* = \frac{c/2L}{\delta\nu} = \frac{c}{2L} 2\pi\tau \tag{4.89}$$

测量存储时间 τ 的方法适用于确定高精细度光学谐振腔的线宽,并通过(4.89)式[66,67]描述了具有极高反射率的超级反射镜的特征。在 $1-r_1 r_2 \ll 1$ 的条件下,可由(4.88)式和(4.89)式得到谐振腔线宽与反射镜的组合反射率之间的关系:

$$r_1 r_2 = 1 - \frac{L}{c\tau} \tag{4.90}$$

必须使用"空"谐振腔测定反射镜的反射率。谐振腔内的任何吸收介质都会减少往返次数和存储时间,从而增加实际线宽。

采用与分析透射振幅相同的方法,可以计算得到光学谐振腔反射电磁波

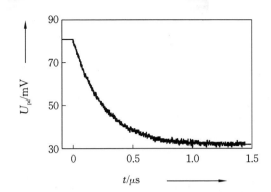

图 4.14 光谐振腔中存储功率的指数衰减,通过突然关闭入射到谐振腔上的光功率,测量快速光电二极管的电压信号 U_{pd} 得到(实验数据拟合得到衰减时间为 $\tau = 252\ \mu s$,对应线宽 $\delta\nu = 630\ kHz$,$Q = \nu/\delta\nu \approx 7.5 \times 10^8$)

的振幅(见图 4.12),如下所示:

$$E_R = E_0 r_1 - E_0 t_1 r_2 t_1 e^{-i\omega 2L/c} - E_0 t_1^2 r_1 r_2^2 e^{-i\omega 4L/c} - E_0 t_1^2 r_1^2 r_2^3 e^{-i\omega 6L/c} - \cdots$$
$$= E_0 [r_1 - t_1^2 r_2 e^{-i\omega 2L/c} - t_1^2 r_1 r_2^2 e^{-i\omega 4L/c} - t_1^2 r_1^2 r_2^3 e^{-i\omega 6L/c} - \cdots]$$
$$= E_0 r_1 - E_0 t_1^2 r_2 e^{-i\omega 2L/c} [1 + r_1 r_2 e^{-i\omega 2L/c} + r_1^2 r_2^2 e^{-i\omega 4L/c} + \cdots]$$

$$(4.91)$$

计算(4.91)式最后一行方括号内的几何级数可得

$$E_R = E_0 r_1 - E_0 \frac{t_1^2 r_2 \exp(-i\omega 2L/c)}{1 - r_1 r_2 \exp(-i\omega 2L/c)} \tag{4.92}$$

法布里-珀罗干涉仪的(振幅)反射系数为

$$r_{FP}(\omega) \equiv \frac{E_R}{E_0} = \frac{r_1 - r_2(r_1^2 + t_1^2)\exp(-i\omega 2L/c)}{1 - r_1 r_2 \exp(-i\omega 2L/c)} \tag{4.93}$$

它与作为输出耦合镜的第二块镜片的(振幅)透射系数 t_2 无关。由(4.92)式和图 4.12 可知,从谐振腔反射的波的振幅由两个贡献组成。第一项是入射波直接被输入镜反射的部分。它的负号是由于光学界面的 π 弧度相移产生的,当来自折射率较高的材料中的光波又被反射回该材料时,就会有 π 弧度的相移。第二项是在谐振腔中循环的光波透射通过该反射镜的部分。共振($\omega 2L/c = 2\pi$)位置正好对应反射波的极小值(见(4.93)式)。因此,这两个贡献相差 π 相位,π 由(4.93)式中第二项[2]的减号给出。

---

[2] 公式(4.93)给出的正负号有时在文献中互换。

损耗最小值趋于 0 的无损耗对称腔满足 $r_1 = r_2 = r$、$t_1 = t_2 = t$、$r^2 + t^2 = R + T = 1$。对于无损耗对称腔,(4.93)式表示的复反射系数变为

$$r_{FP}(\omega) = r \frac{1 - \exp(-i\omega 2L/c)}{1 - r^2 \exp(-i\omega 2L/c)} \tag{4.94}$$

将(4.93)式的实部和虚部分离,有

$$\mathrm{Re}\, r_{FP} = \frac{-r_1 - t_1^2 r_1 r_2^2 + 2(t_1^2 + 2r_1^2)\cos(\omega 2L/c)}{1 - 2r_1 r_2 \cos(2\omega L/c) + r_1^2 r_2^2} \tag{4.95}$$

$$\mathrm{Im}\, r_{FP} = -\frac{r_2 t_1^2 \sin(2\omega L/c)}{1 - 2r_1 r_2 \cos(2\omega L/c) + r_1^2 r_2^2}$$

用(4.95)式可推导得到功率的反射系数为

$$r_{FP} r_{FP}^* = (\mathrm{Re}\, r_{FP})^2 + (\mathrm{Im}\, r_{FP})^2 = \frac{r_1^2 + r_2^2 - r_1^2 r_2^2 \cos(\omega 2L/c)}{1 + r_1^2 r_2^2 - 2r_1 r_2 \cos(\omega 2L/c)} \tag{4.96}$$

反射波相位 ϕ_R 的关系式为

$$\tan\phi_R = \frac{\mathrm{Im}\, r_{FP}}{\mathrm{Re}\, r_{FP}} = \frac{r_2 t_1^2 \sin(2\omega L/c)}{r_1[1 + r_2^2(r_1^2 + t_1^2)] - r_2(2r_1^2 + t_1^2)\cos(2\omega L/c)} \tag{4.97}$$

在上一个方程中,我们用到 $\cos\delta = 1 - 2\sin^2(\delta/2)$ 的三角函数变换。在法布里-珀罗干涉仪的共振频率 $\omega_q/2\pi = qc/((2L))$ 附近,反射波和透射波的相位改变为 π(见图 4.15 和图 4.16)。相位变化的斜率随反射镜反射率的增加而增大。

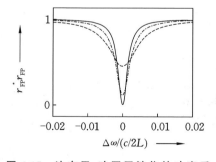

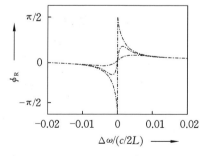

图 4.15 法布里-珀罗干涉仪的功率反射系数随频率失谐量的变化关系

图 4.16 法布里-珀罗干涉仪的反射波相移随角频率失谐量的变化关系

其中,图 4.15 中的曲线是根据(4.96)式得到的,取 $R_1 = r_1^2 = 0.99$,$R_2 = r_2^2$

$=0.99$（实线），$R_2=r_2^2=0.98$（虚线），$R_2=r_2^2=0.95$（点）。图 4.16 中的曲线是根据（4.97）式得到的，取 $R_1=r_1^2=0.99$，$R_2=r_2^2=0.99$（实线），$R_2=r_2^2=0.98$（虚线），$R_2=r_2^2=0.95$（点）。

可以通过引入失谐量 $\Delta\omega\equiv\omega-\omega_q$，化简第 q 个共振频率 ω_q 附近的复反射系数（4.94）式。对于小于自由光谱范围 $c/(2L)$ 的失谐量 $\Delta\omega$，我们将相位因子 $\exp(-\mathrm{i}\omega 2L/c)$ 近似为 $1-\mathrm{i}\omega 2L/c+\cdots$，得到

$$r_{\mathrm{FP}}(\Delta\omega)\approx r\,\frac{\mathrm{i}\Delta\omega 2L/c}{1-r^2+r^2\mathrm{i}\Delta\omega 2L/c}\tag{4.98}$$

对于具有高精细度（$1-R\ll 1$）的腔，我们采用 $(1-r^2)/r^2\approx(1-r^2)/r$ 进行近似，并利用（4.87）式与 $\Gamma\equiv 2\pi\delta\nu$，可推导得

$$r_{\mathrm{FP}}(\Delta\omega)\approx\frac{1}{r}\,\frac{\mathrm{i}\Delta\omega}{\Gamma/2+\mathrm{i}\Delta\omega}\tag{4.99}$$

由（4.99）式中可以很容易得到共振点附近的振幅和相位变化。

4.3.2 径向模式（横模）

在法布里-珀罗谐振腔中，艾里函数的最大值（见图 4.13）出现在本征频率处，即

$$\omega_q=q\,2\pi\frac{c}{2L}\tag{4.100}$$

其中，$q\in N$。

具有 ω_q 的电磁场分量称为线性光学谐振腔的纵模或轴向模。相应的场分量是沿谐振腔光轴方向的平面波。由于平面波在横向上是无限大的，所以这种波所包含的能量是无限的。一方面，对谐振腔内电磁场的更真实描述必须包括振幅随横坐标的变化关系并给出谐振腔对电磁波的横向限制。另一方面，任何横向限制都会导致衍射效应，进而改变平面波中 $\exp(\pm\mathrm{i}kz)$ 因子对 z 的依赖关系。

为了确定横向光束分布，我们按照文献[68,69]并利用了激光束电场 $E(x,y,z,t)$ 的波动方程（4.27）式，将 $E(x,y,z,t)$ 分解为空间和时间部分 $E(x,y,z,t)=E(x,y,z)\exp(\mathrm{i}\omega t)$，分离时间相关项 $\exp(\mathrm{i}\omega t)$ 后可以得到电磁波空间部分的微分方程。对于后者，我们取尝试解为

$$E(x,y,z) = \tilde{u}(x,y,z)e^{-ikz} \tag{4.101}$$

这里用复数标量波振幅 $\tilde{u}(x,y,z)$ 描述激光束横向分布。简单起见，我们使用标量形式：

$$[\nabla^2 + k^2]E(x,y,z) = 0 \tag{4.102}$$

将（4.101）式代入（4.102）式可得到波的复标量振幅的一个微分方程为

$$\frac{\partial^2 \tilde{u}}{\partial x^2} + \frac{\partial^2 \tilde{u}}{\partial y^2} + \frac{\partial^2 \tilde{u}}{\partial z^2} - 2ik\frac{\partial \tilde{u}}{\partial z} = 0 \tag{4.103}$$

如果 $\tilde{u}$ 对 z 的二阶导数相对于 $\tilde{u}$ 对 z 的一阶导数及 $\tilde{u}$ 对 x 和 y 的二阶导数很小，可以忽略（傍轴近似），则可以得到

$$\frac{\partial^2 \tilde{u}}{\partial x^2} + \frac{\partial^2 \tilde{u}}{\partial y^2} - 2ik\frac{\partial \tilde{u}}{\partial z} = 0 \tag{4.104}$$

这是傍轴波动方程，可以通过对 $\tilde{u}$ 取如下的尝试解求解，即

$$\tilde{u}(x,y,z) = A(z)\exp\left[-ik\frac{x^2 + y^2}{2\tilde{q}(z)}\right] \tag{4.105}$$

代入（4.104）式得到微分方程为

$$\left\{\left(\frac{k}{\tilde{q}}\right)^2\left[\frac{d\tilde{q}}{dz} - 1\right](x^2 + y^2) - \frac{2ik}{\tilde{q}}\left[\frac{\tilde{q}}{A}\frac{dA}{dz} + 1\right]\right\}A(z) = 0 \tag{4.106}$$

（4.106）式只有当括号中的两个项都为零时，才能对所有 x 和 y 求解，即

$$\frac{d\tilde{q}}{dz} = 1$$

和

$$\frac{dA(z)}{dz} = -\frac{A(z)}{\tilde{q}(z)} \tag{4.107}$$

积分后，我们得到

$$\tilde{q}(z) = \tilde{q}_0 + z$$

和

$$\frac{A(z)}{A_0} = \frac{\tilde{q}_0}{\tilde{q}}(z) \tag{4.108}$$

简单起见，我们选择（4.108）式中的积分常数 $z_0 = 0$。第一个方程描述了光束的复参数 $\tilde{q}$ 从穿过 z_0 平面的值 $\tilde{q}_0$ 到穿过 z 平面的值 $\tilde{q}(z)$ 的演化过程。

为了发现光束参数 $\tilde{q}$ 的意义，我们把它写成实部和虚部求和的形式：

$$\frac{1}{\tilde{q}(z)} = \frac{1}{R(z)} - i\frac{\lambda}{\pi w^2(z)} \tag{4.109}$$

其中，$k = \dfrac{2\pi}{\lambda}$。代入（4.105）式，得

$$\tilde{u}(x,y,z) = A_0 \frac{\tilde{q}_0}{\tilde{q}(z)} \exp\left[-ik\frac{x^2+y^2}{2R(z)} - \frac{x^2+y^2}{w^2(z)}\right] \quad (4.110)$$

由于分布 $\tilde{u}(x,y,z)$ 有一个纯实部,则有

$$\exp\left[-\frac{x^2+y^2}{w^2(z)}\right] \equiv \exp\left[-\frac{r^2}{w^2(z)}\right] \quad (4.111)$$

它沿横坐标 x 和 y 方向满足二维高斯振幅分布。$w(z)$ 被称为 z 位置处的光束半径,表征光束振幅减小到最大值的 $1/e$ 处的横向尺寸。

复数部分满足

$$\exp\left[ik\frac{x^2+y^2}{2q_{re}}\right] \equiv \exp\left[ik\frac{x^2+y^2}{2R(z)}\right] \quad (4.112)$$

表示球面波的相位因子,其中 $R(z)$ 是波前与 z 轴相交的真实曲率半径。用实部和虚部表示的光束参数 $q(z)$ 包含了高斯波的所有物理性质。$z=0$ 处的波前为平面波,即曲率半径 $R(z=0)=\infty$,使得

$$\frac{1}{\tilde{q}(z=0)} \equiv \frac{1}{\tilde{q}_0} = -i\frac{1}{q_{im}(z=0)} = -i\frac{\lambda}{\pi w_0^2}$$

或

$$\tilde{q}_0 = i\frac{\pi w_0^2}{\lambda} \quad (4.113)$$

w_0 被称为高斯波的束腰。$\tilde{q}(z)$ 可用(4.113)式导出,如下所示:

$$\tilde{q}(z) = \tilde{q}_0 + z = i\frac{\pi w_0^2}{\lambda} + z \equiv iz_R + z \quad (4.114)$$

其中,$z_R = \pi w_0^2/\lambda$ 被称为瑞利长度。通过将(4.114)式代入(4.109)式并让虚部相等,可得

$$w^2(z) = w_0^2\left[1 + \left(\frac{\lambda z}{\pi w_0^2}\right)^2\right] = w_0^2\left[1 + \left(\frac{z}{z_R}\right)^2\right] \quad (4.115)$$

再取实部相等可得

$$R(z) = z\left[1 + \left(\frac{\pi w_0^2}{\lambda z}\right)^2\right] = z\left[1 + \left(\frac{z_R}{z}\right)^2\right] \quad (4.116)$$

具有高斯分布的光波将保持高斯分布传播,光束直径以 $2w(z)$ 变化(见图 4.17)。光束半径和曲率半径分别由(4.115)式和(4.116)式给出。

最后,利用(4.110)式、(4.114)式、(4.115)式和(4.116)式可得

$$\tilde{u}(x,y,z) = A_0 \frac{i}{i + \frac{z}{z_R}} \exp\left[-ik\frac{x^2+y^2}{2z\left(1 + \frac{z_R^2}{z^2}\right)} - \frac{x^2+y^2}{w_0^2\left(1 + \frac{z_R^2}{z^2}\right)}\right] \quad (4.117)$$

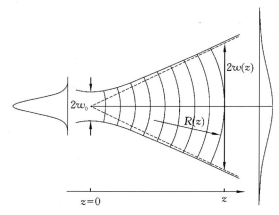

图 4.17　高斯光束的演化

　　高斯波束以图 4.17 所示的方式演化,这是任何波受到衍射都会出现的结果。即使在波前用平面波描述的束腰 w_0 位置,有限的横向尺寸还是会导致横向扩散。这是惠更斯原理所描述的衍射结果,即在各向同性介质中,波前的任何一点本身就是球面小波的原点。瑞利长度 $\pi w_0^2/\lambda$ 对应衍射扩散呈现出越来越明显的特征距离。对于横向尺寸限制在一个很小的区域的波前,它的衍射扩散原理是一个普遍的原理。即使是所谓的无衍射光束[70]也遵循这一原理,不过在那种情况下,光束(在宽基底上的)特殊的小横截面构造使得衍射扩散显著降低。

　　图 4.17 中的光束半径 $w(z)$ 演化呈双曲线的线型,即使 $w \gg w_0$ 的长距离情况下仍然保持不变,其中(4.115)式方括号中的第二项成为主要项:

$$w(z) \approx \frac{\lambda z}{\pi w_0} \tag{4.118}$$

渐近线和光轴之间的夹角为 $\theta \approx \tan\theta \approx w/z$,因此

$$\theta = \frac{\lambda}{\pi w_0} \tag{4.119}$$

束腰 w_0 越小,衍射引起的光束扩散就越大。

　　(4.105)式给出了用高斯基模表示的尝试解,但它绝不是傍轴波动方程的唯一可能解。如果我们选择如下形式的尝试解,即

$$\tilde{u}(x,y,z) = g\left(\frac{x}{w}\right) h\left(\frac{y}{w}\right) \exp\left[-\mathrm{i}k\frac{x^2+y^2}{2\tilde{q}(z)}\right] \tag{4.120}$$

$\tilde{u}(x,y,z)$ 将可以求得更高阶横模,由两个厄米多项式 $H_m\left(\sqrt{2}\,\dfrac{x}{w}\right)$、$H_n$ $\left(\sqrt{2}\,\dfrac{y}{w}\right)$ 和高斯函数的乘积表示。四个最低阶厄米多项式为

$$H_0\left(\sqrt{2}\,\frac{x}{w}\right)=1$$

$$H_1\left(\sqrt{2}\,\frac{x}{w}\right)=2\left(\sqrt{2}\,\frac{x}{w}\right)$$

$$H_2\left(\sqrt{2}\,\frac{x}{w}\right)=4\left(\sqrt{2}\,\frac{x}{w}\right)^2-2$$

$$H_3\left(\sqrt{2}\,\frac{x}{w}\right)=8\left(\sqrt{2}\,\frac{x}{w}\right)^3-12\left(\sqrt{2}\,\frac{x}{w}\right)\tag{4.121}$$

$H_m(\sqrt{2}\,x/w)$ 沿 x 方向有 $m-1$ 个零点,使得横向功率分布上有 $m-1$ 个暗区。因此,高阶横向模式通过(笛卡尔坐标中)零点数目 m 和 n 进行标定。它们被称为 m 阶和 n 阶横向电磁波,即 TEM_{mn}(见图 4.18)。

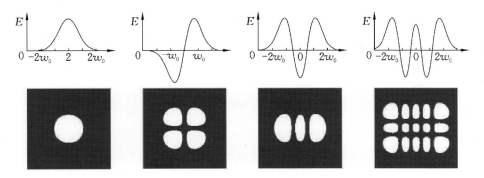

图 4.18　电场分布和模式

TEM_{00} 模在 x 和 y 坐标方向没有零,代表高斯分布。由于厄米多项式的贡献,随着 m 和 n 的增加,横模所占的面积变大。可以根据这个现象抑制高阶横模,就是在谐振腔中放入光阑,它的通孔相对基模足够大,可以完全通过;但对高阶模则非常小,可以挡掉高阶模外缘相当大的功率,以此抑制腔中高阶模的振荡。如果谐振腔具有真正的柱对称性,则更适合使用极坐标 r 和 φ,而不是笛卡尔坐标。在这种情况下,模式由拉盖尔多项式和高斯函数的乘积描述。

厄米-高斯多项式和拉盖尔-高斯多项式都是完备的本征函数系统。因此,两个系统都可以描述模式,并且在一个本征函数系统中描述的模式通常可

以表示为另一个系统中模式的叠加[71]。图 4.19 给出了由三个厄米-高斯模组成的拉盖尔-高斯模(极坐标)。类似地,拉盖尔-高斯模的特征也是用两个独立的整数描述,分别表示沿径向(r)坐标和沿方位角(φ)坐标的场零点数目。为了构成沿 φ 坐标有三个零点,沿径向 r 方向有一个零点的 TEM$_{31}$ 拉盖尔-高斯模,必须要有三个厄米-高斯模式,如图 4.19 所示,它们沿 x 和 y 坐标方向的零点数分别为 1 和 4、3 和 2、5 和 0。

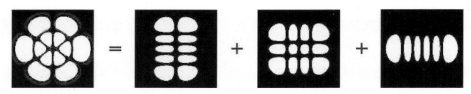

图 4.19   以 TEM$_{14}$、TEM$_{32}$ 和 TEM$_{50}$ 三个厄米-高斯模表示一个 TEM$_{31}$ 拉盖尔-高斯模

实用的光学谐振腔使用曲面镜而不是平面镜。事实上,平面反射镜的谐振腔通常具有较大的衍射损耗,因此并不适用于高精细度的谐振腔。通常,它们甚至不是真正的高斯分布。对于由两块相距 L,曲率半径分别为 R_1 和 R_2 的凹面镜组成的线性谐振腔,模式的本征频率也取决于曲率半径。本征频率的计算有些冗长,可以在文献[68]中找到,具体形式如下:

$$\nu_{mnq}=\frac{c}{2L}\left[q+\frac{1}{\pi}(m+n+1)\arccos\sqrt{\left(1-\frac{L}{R_1}\right)\left(1-\frac{L}{R_2}\right)}\,\right] \qquad (4.122)$$

当 $m=n=0$ 时,(4.122)式的频率对应仅由谐振腔光学长度定义的轴向模 ν_q。

有一种特别简单但相当重要的情况,它要求两个镜子的曲率半径等于两个镜子之间的距离,即 $L=R_1=R_2$。结果,(4.122)式中的平方根项消失,arccos 项变为 $\pi/2$,本征频率依赖于 q、m 和 n,其表示为

$$\nu_{mnq}=\frac{c}{2L}\left[q+\frac{1}{2}(m+n+1)\right] \qquad (4.123)$$

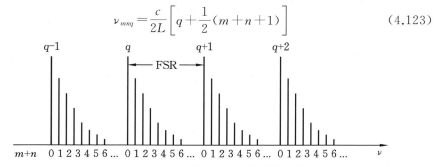

图 4.20   法布里-珀罗干涉仪的模式谱示意图

$m+n$ 为偶数的横模本征频率与基模的频率一致,即它们是简并的。而 $m+n$ 为奇数的横模的本征频率则是相对 $c/(2L)$ 的纵模分裂发生的 $c/(4L)$ 的频移。因此,在共焦法布里-珀罗谐振腔中,可以激发模式的频率差为

$$\delta\nu = \frac{c}{4L} \tag{4.124}$$

线性光学谐振腔可以由两个曲率半径不同的反射镜 R_1 和 R_2 组成。如果长度 $L \neq R_1, R_2$,则可以消除横模本征频率的简并(见图 4.20)。

电磁波注入光学谐振腔的一个反射镜上,只能激发那些频率与入射波频率一致的模式。在共焦腔中,无穷多个纵模具有相同的本征频率,但在反射镜表面的横向场分布不同。因此,给定场分布的波将主要激发谐振腔内的特定模式,这些模式的场分布与注入波的场分布一致。从数学上讲,入射波将被分解成本征模的线性组合,即谐振腔内部场的本征函数的线性组合。入射波与哪些特定模式耦合由它们的耦合系数决定,耦合系数由谐振腔中模式与入射波之间的重叠积分决定。如果只激励一个模式,则入射波和谐振腔模的场分布必须在谐振腔反射镜的表面处完全一致。

对于光频标,法布里-珀罗干涉仪(FPI)特别适用于分析激光辐射的频谱,或将该激光器的频率预稳定到 FPI 的某个适当的本征频率上。为了第一个目的,FPI 可以用作可调谐滤波器,通过调节 FPI 的等距共振频率梳上某个特定本征频率,使之与激光器的期望频率相匹配。对安装在腔反射镜和它的支撑片之间的压电元件施加可变的高压,可以使谐振腔的长度改变几个波长,从而实现对本征频率的调节。这里,共焦 FPI 通常是首选,因为 $m+n$ 为奇数的所有模式的频率都集中在纵模的频率处,而 $m+n$ 为偶数的所有模式的频率都相对纵模移动了半个自由光谱范围。因此,该结构不需要精确的模式匹配。然而,共焦 FPI 并不适用于产生非常窄的 FPI 线宽或应用于鉴频器,因为一般来说,不可能以足够的精度实现该结构所要求的 $L=R$ 的条件。

4.3.3 微球谐振腔

在光频域,熔融石英电介质微球中的回音廊模式可以获得非常高的 Q 值,它代表了除法布里-珀罗型谐振腔之外的另一种光学腔。它们也有望用于超紧凑的光频标。微球可以利用优质熔融石英棒,通过氢氧焰的熔融技术比较容易地制备出来。熔融材料的表面张力使之形成了球体,它们的直径 $D=2R$ 为几十微米到几百微米。回音廊模式的品质因子 Q 由曲率引起的辐射损耗、表

面残余的不均匀性引起的散射、表面污染物和材料的固有损耗所决定[72,73]。最后一项是 Q 值的一个主要限制因素，该项给出的最大值在 $\lambda = 633$ nm 处为 $Q = 9 \times 10^9$，在 $\lambda = 1.55$ μm 处为 $Q = 1.5 \times 10^{11}$。对 3 个刚刚制备完成的、直径在 0.6 mm 和 0.9 mm[73] 之间的微球谐振腔进行了测试，测得 633 nm 处的品质因子为 $Q = 8 \times 10^9$。然而，较大的 Q 值会因为吸附大气中的水蒸气而迅速恶化，因此有必要将球体保持在一个密封的腔室中[74]。

折射率为 n 的介质球内电磁场的 TE 和 TM 本征模用三个整数 l、m、q 表示，模数 $q \geqslant 1$ 对应沿球半径方向的场的极大值数，m、l 对应赤道面上的场的极大值数目[75,76]。可以认为后者是球体周长上波长 λ 的大致数目（$l \approx 2\pi Rn / \lambda$）。$l \gg q$ 的模式就是回音廊模式。由于加工工艺的原因，微球的最终形状不是一个完美的球体，并且更接近于一个椭球体。用 a 和 b 表示椭球体的轴，ε 表示椭球体的偏心率，满足 $\varepsilon^2 \equiv 1 - b^2/a^2$，微球的偏心率通常为 $10^{-2} < \varepsilon^2 < 10^{-1}$。

偏心微球的本征频率由文献[74]给出，即

$$\gamma_{qlm}^{E,H} = \Delta_0 \left[l + \frac{1}{2} - A_q \sqrt[3]{(l+1/2)/2} - \Delta_{E,H} \pm \varepsilon^2 (l - |m|)/2 \right] \quad (4.125)$$

其中，$A_q = 2.338, 4.088, 5.521, 6.787, \cdots$ 是艾里函数的第 q 个零点。$\Delta_{E,H}$ 考虑了正交偏振的两个波在表面附近受到不同的限制，因此经历不同的折射率的影响。需要根据扁平球还是拉伸球的球体形状分别选择正号或负号。微谐振腔的自由光谱范围为 $\Delta_0 = c/(\pi Dn)$，对于直径为 370 μm 的微球，在 $\lambda = 852$ nm 处 $n = 1.45$，自由光谱范围约为 180 GHz。

本征频率的调谐可以通过温度变化或应力实现。共振频率偏移满足 $\Delta\nu/\nu = -\Delta a/a - \Delta n/n$，其中 a 是球体的半径，n 是球体的折射率。温度引起的模式频率变化为每度降低几吉赫兹。通过"微钳"在微球的两极附近施加压缩力，或拉伸带有两个连接杆的微球，在近红外波段实现了超过几百吉赫兹的更大调谐[77]。对失谐的主要影响是相关的赤道膨胀，折射率的变化对此也有影响，不过其相对小一些。在不显著降低品质因子 $Q \approx 10^9$ 的前提下，已经实现了约 10^{-3} 的周长相对变化。

回音廊模式的高 Q 值表明，这些模式具有极低的损耗，因此与自由空间的耦合非常弱，同时这也意味着它们很难被自由空间光束激发。因此，必须通过其他方法将光耦合到微球中[79]，例如，将侧面抛光的光纤与微球紧密接触或通

过耦合棱镜(见图 4.21)。使用前一种方法,可以将 99.8% 以上的光功率传输到球体中[80]。在后一种方法中,激光束被透镜聚焦到耦合棱镜的内表面上。如果将棱镜放置到离开微球表面距离为 $d \approx \lambda/(2\pi)$ 的位置,尽管存在受抑内全反射,近场倏逝波中的光还是可以耦合到回音廊模式(Ⅰ)中。在微球谐振腔中激发的共振在离开耦合棱镜的反射光中表现为凹陷。与谐振腔的耦合是

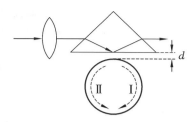

图 4.21 利用受抑内反射棱镜将激光辐射耦合到回音廊微谐振腔

通过调节间隙宽度 d 来改变的。微球内部的瑞利后向散射和高 Q 值通常会积聚成后向反射波(Ⅱ),它可用于半导体激光器的频率锁定[74]。频率稳定在微球上的二极管激光器能产生亚千赫兹线宽的激光[74],可应用于非常紧凑的频标。

4.4 谐振子的稳定度

本章讨论的谐振子本征频率取决于谐振子的宏观尺寸(见(4.100)式)。因此,与频率相关的任意长度变化都会导致频率的线性变化,即

$$\frac{\mathrm{d}\nu}{\mathrm{d}L} = -\frac{qc}{2L^2} = -\frac{\nu}{L} \tag{4.126}$$

或者

$$\frac{\Delta\nu}{\nu} = -\frac{\Delta L}{L} \tag{4.127}$$

这里,我们用偏差的比值代替了微分求商。温度是影响宏观谐振子机械尺寸稳定度的最重要环境参数之一。谐振腔工作温度 T_0 附近的温度起伏 ΔT 导致长度 L_0 变化到 $L(T)$,可以通过泰勒展开,用线性(α)、二阶(β)、三阶(γ)……热膨胀系数(CTE)表示为

$$L(T) = L(T_0) + L(T_0)\alpha\Delta T + L(T_0)\beta(\Delta T)^2 + L(T_0)\gamma(\Delta T)^3 + \cdots \tag{4.128}$$

在大多数情况下,考虑线性热膨胀系数 α 就足够了,特定模式的相对频移表示为

$$\frac{\Delta\nu}{\nu} \approx -\alpha\Delta T \tag{4.129}$$

因此,高的频率稳定度要求将温度起伏降至最低,并使用热膨胀系数低的

材料(见表 4.4)。在室温下,铜的线性热膨胀系数为 $\alpha_{Cu} \approx 1.65 \times 10^{-5} \, K^{-1}$,温度补偿镍铁合金殷钢③的线性热膨胀系数比熔融石英的线性热膨胀系数低约一个数量级(见表 4.4)。某些玻璃和陶瓷材料的混合物,例如 Zerodur 微晶玻璃或超低膨胀玻璃(康宁公司 ULE 7971,包含约 80% 的 SiO_2 和 20% 的 TiO_2)的热膨胀系数要低更多。这些材料通过专门定制合适的组分才能得到,它们的热膨胀系数 $\alpha(T)$ 在特定温度下(例如接近 25 ℃)表现为过零点或极小值。在该温度下可获得非常低的热膨胀系数。

表 4.4 适用于宏观振荡器的材料的机械性能

符号	单位	铜	殷钢	熔融石英	ULE	Zerodur 微晶玻璃	蓝宝石 (4.2 K)
α	$10^{-8}/K$	1650	150	55	0.3	<1	5×10^{-4}
E	$10^9 \, N/m^2$	130	145	73	68	89	435
ρ	$10^3 \, kg/m^3$	8.92	8.13	2.2	2.21	2.52	4.0
c_p	$J/(kg \, K)$	385	500	703	0.77	0.81	5.9×10^{-6}
λ	$W/(m \, K)$	400	10.5	1.38	1.31	1.63	280

表中,α 为线性热膨胀系数,E 为杨氏弹性模量,ρ 为密度,c_p 为比热,λ 为导热系数。

与晶体材料不同的是,玻璃或玻璃陶瓷材料具有长期的长度变化。这种行为是可预期的,它源于分子在玻璃中的热扩散导致晶体畴的形成及相应的体积减小。这种老化效应或"缓变"引起的长度变化通常会以指数的形式减慢[81-83]。一个例子是一台由 Zerodur 微晶玻璃制成的法布里-珀罗干涉仪,对它的一个特定本征频率进行了超过三年的监测(见图 4.22)。大约一百天后,观察到对应长度变化的频率的单调漂移逐渐减慢。这台 FPI 早期的行为可能主要是由于将其放入真空后进行热处理而引起的。两次 0.5 K 的温度变化(见图 4.22 中的插图)并没有显示出大的影响,而在 $\alpha \neq 0$ 时,应该可以看到本征频率在改变温度的时刻发生不连续变化。在 456 THz 时,测得的漂移约为 $\Delta\nu \approx 0.4 \, Hz/s$,转化成相对长度变化为 $\Delta L/L = -\Delta\nu/\nu < 10^{-15}/s$,对应每天大约 8×10^{-11} 的相对长度变化。Marmet 等人[84]报道了热膨胀微分系数为 $2 \times$

---

③ 超级殷钢(31% Ni 5% Co 64% Fe)的线性热膨胀系数更小,在 20℃时 $\alpha \approx 19 \times 10^{-8}/K$。

$10^{-9}/K^2$ 的 ULE 光学谐振腔。他们采用两级温控使温度稳定度达到 $50\ \mu K$，剩余相对长度变化不再受温度起伏的限制，而是以每天约 1×10^{-11} 的变化率缓慢变化。

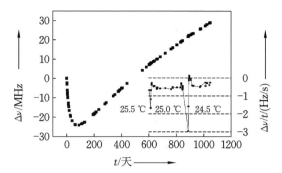

图 4.22 由 Zerodur M 零膨胀玻璃制作的法布里-珀罗干涉仪的长度随时间的变化，由合适的共振频率测量（图中显示出由于老化而产生的漂移，插图显示了温度降低 $0.5\ K$ 的影响）

固体晶体材料（如石英）的热膨胀可以用晶格振荡的非简谐性来解释。对于原子在平衡点附近的纯简谐振荡，晶体的平均长度不会随温度而改变。因此，热膨胀与真实晶体中晶格振荡的模式密切相关。由于所有模式都对晶体的比热有贡献，比热与温度的依赖关系决定了晶体的热膨胀。一般来说，根据德拜模型（Debye's model），在低温条件下，比热和线性热膨胀系数随温度的三次方减小。人们已经建立了由蓝宝石夹持件支撑的超稳定低温光学谐振腔[85,86]，并将其工作在 1.9 K 的温度中。蓝宝石的低热膨胀系数（见表 4.4）降低了它对环境温度变化的灵敏度。有人指出[86]，相比室温，它的热扩散系数在低温下显著提高，这使得温度的主动稳定精度进一步提高。热扩散系数，即 $\lambda/(\rho c_p)$，是衡量材料在热传输时对变化反应速度的参数。在为微波或光学谐振腔选择适合的材料时，还必须注意材料的杨氏弹性模量 E（见表 4.4），即 E 越高，变形越小，倾斜或加速度引起的本征频率变化也就越小。

第 5 章
原子和分子频率参考

第 4 章中所述的振荡器的谐振频率和尺寸的大小有关,这些尺寸的大小又受到一些环境参数的微妙影响,例如温度、气压、振动、引力等。因此,只有在这些参数都被很精密地控制时,才能使一个"宏观振荡器"的共振频率保持不变。另外,如果利用自由的原子、离子或分子(即"微观振荡器")的电磁跃迁来稳定一个振荡器的频率,则外部参数对其频率产生的影响通常是非常小的。使用这些量子振荡器要基于如下的事实:原子会发射和吸收确定频率的电磁辐射,而不同的原子具有不同的特征频率。根据玻尔的解释,当吸收粒子在能量分别为 E_1 和 E_2 的两个分立的能态之间发生跃迁时,能产生频率为 ν 的电磁波。根据能量守恒原理,可以立即推导出众所周知的光子能量与这些能态之间能量差的关系

$$\Delta E = E_2 - E_1 = h\nu \equiv \hbar\omega \tag{5.1}$$

其中,h 为普朗克常数。相对于宏观振荡器,微观量子系统的另一个优点是基于以下的事实,即确定种类的所有原子系统都是相同的,从而具有相同的跃迁频率。因此,在确定了特定微观振荡器的频率之后,对于电磁频谱中的某个固定频率,可以实现该频标的无数的相同副本。在第 4 章中给出了一组特定的

宏观谐振器,它们具有频率间隔几乎完全相等的共振频率组成的频率梳,与之相比,原子和离子仅在确定的频率范围内具有一些合适的吸收谱线。相比之下,分子量子系统具有大量的跃迁谱线,因此可以在更宽的范围内作为频率参考。

在本章中,我们首先回顾了原子(见第 5.1 节)和分子(见第 5.2 节)中量子跃迁的基本性质,并特别强调与频标有关的例子。为了在之后的章节中使用,介绍了电磁辐射与两能级系统的相互作用的定量描述(见第 5.3 节)。最后,我们考虑了一些效应,它们能够移动和展宽可观测的量子跃迁(见第 5.4 节),从而最终限制频标的准确度。

5.1 原子的能级

孤立量子系统(如单个原子、离子或分子)的可能的能级由量子理论确定,其中量子态由波函数 ψ 或者由态矢量来描述,态矢量通常用狄拉克左矢($\langle\psi|$)和右矢($|\psi\rangle$)来表示。量子态 ψ 的时间演化由含时薛定谔方程来描述:

$$\mathcal{H}\psi = \mathrm{i}\,\hbar\frac{\partial\psi(t)}{\partial t} \tag{5.2}$$

对于稳态,可将其约化为定态薛定谔方程 $\mathcal{H}\psi_n = E_n\psi_n$。选定的哈密顿算符 $\mathcal{H}$ 必须使得 E_n 包含对系统能量的所有的贡献。其中重要的贡献包括:每个电子在原子核的中心场中感受到的静电库仑吸引相互作用、电子之间的库仑排斥相互作用、与电子和原子核的角动量和自旋相关的磁矩之间的磁相互作用,以及系统与外场的相互作用。

5.1.1 单电子原子

首先,我们回顾一下最简单的系统,其中单个电子在带正电荷 Ze 的原子核的中心场中运动。这种情况在氢原子($Z=1$)或者类氢原子或类氢离子中是存在的。在所谓的"中心场近似"下,我们只考虑原子核和电子的动能以及它们之间的库仑相互作用。作为不含时薛定谔方程的一个解,人们用波函数 $\psi_n(r)$ 描述在位置 r 处能量本征值为 E_n 的电子的几率幅。氢原子的波函数可以分解为一个径向函数 $R(r)$ 和一个球谐函数 $Y_{l,m}(\theta,\phi)$ 之积:

$$\psi_{n,l,m}(\boldsymbol{r}) = R_{n,l}(r)Y_{l,m}(\theta,\phi) \tag{5.3}$$

波函数与主量子数 n、轨道角动量量子数 l、磁量子数 m 有关。主量子数为 $n=1,2,3$ 的态,一般标记为 K,L,M,…。轨道角动量量子数为 $l=0,1,2$,

$3,\cdots,(n-1)$ 的态,标记为 s,p,d,f,$\cdots$。磁量子数标记为 $m=-l,(-l+1),\cdots,(l-1),l$。磁量子数 m 定义了电子的轨道角动量在所选的(z)轴上的投影。

在中心场近似下,各分离能态的能量为

$$E_n=-hcR\frac{Z^2}{n^2}\equiv-\frac{m_r c^2}{2}\frac{Z^2\alpha^2}{n^2} \tag{5.4}$$

它仅和主量子数 n 有关,n 为整数。精细结构常数 α 和里德堡常数 R 为

$$\alpha\equiv\frac{e^2}{4\pi\varepsilon_0\hbar c} \tag{5.5}$$

$$R\equiv\frac{m_r e^4}{8\varepsilon_0^2 h^3 c}\equiv\frac{m_r}{m_e}R_\infty \tag{5.6}$$

这里,e 和 m_e 分别是基本电荷和电子的静止质量。c 是光速,ε_0 是真空介电常数。约化质量为

$$m_r=\frac{m_e m_n}{m_e+m_n} \tag{5.7}$$

其中,m_n 是原子核的质量。R_∞ 是无限大质量的原子核的里德堡常数,其约化质量与电子的静止质量 m_e 相等。在中心场近似下,类氢原子的能级图如图 5.1 的左侧部分所示。由于类氢原子的能级和原子核的质量有关(见(5.4)式),因此同一元素的不同同位素的能级存在所谓的同位素频移[①]。

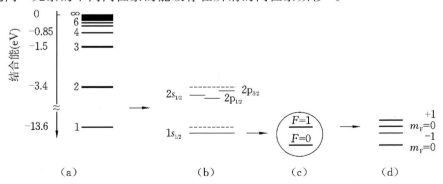

图 5.1 氢原子的能级图((a)中心场近似;(b)包含自旋-轨道相互作用和 QED 效应;(c)与核自旋的相互作用;(d)与磁场的相互作用(塞曼效应))

---

① 如有需要,可以明确指出原子、离子或分子(例如 ^{40}Ca、^{6}Be$^+$ 或 ^{127}I$_2$)的原子核中质子和中子的总数。

除了导致中心场近似的库仑相互作用之外，与电子的轨道角动量、电子和原子核的自旋相关的磁矩 $\boldsymbol{\mu}$ 的磁相互作用对原子系统的能量的贡献为

$$E_{\mathrm{mag}} = -\boldsymbol{\mu} \cdot \boldsymbol{B} \tag{5.8}$$

就像在经典物理学中那样，在量子力学中，旋转的电荷 q 的磁矩与角动量 $\boldsymbol{J}$ 成正比。对于一个原子，它的磁矩由带单位电荷的电子来决定，单位电荷为 $e = -q = -1.602 \times 10^{-19}$ As。因此原子的磁矩为

$$\boldsymbol{\mu} = -g_{\mathrm{J}} \frac{e}{2m_{\mathrm{e}}} \boldsymbol{J} = -g_{\mathrm{J}} \frac{e\hbar}{2m_{\mathrm{e}}} \frac{\boldsymbol{J}}{\hbar} \equiv -g_{\mathrm{J}} \mu_{\mathrm{B}} \frac{\boldsymbol{J}}{\hbar} \tag{5.9}$$

它始终和角动量反平行。这里，可以从量子力学计算得到，朗德（Landé）因子 g_{J} 是在"1"的数量级的无量纲常数，$\mu_{\mathrm{B}} = e\hbar/(2m_{\mathrm{e}}) = 9.274 \times 10^{-24}$ J/T 称为电子（质量为 m_{e}）的玻尔磁子。对于电子的纯轨道角动量 l，g 因子为 $g = 1$；对于纯自旋角动量 s，$g \approx 2$。通常，原子核的磁矩为

$$\boldsymbol{\mu} = g_{\mathrm{I}} \frac{e}{2m_{\mathrm{p}}} \boldsymbol{I} = g_{\mathrm{I}} \frac{e\hbar}{2m_{\mathrm{p}}} \frac{\boldsymbol{I}}{\hbar} \equiv g_{\mathrm{I}} \mu_{\mathrm{n}} \frac{\boldsymbol{I}}{\hbar} \tag{5.10}$$

其中，$\boldsymbol{I}$ 是核自旋，$\mu_{\mathrm{n}} = e\hbar/(2m_{\mathrm{p}}) = 5.051 \times 10^{-27}$ J/T，是质子（质量为 m_{p}）的核磁子。

与自旋和轨道角动量相关的磁矩的磁相互作用对原子系统的能量也有贡献。因此，(5.4)式的中心场近似给出的简单能级结构要用自旋-轨道耦合进行修正，从而得到精细结构。不管是考虑自旋轨道相互作用和由高速电子（$v/c > 10^{-2}$）引起的相对论修正，还是直接从狄拉克方程，都能计算出修正量，从而得到(5.4)式的修正为（见文献[87,88]）

$$E_{n,j} = -hcR \frac{Z^2}{n^2} \left[1 + \frac{(Z\alpha)^2}{n^2} \left(\frac{n}{j+1/2} - \frac{3}{4} \right) + \cdots \right] \tag{5.11}$$

因此，自旋-轨道相互作用降低了类氢原子中可能的电子能级的能量，这和电子的总角动量量子数 j 有关。根据(5.11)式，$p_{3/2}$ 和 $p_{1/2}$ 之间的能级间距，即 $n = 2$ 态的精细结构，约为 $3 \times 10^{-6} hcR$。与(5.4)式中的情况一样，对于每个主量子数 n，存在 n^2 个可能的能态，它们有相同的能量。这种简并性仅仅对于总角动量 j 部分地消除，而不是对 l。这种简并性是库仑势的一个特殊性质，其能级和轨道角动量 l 的量子数 l 无关（见(5.11)式）[②]。

和电子壳层类似，原子核具有总的原子核角动量 $\boldsymbol{I}$，这是由构成原子核的

---

② 实际上，由于 Lamb 位移而导致的 $s_{1/2}$ 和 $p_{1/2}$ 能态之间的能量差很小。

质子和中子的自旋和特定角动量产生的。对于 $I \neq 0$ 的情况，必须考虑 I 与电子壳层的总角动量 J 的耦合，从而产生总的角动量 F。根据量子力学的规则，总角动量的量子数可以是 $F = J+I, J+I-1, \cdots, |J-I|$。对于氢原子的基态，$J = j = 1/2$ 和 $I = 1/2$，它们耦合为 $F = 1$ 和 $F = 0$，从而导致了能级的分裂，称为超精细结构（见图 5.1(c)）。在磁场中，$F = 1$ 态的磁矩相对于磁场 B 的方向有三种不同的取向。这三个方向，按照它们的 z 分量是平行于、垂直于、还是反平行于磁场 B 分别用量子数 $m_F = 1, 0, -1$ 来表示。相应的三种能态对应磁场中的三种不同能级（见图 5.1(d)）。

根据 (5.1) 式，氢原子的离散能级导致电磁辐射的离散吸收谱线。在氢原子中，从 $n_1 = 1, 2$ 或 3 的能态跃迁到 $n_2 = n_1 + 1, n_1 + 2, n_1 + 3$ 等能量更高的能态，将激发众所周知的 Lyman、Balmer 或 Paschen 系列光谱。很多玻尔原理允许的跃迁不能观测到，这受限于根据特定物理量的守恒定律所决定的选择定则。例如，考虑适用于电偶极辐射相互作用的选择规则。光子带有自旋角动量 $\hbar$，并且由于角动量守恒的要求，当光子被吸收或发射时，原子的角动量会变化相同的量。因此，除了 $J = 0 \leftrightarrow J = 0$，满足

$$\Delta J = 0, \pm 1 \tag{5.12}$$

对于将振荡器的频率稳定到原子的跃迁频率上的频标，通常采用和长寿命能态相关的窄线宽跃迁。超精细分裂的基态代表了这样的长寿命能态[③]，例如，氢原子的两个基态 $F = 1$ 和 $F = 0$ 之间的跃迁。其适当的频率间距 $\Delta\nu \approx 1.4\,\mathrm{GHz}$ 使得这个跃迁非常适合作为氢钟中的频标（第 8.1 节）。类似地，其他高精度频标也都是基于原子和离子基态的超精细分裂（见表 5.1）。利用这些磁偶极跃迁，必须精确地满足选择规则 $\Delta F = 0, \pm 1$（但不包括 $F = 0 \leftrightarrow F = 0$），并且近似地满足 $\Delta J = 0, \pm 1$（也不包含 $J = 0 \leftrightarrow J = 0$）。由于允许偶极跃迁的自发衰变率与跃迁频率的三次方成正比（见 (5.133) 式），它们的线宽从微波频率到光学频率迅速增加。对于偶极允许的光学跃迁，激发态的寿命通常为几纳秒或者更短，由 (2.37) 式导致的线宽为几十兆赫或更宽。因此，与光频标相关的大多是所谓的（偶极）禁戒跃迁。

---

③ 基态中超精细塞曼子能态的较高子能级主要由磁偶极辐射引起衰变，其速率由 (5.133) 式给出。Itano 等人[89]推导了在 $\omega = 2\pi \times 30\,\mathrm{GHz}$ 时的磁偶极跃迁的自发衰变率为 $2.7 \times 10^{-11}\,\mathrm{s}^{-1}$，对应于能量较高状态的寿命约为 1200 年。

表 5.1 中性原子中由超精细结构引起的基态分裂（对于离子，请参见表 10.1）

原子	频率	标准	参考文献
^{1}H	1420405751.770(3)	氢钟（见 8.1 节）	[1,90]
^{87}Rb	6834682610.90429(9)	铷钟（见 8.2 节）	[91]
^{133}Cs	9192631770.0（定义值）	铯钟（见第 7 章）	[1,92]

5.1.2 多电子系统

除了到目前为止讨论的氢原子之外，所有其他原子都具有许多电子，并且电子的相互作用通常使得相应的原子或离子的能级结构更复杂。作为多电子原子的一个例子，我们考虑碱土原子，如镁原子或者钙原子（见图 5.2），其外壳层 3s 或 4s 上都有两个电子[④]。在钙原子中，最大丰度的同位素^{40}Ca 的核自旋为零，因此它没有超精细结构。十八个内层电子填满了第一壳层 $1s^2$，$2s^2$，$2p^6$，$3s^2$ 和 $3p^6$。两个外部电子的角动量可以通过 LS 耦合机制来描述。在这个结构中，除了总角动量 J 之外，由特定电子的自旋和总轨道角动量 $L = \sum l_i$ 耦合产生的总自旋 $S = \sum s_i$ 可以很好地近似为守恒量。因此，导致了电偶极辐射的附加选择定则是近似有效的，即

$$\Delta L = 0, \pm 1 \tag{5.13}$$

和

$$\Delta S = 0 \tag{5.14}$$

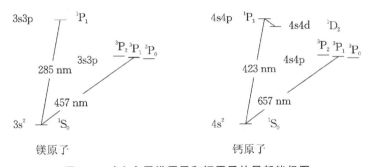

图 5.2 碱土金属镁原子和钙原子的局部能级图

---

④ 对于元素周期表第三主族的单电荷离子，例如铟或铊，也遇到了类似的情况。这些吸收体将作为光频标在第 9.4.4 节和第 10 节中更详细地讨论。

在钙原子的基态中,4s 壳层的两个外层电子的自旋是反平行的,这导致了 $L=0,S=0$,且 $J=0$。我们通过使用 $n^{2S+1}L_J$ 的能态命名方法将其描述为 $4\,^1S_0$ 态,$4s4s\,^1S_0$ 态,或者 $4s^2\,^1S_0$ 态。根据多重性的规则,得到 $2S+1=1$,因此基态是一个单重态。最低的激发态是由一个 4s 单电子态和一个 4p 单电子态耦合产生的。两个电子态耦合产生了总自旋为 $S=0$ 的单重态 $^1P_1$ 态,它向基态 $^1S_0$ 衰变并发射蓝光($\lambda=423$ nm),其衰变时间为 $\tau=4.6$ ns。除了单重态之外,还存在由 4s 态和 4p 态组合形成的更低能量的三重态。在三重态下,两个电子的自旋是平行的($S=1$)并且 $L=1$,由 $J=L+S=2,L+S-1=1$ 和 $L-S=0$ 这三种组合方式分别产生三个能态 $^3P_2$、$^3P_1$ 和 $^3P_0$。

5.1.3　光频标的禁戒原子跃迁

在图 5.2 所示的简化能级图中,原子从 $^3P_1$ 态跃迁到基态($\lambda=657$ nm)需要两个电子中的一个电子发生一次自旋翻转,这是无法由一个电场来实现的(见(5.14)式)。因此,如果 LS 耦合严格满足,即 S 和 L 严格守恒,则这个跃迁对于电偶极辐射是禁戒的。实验上发现激发态 $^3P_1$ 态的自然寿命是 $\tau\approx0.5$ ms。这个寿命比单重态结构的激发态 $^1P_1$ 态的寿命高出约五个数量级。因此,介于单重态和三重态系统之间的互组跃迁在这个意义上是禁戒的:相对于单重态系统中的 $^1P_1\to{}^1S_0$ 跃迁($\lambda=423$ nm),其跃迁的可能性要低约五个数量级。

原子越轻,LS 耦合机制的效果越好。相应地,对于具有更多质子(Z)和电子的原子,互组跃迁的选择定则将被削弱。因此,从 Mg 原子到 Ca 原子,$^3P_1$ 态的寿命(见图 5.2)是降低的。对于 $\Delta J=2$ 的 $^3P_2\to{}^1S_0$ 跃迁仅对于电四极辐射是允许的,因此镁原子的这个激发态寿命大于 5000 s。其激发态仅能通过更高阶的多极跃迁连接到低能态,从而可以具有非常长的寿命,例如,通过八极跃迁连接基态的 $^{171}Yb^+$ 离子 $^2F_{7/2}$ 态有十年的寿命[101](第 10.3.2.2 节)。作为 $J=0\to J=0$ 跃迁的例子,^{40}Ca 原子的 $^3P_0\to{}^1S_0$ 跃迁(见图 5.2)是完全禁戒的。这是角动量守恒的结果,因为光子必须带走至少 $\hbar$ 的角动量,但原子在两种能态下都没有净角动量。

选择定则(5.13)式和(5.14)式的组合也使氢原子的 1S-2S 跃迁(见图 5.1)成为禁戒跃迁,其自然线宽约为 1 Hz。这个跃迁可以由强激光场来激发,两个波长为 243.1 nm 的光子(见表 5.2)同时被吸收[102]。最近,1S-2S 跃迁[93] 和 2S-8S/D 跃迁[103] 和其他跃迁[88] 都已经被用于建立光频标或者进行精密测量。

银原子也有一个禁戒跃迁(见文献[99,104,105],表 5.2)可以进行双光子激发。基于这些跃迁的频标的实现方法将在第 9 章中描述。

表 5.2　适用于光频标的原子的窄线宽跃迁[⑤]

原子	跃迁	频率/THz	波长/nm	线宽/Hz
^{1}H	1S-2S	2466.061413187103(46)	243.13[*]	1
^{24}Mg	3^1S_0-3^3P_1	655.6589	457.24	40
^{40}Ca	4^1S_0-4^3P_1	455.98624049415	657.46	370
^{88}Sr	5^1S_0-5^3P_1	434.829121311(10)	689.45	6900
^{109}Ag	$5s\ ^2S_{1/2}$-$4d^95s^2\ ^2D_{5/2}$	453.3204	661.33[*]	0.8
^{132}Xe	$6s'[1/2]_0$-$6s[3/2]_2$	136.844	2190.76[*]	1.2^5

说明:H、Mg、Ca、Sr、Ag、Xe 原子的频率分别来自参考文献[93]、[94]、[95]、[96]、[97]、[98]。其他候
　　　选者可以在参考文献[99]中找到。对于离子,请参见表 10.2。星号标记的波长是指激发双光子
　　　跃迁所需的一个光子的波长。

5.2　分子的能态

与原子和离子不同,由于分子具有复杂的能级结构,它的光谱包含更多的谱线。接下来,我们首先介绍由两个相同的原子构成的分子,如^{127}I$_2$ 分子,它在多种光频标中被用作吸收体。分子中的两个原子的距离为 R。对于较大的距离 $R \to \infty$,双原子分子的总能量由两个孤立原子的能量之和给出。如果两个原子靠近了,它们可能相互吸引或排斥,分子的能态和距离 R 有关,并分裂成所谓的成键态和反键态(见图 5.3)。对于非常小的核间距 R,两个原子由于库仑相互作用而彼此排斥。因此,当距离 R 逐渐减小时,一开始成键态的能量在平衡距离 R_0 处降到最低,之后随原子间距的进一步减小而再次上升。与单个原子的球对称型中心势能形成对比的是,二维分子的势能为圆柱对称型。圆柱的轴与分子的核间轴(即两个原子核的连线)重合。在较小的自旋和轨道角动量相互作用,即较小的多重态分裂的情况下,分子的总自旋量子数 S 由各个独立原子的自旋 S_1 和 S_2 产生。总自旋是一个矢量的组合,由本征值 $S =$

---

⑤　然而在室温下观测到线宽更大,为 12 Hz。这是由黑体辐射引起的跃迁到能量更高的状态跃迁而导致的,该状态随后会衰变[100]。

S_1+S_2,S_1+S_2-1,$\cdots$,$|S_1-S_2|$ 给出。而单个原子的轨道角动量 L_1 和 L_2 是沿分子的对称线进行量子化的。所得的电子轨道角动量的分量的量子数定义为 Λ,其量子数为 $\Lambda=0,1,2,\cdots$ 和原子进行类比,$\Lambda=0,1,2,3,\cdots$ 的分子态分别标记为 $\Sigma,\Pi,\Delta,\Phi,\cdots$ 投影到核间轴上的电子总角动量 Ω 由轨道角动量 Λ 和自旋 S 组成,这与原子的情况类似,原子的总电子角动量 J 由 L 和 S 得到的。此外,分子势能的对称性要求分子电荷的空间密度分布相对于包含两个核的中心的任何镜面是对称的。因此,电子波函数的对称性可以是偶或奇的,对于对称和反对称两种情况,可以通过加号或减号分别表示为 $\Omega=0^+,1^+,\cdots$ 和 $\Omega=0^-,1^-,\cdots$。在包含两个相同原子的同核分子中,对称中心位于两个原子的正中间。因为电子的电荷密度反映这种对称性,所以如果电子的所有坐标相对于该对称中心反转,则电荷密度将不会改变,并且相应的波函数将具有偶或奇对称性。波函数分别用"g"和"u"⑥来表示,代表了具有对称操作的偶函数或奇函数。为了识别不同的电子态,传统上基态称为 X 态,较高的电子态按照其首次识别的顺序以一种随意的方式用 A,B,C,$\cdots$ 来依次标记。

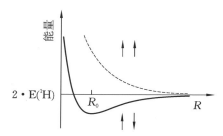

图 5.3 分子的能态劈裂为成键态(实线)和反键态(虚线),其势能和两个原子的间距 R 的关系(在 H_2 分子中,成键态和反键态分别对应于电子自旋为反平行和平行的状态。R_0 表示在分子的成键态下原子间的平衡距离)

5.2.1 转动-振动结构

通常基于玻恩-奥本海默(Born-Oppenheimer)近似⑦对分子进行量子力学处理。将电子和原子核的波函数分离后,分子的能量由质心系统的动能和与两个原子的核间距 R 相关的能量贡献给出。后一部分用薛定谔方程描

---

⑥　g 和 u 是德语单词 gerade(偶数)和 ungerade(奇数)的缩写。
⑦　在玻恩-奥本海默近似中,原子核的振动和转动与电子的运动是分开处理的,因为电子几乎可以即时跟随原子核的运动。

述为[106,107]

$$\left\{-\frac{\hbar^2}{2m_r}\frac{\partial^2}{\partial R^2}-\frac{\hbar^2}{m_r}\frac{1}{R}\frac{\partial}{\partial R}+\frac{\hbar^2 J(J+1)}{2m_r R^2}+V(R)\right\}\chi(R)=E_{v,J}\cdot\chi(R)$$

$$(5.15)$$

其中,m_r 是分子的约化质量,$\chi(R)$ 是描述两个原子核的相对运动的波函数。

在平衡距离 R_0 附近,势能 $V(R)$(见图 5.3)可以用抛物线 $V(R)=V(R_0)+(R-R_0)^2/2$ 来近似,其势能对应于一个简谐振荡器。对于 $J=0$ 的情形,(5.15)式表示了量子化的简谐振荡器的薛定谔方程,其平衡位置相对坐标系的原点偏移了 R_0 的距离,其振动本征值为

$$E_{vib}=\hbar\omega_{vib}\left(v+\frac{1}{2}\right)$$

$$(5.16)$$

其中,$\omega_{vib}/(2\pi)$ 为振动频率,v 为振动量子数。在这个近似下,原子核沿着两个原子核的连线进行简谐振荡。

由于振荡的幅度小于平衡距离,因此 $R\approx R_0$ 成立,且(5.15)式的大括号中的第三项近似为常数。因此,(5.15)式的能量本征值为

$$E=V(R_0)+\left(v+\frac{1}{2}\right)\hbar\omega_{vib}+\frac{\hbar^2 J(J+1)}{2\Theta}$$

$$(5.17)$$

其中,$\Theta=m_r R_0^2$。后一项对应于两个相距 $2R_0$ 质量为 $m_r/2$ 的经典旋转哑铃形的转动能量 $E_{rot}=J^2/(2\Theta)$。量子力学转子的转动能量和转动惯量 Θ 及角动量 J 有关,角动量的量子数为 $J=0,1,\cdots$。因此,在电子态的势能中,每个振动态都伴随着一个束缚转动态的阶梯(见图 5.4)。与原子相比,分子具有额

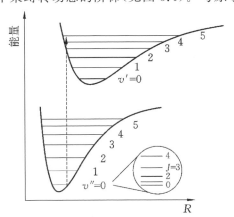

图 5.4 分子的能级图(不按比例)

外的自由度,即原子相对于分子重心的振动以及分子的旋转。

对于距平衡距离 R_0 较大的偏移,必须考虑势能曲线的不对称性,并且振动变得不是简谐的。与纯粹的简谐振荡器相比,振荡的非简谐性导致了对振动能级 E_{vib} 的修正,使其不再等间距。

类似地,描述真实的分子时,具有恒定转动惯量 Θ 的刚性转子模型也是存在缺陷的。由于势能曲线的非简谐性以及离心力的拉伸作用,分子的能级分别和振动量子数和转动量子数有关。通常,转动能级和振动能级的能量不再能解耦,因此,它们通常被称为振-转能级。为了描述能态并预测实验上观察到的跃迁,必须使用更实际的势能 $V(R)$,这通常是通过与实验确定的跃迁频率的比较得到的。

5.2.2 碘分子的光学跃迁

在光频标中,碘分子是最重要的吸收体之一。通过吸收光子,分子从能量较低的具有振动态 E''_{vib} 和转动态 E''_{rot} 的电子态 E''_{el} 跃迁到能量较高的(E'_{el}、E'_{vib} 和 E'_{rot})电子态(见图 5.4)。对于 I_2 分子中较低的振动能级,在 X 态下振动频率 $\omega_{vib}/(2\pi)$ 的分裂约为 6 THz,在 B 态下约为 4 THz。对于碘分子中较低的转动能级,转动频率 $\omega_{rot}/(2\pi)$ 的分裂约为 3 GHz。室温下,热能 $k_B T \approx hc/\lambda$,对应于 $1/\lambda \approx 200 \ cm^{-1}$,即 6 THz 的频率展宽。因此,仅仅在较低的($v''=0,1,2$)振动态上就包含了多达一百个转动态。加上大约 80 个可观测的振动态 v',在大约 500 nm 至 900 nm 的光谱区域中,B-X 系统中的跃迁产生了大约 6 万条精细结构谱线。由于对称性及相应的守恒律,并不是所有跃迁都是允许发生的。允许的跃迁要遵循特定的选择定则(见表 5.3)。在分子中,即便是选择定则允许的跃迁,其跃迁几率也可以有很大的差异(见(5.133)式)。观察到的特定跃迁的吸收强度由 Franck-Condon 原理 确定,它反映了相关波函数的结构。考虑图 5.4 中所示的与势阱边界附近的 R 区域相关的跃迁。在这些区域中,波函数趋于零,因此,对应于跃迁几率的矩阵元也将变小。另一方面,发生在两种状态的波函数具有较大值的距离处的跃迁,即电荷密度为波腹的距离处的跃迁,预期有较大的跃迁几率。

---

⑧ 量子力学跃迁几率由 Franck-Condon 积分 $\int \chi_{v'}(\mathbf{R}) \chi_{v''}(\mathbf{R}) d\mathbf{R}$ 给出。$\chi_{v'}(\mathbf{R})$ 和 $\chi_{v''}(\mathbf{R})$ 是波函数,分别描述了能量为 E'' 的基态和能量为 E' 的激发态的原子核振荡。

表 5.3　分子的电偶极跃迁的选择定则

$\Delta\Lambda$	$=$	$0,\pm 1$	
$\pm$	$\leftrightarrow$	$\pm$	
g	$\leftrightarrow$	u	
	$=$	-1	（P 支谱）
$\Delta J\equiv J'-J''$	$=$	0	（Q 支谱；但不包括 $J'=0\leftrightarrow J''=0$）
	$=$	$+1$	（R 支谱）

通过与类似于(5.17)式的计算的比较，对特定的吸收谱线按照量子数进行了分类。例如，基态 X $^1\Sigma_g^+$ 到激发态 B Π_u^+(11-5)，R(127)的跃迁与 He-Ne 激光器的多普勒发射谱线重合，被用作光频标（见第 9.1.3 节和表 5.4）。Σ 和 Π 分别表示沿着两个原子核连线的轨道角动量 $\Lambda=0$ 和 $\Lambda=1$。基态（激发态）的波函数为偶（奇）宇称，标记为 g(u)，即波函数在分子的对称中心进行反转符号不变（改变）。分子的基态（激发态）波函数相对于与原子核之间的视线相交的镜平面是对称（反对称）的，称为＋（－）。电子基态（激发态）的振动量子数为 $v''=5(v'=11)$[⑨]。转动角动量量子数为 $J''=127$，并且由于这种转变属于所谓的 R 支谱($J'=J''+1$；见表 5.3)，得到 $J'=128$。

使用傅里叶变换光谱法，Gerstenkorn 和同事测量了碘分子的多普勒展宽的吸收光谱，其光谱范围为 11000 cm^{-1}（905 nm）至 20000 cm^{-1}（500 nm）[108,109]。Kato 绘制了一个光谱手册，包含了从 15000 cm^{-1}（666 nm）到 19000 cm^{-1}（500 nm)间的所有消多普勒谱线[110]。大量准确测定的跃迁频率可以使用（请参见文献[111,112]及其参考文献）。

5.2.2.1　分子势能的确定

因为势能 $V(R)$ 与分子的能级紧密相关（见(5.15)式），所以实验确定的跃迁可以用于识别能级，并用于确定更符合实际的势能曲线。另一方面，这些势能曲线使得人们可以通过外推得到迄今未知的能量和谱线。根据 Dunham 提出[113]的一种特殊方法，将振动转子的势能 $V(R)$ 进行级数展开，将得到如下能级：

---

⑨　就像原子一样，在分子中，能量较高态的量子数由符号上加一撇表示。在分子光谱学中，通过跃迁与该状态相关的较低的能态通常加两撇表示，而在原子光谱中则不加撇。

$$E(v, J) = \sum_{k,l} Y_{k,l} \left(v + \frac{1}{2} \right)^k \left[J(J+1) \right]^l, \quad k, l = 0, 1, 2, \cdots \quad (5.18)$$

其中，$Y_{k,l}$ 称为 Dunham 系数。Dunham 系数可以根据测得的振-转谱线拟合确定，从而构造势能 $V(R)$。Gerstenkorn 和 Luc[114] 能够用 46 个分子参数表示他们测得的 17800 条碘分子谱线，其相对不确定度约为 10^{-7}。最近，Knöckel 等人[112] 使用 Dunham 系数描述了在 778 nm 和 815 nm 之间的碘分子的 B-X 光谱中选定的波段，不确定度小于 200 kHz。另一个基于分子解析势能的模型可以预测 515 nm 和 815 nm 之间的碘分子谱线，不确定度小于 12 MHz。

此外，也可以使用全量子力学来对振-转结构进行描述，要使用解析的势能 $V(R)$，并对(5.15)式的薛定谔方程做数值积分(参见文献[115])。

5.2.2.2 超精细结构的影响

与壳层电子相关的磁矩与原子核磁矩之间的超精细相互作用引起了谱线的分裂(见图 5.5)。图 5.5 中的两组多重谱线称为 1104 和 1105 谱线，分别包含 15 和 21 个超精细分量，这是由自旋统计和电偶极辐射的选择定则得到的。在 $^{127}I_2$ 分子中，碘原子的核自旋量子数为 $I_1 = I_2 = 5/2$，而在 $^{129}I_2$ 分子中则为 $I_1 = I_2 = 7/2$，因此对于 $^{127}I_2$，总的核自旋量子数为 $I = |I_1 - I_2|, |I_1 - I_2| + 1, \cdots, |I_1 + I_2| = 0, 1, \cdots, 5$，对于 $^{129}I_2$ 则为 $I = 0, 1, \cdots, 7$。由于原子核是费米子，波函数是自旋波函数和包括转动函数的空间波函数的乘积，所以它对原子核的交换必须是反对称的。因此，对于任何具有偶宇称的能态(例如基态 X 态)，核自旋的对称波函数要求具有奇量子数 J 的奇转动波函数；反之亦然，对于反对称的核自旋波函数，则要求对称的转动波函数。在碘分子中，反对称的核自旋波函数要求 $I = I_1 + I_2 = 0, 2, 4$，而对称的核自旋波函数则要求 $I = 1, 3, 5$。因此，由偶数 J'' 态和偶数 I 态的耦合，或者奇数 J'' 态和奇数 I 态的耦合，可以得到 X 态的反对称波函数。故而 $^{127}I_2$ 分子的基态超精细分裂的个数为

$$\begin{cases} \sum_{I=0,2,4} (2I+1) = 15，偶数\ J''\ 态 \\ \sum_{I=1,3,5} (2I+1) = 21，奇数\ J''\ 态 \end{cases} \quad (5.19)$$

对于 $^{129}I_2$ 分子，偶数 J'' 态有 28 个，而奇数 J'' 态有 36 个。电偶极跃迁遵循的选择定则为 $\Delta J = \pm 1, \Delta I = 0$ 和 $\Delta F = 0, \pm 1$。对于更高的 J 态，只有 $\Delta F = \Delta J$ 是有意义的[106]。B 激发态的反对称波函数是由偶数 J'' 态和奇数 I 态(对于 $^{127}I_2$ 分子有 21 个超精细能级)或奇数 J'' 态和偶数 I 态(对于 $^{127}I_2$ 分子有

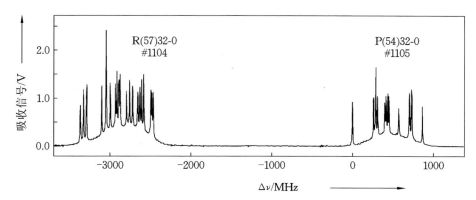

图 5.5 根据 Gerstenkorn 等人的碘分子光谱图集，观察到的 $^{127}I_2$ 分子的 R(57) 32-0 系和 P(54)32-0 系的超精细多重谱线，也称为 1104 和 1105 谱线系[108]（由 H. Schnatz 提供）

15 个超精细能级）的能态耦合产生的。因此，对于较高 J'' 态的基态的光学频率跃迁也有 15(21) 个偶数（奇数）J'' 态的分量。这可以从图 5.5 中看出，其中 $^{127}I_2$ 分子的 R(57) 线在 X 态有奇数 $J''=57$，表现出 21 个超精细跃迁，而对应的偶数 J'' 态的 P(54) 线具有 15 个超精细吸收线。可以用这些参数表征观测到的跃迁，并将测得的频率与计算得到的频率进行比较。

超精细结构是由核磁矩与电子及分子中其他的核磁矩之间的电磁相互作用产生的。尽管问题很复杂，但通常可以引入一个有效的超精细哈密顿量[116]，从而描述特定的振-转能态的超精细能量：

$$\mathcal{H}_{\mathrm{hfs,eff}} = \mathcal{H}_{\mathrm{EQ}} + \mathcal{H}_{\mathrm{SR}} + \mathcal{H}_{\mathrm{SSS}} + \mathcal{H}_{\mathrm{TSS}} \tag{5.20}$$

在 (5.20) 式中，$\mathcal{H}_{\mathrm{EQ}}$ 是电四极相互作用，$\mathcal{H}_{\mathrm{SR}}$ 是自旋-转动相互作用，$\mathcal{H}_{\mathrm{SSS}}$ 是标量自旋-自旋相互作用，而 $\mathcal{H}_{\mathrm{TSS}}$ 是张量自旋-自旋相互作用。这些贡献的矩阵元通常分解为不同的几何因子 g_i 和四个超精细参数 eQq、C、A、D 的乘积[111,117]，从而超精细能量的分裂为

$$\langle (J'I'), F | \mathcal{H}_{\mathrm{hfs,eff}} | (J,I), F \rangle = eQq \cdot g_{\mathrm{eQq}} + C \cdot g_{\mathrm{SR}} + A \cdot g_{\mathrm{SSS}} + D \cdot g_{\mathrm{TSS}} \tag{5.21}$$

基于物理模型，人们已经推导了用于超精细分裂的内插公式，并和测量的频率间隔相符合（参见文献[111,117]及其中的参考文献）。Bodermann 等人给出 514 nm 到 820 nm 之间的波长范围的超精细分裂，计算不确定度小于 30 kHz[111]。在一个特定跃迁的超精细多重光谱内，观察到的超精细分裂可用

(5.21)式的四个参数进行拟合[118],其残差小于 1 kHz。

5.2.3　乙炔气体的光学跃迁

在红外,尤其是在 1.3 μm 和 1.5 μm 附近的光通信频段,需要合适的跃迁作为参考谱线。分子吸收体的一个突出例子就是乙炔分子(C_2H_2;H—C≡C—H)[47,119-123]。该分子在中心碳原子之间具有很强的三重键,而在两侧的碳原子和氢原子之间具有较弱的单键。乙炔分子具有线对称性,并且能以不同的模式振动(见图 5.6)。碳原子相对振动,并且每个氢原子与其相邻的碳原子或多或少同相振动,对 C≡C 键主要起拉伸作用,由此产生振动模式 ν_2。相比之下,ν_3 振动模主要是由 C—H 键的拉伸引起的。ν_4 和 ν_5 分别对应于 C≡C 和 C—H 键的弯曲。与振动模式 ν_1、ν_2、ν_3、ν_4 和 ν_5 对应的频率(波数;波长)分别为 101.1 THz(3373 cm^{-1};2.965 μm),59.2 THz(1974 cm^{-1};5.066 μm),98.4 THz(分别为 3282 cm^{-1};3.047 μm),18.4 THz(613 cm^{-1};16.31 μm)和 21.9 THz(730 cm^{-1};13.70 μm)[47]。分子势能的非简谐性(见图 5.4)对应于驱动力和原子位移之间的非线性。因此,可以观测到具有 $2\nu, 3\nu, \cdots$ 的所谓泛音谱,尽管其强度急剧下降。非线性相互作用进而产生频率的组合,例如,$\nu_1 + \nu_2$,$\nu_1 - \nu_2$,$2\nu_1 - \nu_2$,$\cdots$[⑩]。由 ν_1 和 ν_3 振荡的组合产生的跃迁(见图 5.7(b)和图 13.5)经常用作通信频段的频率和波长参考(见表 13.1,文献[124])。

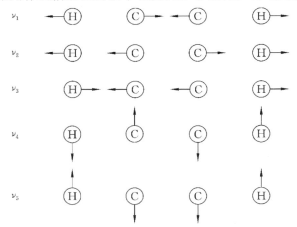

图 5.6　乙炔分子(H—C≡C—H)的五个简正振动模式。箭头指示了各个原子在某个特定瞬间的运动

---

⑩　注意,组合振荡的频率与特定振荡的组合频率大致但不完全一致。

乙炔的 R(P)支谱源于 $J'' \rightarrow J'$ 且满足 $\Delta J = +1(\Delta J = -1)$ 跃迁的能量差（见图 5.7(a)），它随 J'' 的增加几乎线性增大（减小）。图 5.7(b)中的偶数和奇数 J 态之间的跃迁强度变化受核自旋的影响，核自旋影响了可能的分子态的数量，这与碘分子中讨论的情况类似（第 5.2.2.2 节）。光谱的包络形状是两个规律共同作用的结果，其中参与跃迁的能态数量随 J 的增加而增加，而乙炔分子在这些能态上的热平衡布居数随 J 的增加而减少。相对于 $^{12}C_2H_2$ 分子的谱线，$^{13}C_2H_2$ 的吸收线向更长的波长偏移约 8 nm。这种位移可以用两种碳同位素的质量差异来解释，由此导致了 C—H 键的振动频率发生了一些变化。

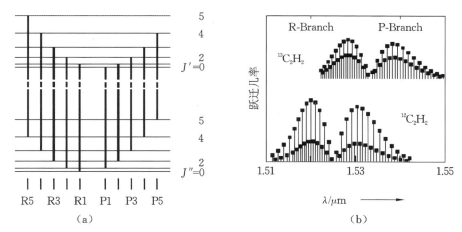

图 5.7 (a)乙炔分子的能级和转动跃迁，(b)由图 5.6 的 $\nu_1 + \nu_3$ 模式计算得到的乙炔光谱的转动能带

5.2.4 其他的分子吸收体

碘分子的跃迁仅限于电磁波谱中的绿色、红色和近红外部分。对于红外光谱范围，还有其他合适的吸收体，例如 H_2O 分子、NH_3 分子、HCN 分子、HI 分子、Cs_2 分子、O_2 分子或其他分子[47]。在蓝色和绿色光谱范围，通常使用碲 Te_2 分子[125-128]。

甲烷分子 CH_4 用于稳定 3.39 μm 的 He-Ne 激光器（见表 5.4），其四个氢原子围绕中心的碳原子形成规则的四面体。其高度的对称性导致四种基本振动模式，即一个两重简并振动和两个三重简并振动，分别称为 A_1、E 和 F_2。第 9.1.4 节介绍了使用甲烷稳定的激光器作为高精度光频标。四氧化锇（OsO_4）分子具有一个三重简并的 ν_3 模式，其吸收带接近 10.42 μm，与 CO_2 激光的发射波长相符(见第 9.1.5 节)。参考文献[47]给出了用于激光器频率稳定的分子跃迁的更详细汇编。

表 5.4　用于频标的分子的部分光学频率跃迁

(其他跃迁可以在文献[47]和表 9.1 中找到。DL:半导体激光器;Dye:染料激光)

分子	跃迁	频率(THz)	波长(μm)	激光	参考文献
OsO_4	R(12)	29.09627495234	10.303	CO_2	[95]
CH_4		88.37618160018	3.392	He-Ne	[95]
$^{12}C_2H_2$	P(21) $\nu_1+\nu_3$	194.91619955(15)	1.538	DL	[124]
$^{13}C_2H_2$	R(23) $\nu_1+\nu_3$	196.92974592(15)	1.522		[124]
$^{12}C_2H_2$	R(18) $\nu_1+\nu_3$	197.75046656(15)	1.516	DL	[124]
HCN	P(27)	192.6224469(1)	1.556	DL	[129]
$^{127}I_2$	R(42)0-17b_1	367.615127628(14)	0.816	DL	[130]
	R(127)11-5a_{13}	473.612214705	0.633	He-Ne	[95]
$^{130}Te_2$	d_4	613.8811491(5)	0.488	Dye	[127]
		642.1165136(6)	0.467	Dye	[128],[131]

5.3　简单量子系统和电磁辐射的相互作用

5.3.1　两能级系统

对于与单频电磁场相互作用的一个原子量子系统建模,通常只需将其处理为一个两能级系统即可,该系统仅具有两个能态(能量为 E_1 和 E_2,且 $E_2>E_1$)。这些能态有很多种表示方式,例如分别标记为 $|1\rangle$ 和 $|2\rangle$,或称为基态和激发态,标记为 $|g\rangle$ 和 $|e\rangle$,或 $|\downarrow\rangle$ 和 $|\uparrow\rangle$。为了得出本书其余部分中使用的相关工具和公式,我们将按照教科书[11,132,133]中给出的方法简要地描述。首先从(5.2)式的含时薛定谔方程出发,将哈密顿量写为

$$\mathcal{H} = \mathcal{H}_0 + \mathcal{H}_{\text{int}} \tag{5.22}$$

用忽略自发辐射的定态薛定谔方程，$\mathcal{H}_0$ 描述了没有辐射相互作用的系统：

$$\mathcal{H}_0 \phi_k(\boldsymbol{r}) = E_k \phi_k(\boldsymbol{r}) \tag{5.23}$$

这里，$k = 1,2$。其中 $\boldsymbol{r}$ 表示所有内部自由度，例如电子的位置、自旋等。算符 $\mathcal{H}_{\text{int}}$ 表示与辐射场的相互作用引起的微扰的贡献。我们假设 H_{int} 的对角元为零[①]。由于本征函数 $\phi_k(\boldsymbol{r})$ 形成了一个完备的集合，因此(5.2)式的一般解 $\psi(\boldsymbol{r},t)$ 可以在相互作用绘景下表示为该完备基的线性组合：

$$\psi(\boldsymbol{r},t) = c_1(t)\mathrm{e}^{-\mathrm{i}E_1 t/\hbar}\phi_1(\boldsymbol{r}) + c_2(t)\mathrm{e}^{-\mathrm{i}E_2 t/\hbar}\phi_2(\boldsymbol{r}) \tag{5.24}$$

通常，$c_k(t)$ 包含了由微扰算符 $\mathcal{H}_{\text{int}}$ 引入的时间相关性。为了找到明显的时间相关性，将(5.22)式和(5.24)式插入(5.2)式，得到

$$(\mathcal{H}_0 + \mathcal{H}_{\text{int}})[c_1(t)\mathrm{e}^{-\mathrm{i}E_1 t/\hbar}\phi_1(\boldsymbol{r}) + c_2(t)\mathrm{e}^{-\mathrm{i}E_2 t/\hbar}\phi_2(\boldsymbol{r})]$$
$$= \mathrm{i}\hbar\frac{\partial}{\partial t}[c_1(t)\mathrm{e}^{-\mathrm{i}E_1 t/\hbar}\phi_1(\boldsymbol{r}) + c_2(t)\mathrm{e}^{-\mathrm{i}E_2 t/\hbar}\phi_2(\boldsymbol{r})] \tag{5.25}$$

或者

$$E_1 c_1(t)\mathrm{e}^{-\mathrm{i}E_1 t/\hbar}\phi_1(\boldsymbol{r}) + E_2 c_2(t)\mathrm{e}^{-\mathrm{i}E_2 t/\hbar}\phi_2(\boldsymbol{r})$$
$$+ \mathcal{H}_{\text{int}} c_1(t)\mathrm{e}^{-\mathrm{i}E_1 t/\hbar}\phi_1(\boldsymbol{r}) + \mathcal{H}_{\text{int}} c_2(t)\mathrm{e}^{-\mathrm{i}E_2 t/\hbar}\phi_2(\boldsymbol{r})$$
$$= \mathrm{i}\hbar\frac{\mathrm{d}c_1(t)}{\mathrm{d}t}\mathrm{e}^{-\mathrm{i}E_1 t/\hbar}\phi_1(\boldsymbol{r}) + E_1 c_1(t)\mathrm{e}^{-\mathrm{i}E_1 t/\hbar}\phi_1(\boldsymbol{r})$$
$$+ \mathrm{i}\hbar\frac{\mathrm{d}c_2(t)}{\mathrm{d}t}\mathrm{e}^{-\mathrm{i}E_2 t/\hbar}\phi_2(\boldsymbol{r}) + E_2 c_2(t)\mathrm{e}^{-\mathrm{i}E_2 t/\hbar}\phi_2(\boldsymbol{r}) \tag{5.26}$$

其中，在左侧的位置使用了(5.23)式。随后左乘 $\phi_1^*(\boldsymbol{r})$ 和 $\phi_2^*(\boldsymbol{r})$ 并对全空间坐标 $\boldsymbol{r}$ 进行积分，得

$$\mathrm{i}\hbar\frac{\mathrm{d}c_1}{\mathrm{d}t} = c_2(t)H_{12}(t)\mathrm{e}^{-\mathrm{i}\omega_0 t} \tag{5.27}$$

$$\mathrm{i}\hbar\frac{\mathrm{d}c_2}{\mathrm{d}t} = c_1(t)H_{21}(t)\mathrm{e}^{\mathrm{i}\omega_0 t} \tag{5.28}$$

其中，$E_2 - E_1 \equiv \hbar\omega_0$，且含时矩阵元为

$$H_{21}(t) \equiv \int \phi_2^*(\boldsymbol{r})\mathcal{H}_{\text{int}}(t)\phi_1(\boldsymbol{r})\mathrm{d}^3 r \equiv \langle 2 \mid \mathcal{H}_{\text{int}}(t) \mid 1 \rangle \tag{5.29}$$

和

---

① 可以通过引进新的基矢态来轻松消除任何恒定能量，这些新基态会移动两个态的能量，然后将其包含在 $\mathcal{H}_0$ 中。

$$H_{12}(t) \equiv \int \phi_1^*(\boldsymbol{r})\mathcal{H}_{\mathrm{int}}(t)\phi_2(\boldsymbol{r})\mathrm{d}^3 r \equiv \langle 1 \mid \mathcal{H}_{\mathrm{int}}(t) \mid 2 \rangle \qquad (5.30)$$

由于 $\mathcal{H}_{\mathrm{int}}$ 是厄米的（Hermitian），因此

$$H_{21} = H_{12}^* \qquad (5.31)$$

为了分别找到处于 $\mid 1\rangle$ 态和 $\mid 2\rangle$ 态的两能级原子的概率 $\mid c_1 \mid^2$ 和 $\mid c_2 \mid^2$，使以下关系式成立，即

$$\mid c_1(t) \mid^2 + \mid c_2(t) \mid^2 = 1 \qquad (5.32)$$

如果已知两个能级的波函数或态矢量并且已知两个能态耦合的哈密顿量，则可以得到耦合微分方程（5.27）式和（5.28）式对于 $c_1(t)$ 和 $c_2(t)$ 的解。

从质量为 m 的带电粒子和位于 $\boldsymbol{r}$ 处的电荷 q 与电磁场的矢势 $A(\boldsymbol{r},t)$ 之间的最小耦合[134,135]，可以推导得到描述原子与电磁场的特定相互作用的哈密顿量。如果辐射的波长比原子的尺度大，则可以将电磁场在原子的质心 $\boldsymbol{r}_0$ 处展开为多极子。对于频标，一些最相关的相互作用哈密顿量由文献[11]给出，即

$$\mathcal{H}_{\mathrm{int}} = -\boldsymbol{d} \cdot \boldsymbol{E}(\boldsymbol{r}_0,t) = q\boldsymbol{r} \cdot \boldsymbol{E} \qquad \text{电偶极相互作用}^{⑫} \qquad (5.33)$$

$$\mathcal{H}_{\mathrm{int}} = -\boldsymbol{\mu} \cdot \boldsymbol{B}(\boldsymbol{r}_0,t) \qquad \text{磁偶极相互作用} \qquad (5.34)$$

$$\mathcal{H}_{\mathrm{int}} = \frac{q}{2}\boldsymbol{r} \cdot \boldsymbol{r} \cdot \boldsymbol{\nabla}_{r_0} \boldsymbol{E}(\boldsymbol{r}_0,t) \qquad \text{电四极矩相互作用} \qquad (5.35)$$

其中，$\boldsymbol{d}$、$\boldsymbol{\mu}$ 等为量子力学算符。

电偶极相互作用与基于碱土原子的光频标有关（见第 9.4.4 节）。在（5.33）式的近似下，原子的电偶极矩 $\boldsymbol{d} = q\boldsymbol{r} = e\boldsymbol{r}$（其中基本电荷 $e = 1.602 \times 10^{-19}$ As 必须取正值）与原子所处的 $\boldsymbol{r}_0$ 处的平均电场发生相互作用。

（5.34）式的哈密顿量是指原子的磁偶极矩 $\boldsymbol{\mu}$ 与电磁辐射的磁场 $\boldsymbol{B}(\boldsymbol{r}_0,t)$ 的相互作用。超精细能态之间的磁偶极跃迁被用于微波频标，例如铯原子钟（见第 7 章）、氢钟（见第 8.1 节）或大量的囚禁离子频标。在光频标中，使用电四极跃迁（Hg^+ 和 Yb^+），甚至电八极跃迁（Yb^+）（见第 10.3.2 节）。

让我们更详细地考虑电偶极相互作用，即（5.33）式。首先，由于电场 $\boldsymbol{E}$ 的存在，使原子、分子或离子中的正负电荷分离，从而极化了微观粒子并改变了

---

⑫ 偶极矩是从 $-q$ 到 $+q$ 方向的矢量。在一个原子中，电磁波的电场导致感应的偶极矩，在该偶极矩中，电子跟随电场，但正电荷云主要由原子核确定，它的位置实际上是固定的。如果 $\boldsymbol{r}$ 是原子核与电子之间的矢量，则它与偶极矩反平行，从而导致（5.33）式右侧的正号。

它的能量。原子的极化通常用(感应的)电偶极算符 $\boldsymbol{d} = -q\sum_{i=1}^{N}\boldsymbol{r}_0$ 的期望值描述,其中原子的 N 个电子的位置坐标 $\boldsymbol{r}_i$ 取决于和微扰场有关的原子能态。与经典情况类似,偶极矩 $\boldsymbol{d}$ 可以看作是电子 $\boldsymbol{r}$ 算符表示的电荷之间的距离。为简单起见,我们假设电偶极子平行于线偏振电磁波 $\boldsymbol{E}(\boldsymbol{r}_0, t) = E_0 \hat{\boldsymbol{\varepsilon}} \cos(\omega t)$ 的电场方向 $\hat{\boldsymbol{\varepsilon}}$。应用偶极近似,即忽略穿过原子的电场的空间变化,可以将(5.27)式改写为

$$i\hbar \frac{\mathrm{d}c_1(t)}{\mathrm{d}t} = c_2(t) \left(\int \phi_1^*(\boldsymbol{r}) \boldsymbol{d} \cdot \boldsymbol{E} \phi_2(\boldsymbol{r}) \mathrm{d}^3 r \right) \mathrm{e}^{-\mathrm{i}\omega_0 t} \frac{1}{2} \left[\mathrm{e}^{\mathrm{i}\omega t} + \mathrm{e}^{-\mathrm{i}\omega t} \right]$$

$$\equiv c_2(t) \frac{\hbar \Omega_{\mathrm{R}}}{2} \left[\mathrm{e}^{\mathrm{i}(\omega - \omega_0)t} + \mathrm{e}^{-\mathrm{i}(\omega + \omega_0)t} \right] \tag{5.36}$$

其中,

$$\Omega_{\mathrm{R}} = \frac{e E_0}{\hbar} \int \phi_1^*(\boldsymbol{r}) \boldsymbol{r} \cdot \boldsymbol{\varepsilon} \phi_2(\boldsymbol{r}) \mathrm{d}^3 r \tag{5.37}$$

称为拉比频率。总是可以调整能态 ϕ_1 和 ϕ_2 的相对相位,以使矩阵元(5.29)式、(5.30)式及拉比频率为实数[136]。然后我们得到

$$i\hbar \frac{\mathrm{d}c_2(t)}{\mathrm{d}t} = c_1(t) \frac{\hbar \Omega_{\mathrm{R}}}{2} \left[\mathrm{e}^{-\mathrm{i}(\omega - \omega_0)t} + \mathrm{e}^{\mathrm{i}(\omega + \omega_0)t} \right] \tag{5.38}$$

在接近谐振频率($\omega \approx \omega_0$)时,与包含失谐量的项相比之下,(5.36)式和(5.38)式的方括号中的第二项以大约两倍于电磁场频率的频率快速振荡。失谐量为

$$\Delta\omega \equiv \omega - \omega_0 \tag{5.39}$$

可以看出,快速振荡只会引起很小的频移,我们称之为 Bloch-Siegert 频移[11,137,138]。因此,通常忽略以频率 $\omega + \omega_0$ 快速振荡的项,这称为旋波近似。根据 Vanier 和 Audoin 的论文[11],很容易发现,在(5.36)式的积分中如果时间短到足以将 $c_2(t)$ 视为常数,即 $c_2(t) \approx 1$,则该快速振荡项的影响可忽略不计。在这种情况下,$c_1(t)$ 是谐振因子为 $1/\Delta\omega$ 的项与 $1/(\omega + \omega_0)$ 的项之和,其中第一个远大于第二个。在"旋波近似"中,我们将(5.36)式和(5.38)式用以下的式子替换,即

$$\frac{\mathrm{d}c_1(t)}{\mathrm{d}t} = -\mathrm{i}c_2(t) \frac{\Omega_{\mathrm{R}}}{2} \mathrm{e}^{\mathrm{i}\Delta\omega t} \tag{5.40}$$

和

$$\frac{\mathrm{d}c_2(t)}{\mathrm{d}t} = -\mathrm{i}c_1(t)\frac{\Omega_\mathrm{R}}{2}\mathrm{e}^{-\mathrm{i}\Delta\omega t} \tag{5.41}$$

为了得到(5.40)式和(5.41)式的解,我们拟设

$$c_1(t) = \mathrm{e}^{\mathrm{i}\alpha t} \tag{5.42}$$

其中$\dfrac{\mathrm{d}c_1(t)}{\mathrm{d}t} = \mathrm{i}\alpha\exp(\mathrm{i}\alpha t)$,并将其代入(5.40)式,得到

$$c_2(t) = -\alpha\frac{2}{\Omega_\mathrm{R}}\mathrm{e}^{\mathrm{i}(\alpha-\Delta\omega)t} \tag{5.43}$$

将其代入(5.41)式,可得到二次方程$\alpha^2 - \alpha\Delta\omega - \dfrac{\Omega_\mathrm{R}^2}{4} = 0$的两个解,即

$$\alpha_{1,2} = \frac{\Delta\omega}{2} \pm \frac{1}{2}\sqrt{\Delta\omega^2 + \Omega_\mathrm{R}^2} \tag{5.44}$$

令

$$\Omega_\mathrm{R}' \equiv \sqrt{\Omega_\mathrm{R}^2 + \Delta\omega^2} \tag{5.45}$$

则方程(5.42)式和(5.43)式可以写成

$$c_1(t) = \mathrm{e}^{\mathrm{i}\frac{\Delta\omega t}{2}}\left[A\,\mathrm{e}^{\mathrm{i}\frac{\Omega_\mathrm{R}'t}{2}} + B\,\mathrm{e}^{-\mathrm{i}\frac{\Omega_\mathrm{R}'t}{2}}\right] \tag{5.46}$$

且

$$c_2(t) = \mathrm{e}^{-\mathrm{i}\frac{\Delta\omega t}{2}}\left[-A\frac{\Delta\omega+\Omega_\mathrm{R}'}{\Omega_\mathrm{R}}\mathrm{e}^{\mathrm{i}\frac{\Omega_\mathrm{R}'t}{2}} - B\frac{\Delta\omega-\Omega_\mathrm{R}'}{\Omega_\mathrm{R}}\mathrm{e}^{-\mathrm{i}\frac{\Omega_\mathrm{R}'t}{2}}\right] \tag{5.47}$$

考虑$1 = A + B$ 和 $A(\Delta\omega + \sqrt{\Delta\omega^2 + \Omega_\mathrm{R}^2}) = -B(\Delta\omega - \sqrt{\Delta\omega^2 + \Omega_\mathrm{R}^2})$,系数$A$ 和 B 可以根据初始条件$c_1(t=0) = 1$ 和 $c_2(t=0) = 0$ 来确定,或者

$$A = -\frac{\Delta\omega - \Omega_\mathrm{R}'}{2\Omega_\mathrm{R}'} \tag{5.48}$$

$$B = \frac{\Delta\omega + \Omega_\mathrm{R}'}{2\Omega_\mathrm{R}'} \tag{5.49}$$

将(5.48)式和(5.49)式代入(5.46)式和(5.47)式,最后得到

$$c_1(t) = \left[\cos\frac{\Omega_\mathrm{R}'t}{2} - \mathrm{i}\frac{\Delta\omega}{\Omega_\mathrm{R}'}\sin\frac{\Omega_\mathrm{R}'t}{2}\right]\exp\left[\mathrm{i}\frac{\Delta\omega}{2}t\right] \tag{5.50}$$

$$c_2(t) = -\mathrm{i}\frac{\Omega_\mathrm{R}}{\Omega_\mathrm{R}'}\sin\frac{\Omega_\mathrm{R}'t}{2}\exp\left[-\mathrm{i}\frac{\Delta\omega}{2}t\right] \tag{5.51}$$

二能级原子的任何一个能态的概率$|c_1(t)|^2$ 和 $|c_2(t)|^2$ 会以 Ω_R' 的频率进行振荡(见图 5.8),该振荡称为拉比振荡。其角频率由辐射频率与跃迁频率的

失谐量,以及(如(5.33)式~(5.35)式给出的)特定相互作用定义的拉比频率 Ω_R(见(5.37)式)确定。对于零失谐,可以发现激发态的布居数在某些时间段后将增加到 1。在相应的时间段 t 施加的辐射脉冲称为 π 脉冲,因为它使拉比振荡(见图 5.8 中的实线)的相位改变 π。通常,角度:

$$\theta_R = \Omega'_R t \tag{5.52}$$

称为拉比角。如图 5.8 所示,随着失谐量的增加,该振荡频率也随之增加。但与此同时,振荡幅度会减小。

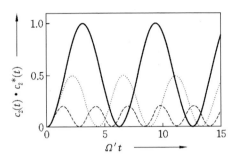

图 5.8 根据(5.51)式计算的两能级原子在 $\Delta\omega=0$(实线),$\Delta\omega=\Omega_R$(点虚线),$\Delta\omega=2\Omega_R$(短划线)时,处于激发态的概率 $|c_2(t)|^2$ 随时间的变化,它们均表现出拉比振荡的行为

5.3.2 光学布洛赫方程

用(5.2)式的薛定谔方程所描述的两能级系统在共振附近的演化[13]可以通过由 Feynman、Vernon 和 Hellwarth 给出的几何图像实现可视化[139]。为了避免与(5.24)式的约定相混淆,我们不遵循他们的表示法,而是把解写为

$$\psi(\boldsymbol{r},t) = C_1(t)\phi_1(\boldsymbol{r}) + C_2(t)\phi_2(\boldsymbol{r}) \tag{5.53}$$

然后,从(5.2)式出发,利用(5.25)式,类似于 5.3.1 节中那样推导,得到如下的运动方程:

$$\frac{\mathrm{d}C_1(t)}{\mathrm{d}t} = +\mathrm{i}\frac{\omega_0}{2}C_1(t) - \frac{\mathrm{i}}{\hbar}C_2(t)H_{12}(t) \tag{5.54}$$

$$\frac{\mathrm{d}C_2(t)}{\mathrm{d}t} = -\mathrm{i}\frac{\omega_0}{2}C_2(t) - \frac{\mathrm{i}}{\hbar}C_1(t)H_{21}(t) \tag{5.55}$$

同样地,方程 $H_{21} \equiv \int \phi_2^* \mathcal{H}_{\mathrm{int}} \phi_1 \mathrm{d}^3 r$、$H_{12} \equiv \int \phi_1^* \mathcal{H}_{\mathrm{int}} \phi_2 \mathrm{d}^3 r = H_{21}$ 和 $\hbar\omega_0 =$

---

[13]　等效地,可以使用海森堡绘景[138]。

$E_2 - E_1$ 均成立。将两能级系统的零能量点选择为 $(E_2 + E_1)/2$，从而导致 $E_2 = \hbar\omega_0/2$ 和 $E_1 = -\hbar\omega_0/2$。两种绘景之间的差别是:在相互作用绘景中，含时方程的系数为(5.27)式和(5.28)式的 $c_1(t)$ 和 $c_2(t)$，它们仅显示出随时间变化而发生的缓慢变化，这是由相互作用能量 $\mathcal{H}_{\mathrm{int}}$ 决定的;而在薛定谔绘景中，(5.54)式和(5.55)式的 $C_1(t)$ 和 $C_2(t)$ 更迅速地振荡，这是由总哈密顿量决定的。尽管如此，$C_1 C_1^* = c_1 c_1^*$ 和 $C_2 C_2^* = c_2 c_2^*$ 总是成立的。

Feynman 等人使用了三个和 $C_1(t)$ 和 $C_2(t)$ 有关的实函数:

$$R_1'(t) \equiv C_2(t)C_1^*(t) + C_2^*(t)C_1(t) \tag{5.56}$$

$$R_2'(t) \equiv \mathrm{i}[C_2(t)C_1^*(t) - C_2^*(t)C_1(t)] \tag{5.57}$$

$$R_3'(t) \equiv C_2(t)C_2^*(t) - C_1(t)C_1^*(t) \tag{5.58}$$

来定义矢量 $\boldsymbol{R}'(t) = (R_1'(t), R_2'(t), R_3'(t))$。$\boldsymbol{R}'(t)$ 通常被称为虚自旋矢量或赝自旋矢量，其名称将在下面解释。将(5.56)式到(5.58)式和(5.32)式画等号，可以证明

$$R_1'^2(t) + R_2'^2(t) + R_3'^2(t) = [C_2(t)C_2^*(t) + C_1(t)C_1^*(t)]^2 \tag{5.59}$$
$$= (|c_2(t)|^2 + |c_1(t)|^2)^2 = 1$$

这意味着矢量 $\boldsymbol{R}'(t)$ 的长度是恒定的，即 $\boldsymbol{R}'(t)$ 的尖端在称为"布洛赫球"的单位球面上画出一道轨迹。为了发现赝自旋矢量 $\boldsymbol{R}'(t)$ 的三个分量的重要性，我们通过从 $\mathrm{d}\boldsymbol{R}'(t)/\mathrm{d}t$ 导出的运动方程来确定赝自旋矢量的动力学。

作为示例，我们从(5.56)式计算矢量分量 $\mathrm{d}R_1'(t)/\mathrm{d}t$:

$$\frac{\mathrm{d}R_1'(t)}{\mathrm{d}t} = \frac{\mathrm{d}C_2(t)}{\mathrm{d}t}C_1^*(t) + C_2\frac{\mathrm{d}C_1^*(t)}{\mathrm{d}t} + \frac{\mathrm{d}C_2^*(t)}{\mathrm{d}t}C_1(t) + C_2^*(t)\frac{\mathrm{d}C_1(t)}{\mathrm{d}t} \tag{5.60}$$

并将(5.54)式和(5.55)式、以及(5.57)式和(5.58)式代入得到

$$\frac{\mathrm{d}R_1'(t)}{\mathrm{d}t} = \frac{1}{\mathrm{i}\hbar}\frac{\hbar\omega_0}{2}C_2 C_1^* + \frac{1}{\mathrm{i}\hbar}C_1 C_1^* H_{21} + \frac{1}{\mathrm{i}\hbar}\frac{\hbar\omega_0}{2}C_2 C_1^* - \frac{1}{\mathrm{i}\hbar}C_2 C_2^* H_{12}^*$$

$$- \frac{1}{\mathrm{i}\hbar}\frac{\hbar\omega_0}{2}C_2^* C_1 - \frac{1}{\mathrm{i}\hbar}C_1 C_1^* H_{21}^* - \frac{1}{\mathrm{i}\hbar}\frac{\hbar\omega_0}{2}C_2^* C_1 + \frac{1}{\mathrm{i}\hbar}C_2 C_2^* H_{12}$$

$$= \frac{2\omega_0}{2\mathrm{i}}(C_2 C_1^* - C_2^* C_1) + \frac{1}{\mathrm{i}\hbar}C_1 C_1^*(H_{21} - H_{21}^*) + \frac{1}{\mathrm{i}\hbar}C_2 C_2^*(H_{12} - H_{12}^*)$$

$$= -\omega_0 R_2'(t) - \frac{2}{\hbar}\mathrm{Im}(H_{21})R_3'(t) \tag{5.61}$$

类似地，我们得到了关于分量 $\dot{R}_2(t)$ 和 $\dot{R}_3(t)$ 的方程，并将以下的完备方程

组称为光学布洛赫（Bloch）方程组：

$$\frac{dR'_1(t)}{dt} = -\omega_0 R'_2(t) - \frac{2}{\hbar} \text{Im}(H_{21}) R'_3(t) \tag{5.62}$$

$$\frac{dR'_2(t)}{dt} = \omega_0 R'_1(t) - \frac{2}{\hbar} \text{Re}(H_{21}) R'_3(t) \tag{5.63}$$

$$\frac{dR'_3(t)}{dt} = \frac{2}{\hbar} \text{Re}(H_{21}) R'_2(t) + \frac{2}{\hbar} \text{Im}(H_{21}) R'_1(t) \tag{5.64}$$

这组方程可以写成更紧凑的形式，即

$$\frac{d\boldsymbol{R}'(t)}{dt} = \boldsymbol{\Omega}' \times \boldsymbol{R}'(t) \tag{5.65}$$

其中，$\boldsymbol{\Omega}'$ 表示具有三个实数分量[14]的"扭矩"矢量[15]：

$$\boldsymbol{\Omega}' \equiv \left(\frac{2}{\hbar} \text{Re}(H_{21}), -\frac{2}{\hbar} \text{Im}(H_{21}), \omega_0 \right) \tag{5.66}$$

方程（5.65）式与描述在扭矩作用下旋转陀螺（见图 5.9）的进动方程或具有磁矩的自旋 1/2 粒子在磁场中的进动方程很像，从而符合"赝自旋矢量"这个名称。光学布洛赫方程描述了辐射场与两能级系统的耦合。布洛赫矢量的 R'_1 和 R'_2 分量对应于原子极化的实部和虚部，而 R'_3 分量给出了在两能级系统中高能态 $\phi_2(|e\rangle, |1\rangle)$ 和低能态 $\phi_1(|g\rangle, |1\rangle)$ 的布居数的差，即表示两能级系统的粒子数反转。对处于基态（$|1\rangle$）或激发态（$|2\rangle$）的原子，$\boldsymbol{R}'$ 分别指向下方或上方。

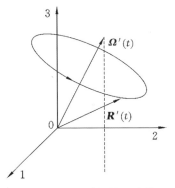

图 5.9　绕 $\boldsymbol{\Omega}'$ 矢量进动的赝自旋矢量 $\boldsymbol{R}'$

仅在 $\boldsymbol{R}'$ 绕着 $\boldsymbol{\Omega}'$ 所需的进动时间内 $\boldsymbol{\Omega}'$ 的变化非常缓慢的情况下，可以用 $\boldsymbol{R}'$ 绕着 $\boldsymbol{\Omega}'$ 进动的简单图像描述。这种情况成立的条件是近共振 $\omega \approx \omega_0$，并且 $\boldsymbol{\Omega}'(t)$ 具有这样的分量，其（相互作用算符的）含时变化的部分由电磁场的频率 ω 决定。例如，考虑一个 π 脉冲，假设相互作用在时间 τ 内是恒定的，则 $\Omega_R \tau = \pi$（见图 5.10）。在微波（光学）频标中，时间 τ 通常为微秒量级或更长，因此赝自

---

[14]　如果我们在（5.62）式～（5.64）式中选择了 H_{12} 而不是 H_{21}，则"转矩"矢量的第二个成分将为 $(2/\hbar) \text{Im}(H_{12})$。

[15]　不能将矢量 $\boldsymbol{\Omega}'$ 与拉比频率 Ω'_R 混淆。

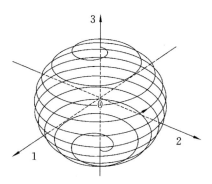

图 5.10 当一个共振 π 脉冲施加到在基态原子上时，$\boldsymbol{R}'$ 矢量在布洛赫球上的演化

旋矢量绕着布洛赫球螺旋运动至少成千（几十亿）次。因此，通常用新坐标 u, v, w 的参考系进行坐标变换，它的 w 坐标平行于坐标 3，以电磁波的频率 ω 围绕坐标 3 旋转[133,138-140]。在执行此变换之前，我们再次说明这里特指的相互作用为电偶极相互作用，其中 $\mathcal{H}_{12} = \mathcal{H}_{21}^* = -\boldsymbol{d} \cdot \boldsymbol{E}$（见 (5.33) 式），且偶极矩 $d_{12} = d_r + i d_i$ 通常是一个复数矢量。与之前的做法相同，可以调整能态的相位 ψ_1 和 ψ_2，使 $d_i = 0$。因此，我们可以将 (5.62) 式～(5.64) 式写为

$$\frac{\mathrm{d}R_1'(t)}{\mathrm{d}t} = -\omega_0 R_2'(t) \tag{5.67}$$

$$\frac{\mathrm{d}R_2'(t)}{\mathrm{d}t} = +\omega_0 R_1'(t) + \frac{2d_r}{\hbar} E_0 \cos\omega t R_3'(t) \tag{5.68}$$

$$\frac{\mathrm{d}R_3'(t)}{\mathrm{d}t} = -\frac{2d_r}{\hbar} E_0 \cos\omega t R_2'(t) \tag{5.69}$$

现在我们通过坐标变换将其转换到旋转坐标系：

$$R_1'(t) = u\cos\omega t - v\sin\omega t \tag{5.70}$$

$$R_2'(t) = u\sin\omega t + v\cos\omega t \tag{5.71}$$

$$R_3'(t) = w \tag{5.72}$$

将 (5.71) 式代入 (5.67) 式，并使结果与 (5.70) 式的导数相等，可得

$$\dot{u}\cos\omega t - \dot{v}\sin\omega t = (\omega - \omega_0)u\sin\omega t + (\omega - \omega_0)v\cos\omega t \tag{5.73}$$

$$\dot{u}\sin\omega t + \dot{v}\cos\omega t = -(\omega - \omega_0)u\cos\omega t + (\omega - \omega_0)v\sin\omega t + \frac{2d_r}{\hbar} E_0 w\cos\omega t \tag{5.74}$$

$$\dot{w} = -\frac{2d_r}{\hbar} E_0 u\cos\omega t \sin\omega t - \frac{2d_r}{\hbar} E_0 v\cos^2\omega t \tag{5.75}$$

选取适当的 $\cos\omega t$ 和 $\sin\omega t$，分别与 (5.73) 式和 (5.74) 式相乘，并对两个乘积后的式子求和或求差，可以得到旋转坐标系中的光学布洛赫方程：

$$\dot{u} = (\omega - \omega_0)v + \frac{d_r}{\hbar} E_0 w\sin 2\omega t \tag{5.76}$$

$$\dot{v} = -(\omega - \omega_0)u + \frac{d_r}{\hbar}E_0(1 + \cos 2\omega t)w \tag{5.77}$$

$$\dot{w} = -\frac{d_r}{\hbar}E_0 u \sin 2\omega t - \frac{d_r}{\hbar}E_0(1 + \cos 2\omega t)v \tag{5.78}$$

因此,坐标变换到旋转坐标系后,将得到以失谐量$(\omega - \omega_0)t$ 缓慢变化的项,以及以 $2\omega t$ 振荡的快速振荡的项。在微波频标和光频标中,脉冲持续时间 τ 相比 $1/\omega$ 大很多,这些项通常只产生很小的影响(所谓的 Bloch-Siegert 频移[11,137,138])。应用旋波近似,即忽略以 $2\omega t$ 振荡的项,并使用拉比频率 Ω_R(见(5.37)式),我们可以得到旋转参考系和旋波近似下的光学布洛赫方程,如下所示:

$$\dot{u} = (\omega - \omega_0)v \tag{5.79}$$

$$\dot{v} = -(\omega - \omega_0)u + \Omega_R w \tag{5.80}$$

$$\dot{w} = -\Omega_R v \tag{5.81}$$

转换到旋转参考系下,矢量的长度又成为常数,且赝自旋矢量 $\boldsymbol{R} = (u, v, w)$ 再次在布洛赫球面上划出一条轨道。与以前类似(见(5.65)式),这些方程式可以写成一个单独的矢量方程:

$$\frac{\mathrm{d}\boldsymbol{R}(t)}{\mathrm{d}t} = \boldsymbol{\Omega} \times \boldsymbol{R}(t) \tag{5.82}$$

其中"扭矩"矢量为

$$\boldsymbol{\Omega} = (-\Omega_R, 0, \omega_0 - \omega) \tag{5.83}$$

这里,$\boldsymbol{\Omega}$ 的第三分量现在是负失谐 $-(\omega - \omega_0)$。

在布洛赫球上的赝自旋矢量的图像在脉冲激发的情况下特别有用,例如 Ramsey 技术(见第 6.6 节),它将在下一章中更详细地使用。我们在图 5.11 中考虑了两种特殊情况,它们代表了此类序列的"构件"。

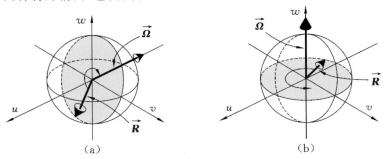

图 5.11　(a)对于零失谐,赝自旋矢量在 v—w 平面中进动;(b)赝自旋矢量的演化表示两能级系统的纯相干性

作为第一种情况（见图 5.11(a)），考虑与原子跃迁频率一致的单色场的相互作用。当失谐量为零时，"转矩矢量"Ω 指向$-u$ 轴（见(5.83)式），且赝自旋矢量 $\boldsymbol{R}$ 绕该轴进动。通常使用(5.79)式至(5.81)式来得到赝自旋矢量的演化。由于开始时两能级系统处于基态，因此赝自旋矢量指向布洛赫球的南极，其中 $u=v=0$ 且 $w=-1$。因此，$\dot{u}=0$（见(5.79)式），$\dot{w}=0$（见(5.81)式），$\dot{v}=-\Omega_{R}$（见(5.80)式），对应赝自旋矢量获得了$-v$ 的分量。只要保持相互作用，赝自旋矢量沿着它在布洛赫球面上的路径一次又一次地经过北极，然后又经过南极。由于 $\boldsymbol{R}$ 的第三部分代表了两能级系统的粒子数反转，这里我们恢复了图 5.8 中的共振拉比振荡。

接下来，我们考虑仅具有 w 分量的"扭矩矢量"的情况（见图 5.11(b)），即失谐量 $\omega-\omega_{0}\neq0$，但没有外场（$\Omega_{1}=0$）的情况。它可以看作当原子与失谐场在无限短的相互作用时间内发生了 $\pi/2$ 脉冲之后的情况。现在，布洛赫矢量在 $u-v$ 平面中进动，并且其第三分量不会随时间变化。正失谐还是负失谐定义了赝自旋矢量是顺时针还是逆时针进行旋转。

在更一般的具有 u 和 w 分量的"扭矩矢量"的情况下，即在两能级系统与失谐的辐射场经过一定的相互作用后，布洛赫矢量得到非零的 u 分量。结果是，布洛赫矢量再也无法抵达布洛赫球的北极，因此具有有限失谐的拉比振荡永远不会导致完全的粒子数反转（见图 5.8）。

到目前为止，我们已经通过一个态矢量或一个波函数(5.24)式描述了单个的两能级原子，它们包含了系统的所有可能信息。然而，如果必须考虑（由从上能级到下能级的衰变率 γ 描述的）自发衰变，这些信息通常不再实用。在这种情况下，人们不知道系统的状态，而是知道在系统处于特定状态的概率，该系统由密度算符描述。密度算符定义为投影到可能的态矢量 $|\psi_{i}\rangle$ 的总和，每个态矢量均由经典概率 P_{i} 给出合理的权重：

$$\rho \equiv \sum P_{i} \mid \psi_{i}\rangle\langle\psi_{i} \mid \tag{5.84}$$

（参见文献[133,135]）。对于一个两能级系统，其系统的状态由 $|\psi\rangle=C_{1}|1\rangle+C_{2}|2\rangle$ 给出，则密度算符：

$$\rho = \begin{pmatrix} C_{1}C_{1}^{*} & C_{1}C_{2}^{*} \\ C_{2}C_{1}^{*} & C_{2}C_{2}^{*} \end{pmatrix} = \begin{pmatrix} \rho_{11} & \rho_{12} \\ \rho_{21} & \rho_{22} \end{pmatrix} \tag{5.85}$$

的矩阵元为可以写成 $\rho_{ij}=\langle j|\rho|i\rangle$，并且有

$$\rho_{11} = C_1 C_1^*$$

$$\rho_{22} = C_2 C_2^*$$

$$\rho_{12} = C_1 C_2^* = \rho_{21}^*$$

其中，ρ_{11} 为下能级的布居数，ρ_{22} 为上能级的布居数，ρ_{12} 称为相干项。

密度矩阵的对角元表示原子态的布居数。与布洛赫矢量的 R_1 和 R_2 分量相似，非对角元表示感应的极化，即对应吸收和色散。由自发辐射、碰撞和其他衰变机制导致的弛豫项唯像地用衰变率 γ 包括进来。一个复数的非对角元描述了两个状态的相干叠加，因此称为相干项。

可以使用密度矩阵元 ρ 构造布洛赫球上的赝自旋矢量，它和 (5.56) 式～ (5.58) 式的构造方式等价[133]。

5.3.3 三能级系统

到目前为止，使用简单的两能级图像能够用量子力学系统描述与光子的吸收和发射有关的大量效应，从而描述频标的物理学。但是，还有许多效应，诸如光抽运[141]、暗态的存在或相干布居囚禁[142]等，是基于辐射场与具有两个以上能级的吸收体之间的相互作用。其中的大多数效应可以简化到三能级系统中进行观察（见图 5.12）。

5.3.3.1 光抽运

光抽运现象首先由 Kastler[141] 提出，它可以发生在多能级体系中。考虑一个由图 5.12(a) 简化的能级结构描述的原子系综，如果原子被激发到 $|3\rangle$ 态，则有两个跃迁都允许发生，它们分别辐射能量 $\hbar\omega_{13}$ 和 $\hbar\omega_{23}$，衰变到 $|1\rangle$ 态和 $|2\rangle$ 态。如果将单色光调谐到跃迁 $\hbar\omega_{23}$，则自发衰变到 $|2\rangle$ 态的原子将被重新激发，而处于 $|1\rangle$ 态的原子不受影响。经过多个激发-发射的循环后，实际上所有原子都处于 $|1\rangle$ 态。对于频标，光抽运过程在某些方面很重要。第一，它用于将多能级原子制备到确定的状态，例如在光抽运的 Cs 钟里，其 $F=4$ 到 $F'=3$ 的跃迁（$\lambda=852$ nm）（见图 7.8）可用于重新分配基态的原子布居。第二，光抽运可以终止激光冷却过程，例如，在碱土金属原子中，它的作用必须由再抽运原子的附加激光来抵消。

5.3.3.2 相干布居囚禁

当两个相干（激光）场与三能级系统相互作用时，可以观察到非常独特的现象。对应在图 5.12(a) 的 Λ 系统中，两个光场的角频率 ω_{L1} 和 ω_{L2} 接近双光

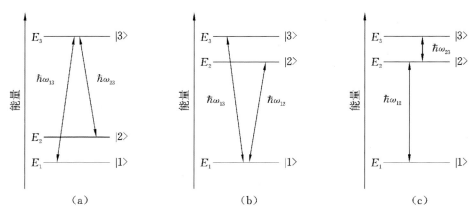

图 5.12 三能级系统((a)Λ 结构;(b)V 结构;(c)级联结构)

子拉曼共振条件:

$$\hbar\omega_{13} - \hbar\omega_{23} = E_2 - E_1 \tag{5.86}$$

其失谐量:

$$\delta\omega_{L1} = \omega_{L1} - \omega_{13} \tag{5.87}$$

$$\delta\omega_{L2} = \omega_{L2} - \omega_{23} \tag{5.88}$$

不为零。此时发生的现象称为相干布居囚禁(CPT)或暗共振。这个现象可以通过由三能级系统的密度矩阵元形成的光学布洛赫方程组[142-144],并考虑静态解 $\dot{\rho} = 0$ 来计算得到。例如,考虑三个密度矩阵元 ρ_{11}、ρ_{22} 和 ρ_{33}(见图 5.13),它们分别代表了图 5.12(a)的三个能态 |1⟩、|2⟩ 和 |3⟩ 的布居数。当远离双光子共振,处于激发态 |3⟩ 的布居数 ρ_{33} 和激光频率的失谐量的关系为洛伦兹线型。但在靠近共振的狭窄区域,当两个激光器都调谐到共振时,布居数会减少并完全为零。结果,由于这种相干效应,原子的布居数被囚禁在两个较低的能态,因此被称为"相干布居囚禁"(CPT)。在光学布洛赫方程中,与 |1⟩→|3⟩ 和 |2⟩→|3⟩ 的跃迁相关的两个偶极子与密度矩阵的非对角元耦合。可以证明文献[142],在严格共振时,两个偶极子的相干叠加会导致对到 |3⟩ 态的跃迁相干相消。由于共振时处于 |3⟩ 态的布居为零,荧光也被抑制了,由此产生了"暗共振"这一术语。远离共振时,|1⟩ 态和 |2⟩ 态的布居分布是由光抽运效应决定的,因此和各个激光驱动的跃迁的有效拉比频率有关(见图 5.13)。|1⟩ 态和 |2⟩ 态的稳态布居取决于相应的拉比频率 $\Omega_{R13}/\Omega_{R23}$ 之比以及衰变率 Γ_{13} 和 γ_{23} 之比。如果在图 5.13 中,第一个激光也是失谐的($\delta\omega_{L1} \neq 0$),则暗共振的偏移

量由双光子拉曼共振条件给出。

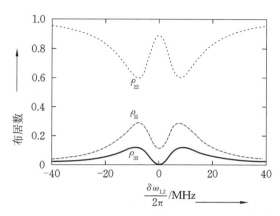

图 5.13 描述了图 5.12(a)中的封闭三能级 Λ 系统的稳态布居的密度矩阵对角元,它是第二个激光的失谐量 $\delta\omega_{L2}$ 的函数,并且第一个激光保持共振($\delta\omega_{L1} = 0$)(所用的跃迁速率和拉比频率为 $\Gamma_{13} = \Omega_{R13} = 2\pi \times 15$ MHz,$\Gamma_{23} = \Omega_{R23} = 2\pi \times 5$ MHz,以及 $\Gamma_{23} = 0$(类似于文献[145]))

暗共振和相干布居囚禁在频标中的应用越来越广泛,因为它们允许人们在紧凑型设备中使用非常小的线宽(见第 8.2 节)。暗共振的宽度最终受到两个最低能态$|1\rangle$和$|2\rangle$之间的相干寿命的限制。如果这些能态是由铯原子或铷原子之类的碱金属原子的基态超细分裂引起的,则这些能态将由弱磁偶极跃迁耦合,其将具有非常长的自发辐射寿命。因此,观察到的线宽主要取决于激光场的相位稳定度和其他实验参数。

5.4 谱线的频移和展宽

上面考虑的这些原子、离子或分子的跃迁广泛用于外部振荡器的频率稳定。任何以非可控的方式对跃迁频率产生移动的效应都可能限制这类频标的性能。因此,为了设计并以最佳性能运行这些频标,我们要理解这些频移的起因、大小和性质,以便能减少和控制它们。从这个意义上讲,所有特定种类的微观量子系统能以相同的方式运行,但只有当我们为它们创造相同条件时才成立。如果在相互作用期间对一个量子系统的某种扰动不稳定,或相互作用包括许多不同扰动的系统,则跃迁谱线的频移会立即导致谱线变宽。如果是与一个粒子系综发生相互作用,则对两个不同类别的谱线展宽进行分辨会很有用。如果所有粒子均显示相同的独立展宽谱线,则称为均匀展宽。另外,如果被探询的系综中的不同粒子感受到的跃迁频率的扰动不同,则称为非均匀展宽。

5.4.1 相互作用时间展宽

第 2.1.2.3 节中考虑的激发态有限寿命导致的自然线宽代表了均匀展宽的一个例子,因为它对所有原子是普适的。类似地,探询场对吸收体的有限相互作用时间导致频域上对应谱线的有限均匀宽度。下面我们考虑两种特殊情况,即突然或平稳地打开和关闭相互作用,并计算相应的频谱。

如果在有限的时间 τ_p 内打开电磁场与原子的相互作用,则电磁场的谱线可以描述为

$$f(t) = \begin{cases} A_0 \cos\omega_0 t, & -\tau_p/2 < t < \tau_p/2; \\ 0, & \text{其他} \end{cases}$$

按照(2.19)式进行 $f(t)$ 的傅里叶逆变换,计算得到频域频谱:

$$F(\omega) = \frac{A_0}{2} \int_{-\infty}^{+\infty} \{\exp(i\omega_0 t) + \exp(-i\omega_0 t)\} \exp(-i\omega t) dt$$

$$= \frac{A_0}{2} \int_{-\tau_p/2}^{\tau_p/2} \exp[i(\omega_0 - \omega)t] dt + \frac{A_0}{2} \int_{-\tau_p/2}^{\tau_p/2} \exp[-i(\omega_0 + \omega)t] dt$$

$$(5.89)$$

将复指数写为余弦和正弦项,我们得到

$$F(\omega) = \frac{A_0}{2} \int_{-\tau_p/2}^{\tau_p/2} \cos[(\omega - \omega_0)t] dt + \frac{A_0}{2} \int_{-\tau_p/2}^{\tau_p/2} \cos[(\omega + \omega_0)t] dt \quad (5.90)$$

其中奇(正弦)函数的积分为零。在(5.90)式中 $F(\omega) \equiv F_+(\omega - \omega_0) + F_-(\omega + \omega_0)$ 的两个项中,第二个 $F_-(\omega + \omega_0)$ 项考虑了负的"镜像频率"。对第一个积分的评估得到

$$F_+(\omega - \omega_0) = \frac{A_0}{2} \frac{1}{\omega - \omega_0} \left[\sin \frac{(\omega - \omega_0)\tau_p}{2} - \sin \frac{-(\omega - \omega_0)\tau_p}{2} \right]$$

$$= \frac{A_0 \tau_p}{2} \frac{\sin[(\omega - \omega_0)\tau_p/2]}{(\omega - \omega_0)\tau_p/2} \tag{5.91}$$

功率谱[16]$|F_+(\omega - \omega_0)|^2$(见图5.14)显示了除位于 ω_0 的主峰之外的旁瓣。这些旁瓣是由相互作用打开和关闭时的陡峭斜率以及再现这些陡峭斜率所必

---

[16] 注意,总功率由 $|F_+(\omega - \omega_0) + F_-(\omega + \omega_0)|^2$ 给出。

需的相应高频的傅里叶分量产生的。为了确定图 5.14 主峰的半高全宽 $\Delta\omega_\mathrm{p}$，我们令

$$\frac{1}{2} = \frac{\sin^2\left[(\omega_{1/2} - \omega_0)\tau_\mathrm{p}/2\right]}{\left[(\omega_{1/2} - \omega_0)\tau_\mathrm{p}/2\right]^2} \tag{5.92}$$

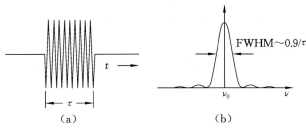

图 5.14 （a）有限长度 τ 的方波脉冲；（b）相应的功率谱

求解该方程等效于求解 $1/\sqrt{2}\,x = \sin x$，其解为 $x \equiv (\omega_{1/2} - \omega_0)\tau_\mathrm{p}/2 = 1.3916$。从脉冲的半高全宽 $\Delta\omega_\mathrm{p} = 2(\omega_{1/2} - \omega_0) = 4 \times 1.3916/\tau_\mathrm{p}$，得到 $\Delta\nu_\mathrm{p} \times \tau_\mathrm{p} = 0.8859$。这是时间-带宽乘积的一种特殊情况，它使脉冲的时间宽度 τ_p[⑰] 与相应的功率谱 $F(\nu)$ 的宽度 $\Delta\nu_\mathrm{p}$ 相关。

通常，相互作用是平稳地"打开和关闭"的。例如，当移动的原子穿过具有高斯分布的激光束时，就会发生这种情况。在这种情况下，脉冲可以用下面的形式来描述，即

$$f(t) = A_0 \exp\left(-\frac{t^2}{2\sigma^2}\right)\cos\omega_0 t \tag{5.93}$$

其中，A_0 表示 $t = 0$ 时的振幅（见图 5.15（a））。由傅里叶逆变换得到频域频谱为

$$|F(\omega)| = \frac{A_0}{2}\int_{-\infty}^{+\infty}\exp\left(\frac{-t^2}{2\sigma^2}\right)\left[\exp(\mathrm{i}\omega_0 t) + \exp(-\mathrm{i}\omega_0 t)\right]\exp(-\mathrm{i}\omega t)\,\mathrm{d}t$$

$$= \frac{A_0}{2}\int_{-\infty}^{+\infty}\exp\left(\frac{-t^2}{2\sigma^2}\right)\exp[\mathrm{i}(\omega_0 - \omega)t]\,\mathrm{d}t$$

$$+ \frac{A_0}{2}\int_{-\infty}^{+\infty}\exp\left(\frac{-t^2}{2\sigma^2}\right)\exp[-\mathrm{i}(\omega_0 + \omega)t]\,\mathrm{d}t \tag{5.94}$$

为了评估（5.94）式 $F(\omega) \equiv F_+(\omega - \omega_0) + F_-(\omega + \omega_0)$ 的左侧项，我们将

---

⑰　通常，对于短激光脉冲，时间带宽乘积是根据场振幅的平方而不是振幅本身给出的。

指数中含 t 的项写为完全平方的形式:

$$F_+(\omega) = \frac{A_0}{2}\int_{-\infty}^{+\infty}\exp\left\{-\left[\frac{t^2}{2\sigma^2}-\mathrm{i}(\omega_0-\omega)t\right]\right\}\mathrm{d}t$$

$$= \frac{A_0}{2}\int_{-\infty}^{+\infty}\exp\left[-\left(\frac{t}{\sqrt{2}\sigma}-\mathrm{i}\frac{(\omega_0-\omega)\sqrt{2}\sigma}{2}\right)^2-\frac{(\omega_0-\omega)^2\sigma^2}{2}\right]\mathrm{d}t$$

$$= \frac{A_0}{2}\exp\left[-\frac{(\omega_0-\omega)^2\sigma^2}{2}\right]\int_{-\infty}^{+\infty}\exp\left[-\left(\frac{t}{\sqrt{2}\sigma}-\mathrm{i}\frac{(\omega_0-\omega)\sigma}{\sqrt{2}}\right)^2\right]\mathrm{d}t$$

$$(5.95)$$

令 $\dfrac{t}{\sqrt{2}\sigma}-\mathrm{i}\dfrac{(\omega_0-\omega)\sigma}{\sqrt{2}}\equiv\beta$,通过简化后查表可得到定积分的值:

$$\int_{-\infty}^{+\infty}\exp\left[-\left(\frac{t}{\sqrt{2}\sigma}-\mathrm{i}\frac{(\omega_0-\omega)\sigma}{\sqrt{2}}\right)^2\right]\mathrm{d}t \equiv \sqrt{2}\sigma\int_{-\infty}^{+\infty}\exp(-\beta^2)\mathrm{d}\beta = \sqrt{2}\sigma\sqrt{\pi}$$

$$(5.96)$$

因此,高斯型(5.93)式的傅里叶变换为

$$F_+(\omega) = \frac{A_0\sqrt{2\pi}\sigma}{2}\exp\left[-\frac{(\omega_0-\omega)^2\sigma^2}{2}\right] \tag{5.97}$$

它仍然是高斯函数,宽度为 $\sigma'=1/\sigma$(见图 5.15)。两个脉冲的幅度平方的 $(1/e)$ 宽度(在时域和频域中)与各自的半宽度相差一个系数 $2\sqrt{\ln2}$。因此,相应的时间-带宽积由 $4\ln2/2\pi\times\Delta\nu_\mathrm{p}\times\tau_\mathrm{p}=0.4413$ 给出。最常见脉冲的时间-带宽积(见表 5.5)为"1"的数量级,因此,它满足以下的公式

$$\Delta\nu_\mathrm{p}\times\tau_\mathrm{p}\lesssim1 \tag{5.98}$$

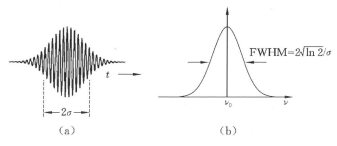

图 5.15 (a)长度为 σ 的高斯脉冲;(b)相应的功率谱

表 5.5   不同脉冲形状的时间-带宽积

波形	$I(t)$	$\Delta\nu_p \times \tau_p$
方波脉冲	$\begin{cases} 1, & \|t\| \leqslant \tau_p/2 \\ 0, & \|t\| > \tau_p/2 \end{cases}$	0.8859
高斯型	$e^{-(4\ln2)t^2/\tau_p^2}$	0.4413
正割双曲线	$\mathrm{sech}^2\left(1.7627\dfrac{t}{\tau_p}\right)$	0.3148
洛仑兹线型	$\dfrac{1}{1+\left(\dfrac{2t}{\tau_p}\right)^2}$	0.2206

其中，τ_p：$[f(t)]^2$ 的脉冲长度（FWHM）；$\Delta\nu_p$：$[\mathcal{F}(f(t))]^2$ 的带宽（FWHM）。

5.4.2　多普勒效应和反冲效应

与单独的、理想隔离的静止两能级系统相反，在与辐射场相互作用的过程中，真实的量子系统是运动的，例如一个原子钟中的铯原子或一个吸收池中的用于激光稳频的碘分子。因为运动的原因，被吸收或发射的光子的角频率 ω 和无干扰的吸收体的玻尔角频率 $\omega_0 = (E_0 - E_1)/\hbar$ 有一定的差异。我们来计算该频率差，假设在吸收或发射光子过程中系统的能量和动量守恒。能量守恒要求

$$\frac{p_1^2}{2m} + E_1 + \hbar\omega = \frac{p_2^2}{2m} + E_2 \tag{5.99}$$

而对于一个光子的吸收和发射，动量守恒要求

$$\boldsymbol{p}_1 + \hbar\boldsymbol{k} = \boldsymbol{p}_2 \tag{5.100}$$

由于 $\hbar\omega$ 和 $\hbar\boldsymbol{k}$ 分别是光子的能量和动量，该光子的波数为 $k = \omega/c$，它被能量为 E_1 和 E_2 且 $E_2 > E_1$ 的两能级量子系统吸收或发射。两能级系统的跃迁对应的动量为 $\boldsymbol{p}_1$ 和 $\boldsymbol{p}_2$。重新排列（5.99）式，并将（5.100）式代入（5.99）式，得到

$$\begin{aligned} \hbar\omega &= E_2 - E_1 + \frac{p_2^2}{2m} - \frac{p_1^2}{2m} \\ &= E_2 - E_1 + \frac{p_1^2}{2m} + \frac{\boldsymbol{p}_1 \cdot \hbar\boldsymbol{k}}{m} + \frac{\hbar^2 k^2}{2m} - \frac{p_1^2}{2m} \quad （吸收） \\ &= \hbar\omega_0 + \boldsymbol{v}_1 \cdot \hbar\boldsymbol{k} + \frac{\hbar^2 k^2}{2m} \end{aligned} \tag{5.101}$$

被吸收的光子能量 $\hbar\omega$ 与玻尔能量 $\hbar\omega_0$ 相差 $\boldsymbol{v}_1 \cdot \hbar\boldsymbol{k}$ 和 $\dfrac{\hbar^2 k^2}{2m} = \dfrac{(\hbar\omega)^2}{2mc^2}$。其

中,第一项随吸收体的速度线性变化,被称为(线性)多普勒效应。第二项是由光子动量转移到原子而引起的吸收体的反冲导致的(见(5.100)式)。

考虑发射光子的情况,原子最初处于动量为 $\boldsymbol{p}_2$ 的 $|2\rangle$ 态。这样,我们用类似的方法得出

$$\hbar\omega = \hbar\omega_0 + \boldsymbol{v}_2 \cdot \hbar\boldsymbol{k} - \frac{\hbar^2 k^2}{2m} \quad (\text{发射}) \tag{5.102}$$

其中,反冲项改变了符号。从(5.101)式和(5.102)式中可以发现,最初处于静止状态($v_1 = 0$)的原子吸收的光子与最初处于静止状态($v_2 = 0$)的原子发射的光子之间的能量差为

$$\hbar\Delta\omega = \frac{(\hbar\omega)^2}{mc^2} \tag{5.103}$$

由于反冲项取决于 ω^2,因此在微波频标中通常可以忽略其影响,但在光频域,它变得非常重要,其幅度大约提高了十个数量级。

在下文中,我们使用相对论关系 $E = \sqrt{p^2 c^2 + m_0^2 c^4}$,而不是自由粒子的能量和动量之间的经典关系 $E = p^2/(2m)$,并且我们将发现(5.101)式和(5.102)式中存在附加项,就像在(5.108)式中看到的一样。相对论的能量守恒定律要求:

$$\hbar\omega = \sqrt{p_2^2 c^2 + (m_0 c^2 + \hbar\omega_0)^2} - \sqrt{p_1^2 c^2 + m_0^2 c^4} \tag{5.104}$$

$$= (m_0 c^2 + \hbar\omega_0)\sqrt{1 + \frac{p_2^2 c^2}{(m_0 c^2 + \hbar\omega_0)^2}} - m_0 c^2 \sqrt{1 + \frac{p_1^2 c^2}{m_0^2 c^4}}$$

展开平方根并忽略所有高阶的 v/c 平方的幂次项,我们得到

$$\hbar\omega = (m_0 c^2 + \hbar\omega_0)\left(1 + \frac{1}{2}\frac{p_2^2 c^2}{(m_0 c^2 + \hbar\omega_0)^2} - \cdots\right) - m_0 c^2\left(1 + \frac{1}{2}\frac{p_1^2 c^2}{m_0^2 c^4} - \cdots\right)$$

$$\approx m_0 c^2 + \hbar\omega_0 + \frac{p_2^2 c^2}{2(m_0 c^2 + \hbar\omega_0)} - m_0 c^2 - \frac{p_1^2 c^2}{2m_0 c^2}$$

$$= \hbar\omega_0 + \frac{p_2^2 c^2}{2m_0 c^2\left(1 + \frac{\hbar\omega_0}{m_0 c^2}\right)} - \frac{p_1^2 c^2}{2m_0 c^2} \tag{5.105}$$

将分母中的括号项展开为

$$\hbar\omega = \hbar\omega_0 + \frac{p_2^2 c^2}{2m_0 c^2}\left(1 - \frac{\hbar\omega_0}{m_0 c^2} + \cdots\right) - \frac{p_1^2 c^2}{2m_0 c^2} \tag{5.106}$$

$$\approx \hbar\omega_0 + \frac{p_2^2 c^2}{2m_0 c^2} - \frac{\hbar\omega_0 p_2^2 c^2}{2m_0^2 c^4} - \frac{p_1^2 c^2}{2m_0 c^2}$$

考虑吸收一个光子的情况,我们使用动量守恒定律:

$$p_2^2 = p_1^2 + \boldsymbol{p}_1 \cdot \hbar \boldsymbol{k} + \hbar^2 k^2 \tag{5.107}$$

将其插入(5.106)式,得到

$$\hbar\omega = \hbar\omega_0 + \hbar\boldsymbol{v}_1 \cdot \boldsymbol{k} + \frac{(\hbar\omega)^2}{2m_0c^2} - \hbar\omega_0\frac{v_1^2}{2c^2} + \cdots \quad (\text{吸收}) \tag{5.108}$$

与(5.101)式中一样,前三项是玻尔频率 $\hbar\omega_0$、线性多普勒频移和反冲频移。第四项有时称为二阶多普勒频移,因为它和 v^2/c^2 有关。由于在外部观察者看来,运动的参考系中的时间变慢,因此所产生的偏移通常被称为"时间膨胀频移"。在发射一个光子的情况下,得到

$$\hbar\omega = \hbar\omega_0 + \hbar\boldsymbol{v}_2 \cdot \boldsymbol{k} - \frac{(\hbar\omega)^2}{2m_0c^2} - \hbar\omega_0\frac{v_2^2}{2c^2} + \cdots \quad (\text{发射}) \tag{5.109}$$

修正项考虑了玻尔能量 $\hbar\omega_0 = E_2 - E_1$ 与粒子吸收(或发射)的能量之间的能量差,即一阶多普勒频移,二阶多普勒频移和反冲频移,它是由如下的事实导致的:光子的能量-动量是线性的,与之相对,有静止质量的粒子的能量-动量关系则是非线性的(见图 5.16)。

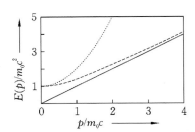

图 5.16 反冲效应以及一阶和高阶多普勒效应是由光子的能量动量关系($E = pc$,实线)与静止质量为 m_0 的粒子、经典能量的粒子($E = m_0c^2 + p^2/(2m_0)$,点线)或相对论能量的粒子($\sqrt{p^2c^2 + m_0^2c^4}$,虚线)的差异导致的

5.4.2.1　一阶多普勒频移和展宽

考虑一个吸收体在电磁波的场中以速度 v 移动,该电磁波为一个平面波,其波矢为 $\boldsymbol{k}$,$|\boldsymbol{k}| = 2\pi/\lambda = 2\pi\nu/c$,频率 ν_0 对应于静止原子的跃迁频率。根据(5.108)式,吸收体在其参考系中感受到的频率 ν 为

$$\nu = \nu_0 + \frac{\boldsymbol{k} \cdot \boldsymbol{v}}{2\pi} - \frac{v^2}{2c^2}\nu_0 \tag{5.110}$$

它与跃迁频率的差为一阶多普勒频移和二阶多普勒频移。我们首先来看一阶多普勒频移:

$$\nu-\nu_0=\frac{\boldsymbol{k}\cdot\boldsymbol{v}}{2\pi}=\frac{|\boldsymbol{v}|}{\lambda}\cos\alpha=\nu\,\frac{|\boldsymbol{v}|}{c}\cos\alpha \tag{5.111}$$

它与 $\boldsymbol{k}$ 与 $\boldsymbol{v}$ 之间的夹角 α 有关。考虑一个量子吸收体的系综,例如在吸收池中的原子。我们假设在温度为 T 的热库中达到热平衡的原子速度是各向同性分布的。对于指定的 v_z 方向,在速度区间 v 和 $v_z+\mathrm{d}v_z$ 内找到一个原子的概率由麦克斯韦分布(见图5.17)来描述,即

$$p(v_z)\mathrm{d}v_z=\frac{1}{\sqrt{\pi}u}\exp\left[-\left(\frac{v_z}{u}\right)^2\right]\mathrm{d}v_z \tag{5.112}$$

可从中得到最可几速度 u:

$$\frac{mu^2}{2}=k_\mathrm{B}T \quad 或 \quad u=\sqrt{\frac{2k_\mathrm{B}T}{m}} \tag{5.113}$$

其中,$k_\mathrm{B}=1.38\times10^{-23}\,\mathrm{Ws/K}$ 是玻耳兹曼常数。(5.111)式的结果是,每个原子都会感受到一个和它的速度有关的(线性)多普勒频移。

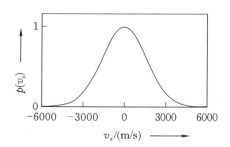

图 5.17 $T=300\,\mathrm{K}$ 时氢原子的麦克斯韦速度分布(见(5.112)式)

很容易计算一阶多普勒效应对原子的吸收谱线线型的影响,其中原子遵循麦克斯韦速度分布,只要将(5.111)式中的 $v_z=(\nu-\nu_0)\lambda=c(\nu-\nu_0)/\nu_0$ 代入(5.112)式就可以得到

$$p\left(\frac{c(\nu-\nu_0)}{\nu_0}\right)\propto\exp\left[-\frac{mc^2}{2k_\mathrm{B}T}\left(\frac{\nu-\nu_0}{\nu_0}\right)^2\right] \tag{5.114}$$

因此,由于一阶多普勒效应,跃迁谱线按照(5.114)式展宽,其中谱线的多普勒展宽轮廓(见图5.18)为高斯型,其半高全宽(FWHM)为

$$FWHM = \nu_0 \sqrt{2\ln 2 \frac{k_B T}{mc^2}} \qquad (5.115)$$

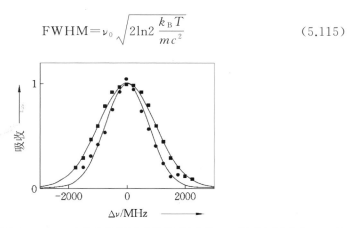

图 5.18 Ca 原子互组谱线($\lambda = 657$ nm)的多普勒展宽谱线(温度为 765 ℃(正方形)和 625 ℃(圆点))以及根据(5.114)式拟合的谱线

例如,在室温(300 K)下 HeNe 激光器中,由于多普勒展宽(见图 5.18),使得氖原子的增益曲线($\lambda = 633$ nm)的宽度约为 1.5 GHz。

5.4.2.2 二阶多普勒效应

对于更大速度的吸收体,相对一阶多普勒效应,二阶多普勒效应变得越来越重要。二阶多普勒效应(见(5.110)式的第二项))对谱线形状和谱线中心的巨大影响在较低的质量和较高的跃迁频率的吸收体光谱中尤其明显,例如氢

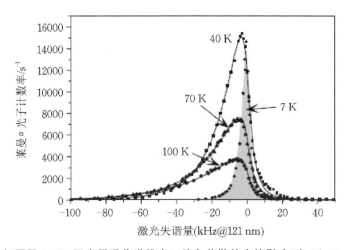

图 5.19 氢原子 1S-2S 双光子吸收谱线中二阶多普勒效应的影响(由 Th. Hänsch 提供)

原子的 1S-2S 跃迁(见图 5.19)。这些光谱是在吸收体的不同温度(即对应于不同的平均速度)下获得的。在室温下,吸收谱线的重心会向低频移动约 40 kHz。对速度的二次型关系还导致谱线的强烈不对称性。

5.4.3 饱和展宽

在一个吸收体的系综中,观察到的吸收谱线的形状和宽度还和辐射场的辐照度有关。考虑 N 个两能级原子的系综,其基态和激发态的布居数分别为 N_1 和 N_2,并且 $N=N_1+N_2$。两能级系统与具有光谱能量密度 $\rho(\nu)$ 的辐射场之间的相互作用通常唯像的表述为爱因斯坦系数 A_{21}、B_{21} 和 B_{12},分别对应自发辐射、受激辐射和受激吸收。在静止情况下,总吸收率 $N_1 B_{21}\rho(\nu)$ 必须等于自发辐射率($A_{21}N_2$)和受激辐射率($B_{21}\rho(\nu)N_2$)之和:

$$(B_{21}\rho(\nu)+A_{21})N_2=B_{12}N_1\rho(\nu) \tag{5.116}$$

因此,受激辐射和受激吸收强烈地改变了布居数的分布。定义无量纲的饱和参数[18]:

$$S\equiv 2B_{12}\frac{\rho(\nu)}{A_{21}} \tag{5.117}$$

并使用 $B_{21}=B_{12}$,可以将激发态的布居数比率表示为

$$\frac{N_2}{N}=\frac{S}{2(1+S)} \tag{5.118}$$

在原子跃迁附近,吸收率的频率依赖性,及 B_{12} 和 S 的频率依赖性,由洛伦兹线型给出,即

$$S=S_0\frac{\left(\frac{\gamma}{2}\right)^2}{\left(\frac{\gamma}{2}\right)^2+\delta\nu^2} \tag{5.119}$$

频率失谐量 $\delta\nu=\nu-\nu_0$ 为电磁辐射的频率与跃迁频率之差,通常为多普勒效应和外部场产生的频移。共振饱和参数为

$$S_0\equiv\frac{I}{I_{sat}} \tag{5.120}$$

---

[18]　请注意,在某些文献中饱和参数使用了不同的定义 $\left(S=B_{12}\frac{\rho(\nu)}{A_{21}}\right)$,这导致饱和强度是表 5.6 所示强度的两倍。

其包括了所谓的饱和光强[19]：

$$I_{sat} = \frac{2\pi^2 hc\gamma}{3\lambda^3} \tag{5.122}$$

饱和光强是辐照度（能流密度）的单位，其中 $S_0 = 1$，因此，根据（5.118）式，稳态布居数差为 $(N_1 - N_2)/N = 0.5$。对于 $S \gg 1$，布居数差趋于零。表 5.6 所示的是一些相关原子跃迁的饱和光强。

表 5.6　与频标相关的原子的某些共振线的饱和光强（其他可以在文献[132]中找到）

原子	跃迁	波长(nm)	$\gamma = 1/(2\pi\tau)$(MHz)	I_{sat}(mW/cm²)
^{1}H	$1^2S_{1/2}\text{-}2^2P_{3/2}$	121.57	99.58	7244
^{24}Mg	$3^1S_0\text{-}3^1P_1$	285.30	81	455
^{40}Ca	$4^1S_0\text{-}4^1P_1$	422.79	34	59
^{85}Rb	$5^2S_{1/2}\text{-}5^2P_{3/2}$	780.24	6	1.6
^{88}Sr	$5^1S_0\text{-}5^1P_1$	460.86	32	43
^{133}Cs	$6^2S_{1/2}\text{-}6^2P_{3/2}$	852.35	5.2	1.1

将（5.119）式代入（5.118）式，得到

$$\frac{N_2}{N} = \frac{S_0}{2} \frac{(\gamma/2)^2}{(1+S_0)(\gamma/2)^2 + \delta\nu^2} = \frac{S_0}{2(1+S_0)} \frac{1}{1+((2\delta\nu)/\gamma')^2} \tag{5.123}$$

其形式上又是洛伦兹型，不过线宽增加了，即

$$\gamma' = \gamma\sqrt{1+S_0} \tag{5.124}$$

在谱线的中心，散射光子的数量比在两侧更快饱和，并且谱线被展宽（见图 5.20）。该效应称为"功率展宽"或"饱和展宽"。这对于频标非常重要，具有低衰变率 γ 的窄谱线更容易形成较大的饱和比。

---

⑲　intensity（光强）一词通常用于不同的辐射量，如 Hilborn[146]所示，在比较不同来源的结果时可能导致混淆。通常，intensity 一词用于表示物理量"辐照度"（irradiance，单位：W/m²），与饱和光强一样（见（5.122）式）。通过快速振荡在时间上平均的辐照度 I 与平面电磁波 $E(t,z) = E_0 \cos(\omega t - kz)$ 的电场幅度 E_0 之间的关系如下：

$$I = \frac{\varepsilon_0 c}{2} E_0^2 \tag{5.121}$$

除了作为已知量的饱和光强之外，在任何可能的情况下，在此都避免使用与辐射量相关的"光强"这个单词。

译者注：为了符合中文习惯，文中的 intensity 和 irradiance 基本上都翻译为"光强"，很少用"辐照度"。

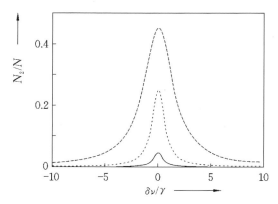

图 5.20 谱线的功率展宽，根据（5.123）式计算（分别对应于共振饱和参数为 $S_0 = 0.1$（实线），$S_0 = 1$（点虚线）和 $S_0 = 10$（短划线））

5.4.4 碰撞频移和碰撞展宽

在原子或分子的系综中，粒子以由动能（见（5.112）式）描述的速度移动，粒子之间可能会经常碰撞。如果在这个过程中存在粒子之间的能量和动量的交换，则称为碰撞。在所谓的弹性碰撞中，总动能是守恒的；而在非弹性碰撞中，参与碰撞的粒子的外部和内部自由度之间发生了能量交换。在碰撞过程中，碰撞中涉及的粒子的能级变化和它们的相对距离有关，如图 5.3 所示。通常，在碰撞过程中能级结构的改变也可能导致两个能级之间的跃迁频率的改变。对吸收谱线的位置和宽度的时间积分效应分别称为碰撞频移和碰撞展宽。

这些效应的大小取决于各种条件，并且不存在能够描述所有效应的通用理论。然而，大多数的微观吸收体是以稀薄气体的形式使用的，因此，气体的温度和对应的粒子速度在不同的情况下会导致非常不同的机制。由于我们对特定频标的频移和展宽感兴趣，因此在下文中，我们简要地概述了相关机制中的那些效应。

5.4.4.1 热能碰撞

对于在室温及更高温度下的热能，原子的速度约为几百米每秒（见（5.113）式）。碰撞直径，即粒子间彼此相互作用的范围，通常对应于粒子直径的几倍。因此，对于具有几百米每秒的速度和大约一个纳米碰撞直径的原子，碰撞时间 T_{col} 为几皮秒。但这个时间仍然足够长，使得碰撞粒子的电子能级能够"绝热地"跟随其他粒子的扰动,如图 5.3 的势能曲线所示。如果碰撞过程所涉及的一个粒子在碰撞中发出电磁辐射,则发出的辐射频率会暂时产生一个偏移。如果 T_{col} 比一个电磁辐射的振荡周期 $T=1/\nu$ 还要小,则会发生如图 5.21 所示的瞬时相移。这种近似对微波钟是有效的,它们工作在几千兆赫兹以及相应的时间为几纳秒。但在光学跃迁的情况下,相应的振荡时间 T 为飞秒的量级,这种近似则不再有效。考虑碰撞率足够高的情况,在辐射发射期间发生了多次碰撞。这样,发射的辐射由有限波列组成,其在平均时间 $\tau_c = \overline{t_2 - t_1}$ 内没有相位的扰动但是具有碰撞引起的随机相移(见图 5.21)。通过与第 2.1.2.2 节中类似的傅里叶分析,将得到洛伦兹线型[20]。通过与(2.38)式的类比,即可计算得到半宽 $\Delta\nu_c$ 为

$$\Delta\nu_c = \frac{1}{\pi\tau_c} \tag{5.125}$$

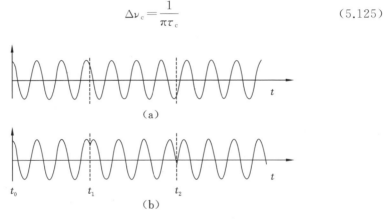

图 5.21 碰撞对发射波的相位的影响((a)无扰动辐射;(b)在 t_1 和 t_2 时刻发生相移的碰撞)

这里假设两种能态的寿命受到两次碰撞之间的平均时间 τ_c 的限制。根据气体动力学理论计算出寿命,得出

$$\Delta\nu_c = \sqrt{\frac{3}{4mk_BT}}d^2p \tag{5.126}$$

其中,m 和 d 分别是吸收体的质量和直径。T 和 p 是气体的温度和压强。根据(5.126)式,展宽和压强有关,因此有时也称为压力展宽。这个模型($T_{col} \ll$

---

⑳ 但是,如果考虑到碰撞过程的有限持续时间,则可以观察到很小但可检测到的与洛伦兹线型的偏差[147]。

T)能够解释碰撞展宽的发生。$T_{col} \ll T$ 的碰撞导致了碰撞频移,进而造成不对称的线型,影响了谱线的最大值或重心。

在 $T \ll T_{col}$ 的情况下,对于光学跃迁,在碰撞过程中吸收或发出的电磁辐射的频率可能会严重改变整个波列的相当一部分波列,这立即显示了碰撞频移和展宽的发生。根据光频标的经验法则,与压力展宽相比,压力频移至少要低了一个数量级。在碘分子稳频激光(见第 9 节)之类的光频标中,对于可达到的准确度来说,压力频移至关重要。对于接近室温的碘分子,压力频移大致与压强成正比,其比例常数在 10 kHz/Pa 的量级。

5.4.4.2 超冷量子系统的碰撞

处在非常低的温度下的吸收体,例如激光冷却的原子,在碰撞过程的描述中,系统的量子属性变得越来越重要。首先,在这些温度下,原子的速度是如此之低,以至于德布罗意波长变得远大于原子的直径,即

$$\lambda_{dB} = \frac{h}{mv} \tag{5.127}$$

因此,粒子的概念更适合用相互作用的波包的图像来描述,且碰撞过程必须被视为一个散射过程。将质心系统中描述的两个入射粒子的波函数,展开成已知的量子数为 l 的角动量部分波的形式。在球坐标系中,该方法适用于求解相互作用势为 V 的含时薛定谔方程(5.15)式,即

$$V(R) = -\frac{C_n}{R^n} \tag{5.128}$$

如果两个相同的原子碰撞,则在某些特殊情况下可以给出长程势。如果两个原子都处于 S 态,则其相互作用为范德瓦尔斯型,且 $n=6$。这种情况和现实相符,例如两个处于基态的碱土金属原子(^{20}Mg、^{40}Ca 或 ^{88}Sr)的碰撞就是这样。如果其中一个原子处于激发态,则这些原子通过电偶极跃迁耦合,相应的偶极相互作用具有 R^{-3} 的关系。因此,偶极势与用于光频标的碱土金属原子的碰撞有关(第 9.4.4 节),在 $^1P_1 - ^1S_0$ 跃迁的磁光阱中,它可能会限制原子可达到的密度。激发态原子和基态原子之间的 S-P 相互作用也可能引起光钟跃迁 $^3P_1 - ^1S_0$ 的碰撞频移。由于 C_3 系数与相关跃迁的跃迁强度成正比,因此在后一种情况下,相互作用势要弱得多。如果两个碰撞原子都处于 P 状态,则由于四极相互作用,使得 $n=5$。

除了迄今为止讨论的碰撞方面之外,量子力学的散射共振可能起到重要

作用,例如在铯原子中(见第 7.3.2.1 节)可能导致非弹性碰撞和所谓的 Feshbach 共振的发生[21]。

5.4.5 外场的影响

通常,外场(例如直流或交流电场和磁场)会改变频标中使用的原子、离子或分子吸收体的能级,因此会对频标的准确度和稳定度产生重要影响。

5.4.5.1 电场

原子与外部电场的相互作用导致原子能级的频率偏移,相关的谱线偏移和分裂称为斯塔克(Stark)效应。相对于原子的内部能量,外场的相互作用能通常比较小,因此可以通过微扰理论来计算斯塔克效应。感应到的偶极矩 $\boldsymbol{d}$ 与电场 $\boldsymbol{E}$ 成正比,而电偶极矩 d 和电场 E 的比率称为"极化率",则有

$$\alpha \equiv \frac{d}{E} \tag{5.129}$$

对于没有永久偶极矩的原子,未扰动能级 m 的能量 E_m 的斯塔克频移可通过二阶微扰来进行计算:

$$\Delta E_m = \sum_n \frac{|\langle m \mid \boldsymbol{d} \mid n \rangle|^2}{E_m - E_n} E^2 \tag{5.130}$$

式中的求和项包括所有离散态和连续态 n,这些能态通过偶极算符与 m 态耦合,但不包括 $m = n$。

除了静电场,量子系统还可以与交变(ac)电场进行相互作用,考虑与电磁波的电场的相互作用时,其频率可以从直流变化到光学频率。极化率 α 可以用经典的所谓洛伦兹模型计算出来[148],在该模型中,电荷为 $-e$、质量为 m 的电子被电场 $E(t)$ 驱动形成振荡,采用运动方程 $\ddot{x} + \Gamma_\omega \dot{x} + \omega_0^2 x = -eE(t)/m$ 来描述其振荡(见第 2.2 节)。对运动方程进行积分并使用 $\alpha = -ex/E_0$(其中 E_0 是电场的振幅),从 $x = x_0 \exp(i\omega t)$ 可以得出

$$\alpha = \frac{e^2}{m} \frac{1}{\omega_0^2 - \omega^2 + i\omega\Gamma_\omega} \tag{5.131}$$

辐射损耗引起的经典阻尼率[58]可写为拉莫尔(Larmor)公式:

$$\Gamma_\omega = \frac{e^2 \omega^2}{6\pi\varepsilon_0 mc^3} \tag{5.132}$$

沿用 Grimm 等的方法[148],我们引入共振阻尼率 $\Gamma \equiv \Gamma_{\omega_0} = (\omega_0/\omega)^2 \Gamma_\omega$。

---

[21] 当两个碰撞原子共振耦合到分子对的键合状态时,就会发生 Feshbach 共振。

将(5.132)式插入(5.131)式，可以得到[②]

$$\alpha = 6\pi\varepsilon_0 c^3 \frac{\Gamma/\omega_0^2}{\omega_0^2 - \omega^2 + \mathrm{i}(\omega^3/\omega_0^2)\Gamma} \tag{5.134}$$

由 $\boldsymbol{E} = \boldsymbol{E}_0 \cos\omega t = \frac{1}{2}\boldsymbol{E}_0 \exp(\mathrm{i}\omega t) + c.c. = \frac{1}{2}\boldsymbol{E}_0[\exp(\mathrm{i}\omega t) + \exp(-\mathrm{i}\omega t)]$ 和

$\boldsymbol{d} = \alpha\boldsymbol{E} = \frac{1}{2}\alpha\boldsymbol{E}_0 \exp(\mathrm{i}\omega t) + \frac{1}{2}\alpha^* \boldsymbol{E}_0 \exp(-\mathrm{i}\omega t)$，我们得出电场 $\boldsymbol{E}$ 和感应偶极矩 $\boldsymbol{d}$ 的相互作用能为

$$W_{\mathrm{dip}} = -\frac{1}{2}\langle \boldsymbol{d}\boldsymbol{E} \rangle = -\mathrm{Re}\{\alpha\}\left(\frac{1}{2}E_0\right)^2 \tag{5.135}$$

其中，$\langle\rangle$ 表示必须对振荡项进行时间平均。通过计算得到，振荡偶极子从驱动场吸收的功率为

$$P_{\mathrm{abs}} = \left\langle \left(\frac{\mathrm{d}}{\mathrm{d}t}\boldsymbol{d}\right)\boldsymbol{E} \right\rangle = -2\omega\,\mathrm{Im}\{\alpha\}\left(\frac{1}{2}E_0\right)^2 \tag{5.136}$$

因此，极化率 α 的实部(5.135)式和虚部(5.136)式分别描述了具有色散和吸收特性的偶极振荡的同相和异相分量。稍后，将使用这些属性来描述中性原子的光阱(见第 6.4 节)。

下面，我们将更详细地讨论和驱动频率有关的极化率，其中我们必须区分四种不同的情况[149,150]。考虑一个能量为 E_m 的 $|m\rangle$ 态原子在具有角频率 ω 的辐射场的作用下移动了 ΔE_m，因此该辐射场通过矩阵元 $\langle m|\boldsymbol{d}|n\rangle$ 将 $|m\rangle$ 态与 $|n\rangle$ 态耦合了起来。

首先，如果电场以角频率 ω 进行振荡，其振荡频率比原子跃迁的寿命 τ 的倒数慢($\omega \leqslant 1/\tau$)，则原子能绝热地跟随电场的扰动，从而可以计算出斯塔克效应，因为电场是静态的，而其幅度随角频率 ω 变化。

第二种重要情况是，如果电场的频率大于跃迁的谱宽，但远远小于能量为 E_m 和 E_n 的 $|m\rangle$ 态与 $|n\rangle$ 态之间的偶极跃迁频率，即 $1/\tau \ll \hbar\omega \ll |E_m - E_n|$。

---

② 如果使用一个两能级量子系统和一个经典辐射场计算原子极化率，那么对于较低的饱和度可以得出一个类似于(5.134)式的表达式，式中的经典阻尼率替换为

$$\Gamma = \frac{\omega_0^3}{3\pi\varepsilon_0 \hbar c^3}|\langle 2|\hat{d}|1\rangle|^2 \tag{5.133}$$

尽管如此，经典表达式见((5.132)式)还是强偶极允许的基态跃迁的很好的近似[146,148]。

在这种情况下,原子不再能够跟随电场的振荡,而是对平均(rms)的电场做出响应。因此,用原子的静态响应和平均电场强度的平方可计算出交流斯塔克频移。

在第三种情况下,交变电场的角频率 ω 可与两个能级之间的跃迁角频率 $|E_m - E_n|/\hbar$ 相比较,这两个能级通过允许的偶极跃迁可以由矩阵元 $\langle m|\boldsymbol{d}|n\rangle$ 连接,但没有共振,第 m 个能级的偏移为

$$\Delta E_m = \frac{1}{4} \sum_n \left| \langle m \mid \boldsymbol{d} \mid n \rangle \right|^2 E_0^2 \left(\frac{1}{E_m - E_n - \hbar\omega} + \frac{1}{E_m - E_n + \hbar\omega} \right)$$

$$= \frac{1}{2} \sum_n \left| \langle m \mid \boldsymbol{d} \mid n \rangle \right|^2 E_0^2 \frac{E_m - E_n}{(E_m - E_n)^2 - (\hbar\omega)^2} \tag{5.137}$$

对于较大的失谐($\hbar\omega_0 - \hbar\omega \equiv E_m - E_n - \hbar\omega \gg \Gamma$),可以很容易地从(5.135)式得出该公式的经典表示。

如果电场和允许的跃迁谐振($\hbar\omega \approx E_m - E_n$),则第四种重要情况将发生。在该跃迁中可以引发能态之间的跃迁。这些能态之间的耦合将导致能态的分裂。恰好在谐振时,分裂由 Ω_R 给出,其中 Ω_R 是拉比频率。能态之间的共振跃迁也可能由热辐射引起,从而缩短了原子激发态的寿命。这种寿命的降低机制被认为是氙原子跃迁[100]的激发态寿命出乎意料的低的原因。而该跃迁曾被提议作为光频标(见文献[151],第 9.4.6 节)。

工作在 $^2S_{1/2}$ 基态的超精细分裂的跃迁上的时钟和频标,例如 Cs 原子钟,它们的频率受到环境温度的辐射场相关的平均电场的影响,将在第 5.4.5.2 节和第 7.1.3.4 节中进行更详细分析。

由近共振光辐射引起的频移,称为"交流斯塔克频移"或"光频移",例如在光抽运频标中(见第 8.2.2 节或第 7.2 节),它最终会限制频标的准确度。空间位置相关的光频移对于实现中性原子的光阱也很重要(见第 6.4 节)。

5.4.5.2 黑体辐射

在 $T \neq 0$ K 的温度下运行的频标中,原子暴露于环境温度产生的电磁辐射场中,这个场会引起能级的扰动,从而导致钟跃迁的频率偏移。为了估算温度场的大小,我们考虑一种理想黑体辐射的辐射场,按照普朗克公式,辐射体向 4π 立体角发射的光谱能量密度 $\rho_2(\nu, T)$ 为

$$\rho_2(\nu, T)\mathrm{d}\nu = \frac{8\pi h\nu^3}{c^3} \frac{1}{\mathrm{e}^{\frac{h\nu}{k_B T}} - 1} \mathrm{d}\nu \tag{5.138}$$

因此,有时也将热辐射场引起的交流斯塔克频移称为"黑体辐射频移"。

对于振幅为 E_0 的单色场,其光谱能量密度为

$$\rho_2 = \varepsilon_0 \langle E^2 \rangle = \frac{1}{2}\varepsilon_0 E_0^2 \tag{5.139}$$

由于温度辐射场表示了一个连续的频率谱,因此(5.137)式中的电场必须用其频谱密度的积分来代替,该积分可以联系到黑体辐射体的频谱密度 $\rho_2(\nu, T)$:

$$\langle E^2(t) \rangle = \frac{1}{\varepsilon_0} \int_0^{+\infty} \rho_2(\nu, T)\,\mathrm{d}\nu \tag{5.140}$$

使用(5.138)式,并借助 $\int_0^{+\infty} \frac{x^3}{\mathrm{e}^x-1} = \frac{\pi^4}{15}$,可以求解(5.140)式。对所有频率积分的电场振幅的平方平均为

$$\langle E^2(t) \rangle = \frac{1}{\varepsilon_0}\frac{8\pi k^4 T^4}{c^3 h^3}\int_0^{+\infty}\frac{\left(\frac{h\nu}{kT}\right)^3}{\mathrm{e}^{\frac{h\nu}{kT}}-1}\,\mathrm{d}\left(\frac{h\nu}{kT}\right) = \frac{8\pi^5 k^4}{15 c^3 h^3 \varepsilon_0}T^4 = \frac{4\sigma}{c\varepsilon_0}T^4 \tag{5.141}$$

这里引入了 Stefan-Boltzmann 常数 $\sigma \equiv (2\pi^5 k^4)/(15 c^2 h^3) = 5.6705 \times 10^{-8}\ \mathrm{Wm}^{-2}\mathrm{K}^{-4}$。因此,从(5.141)式得到时间平均的电场平方为

$$\langle E^2(t) \rangle = (831.9\ \mathrm{V/m})^2, \quad T = 300\ \mathrm{K} \tag{5.142}$$

用 $\langle B^2 \rangle = \langle E^2 \rangle / c$ 还可以计算出时间平均的磁场的平方为 $\langle B^2(t) \rangle = (2.775\ \mu\mathrm{T})^2$,这相当于地球磁场的大约 5%。通常,电场引起的频移要大得多。黑体辐射对铯钟频率的影响将在第 7.1.3.4 节中讨论。

5.4.5.3 磁场

在外磁场中的原子的哈密顿量可以很方便地写为

$$\mathcal{H} = \mathcal{H}_{\mathrm{LS}} + \mathcal{H}_{\mathrm{hfs}} + \mathcal{H}_B \tag{5.143}$$

其中,$\mathcal{H}_{\mathrm{LS}}$、$\mathcal{H}_{\mathrm{hfs}}$ 和 $\mathcal{H}_B$ 分别考虑了 LS 耦合中的自旋-轨道相互作用、超精细相互作用及电子壳层与磁场的相互作用。在较小的磁场中,$\mathcal{H}_B$ 可被视为对 $\mathcal{H}_{\mathrm{LS}}$ 的微扰,根据(5.8)式和(5.9)式,原子的能级出现塞曼分裂,其中能级的能量和磁量子数 m_J 以及朗德因子 g_J 有关

$$\Delta E_{\mathrm{Zeeman}} = g_J \mu_B m_J B = \frac{J(J+1)+S(S+1)-L(L+1)}{2J(J+1)}\mu_B m_J B \tag{5.144}$$

对于较大的磁场,其电子壳层与磁场的相互作用能大于自旋与轨道角动量之间的相互作用能,相关的磁矩都被解耦,并绕着磁场独立进动。它在这个所谓 Paschen-Back 区域:

$$\Delta E_{P-B} = \mu_B (m_L + 2m_S)B \qquad (5.145)$$

现在我们考虑超精细相互作用,它比自旋-轨道相互作用要小得多。在弱磁场条件下,磁矩 m_F 绕着磁场进动,并且其能级和 m_F 有关。对于较小的磁场,即如果对应于 $\mathcal{H}_B$ 的相互作用能相比与 I 和 J 的超精细耦合(得到 F)要小得多,则可以观察到超精细结构的塞曼效应(见图 5.22 的左半部分)。在强磁场情况下,I 和 J 绕着磁场独立地进动,并且观察到超细结构的 Paschen-Back 效应(见图 5.22 的右半部分)。在中间区域,与磁场相互作用的哈密顿量可以写为

$$\mathcal{H}_B = \frac{g_J \mu_B B}{\hbar} J_z + \frac{g_I \mu_n B}{\hbar} I_z \approx \omega_J J_z \qquad (5.146)$$

其中,由于 $g_I \mu_n \ll g_J \mu_B$,通常第二项可以忽略。但是,基矢能态 $|IJFm_F\rangle$ 不再是算符 J_z 的本征态,因此必须将算符 $\mathcal{H}_{hfs} + \omega_J(B)J_z$ 作为外磁场 B 的函数进行对角化。在中间区域,具有相同 m_F 但不同 F 的能态混合在一起,而没有不同 m_F 态之间耦合,从而得到需要独立地对角化的 $(2m_F + 1)$ 维子矩阵。

在氢原子和碱金属原子的基态,由于 $J = 1/2$ 导致仅有两个超精细能级,因此该子矩阵的秩数为 2。这个解称为 Breit-Rabi 公式:

$$E_{hfs}(B, m_F) = -\frac{E_{hfs}}{2(2I+1)} + m_F g_I \mu_n B \pm \frac{E_{hfs}}{2} \sqrt{1 + \frac{4m_F}{2I+1}x + x^2} \qquad (5.147)$$

$$x = \frac{g_J \mu_B - g_I \mu_n}{E_{hfs}} B \approx \frac{2\mu_B}{E_{hfs}} B \qquad (5.148)$$

在 (5.148) 式中,对于 $S = J = 1/2$,我们使用了 $g_I \mu_n \ll g_J \mu_B$ 和 $g_J = 2$。

作为例子,我们考虑氢原子的情况,它的核由单个电子环绕的单个质子构成。因为其基态的轨道角动量 $L = 0$,因此外层电子的角动量完全来自电子的自旋 $S = 1/2$,其量子数为 $J = L + S = 1/2$。原子核由质子构成,其角动量为 $I = 1/2$。由于角动量 I 和 J 通过它们对应的磁矩相互作用,所以只有总的角动量 $F = I + J$ 是一个"好的"量子数。其可能的值为 $F = |I + J| = 1$;$m_F = +1$,$m_F = 0$,$m_F = -1$(三重态),$F = |I - J| = 0$;$m_F = 0$(单态)。$F = 1$ 和 $F = 0$ 态的能量相差 $\Delta W = h \Delta \nu = 6.6 \times 10^{-34}$ Ws² × 1.42 GHz,可以通过电磁辐射(见图 5.22)激发一个能态到另一个能态的跃迁,通过 (5.147) 式计算得出该电磁辐射的频率为 1.42 GHz。由于磁矩 $M(m_F) = \mu_B g_F m_F$ 与处于三个 $F = 1$ 的三重态的原子相关联,因此在磁感应强度为 B 的磁场中,氢原子的三个态的能量不同。在弱磁场下,$F = 1$,$m_F = 1$ 和 $F = 1$,$m_F = -1$ 两个态表现出线性塞曼效应,

而单重态和三重态中的 $m_F=0$ 态表现出能量对磁场影响较小的二次关系。

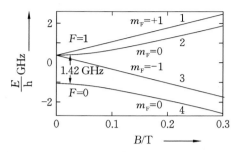

图 5.22　磁场中氢的基态能级表示为 $F=1$ 三重态和 $F=0$ 单重态相隔 1.42 GHz（能级标记 1、2、3、4 在第 8.1 节中用于描述的氢钟）

在弱磁场下，$F=1,m_F=0$ 和 $F=0,m_F=0$ 态的能量对磁场的二次关系是很小的，磁场的波动对这些能态间的能量分裂影响不大。因此，作为频标的氢钟（见第 8.1 节）通常运行在 $\Delta F=1,\Delta m_F=0$ 超精细跃迁（见图 5.22）上，频率差为 1.42 GHz。不同能态的能量对磁场的特定相关性也可以用于操纵原子。从图 5.22 可以看出，在磁场中 $F=0,m_F=0$ 和 $F=1,m_F=-1$ 态的能量降低了。因此，在不均匀的磁场中，这些原子将被加速进入强磁场的区域。因此，处于这种状态的原子被称为强场寻找态，与之相反的是，处于 $F=1,m_F=1$ 和 $F=1,m_F=0$ 的状态被称为弱场寻找态，因为它们被吸引到磁场较小的区域。

5.4.6　频标的谱线频移和不确定度

本节中讨论的特定物理效应是影响任何频标的稳定度和准确度的一些例子。因此，设计一个好的频标要求相关联的谱线频移较小而且保持恒定，并且可以准确地测定。在频标的运行期间，必须确切知道相应的频率偏移，以便对其进行修正。因此，频标的操作要求仔细评估所有能够使不受干扰的跃迁产生频率偏移的效应。

标准的程序是确定标准的频率对所有相关参数的敏感度，例如，吸收体的温度（考虑多普勒效应）、吸收体的密度和温度（考虑碰撞频移）或者外部磁场或直流和交流电场的大小。当确定了对特定效应的敏感性度，就可以在选定的工作点校正标准频率在这些效应下组合产生的频率偏移。

然而，只能以有限的准确度来进行校正，这是因为对于特定参数的敏感度是在一定的不确定度下确定的。此外,设备只能在选定的标称工作点下以指定的不确定度运行,例如,在 $T = (20 \pm 1)$ ℃,$(60 \pm 10) \mu T$ 等条件下。对于相应的频率测量不确定度的贡献必须进行评估,并且给出不确定度评估表。现在已经将评估和陈述测量不确定度的程序进行了标准化[3]。所有的单独贡献都以平方的方式相加,得到一个单一的值,它给出了评估的标准不确定度,因此,对于操作员来说,它反映了测量的有效性。这个值常常不严格准确地被解释为"频标的标准评估不确定度",尽管它仅仅是对该频标的特定频率的标准不确定度评估。

第 6 章
原子和分子的
制备与探询

正如第 5 章所强调的,与探询电磁辐射相互作用的微观振荡器的外部自由度,如位置和速度,会影响跃迁的线宽和中心频率。因此,过去在频标方面所取得的进展都与发展用于探询和操控处于确定环境下的吸收体的新方法密切相关。本章讨论用于克服多普勒频移及增宽,增加相互作用时间,以及将微观吸收体囚禁到具有确定属性的空间位置的方法。用来制备和探询吸收体的方法决定了所观察到的线宽,它可以在几个数量级内变化,如图 6.1 所示。

6.1　在泡里存储原子和分子

将吸收体囚禁在适当的容器中进行探询有许多独特的优势。除了允许构建一个紧凑的装置之外,还可以将吸收材料制备和保持在确定的条件下,例如恒定的温度和压力。此外它使人们可以经济地使用确定纯度或同位素成分的昂贵材料。

通过将吸收性气体或蒸气放置于合适的吸收泡中来增加与辐射的相互作用时间是吸收泡的优势,不过该优势受限于探询过程中吸收体与泡壁的碰撞,它扰动了吸收体对电磁场的相干响应。因此,许多工作致力于寻找或制备新

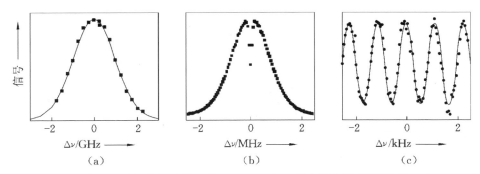

图 6.1　在不同条件下获得的自然线宽为 $\Delta\nu\approx0.37$ kHz 的钙原子光跃迁谱线（$\lambda=657$ nm）（a）在加热吸收泡（见第 6.1 节）中的吸收谱展现出线宽为 $\Delta\nu\approx2$ GHz 的多普勒增宽；（b）准直的发射原子束（见第 6.2 节）的横向激励谱展现出减小的 $\Delta\nu\approx2$ MHz 的多普勒线宽，以及由于饱和吸收（见第 6.5.1 节）导致的受限于渡越时间的吸收凹陷（$\Delta\nu\approx150$ kHz）；（c）在激光冷却的（见第 6.3.1 节）原子云中采用分离振荡场激励（见第 6.6 节）可以解析出接近自然线宽的谱线

型表面材料，使得它与吸收体的碰撞对钟跃迁的影响尽可能小。当吸收体基于磁子能级间微波跃迁时，必须避免金属表面和具有磁性相互作用的表面或表面层。在主动氢钟的存储泡壁上覆盖特氟龙（PTFE）涂层或氦涂层，或者在铷钟吸收泡壁覆盖石蜡涂层，已经被证明是减少碰撞影响的一种有效方法。为了延长吸收泡内的吸收体到达泡壁所花费的时间，有时吸收泡里除了吸收体外还充入由惰性原子或者分子组成的缓冲气体。

　　将吸收体囚禁在相关尺寸小于探询电磁波波长一半的吸收泡内，可以探测不受一阶多普勒效应扰动的跃迁。由于微波辐射波长是几厘米，因此在微波频标中很容易实现所谓的 Lamb-Dicke 区域（见第 10.1.4 节）。在这个区域，碰撞不是使线宽增宽而是使线宽压窄[152,153]。在稀薄吸收泡内也已经观察到光学频段的线宽压窄现象[154]。

　　在各种频标中，微观粒子被囚禁在泡体内，用于探询量子系统的电磁辐射可以透过它的泡壁。含有原子或分子的泡体同样也应用于微波频标，例如主动氢钟（见第 8.1 节）和铷钟（见第 8.2 节）或者光频标（见第 9.1 节和第 9.4 节）。泡的特殊性质及其影响将在稍后章节结合相关频标进行更详细的讨论。

6.2 准直的原子和分子束

原子和分子吸收体通常被制备在束流中而不是在吸收泡内。类似氢气或高熔点金属蒸气的原子态是不稳定的,但是它们容易以分子形式或者固体材料形态存在,在这些情况下就可以采用束流的形式。从这些材料制备出原子粒子后,在束流中可以避免在探询之前发生碰撞和形成分子或固体。

原子和分子束的特性及相关制备技术可以在[155,156]中找到,因此这里仅仅回顾与频标相关的基础知识就足够了。通常原子从温度为 T 的恒温炉中逸出。在恒温炉内原子在任意方向上的速度由麦克斯韦速度分布律给出(见(5.112)式)。原子从恒温炉中逸出的概率正比于速度 v。因此,束流强度 $I(v)\mathrm{d}v$,即在单位时间内通过喷嘴、从温度为 T 的恒温炉单位面积逸出的 v 到 $v+\mathrm{d}v$ 速度区间的原子数,可以表示为

$$I(v)=\frac{2I_0}{u^4}v^3\,\mathrm{e}^{-(v/u)^2}\tag{6.1}$$

其中,最可几速度 u 由 $u=\sqrt{2k_\mathrm{B}T/m}$ (见(5.113)式)给出。这里,I_0 是总的束流强度,v 是原子或分子的速度。束流的横向扩散和粒子从恒温炉泄流孔中逸出的速度取决于所选光阑的直径和位置。对于限制性光阑,最大全开角由

$$2\alpha=(d+D)/L\tag{6.2}$$

决定,这里 d 和 D 分别是泄流孔和光阑的直径,L 是它们沿 z 方向分开的距离。对等价于 $d\ll L$ 和 $D\ll L$ 的狭窄准直角 α,只选择横向速度 $v_\perp=\sqrt{v_\mathrm{x}^2+v_\mathrm{y}^2}$ 满足 $v_\perp/v_z<\alpha$ 条件的粒子。对典型的准直角 $0.001\ \mathrm{rad}\lesssim\alpha\lesssim 0.01\ \mathrm{rad}$,$v=\sqrt{v_\mathrm{x}^2+v_\mathrm{y}^2+v_\mathrm{z}^2}\approx v_z$ 成立。

在光频标中,常常使激光束垂直地穿过原子束。在平面波的情况下,可用与吸收泡中蒸气情况类似(见第 5.4.2.1 节)的方式计算剩余多普勒增宽,只是原子束中的线宽相比吸收泡中的减小到了 $\sin\alpha\approx\alpha$ 倍,即

$$\Delta\nu_{\mathrm{beam},\perp}\approx\alpha\,\Delta\nu_{\mathrm{vapour}}\tag{6.3}$$

对比图 6.1(a)和图 6.1(b)的多普勒曲线就可以看出与之相关的增宽显著减小。

当原子在恒温炉的喷嘴内发生碰撞时,原子的速度分布将发生改变,不再遵从麦克斯韦速度分布律。当努森(Knudsen)数 $K=\bar\lambda/l$ 接近 1 时,碰撞就变

得很重要,这里 $\bar{\lambda}$ 是原子的平均自由程,l 是喷嘴的长度。用努森数来描述原子在喷嘴内的平均碰撞次数,原子间的碰撞使原子束中慢速原子减少[①]。在采用氢原子的高精度实验中,为了恰当描述测量的双光子吸收谱的线型必须考虑这种效应[157]。

在频标中使用具有确定速度方向的原子或分子束既有优点也有缺点。在磁选态的铯原子钟和主动氢钟(见第 7.1 节和第 8.1.3.2 节)中,确定的轨迹可以用来将具有不同内态的粒子在空间上分离开来。在光频标中,由于采用了准直原子束,可以通过横向激光束激励吸收性粒子,从而将一阶多普勒频移和增宽减小几个数量级,减小的程度取决于准直比。另一方面,如果激光束与原子束的夹角偏离 90°,则立即产生剩余的一阶多普勒频移。长寿命态在频标中特别有用,对长寿命态的激励可以使激励和检测区域在空间上分离开来,从而具有明显的信噪比优势。

在有限温度的粒子系综中,它们的速度通常分布在一个很大的范围内。因此,如果选择速度低于平均速度的吸收体,则可以减小由于一阶、二阶多普勒效应和相互作用时间增宽引起的扰动。例如,通过门开关控制原子束中激发态原子的激励和检测[157],或者通过两种过程之间的时间延迟来选择速度群(见第 9.4.5 节),可以实现从热氢原子束中选择慢速原子的信号。通常,例如在满足麦克斯韦-玻尔兹曼分布的情况下,当选定的速度与平均速度相差很大时,此速度范围内的粒子数将显著减小。因此,抑制可能的扰动是以减小参与作用的吸收体的数量为代价的,也就是减小了信号的强度。

6.3　冷却

降低被探询粒子的速度从而减小多普勒效应并增加相互作用时间的最彻底的方法是冷却粒子。此外,冷却而不是选择最慢的粒子还具有如下的优势:通常有更多的粒子对信号有贡献。

6.3.1　激光冷却

激光冷却技术的进步和便宜、方便的可调谐激光器的发展使得激光冷却[132]成为光频标中最有效冷却原子的方法之一。考虑自由原子或者束缚在

---

① 这种效应被认为是 Zacharias 未能成功运行第一个采用热原子束的原子喷泉的原因[15,17,155]。

势阱中的粒子,对它们的激光冷却及应用方法的描述有所不同[158]。共同的基本原理是粒子吸收辐射的平均能量小于粒子在后续发射过程中所辐射的能量。这个能量差由粒子的动能提供,导致速度分布的平均值和宽度减小。可调谐激光器发明后不久,Hänsch 和 Schawlow 提出采用这种效应来降低气体中原子的速度[159],Wineland 和 Dehmelt 提出采用这种效应来降低囚禁离子的速度[160]。这里,我们考虑激光冷却自由原子,激光冷却囚禁粒子的处理方法留到第 10.2.2.3 节再介绍。

6.3.1.1 光学黏胶

考虑如下的过程:首先一个具有 E_g 和 E_e 两个能级的两能级原子从具有波矢 $\boldsymbol{k}$ 的激光束中吸收一个携带 $\hbar k$ 动量的光子,然后通过自发辐射过程辐射出一个光子。激光相对于跃迁频率 $(E_e - E_g)/h$ 是红失谐的。光子的动量被转移到原子上,因此原子的动量变化了 $\boldsymbol{p} = m\boldsymbol{v}$。假设与吸收过程相关的多普勒频移 $\Delta\nu = p/m\lambda$ 相对于吸收线的自然线宽 $\gamma = 1/(2\pi\tau)$ 是小量,这里 τ 是激发态的寿命,也就是说 $\Delta\nu = h/(m\lambda^2) \ll \gamma$。在这个近似下,可以对许多吸收和再辐射过程的动量转移 $\Delta\boldsymbol{p} = \hbar\boldsymbol{k}$ 进行平均,使得原子受到一个经典力 $\boldsymbol{F}$。自发衰变产生的光子是各向同性发射的,因此对这个力没有贡献,而由于吸收光子产生的平均力是

$$\boldsymbol{F} = \frac{N_e}{N}\frac{\hbar\boldsymbol{k}}{\tau} \tag{6.4}$$

这里,N_e 是激发态原子的平均数目,$N = N_e + N_g$ 是包括基态原子数 N_g 的总原子数。比率 N_e/N 可以用饱和系数(5.119)式来表示,从而得到

$$\boldsymbol{F} = \frac{\hbar\boldsymbol{k}}{2\tau}\frac{S_0}{1 + S_0 + \left(\dfrac{\delta\nu}{\gamma/2}\right)^2} \tag{6.5}$$

在足够低的激光强度下,即 $S_0 \ll 1$ 时,自发辐射力(见(6.5)式)作为失谐量 $\delta\nu$ 的函数具有洛伦兹线型,它的线宽由原子跃迁的自然线宽决定。对于具有速度 v 的特定原子,它的失谐量取决于原子的速度,在原子参照系中激光频率由于多普勒效应而发生移动,失谐量等于 $\delta\nu = \nu - \nu_0 - \boldsymbol{k} \cdot \boldsymbol{v}/(2\pi)$。接下来我们考虑速度为 v 的原子在两束相等强度的相向传播激光场中的运动,这样的激光场可以由一束激光和它的反射光束构成。在低强度极限下($S_0 \ll 1$)这两个相向传播光波作用在原子上的力可以被简单地相加,得到

$$F_{om} = \frac{\hbar k}{2\tau} \left[\frac{S_0}{1 + S_0 + 4\left(\nu - \nu_0 - \frac{k \cdot v}{2\pi}\right)^2 / \gamma^2} - \frac{S_0}{1 + S_0 + 4\left(\nu - \nu_0 + \frac{k \cdot v}{2\pi}\right)^2 / \gamma^2} \right]$$

$$= \frac{\hbar k}{2\tau} S_0 \frac{16(\nu - \nu_0)\frac{k \cdot v}{2\pi\gamma^2}}{\left[1 + S_0 + \frac{4(\nu - \nu_0)^2}{\gamma^2} + \left(\frac{k^2 v^2}{\pi^2 \gamma^2}\right)\right]^2 - \left[8(\nu - \nu_0)\frac{k \cdot v}{2\pi\gamma^2}\right]^2} \tag{6.6}$$

图 6.2 所示的是在饱和系数 $S_0 = 0.3$ 及激光频率 ν 相对于共振频率 ν_0 红失谐一个自然线宽 γ 即 $\nu - \nu_0 = -\gamma$ 条件下作用在原子上的力。

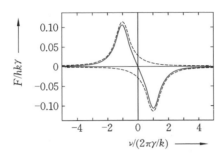

图 6.2 根据(6.6)式,由于近共振吸收光子而作用在原子上的与速度相关的力(这里取参数 $S_0 = 0.3$ 及 $\nu - \nu_0 = -\gamma$)

对非常低速度($v < \gamma\lambda$)的情况,(6.6)式中$(k \cdot v/\gamma^2)^2$ 项以及更高次的项可以忽略,我们可以发现

$$F_{om} \approx \frac{8\hbar k^2 S_0 (\nu - \nu_0)}{\gamma \left[1 + S_0 + \frac{4(\nu - \nu_0)^2}{\gamma^2}\right]^2} v \equiv \alpha v \tag{6.7}$$

即当速度接近于零时,合力随原子速度单调变化。对于红失谐($\nu - \nu_0 < 0$)我们发现,当 $F_{om} = -\alpha v$ 时,它代表一个摩擦力。因此由于多普勒效应,与同向传播光束相比,以速度 v 运动的原子与相向传播光束更接近共振。结果,红失谐近共振光场中的黏性阻尼使原子减速[161,162],"光学黏胶"(optical molasses)这个名字被创造出来描述光场对运动原子的这种阻尼相互作用。

6.3.1.2 多普勒极限

人们也许会认为原子的剩余运动会持续减小,原子最终处于静止状态达到 $T = 0$ 的温度。这是个明显违反物理规律的结果,它没有考虑到即使是静止的原子也会吸收和发射光子。在吸收过程中转移给每个原子的反冲能量是

$+\hbar^2 k^2/(2m)$，发射过程中是$-\hbar^2 k^2/(2m)$，综合起来平均每个粒子的动能增加了 $2\hbar^2 k^2/(2m)$（见（5.103）式）[②]，这导致原子被加热。处于平衡状态时，有

$$\dot{E}_{\text{heat}} = -\dot{E}_{\text{cool}} \tag{6.8}$$

成立。这两束激光由于反冲转移速率导致的加热速率$\dot{E}_{\text{heat}}$正比于处于激发态的相对原子数 N_e/N（见（5.123）式）和衰变速率 $1/\tau = 2\pi\gamma$（见（2.37）式）。因此，加热速率为

$$\dot{E}_{\text{heat}} = 2\frac{(\hbar k)^2}{2m}\frac{2\pi\gamma}{2}\frac{2S_0}{1+2S_0+4(\nu-\nu_0)^2/\gamma^2} \tag{6.9}$$

这里我们假设两个相向传播光束的共振饱和系数是 $2S_0$。阻尼作用导致动能损失，由此引起的冷却速率计算如下：

$$\dot{E}_{\text{cool}} = \frac{\partial}{\partial t}\frac{p^2}{2m} = \dot{p}\frac{p}{m} = F(v)v = -\alpha v^2 \tag{6.10}$$

将（6.9）式、（6.10）式和（6.7）式代入（6.8）式，并且把 v^2 替换成它的平均值 $\langle v^2\rangle$，可以得到

$$m\langle v^2\rangle = \frac{h\gamma}{4}\frac{[1+2S_0+(2(\nu-\nu_0)/\gamma)^2]}{2(\nu-\nu_0)/\gamma} \tag{6.11}$$

（6.11）式在 $\nu-\nu_0 = \gamma/2$ 时有最小值，利用 $m\langle v^2\rangle/2 = k_B T/2$ 我们可以推导出在 $S_0\to 0$ 的极限时最低温度为

$$T_D = \frac{h\gamma}{2k_B} = \frac{\hbar\Gamma}{2k_B} \quad \text{（多普勒极限）} \tag{6.12}$$

多普勒温度 T_D 表示通过多普勒冷却方法可以达到的最低温度，因此常被称为多普勒极限。

三维多普勒极限可以类似地推导出来[162]。值得注意的一点是，冷却速率与一维情况相同，但是如果使用 6 束光而不是 2 束光则其加热速率是一维情况的三倍。然而与此同时，三个自由度导致 $m\langle v^2\rangle_{3D}/2 = 3k_B T/2$，因此三维多普勒极限与（6.12）式相同。对于典型情况，如铯原子的 $6\,{}^2S_{1/2}\text{-}6\,{}^2P_{3/2}$ 跃迁（$\lambda=852$ nm，$\gamma=5.18$ MHz）和钙原子的 $4^1S_0\text{-}4\,{}^1P_1$ 跃迁（$\lambda=423$ nm，$\gamma=$

---

② 由于自发的再辐射过程，原子在动量空间中经历随机行走，因此需要对反冲动能转移进行平均[158]，这个给定值适用于各向同性辐射。

34.6 MHz)多普勒温度(6.12)式分别是 0.12 mK 和 0.83 mK。多普勒极限对应的速度可以通过 $1/2mv_{\mathrm{D}}^2 = k_{\mathrm{B}}T_{\mathrm{D}}/2$ 计算得到

$$v_{\mathrm{D}} = \sqrt{\frac{h\gamma}{2m}} \tag{6.13}$$

对于上面给定的情况,多普勒速度分别是 $v_{\mathrm{D,Cs}} = 8.82$ cm/s 和 $v_{\mathrm{D,Ca}} = 41.5$ cm/s。

6.3.1.3 亚多普勒冷却

对于频标中用到的原子共振线,由多普勒极限确定的速度从几厘米每秒到几十厘米每秒,在需要较长相互作用时间的情况下,例如在原子喷泉中(见第 7.3 节),这样的速度会导致高的原子损耗。幸运的是,在原子具有磁性或超细分裂基态的情况下,例如在原子钟中用到的碱金属原子铯(见第 7 章)和铷(见第 8.2 节)中,有许多机制(例如参见文献[132])可以允许我们方便地达到更低的温度。举一个例子,我们简要考虑"Sisyphus 冷却"的情况,原子在一个偏振以半个波长为周期发生反转变化的强偏振梯度激光场中运动(见图 6.3(a))。这样的偏振梯度可以由具有相同频率和振幅,但其线偏振方向相互垂直的两束相向传播光束构成,即所谓的"线⊥线"方案:

$$\begin{aligned}\boldsymbol{E} &= E_0\hat{x}\cos(\omega t - kz) + E_0\hat{y}\cos(\omega t + kz) \\ &= E_0[(\hat{x} + \hat{y})\cos\omega t\cos kz + (\hat{x} - \hat{y})\sin\omega t\sin kz]\end{aligned} \tag{6.14}$$

从(6.14)式我们可以发现(见图 6.3(a)),对于 $kz = 0$,它是与 $\hat{x}$ 和 $\hat{y}$ 成 45°的线偏振。对于四分之一波长位置 $kz = \pi/2$,它变成与之前偏振方向垂直的线偏振,而它在 $kz = \pi/4$ 即 $z = \lambda/8$ 处变为圆偏振。在这种光场中由于偏振随位置发生周期性变化,具有 $J_{\mathrm{g}} = 1/2 \to J_{\mathrm{e}} = 3/2$ 跃迁的原子系统的 $m_{\pm 1/2}$ 基态能级感受到随位置变化的不同光频移(见图 6.3(b))。考虑一个 $m_{\mathrm{g}} = -1/2$ 的基态原子,它在 $z = \lambda/8$ 的山谷中有较低的势能。如果这个原子沿着 $+z$ 方向移动它就必须爬势能峰从而降低它的动能。在势能峰顶附近辐射变成了 σ^+ 偏振,然后大部分原子通过 $m_{\mathrm{e}} = 1/2$ 能级被光抽运到 $m_{\mathrm{g}} = 1/2$ 能级。继续前进,原子在爬到下一个势能峰的时候进一步损失动能,然后大部分原子又被 σ^- 偏振的辐射通过 $m_{\mathrm{e}} = -1/2$ 能级光抽运到 $m_{\mathrm{g}} = -1/2$ 能级。古希腊神话中 Sisyphus 必须将一块巨石推上山顶,而每次到达山顶后巨石又滚回山下,如此永无止境地重复下去。这个冷却过程与之相似,因此被称为 Sisyphus 冷却。如果抽运过程所需的平均时间与原子移动 $\lambda/2$ 距离的时间相当则这个过程效果最佳。除了"线⊥线"驻波,其他组合如 $\sigma^+ - \sigma^-$ 的相向传播场也存在偏振梯

度。此外，固定偏振与磁场结合可导致磁场诱导的亚多普勒冷却[132]。

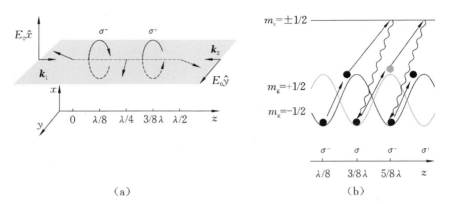

（a）   （b）

图 6.3　Sisyphus 冷却（（a）"线⊥线"驻波场的偏振；（b）图 6.3(a)驻波场中的光频移调制了基态（$m_g=+1/2$ 和 $m_g=-1/2$）的能量并导致光抽运的空间周期调制）

在三维光学黏胶中当存在亚多普勒冷却机制时，铯原子可达到的最低温度大约是 $2.5~\mu$K，明显低于 $0.12~$mK 的多普勒极限，但略高于反冲能量所对应的温度：

$$k_B T > E_r = (\hbar k)^2/2m \quad （反冲极限） \tag{6.15}$$

在没有基态分裂的情况下，例如像光频标中所用的碱土金属的偶数同位素^{20}Mg，^{40}Ca 和^{88}Sr，它们的速度可以通过窄的"禁戒"谱线的二级多普勒冷却降低到强共振线的多普勒极限以下[163]（Sr）。即使在相应的线宽非常小以至于冷却力太弱无法有效抵消重力的情况下，仍然有冷却机制使温度达到微开量级[164,165]（Ca），不过这需要以额外的激光作为代价。

这样，反冲极限（6.15）式对可达到的温度构成了比多普勒极限更严格的限制。尽管如此，还是有一些聪明的方案被设计出来可以使温度低于反冲极限，例如采用相干布局囚禁方法[166,167]或者通过定制失谐量序列的拉曼跃迁方法[168]。然而，到目前为止，这些技术还没有在频标中得到广泛的应用。

6.3.2　冷却和减速分子

与原子不同，由于分子被激光激发到激发态后，可以通过辐射衰变到内层电子态的无数个振动转动能级，所以分子中不存在循环跃迁，从而将传统的激光冷却技术应用于分子冷却会遇到困难。因此，对于最先进的频标，分子参考变得不那么重要了。如果将来发展了合适的冷却机制，这种情况可能会改变。

下面将讨论一些分子冷却机制。

1. 缓冲气体冷却

顺磁原子和离子可以被囚禁在磁阱中磁场的最小值点。哈佛大学的 Doyle 和合作者使用这样一个磁阱囚禁各种原子和分子,并通过与低温冷却的 ^{3}He 碰撞使它们冷却到大约 0.3 K 的温度[169]。在他们的装置中,两个超导磁场线圈产生一个球对称四极阱。通过激光烧蚀将要研究的原子或分子从固体靶上释放出来。粒子因与氦原子碰撞而失去动能。在磁阱中,磁矩与囚禁磁场方向反平行的原子或分子被吸引到磁阱中心的弱场区域。磁矩与磁场方向平行的"强场搜寻粒子"(见第 6.4 节)则被损失掉。磁阱可以囚禁高达 10^{12} 的原子和 10^8 的分子(CaH)。与离子(见第 10.2.2.2 节)不同,缓冲气体冷却尚未应用于中性原子或分子频标中。

2. 静电减速

分子偶极矩与随时间变化电场的相互作用已被用于粒子减速[170,171]。在这种方法中,要减速的分子束通过一组垂直于分子束轨迹的电极对阵列。弱场搜寻分子的电偶极矩与第一对电极的电场梯度反平行,它们在穿过电极之间的强电场时被减速。当分子脉冲到达电极之间的电场最大值区域时,这个电极对的电场被迅速关断,分子必须再次爬上由下一对连接到几千伏特高压的电极产生的势能峰。结果,弱场搜寻分子不断损失它们的动能,随后被囚禁到势阱中。

3. 由光缔合产生分子

超冷原子通过光缔合方法可以产生冷分子,它的动能比通过缓冲气体冷却或静电减速的分子的动能低很多。如图 5.4 所示,两个相互碰撞原子的基态和特定电子激发态的势能是它们核间距的函数。一束相对自由原子的跃迁频率红失谐的激光束可以使分子进入一个束缚的激发态。当 Franck-Condon 系数足够高时,对于近距离原子,由这种光缔合过程形成的分子可以辐射衰变到基态的一个振动转动束缚态。这种方法主要用于由冷原子如碱金属原子形成双原子分子[172,173]。这个方法产生的分子通常处于较高的振动能级,但使用两束激光可以获得非常低的振动能级[174]。超冷的双原子分子可以通过玻色爱因斯坦凝聚体产生[175]。

目前,通过这些技术所能获得的特殊的冷分子类型还不是频标的最佳候选者，这些技术在多大程度上可用于适合频标的分子还有待证明。

6.4　原子囚禁

对于频标，在探询过程中通常非常希望将吸收体保持在一个确定的位置。电场力、磁场力、重力和光场力都可用于操控离子、原子或分子的外部自由度以便将它们囚禁在所需的空间区域。然而，一些限制条件排除了特殊稳定势阱的设计。在无电荷的体积内 $\Delta\Phi=0$ 成立[③]。因此，没有任何静电场的结构可以被设计出来使静电势 Φ 具有最大值或最小值。这个事实有时被称为恩歇 (Earnshaw) 定理。根据恩歇定理，不可能构造出静电离子阱。Wing[176] 已经证明，在没有电流和电荷的空间区域中，电场或磁场的模没有最大值。因此，无法构建静电势阱或静磁势阱来囚禁处于最低能级的中性原子。Wing 定理已经由 Ketterle 和 Pritchard[177] 推广到静电场、静磁场和引力场的任意组合。因此，引入重力场并没有改变这些结论。Ashkin 和 Gordon[178] 推导出了一个所谓的"光学恩歇定理"，与时间无关的光场作用于原子的力正比于它的光强，因此基于这样的光场无法构建稳定的势阱。

原子或分子离子很容易被限制在离子阱中，这里采用了恩歇定理允许的具有鞍点的电势，鞍点附近形成正负梯度并以高频变化。电场力 $F=qE$ 足够强，它可以产生深达几个电子伏特 ($1\ \mathrm{eV}\cong11600\ \mathrm{K}$) 的囚禁势能，很容易囚禁热离子。我们把离子阱和基于这种离子阱的频标放到第 10.1.1 节讨论。

作用于中性原子和分子上的力要弱得多。它们是基于 (5.33) 式的外部电场对永久或者感应电偶极矩的电偶极相互作用，或者 (5.34) 式的外部磁场对永久或者感应磁偶极矩的磁偶极相互作用。由于它们的反转对称性，未受扰动的原子不可能有永久的电偶极矩，因此原子只能通过感应偶极矩被囚禁在电场中。另一方面，可以很容易地将原子制备到有磁矩的能态。外场使原子的能级发生移动。能级移动（即势能）的任意空间梯度，就会产生一个作用在原子质心运动的力。由于外场的扰动基态原子的能量降低，因而那些原子向强场区域加速，有时被称为"强场搜寻粒子"。不过激发态原子可以是"弱场搜寻粒子"，它们被吸引到弱场区域。根据 Wing 定理，在静磁阱[179] 或静电

---

③　如果囚禁体积内总电荷密度 ρ 等于 0，麦克斯韦方程 (4.25) 式 $\mathrm{div}E=\nabla\cdot E=\nabla\cdot\nabla\Phi=\Delta\Phi=\rho/\varepsilon_0=0$ 成立。

阱[180]中,只能存储弱场搜寻态的原子[177]。

在众多可能性中,最简单的磁阱[181]可以由一对反亥姆霍兹(Helmholtz)线圈构成(见图 6.4)。这些线圈产生的磁场在 x 和 y 平面上是径向对称的,在中心有一个零点。靠近中心磁感应强度线性变化($B_x = \{\partial B_x/\partial x\} \cdot x$,$B_y = \{\partial B_y/\partial y\} \cdot y$,$B_z = \{\partial B_z/\partial z\} \cdot z$)。由 $\mathrm{div}\boldsymbol{B} = \boldsymbol{\nabla} \cdot \boldsymbol{B}(\boldsymbol{r})$(见(4.26)式)可以得到 $2\partial B_x/\partial x = 2\partial B_y/\partial y = -\partial B_z/\partial z$。因此,沿 z 方向的场梯度是 x 方向和 y 方向的两倍并且方向相反。中性原子的首次囚禁就是在这样的势阱中实现的[179]。中心有磁场零点的磁四极阱有一个缺点,即当原子通过这一零点区域时原子自旋有非零的概率不遵循绝热跟随,可能经历所谓的 Majorana 自旋翻转[182]。通过这种效应弱场搜寻粒子被变换到强场搜寻粒子并被驱逐出势阱。该问题的一个解决方案是带有附加偏置场的 Ioffe 阱。它可以由四根通有电流的导线产生的二维磁四极场来构建(见图 6.5)[181]。纵向约束是通过两个电流线圈实现的,它使中心线上不再有磁场零点。这些势阱很浅,因此只能用于囚禁温度非常低的中性粒子。可以利用动态势阱实现较大的阱深,如时间平均旋转势阱(TOP 势阱)[183],它也是弱场搜寻势阱。

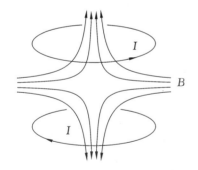

图 6.4　由一对反亥姆霍兹线圈构成的磁四极阱

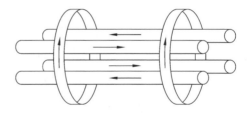

图 6.5　由四根通有电流的直导电棒和两端线圈实现的磁性 Ioffe 阱(箭头表示电流的方向)

没有磁偶极矩的原子可以用电场感应的电偶极矩来囚禁[148]。聚焦激光束中可以产生非常强的电场和足够大的电场梯度。相对共振频率红失谐的激光束(见图 6.6)使一个两能级系统的基态能量降低而激发态的能量增加。感应的电偶极子对红、蓝失谐光束分别做同相、异相振荡,原子受到的力分别牵引它进入、离开光强的最大值。

原子在电场振幅为 E_0 的激光束中的势能可以由(5.135)式和(5.134)式推

导出来,即

$$W_{\mathrm{dip}}(r,z) = -\frac{6\pi\varepsilon_0 c^3}{\omega_0^2}\frac{\Gamma(\omega_0^2-\omega^2)}{(\omega_0^2-\omega^2)^2+\omega^6\Gamma^2/\omega_0^4}\frac{E_0^2}{4} \tag{6.16}$$

$$\approx -\frac{3\pi\varepsilon_0 c^3}{4\omega_0^3}\left[\frac{\Gamma}{\omega_0-\omega}+\frac{\Gamma}{\omega_0+\omega}\right]E_0^2 \approx \frac{\hbar}{8}\frac{\Gamma^2}{\omega-\omega_0}\frac{I(r,z)}{I_{\mathrm{sat}}}$$

在(6.16)式中,我们先假设失谐量远远大于线宽($\omega-\omega_0\gg\Gamma$),此外还采用旋转波近似忽略了方括号中的第二项,并且引入了激光强度($I(r,z)=(\varepsilon_0 c/2)E_0^2$)和(5.122)式给出的饱和光强。最简单的红失谐光势阱(见图6.7(a))是由一个聚焦的高斯激光束(4.110)式实现的,它在光束腰部产生一个三维空间的光强最大值。从(4.117)式我们发现

$$I(r,z) = \frac{2P}{\pi w_0^2\left(1+\frac{z^2}{z_{\mathrm{R}}^2}\right)}\exp\left[-\frac{2r^2}{w_0\left(1+\frac{z^2}{z_{\mathrm{R}}^2}\right)}\right] \approx \frac{2P}{\pi w_0^2}\left(1-\frac{2r^2}{w_0^2}-\frac{z^2}{z_{\mathrm{R}}^2}\right) \tag{6.17}$$

这里,P定义为束腰为w_0的高斯光束的功率,$z_{\mathrm{R}}=\pi w_0/\lambda$是瑞利长度。(6.17)式中的近似适用于离束腰较近的情况,即$z<z_{\mathrm{R}}$和$r<w_0$,表明沿z方向和r方向存在简谐势阱。

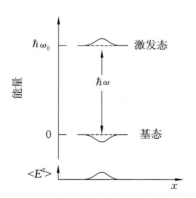

图6.6 一个两能级原子与存在空间相关场强分布的近共振激光束的相互作用,导致原子能级产生空间相关的"光频移"

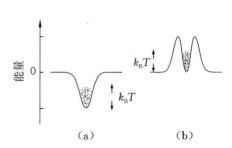

图6.7 红(a)和蓝(b)失谐偶极阱的示意图(红失谐偶极阱可以用简单的高斯激光束实现;蓝失谐偶极阱可以用一个拉盖尔-高斯LG_{01}"甜甜圈"模实现)

与自发辐射力不同,最大偶极力不饱和。在另一方面,偶极阱中的自发辐射导致辐射加热,它正比于光子的散射率。散射率Γ_{sc},即原子每秒散射的光子

数,可以采用与之前相同的近似由(5.136)式和(5.134)式计算得到

$$\Gamma_{sc} = \frac{P_{abs}}{\hbar\omega} = -\frac{2}{\hbar} \mathrm{Im}\{\alpha\} \frac{E_0^2}{4} \approx \frac{\Gamma^3}{8(\omega-\omega_0)^2} \left(\frac{\omega}{\omega_0}\right)^3 \frac{I}{I_{sat}} \qquad (6.18)$$

由于散射率按照 $(\omega-\omega_0)^{-2}$ 减小(见(6.18)式),因此对于大的失谐量,散射率和加热变得不那么重要。因而红失谐势阱最常作为远离共振势阱(FORT)使用[184]。

蓝失谐势阱没有这些缺点。例如通过拉盖尔-高斯(Laguerre-Gaussian)的 LG_{01} "甜甜圈"模(见图 6.7(b))实现的蓝失谐偶极势阱可以提供与红失谐偶极势阱相同的势阱深度,并在势阱中心具有相同的曲率。然而,对于相同失谐的囚禁激光场,蓝失谐势阱的激光功率必须乘以 $e^{2\,[148]}$。三维蓝失谐势阱也已通过薄片形激光束产生[185]或构造成金字塔形势阱[186]。蓝失谐势阱适用于弱场搜寻态,由于它的交流斯塔克频移比红失谐势阱要小几个数量级,因此它对频标更有优势。例如在一个蓝失谐势阱中,Davidson 等人[185]能够通过 Ramsey 激励(见第 6.6 节)观察到钠原子的超精细钟跃迁。

6.4.1　磁光阱

在光学黏胶中原子被减速到非常低的速度。然而光学黏胶只有阻尼力而没有把原子囚禁在空间特定点上的力。这样的力可以在非均匀磁场中产生。考虑基态 E_g 总角动量 $J=0$,激发态 E_e 总角动量 $J=1$ 的原子(见图 6.8)。在碱土金属中很容易找到满足这样参数的粒子(见表 5.6)。在磁场中,可以近似认为基态的能量不受影响,而激发态的能级被分裂成三个磁子能级。$m_J=0$ 的子能级的能量几乎与磁场无关,而另外两个子能级($m_J=\pm1$)的能量随外加磁场线性变化,且变化符号相反。假设磁感应强度 B 沿 z 方向与到中心 $z=0$ 的距离成线性变化:

$$B_z(z) = bz \qquad (6.19)$$

$m_J \neq 0$ 的激发态能级对应的塞曼频移:

$$\Delta E(z) = \pm g_J \mu_B bz \qquad (6.20)$$

在失谐量中引入与空间相关的项:

$$\delta\nu = \nu - \nu_0 \mp \frac{\upsilon}{\lambda} \mp \frac{g_J \mu_B}{h} bz \qquad (6.21)$$

这里,g_J 是激发态的朗德因子,μ_B 是玻尔磁子($\mu_B/h=1.4\times10^{10}$ Hz/T)。沿着 z 轴,可以分别通过圆偏振 σ^+ 和 σ^- 的辐射,选择性地激励到 $m_J=1$ 和 $m_J=-1$ 的跃迁。如果用空间依赖项而不是用速度依赖的失谐量(6.21)式来

计算(6.7)式,则可以发现力在 z 方向上是线性的,有

$$F_z(z) = -Dz \tag{6.22}$$

这里常数 D 可以写成

$$D \approx \frac{8\mu_B bk S_0(\nu-\nu_0)}{\gamma\left(1+S_0+\dfrac{4(\nu-\nu_0)^2}{\gamma^2}\right)^2} \tag{6.23}$$

因此这个力类似于在离中心很小的距离 z 的胡克定律,从而存在一个简谐势阱 $V(z)=Dz^2/2$,它可以囚禁原子。假设两束激光具有相同的光强,则势阱的中心与磁场零点重合。由光学黏胶产生的阻尼力和空间变化磁场产生的回复力的合力可以表示为

$$F_z(z,v) = -Dz - \alpha v \tag{6.24}$$

质量为 m 的原子对应的一维运动方程由一个阻尼线性谐振子描述(见(2.27)式),它的无阻尼振荡角频率为 $\omega_0 = \sqrt{\dfrac{D}{m}}$,阻尼常数为 $\Gamma = \dfrac{\alpha}{m}$。

当在每个空间维度都打入一对合适的圆偏振激光束时(见图 6.9),可以将这个方案直接推广为三维磁光阱(MOT)[187]。在势阱中心有磁场零点并且随离开中心的距离近似线性增加的磁场可以由一对反亥姆霍兹线圈(见图 6.4)产生,其磁感应强度的梯度在 0.05 T/m 到 0.5 T/m 之间变化。为了计算角频率 ω_0 和阻尼常数 Γ 的典型值,我们使用(6.23)式和(6.7)式,对于囚禁 ^{40}Ca 原子的势阱有 $b=0.1$ T/m,$\omega-\omega_0=\Gamma/2$,$k=2\pi/423$ nm 和 $m=40\times1.66\times10^{-27}$ kg。由 $\omega_0\approx2\pi\times2.4$ kHz 和 $\Gamma\approx1.56\times10^5$/s 可以发现原子在 MOT 中的运动是强烈过阻尼的。

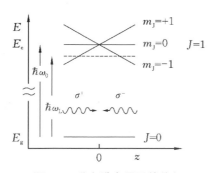

图 6.8 磁光阱中原子的能级

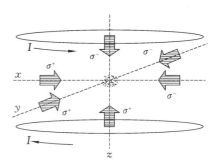

图 6.9 磁光阱原理图

磁光阱的装载:MOT 能俘获的最大原子速度是 $v_c \approx (2F_{max}r/m)^{1/2} =$

$(\hbar k\gamma r/m)^{1/2[188]}$，这里 r 是 MOT 的半径。因此速度小于 $v_c \lesssim 30$ m/s 的原子可直接从未冷却的蒸气[189] 或未冷却的热原子束[104,187,190,191] 中装载。然而这种装置只能俘获来自麦克斯韦-玻尔兹曼速度分布低速尾部的原子。为了获得原子制备和探询的高占空比，在光频标中要求在短时间内装载大量原子。磁光阱中因禁的原子数 N 可由速率方程导出，即

$$\frac{\mathrm{d}N}{\mathrm{d}t} = R_c - \frac{N}{\tau_{\mathrm{MOT}}} - \beta N^2 \tag{6.25}$$

这里 R_c 是俘获率，τ_{MOT} 是原子在 MOT 中的平均寿命。第二项表示被俘获原子与背景气体的碰撞，第三项描述俘获原子之间的碰撞。最后一项只有在高密度时才变得重要，如果它可以被忽略，则(6.25)式的解可以写成

$$N(t) = (N(0) - R_c\tau_{\mathrm{MOT}})\mathrm{e}^{-t/\tau_{\mathrm{MOT}}} + R_c\tau_{\mathrm{MOT}} \tag{6.26}$$

装载曲线(见图 6.10)以时间常数 τ_{MOT} 趋近平衡值 $N(t \to \infty) = R_c\tau_{\mathrm{MOT}}$。从空阱($N(0) = 0$)开始的装载曲线为

$$N(t) = R_c\tau_{\mathrm{MOT}}(1 - \mathrm{e}^{-t/\tau_{\mathrm{MOT}}}) \tag{6.27}$$

通过使用两个或两个以上，且彼此之间频率间隔大约为一个冷却跃迁自然线宽的光学频率，俘获范围和相应的装载到势阱的原子流量可以大大增加[190,192]。

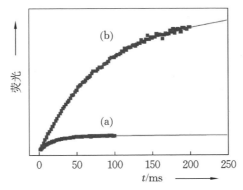

图 6.10 钙原子磁光阱测量的装载曲线（正方形）和根据(6.27)式的拟合（线）（当一个特定的势阱损失通道被关闭时（损失到 $^1\mathrm{D}_2$ 能级的原子（见图 5.2）被再抽运）寿命从 $\tau_{\mathrm{MOT}} = 19$ ms（a）增加到 $\tau_{\mathrm{MOT}} = 83$ ms（b））

另外，通常使用塞曼冷却技术[193,194] 来装载 MOT[195-198]，其中圆偏振冷却激光束与原子束相向传播，它的变化的多普勒频移由纵向磁场补偿。在频标

中,有时塞曼减速器与倾斜的光学黏胶一起使用,只让最慢的原子偏转到 MOT 中[199]。在 MOT 中很容易冷却稠密的样品($\rho \geqslant 10^{10}$ 原子/cm³, $N \gg 10^7$ 原子),在关掉 MOT 场(激光和磁场)后,在微波频标和光频标中它可以作为一个冷原子系综用于探询。

6.4.2　光晶格

原子也可以被囚禁在光晶格中。光晶格由两个或两个以上的光束通过干涉产生,在空间形成一个驻波场模式。考虑由两个具有相同频率 $\nu=c/\lambda$ 、偏振和光强的相向传播的光束通过干涉产生的驻波:

$$\boldsymbol{E}=E_0\hat{\boldsymbol{\varepsilon}}\cos(\omega t-kz)+E_0\hat{\boldsymbol{\varepsilon}}\cos(\omega t+kz)=2E_0\hat{\boldsymbol{\varepsilon}}\cos kz\cos\omega t \qquad (6.28)$$

原子感受的光频移(交流斯塔克频移)势($\propto E^2$)在干涉区域也形成了一个周期性的势阱结构,其中波峰和波谷之间的间隔是 $\lambda/4$ 。动能足够低的原子可能会被囚禁在相应的势阱中,从而被定位在一个明显小于用来产生势阱光束波长的区域。二维光晶格可以在两束垂直激光束相交处实现(见图 6.11)[200]。干涉图样取决于光束偏振方向,并显示出规律排列的势阱结构(见图 6.12)。

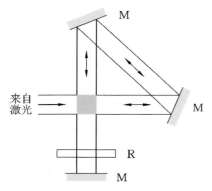

图 6.11　两维光晶格的产生

（M:反射镜,R:光学延迟片）

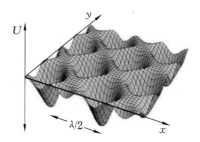

图 6.12　两维光晶格的势阱

已经发现 n 维的晶格可以由 $n+1$ 束具有恰当选择偏振的激光构成[201]。一个简单方便的三维光晶格实现方案如图 6.13 所示。在 $x\text{-}y$ 平面内从左边入射的两束光和在 $y\text{-}z$ 平面内从右侧入射的两束光分别在 x 方向和 z 方向形成驻波。而沿 y 方向,四束光之间的干涉形成驻波。

用冷原子源填充光晶格,得到的晶格格点填充通常非常稀薄。然而,有一些方法可以实现接近 1 的晶格格点填充率[202]。在光频标中使用光晶格,即使存在引力场也可以获得非常长的相互作用时间,同时将中性原子囚禁在 Lamb-Dicke 区域,从而可以消除一阶多普勒效应。有人设计了一种很有前途的方法[203],它可以避免晶格激光束对钟跃迁产生扰动(见第 14.2.2 节)。

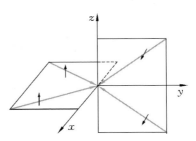

图 6.13 用于产生三维光晶格的四光束几何结构(来自左边的两束光和来自右边的两束光在两个正交平面内传播。所有光束是线性偏振并且偏振方向垂直于对应的平面,如箭头所示)

6.4.3 冷原子样品的表征

频标的频率被锁定在量子系综上,因此系综的特性以各种方式影响频标的性能(见第 5.4 节)。各种各样的方法和技术[204]经常用来测量吸收体的数量、密度或温度,下面将讨论其中的一些技术。

6.4.3.1 粒子数和粒子密度测量

形成样品的粒子总数通常由三种方法中的一种确定,即测量样品发出的荧光功率,测量样品吸收的光功率,或者测量光通过样品时产生的相移。相应信号的空间变化也允许我们确定原子云中原子的大小和分布。一束弱探测激光束沿 z 轴穿过介质时,会受到复折射率 $n = n' + \mathrm{i}n''$ 的影响,即

$$E(z,t) = E_0 \mathrm{e}^{-\mathrm{i}(\omega t - n'kz)} \mathrm{e}^{-n''kz} \equiv t E_0 \mathrm{e}^{-\mathrm{i}(\omega t - \phi)} \tag{6.29}$$

因此产生相移 $\phi = n'kz$ 和吸收。在两能级系统组成的介质中吸收由(振幅)透过系数 $t = \exp(-n''kz)$ 来表征,按照(5.131)式,它可以写成

$$t \equiv \mathrm{e}^{-\widetilde{D}/2} = \exp\left[-\frac{\widetilde{\rho}\sigma_0}{2} \frac{1}{1 + \frac{(\omega - \omega_0)^2}{(\Gamma/2)^2}} \right] \tag{6.30}$$

相移可以写成

$$\phi = \exp\left(-\frac{\widetilde{\rho}\sigma_0}{2} \frac{\frac{(\omega - \omega_0)^2}{(\Gamma/2)^2}}{1 + \frac{(\omega - \omega_0)^2}{(\Gamma/2)^2}} \right) \tag{6.31}$$

其中 $\widetilde{\rho} = \int \rho \mathrm{d}z$,是沿着穿过样品柱体积分后的吸收体密度:

$$\sigma_0 = \frac{3\lambda^2}{2\pi} \tag{6.32}$$

是(共振)散射截面[146,204,205]。考虑这样一个装置,直径大于原子云的探测光束入射到电荷耦合器件(CCD)照相机上,产生了原子云的阴影图像。原子云的密度定义如下:

$$D(x,y) = -\ln\left[\frac{I_{\text{with cloud}}(x,y) - I_0(x,y)}{I_{\text{w/o cloud}}(x,y) - I_0(x,y)}\right] \tag{6.33}$$

这里,$I_{\text{with cloud}}(x,y)$、$I_{\text{w/o cloud}}(x,y)$ 和 $I_0(x,y)$ 分别是探测光照射原子云时的图像,探测光束单独照射时的图像以及没有探测光也没有原子云时的暗图像。通常二维密度分布可以由高斯函数描述

$$D(x,y) = D_{\max} e^{-\frac{x^2+y^2}{2r_0^2}} \tag{6.34}$$

为了确定 $D_{\max}$ 必须知道沿 z 轴的原子分布。对于一个在 z 方向有同样半径 r_0 的高斯分布有

$$D_{\max} = \int \sigma_0 \rho_{\max} \exp\left(-\frac{z^2}{2r_0^2}\right) dz \tag{6.35}$$

计算出积分后得到

$$\rho_{\max} = \frac{D_{\max}}{\sqrt{2\pi}\,\sigma_0 r_0} \tag{6.36}$$

暗场成像、相衬成像或偏振反差成像是另外的探测方法,这些方法通过对原子云的无破坏成像探测原子的色散[204]。

6.4.3.2 温度

有几种方法可以用来测量势阱中冷原子云的温度或者原子从势阱释放后的温度。

1. 飞行时间测量

这些技术是以某种方式测量原子云的扩散,并将导出的空间和时间分布和粒子的动能联系起来。假设原子处于热平衡状态,这种分布与系综的温度相关,但在 MOT[207] 中这个假设并不总是成立。现在称为"释放和再俘获"的技术是最简单和最早用于测定光学黏胶原子温度的方法[161]。这种方法是测量因禁场(例如磁场或者激光场)突然关断一个可变时间 τ_{off} 前后的原子数(或与这个数成正比的量)。在这段时间里,扩散的原子云里速度最快的原子离开

了势阱的俘获范围,因此当势阱重新打开后包含较少的原子。从剩余原子数与 τ_{off} 的函数关系可以测定温度,温度的测量精度取决于俘获区域的形状和大小的测量精度。由于囚禁场的开关速度必须足够快,因此这种方法特别适用于光势阱,这种情况下无须额外设备就可以直接测量囚禁场中原子的荧光。

更精确的方法使用额外的激光束,并采用第 6.4.3.1 节中描述的方法对原子云进行成像。从一系列经过不同时间 t 后拍摄的吸收或者相衬图像,可以确定原子云尺寸的演化过程。一个例子是考虑势阱刚刚关断后的半径为 r_0 的高斯分布的球形原子云。因为每个原子的位置是由初始位置和关闭势阱后的路径决定的,这些量是不相关的,因此可以平方和相加,有

$$r(t) = \sqrt{r_0^2 + \langle v^2 \rangle t^2} \tag{6.37}$$

作为第三种方法,考虑一个位于被俘获原子下方几厘米处的薄片光束,它的垂直方向很窄,水平方向很宽。为了确定从势阱中释放出来的原子的垂直速度分布,采集原子下落通过光束薄片时产生的随时间变化的荧光信号。来自水平面的荧光辐射成像给出了两个水平方向上的速度[208]。

另一种方法确定在引力势中,从势阱中释放出来的原子的高度[162,206]。

2. 阱中心振荡

可以用囚禁在简谐势阱(例如 MOT 阱、偶极阱或磁阱)中原子对外力的响应来测量原子的温度。在热平衡状态下,热能等于平均势能或平均动能

$$k_{\text{B}}T = D\langle x^2 \rangle = m\langle v^2 \rangle \tag{6.38}$$

测定弹簧常数 D(见(2.6)式),并通过 CCD 相机测量囚禁原子云的扩散,就可以使用(6.38)式测定温度[209]。例如可以通过测量原子云对推进激光束的光压力或磁场中心的运动的响应来测定弹簧常数。如果原子云在外部简谐力驱动下做受迫振动,测量频率相关的振幅响应和相位,然后使用(2.59)式和(2.60)式可以测定平均阻尼常数和弹簧常数[210]。

3. 测量多普勒增宽

在频标中,作为频率参考的量子系统通常有一个窄的跃迁。假定它的均匀线宽足够小,我们就可以测量非均匀多普勒增宽,从而用增宽来推导出样品中的速度分布。在光频标中通常直接使用钟跃迁的增宽(见图 6.1)。该方法需要一种高的短期和中期稳定度的激光,如同频标中对本机振荡器

的要求。例如,可以使用两束相位相干激光的拉曼跃迁(见图 5.12(a)来探测铯原子喷泉(见第 7.3 节)微波频标中的速度分布[211]。对于拉曼跃迁,两束激光的相对相位而不是两束激光本身的相位必须是稳定的。这两个必要的相位相干场可以由一个适当频率稳定度的激光器利用声光调制器(见第 11.2.1 节)或电光调制器(见第 11.2.2 节)产生,或者用两个有较大频率间隔的锁相激光器产生。

6.5 消多普勒效应非线性光谱

6.5.1 饱和吸收谱

在光频标中,多普勒增宽变得尤为重要,一种好用的获得窄谱线方法是基于非线性光谱或饱和光谱[212]。考虑如下的情况:一束频率 ν 相对于跃迁频率 ν_0 轻微蓝失谐($\nu > \nu_0$)的强激光与速度服从麦克斯韦分布的两能级原子系综相互作用。速度 v' 满足多普勒条件 $\nu - \nu_0 = \mathbf{k} \cdot \mathbf{v}'$ 的原子从较低的能级转移到较高的能级,于是在基态速度分布曲线上"烧出"一个洞,如图 6.14(a)所示,这个洞有时称为 Bennett 洞[213]。在 $S_0 \gg 1$ 的强饱和情况下,大约一半的原子被转移到激发态。通过调整激光的频率使它扫过谱线,采用图 6.15(a)所示的装置测量吸收功率或者激发态原子衰变发出的荧光,可以记录到多普勒增宽的吸收线。现在考虑相同频率 ν 的第二束激光,例如图 6.15(a)中通过反射镜反射的激光,它以与第一束激光相反的方向穿过吸收介质。对于"光吸收率小"的原子束,如果每一束激光束都独立调频扫过吸收线,则显示出吸收谱,并且两束光的总吸收是单光束的两倍。对于一个固定频率,第二束激光与同一系综相互作用,在基态速度分布曲线 $\nu = -\nu'$ 的位置"烧出"第二个孔(见图 6.14(b))。对于 $\nu \neq \nu_0$ 两束光与不同速度群的原子相互作用,但是如果激光的频率 ν 调谐到跃迁频率 ν_0(见图 6.14(c)),则两束光与相同速度的原子相互作用。这些原子的速度特征是沿激光束轴向(z 轴)速度 $v_z = 0$,因此它们的多普勒频移为零。如果第一束激光已经使跃迁饱和($S_0 \gg 1$)则第二激光光束实际上不被吸收,因此共振频率处的总吸收比两个单束激光的离共振吸收减小了几乎一半(见图 6.16,空心圆)。

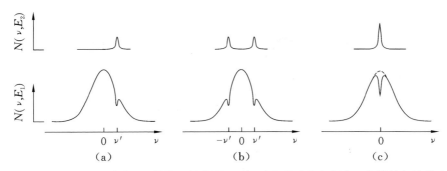

图 6.14 基态 E_1 和激发态 E_2 的粒子数布居((a)相对于跃迁中心频率正失谐的行波使布居
从低能级 E_1 转移到高能级 E_2,从而在低能级速度分布曲线上"烧出"一个洞;
(b) 如果相对共振有轻微失谐,两束相向传播的光与多普勒增宽线型中不同速度群
的原子相互作用;(c)两个调谐成共振的相向传播光与相同速度的原子群相互作用)

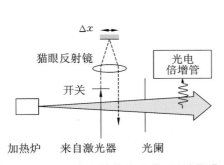

图 6.15 原子束中的饱和吸收(通过将猫
眼反射器偏移 $\Delta x/2$ 使入射光束
和反射光束重叠产生驻波)

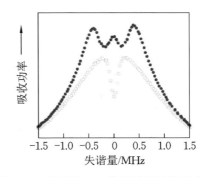

图 6.16 使用图 6.15 的装置通过激发态原
子荧光[216]测量钙原子束在两个
相向传播行波(空心圆)和驻波
(点)中的吸收功率

　　因为这种速度群原子的饱和参数 S_0 是对应于远离共振($\nu \neq \nu_0$)速度原子
的两倍,因此这种非线性吸收在较弱饱和情况下也会发生。由于饱和吸收而
在吸收线中间出现的凹陷常称为"Lamb 凹陷"[212]。Lamb 凹陷的宽度可以窄
到均匀功率增宽(见图 5.20)线宽。Lamb 凹陷通常具有比吸收线本身更窄的
光谱特征,由于对应的鉴频曲线具有更高的斜率,因此可以用来稳定激光频
率,使其具有更高的稳定度。

上面给出的饱和吸收谱直观图像仅在弱饱和近似条件下有效[212]。相干饱和光谱中的强场效应可以显著改变吸收特性。为了正确描述强场情况下的吸收光谱,光子反冲的影响、实际激光束轮廓、原子和光之间的多重动量交换都必须加以考虑[214-216]。如果采用驻波激励,后者就变得非常重要。一个例子是比较分别采用两个空间分离行波和一个驻波激励钙原子束$^1S_0$-$^3P_1$($\lambda = 657$ nm)跃迁的吸收谱线(见图6.16)[216]。

由于反冲效应,饱和吸收谱线(见图6.16)分裂成两个分量[217]。图6.17所示的是处于基态E_1和激发态E_2原子的能量动量抛物线,从中可以推断出这样一个双重谱线的起源。考虑一个处于基态的静止原子(见图6.17(a))。吸收一个光子后,原子的动能是$p^2/(2m) = (\hbar k)^2/(2m)$。因此这两个相向传播激光束与相同(零)速度群的基态原子相互作用,则$\hbar\omega = E_2 - E_1 + (\hbar k)^2/(2m)$,即饱和吸收角频率蓝移$\Delta\omega = \hbar k^2/(2m)$。如果两束激光与激发态相同(零)速度群的原子相互作用,饱和吸收特性也会出现。在这种情况下,能量和动量守恒要求谱线红移相同的量。因此,两条吸收谱线之间的频率间隔(反冲分裂)为(见(5.103)式)

$$\Delta\nu = \frac{h}{m\lambda^2} \tag{6.39}$$

在钙原子互组跃迁谱线($\lambda = 657.46$ nm)中反冲分裂是23.1 kHz(见图6.18)。

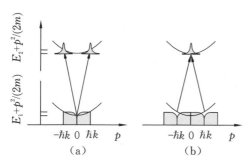

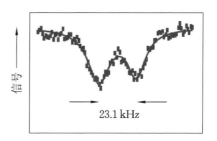

图6.17 饱和吸收的能量-动量示意图((a)两个相向传播激光束与相同(零)速度的基态原子群相互作用;(b)两个相向传播激光束与激发态原子相互作用)

图6.18 激光冷却钙原子云中饱和吸收谱线的反冲分裂

由于高频反冲分量是两束激光与相同速度群的基态原子相互作用时产生的,在期望和要求的长相互作用时间内,这个分量也会受到激发态原子自发辐射的影响。因此高频分量通常表现出比低频分量小的饱和吸收特性。此时如果这两个反冲分量没有被分辨开,则这两条谱线的中心不一定出现在未受扰动谱线的频率上。因此,对于光频标可能需要抑制其中一个分量。已经开发出了抑制低频分量[218]或者高频分量[219,220]的方法。

在饱和吸收光谱中,只有来自零速度群的吸收体对信号有贡献,由此产生了消一阶多普勒效应的信号。尽管如此,在原子束中二阶多普勒效应可能仍然很大。

6.5.2 低速吸收体的功率依赖性选择

如果只选择气体中最慢粒子的吸收信号,则可以显著降低一阶和二阶多普勒效应。这种效应只有在激光束的光强很弱的情况下才会发生,因为两能级系统的优化激励需要 π 脉冲,因此当光强太弱了它就不能明显地激励较快的粒子。考虑一个速度为 v 的粒子垂直穿过直径为 $2w_0$ 的相干相互作用辐射场。渡越过程的拉比角由 $\theta_R = \Omega_R 2w_0/v$(见(5.52)式)给出。如果选择足够小的场幅度,使拉比频率 Ω_R(5.37)式非常低,则只有那些速度足够小的粒子才具有明显的拉比角从而被激励。

选择慢速分子或原子需要低压强和低饱和光强。因此饱和信号变得非常弱。虽然存在这些困难,这个方法已被应用于频标中。Bagayev 等人[221]在他们的甲烷稳定的氦氖激光器中将甲烷吸收泡置于激光腔内,以便当激光刚刚工作在阈值以上时就可以实现信号的放大,由此受益得到窄线宽谱线。激光包含一个被冷却到 77 K 温度的 8 m 长的内部吸收池。激光束有束腰 $2w_0 = 15$ cm,以便有足够长的相互作用时间。巴黎第十三大学(Paris-Nord 大学)的研究组[222]采用了同样的方法,他们使用一束 CO_2 激光($\lambda \approx 10$ μm,光斑半径 $w_0 = 3.5$ cm),该光束多次通过一个长 18 m 的 OsO_4 吸收池,使有效路径长度达到 108 m。吸收池保持在室温,压强低到 3×10^{-4} Pa。采用功率为 30 nW 的光束,可以选择有效温度 $T_{eff} = 0.6$ K 的分子。为了利用这个对比度只有 10^{-6} 的信号,必须采用外差检测和双调制技术。

6.5.3　双光子光谱

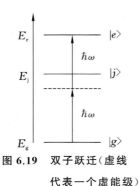

图 6.19　双子跃迁(虚线代表一个虚能级)

如果量子吸收体中一个跃迁所需的能量由相向传播光束的两个光子提供(见图 6.19),并且这两个光子具有相同的频率,则可以记录到消一阶多普勒效应的吸收谱线[223,224]。如果以速度 v 运动的吸收体是由两个光束中的光子同时激发的,则在吸收体静止参考系中,根据一阶多普勒效应一个光子的能量($\hbar\omega_1$)是红频移的,另一个($\hbar\omega_2$)是蓝频移的。两个光子的总能量:

$$\hbar\omega_1+\hbar\omega_2=\hbar\omega_0\left(1-\frac{\boldsymbol{v}\cdot\boldsymbol{k}}{\omega_0}\right)+\hbar\omega_0\left(1+\frac{\boldsymbol{v}\cdot\boldsymbol{k}}{\omega_0}\right)=2\hbar\omega_0 \qquad (6.40)$$

不受一阶多普勒效应的影响。双光子跃迁可以激励原本不能通过单光子偶极辐射耦合的能级跃迁,例如具有相同宇称的能级间的跃迁。

由于类似氢原子的 1S-2S 能级间的一阶跃迁振幅为零,因此必须采用二阶含时微扰理论来计算双光子跃迁的跃迁振幅。考虑一个原子在两个具有相同角频率 ω,振幅为 E_1 和 E_2,偏振为 $\boldsymbol{\varepsilon}_1$ 和 $\boldsymbol{\varepsilon}_2$ 的相向传播的场中运动。已有研究表明[223-225]双光子吸收概率为

$$
\begin{aligned}
c^{(2)}(\omega)=&\sum_j\frac{e^2E_1^2\langle g|e\boldsymbol{r}\cdot\boldsymbol{\varepsilon}_1|j\rangle\langle j|e\boldsymbol{r}\cdot\boldsymbol{\varepsilon}_1|e\rangle}{\omega_{jg}-\omega}\times\frac{\exp[\mathrm{i}(\omega_{eg}-2\omega+2\boldsymbol{k}\cdot\boldsymbol{v})t]}{(\omega_{ge}-2\omega+2\boldsymbol{k}\cdot\boldsymbol{v})-\mathrm{i}\Gamma_e/2}\\
&+\sum_j\frac{e^2E_2^2\langle g|e\boldsymbol{r}\cdot\boldsymbol{\varepsilon}_2|j\rangle\langle j|e\boldsymbol{r}\cdot\boldsymbol{\varepsilon}_2|e\rangle}{\omega_{jg}-\omega}\times\frac{\exp[\mathrm{i}(\omega_{eg}-2\omega-2\boldsymbol{k}\cdot\boldsymbol{v})t]}{(\omega_{ge}-2\omega-2\boldsymbol{k}\cdot\boldsymbol{v})-\mathrm{i}\Gamma_e/2}\\
&+\sum_j\frac{e^2E_1E_2}{4\hbar^2}\left[\frac{\langle g|e\boldsymbol{r}\cdot\boldsymbol{\varepsilon}_1|j\rangle\langle j|e\boldsymbol{r}\cdot\boldsymbol{\varepsilon}_2|e\rangle}{\omega_{jg}-\omega}\right.\\
&\left.+\frac{\langle g|e\boldsymbol{r}\cdot\boldsymbol{\varepsilon}_2|j\rangle\langle j|e\boldsymbol{r}\cdot\boldsymbol{\varepsilon}_1|e\rangle}{\omega_{jg}-\omega}\right]\times\frac{\exp[\mathrm{i}(\omega_{eg}-2\omega)t]}{(\omega_{ge}-2\omega)-\mathrm{i}\Gamma_e/2}
\end{aligned}
\qquad (6.41)
$$

这里所有的原子本征态都必须包括在求和里,$\Gamma_e=2\pi\gamma_e$ 是 $|e\rangle$ 能级寿命的倒数,假设基态能级有无限长的寿命。因此共振分母 $\omega_{jg}-\omega$ 的最大贡献来自接近虚能级的中间能级 j(见图 6.19)。(6.41)式中的前两项描述了从任意一个行波中吸收两个光子。因此每一项都包含一阶多普勒频移。第三项描述了从两个相向传播光场中各吸收一个光子,按照(6.40)式一阶多普勒频移抵消了。将(6.41)式平方并对原子的所有速度进行平均,前两项产生一个高斯型的多

普勒背景[223]。对于频标,通常多普勒背景的线宽比双光子跃迁的线宽大很多,因此多普勒基底提供了一个非常弱的几乎恒定的背景。对于一个线偏振的驻波($E \equiv E_1 = E_2$ 和 $\boldsymbol{\varepsilon} \equiv \boldsymbol{\varepsilon}_1 = \boldsymbol{\varepsilon}_2$),(6.41)式的第三项产生一个无多普勒轮廓的洛伦兹线型:

$$P^{(2)}(\omega) = \frac{e^4 E^4}{4\hbar^4} \left| \sum_j \frac{\langle g \mid e\boldsymbol{r} \cdot \boldsymbol{\varepsilon} \mid j \rangle \langle j \mid e\boldsymbol{r} \cdot \boldsymbol{\varepsilon} \mid e \rangle}{\omega_{jg} - \omega} \right|^2 \frac{\Gamma_e}{(\omega_{ge} - 2\omega)^2 + \Gamma_e^2/4}$$

(6.42)

它的线宽是终态能级的宽度。跃迁几率取决于振幅的四次方,即激光强度的平方。因此,激光束通常必须聚焦到一个小的直径来驱动微弱的二阶跃迁。大光强常常导致相当大的交流斯塔克频移,在频标中它必须被测量和修正。对于快速原子,激光束的小直径可以导致渡越时间增宽,从而改变(6.42)式的线型[226]。与饱和光谱相比,双光子光谱有一个很大的优势,那就是所有速度的原子都对信号有贡献。

双光子跃迁已被用于频标中,如氢原子中的 1S-2S 跃迁(见第 9.4.5 节),铷原子中的 $5S_{1/2}$-$5D_{5/2}$ 跃迁(见第 9.4.3 节),和银原子中的 $4d^{10}5s\ ^2S_{1/2}$-$4d^9 5s^2\ ^2D_{5/2}$ 跃迁(见第 9.4.6 节)。

6.6 通过多个相干相互作用进行探询

为了充分利用量子吸收体可获得的窄线宽,必须让它与所施加电磁场完成必要长时间的相干相互作用,以便尽量减小相互作用时间增宽。Ramsey[155,227,228]发展了一个对微波频标非常有效的方法,不是施加一个持续时间为 T 的相干场,而是让量子吸收体与短持续时间 τ 的场相互作用多次,这些作用通过没有场存在的时间 T 分隔。这种"Ramsey 激励"既适用于原子或分子束与空间分离场的相互作用,也适用于在一个设备中吸收体在同一位置与时间分离场的相互作用。采用两个分离相互作用的 Ramsey 激励同样适用于铯原子钟和其他微波频标。在光学频段这个方法必须进行修正,通常采用超过两个的相干相互作用。

我们将会看到,与饱和光谱技术相比,采用多个相干相互作用的 Ramsey 激励的一个主要优势是相互作用时间增宽和分辨率可以独立调节。前者可以通过选择短的相互作用时间 τ 来增加,从而也允许有多普勒频移 $\upsilon/c \lesssim$

$1/(2\pi\tau)$ 的吸收体对信号有贡献。但是,分辨率主要由更长的相互作用时间间隔 T 决定。

6.6.1　微波频标中的 Ramsey 激励

为了描述两个短电磁场脉冲与一个恰当量子吸收体的相互作用,如 9.2 GHz 微波与铯原子基态超精细分裂能级的相互作用,我们首先简要介绍共振特性的计算过程,该计算用到了第 5.3.1 节发展的两能级系统处理方法。为了补充描述,我们还使用第 5.3.2 节发展的布洛赫矢量图像(见图 6.21)对相关过程进行可视化处理。

考虑两能级原子与探询场的两个顺序相互作用,它们的持续时间为 τ,两个相互作用之间探询场被关断,时间间隔为 T。这种情况出现在铯束原子钟(见第 7.1 节)中,铯原子经过两个空间分离的相互作用区,也出现在铯喷泉原子钟(见第 7.3 节)中,铯原子在上抛和下落过程中穿过同一个微波场。

在计算过程中,两能级系统处于基态和激发态的几率幅 $c_1(t)$ 和 $c_2(t)$ 分别由(5.50)式和(5.51)式给出(见第 5.3.1 节)。我们假设原子在发生相互作用之前的瞬间处于基态($c_1(t=0)=1$,$c_2(t=0)=0$)。为了研究在第一次和第二次相互作用过程中场的综合影响以及两个作用间隔内原子态的演化,Ramsey[155,227] 考虑了一个更普遍的表达式。他计算了在 t_1 和 t_1+t 时间内施加相互作用引起的几率幅 $c_1(t_1+t)$ 和 $c_2(t_1+t)$ 的演化,相互作用开始之前两能级原子由给定的几率幅 $c_1(t_1)$ 和 $c_2(t_1)$ 描述,它可以是之前任意相互作用的结果。他发现第二次相互作用后两能级原子处于激发态的几率是两次贡献之和。其中一项描述了原子在第一次相互作用过程中被激发,并以这种状态进入到第二次相互作用的几率幅;另一项描述原子离开第一次相互作用区时处于基态,在第二次相互作用过程中被激发的几率幅。因此,通过计算在第二次相互作用后发现原子处于激发态的总概率,我们可以预期两个几率幅之间存在干涉,干涉结果取决于两个几率幅之间的相位差。

Ramsey[155,227] 计算出在第二次相互作用后发现原子处于激发态的概率为

$$p(\tau+T+\tau)\equiv|c_2(\tau+T+\tau)|^2$$

$$=4\frac{\Omega_R^2}{\Omega_R'^2}\sin^2\frac{\Omega_R'\tau}{2}\left(\cos\frac{\Omega_R'\tau}{2}\cos\frac{\Delta\omega T}{2}-\frac{\Delta\omega}{\Omega_R'}\sin\frac{\Omega_R'\tau}{2}\sin\frac{\Delta\omega T}{2}\right)^2$$

$$(6.43)$$

这里拉比频率为 Ω_R(对于电偶极相互作用为(5.37)式,磁偶极相互作用与之类似),Ω_R'(见(5.45)式)和失谐量 $\Delta\omega$(见(5.39)式)的定义和之前相同。

在近共振情况下,即满足 $\Delta\omega\ll\Omega_R,\Omega_R\approx\Omega_R'$,由(6.43)式可以得到

$$p(\tau+T+\tau)\approx\frac{1}{2}\sin^2\Omega_R\tau[1+\cos2\pi(\nu-\nu_0)T] \tag{6.44}$$

由(6.44)式我们可以发现,原子的最佳激励是由两个满足 $\Omega_R\tau=\pi/2$ 的相互作用,即两个 $\pi/2$ 脉冲获得的。共振曲线的半高全宽由下式给出,即

$$\Delta\nu=\frac{1}{2T} \tag{6.45}$$

因此,对于相同的探询时间,用 Ramsey 激励获得的分辨率大约是拉比激励的两倍,如图 6.20 所示。

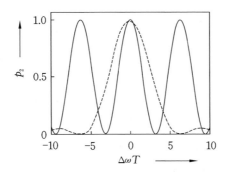

图 6.20 对于相同的相互作用时间,比较由两个持续时间为 τ 间隔时间为 T 的 Ramsey 脉冲($\tau\ll T$;实线;见(6.44)式)和恒定相互作用(虚线;见(5.51)式,所谓的拉比脉冲)激励后发现原子处于激发态的概率

在使用 Ramsey 方案的实际频标中,有一些很重要的效应,使得需要对 (6.44)式进行修正。以第 7 章将详细描述的铯原子钟为例说明。Ramsey 方案应用于铯原子束,铯原子顺序与来自同一个微波源的两个相位相干的电磁场相互作用。如果第一作用区和第二作用区的相位 Φ_1 和 Φ_2 之间有一个相位差 $\Delta\Phi=\Phi_2-\Phi_1$,则(6.44)式必须修改为

$$p(\tau+T+\tau)\approx\frac{1}{2}\sin^2\Omega_R\tau[1+\cos2\pi(\nu-\nu_0)T+\Delta\Phi] \tag{6.46}$$

相位差 $\Delta\Phi$ 通常将 Ramsey 结构的中心偏移到 $\nu\neq\nu_0$,频移为

$$\frac{\Delta\nu_\Phi}{\nu_0}=-\frac{\Phi}{2\pi\nu_0T} \tag{6.47}$$

因此对于精密频标,已经设计出方法使这种相移尽可能的小并且尽可能保持恒定,具体细节我们将在后面详细讨论。如果认为频移来源于原子系统与电磁场相干相互作用过程中的相位起伏,则 Ramsey 技术在原子钟的应用比连续相互作用具有明显的优势。这是由于通常情况下,有限相互作用区域内的相位可以比扩展区域控制得更精确。

此外在类似铯原子钟的装置中(见第 7 章),原子速度分布的影响也必须考虑进去。原子束中具有不同速度 v 的原子在时间 $T = L/v$ 后进入第二相互作用区,因此根据(6.44)式不同的原子速度群导致不同的分辨率。从而对于热原子系综,大失谐量的 Ramsey 条纹消失了,只有中心条纹存在(见图 7.4)。而且速度也影响原子在相互作用区度过的时间 τ,从而影响原子获得的拉比角。这些效应将会结合特定的频标进行更详细的讨论。

我们现在使用赝自旋图像来可视化 Ramsey 过程,考虑两个持续时间 τ 非常短的相干脉冲,它们的频率与原子跃迁共振,通过调节,使每个相互作用对应于一个 $\pi/2$ 脉冲。和之前一样,脉冲之间的时间为 T。第一次作用之前处于基态的两级系统由指向布洛赫球南极的赝自旋矢量表示(见图 6.21(a))。如图 5.11 所示,第一个 $\pi/2$ 脉冲使赝自旋矢量绕着 $-u$ 轴旋转 $\theta = \pi/2$ 角度(见图 6.21(b))。然后在时间 T 内赝自旋矢量在 u-v 平面内旋转 $2\pi(\nu - \nu_0)T$ 角度(见图 6.21(c_1))。如果选择时间使旋转角度等于 $2n\pi$,第二个 $\pi/2$ 脉冲使赝自旋矢量绕着 $-u$ 轴旋转 $\pi/2$,从而原子以 100% 的概率处于激发态(见图 6.21(d_1))。如果选择时间使得在这段时间里赝自旋矢量绕 w 轴旋转 $3\pi/4$,如图 6.21(c_2)所示,第二个脉冲将不会改变赝自旋的方向因为现在的旋转轴是 $-u$ 轴。随后的测量将把波函数投影到本征态 $|e\rangle$,结果显示只有 50% 的原子处于激发态。相反如果选择时间 T 使赤道平面的旋转角等于 π(见图 6.21(c_3)),则赝自旋在第二个脉冲"转矩"作用下的进动(绕 $-u$ 轴)将把赝自旋翻转指向南极(见图 6.21(d_3)),原子将处于基态。从这些论证中可以得出,两个 Ramsey 脉冲作用后原子处于激发态的概率呈现出与 $2\pi(\nu - \nu_0)T$ 的正弦变化关系,即对于固定的 T 是失谐量的函数,或者对于固定的失谐量是时间 T 的函数,换句话说,Ramsey 技术通过(6.44)式测量了外部振荡场的相位 $2\pi\nu T$ 和内部量子系统的相位 $2\pi\nu_0 T$ 之间的差值。

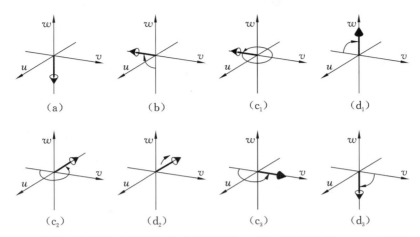

图 6.21 在由两个持续时间很短的时间间隔为 T 的 $\pi/2$ 脉冲($\Omega_R\tau\ll\Delta\omega\,T$)构成的 Ramsey 方案中脉冲激励后虚拟自旋(布洛赫矢量)的演化(((a)$-$(d$_1$))$\Delta\omega\,T$ $=2\pi$。(a),(b),(c$_2$),(d$_2$)$\Delta\omega\,T=3/4\pi$;(a),(b),(c$_3$),(d$_3$)$\Delta\omega\,T=\pi$)

6.6.2 光频标中的多重相干相互作用

在光学频段,辐射的波长很小,通常可以自由移动的原子并没有被囚禁在 Lamb-Dicke 区域。相关的相移不允许我们观察到一个稳定的 Ramsey 干涉图样。因此若想产生光学 Ramsey 共振,要么采用额外的因素来影响吸收体的轨迹[229],要么采用非线性光学消多普勒效应激励方案,例如消多普勒效应双光子激励或三个[230]和更多[215]合适的分离激发区。

6.6.2.1 线性光学 Ramsey 共振

作为第一个例子,考虑图 6.22(a)所示的结构,这里粒子束中的吸收体相继与两个光学驻波相互作用形成了一个 Ramsey 探询方案。由两个相向传播的线偏振行波组成线偏振驻波,利用它的电场激励粒子束中原子或分子跃迁,它的相位每 $\lambda/2$ 改变 π(见(6.28)式)。以奇数相位差($2n+1$)π(虚线)通过两个驻波波腹的分子轨迹产生的 Ramsey 条纹,与经历偶数相位差 $2n\pi$(实线)分子产生的 Ramsey 条纹之间存在 π 的相移,也就是说它们是反相的。Kramer[229,231]使用对于分子有 $\lambda/2$ 周期的透射光栅挡住两组分子运动轨迹中的任意一组,在 CH_4(第 9.1.4 节)或 OsO_4 光频标中得到了光学 Ramsey 条纹。

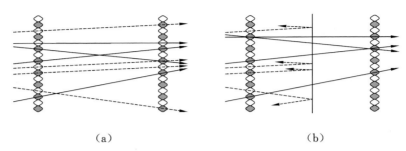

（a）　　　　　　　　　　　　　（b）

图 6.22　采用两个波长为 λ 的空间分离驻波场的分子束线性 Ramsey 激励，根据 Kramer[229] 的方案（（a）以相位差 $2n\pi$（实线）或相位差 $(2n+1)\pi$（虚线）通过两个驻波波腹的吸收体轨迹；（b）插入光栅（光栅常数 $\lambda/2$）遮挡轨迹导致反相的 Ramsey 条纹）

6.6.2.2　采用非线性光谱的光学 Ramsey 共振

如果采用消一阶多普勒效应的方法，则两个空间分离场的 Ramsey 方法可以推广到光学频段。

1. 双光子光学 Ramsey 共振

Baklanov 等人[232] 提出将双光子激励的 Ramsey 方法应用于光学频段后，Salour 和 Cohen-Tannoudji[233] 采用两个延时短脉冲在钠吸收泡中激励了所谓的"光学 Ramsey 共振"。Lee 等人[234] 采用两个空间分离的驻波在铷的里德堡原子中观察到双光子 Ramsey 共振。这个方法最近应用于氢原子的 1S-2S 跃迁[235] 获得了窄共振谱线，它适用于所有的双光子钟跃迁。

2. 采用空间分离激光场的饱和吸收

通常在光学频段原子不再处于 Lamb-Dicke 区域，为了克服光学频段的多普勒频移，经常采用三个或更多的相互作用区的 Ramsey 激励。在 Baklanov 等人[230] 提出使用三个等间距分离的驻波后不久，Bergquist 等人[236] 利用该技术在亚稳态氖原子束中观测到了光学 Ramsey 共振。后来 Barger 等人[237] 将该方法应用于钙的互组跃迁（$\lambda = 657$ nm），今天它被用作光频标（见第 9.4.4 节）。Barger 采用高达 21 cm 的激光束间隔，在热原子束中得到了可分辨的钙原子谱线，线宽窄至 1 kHz[238]，从而可以分辨反冲双线并演示二阶多普勒效应引起的频移和增宽。Kisters 等人[196] 采用时域分离的方法，用 3 个驻波脉冲激励激光冷却钙原子样品。

Baba 和 Shimoda[239] 在 CH_4 吸收泡中使用从氦氖激光器输出的三束分离

光束来激励 $3.39~\mu m$ 的 Ramsey 共振。最外层的两束光束是反向传播的行波,中心光束是驻波。Bordé 等人[240] 和 Helmcke 等人[241] 表明,采用共线传播的多束激光组成两对相向传播的激光束对的方案可以获得更高对比度的光学 Ramsey 共振,下面将更详细地讨论。

6.6.2.3 作为 Bordé 原子干涉的光学 Ramsey 共振

接下来,我们考虑基态原子先后与两个相向传播的平行激光束对的相互作用。我们不采用[215] 中的赝自旋图像来描述相互作用方案,而是使用由 Bordé[242,243] 引进的更形象、概念更简单的图像,从原子干涉的角度来解释 Ramsey 干涉的起源。

考虑处于两能级基态 $|g\rangle$ 的具有动量 $\boldsymbol{p}=mv$ 的原子与一束波矢为 $\boldsymbol{k}$ 的激光束相互作用(见图 6.23(a))。如果一个光子被吸收,则原子被激发到 $|e\rangle$ 能级并且光子的动量 $\hbar\boldsymbol{k}~(\hbar k=h\nu/c)$ 传递给原子。由于这个动量转移,原子的动量和轨迹发生了变化(见图 6.23(a)虚线)。然而,如果没有吸收光子,则原子离开相互作用区域时不改变其方向。与场相互作用后发现原子处于激发态的概率取决于拉比角(见图 5.8),它依赖于特定的相互作用矩阵元,可通过振幅和相互作用时间进行调整。如果选择拉比角为 $\theta=\pi/2$,则原子处于几率幅相等的 $|g\rangle$ 能级和 $|e\rangle$ 能级的相干叠加态。每个子能级有不同的轨迹,在原子"粒子"的图像中,这意味着原子"分裂"成两个分离的部分。因此,将原子粒子描述为原子波包更恰当,原子波包被分成两个沿不同方向传播的分波包。与每个波包相关的波长是众所周知的德布罗意波长(5.127)式 $\lambda_{dB}=h/mv$,它取决于粒子的动量 mv。类似的结论也适用于光子的受激发射过程(见图 6.23(b))。

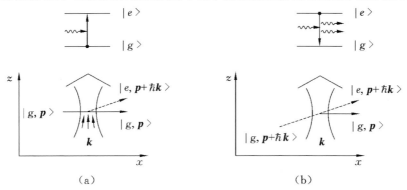

(a)　　　　　　　　　　　　(b)

图 6.23　光子和两能级原子近共振相互作用((a)受激吸收;(b)受激辐射)

在这个图像中,光子场与两能级原子的相互作用可以认为是原子波包的原子分束器。当这两个分波包重新组合后,它们发生干涉,产生的几率幅是两个分波包之间相移的函数。在下面,我们根据 Sterr 等人[244,245] 的方法,使用这个图像来定量计算相移。

由(非相对论)能量守恒:

$$\frac{\boldsymbol{p}^2}{2m}+\hbar\omega=\frac{(\boldsymbol{p}+\hbar\boldsymbol{k})^2}{2m}+\hbar\omega_0 \qquad (6.48)$$

得到

$$\frac{\boldsymbol{k}\cdot\boldsymbol{p}}{m}=\omega-\omega_0-\frac{\hbar k^2}{2m} \qquad (6.49)$$

从(6.49)式可以得出,当失谐量不等于反冲项($\omega-\omega_0\neq\hbar k^2/(2m)$)时,相互作用通常会将动量分量 k_x 转移给原子,它平行于原子的动量,垂直 z 方向。这个有点令人惊讶的结果可以用这样一个事实来解释:相互作用的电磁场局限于空间某个区域,因此是由一束不同方向的波矢构成(见图 6.23(a)),与之相对照的是无限扩展的平面波只由单个波矢构成。由于 x 和 z 方向的动量转移,两个分波包在空间的位移是

$$\Delta z=T\frac{\hbar k_z}{m} \qquad (6.50)$$

和

$$\Delta x=T\hbar\frac{(\omega-\omega_0)-\hbar k^2/(2m)-k_z p_z/m}{p_x} \qquad (6.51)$$

位移 Δx(6.51)式中的三项分别来源于失谐量、反冲和多普勒频移。如果增加另一个相互作用区(见图 6.24)作为第二个 50% 的分束器,则有两个分波包在基态 $|g\rangle$,有两个波包在激发态 $|e\rangle$。两个处于激发态 $|e\rangle$ 的分波包(处于基态 $|g\rangle$ 的情况类似)的相关量子数完全相同。如果空间位移(6.50)式和(6.51)式小于波包的相应宽度,则必须将两个分波包的几率幅相加,总几率幅取决于两个干涉分波包之间的相移。在 x 方向,一个分波相对于另一个的相移是 $k\Delta x=(2\pi/\lambda_{dB})\Delta x$ 再加上第 i 个相互作用过程中电磁波的相位 ϕ_i[④]。

因此,激发态原子数作为失谐量的函数发生周期性变化(见(6.51)式),以前称为 Ramsey 共振,现在解释为两个处于激发态 $|e\rangle$ 的(原子)分波几率幅之间的干涉。

---

④ 后面的相移来源于相互作用算符,例如激励跃迁的磁偶极算符或电偶极算符都明确地依赖于电磁波的相位。用这个相互作用算符解薛定谔方程,导致原子波函数具有相同的时间依赖性,因此有与电磁场相同的相位[246]。

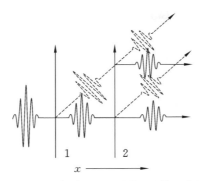

图 6.24 由两个激光分束器 1 和 2 构成的原子干涉仪（实线和点线波包分别代表基态和激发态的原子。如果两个波包在 x 方向和 z 方向重叠，则在离开干涉仪的第二个相互作用区后各波包之间发生干涉）

根据(6.50)式、(6.51)式和图 6.24，微波和光学频段的 Ramsey 共振之间的差别变得很明显。在微波频段，波矢的模量 $k = 2\pi/\lambda$ 比光学频段小大约 5 个数量级，因此失谐项只与 x 方向相关，实际上波包之间没有发生横向分离。从而，两个相互作用区足以观察到干涉。然而，在光学频段横向分离很大，因此波包必须重新定向，例如，通过附加的分束器（见图 6.25、图 6.26）。

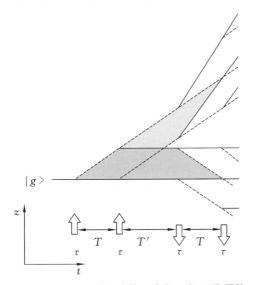

图 6.25 由与四个行波的四个相干相互作用构成的时域原子干涉仪（处于基态 $|g\rangle$ 波包的轨迹用实线显示，描绘激发态波包 $|e\rangle$ 轨迹的是虚线）

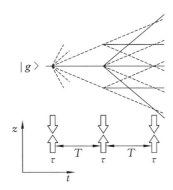

图 6.26 由三个驻波构成的原子干涉仪（处于基态 $|g\rangle$ 波包的轨迹用实线显示，激发态的波包 $|e\rangle$ 轨迹用虚线描绘）

在采用四束行波激光作为分束器的原子干涉仪的情况下(见图 6.25),存在两个不同的干涉仪(由两个灰色梯形表示),它们有不同的反冲位移方向。第二对激光束相对第一对改变的方向导致干涉仪出口处的最终位移为 $\Delta z = 0$ 和 $\Delta x = 2T\hbar[(\omega - \omega_0) \pm \hbar k^2/(2m)]/p_x$,其中＋和－符号分别表示红失谐和蓝失谐的反冲分量。

通过对跃迁到激发态的干涉路径和非干涉路径进行计数,可以通过图 6.25 计算得到由四个行波构成的原子干涉在零失谐附近的对比度。考虑一个进入干涉仪的原子波包。假设在每个相互作用区都有一个理想的分束器,一个入射波包被分成两个波包,一个处于基态 $|g\rangle$,一个处于激发态 $|e\rangle$,几率幅减小到原来的 $1/\sqrt{2}$。因此,从第四相互作用区离开的几率幅为 1/4 的 16 个分波里,有四个波包处于激发态,它们产生了一个概率为 $4 \times 1/16 = 1/4$ 的非相干背景。同样的推理得出原子离开干涉仪时处于基态的概率是 1/4。对于这两个干涉仪,在任意一个的每个出口端,两个几率幅为 1/4 的分波必须相干叠加。因此经过第四个相互作用后,发现原子处于激发态的概率为

$$p_{|e\rangle} = \frac{1}{4} + \frac{1}{8}\left(1 + \cos\left[2T\left(\omega - \omega_0 + \frac{\hbar k^2}{2m}\right) + \phi_2 - \phi_1 + \phi_4 - \phi_3\right]\right)$$

$$+ \frac{1}{8}\left(1 + \cos\left[2T\left(\omega - \omega_0 - \frac{\hbar k^2}{2m}\right) + \phi_2 - \phi_1 + \phi_4 - \phi_3\right]\right) \quad (6.52)$$

到目前为止,我们只考虑了单个原子产生的干涉图样。考虑束流中的原子与两个间隔为 d 的分离场相互作用。对于原子系综,只有当两个相互作用之间的时间 $T = d/v$ 对所有原子都相同时才能观察到正弦振荡(见(6.52)式)。如果所有原子都以相同的速度 v 穿过空间上分离的相互作用区,或者所有原子与一个相位相干的脉冲序列相互作用,则可以满足这一条件。前者代表空域原子干涉仪,后者代表时域原子干涉仪。在空域原子干涉仪中,原子束通常有一个速度范围 Δv 对应于一个相干长度 $x_{coh} = \hbar/(2m\Delta v)$,只有当位移小于相干长度 $\Delta x < x_{coh}$ 时才能观测到条纹。因此,对于热原子束只能观察到少量的条纹(见图 7.4)。

Baklanov 等人[230]首次提出了三个驻波的分离场激励方案(见图 6.26)。驻波作为分束器通常会产生多个偏转的分波。此外,还有六干涉仪,其中两个是对称的,因此对失谐量不敏感。因为这个原因以及由于在分束器中附加的衍射级数,因此它可获得的对比度低于采用四行波的装置。每个干涉仪(三角

形)都有一个镜像。由于对称性,这种类型的原子干涉仪对由于激光束不重合而引入的相位误差较不敏感,在一级近似下激光束不重合导致对比度降低但不引起相移。

如果以简单的方式应用光子图像将 Ramsey 共振解释为原子干涉,即光子分裂和重组原子波包,我们将会遇到困难。我们已经开始考虑光子与波包在每个相互作用区域的相互作用。另一方面,我们知道离开第二个相互作用区的一个处于激发态的原子从每个相互作用区总共只吸收了一个 $\hbar\omega_0$ 的量子。因此,我们必须把两个相互作用区看作是一个单一的场,并且将被吸收的光子看作总场的量子。但是,我们无法区分哪个相互作用区的光子被吸收以及"原子"走哪条路径,这是在每个干涉测量实验中都会遇到的情况。

这种干涉仪可以达到的精度极限,及由此给出的原子钟精度极限是由待测相位的起伏决定的。Jacobson 等人[247]表明最小可探测相位由下式给出,即

$$\delta\phi_{\min} = \frac{1}{2}\sqrt{\frac{N_{at} + 4N_{phot}}{N_{at}N_{phot}}} \qquad (6.53)$$

其中 N_{at} 和 N_{phot} 分别是原子数和光子数。在一个典型的原子干涉仪中,分束场中的光子数量远远大于原子的数量($N_{phot} \gg N_{at}$),则最小可探测相位(6.53)式简化为 $\delta\phi_{\min} \approx 1/\sqrt{N_{at}}$,即原子的散粒噪声。

通过使用一个驻波场的三个脉冲或者从两个相向传播的行波中各取一个脉冲构成两个间隔时间为 T 的脉冲,这些激励方案也可应用于各向同性扩散的激光冷却原子样品。这些时域原子干涉仪与分离场装置的区别在于这种情况下可以不满足(6.48)式的能量守恒。相反,与持续时间为 τ 的短脉冲相关的能量扩展通常可以提供能量差 $\hbar(\omega - \omega_0)$。由于在脉冲激励中,所有原子感受到相同的脉冲间隔时间 T,尽管原子系综存在速度扩展,通常仍能观察到更多的条纹。

超过四个脉冲的序列也已被用来获得窄条纹[248]。然而,对于给定的总探询时间,采用一个有 $2n$ 个脉冲且每对脉冲之间的暗时间为 T 的序列,或者采用暗时间为 nT 的两脉冲序列,获得的分辨率相同($\Delta\nu = 1/(2nT)$)。

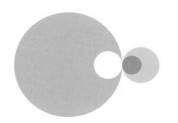

第 7 章
铯原子钟

在所有的原子钟里,铯钟具有特殊的地位,因为目前的时间单位是基于铯原子的微波跃迁。1967 年的第十三届国际计量大会(CGPM)[92] 通过的秒定义为铯(^{133}Cs)原子基态的两个超精细能级之间的跃迁所对应辐射的 9192631770 个周期所持续的时间为 1 s。

铯的唯一稳定的同位素^{133}Cs 的核自旋量子数为 $I=7/2$,加上电子壳层的总自旋 $J=1/2$ 产生两个超精细能级 $F=I+J=4$ 和 $F=I-J=3$,它们在磁场中分裂成 16 个分量(见图 7.1)。铯钟使用对磁场灵敏度最低的跃迁,即 $|F=4,m_F=0\rangle \rightarrow |F=3,m_F=0\rangle$ 的跃迁(见图 7.2)。

为了激励这个 $\Delta m_F=0$ 的磁偶极跃迁,磁场量子化轴和振荡场的磁场分量必须保持平行。对于应用于原子钟的 μT 范围的弱磁场,其他 $\Delta m_F \neq 0$ 的能级之间的跃迁表现出线性塞曼效应(见图 7.1):

$$\Delta \nu_B = (g_{F=4} - g_{F=3}) g_J m_F \mu_B B \approx 6.998 \times 10^3 \text{ Hz } m_F \frac{B}{\mu \text{T}} \qquad (7.1)$$

对于弱磁场,$m_F=0$ 的能级对磁场有一个较小的二次依赖关系(见图 7.2),产生的频移为

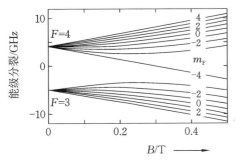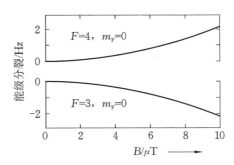

图 7.1　根据（5.147）式计算的^{133}Cs 原子 $6^2S_{1/2}$ 能态 $F=3$ 和 $F=4$ 超精细能级的能量，它们在磁场中分裂为 16 个子能级（$F=4, -4 \leqslant m_F \leqslant +4$ 和 $F=3, -3 \leqslant m_F \leqslant +3$）

图 7.2　零磁场时，$F=4, m_F=0$ 和 $F=3, m_F=0$ 能级之间的跃迁频率 9192631770 Hz 被用来定义时间单位秒

$$\Delta\nu_{B2} \approx 4.2745 \times 10^{-2}\,\text{Hz}\left(\frac{B}{\mu\text{T}}\right)^2 \tag{7.2}$$

在铯原子钟中，原子被制备在 $F=4, m_F=0$ 能级或者 $F=3, m_F=0$ 能级。然后原子与电磁场相互作用使原子跃迁到之前的空能级。探测处于这个能级的原子，可以确定当跃迁几率取得最大值时探询场的频率。存在一些频移效应使跃迁频率偏离未受扰动的跃迁频率，因此对观测到的跃迁频率必须进行所有已知频移的修正，修正后的频率用于产生标准频率或每 9192631770 个周期产生一个秒脉冲（PPS）。

下面，我们将首先描述在商用铯钟中如何进行制备和探询，商用铯钟必须在可达到的精度和稳定度以及相应的重量、功耗和成本之间找到一个折中方案。扰动效应和用来抑制或避免相关频移的方法将在稍后的实验室基准频标示例中讨论。

7.1　磁选态铯束原子钟

今天大多数运行的铯原子钟都是在高真空室中使用铯原子束来工作的。它的主要设计与英国国家物理实验室（NPL）的 Essen 和 Parry 发明的最早铯钟相似[14]。原子通过喷嘴或管道系统从充有几克铯并被加热到大约 100 ℃ 或更高温度的炉子中喷出。由于 $F=3$ 和 $F=4$ 能级之间的能量间隔很小，在热原子束里这两个能级的布居数几乎相同。因此为了探测由外部振荡场激励的能级之间的跃迁,必须将原子制备到其中一个能级。在传统铯束原子钟,例如大多数商用铯原子钟和早期的基准钟中,处于特定能级的原子是通过它们的磁矩进行选择的。从图 7.1 可以看出,在大于 0.4 T 的强磁场中,任何一个处于 $F=3$ 能级的铯原子能量都会随着磁场的增强而降低。对 $F=4, m_F=-4$ 的能级也存在同样的情况。然而处于其他的 $F=4$ 能级的原子能量随着磁场的增强而增大。因此,沿 z 方向空间变化的磁感应强度 $B(z)$ 产生了一个作用于铯原子,与势能 W 相关的力:

$$F_{\text{mag}} = -\frac{\partial W}{\partial z} = -\frac{\partial W}{\partial B}\frac{\partial B}{\partial z} \equiv -\mu_{\text{eff}}\frac{\partial B}{\partial z} \qquad (7.3)$$

它的大小由有效磁矩 μ_{eff}[①]给出,有限磁矩与图 7.1 中曲线的梯度成正比。

7.1.1 商用铯钟

铯原子钟从 20 世纪 50 年代开始生产,最早的商用铯束原子频标称为 Atomichron[15]。50 年后,大多数商业产品[29]使用如图 7.3 所示的基本布局。具有非均匀磁场的磁起偏器使原子按照磁矩的大小发生偏转,可以用来选择处于所需能级的原子。考虑钟跃迁的 $m_F=0$ 的能级。由于 $F=3$, $m_F=0$ 是强场搜寻态,与之相反 $F=4, m_F=0$ 是弱场搜寻态(见图 7.2)因此这两个能级中的一个从原子束中被清除出去。图 7.3 所示的是后一种情况,具有能量 E_g 的原子进入由调谐至 9.192 GHz 的 U 形微波谐振腔提供的相互作用区域。

谐振腔通常是矩形截面的标准波导,带有使波导短路的端板。谐振腔可按图 7.3 所示的方式弯曲,原子束通过端板附近的小孔进入和离开谐振腔两端的作用区。在图 7.3 中选择波导谐振腔的横向尺寸使得谐振腔内驻波电磁场的磁力线垂直于纸平面。在这种情况下,原子穿过谐振腔内部的两个端部区域时经历了一个恒定的场。谐振腔被输入一个来源于压控石英晶体振荡器(VCXO)的射频信号,恒温晶振(OCXO)的典型特性如表 4.1 所示。处于 E_g 能级的原子先通过 U 形微波谐振腔的第一微波作用区然后通过第二微波作用区,在这里铯原子由于 Ramsey 激励(见第 6.6 节)从 $F=3$ 的能级跃迁到 $F=4$

---

① 只有在非常弱的磁场(塞曼区域)和非常强的磁场(Paschen-Back 区域)情况下,由图 7.1 中曲线的斜率给出的磁矩 $\frac{\partial W}{\partial B}$ 才是常数。在中间区域有效磁矩 μ_{eff} 随磁场变化。

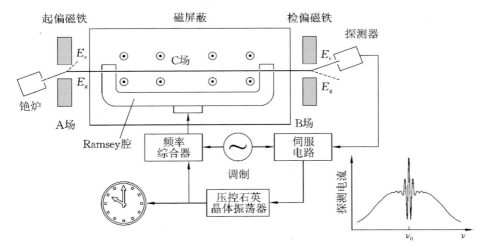

图 7.3 商用铯原子钟的原理框图（量子化轴磁场（C 场）垂直于纸平面。右下角的插图是当
频率综合器的频率扫过原子共振线时的探测器电流，可以看到在拉比基底上有
Ramsey 共振峰）

的能级，跃迁几率取决于外部振荡器和原子跃迁频率之间的失谐量。第二磁
铁，即检偏磁铁，使处于上能级的原子发生偏转进入探测器[②]。

　　恒定的磁场被用来将原本简并的磁子能级（见图 7.1）明显分开，以便仅激
励 $|F=3,m_F=0\rangle \rightarrow |F=4,m_F=0\rangle$ 的钟跃迁而不引起其他跃迁。按照惯例
这个磁场被称为 C 场，因为它位于起偏磁场和检偏磁场之间，历史上这两个磁
场分别称为 A 场和 B 场。C 场大小的选择需要在两个相互冲突的要求之间进
行折中。首先，它必须足够大以便分离原本重叠的共振谱线。第二，根据（7.2）
式，C 场使共振频率产生一个二次方的频移，需要按照下面讨论的方法对这个
频移进行修正。不过在强的 C 场中，磁场起伏对钟频率的影响更大。在图 7.3
所示的商用铯钟方案中，C 场通常由绕在 Ramsey 腔上位于纸平面的线圈产
生，因此它的磁场方向垂直于纸平面。由于钟跃迁频率依赖于磁场，因此必须
提供高效的磁屏蔽来衰减环境磁场并减小相关的起伏。

　　铯原子探测器可采用热丝探测器（Langmuir-Taylor 探测器），它由过渡金
属钨或者铱铂合金制成的金属丝组成，需要对它进行加热以防止表面吸附气

---

　　②　根据探测器的位置，在谐振腔中被激励的铯原子要么被偏转进入探测器或被引导错过它。因
此，这两种"跃入"和"跃出"技术会导致共振时信号分别是峰或者凹陷。

体。由于金属铯（1.7 eV）和金属钨（4.5 eV）的逸出功有很大的差异，因此在热丝上铯原子容易被电离并把它的外层电子转移给钨金属。在基准铯原子钟中，通常采用在法拉第杯中施加电压来检测带正电荷的铯离子。在商用铯钟中，使用质量选择器将铯离子从探测器附近产生的其他离子中选择出来。然后将铯离子引导到光电子倍增器的第一级，在这里离子撞击发出的电子电流被放大。与直接在法拉第杯收集铯离子相比，这种检测方法更快并允许使用更高的调制频率锁定共振谱线。

在原子共振频率 ν_0 附近扫描频率综合器的频率 ν 得到如图 7.3 所示的探测器电流。信号显示 Ramsey 共振结构叠加在更宽的所谓的拉比基底上。如第 6.6 节所示，Ramsey 谐振谱线是由在 Ramsey 谐振腔的两个相互作用区被相干激励的原子产生的。在第一相互作用区与射频场的相互作用使铯原子处于 $|F=4, m_F=0\rangle$ 能级和 $|F=3, m_F=0\rangle$ 能级的相干叠加态。铯原子量子力学态以这两个能级之间的能量差对应的频率进行含时演化。在经过 Ramsey 腔第二作用区的相互作用后，原子处于 $F=4$ 或 $F=3$ 能级的概率取决于外部射频场与原子振荡器是同相还是异相。因此，处于 $F=4$ 或 $F=3$ 能级的原子数随外部振荡器频率的变化而振荡，从而产生 Ramsey 干涉结构。由于原子速度分布很宽，在对原子速度进行平均后只剩下中心的 Ramsey 条纹。与之相反，反映多普勒增宽的拉比基底是原子在单个区域内相互作用的结果。

最大值位于跃迁频率 ν_0 的中心条纹用于将 VCXO 的频率稳定到原子跃迁频率。为了这个目的，调制微波综合器的频率使其扫过中心峰。探测器测得的信号在伺服电路（见第 2.32 节）中进行相敏检测、积分，然后用伺服信号稳定 VCXO 的频率。然后由晶振产生合适的输出频率信号，如 5 MHz 信号或者 PPS 秒脉冲信号。

由于原子在 C 场区域经历的二阶塞曼效应，Ramsey 共振的中心频率偏离了定义为 9192631770 Hz 的无扰动跃迁频率。为了考虑相应的频移，通常利用（7.1）式测定所选 C 场的值，由（7.2）式确定相关的频移并添加到综合器中，以确保 VCXO 的输出频率代表精确的 SI 值。

铯束原子钟可以从多个制造商处采购[29]。它们装在一个 19 in（1 in≈2.54 cm）的架子上，重量不到 25 kg，功耗小于 50 W。标称的相对精度范围从 5×10^{-13} 到 2×10^{-12}。商用铯钟实测的不稳定度如图 3.3 所示。在大约 10 天的平均时间后可以达到 5×10^{-15} 的闪烁噪底[28,29]。

商用铯原子钟在许多领域都有应用。首先它们被用于守时实验室。其中大约有 200 个用于产生一个稳定的原子时标（TAI）（见第 12.1.2 节）。商用铯原子钟还用于全球导航卫星系统（GNSS）（见第 12.5 节），例如全球定位系统（GPS），GLONASS 或伽利略（GALILEO）。它们用于地面站，有时也用于卫星。商用铯钟的第三个应用是在电信领域，涵盖所有形式的远距离通讯，包括无线电、电报、电视、电话、数据通信和计算机网络。在那里，原子钟用于同步不同的网络。铯原子钟还用于同步无线电控制的时钟，这是通过用各种无线电发射机发送时间代码实现的（见第 12.4 节）。

7.1.2 实验室基准频标

实验室基准频标可以获得比商用铯钟更高的准确度，与图 7.3 的方案相比，它在许多方面进行了改进。在下文中，我们将以实验室基准频标为例，讨论对可实现的准确度有贡献的效应，尽管这些影响准确度的效应与商用设备中的大体相同。在讨论中我们经常参考 PTB 的基准钟 CS1 和 CS2[29,249,250]，因为这些频标在 20 世纪 80 年代就已经获得了低至 10^{-14} 的相对不确定度。首先，为了获得更高的分辨率，基准钟的 Ramsey 长度大约比商用钟大五倍，例如 PTB 基准钟 CS1 和 CS2 里的该长度为 76 cm。其次，为了使用足够强的原子流，用包含四极或六极磁铁的磁透镜（见第 8.1.3.2 节）替换两极磁铁的一维偏转（见图 7.3）作为起偏器和检偏器。与图 7.3 的方案不同，铯炉和探测器排列在一条直线上，以适当的方式遮挡那些具有不需要磁矩原子的轨迹。这种磁选择器把原子聚焦在一个取决于原子速度的焦点上。即使对于典型的 $T \approx 450$ K 的铯炉温度，最可几速度约为 250 m/s，CS1 磁选择器的速度选择产生的平均速度约为 95 m/s，对 Ramsey 信号有贡献的速度分布比铯热原子束窄得多。因此前一种情况下可以看到更多的 Ramsey 条纹（见图 7.4）[③]。对于实验室基准钟，通过第 7.1.1 节所述方法无法获得足够均匀的 C 场。因此，通常选择这样的结构：由轴向与铯原子束轨迹重合的螺线管来产生 C 场。

7.1.3 铯束钟的频移

作为最先进的基准铯束原子钟的代表，PTB 的 CS1 具有 $5 \times 10^{-12}/\sqrt{\tau/s}$ 的稳定度和 7×10^{-15} 的准确度[249]。为了对如此高的不确定度给出有意义的

③ 在 CS1 中，如果一个原子发生跃迁则探测器信号就会减弱，因此图 7.4 中共振频率处存在一个最小值，与之对照的是，图 7.3 所示的谐振曲线共振处对应一个最大值。

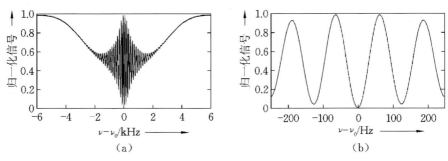

图 7.4 （a)使用 PTB 的基准铯原子钟 CS1 记录的 $F=4, m_F=0 \rightarrow F=3, m_F=0$ 跃迁的 Ramsey 共振结构；(b)Ramsey 中心条纹

数值，必须对所有可能引起钟跃迁频移的效应进行仔细的分析。一旦这些效应对某一特定设备的影响得到定量确认，则需要对钟频率的相应频移进行修正，以便推导出无扰动跃迁频率。然而，由于相关修正程序的不确定度，修正只能在有限的精度下进行。将所有相关频移的贡献罗列出来，就可以推导出原子钟的总体不确定度。下面我们讨论基准铯原子钟频移最重要的来源。

7.1.3.1 磁场的影响

最大的频移是由塞曼效应引起的，它使能级在磁场中发生移动（见图 7.1 和图 7.2）。图 7.5 中的七条跃迁谱线是由七个磁子能级（$F=3, -3 \leqslant m_F \leqslant 3$）根据选择规则 $\Delta m_F=0$ 产生的。图 7.5 中不同塞曼子能级的高度不对称布居源于磁选态，它使得铯原子在非均匀磁场中发生偏转。

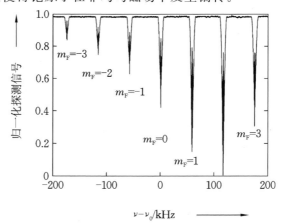

图 7.5 PTB 铯原子钟 CS1 在大约 $8\ \mu T$ 的弱磁场中 $F=4 \rightarrow F=3, \Delta m_F=0$ 的射频跃迁的塞曼分裂

一个大约 8 μT 的典型 C 场引起的频移为 2.7 Hz,对应于 3×10^{-10} 的相对频移。铯原子在通过两个 Ramsey 区域之间的路径上感受到的平均磁场 $\langle B\rangle$ 可以由图 7.5 中的两个射频共振谱线之间的频率间隔测定。为了确定钟跃迁频移,我们必须记住修正二阶塞曼频移需要确定的是 $\langle B^2\rangle$(见(7.2)式),它只有在恒定 C 场的情况下才等于 $\langle B\rangle^2$。因此,在射频腔的 C 场区域内需要磁场具有优异的均匀性。报导的 $\Delta B/B$ 相对(rms)偏差在小的 10^{-4} 量级,它引起的二阶塞曼频移修正的相对不确定度达到 1×10^{-15} [249]。根据 $\delta\Delta\nu_{B2}/\Delta\nu_{B2}\approx 2\Delta B/B$,8 μT 磁场的 5×10^{-5} 的相对磁场起伏导致 3×10^{-14} 的相对频移,因此需要有效地屏蔽外界磁场和产生稳定的磁场。

7.1.3.2 腔相移

Ramsey 谐振特征(见图 7.4)本质上依赖于两个相位的比较,即铯原子内部相位的含时演化 $\omega_0 T$,和射频场在与原子相互作用的两个区域之间的相位差 ωT(见(6.44)式)。这些相互作用发生在矩形截面 U 形射频谐振腔的两端区域。C 场的方向定义了量子化轴,选择谐振腔的结构使相互作用区磁力线平行于 C 场以便只激励 $\Delta m_F=0$ 的跃迁。在如图 7.3 所示的布局中,谐振腔内电磁场的磁力线垂直于纸平面,谐振腔内的射频驻波场的磁分量也垂直于纸平面。在实验室基准频标中,谐振腔通常有类似于图 7.6(a)、(b)所示的形状。因此,由螺线管产生的 C 场平行于原子束。即使输入到谐振腔的电磁场的能量是平均分配进入两臂,允许每个原子以完全相同的频率 ν 完成两次相互作用,根据(6.46)式,两个相互作用区之间的相位差 $\Delta\Phi$ 通常还是会产生一个频移。下面我们来讨论一下该相位的起源和相关的频移,以及减小其影响的方法。

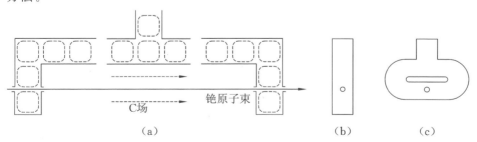

图 7.6　(a)Ramsey 谐振腔的横截面及射频驻波场的磁力线;(b)端部的侧视图,其中小孔用于铯原子的运动;(c)引自文献[251]中的具有跑道形状端截面的侧视图

相移是由微波谐振腔中的欧姆损耗引起的，尤其谐振腔端部的电损耗导致反射波的振幅小于入射波。因此，谐振腔内最终的场不能完全由驻波描述，也包括一个向谐振腔端盖传播的行波的贡献。如果我们假设反射表面对沿 z 轴传播的波矢为 $k = 2\pi/\lambda$ 的行波有一个振幅反射系数 $1 - \delta$，则场可以写成

$$B = B_0 \cos(\omega t - k_g z) + B_0 (1 - \delta) \cos(\omega t + k_g z)$$

$$= 2B_0 \left[\cos(\omega t) \cos(k_g z) - \frac{\delta}{2} \cos(\omega t + k_g z) \right] \tag{7.4}$$

这里我们用到 $\cos(\alpha \pm \beta) = \cos\alpha\cos\beta \mp \sin\alpha\sin\beta$。在 (7.4) 式中 k_g 是取决于波导内群速度的波矢量。在标准 X 波段波导中对应于 9.192 GHz 的跃迁频率波长 $\lambda_g = 2\pi/k_g \approx 4.65$ cm，而相应的真空波长 $\lambda \approx 3.26$ cm。(7.4) 式括号里的第一项代表驻波，其空间依赖关系由 $\cos(k_g z)$ 因子给出，表示沿 z 轴的磁场振幅的空间调制。然而这个因子的符号在 $k_g z = \pi/2$ 的奇数倍发生改变，对应于这些位置的一个 π 相移，这导致在中心对称馈入的谐振腔中，沿着两个半边产生如图 7.7(a) 所示的相位变化。在铯原子钟中与原子束相互作用的区域位于磁场分量的波腹附近，其结果是，对于原子束中的所有原子，即使某些具有有限横向扩散，它们感受到同样的空间相位。

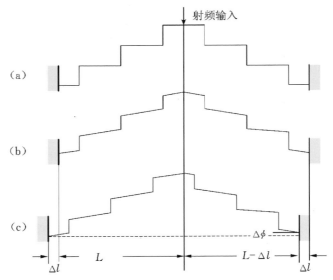

图 7.7 (a) 具有无穷大电导率的对称谐振腔 (见图 7.6) 中驻波的相位；(b) 行波分量的贡献对相位的影响；(c) 非对称谐振腔的影响

对于有限电导率即 $\delta \neq 0$，在(7.4)式中包含行波的贡献，它的振幅与非理想反射成正比，相位随 $k_g z$ 线性增加(见图 7.7(b))。行波的贡献引起谐振腔中微波场相位的空间变化，通常称为分布相移。因此，束流中的原子经历了一个与位置相关的相位，观察到的共振谱线最大值处的频率取决于原子束的轨迹。为了减小相位梯度，A de Marchi 等人[251]设计了一种特殊的谐振腔(见图 7.6(c))，该结构中驻波场在环形结构的端部分为两个部分，它们以相反的方向传播。两列波在原子束区域内叠加，在与原子的相互作用点产生可忽略的能量流。这样，相对采用传统谐振腔设计的相位随位置线性变化，该腔的相位在垂直方向和水平方向上都随位置平方变化[251]。在基准钟中使用这种环形端部后，已经显著减少了分布腔相移[249,252,253]。

接下来我们考虑尽管谐振腔的总长度正确，但谐振腔的两臂长度不等的情况(见图 7.7(c))。由于在连接点两臂被馈入相同的源，所以在这一点两臂的相位值相同。因为两臂长度不同，因此端部相位也不同，导致所谓的"端到端"的腔相移。如果原子束的方向翻转则"端到端"相移改变符号(见(6.46)式)。因此，在基准铯原子束频准，如 PTB 的 CS1 和 CS2 中，定期测定原子束反转的相对频移[250]，分别大约是 6×10^{-13} 和 5×10^{-13}。在 CS1 中，为了达到这个目的，原子束反转需要破坏真空并交换探测器和铯炉组件及各自的磁透镜。在 CS2 中，每一端都装备有一个铯炉组件和一个探测器组件，可以在不破坏真空的情况下互换每一端的铯炉和探测器。在应用原子束反转后，评估出 CS1 和 CS2 的剩余相对不确定度分别是 0.6×10^{-14} 和 1×10^{-14}。

7.1.3.3　邻线跃迁的影响

^{133}Cs 原子 16 个基态子能级的多能级结构使得除 $m_F = 0 \rightarrow m_F = 0$ 的钟跃迁之外，还可以存在多个能级之间的耦合，它们能够以不同方式使实验测得的跃迁频率发生偏移。如果我们记得线宽大约为 60 Hz，对应 $Q \approx 1.5 \times 10^8$，为了达到 10^{-14} 以下的相对不确定度，它需要被分割到大约 10^{-6}，那么我们就会认识到对线型不对称的任何轻微贡献都会产生重要影响。

1. 拉比牵引

一个可能使表观的中心最小值(见图 7.4)偏离未受扰动原子频率的特殊效应称为拉比牵引[254]。它来源于 $F = 3, m_F = 0 \leftrightarrow F = 4, m_F = 0$ 的跃迁中心线和相邻的 $F = 3, m_F = 1 \leftrightarrow F = 4, m_F = 1$ 跃迁线和 $F = 3, m_F = -1 \leftrightarrow F = 4, m_F$

＝－1 跃迁谱线尾部区域的重叠（见图 7.5）。如果后面两个跃迁的贡献不对称，如图 7.5 中所示的信号情况，它们的影响导致 $m_F＝0 \to m_F＝0$ 跃迁不对称的拉比基底。定量处理拉比牵引[11,254,255] 可以得到一个与 ±1 级塞曼分量布居数差成正比的频移。因此通过生成更对称的频谱或通过光抽运抽空 $m_F \neq 0$ 的能级可以极大地减小这个频移。线宽更窄或者 C 场更大（C 场决定了谱线之间的间隔，见图 7.5）的原子钟，这个频移会更小一些。由于两翼的跃迁几率与微波功率成正比，该频移也与功率成正比。因此当铯钟频率依赖于功率时，可能意味着存在拉比牵引。

2. Ramsey 牵引

另一种频移称为 Ramsey 牵引[255,256]，它来源于 $\Delta m_F＝±1$ 跃迁的贡献。这样的跃迁，在图 7.5 中几乎看不见，例如，在标记为 $m_F＝2$ 和 $m_F＝3$ 的分量之间，由与所需量子化轴（C 场）方向正交的射频场分量激励。由于 $F＝3,m_F＝0 \leftrightarrow F＝4,m_F＝±1$ 和 $F＝3,m_F＝±1 \leftrightarrow F＝4,m_F＝0$ 的 $\Delta m_F＝±1$ 的跃迁与钟跃迁 $F＝3,m_F＝0 \leftrightarrow F＝4,m_F＝0$ 的能级相耦合，因此当上面的跃迁发生时，这些能级可以被扰动从而引起钟跃迁频移。由于原子束的有限扩散和谐振腔内场的分布，进入特定子能级的跃迁几率幅对于沿着不同轨迹运动的原子是不同的。由于不同的路径不能被识别，因此相应的跃迁几率幅产生一个干涉结构，它导致用来确定钟跃迁的表观最小值或最大值发生移动。文献中给出的定量理论处理是不一致的[255,256]。在实验上，频移可以通过它随 C 场强度变化的振荡来识别出来。它的影响导致短（商用）铯钟产生 10^{-13} 量级的频移，但实验证明，在采用更均匀 C 场的基准频标中它的影响减小了两个数量级[249]。

3. Majorana 牵引

频移也可能来源于相同超精细能级的不同磁子能级之间激励的跃迁（$\Delta F＝0,\Delta m_F \neq 0$，Majorana 跃迁；见文献[182,257]）。如果在起偏器和检偏器之间的路径上一个经过态选择原子的磁矩不能绝热跟随非均匀静磁场，则原子就会发生 Majorana 跃迁。当 C 场的大小改变及射频功率发生变化时，Majorana 牵引会受到影响，从而允许人们识别这些贡献[249,257]。

7.1.3.4 黑体辐射频移

在像铯钟这样采用中性原子的原子钟中，由于电场可以被有效地屏蔽，因此直流电场通常不是不确定度的主要来源。然而,铯原子不可避免地暴露在每一个温度 $T \neq 0$ 的物体发出的电磁温度辐射场中。

如第 5.4.5.2 节所述,电场引起的交流超精细斯塔克频移近似等于由具有相同均方根值的静电场引起的频移。Itano 等人[258]计算了几种碱金属的频移,结果表明上述近似是成立的。在铯原子钟的情况下,他们计算出超精细跃迁的相对交流斯塔克频移为 $-1.69(4) \times 10^{-14}[T/300 \text{ K}]^4$。Pal'chikov 等人[259]计算得出相对频移为

$$\frac{\delta\nu}{\nu} = -17.2 \times 10^{-15} \left(\frac{T}{300 \text{ K}}\right)^4 \times \left[1 + 0.014\left(\frac{T}{300 \text{ K}}\right)^2 - 3.18 \times 10^{-5}\left(\frac{T}{300 \text{ K}}\right)^2\right]$$

$$(7.5)$$

其中,第一项对应于极化率,方括号中的第二项对应于由于铯原子 $D_1(\lambda = 894$ nm)线和 $D_2(\lambda = 852$ nm,见图 7.8(a))频率差引入的一个修正。方括号中的第三项代表原子极化率的三阶项(超极化率),它产生高阶斯塔克效应。Bauch 和 Schroder[260]测量出热原子束装置的黑体频移是 $-(16.6 \pm 2) \times 10^{-15}$,与预期值非常一致。Simon 等人[261]直接测量出铯喷泉原子钟的直流斯塔克频移为 $\delta\nu = -2.271(4) \times 10^{-10} E^2 \text{ Hz(V/m)}^{-2}$。由这个值和 300 K 黑体辐射电场的时间平均(见(5.142)式),可以计算出 $\delta\nu/\nu = -17.09(3) \times 10^{-15}$,它的不确定度减小了一个数量级。对于最好的铯钟,室温状态的黑体辐射频移比实现的时钟不受干扰的谱线中心的不确定度大一个数量级以上。因此,现在普遍同意为了实现时间单位必须修正铯原子钟的黑体辐射频移。从长远来看,黑体辐射随时间变化的电场影响可能是对最先进频标不确定度贡献最大的误差源。然而,通过将吸收体保持在超低温条件下,如同汞光频标那样(见第 10.3.2.4 节),可以显著抑制它的影响。

7.1.3.5 引力频移

由于秒定义是基于原时,直接比较两个非本地时钟的频率必须考虑每个时钟所在位置的引力势能 Φ 的影响(见第 12.2 节)。根据广义相对论,频率会产生 $\Delta\nu = -\nu\Phi/c^2$ 的偏移,其中势能包括重力加速度及在旋转地球表面的加速度的贡献。如果势能以旋转的大地水准面为参考面,引力势能可以表示为 $\Phi = gh/c^2$,其中 $g \approx 9.81 \text{ m/s}^2$ 是来自地球引力的本地加速度,h 是相对大地水准面的高度。高度较低时,相对频移为 $1.09 \times 10^{-16} \text{ m}^{-1}$。相应的修正如下:海拔 79.5 m 的 PTB 时钟为 -8.7×10^{-15};位于海拔 1.6 km Boulder 的

NIST 时钟为 $-180.54 \times 10^{-15[20,262]}$。对于如此大的海拔差以及现在最好的时钟可获得的精度，势能的 $\Phi = gh/c^2$ 的近似表达式不再适用[263]。

7.1.3.6 二阶多普勒频移

如果在实验室坐标系中观察到铯原子以速度 v 运动，则时间膨胀导致相对于固有频率的频移 $\delta\nu = -\nu v^2/(2c^2)$（第 5.4.2 节和第 12.2 节）。CS1 中 95 m/s 的平均速度对应的相对频移大约是 5×10^{-14}。观察到的 Ramsey 条纹包含所有不同速度原子的贡献，因此有关速度分布的信息包含在谱线中。通常，对 Ramsey 线型进行傅里叶变换可以计算出速度分布（见文献[264,265]及其参考文献）。PTB 的 CS1 和 CS2 校正后的二阶多普勒频移对相对不确定度的贡献分别是 0.5×10^{-15} 和 1×10^{-15}。

7.1.3.7 由于非完美仪器产生的频移

1. 腔牵引

当微波腔的本征频率没有精确地调谐到原子共振时，就会发生腔牵引。考虑这样一个锁定方案，探询振荡器的频率被 $\pm\gamma/2$ 调制，γ 是 Ramsey 中心条纹的全宽度。如果谐振腔相对于原子共振频率失谐，两个频率就位于谐振腔谐振曲线的不同位置，导致不同的原子激励概率。铯钟中对应的相对频移的近似公式如下[11,266]：

$$\frac{\Delta\nu_c}{\nu_0} \approx \frac{\nu_c - \nu_0}{\nu_0} K_c \frac{Q_c^2}{Q_{at}^2} \tag{7.6}$$

在(7.6)式中，ν_0 和 ν_c 分别是原子吸收体和谐振腔的共振频率。Q_{at} 和 Q_c 分别是原子共振线和谐振腔的品质因数。K_c 是一个常数，取决于调制宽度、速度分布和原子的偶极矩。因此，可以采用低 Q 的谐振腔来降低腔牵引效应。如果原子钟工作在优化功率，即在每个作用区都是 $\pi/2$ 激发，则跃迁几率在很大程度上与功率无关。通过改变功率可以识别出腔牵引效应。

由于腔牵引效应对拉比基底的影响更为明显，和 Ramsey 条纹类似，Shirley 等人[267]指出可以利用功率相关的频移来确定和修正这一影响。还有其他一些效应对拉比基底的影响比 Ramsey 条纹大，包括由于磁场不均匀性、拉比牵引、不对称微波频谱引起的频移或者光抽运频标里的光频移。

2. 电子学相关的频移

即使精心设计的电路和经过筛选的元器件也可能会引入频移从而限制原

子钟的性能。这样的例子包括伺服放大器中的积分器偏移量或信号纯度不足。由于伺服控制是使误差信号为零,它通过频率偏移补偿电路的偏移,因此元器件等引入的任何偏移都会被频率的偏移抵消。用来探询原子的微波场的寄生频率分量也能引起频移。一个频标的不同阶段出现不同的微波信号,它们稍后在迥然不同的应用中被处理,例如推导定时信号。如果初始信号的频谱纯度不足,则相应电子设备中的任何非线性元件可以产生相位或频率偏移。振幅和相位调制的混合可能会发生,它会偏移输出频率。之所以必须非常小心,是因为制作原子钟的艺术取决于将相关缺陷降低到不再有显著影响的能力。

3. 微波泄漏

谐振腔的寄生微波泄露可以激励确定的相互作用区外的跃迁,可导致非对称谐振曲线以及引起中心频率明显偏移[268]。通常,这些效应可以通过将应用于原子钟的微波功率从优化的 $\pi/2$ 拉比角度变化到高的奇数倍($3\pi/2, 5\pi/2, \cdots$)来识别。

4. 不确定度评估表

对于基准频标,通常定期对所有相关频移进行仔细检查并出版包括所有偏移量及修正结果的报告。对不确定度的相关贡献以标准化方法[3]进行评估,产生了所谓的"不确定度评估表"。现在普遍同意对不确定度的所有贡献进行平方求和,并根据评估给出一个测量不确定度的单一数值。

7.2 光抽运铯束钟

之前描述的磁选态需要忍受如下的事实,在热平衡时原子几乎均匀布居在所有的 16 个能级上(见图 7.1),所有原子中只有 1/16 处于 $F=3, m_F=0$ 所需能级的原子被选择。如果所有原子都能被制备在 $|F=4, m_F=0\rangle$ 能级,则信号可以大大增强。通过光抽运(见第 5.3.3.1 节)可以实现制备而不是选择,Picqué[269] 首次使用原子束证明了这一点。在最简单的方法中(见图 7.8(a)),与 $F=4$ 和 $F'=3$ 能级跃迁共振的 D_2 线 $\lambda=852.355$ nm 激光被处于 $F=4$ 能级的原子吸收。激发到 $F'=3$ 能级的原子在大约 30 ns 后通过自发辐射衰变进入 $F=4$ 和 $F=3$ 的基态超精细分裂能级。由于只有处于 $F=4$ 能级的原子被反复地激励,经过几次循环后所有处于 $F=4$ 能级的原子都被光抽运到 $F=$

3 能级。Avila 等人[270]描述了其他的光抽运方案及最终的能级布居数分布。与磁选态相比,光学态制备还有另一个重要的优势:如果光抽运光束垂直于原子束,则激励没有速度选择性。与磁选择器有限的接受角度相比,光抽运产生的原子束可以有更多的原子并且在空间上更加均匀。光学态制备的第三个优点是它避免了用于磁选择器的强磁场梯度。因此,基本可以避免可导致附加频移的 Majorana 跃迁(见第 7.1.3.3 节)。

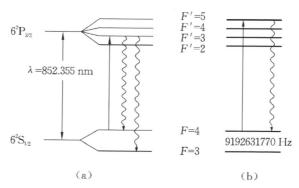

图 7.8   铯原子钟的用于态制备的简化版光抽运

在 Ramsey 区激励后,就会有原子处于 $F=4$ 能级。这些原子可以通过如下方法检测:首先通过一束调谐到 $F=4$ 到 $F'=5$ 跃迁的激光激励这些原子,然后检测衰变的荧光光子(见图 7.8(b))。$F=4$ 到 $F'=5$ 的跃迁称为循环跃迁,因为根据量子力学 $\Delta F=0,1$ 的选择定则,激发到 $F'=5$ 能级的原子只能衰变回到 $F=4$ 能级,激发和辐射过程可以发生很多次。因此每个处于激发态的原子能辐射大量的光子。即使对于很小的探测概率 $p \ll 1$,探测到的光子数 $N \times p$ 也很容易超过 1,因此允许我们实际探测到每个处于激发态的原子。

通常,采用光激发进行态制备和探测的铯束钟(见图 7.9)利用两套激光系统来达到这个目的。实际选定的方案中,需要更多激光传送必要的频率。这两种铯束钟中心的 Ramsey 激励区域是相似的,因此光抽运铯束钟的不确定度评估表与磁选态铯束钟有很多共同之处。一个与光抽运频标相关的特定误差源是来自抽运区和探测区的杂散光,它们出现在两个相互作用区之间的原子束路径上。由于交流斯塔克效应,这个辐射会引起光频移。已经对一些特殊情况进行了建模[11,271],但也可以通过改变激光功率来对它进行实验研究。因为铯炉不需要移动,原子束反转法测定腔相移更容易实现。

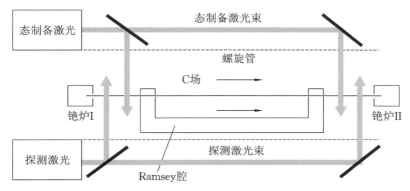

图 7.9 采用光选态和探测的铯原子钟简化原理框图

多个机构已经研制成功并运行了采用光学态制备和探测的基准铯原子钟,例如,日本之前的 NRLM(现在的 NMIJ)[272,273]和 CRL(现为国家信息和电信技术研究所,NICT[253]),法国之前的 LPTF(现在是 BNM-SYRTE)[271,274],美国的 NIST[253,275]。已经实现的相对不稳定度约为 $1 \times 10^{-12}/\sqrt{\tau/s}$[253,276]和 $3.5 \times 10^{-13}/\sqrt{\tau/s}$[271]。报道的这种类型时钟的相对不确定度在 10^{-14} 和 10^{-15} 之间[253,271,273]。

7.3 喷泉钟

基于热铯束的典型实验室原子钟实现的谱线品质因数是 $Q \approx 10^8$。为了达到 10^{-14} 左右的相对不确定度,需要将原子跃迁的中心定位到线宽的 10^{-6},这很难被进一步提高。因此,开发更精确的原子钟需要增加相互作用时间从而减小原子跃迁的线宽。速度为几厘米每秒的激光冷却样品允许秒量级的相互作用时间。水平原子束装置不再适用于这些低速原子,因为它们在这段时间内会由于重力加速度而下落几米。

为了在引力场中探询低速原子,有时也被称为 Zacharias 喷泉④的原子"喷泉"概念现在广泛应用于原子钟,这种原子钟的精确度大幅提高。

7.3.1 喷泉钟的原理图

在原子喷泉中(见图 7.10),一团冷原子云以每秒几米的速度垂直上抛

---

④ 据报道,麻省理工学院的 Zacharias 首次尝试在喷泉装置中使用喷射源发出的低速原子[15]。

通过一个相互作用区域。重力加速度 g 迫使原子减速并下落，从而第二次经过相同的电磁场相互作用区。由此产生的谐振特性和铯束原子钟一样，显示出 Ramsey 干涉结构，它的分辨率由两个相互作用之间的时间 T 决定。这个时间可以通过计算原子爬升到最高点所需的时间和相同的下落时间得到

$$T = 2\sqrt{\frac{2H}{g}} \tag{7.7}$$

对于从 Ramsey 谐振腔到最高点之间典型高度 $H = 1$ m 的装置，这个时间是 $T = 0.9$ s，原子的必要初始速度是 $v = \sqrt{2gH} = 4.5$ m/s。原子云中原子的较低运动速度是实现原子喷泉高效率运行的前提，因为在下降过程中通过 Ramsey 腔开口返回的原子数量取决于横向速度。一团最初体积很小的温度为 $T = 2$ μK 的铯原子云将在 1 s 内扩散到 1.1 cm，这样有大约 40％ 的原子进入 1 cm 的相互作用区域，与之对照的是如果样品只冷却到多普勒极限的 125 μK，则只有大约 0.7％ 的原子会进入同一区域[277]。第一个成功的喷泉钟实验是利用激光冷却的钠原子在脉冲射频腔中完成的，展示了 2 Hz 的线宽[278]。第一台铯喷泉原子钟是由之前的 LPTF 实现的[17,279]。后来，许多机构运作和研究了基于铯原子或铷原子的各种喷泉原子钟[280-289]。尽管这些喷泉钟的设计略有不同，但每个装置基本上包含三个部分（见图 7.10）：收集和冷却原子的制备区、包含谐振腔和用于飞行的激励区和探测区。冷原子云通常从铯源提供的典型压强大约为 10^{-6} Pa 的热蒸气中制备。在磁光阱中大约有 10^7 个铯原子被收集并在光学黏胶中被进一步冷却到典型的 2 μK 左右的温度。如果有必要，铯原子有时会通过特殊的冷却技术进一步冷却[168,290]。

下一步，原子必须在不提高温度的情况下上抛。这很容易通过移动光学黏胶实现，垂直向下激光束的频率 ν_1 相对于光学黏胶中用来冷却原子的频率 ν 红失谐 $\delta\nu$，垂直向上激光束的频率 ν_2 蓝失谐 $\delta\nu$。选择向上的方向为 z 轴，两个振幅相等的相向传播光波的叠加可以写成

$$E(z,t) = E_0 \exp\mathrm{i}[(\omega + \delta\omega)t - kz] + E_0 \exp\mathrm{i}[(\omega - \delta\omega)t + kz] \tag{7.8}$$
$$= 2E_0 \exp\mathrm{i}\omega t \cos(\delta\omega t - kz)$$

考虑 $\delta\omega t - kz = 2\pi\delta\nu t - 2\pi z/\lambda = 0$ 的波阵面。从这个关系中我们可以发现它们以 $v = z/t$ 的速度向上运动，速度可以写成

$$v = \lambda\delta\nu \tag{7.9}$$

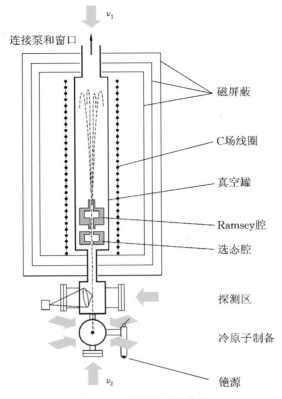

图 7.10　喷泉原子钟装置

当原子在这个"行波"中被激光冷却时,它们也会以波阵面的速度向上移动。

如图 7.10 所示的喷泉结构中,用于 MOT 的六束激光中有四束水平排列、两束垂直排列,除了这种结构,另一种称为"1 1 1"的结构也经常被采用。在这种结构中,六束 MOT 激光各定义了一个平面,它们构成一个假想的"立方体",它的取向是使两个相对的角排列在竖直方向的一条线上。相互垂直的三对相向传播光束与管道的轴相交角度相同(≈54.7°)。相向传播光束之间的失谐量 $\delta\nu$ 构成一个移动的光学黏胶[17],导致原子以 $\upsilon = \lambda\delta\nu\sqrt{3}/2$ 的初速度上抛,通过用于探询的微波腔。该结构可以在谐振腔和飞行区产生更少的杂散光。为了上抛原子,所有向下的三束光都必须红失谐,所有向上的光束都是蓝失谐。

当失谐光束被关断,原子会沿着上抛运动轨迹飞行。原子在上抛和下落

过程中通过同一 TE_{011} 微波谐振腔,因此经历 Ramsey 激励,从而激励基态能级 $|F=4,m_F=0\rangle \leftrightarrow |F=3,m_F=0\rangle$ 之间的跃迁。在 PTB 的 CSF1 钟中,通常有 5×10^5 个原子通过谐振腔回到探测区。在微波腔内经历跃迁的原子可以用不同的方法来探测。一个常用的方案[281] 是分开探测处于 $|F=3\rangle$ 和 $|F=4\rangle$ 能级的原子。首先,原子穿过调谐到 $|F=4\rangle \rightarrow |F'=5\rangle$ 跃迁的驻波激光场(见图 7.8),原子在这两个能级之间循环,光电探测器探测到大量的荧光光子,它的信号与 $|F=4\rangle$ 能级的原子数 $N(F=4)$ 成正比。采用驻波是为了不让原子由于受到单向光压而加速。通过第一探测区域后,处于 $|F=4\rangle$ 能级的原子被一横向光束推开,以防止它们到达第二探测区域。在那里,处于 $|F=3\rangle$ 能级的原子被第二个驻波激光场抽运到 $|F=4\rangle$ 的能级,然后它们以与第一探测区域原子相同的方法被第二个光电探测器探测。因此,第二探测区域的激光场包括两个必要的频率以激发 $|F=3\rangle \rightarrow |F'=4\rangle$(抽运)跃迁和 $|F=4\rangle \rightarrow |F'=5\rangle$(循环)跃迁。这两个光电探测器的信号结合起来,给出了微波场激励的原子与原子总数的归一化比值为

$$p \propto \frac{N(F=3)}{N(F=3)+N(F=4)} \tag{7.10}$$

原子喷泉中特殊的低上抛高度和典型上抛高度,即低分辨率和高分辨率的激励谱分别如图 7.11 和图 7.12 所示。

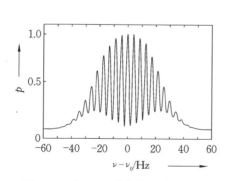

图 7.11 在 PTB 喷泉钟里当原子轨迹的最高点位于谐振腔上方 5 cm 时测量到的铯原子激发概率 p

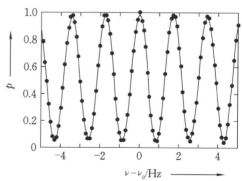

图 7.12 当原子轨迹的最高点在谐振腔上方 0.4 m 时,类似于图 7.11 所示的高分辨率 Ramsey 谱的中心部分

选态腔:可能引起铯原子钟频移的几个效应与 $|F=3,m_F=0\rangle$ 能级和 $|F=4,m_F=0\rangle$ 能级之外的其他能级上的布居数直接相关,例如由于拉比牵引、Ramsey 牵引、Majorana 牵引、腔牵引或者冷原子碰撞(见第 7.3.2.1 节)引起的频移。因此,大多数喷泉钟包含第二个微波谐振腔用于将原子布居制备到所需的能级。在 PTB 的喷泉钟里处于 $|F=4,m_F=0\rangle$ 能级的原子在选态腔内由一个 π 脉冲转移到 $|F=3,m_F=0\rangle$ 能级。由于场不均匀或者由于不同的速度没有经历一个精确的 π 脉冲而留在 $|F=4\rangle$ 能级的原子,则被向下传播的短脉冲激光推走。

7.3.2 喷泉钟的测量不确定度

利用喷泉钟测量时,限制其不确定度的大多数效应及探索和修正它们的方法,与铯束钟的情况类似(见第 7.1.3 节)。然而在喷泉钟中,这些贡献中的大多数比热原子束钟相应值小。由于前者的原子速度 v 显著降低,与 v 或 v^2 成比例的所有贡献都随之减小。此外使用单一谐振腔进行探询通常会导致较小的腔相移影响。而且,喷泉的特殊结构允许采用方便的方法绘制飞行区域的磁场分布。通过改变原子云的初始垂直速度改变原子上抛高度,使原子在这个区域附近经历大部分时间。然后很容易由线性塞曼效应引起的跃迁谱线偏移来确定磁场与高度的函数关系。

几个机构的基准喷泉钟报道的相对不确定度大约为 1×10^{-15} [18-20],其中最大的贡献来自碰撞频移。

7.3.2.1 冷原子碰撞频移

对于铯原子,冷原子碰撞是最大的系统频移来源,因为当原子密度为 $10^9\ \mathrm{cm}^{-3}$ 时它们会产生 $\Delta\nu/\nu=-1.7\times10^{-12}$ 的频移[291,292]。在几毫开尔文的低温情况下,铯原子之间的碰撞过程主要用 s 波散射来描述。这可以通过计算最大角动量 $L_{max}=b_{max}\times m_r v$ 看出来,其中 b_{max} 是最大碰撞参数,即直线轨迹中两个铯原子最接近的距离。短暂的 Cs_2 分子的约化质量为 $m_r=m_{Cs}/2$,$v\approx1\ \mathrm{cm/s}$ 是 1 μK 温度时的原子速度。假设碰撞参数 b_{max} 在分子势范围内,即 $b_{max}=30\ \mathrm{nm}$,相应的最大角动量 $L_{max}=\sqrt{l(l+1)}\hbar\approx0.3\ \hbar$。因为 $l<1$,即 $l=$s,只有 s 波散射是可能的。同时德布罗意波波长 $\lambda_{dB}=h/(m_r v)\approx150\ \mathrm{nm}$ 大于 b_{max} 再次表明没有 p 波散射。因此,低温下的碰撞可以用一个参数即 s 波散射长度来描述。低温时铯原子具有较大的散射截面有两个原因:首先,在微开尔

文温度范围由于德布罗意波波长 λ_{dB} 增大,从而使得冷原子碰撞截面 $\lambda_{dB}^2/(2\pi)$ 变得非常大;其次,铯原子有非常接近于离解能的 Cs_2 分子束缚态,它导致散射振幅的共振。因此,在用作原子钟的铯喷泉中,密度通常设定在较低的水平,测量不同密度时的频移然后将其外推到零密度。若想测量频移系数[292]就必须准确地测定绝对密度。由此产生的修正是铯喷泉钟不确定度的最大贡献。铯原子的大散射长度使得预期的冷原子碰撞频移对温度有很强的依赖性。理论预期的铯的冷原子碰撞频移反转发生在 100 nK 以下非常低的温度[293]。这种依赖关系是否可以用来提高铯喷泉钟的精度还有待证明。

通常,通过高原子密度和低原子密度交替运行的方式对两种密度状态进行频率测量,从而测定碰撞频移,实验中还需要一个具有足够高短期稳定度的参考频率,例如氢微波激射器(见第 8.1 节)。在喷泉中,频移与"有效"密度成正比,它考虑了飞行过程中密度的变化及它对初始的空间和速度分布的依赖关系[286]。这两种情况下的密度经常通过在 MOT 中加载不同数量的原子来改变。这很容易通过改变加载参数,如囚禁激光束的功率或光束的开启时间来实现。

另一种方法是保持这些参数不变,但改变用于将原子制备在 $|F=3, m_F=0\rangle$ 能级的选态腔的微波功率。通常一个 π 脉冲将处在 $|F=4, m_F=0\rangle$ 能级的所有原子转移到 $|F=3, m_F=0\rangle$ 能级,随后施加一束调谐到 $|F=4\rangle \rightarrow |F'=5\rangle$ 跃迁的激光来去除剩余的原子。使用 $\pi/2$ 脉冲而不是 π 脉冲,就会只让一半的原子留在较低的基态,从而原子的数目减少了一半。

Pereira Dos Santos 等人[294]设计了一种巧妙的方法,可以使原子的数目精确地变化两倍,并与选态腔内微波场的不均匀性无关。把相互作用场的频率从非常大的负失谐连续调谐到非常远的正失谐,所有的原子通过绝热快速通道从 $|g\rangle$ 能级转移到 $|e\rangle$ 能级。在旋转坐标系中,代表系综的赝自旋然后以如图 5.10 所示的类似的方式从布洛赫球的南极螺旋上升到北极。如果驱动场频率的快速调谐恰好停止在共振处,则系综的赝自旋矢量位于赤道面上,从而布居均匀分布在两个基态能级上。假设在此过程中没有发生其他损失,则原子数及原子密度可以减少到原来的一半。采用后两种方法测定碰撞频移时,不需要测量绝对密度,它也不依赖于对碰撞频移系数精确值的了解[291,292]。

在用作频标或时钟的喷泉中,需要定期测量密度相关频移的影响[19,20,289]。喷泉钟通常运行在相关的不确定度对总不确定度的贡献不超过 50% 的原子密度,这使得原子数的典型值被限制在 10^6 个以下。

7.3.3 稳定度

在喷泉钟中,阿兰偏差可以表示为[64]

$$\sigma_y(\tau) = \frac{1}{\pi Q_{at}} \sqrt{\frac{T_c}{\tau}} \sqrt{\left(\frac{1}{N_{at}} + \frac{1}{N_{at} n_{ph}} + \frac{2\sigma_{\delta N}^2}{N_{at}^2} + \gamma \right)} \qquad (7.11)$$

这是 (3.97) 式的直接扩展。在 (7.11) 式中 τ 是以秒为单位的测量时间,T_c 是一个测量周期的持续时间,$Q_{at} = \nu_0 / \Delta\nu$ 是谱线品质因数。(7.11) 式中的第一项代表量子投影噪声[89],它来源于测量时将两种能态的量子力学叠加态投影到任意一个能态引起的布居数量子涨落。这一项并不是 (7.11) 式中唯一依赖于探测原子数 N_{at} 的项。第二项来源于原子荧光探测时探测到 n_{ph} 个光子的光子散粒噪声。由于在这个过程中每一个原子散射大量的光子,这一项通常远小于第一项。第三项由探测系统的噪声产生,在那里分开测量处于 $|F=4, m_F=0\rangle$ 能级的原子数和处于 $|F=3, m_F=0\rangle$ 能级的原子数,$\sigma_{\delta N}$ 代表每次测量的原子数不相关均方根起伏。γ 是探询振荡器所增加的噪声的贡献。例如,由于脉冲探询可以将振荡器的高频噪声下转换到基带,从而在控制回路或探询过程中都会出现非线性。它通过混叠效应,例如 Dick 效应或互调效应(见第 3.5.3 节)进入到信号的起伏中。通过使用低噪声的低温蓝宝石振荡器[18,64]以及在 10^5 到 6×10^5 之间改变喷泉中的原子数 N_{at},可以达到主要由 $10^5 \leqslant N_{at} \leqslant 5 \times 10^5$ 个原子决定的量子投影噪声极限。使用 6×10^5 个原子可以获得 $4 \times 10^{-14} (\tau/\text{s})^{-1/2}$ 的不稳定度[64]。

7.3.4 可选钟

7.3.4.1 铷喷泉

已经发现 ^{87}Rb 的碰撞频移最多为 ^{133}Cs 的三十分之一[286,295]。由于可以使用较大的原子云密度而不降低准确度,因此相比于铯喷泉,基于 ^{87}Rb 的原子喷泉具有更好的短期稳定度。已经有不同的 ^{87}Rb 喷泉在运行[91,295],^{87}Rb 的基态分裂也已被测量(见表 5.1)。Sortais 等人[286]在他们的铷喷泉中获得了 $\sigma_y(\tau) = 1.5 \times 10^{-13} (\tau/\text{s})^{-1/2}$ 的相对不稳定度,并有望实现 $\sigma_y(\tau) = 1 \times 10^{-14} (\tau/\text{s})^{-1/2}$ 的不稳定度和潜在的 10^{-17} 的相对不确定度[91]。

7.3.4.2 增大占空比的喷泉

由于铯喷泉钟不稳定度的限制,只有在长达一天的测量时间后才能达到它的准确度，因此铯喷泉钟的不稳定度影响了它可获得的高准确度的应用。对于给定的谱线品质因数 Q，可以通过增加原子探测速率来降低不稳定度（见(7.11)式)，另一方面原子探测速率受限于喷泉的脉冲工作方式。为了提高这一速率，已经设计出各种方法来增加发射原子云的数量或采用准连续的原子束。在喷泉中，按多次发射或连续原子束的想法要求进行专门的设计，以保证正在飞行原子的能级不受来自杂散光的交流斯塔克频移的扰动。

1. 连抛喷泉

在喷泉原子钟中同时连续发射超过十个激光冷却原子云的方案已经被提出[296,297]并被演示[287,298]。同时上抛多个原子云有两个优点。首先，对于给定的密度（对应给定的碰撞频移)，探测到的原子数和信噪比都可以提高。其次，"连抛"主要消除了测量之间的死时间，从而降低了对本机振荡器频率稳定度的要求。然而，必须采用快门阻挡杂散光进入钟探询区域。此外，原子云之间的碰撞会导致频移增加，发射速率就受限于此。

2. 使用连续原子束的喷泉

一个结合连续原子束和喷泉优点的完全不同的概念由 Neuchatel 天文台和瑞士国家计量研究所（METAS)共同提出[288,299-301]（见图 7.13）。连续原子

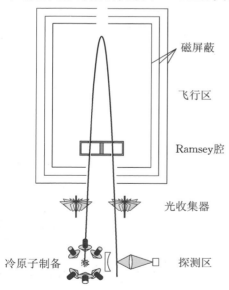

图 7.13　连续原子束喷泉原理图

束喷泉有两个优点：首先，对于给定的原子通量，束流的原子密度比脉冲喷泉减小两个数量级。该属性可将碰撞频移减小相同的幅度。另一方面，如果是给定允许的频移，则可以增加原子数以减小不稳定度（见(7.11)式）。其次，由于间歇性探询方案导致的 Dick 效应预计也会大幅减小，从而有望获得更高的短期稳定度[52]。

由于连续原子束喷泉的特殊性，必须放弃在其他喷泉钟上非常有效的方法：两次使用同一个微波场来探询原子。然而，如果采用让上抛和下落原子之间在探询区只有几厘米小间距的抛

图中标注：磁屏蔽　飞行区　Ramsey腔　光收集器　冷原子制备　探测区

物线轨迹，就可以使用一个单一的 TE$_{021}$ 模式的同轴腔[52]（见图 7.14）。

原子以离开轴相同的径向距离但是从相反的方向通过同轴腔。在某种意义上讲，在原子束位置的 TE$_{021}$ 腔模磁场结构与典型喷泉中使用的 TE$_{011}$ 腔磁场类似（见第 7.3.1 节），存在 B_z 分量的最大值，它在沿圆柱谐振腔轴线有正弦的依赖关系，但 B 场与方位角无关。预计与"端到端"相移相关的相对频移可以小于

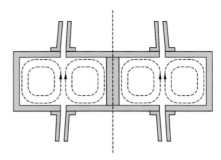

图 7.14 TE$_{021}$ 腔的垂直剖面图及
磁力线示意图

10^{-15} [288]。为了研究微波谐振腔中的相移，尽管原子束的反转是不可能的，但是 TE$_{021}$ 腔（见图 7.14）可以绕垂直轴旋转 180°。这样铯原子与作用区的相互作用在时间顺序上反演，相移也随之反转，这样就可以测定并修正它。

为了防止在制备冷原子束过程中产生的杂散光干扰原子，它引起的相对频移可达 10^{-12}，必须使用光收集器。这里使用了基于涡轮盘的光收集器，它安装有 45°的黑色叶片，以与铯束的速度相匹配的角速度旋转。这样的光收集器可以将杂散光抑制到 10^{-5} 以上[299]，而对原子通量的衰减只有大约 10%。测量的不稳定度是 $2.5 \times 10^{-13} / \sqrt{\tau/s}$，预期的相对不确定度在 10^{-15} 左右[288]。

7.4 微重力环境的钟

在实验室喷泉钟的典型高度条件下，喷泉里的相互作用时间被限制在 1 s 左右。由于喷泉高度随所需探询时间的平方增加（见(7.7)式），实际上不可能超越这一数值。在绕地球运行的卫星所提供的微重力条件下可以获得长达 10 s 的探询时间，它对应于低至 50 mHz 的线宽。

有几个钟已计划用在轨道高度为 450 km 的国际空间站（ISS）上[302-306]。在微重力环境下使用喷泉不再可能也没有必要，目前的设计是基于低速原子束。

这种钟的原型（PHARAO）已经搭载在一架特殊的飞机上进行抛物线飞行，以模拟约 1 min 的微重力环境[302]。由六束激光构成的光学黏胶通过激光冷却制备 2 μK 的 10^7 个原子的样品作为原子源（见图 7.15）。"1 1 1"结构中

的 6 束激光通过保偏光纤引入到真空装置,每束激光的功率可单独调节。为了得到一个基本不受原子通量起伏影响的信号,离开微波腔后处于 $|F=4\rangle$ 能级和 $|F=3\rangle$ 能级的原子由两束分开的探测激光分别探测。在早期版本中[302]微波腔是长度约 19.5 cm 的 TE_{013} 模圆柱腔,沿着圆柱轴线恰好有三个半波长的驻波。沿腔的轴线在驻波的两个节点附近,剩余的寄生行波导致相位不均匀,从而产生较大的一阶多普勒频移。因此得出结论[303]:空间冷原子钟必须放弃采用 $TE_{01n}(n>1)$ 腔改用环形谐振腔。在这个谐振腔中,耦合系统馈入两个对称的横向波导,它们在两个相互作用区相遇[304]。预期的相对频率不稳定度和相对精度分别是 $\sigma_y(\tau)=10^{-13}(\tau/s)^{-1/2}$ 和 10^{-16}[304]。

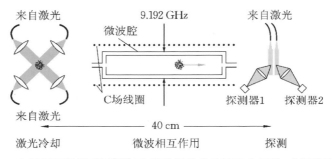

图 7.15 空间原子钟原理图[302]（为清晰起见省略了真空系统、磁屏蔽和激光）

用于国际空间站的另一个时钟是空间基准参考原子钟(PARCS),它被设计用于执行相对论和基础物理检验,并作为基准钟提供服务[305,307]。该装置与图 7.15 的不同之处在于微波探询将在两个独立的工作在 TE_{011} 模式的微波腔 $(Q\approx20000)$ 内进行。通过改变原子速度并外推到零速度,预期"端到端"腔相移的相对不确定度测量值可以达到 2×10^{-17}[307]。预期对相对不确定度的大部分贡献将低于 10^{-16}[305]。对不确定度的最大贡献来自 37 ℃ 工作温度时黑体辐射引起的大约 2×10^{-14} 的频移,它不能用 10^{-17} 范围的相对不确定度来修正。PARCS 钟将在飞行中与超导微波振荡器进行比较。

其他用于太空运行的时钟也基于铯或铷来设计[306]。在微重力环境下,10^{-16} 或更低的预期相对不确定度要求微波钟具有低的不稳定度。对于 10^6 个探测原子,可以实现散粒噪声限制的信噪比 $S/N=10^3$。使用 10 s 的探询时间和相应的 $\Delta\nu\approx50$ mHz,通过(7.11)式可以计算出对于铯原子 $\sigma_y(\tau=10)\approx5\times10^{-15}$ 和对于铷原子 $\sigma_y(\tau=10)\approx8\times10^{-15}$,这允许在几个小时内达到 $\sigma_y\approx10^{-16}$。

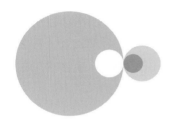

第 8 章
微波频标

铯原子钟具有特殊的地位,因为根据定义它直接实现了时间和频率的单位。此外还有其他的基于中性原子的微波频标,它们有不同的用途,其中有中短期稳定度超过最好铯原子钟的氢钟或者用于对准确度要求较低应用领域的更便宜和更紧凑的原子钟,例如铷原子钟。

8.1 微波激射器

微波受激辐射放大于 1954 年被首次提出[308,309],现在用缩写词 maser(微波激射器)描述所有采用这类运行方式的设备。为了进行高分辨率微波光谱研究,已经使用了各种类型的原子或分子来构建微波激射器;已经开发了各种各样的微波激射器作为频标,例如基于氨、氢、铷或者铯的微波激射器,其中氢钟已经获得了最广泛的使用,我们将在下面讨论它。

8.1.1 氢钟原理

氢钟利用氢原子基态 $|F=1, m_F=0\rangle$ 和 $|F=0, m_F=0\rangle$ 两个能级之间频率间隔为 1.42 GHz(见图 5.22)的跃迁。今天使用的氢钟与由 Norman Ramsey 研究组实现的世界上首个氢钟没有明显差别[310-312]。

来自氢源的氢原子(见图 8.1)注入用离子泵维持的大约 10^{-4} Pa 的真空

中。处于弱场搜寻态的原子通过选态磁铁聚焦到一个存储泡中,同时,将处于最低能级的强场搜寻态的原子偏转使它们不进入存储泡。因此,放置在微波谐振腔中的存储泡包含更多的处于上能级的原子,它可以通过受激辐射过程发射微波辐射。辐射由天线探测并用来将压控晶体振荡器(VCXO)的频率锁定到氢原子的跃迁。氢钟的设计允许探测到窄线宽的原子跃迁,这是由于相互作用时间可以长达 1 s,这也是原子在储存泡里的典型寿命。在这段时间里,原子被保持在一个体积中,它的尺度大约是 15 cm,小于跃迁的波长。因禁在 Lamb-Dicke 区域的原子与微波谐振腔内驻波场相互作用时,一阶多普勒效应被显著抑制。

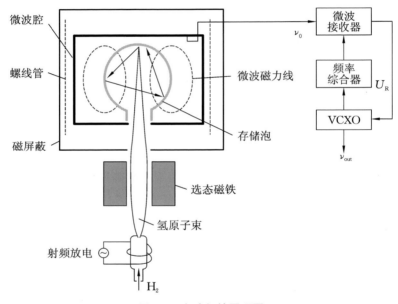

图 8.1 主动氢钟原理图

这里用"主动氢钟[①]"描述的条件是连续振荡可以维持。然而缩写词 maser 也用于"被动氢钟"(见第 8.1.4 节),那里没有实现自激振荡,而是当外部注入微波辐射频率合适时,处于上能级的氢原子对微波信号实现共振放大。

8.1.2 氢钟的理论描述

多个资料[11,311-313]都给出了氢钟的理论,在这里我们按照 Bender[314] 和

---

① 译者注:"active H maser"主动氢微波激射器都是作为原子钟使用的,一般称为主动氢钟。

Vanier[313] 的讲法只给出一个综合的梗概。氢钟中氢原子的相互作用和铯钟里铯原子的相互作用之间有本质的差别。在第 7 章讨论的铯钟中，原子在第一次相互作用之前被制备在一个纯态。此外，由于分辨率受限于相互作用时间，该时间比跃迁相关能级的寿命要短很多，因此我们用态矢量来描述铯原子并将布洛赫矢量图像应用于这个态。又由于氢原子和泡壁的碰撞以及氢原子之间的碰撞通常会导致能级的混合，这种处理方式不再适用于氢钟，因此我们只能给出发现原子系综处于激发态的概率的统计估计值。理论框架利用了密度算符（见第 5.3.2.1 节），平衡时它可以用矩阵表示为

$$\rho = \begin{pmatrix} \rho_{11} & 0 & 0 & 0 \\ 0 & \rho_{22} & 0 & \rho_{42} \\ 0 & 0 & \rho_{33} & 0 \\ 0 & \rho_{24} & 0 & \rho_{44} \end{pmatrix} \tag{8.1}$$

这里将 $S_{1/2}$ 态的四个磁子能级根据它们在磁场中的能量进行编号（见图 5.22），以 $|F=1, m_F=1\rangle$ 作为"1"开始，$|F=0, m_F=0\rangle$ 作为"4"结束[313]。钟跃迁连接能级"2"和"4"，因此只考虑非对角元上这些能级之间的相干。不同的密度矩阵元受到发生在氢钟中的四个相关过程的影响。下面我们将讨论这几个过程及基于如下的速率方程来对这些过程进行建模的假设，即

$$\frac{d\rho}{dt} = \left(\frac{d\rho}{dt}\right)_{\text{flow}} + \left(\frac{d\rho}{dt}\right)_{\text{wall}} + \left(\frac{d\rho}{dt}\right)_{\text{spin exchange}} + \left(\frac{d\rho}{dt}\right)_{\text{radiation}} \tag{8.2}$$

首先，因为只有处于弱场搜寻态的原子才会被偏转到存储泡中，因此泡内原子数量增加，它影响 ρ_{11} 和 ρ_{22}。同时由于原子通过泡的入口从存储泡逃逸引起原子数的损耗，它的大小与泡的几何形状有关，从而以同一种方式改变密度矩阵的所有元素，满足 $-\Gamma_b \rho_{ij}$，其中 Γ_b 表示由于逃逸引起的弛豫率。因此，有

$$\left(\frac{d\rho}{dt}\right)_{\text{flow}} = \begin{pmatrix} I_1/N & 0 & 0 & 0 \\ 0 & I_2/N & 0 & 0 \\ 0 & 0 & 0 & 0 \\ 0 & 0 & 0 & 0 \end{pmatrix} - \Gamma_b \rho \tag{8.3}$$

其中，I_1 和 I_2 分别是进入存储泡中处于"1"和"2"状态的原子通量，N 为原子总数。

其次，当原子碰到泡壁上时会有损耗。这些原子的一部分由于它们被表

面吸收或与另一个原子形成分子并把结合能传递给泡壁而损耗了。如果这些损耗以同样的方式影响处于所有能级的原子,则速率变化是 $d\rho_{ii}/dt = -\Gamma_w\rho_{ii}$,其中 ρ_{ii} 是壁弛豫率。除了这个效应,在与泡壁较弱的碰撞中,相干也发生与第 5.4.4 节所述类似的相位变化。因此 $d\rho_{24}/dt = -\Gamma_w\rho_{24} + i\Omega_w\rho_{24}$,通常假设相干的弛豫率 Γ_w 和布居数的弛豫率相同,其虚数项包括相干的相位变化,它来源于相应的频移 Ω_w。

再次,两个氢原子之间的碰撞可以相互交换自旋从而以速率 Γ_{se} 改变 ρ_{22} 和 ρ_{44}。此外自旋交换碰撞也会导致相干产生相移。Berg[315] 在理论和实验上都证明,在两个氢原子发生自旋交换碰撞的情况下相干 ρ_{24} 的弛豫时间(解相时间)是 $\Gamma_{se}/2$。

最后,除了这些弛豫过程外,由于与电磁场的磁分量相互作用而引起的动态变化可以从薛定谔绘景中的 ρ 的运动方程得到,即

$$\frac{d}{dt}\rho_{ij} = \frac{1}{i\hbar}\sum_k\left[\mathcal{H}_{ik}\rho_{kj} - \rho_{ik}\mathcal{H}_{kj}\right] \tag{8.4}$$

这是刘维尔(Liouville)方程的量子力学等价形式。这个计算可以使用下面的哈密顿函数来进行,即

$$\mathcal{H}_{24} = -\frac{1}{2}\mu_B g_J B_z(r)\cos(\omega t + \phi) \tag{8.5}$$

它描述了激励 $m_F = 0$ 的两个能级之间的超精细跃迁的磁相互作用(见(5.34)式),μ_B 是玻尔磁子,$g_J = 2$。因为 B_z 平行于螺线管提供的静态量子化轴,因此是唯一可以激励 $|F=1, m_F=0\rangle$ 和 $|F=0, m_F=0\rangle$ 能级之间跃迁的磁场分量。

处于平衡状态时,所有的四项贡献的总变化率是 $d\rho_{tot}/dt = 0$,通过它们,我们可以计算出原子系综在微波场中包括弛豫过程的响应。在下面我们给出一些与实际使用氢钟相关的结果。

让 ΔI 表示进入存储泡的处于 $|F=1, m_F=0\rangle$ 和 $|F=0, m_F=0\rangle$ 能级的原子的通量差。然后这个原子束辐射的平均功率是 $P = \Delta I h\nu p$,p 是发现原子处于激发态"2"的平均概率。暂时忽略上面所讨论过程引起的状态"2"的氢原子的任何损耗,我们可以简单地使用(5.51)式和(5.45)式来推导 $p = |c_2|^2$ 和

$$P_{without losses} = \frac{1}{2}\Delta I h\nu \frac{b^2}{b^2 + [2\pi(\nu - \nu_0)]^2} \tag{8.6}$$

在(8.6)式中拉比频率 b 定义为

$$b = \mu_B \frac{\langle B_z \rangle_b}{\hbar} \tag{8.7}$$

其中 $\langle B_z \rangle_b$ 是射频场的 B_z 分量在泡体积内的平均值。这里和下文的下标 b 和 c 分别代表泡和腔。根据 (8.6) 式, 共振时的功率随反转通量 ΔI 线性增加而与拉比频率无关, 因此也与微波场的功率无关。事实证明, 在氢钟中没有观察到这种现象。

为了正确地描述氢钟, 必须考虑处于上能级原子的弛豫过程。使用上面讨论的过程, 我们可以定义衰变时间 T_1 和 T_2 如下:

$$\frac{1}{T_1} \equiv \Gamma_b + \Gamma_w + \Gamma_{se} \tag{8.8}$$

和

$$\frac{1}{T_2} \equiv \Gamma_b + \Gamma_w + \Gamma_{se}/2 \tag{8.9}$$

它们分别与布居数的总衰变和相干性的总损耗有关。通过引入衰变时间 T_1 和 T_2, Bender[314] 和 Kleppner 等人[312] 得到代替 (8.6) 式的功率表达式, 即

$$P = \frac{1}{2} \Delta I h \nu \frac{b^2}{\frac{1}{T_1 T_2} + b^2 + \left(\frac{T_2}{T_1}\right)[2\pi(\nu - \nu_0)]^2} \tag{8.10}$$

当射频场振幅较大时, 分母中的 b^2 项占主导地位, 功率达到饱和, 共振饱和系数为 $S_0 = T_1 T_2 b^2$。谐振曲线 (8.10) 式的宽度 (FWHM) 由下式计算得到, 即

$$\Delta\nu = \frac{1}{\pi} \sqrt{\frac{1}{T_2^2} + \left(\frac{T_1}{T_2}\right)b^2} \tag{8.11}$$

微波激射器自激振荡的一个必要条件是原子束输出的微波功率等于微波谐振腔耗散的功率 dW/dt。我们回顾一下射频谐振腔的品质因数为 $Q_c = \omega_c W/(-dW/dt)$ (见 (2.39) 式), 储存在腔体中的电磁场能量 W 为

$$W = \frac{1}{2\mu_0} \int_{V_c} B^2 dV \equiv \frac{V_c}{2\mu_0} \langle B^2 \rangle_c \tag{8.12}$$

其中 $\langle B^2 \rangle_c$ 是磁场幅度的平方在腔体积 V_c 内的平均值。因此我们计算出微波腔耗散的功率为

$$\frac{dW}{dt} = \frac{\omega_c V_c \langle B^2 \rangle_c}{2\mu_0 Q_c} \tag{8.13}$$

定义"填充系数"为

$$\eta \equiv \frac{\langle B \rangle_{\mathrm{b}}^2}{\langle B^2 \rangle_{\mathrm{c}}} \tag{8.14}$$

微波腔耗散的功率(见(8.13)式)可用相应的拉比频率 b 表示(见(8.7)式)为

$$\frac{\mathrm{d}W}{\mathrm{d}t} = \frac{\omega_{\mathrm{c}} V_{\mathrm{c}}}{2\mu_0 Q_{\mathrm{c}}} \frac{\hbar^2}{\eta \mu_{\mathrm{B}}^2} b^2 \tag{8.15}$$

按照[312]我们确定氢钟中的功率是原子通量 ΔI 的函数。在(8.10)式中取为共振($\nu = \nu_0$),代入(8.8)式,(8.9)式和(8.15)式得到

$$P = \frac{1}{2} \Delta I h\nu - \frac{1}{T_1 T_2} \frac{P}{b^2}$$

由此得到

$$\frac{P}{P_{\mathrm{c}}} = \frac{\Delta I h\nu}{2P_{\mathrm{c}}} - \left(1 + \frac{3\Gamma_{\mathrm{se}}}{2(\Gamma_{\mathrm{w}} + \Gamma_{\mathrm{b}})} + \frac{\Gamma_{\mathrm{se}}^2}{2(\Gamma_{\mathrm{w}} + \Gamma_{\mathrm{b}})^2}\right) \tag{8.16}$$

其中,P_{c} 定义为

$$P_{\mathrm{c}} \equiv (\Gamma_{\mathrm{w}} + \Gamma_{\mathrm{b}})^2 \frac{\omega_{\mathrm{c}} V_{\mathrm{c}}}{2\mu_0 Q_{\mathrm{c}}} \frac{\hbar^2}{\eta \mu_{\mathrm{B}}^2} \tag{8.17}$$

定义一个阈值通量为

$$I_{\mathrm{thr}} \equiv \frac{2P_{\mathrm{c}}}{h\nu} \tag{8.18}$$

即维持自激振荡所需的最小通量。在高于阈值时,如果(8.16)式中的自旋交换碰撞可以忽略,期望功率随氢原子的通量线性增大。

然而,自旋交换碰撞发生的概率正比于氢原子的密度 n,它又和氢原子的总通量有如下关系[312]:

$$\Gamma_{\mathrm{se}} = n\sigma \bar{v}_{\mathrm{r}} \tag{8.19}$$

其中,$n = \dfrac{I_{\mathrm{tot}}}{V_{\mathrm{b}} \Gamma_{\mathrm{b}}}$ 在(8.19)式中 σ 是自旋交换碰撞截面,$\bar{v}_{\mathrm{r}}$ 是氢原子的平均相对速度。密度 $n = N/V_{\mathrm{b}}$,其中 V_{b} 是泡的体积,它是从 $\mathrm{d}N/\mathrm{d}t = I_{\mathrm{tot}} - N\Gamma_{\mathrm{b}} = 0$ 计算得出的。

将(8.19)式和(8.18)式代入(8.16)式,我们得到

$$\frac{P}{P_{\mathrm{c}}} = \frac{\Delta I}{I_{\mathrm{thr}}} - \left[1 + 3q\frac{\Delta I}{I_{\mathrm{thr}}} + 2q^2 \left(\frac{\Delta I}{I_{\mathrm{thr}}}\right)^2\right] \tag{8.20}$$

其中

$$q = \frac{\sigma \bar{v}_{\mathrm{r}} \hbar}{2\mu_{\mathrm{B}}^2 \mu_0} \frac{V_{\mathrm{c}}}{V_{\mathrm{b}}} \frac{1}{Q\eta} \frac{I_{\mathrm{tot}}}{\Delta I} \frac{\Gamma_{\mathrm{w}} + \Gamma_{\mathrm{b}}}{\Gamma_{\mathrm{b}}} \tag{8.21}$$

图 8.2 所示的是根据(8.20)式计算的对于不同参数 $q \geqslant 0$ 时氢钟归一化功率与

$\Delta I/I_{\text{thr}}$ 的函数关系。因此,只有当氢原子的通量被限制在最小通量 $\Delta I_{\min}$ 和最大通量 $\Delta I_{\max}$ 之间的范围内,氢钟才会发生自激振荡($P/P_{\text{c}}>0$)。这些极限可以通过在 $P/P_{\text{c}}=0$ 时求解(8.20)式的二次方程得到

$$\frac{\Delta I_{\max}}{I_{\text{thr}}}=\frac{1-3q+\sqrt{1-6q+q^2}}{4q^2} \tag{8.22}$$

和

$$\frac{\Delta I_{\min}}{I_{\text{thr}}}=\frac{1-3q-\sqrt{1-6q+q^2}}{4q^2} \tag{8.23}$$

通过让(8.22)式和(8.23)式相等,即 $\Delta I_{\max}=\Delta I_{\min}$ 可以推导出对于 $q>3-\sqrt{8}\approx0.171$,氢钟不能振荡。氢钟提供的典型功率值为 $P\approx1\ \text{pW}$。氢钟的品质参数 q 一般小于 0.1。比率 $\Delta I/I_{\text{tot}}$ 是选态磁铁工作有效性的一个量度。

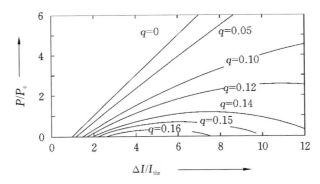

图 8.2 参数 q 取不同数值时氢钟归一化功率与氢原子归一化通量的关系(见(8.20)式和(8.21)式)

8.1.3 氢钟的设计

8.1.3.1 氢源

在图 8.1 的装置中,氢原子(H)是由化学上更稳定的氢分子气体(H_2)通过强放电过程产生的,氢气由气瓶或加热的金属氢化物例如 $LaNiH_x$ 提供。来自氢源的分子通过一个净化级,然后经过一根银钯合金的薄壁密封管扩散到放电区域。这种所谓的钯银"泄漏"起过滤器的作用,它的质量流与温度有关,可以通过加热线圈来改变。因此放电区域的压力在 10 Pa 到 100 Pa 范围内可以快速调节。在特征为红色的放电过程中,大约 200 MHz 的高频电场导致氢分子通过电场中的分子碰撞电离发生解离。

8.1.3.2　选态磁铁

在氢原子束中,所有的四个能级(见图 5.22)几乎以相同的概率 p 布居,这可以由玻尔兹曼分布计算得出 $p(F=1)/p(F=0)=\exp[-h\times1.42\ \mathrm{GHz}/(k_\mathrm{B}T)]\approx0.99976$。所有能级几乎相等的热布居要求选择处于高能态的原子,这一过程通常在非均匀磁场中进行。

假设运动粒子的磁矩大小(见(7.3)式)是常数($\mu_\mathrm{eff}=\mu$),从运动粒子的坐标系看,磁场的方向相对于拉莫尔频率是缓慢变化的,即磁矩在磁场中进动,则系统的能量与磁感应强度 $|\boldsymbol{B}|$ 的模成正比,不随 $\boldsymbol{B}$ 的方向改变。

可以用不同的非均匀磁场构型来进行选态,然而像六极磁铁这样的高阶磁铁还能使原子束聚焦,从而获得更高的所需原子的可用通量。

考虑一个六极场,它的磁感应强度具有如下分量,即

$$B_\mathrm{x}=\frac{D}{2\mu}(x^2-y^2),\quad B_\mathrm{y}=-\frac{D}{\mu}xy,\quad B_\mathrm{z}=0 \tag{8.24}$$

其中,D 是常数。这样的磁场(见图 8.3)可以由六个相互之间成 60° 角并且南北极交替的磁铁产生或由排列成正六边形通有相同大小方向交替变化电流的六根导线产生[316-318]。

磁感应强度的模随半径 $r=\sqrt{x^2+y^2}$ 的平方变化,即

$$\sqrt{B_\mathrm{x}^2+B_\mathrm{y}^2}=\sqrt{\frac{D^2}{4\mu^2}(x^2-y^2)^2+\frac{D^2}{4\mu^2}4x^2y^2}=\frac{D}{2\mu}(x^2+y^2) \tag{8.25}$$

在实际的磁六极透镜中磁场取决于实现的细节,例如,磁极之间的间隔和磁极的尺寸。磁场(见图 8.3)可由给定边界条件下的磁势的拉普拉斯方程计算得到。对于选定的几何形状,即极尖分布在半径为 r_0 的圆柱体上,具有相等的磁极和气隙间隔(见图 8.3),计算出的磁感应强度[132,319](或等价的六根载流导线[317])如下:

$$B(r,\theta)=B_0\left(\frac{r}{r_0}\right)^2\sqrt{1-2\left(\frac{r}{r_0}\right)^6\cos6\theta+\mathcal{O}\left(\frac{r}{r_0}\right)^{12}} \tag{8.26}$$

(8.26)式中的第一项仍是 r 的二次项。因此根据(8.25)式和(8.26)式,一个磁矩为 μ 质量为 m 的粒子受到一个力 $\boldsymbol{F}_\mathrm{mag}=-\boldsymbol{\nabla}\mu|B|=-Dr$(见(7.3)式),它随着到原点 $x=y=0$ 的距离线性增大。因此,一个具有负磁矩并且偏移量和径向速度足够小的原子将以如下的角频率振荡:

$$\omega=\sqrt{2\mu B_0/(mr_0^2)} \tag{8.27}$$

由于对于任何简谐振荡,角频率(8.27)式不依赖于横向速度 v_t。这样,从六极体轴线源点出发具有纵向速度 v_l 的所有原子在经过半个振荡周期对应时间 $T=\pi/\omega$ 后将再次穿过轴线。到源点的距离 $L=v_l T$ 取决于纵向速度,因此所有具有相同纵向速度的同种原子被聚焦到同一点(见图 8.4)。

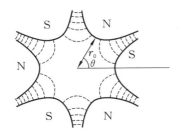
图 8.3 由交替北极(N)和南极(S)构成的六极磁铁(虚线描绘(8.24)式的磁感应强度)

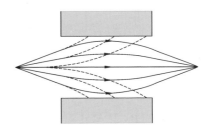
图 8.4 六极聚焦磁铁中顺磁原子弱场搜寻态(实线)和强场搜寻态(虚线)的轨迹

六极磁铁作为一种磁透镜,常用于氢钟中选择弱场搜寻态原子,这是通过将它们聚焦到存储泡的入口实现的。由于焦距取决于原子的速度,磁透镜呈现出"色差",热原子系综的聚焦特性是有限的。如果使用永磁体,B_0 被限制在 1 T 以下,因此从 10^{16} 原子/秒的准直源中,通常只能聚焦 5×10^{-4} 的上能级原子。利用稀土磁性材料可以设计出无铁的磁体,如果形成多极磁体的每一段的几何形状都已知,则可以以 1% 的精度预测出场的模式[320]。

8.1.3.3 存储泡

含有原子的存储泡必须满足几个要求。由于它位于需要高 Q_c 的微波腔中,则它必须由低介电损耗的介质材料制成。它通常是一个由熔融石英制成的典型直径为 15 cm 的球,在原子束入口处有准直器。泡壁通常涂上一层可以最小化泡壁碰撞频移(壁移)的材料,更重要的是,它能产生一种不随时间变化的壁移。通常情况下,泡壁涂有氟碳聚合物,如使用特殊工艺的聚四氟乙烯[311,321]。壁移取决于氟碳化合物的特定类型[90]。

8.1.3.4 微波谐振腔

在氢钟中,采用了正圆柱形微波谐振腔的 TE_{011} 模(见第 4.2.3 节),中心点磁场平行于圆柱体的轴线(见图 4.9)。为了使腔壁上的损耗最小化从而获得一个较大的品质因数 Q_c,通常采用腔的长度和直径相等的微波腔。对于共振

频率 $\nu_{011}^{(TE)} = 1.42\ GHz$，由 (4.68) 式计算的长度为 $L \lesssim 27\ cm$。球形石英泡相对于圆柱轴对称地安放在腔中。它沿径向的直径（$D \lesssim 15\ cm$）必须足够小以便将原子限制在轴向 B_z 场方向不反转的区域。石英泡对微波腔的品质因数影响不大，但对于给定的频率，由于增大的介电常数 $\varepsilon > 1$，一个 1 mm 壁厚的石英泡使谐振长度减少约 5 cm。谐振腔体必须具有非常强的刚性，以保证长度和直径具有好的稳定度，从而避免由于腔牵引导致的频移。腔牵引是由于微波腔本征频率相对原子共振失谐引起的氢钟频率相对于原子跃迁频率的偏移。为了避免温度引起的尺寸变化导致的谐振腔本征频率的进一步起伏，谐振腔保持在恒温的真空室中。微波腔通常由低热膨胀系数的材料制成，如玻璃陶瓷（见第 4.4 节），它的内表面镀银以形成低欧姆电阻的谐振腔腔壁。

为了获得更大的填充系数 η（见 (8.14) 式），有时选择长度是直径 1.5 倍的谐振腔[322,323]，同时存储泡也采用类似的形状。

谐振腔的尺寸连同必要的真空外壳和磁屏蔽决定了氢钟的尺寸和重量，固定设备体积可达 0.5 m^3，重量可达 200 kg 以上。为了减小微波腔的尺寸，有时会引入介电材料，如用于固定存储泡的石英管[322] 或者蓝宝石环。由于这些材料的高介电常数，我们可以减少微波腔的体积。

在靠近腔的端盖处，磁场足够强位置安装的发夹环天线将氢原子携带的功率耦合到连接放大器的 50 Ω 同轴电缆。通常使用第二个环形天线和变容二极管的组合来微调腔的频率。

8.1.3.5 频移

由于各种效应的影响，氢钟的实际频率通常与未受扰动氢原子的基态分裂频率不同。接下来按这些效应对氢钟频移贡献的大小顺序进行介绍。

1. 二阶多普勒效应

由于氢原子质量小，当它处在接近室温的热平衡状态时具有相当大的平均速度，因此感受到一个明显的二阶多普勒频移。使平均热能 $3k_B T/2$ 与一个质量为 m 速度为 v 的氢原子的动能 $mv^2/2$ 相等，则二阶多普勒频移或时间膨胀频移 (5.110) 式为

$$\frac{\Delta\nu_{time\ dil}}{\nu} = -\frac{3k_B T}{2mc^2} \tag{8.28}$$

这样，跃迁频率随温度线性变化。在氢钟的典型工作温度 $t = 40\ ℃$（$T = 313\ K$），

频移为 -4.3×10^{-11}。如果存储泡温度起伏保持在 0.1 K,相关的频率相对不确定度为 1.4×10^{-14}。因此,氢钟通常采用单级或两级温度稳定装置。

2. 壁移

氢原子与辐射场相互作用,与存储泡壁碰撞,辐射原子每次碰撞经历一个平均相移,它取决于泡壁的涂层和原子的温度。对于给定的相互作用时间,碰撞次数与泡的直径 D 成反比。氢钟频率与未扰动氢原子频率之间的偏移量被称为“壁移”,有时[90,266]表示为

$$\Delta\nu_{\mathrm{w}}=\frac{K(t)}{D} \tag{8.29}$$

其中,$K(t)$ 是一个与温度有关的常数。已经完成了温度 $t=40$ ℃时不同特氟龙涂层对应常数的测定[90],这是通过使用不同尺寸的泡并将测得的频率偏移量作为 $1/D$ 的函数外推到无限直径 D 实现的。常数 $K(t=40\ ℃)\approx-0.5$ Hz·cm(Teflon FEP 120)引起 $D=15$ cm 的球形泡的相对频移是 2.3×10^{-11}。这个频移值的估算精度为 10%[266],它仅与未扰动基态的超精细分裂频率有关($\nu_{\mathrm{H}}=1420405751.768(2)$ Hz[90,324],见表 5.1)。在大多数其他情况下,更重要的是要求壁移在时间上是稳定的。大约 40 ℃时,$K(t)$ 的变化约为 -10^{-2}/K[90],为了将频移的起伏限制在小的 10^{-14} 区域,要求泡的温度稳定度至少达到 0.1 K。

3. 磁场

$|F=1,m_{\mathrm{F}}=0\rangle\rightarrow|F=0,m_{\mathrm{F}}=0\rangle$ 的钟跃迁不显示线性塞曼效应,在弱磁场中跃迁频率随磁场的二次方变化,即

$$\Delta\nu_{\mathrm{B2}}\approx2.7730\times10^{-1}\ \mathrm{Hz}\left(\frac{B}{\mu\mathrm{T}}\right)^{2} \tag{8.30}$$

它比铯钟大 6 倍多(见(7.2)式)。对于一个磁场典型值 0.1 μT,相对频移为 $\Delta\nu_{\mathrm{B2}}/\nu\approx2\times10^{-12}$。它可以通过测量 $|F=1,m_{\mathrm{F}}=\pm1\rangle$ 能级的线性塞曼频移来测定。由于存储泡内部磁场的变化而引起的频移一般通过使用四至五层软磁材料,如坡莫合金进行控制。对于更高的要求或更苛刻的环境,则采用主动磁场补偿[325],由磁强计检测通过外屏蔽层泄漏进来的外磁场,然后使用绕在次内层的补偿线圈使泄漏进来的外磁场大大减弱。通过这个方法,当外部磁场变化为 $\pm50\ \mu$T 时,内部场起伏可减小至 2×10^{6} 分之一[325]。

4. 腔牵引

如果微波谐振腔的谐振频率 ν_c 相对于原子跃迁频率 ν_0 失谐,则氢钟频率 ν 的偏移为[326]

$$\Delta\nu_c = \nu - \nu_0 = \frac{Q_c}{Q_{at}}(\nu_c - \nu_0) \tag{8.31}$$

其中, Q_c 和 Q_{at} 分别是微波腔和原子共振线的品质因数。如果将氢系综看作放大振荡器,将微波腔作为反馈环路的谐振滤波器,则这种频移可以用一种简单的方式理解(见第 2.2 节)。从失谐的微波腔反馈回来的辐射经历了相移。根据相位条件(见(2.55)式),该相移由振荡器频率的微小变化补偿。与铯钟中的正比于 $(Q_c/Q_{at})^2$ 的腔牵引相比(见(7.6)式),氢钟中 $Q_c \approx 5 \times 10^4$ 和 $Q_{at} \approx 1.4 \times 10^9$,它们的比值高达 $Q_c/Q_{at} \approx 3.5 \times 10^{-5}$ 。为了减少相应的频移,氢钟一般都配备某种方法进行"自动调谐"。

第一种保持腔的本征频率不变的方法是通过反馈电路将它稳定到一个接近共振频率的选定频率上。为此,利用一个连接到微波谐振腔的调谐变容二极管对谐振腔的共振频率进行方波频率调制,调制频率为几十赫兹到几百赫兹[322]。这个频率比腔内辐射原子寿命的倒数要高得多,其发射受调制影响不大。微波腔的失谐会改变增益,从而改变氢钟的输出功率。如果谐振腔的频率相对于本征频率是对称调制的,则输出功率的调制消失,由此将谐振腔的中心频率锁定到本征频率处。只有当用于探询腔的频率起伏小于谐振腔频率的起伏或漂移时,这种方法才能适用。由于调制频率足够快,需要采用超稳定石英振荡器作为综合器参考,以满足频率参考的中期稳定度要求。

第二种将微波谐振腔的本征频率锁定到给定频率值的方法[327]是直接将一个调频微波信号注入微波谐振腔,然后通过测量反射信号来测定本征频率与作为参考的信号频率之间的偏移量。根据所得到的误差信号将谐振腔调到所需的谐振频率。为了原子不被共振的注入微波信号扰动,选择方波频率调制信号的调制深度是调制频率的偶数倍,因为在这种情况下,载波被完全抑制。由于这种方法可以使用比原子本身输出能量更高的能量,与之前描述的技术相比,它具有误差信号的信噪比更好的优点。

5. 自旋交换碰撞

在处于 $|F=0, m_F=0\rangle$ 和 $|F=1, m_F=0\rangle$ "钟能级"的氢原子之间的碰撞过

程中,两原子的自旋会相互交换,由于交换相互作用直接导致频移。除了这个直接的频移之外,由于相关的弛豫过程也使原子的共振增宽。额外的增宽可以通过腔牵引效应产生频移。这个组合就成为频移的一个主要来源,因为它将振荡频率耦合到像氢原子密度这样的参数中,而这些参数几乎不可能控制到期望的不确定度。Koelman 等人[328]计算了从零温度到 1000 K 的自旋交换频移。然而在室温[329]和低温[330]的测量结果与理论[331]明显不符。

自旋交换频移和腔牵引的综合效应常常通过"自旋交换调谐"的方法用于自动调谐。它是基于调谐谐振腔使腔牵引和自旋交换碰撞频移在很大程度上相互抵消[332]。根据(8.19)式的描述,通过改变原子的通量可以很容易地改变自旋弛豫速率从而改变原子共振的品质因数 Q_{at}。通常 Q_{at} 的变化影响频率牵引(见(8.31)式)。同时原子数的变化影响自旋交换碰撞的次数,因此也影响相关的频移。可以通过缓慢切换原子通量找到两个效应相互抵消的工作点,即用几分钟的调制时间,在两个不同的值 $I_{tot,1}$ 和 $I_{tot,2}$ 以及相关的品质因数 $Q_{at}(I_{tot,1})$ 和 $Q_{at}(I_{tot,2})$ 之间切换。相关频移的测量需要一个非常稳定的参考频率,在需要最高精度的情况下,通常由第二个氢钟提供。

这两种效应不可分离,但我们相信利用这种方法可以将自旋交换碰撞的影响降低到 10^{-13} 量级[266]。

8.1.3.6 主动氢钟的频率稳定度

以阿兰偏差表征的主动氢钟的频率不稳定度对不同平均时间 τ 表现出很明显的特征(见图 8.5)。

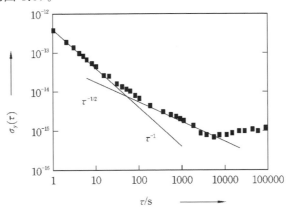

图 8.5 在 1998 年测量的 PTB 两台商用主动氢钟的总不稳定度(阿兰偏差,对于所示的测量值,这两台主动氢钟都是运行在没有自动调谐的状态下)

短期的不稳定度表现为 $1/\tau$ 的依赖关系,而中期不稳定度显示出 $1/\sqrt{\tau}$ 的行为。对于较长时间,不稳定度在达到闪烁噪底后再次增大。

图 8.5 中,长期不稳定度主要由腔漂移决定。如果采用自动调谐,可以改善这个不稳定度的贡献,同时也会导致闪烁噪底的减小。随 $1/\sqrt{\tau}$ 减小的中期不稳定度来源于两个主要的过程,它们最终限制了主动氢钟的频率稳定度。由于存在具有随机相位的热辐射场,它对谐振腔的激发模式有贡献,从而使受激辐射引起的腔内电磁场的相位受到扰动。因此,主动氢钟的相对频率起伏的功率谱密度[11,266,333]:

$$S_y(f) = \frac{k_B T}{P Q_{at}^2} + \frac{4 k_B T f^2}{P \nu_0^2}\left(1 + F\frac{P}{P_r}\right) \tag{8.32}$$

包含对应于白频率噪声的第一项。阿兰偏差描述的相关频率不稳定度由表 3.1 计算得到

$$\sigma_y(\tau) = \frac{1}{Q_{at}}\sqrt{\frac{k_B T}{2P}\frac{1}{\sqrt{\tau}}} \tag{8.33}$$

由于这一过程,稳定度受限于原子输出功率 P 及原子的品质因数 Q_{at},典型值为 $3\times10^{-14}\tau^{-1/2}$。如果每台主动氢钟对阿兰偏差的贡献相等,可以使用 (3.16) 式由图 8.5 推导出类似的值。

短期不稳定度受 (8.32) 式中第二项的限制,它表示附加到信号中的白相位噪声。这种相位起伏可以由微波谐振腔的长度起伏产生,也可以由电子电路例如放大器的相位起伏产生,它依赖于放大器的噪声系数 F 和放大器接收到的功率 P_r。对阿兰偏差的对应贡献计算 (见表 3.1) 为

$$\sigma_y(\tau) = \sqrt{\frac{3 k_B T f_h}{\pi^2 \nu_0^2 P}\left(1 + F\frac{P}{P_r}\right)}\frac{1}{\tau} \tag{8.34}$$

系数 f_h 是截止频率,它定义了用于测量频率起伏的设备的带宽 (见第 3.3 节)。由于两个噪声的贡献 (8.33) 式和 (8.34) 式是独立的,它们可以在 Alllan 偏差图中相加,限制不同平均时间的稳定度。商业主动氢钟在 $1000\sim10000$ s 之间的平均时间达到闪烁噪底 (见图 8.5),对应于一个低于 10^{-15} 的频率不稳定度。对于更长的测量时间 τ,频率漂移引起阿兰偏差再次增加。据报道,五台保持在非常稳定环境的不同主动氢钟给出的年漂移率在 10^{-14} 量级[334]。

8.1.4 被动氢钟

在低于阈值,即没有达到主动自激振荡的情况下,频率与氢原子的跃迁频

率一致的辐射仍然可以被放大。在这种方式下,氢钟的作用是一个由原子跃迁线宽设置的狭窄频率范围的放大器。在这种"被动氢钟"中,外部信号发生器提供的 1.42 GHz 电磁辐射被耦合到谐振腔中。通过监测放大的信号来探询共振谱线,调谐外部振荡器的频率使其输出信号最大。与主动氢钟相比,被动氢钟结合了高的短期稳定度和更小的尺寸及重量两方面的优势。

为了获得更小的尺寸,有时使用所谓的磁控管微波谐振腔[266],它的内部为环形电极组成的同心电容电感结构,类似于磁控管中的电极结构。采用磁控管微波腔的被动氢钟的质量可以减小到几十公斤[335]。限制被动氢钟频率稳定度的因素与主动氢钟相似。中期不稳定度也遵循 $\tau^{-1/2}$ 但与(8.33)式相比增加了大约 10 倍,这取决于实验条件。小型被动氢钟的相对不稳定度保持 $\sigma_y(\tau) \leqslant 10^{-12}/\sqrt{\tau/\mathrm{s}}$ 到大约 10^4 s,然后到达 10^{-15} 量级的闪烁噪底[336,337]。

8.1.5 低温氢钟

氢钟在室温附近工作时,在大约 10^4 s 的平均时间到达的相对频率不稳定度低于 $\sigma(\tau) \cong 10^{-15}$,当它工作在低温状态下,我们期望它的超低不稳定度可以进一步减小到 10^{-18}[338]。温度可以通过各种效应来影响氢钟的不稳定度。首先,从(8.19)式可以看出,自旋交换线宽与氢原子的速度成正比,通过采用处于几个开尔文温度的氢原子,它可以被降低一个数量级或者更多。减小线宽可以增大氢钟的谱线品质因数 Q_{at},从而减小了不稳定度(见(8.33)式)。其次,温度辐射引起的非相干光子发射导致氢钟辐射场相位的起伏,温度直接进入(8.33)式。再次,在低温条件下,泡壁可以涂氦膜,与特氟龙涂层相比,它与氢原子的相互作用更好控制并且在时间上更稳定。可以找到一个温度点,在一级近似下,壁移与温度无关(见图 8.6)。最后,由于氢钟中原子的最大通量取决于弛豫速率,在较低温度时自旋交换速率的降低允许我们用更多的原子来操作氢钟(见(8.20)式和(8.21)式)从而提高系统的可用输出功率,降低系统的不稳定度。

低温氢钟已经实现[330,338,340-342],曾经预计可以实现 10^{-18} 量级的相对不稳定度[338]。然而,后来事实证明氢原子自旋交换截面测量值和计算值之间严重不符[331,343]。这些困难,加上实现低温氢钟必要的额外代价,将其主要应用限制于基础研究领域。

8.1.6 应用

氢钟被用于各种具有挑战性的应用,如时间传递、导航、跟踪太空飞船或

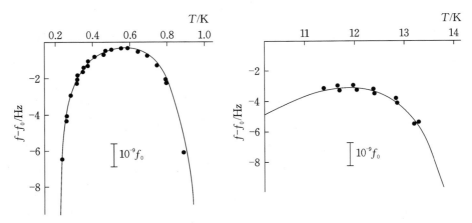

图 8.6　液氦表面和固体氖表面碰撞引起的频移（见文献[339]）

在基础研究方面进行前沿实验。

8.1.6.1　氢钟用于时标

由于在从 10 s 到 1 天的平均时间都具有极好的稳定度，氢钟在短期稳定度方面优于铯钟。守时实验室通常有几个氢钟作为所谓的"飞轮"来提高其时标的短期稳定度（见第 12.1.2 节）。为了有方便的频率参考用于评估频标的稳定度，有时采用由商用铯钟增强的氢钟钟组来提供时标[334]。美国国家标准与技术研究院（NIST）这样一个钟组的长期稳定度为 $\sigma_y(0.1\text{ 天})\approx1\times10^{-15}$，$\sigma_y(1\text{ 天})\approx4\times10^{-16}$，$\sigma_y(10\text{ 天})\approx2.5\times10^{-16}$，$\sigma_y(100\text{ 天})\approx8\times10^{-16}$，其中频率漂移小于 3×10^{-15}/年。

8.1.6.2　引力和相对论实验

引力和加速度势对时钟和频标的影响由爱因斯坦的广义相对论描述（见第 12.2 节）。因此，为了确定基本元素和假设的正确性，远程时钟比对是检验理论预测的一种合适方法。

用来检验爱因斯坦广义相对论的一个早期精密实验，现在被称为"重力探测 A"②，测量了火箭上的氢钟和地球上的氢钟之间的频率差[344]。为此，氢钟由 Scout 火箭以几乎垂直的轨迹发射，在经过两个小时的亚轨道飞行后到达

---

②　2004 年 4 月，"重力探测 B"发射了一个位于运行在极地上方 650 km 高度的一颗地球卫星上的相对论陀螺仪实验，用来检测四个陀螺仪由于地球自转产生的时空拖曳效应导致的旋转方向的微小变化。

大约 10000 km 的高度。在飞行中,通过微波链路可以比较氢钟的频率,由于加速度的影响它感受到不同引力势、不同时间膨胀频移(二阶多普勒频移,见第 5.4.2 节)和不同的一阶多普勒频移。通过分析,观测到的频移与爱因斯坦预测的引力红移在 7×10^{-5} 的相对不确定度内保持一致[344]。

"地球太空飞船"上的时钟在地球每年绕太阳作椭圆轨道运动时也探测到太阳引力势 $U(t)$ 的变化。根据爱因斯坦的等效原理,地球上的时钟经历了一个相关联的,数值为 $\pm 3.3 \times 10^{-10}$ 的相对频移 $\Delta U(t)/c^2$。此外所谓的"局域位置不变性原理"还要求引力频移与原子钟中用作参考的原子的种类无关。Bauch 和 Weyers[345] 已经检验了这个基本假设,他们对氢钟和铯原子钟的频率进行了大约一年的比对,在相对不确定度为 2.1×10^{-5} 的范围内并没有发现频率比的相关变化。

Phillips 等人[346] 对氢钟中塞曼频率分裂进行了测量,未观察到它随恒星日的周期性变化,这个现象限制了可能的洛伦兹和 CPT 破缺③。现在人们认为粒子的标准模型代表一个可能包括广义相对论的更一般理论的低能量极限。一个合理的猜测是,标准模型的扩展常常导致自发的洛伦兹对称性破缺[347],其边界由质子中的这些测量确定。

8.1.6.3 其他应用

被动氢钟被用于全球导航卫星系统(见第 12.5 节),例如未来欧洲卫星系统伽利略(Galileo)卫星上将搭载空间版的氢钟。在那里,氢钟的主要功能是提供高短期稳定度的时钟。由于它可以与地球上的时钟进行同步,在这个应用中它的长期稳定度和准确度不那么重要。

主动氢钟在天文学和大地测量学中找到了应用,例如在甚长基线干涉测量(VLBI)(见第 12.6.1 节)中将来自不同天线的信号关联起来。每个天线站点的氢钟提供时钟信号,将它与来自望远镜的无线电信号一起记录,这样以后可以对来自 VLBI 网络中每对望远镜的信号进行适当关联。

8.1.6.4 宇宙微波激射器

微波激射器也可以由大自然"运行"。第一个宇宙微波激射器偶然发现于 1965 年[348],是射电天文学家为了绘制分子云中气体的分布情况,在测量 OH 分子对热背景源的吸收时发现的。在那段时间还发现了基于 OH、H_2O、SiO、

---

③ CPT 定理指出,在同时应用电荷共轭、奇偶反转和时间反演的情况下,物理定律是不变的。

CH_3OH 或 NH_3 等分子跃迁的许多天然微波激射器[349]。微波受激辐射放大作用的证据来源于光谱特征的组合,即窄线宽、高极化和高亮度。对这些性质的测量可以排除黑体辐射源,因为测得的线宽需要低温,而亮度则对应于一个温度高达 10^{15} K 的黑体辐射体。与人造的微波激射器不同的是,宇宙微波激射器是单通放大器,依赖于分子云中较大的路径长度提供所需的增益。通常认为空间相干性非常小。

宇宙微波激射器已被用于获取其他方法无法获取的各种天体物理学现象的信息[349]。它们被用来探测新形成的恒星上发出的物质流动的速度,或者红巨星的包络。在一些幸运的情况下,在直径超过 10^{10} km 的同一天体的不同壳体中观测到了 SiO、H_2O 和 OH 的微波受激辐射放大作用,通过它可以获得恒星组成的有用信息。类似地,也研究了超新星残骸或活跃星系的核。其他的研究包括通过多普勒效应测量距离,或者通过塞曼效应导致的谱线分裂测量磁场。

8.2 铷泡频标

在铷泡频标中,振荡器的频率被锁定到同位素 ^{87}Rb 基态的超精细分裂之间的 6.83 GHz 跃迁上(见图 8.7)。这种同位素约占铷天然丰度的 28%,其余的 72% 由 ^{85}Rb 同位素组成,它的超精细分裂频率较低,为 3.04 GHz(见图 8.7)。^{87}Rb 和 ^{85}Rb 的核自旋量子数分别是 $I=3/2$ 和 $I=5/2$,每个同位素的基态角动量由原子外层单电子的自旋给出,即 $J=1/2$。两个角动量的耦合导致 ^{87}Rb 的两

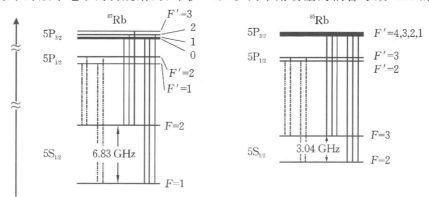

图 8.7　^{87}Rb 和 ^{85}Rb 基态和第一电子激发态的超精细结构包括 D_1 跃迁($\lambda=794.7$ nm;虚线)和 D_2 跃迁($\lambda=780.0$ nm;实线)

个超精细能级总角动量分别为 $F=2$ 和 $F=1$,^{85}Rb 的两个超精细能级总角动量分别为 $F=3$ 和 $F=2$。

^{87}Rb 原子中与量子数 $F=1,-1\leqslant m_F\leqslant +1$ 和 $F=2,-2\leqslant m_F\leqslant +2$ 相关的子能级在磁场中分裂(见图 8.8),再次将对磁场只有微弱二次依赖关系的能级跃迁,即 $|F=2,m_F=0\rangle$ 和 $|F=1,m_F=0\rangle$ 能级之间的跃迁选为钟跃迁。满足

$$\Delta\nu_{B2}\approx 5.74\times 10^{-2}\ \text{Hz}\left(\frac{B}{\mu\text{T}}\right)^2 \tag{8.35}$$

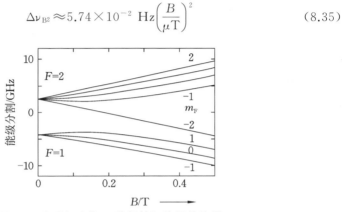

图 8.8　在磁场中 ^{87}Rb 的超精细能级的能量

8.2.1　原理和装置

铷微波频标目前作为非常紧凑、低功耗及便携的频率参考使用。这种频标的核心(见图 8.9)是一个含有同位素 ^{87}Rb 蒸气的玻璃泡,它的基态跃迁由微波谐振腔中的辐射场探询。

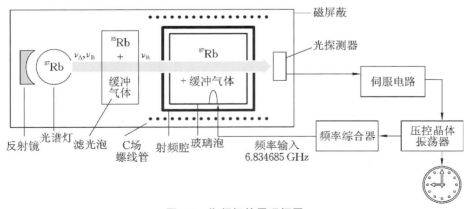

图 8.9　铷频标的原理框图

与氢钟和铯钟中一样，铷原子在接近室温时所有的基态能级几乎相等布居。在铷频标中，通过光抽运使布居重新分布，使之可以吸收 6.83 GHz 的微波。由于 ^{87}Rb 和 ^{85}Rb 光谱之间一个偶然的巧合，利用简单的 ^{87}Rb 光谱灯和 ^{85}Rb 吸收滤光泡可以实现光抽运。因为辐射线总是耦合两个基态能级到相同的激发态能级，因此仅仅通过光谱灯不能实现光抽运。

^{87}Rb 光谱灯和 ^{85}Rb 滤光泡的组合效应可以通过图 8.7 和图 8.10 来理解。激发态 $5P_{1/2}$ 和 $5P_{3/2}$ 能级与基态 $5S_{1/2}$ 超精细分裂能级分别通过被称为 $D_1(\lambda = 795$ nm$)$ 和 $D_2(\lambda = 780$ nm$)$ 共振线的 8 个和 12 个允许的光学跃迁联系在一起，在图 8.7 中分别用虚竖线和实竖线表示。如图 8.10 所示，这些谱线的自然线宽约为 6 MHz。由于光谱灯中的多普勒增宽和碰撞增宽，从 ^{87}Rb 的 $F'=1$ 能级和 $F'=2$ 能级（相隔 816 MHz）辐射到同一基态的谱线通常相互重叠，因此辐射到两个基态后形成两条相隔 6.8 GHz 的谱线（ν_A 和 ν_B）。由于偶然的巧合（见图 8.10(a)），^{87}Rb 的 $F=2 \to F'=1,2$ 跃迁的频率仅比 ^{85}Rb 原子从 $F=3$ 能级到 $F'=2$ 和 $F'=3$ 能级的多普勒增宽 D_1 跃迁中心频率低大约 1.3 GHz。与此不同的是，^{87}Rb 的 $\nu_B(F=1)$ 跃迁和 ^{85}Rb$(F=2)$ 跃迁之间的间隔大于多普勒宽度，因此来自 ^{87}Rb 光谱灯的辐射 ν_B 不被 ^{85}Rb 滤光泡吸收。对于 D_2 线情况是类似的（见图 8.10(b)）。所以通过滤光泡后，来自光谱灯的辐射（见图 8.9）只包含可以激励从基态 $F=1$ 能级跃迁的 ν_B 和 $\nu_{B'}$ 成分。

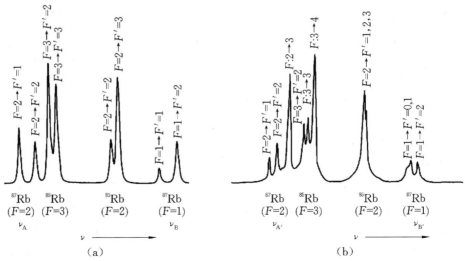

图 8.10 测量得到的 ^{85}Rb 和 ^{87}Rb 混合物的消多普勒效应吸收谱（(a)D_1 线（$\lambda = 795$ nm）；(b)D_2 线（$\lambda = 780$ nm））

在吸收泡中经过几个吸收-辐射循环后,几乎所有的 ^{87}Rb 原子都被光抽运到 $F=2$ 的能级,吸收泡对滤波后的光变得透明,它的功率由光电探测器监测。当微波辐射被调谐到与吸收泡中的 ^{87}Rb 原子共振时,发生从 $F=2$ 能级到 $F=1$ 能级的跃迁。因此原子对 $\lambda=795$ nm 辐射的吸收增加,相应的光电探测器的信号减小。伺服电路应用微波谐振时的这个吸收特性对压控晶体振荡器(VCXO)进行调谐,使得来自综合器的微波频率保持与原子共振。

1. 光谱灯

光谱灯含有稀有气体氪和大约 1 mg 的铷,它要么是提纯的同位素 ^{87}Rb,要么是自然丰度的 ^{87}Rb 和 ^{85}Rb 的混合物。在高达 140 ℃ 的运行温度时,铷原子通过射频激励放电发出荧光。铷光谱灯一般可以运行长达二十年。虽然灯泡是由耐碱玻璃制成的,它在使用寿命内的老化仍然是由于铷扩散进玻璃造成的,在运行一年后它可高达 100 μg。

2. 吸收泡

为了使铷原子保持在 Lamb-Dicke 区域(见第 6.1 节和第 10.1.4 节),泡的长度必须满足 $L<\lambda/2=c/(2\nu)\approx2$ cm,这里跃迁对应的自由空间波长是 $\lambda=4.4$ cm。为了获得吸收泡透射共振光的最佳信噪比,铷蒸气的密度非常重要,它既不能太稀薄也不能太稠密。对于长度大约 1 cm$\leqslant L\leqslant2$ cm 的吸收泡,通过使泡工作在 $70\sim80$ ℃ 之间的温度可以获得合适的密度。

铷吸收泡也由于多种原因含有缓冲气体。最重要的一个原因是铷原子与泡壁的碰撞导致了较大的自旋弛豫率,因此限制了相互作用时间。加入惰性气体(如氮气)或稀有气体(如氖)导致铷原子与缓冲气体粒子的频繁碰撞,从而延长了原子到达泡壁所花费的时间。此外,使用缓冲气体避免了由于碱金属的高化学活性引起的玻璃泡发黑。缓冲气体的压力取决于泡的大小,通常选择为 1 kPa 量级(680 Pa N$_2$[350] 或 4 kPa Ne[351])以便使铷原子的扩散速度在大约 1 cm/s 或更低。

铷原子与缓冲气体组分的碰撞通常导致共振线的频移。如果在这个压强下铷原子主要是与缓冲气体的原子或分子发生二体碰撞,则在给定温度下的频移与压力成正比。轻缓冲气体像氦、氖或氮会导致正的压力频移,而重原子稀有气体像氩、氪和氙会降低共振频率。典型条件下的单组分缓冲气体的碰撞频移可高达 1 kHz,对应于约 1.5×10^{-7} 的相对频移。为了使由温度起伏和相应的压力起伏引起的频移较小,通常选用两种缓冲气体的适当混合物。例如,总压力为 5.3 kPa 的 12％氖和 88％氩的混合物产生的相对温度频移大约是 -1.5×10^{-9}/K。

如果可以在泡壁上涂上有机材料,例如石蜡[352],它可以将泡壁碰撞导致的自旋弛豫率降低 4 个数量级,从而可以避免使用缓冲气体。Stephens 等人[353]描述了其他类型的壁涂层、涂装工艺以及与碱金属相关的过程。

3. 微波谐振腔

通常采用维持 TE_{111} 或 TE_{011} 模式的微波腔[354],包括吸收泡的微波腔的有载品质因数 $Q_c \lesssim 400$[355]。铷频标的尺寸主要受到微波谐振腔尺寸的限制,为了减小它的尺寸有时也采用磁控管型微波谐振腔[266,356]。Couplet 等人[356]报道了一种磁场集中在吸收泡端部区域的设计。为了获得更加紧凑的设计,滤光泡和吸收泡的功能被结合在单个泡里。在这种"集成滤波技术"中,多余的超精细辐射分量例如 ν_A 沿着泡内光路不断降低,从而光抽运变得与空间相关。相关的过程通常比上面讨论的更复杂。

4. 电子学

电子学组件有几个作用。它包含使光谱灯,滤光泡和吸收泡保持在各自的最佳温度的控制器。电子组件还必须提供用于探询的 6.83 GHz 的微波信号,它以高品质石英振荡器作为频率源,通过综合器以相位相干的方式得到。微波信号被频率调制,然后通过相敏检测的方法探测光电流的相关变化,并利用它把振荡器频率稳定到原子跃迁上。源于石英振荡器的标准频率例如 10 MHz 信号和 PPS 信号被直接输出。这种铷频标连续运行时的典型功耗低于 10 W,但预热阶段略高。

8.2.2 光谱灯抽运铷频标性能

与任何被动频标一样,铷频标的频率不稳定度最终受限于来自探询过程的信号的起伏。假设探测到的光电流具有白频率噪声,稳定度取决于光电流的信噪比 S/N 和原子共振谱线的品质因数 Q_{at},则可以采用(3.96)式计算光谱灯抽运铷频标的极限稳定度。Couplet 等人[356]给出在他们的铷标准中吸收凹陷的幅度为 $1~\mu A$,光电池的电流为 $150~\mu A$,对应于每秒 9×10^{14} 个电子,从这些数据计算出散粒噪声为 $5~pA/\sqrt{Hz}$。由 $S/N \approx 2 \times 10^5~\sqrt{Hz}$ 和 $Q_{at} \approx 3.6 \times 10^6$,可以计算出 $\sigma_y(\tau) \approx 1.4 \times 10^{-12} (\tau/s)^{-1/2}$。由于其他噪声的贡献和探询方案中的死时间,测量的不稳定度度更高。在最好的情况下,光谱灯抽运设备在 $1\,\mathrm{s}<\tau<1000\,\mathrm{s}$ 显示出 $\sigma_y(\tau)\gtrsim 4\times 10^{-12}(\tau/\mathrm{s})^{-1/2}$ 的不稳定度[355-358]。根据环境条件和具体设备的不同,相对不稳定度在大约 $1000\,\mathrm{s}$ 后达到 10^{-12} 和 10^{-13} 之间的闪烁噪底。在比 $10^4\,\mathrm{s}$ 更长的时间,阿兰偏差由于频移的起伏再次增大,它来源于铷原子与缓冲气体原子或分子的碰撞以及光频移。

考虑到不同厂家使用的缓冲气体成分不同,以及不同吸收泡的充气压力只能控制到有限的精度,因此铷泡频标本身显然并不是精确的频标。此外,从长期来看,缓冲气体的组成和压力以及吸收泡中铷蒸气都会(因为扩散到泡壁等原因)发生变化。因此铷原子钟的频率在很大程度上受到环境条件特别是温度的影响。通常灵敏度为 $\Delta\nu/\nu\approx 10^{-10}/\mathrm{K}$。当一些应用场合要求频标对环境温度起伏不敏感时,优化设计有望产生 $10^{-13}/\mathrm{K}$ 的灵敏度[358]。

另一个影响铷原子钟频率的效应来自光频移,如果抽运光的频率与光学共振频率失谐就会产生光频移。涉及温度相关的多普勒频移和增宽、碰撞频移、同位素依赖等的复杂过程,或者与滤波相关的过程可以很容易地使谱线的重心发生偏移,从而导致铷原子钟出现几赫兹的频移。

由于这些影响,铷原子钟每月漂移在 10^{-11} 量级[358]。为了用作频标,它们必须被更精确的标准校准。因此,铷原子钟常常由 GPS"校准"[359](见第 12.5 节),来自 GPS 卫星的信号被用来对铷频标中振荡器的频率进行长期稳定。根据铷原子钟的不稳定度和 GPS 信号的情况,校准算法是由 GPS 来接管 $1000\,\mathrm{s}$ 或 $10000\,\mathrm{s}$ 以上的时间以确保长期稳定度和准确度。

8.2.3 铷频标的应用

铷频标因为具有一升或更小的体积和便宜的价格因而具有它的市场价值。它们最适用于需要 10^{-11} 量级不稳定度的应用,因为这个区间的石英晶体振荡器变得非常昂贵。

铷原子钟应用于定时很重要但主机设备可能需要自主执行的场合。我们考虑一个卫星的例子,那里的内部时钟通过微波连接与地球上的时钟同步。偶尔连接可能会中断,通过重新建立联系,内部时钟和地球时钟必须被同步以保持通信。一个例子是考虑在地球同步轨道上用来提供安全的军事通讯的美国军用卫星 FLT-2 所搭载的铷原子钟的性能。自从这个钟在 1995 年 11 月被激活后,它的线性频率老化率是 $+7\times 10^{-14}/$天[360]。

同样地,铷原子钟也用在移动电话基站,那里的从移动电话接收和传输到移动电话的输入和输出信号必须同步。信号同步的准确性是至关重要的,因为经常有大量的手机在同一时间访问同一站点。通常采用 GPS 校准的铷钟,在这里铷钟作为飞轮提供短期稳定度以及在 GPS 信号不良的情况下用于内部同步。

使用铷原子钟的其他领域包括音频广播、模拟和数字电视传输、导航、军事通信和跟踪以及制导控制。

8.3   可选微波频标

8.3.1   基于激光的铷泡频标

尽管以光谱灯为基础的铷频标很简单,但使用激光进行态制备和探测微波激励的超精细跃迁具有明显的优势。来自光谱灯的宽带光对光抽运没有直接贡献,只增大光电探测器的背景信号,相应地降低了可以实现的信噪比。此外,近共振的光谱分量可以通过"去激发"效应限制被激发的原子数。

因此,已经有许多小组尝试建立以激光代替光谱灯和滤光泡进行光抽运的铷泡频标。已经证明了在铷泡频标中使用半导体激光器可以将不稳定度降低到 10^{-13} 量级[354,361,362],使 $1\sim10$ s 之间的短期稳定度提高一个数量级。但是 $\tau>100$ s 的中期稳定度仍然受限于充缓冲气体吸收泡的影响和光频移,通过激光抽运实现的大约 7×10^{-13} 的闪烁噪底[362]也已经通过光谱灯-滤光泡的方案实现。利用频率保持精确共振的窄带激光器可以大大减小光频移,但是它以额外的稳定方案为代价,从而进一步降低了中期稳定度。

8.3.2   全光探询超精细跃迁

基于一种完全避免使用微波谐振腔的探询方案可以使铷或铯泡频标更紧凑,功耗更小。在碱金属蒸气泡里探询超精细跃迁是通过光而不是微波辐射完成[350]。考虑两个相干激光辐射场,调谐它们的频率,使得它们以图 5.12(a)所示的 Λ 构型将两个基态超精细能级耦合到 $5P_{1/2}$ 能级(D_1 线)或 $5P_{3/2}$ 能级(D_2 线)。两个场的相互作用通过相干布居囚禁(CPT)机制在基态两个能级之间产生相干(见第 5.3.3.2 节)。如果两个激光场的频率差等于两基态能级的频率差,就会出现最小的吸收,有时也称为电磁感应透明。

共振可以通过几种方法探测。我们可以在吸收泡后放置光电探测器来探测激励光束吸收信号的小变化。另一种选择是探测来自被激发原子的荧光。

如果测量额外的弱探测光的透射信号,就可以实现对叠加在弱背景信号上的共振信号的更灵敏的探测[350]。

光学探询所需的两个光学频率可以由两个锁相半导体激光器提供,也可以通过对一台单频单模半导体激光器的注入电流进行调制产生载波之外的相位相干的边带。对于后一种使用方法,垂直腔面发射激光器(VCSELs)具有高质量单一空间模式和光谱模式的特点,展现出高达 10 GHz 的调制带宽,因此非常适合用来产生激励光场。

我们按照 Kitching 等人[363]的思路讨论这种时钟的主要方案(见图 8.11),用于探询铯原子基态相干的激光的一级光学边带是由 5 MHz VCXO 驱动的 4.6 GHz(对于[87]Rb 是 3.4 GHz)调制频率综合器产生的。

10 kHz 伺服系统用于将激光器的光学频率稳定到宽度大约为 1.4 GHz 的多普勒增宽的吸收线上。0.5 kHz 伺服系统将边带频率稳定到宽度大约为 100 Hz 的暗线共振上。一个小磁场应用于选择 $\Delta m = 0$ 的跃迁。这种低功率、小尺寸的频率参考在 $1\ \mathrm{s} < \tau < 10^5\ \mathrm{s}$ 的相对频率不稳定度为 $\sigma_y(\tau) < 3 \times 10^{-11} (\tau/\mathrm{s})^{-1/2}$。

超精细跃迁的光学探询受到光频移的严重影响。Zhu 和 Cutler[364]研究了包括两个锁相激光器或单个频率调制激光器系统的光频移。他们发现总的光频移可以通过增加额外的频率分量来控制,这些频率分量可以通过改变电流调制系数来产生。已报道的这种基于 CPT 的铷蒸气泡频标的短期稳定度为 $\sigma_y(\tau) = 1.3 \times 10^{-12} (\tau/\mathrm{s})^{-1/2}$,在 $100 \sim 10000\ \mathrm{s}$ 达到低于 2×10^{-13} 的闪烁噪底[364]。

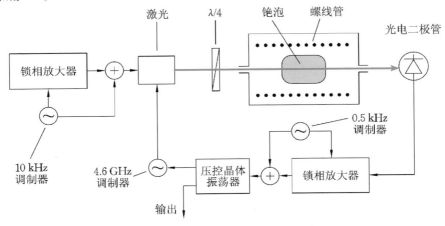

图 8.11　基于吸收泡的紧凑频率参考原理图

另一种方法是在铷蒸气中使用了受激拉曼散射[351],其激光束与 795 nm 的铷 D_1 跃迁失谐在 1 GHz 左右。由于受激拉曼散射与铷泡中的暗线相关,产生了第二个光场,它与第一个光场一起传播但是频率偏移了基态超精细分裂。这两个辐射场在快速光电探测器上产生拍频信号,它的频率与铷或铯的超精细跃迁一致,可以用来锁定振荡器。

对更紧凑、更便宜、更低功耗原子钟的持续追求需要减小吸收泡的尺寸。传统的玻璃吹制技术可以产生体积为几个立方毫米的吸收泡,但是每个泡的生产和充气工艺对低价格有严格的限制,因此也就限制它在诸如取代石英振荡器等方面的广泛应用。目前有人建议制造基于小尺寸蒸气泡的芯片级原子钟[365,366]。已经提出一种新的批量制造吸收泡的概念:一个有大量整齐排列的直径为 1.5 mm 孔的硅间隔片在所需要的缓冲气体环境中与两片耐热玻璃晶圆阳极键合在一起形成窗口,随后复合晶圆可以被切割,产生大量的含有单一缓冲气体的泡[366,367]。对于给定的压力,壁面碰撞随着泡尺寸的减小而增大,因此微型蒸气泡中缓冲气体压力必须增大。在一个含有 65 ℃ 时压力为 12 kPa 的温度补偿的 N_2/Ar 缓冲气体的微型铯蒸气泡中,测量的线宽为 0.44 kHz($Q_{at} \approx 2 \times 10^7$),阿兰偏差为 $\sigma_y(\tau) = 1.5 \times 10^{-10}(\tau/s)^{-1/2}$,它在 1000 s 时降低到 1×10^{-11} 以下[366]。

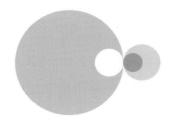

第 9 章
激光频标

激光代表了振荡频率为太赫兹到拍赫兹($10^{12}\sim10^{15}$ Hz)的振荡器。工作在电磁谱的可见光波段的激光比微波波段的振荡器频率高出大约五个数量级,它通常显示出比最好的微波振荡器更有竞争力的频率稳定性。因此,为了达到相同的测量不确定度,两个光学频段的振荡器频率比对所需的时间比微波振荡器短得多。在光学频段,存在一些高度禁戒的跃迁可用于激光振荡器的频率稳定。然而,与频率增加相关的是波长的减小,这导致一个特别的困难,很难消除多普勒效应的影响从而达到要求的准确度。因此,在过去的几年中,人们开展了大量工作来开发可用于光频标的消多普勒方法。

根据应用的类型,激光频标的设计沿着两种不同的途径展开。第一种方法依赖于易于操作且简单的激光器,并且最好使用与这些激光器的频率碰巧符合的分子跃迁作为参考。碘分子稳定的 633 nm 氦氖(He-Ne)激光器(见第 9.1.3 节)就是这一类激光频标的突出代表(在 9.1 节中讨论),它被用作频率和波长的标准,来实现长度的单位。第二种方法是,首先找到"理想"的原子、离子或分子作为频率参考,并利用可调谐激光器(例如染料激光器或二极管激光器)获得相应的跃迁频率。通常会选择这种方法来达到最高的精度。

两类标准中使用的特定激光振荡器在它们的内禀噪声特性上也有所不同。例如,考虑氦氖激光器和染料激光器的功率谱噪声密度(见图9.1)。在较低的傅里叶频率,两种激光的技术噪声源均占主导地位,这使得其激光线宽近似为高斯分布。如果不去适当地减少这些噪声的贡献,那么所产生的激光线宽将大大超过对应的量子噪声所预期的洛伦兹型线宽[369]。对于较高的傅里叶频率,噪声频谱则有很大不同。因此,在本章中,将从气体激光频标(见第9.1节)开始,分别讨论这两类激光。随后(见第9.2节)将讨论一些合适的方法,用来压窄线宽并稳定激光频率,从而使其作为光频标的振荡器。在第9.3节中将介绍可调谐激光器,其激光增益介质的光谱宽度可以扩展到相当大的光谱范围。光谱宽度越大,就必须采取更多措施来抑制除某个可能的激光模式以外的所有其他激光模式。

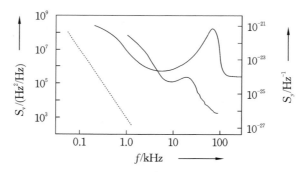

图 9.1 频率波动的功率谱密度,实线代表具有两种不同喷嘴的自由运行的染料激光器(由 J. Helmcke 提供),点线代表氦氖激光器(来自文献[368])

在本章的最后一节中,将更详细地介绍几种基于中性吸收体的光频标。基于离子吸收体的光频标,将和微波离子标准一起在第 10 章中进行介绍。

9.1　气体激光频标

氦氖(He-Ne)激光器是最早的光频标之一。由于它非常简单,目前仍广泛用于不同的装置和不同的波长区域中,作为中高准确度的光学波长标准使用。其他用于此目的的气体激光器是二氧化碳(CO_2)激光器和使用范围更小的氩离子(Ar^+)激光器。

9.1.1　氦氖激光器

氦氖激光器的放大介质为氖原子(Ne,Neon),氖原子由处于激发态的氦原子(He,Helium)高效地泵浦到其激发态。在玻璃毛细管中,氦原子和氖原子的气压分别为 $p_{He} \lesssim 200\ Pa$ 和 $p_{Ne} \lesssim 10\ Pa$,其混合气体在放电过程中被激发。当施加几千伏的电压时,由电击穿启动放电过程,并由约 1.5 kV 或更高的电压来维持。

在放电时,氦原子与电子碰撞而被激发至 2^1S_0 态和 2^3S_1 态。激发的氦原子与氖原子之间的碰撞导致能量从激发的氦原子转移到氖原子,如下面的化学式所示:

$$He^* + Ne \rightarrow He + Ne^* + \Delta E \tag{9.1}$$

特别的是,这些非弹性碰撞几乎是共振的,因为氖原子的 $3s_2$ 和 $2s_2$ 能级和氦原子的 2^3S_1 和 2^1S_0 能级的能量很接近(见图 9.2)[①]。

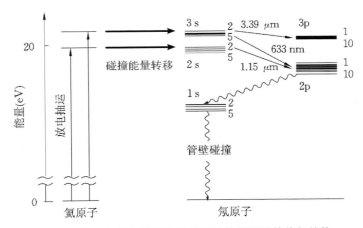

图 9.2　与氦氖激光器相关的氦原子和氖原子的能级结构

因为较高能级存在布居,所以可以实现氖原子的布居数反转。从这些激发态可以通过多种不同的辐射跃迁,跃迁到能量较低的能态,从而用于受激辐射(例如,在 633 nm 处众所周知的 $3s_2 \rightarrow 2p_4$ 跃迁;见表 9.1)。

---

① 氦原子的电子态在 LS 耦合方案中给出。图 9.2 中基态配置为 $1s^2 2s^2 2p^6$ 的氖原子的激发态是由单个电子激发到 $3s,4s,\cdots$ 或 $3p,4p,\cdots$ 态和剩余的壳 $1s^2 2s^2 2p^5$ 引起的。氖原子偏离 LS 耦合,因此仅在少数情况下可以使用 LS 名称[94],并且通常使用 Paschen 所使用的不同的纯粹现象学的表示法,其中对激发电子的子能级进行计数:s 状态从 2~5,p 状态从 1~10(见表 9.1)。

表 9.1　用于光频标的氦氖激光器的一些跃迁(详细的操作说明请参见文献[95,370])

LS 耦合跃迁	帕邢跃迁	波长(μm)	稳频频率(THz)	吸收体
$5s\ ^1P_1^o \rightarrow 4p\ ^3P_2$	$3s_2 \rightarrow 3p_4$	3.391	88.37618160018	CH_4
$4s\ ^1P_1^o \rightarrow 3p\ ^3P_2$	$2s_2 \rightarrow 2p_4$	1.153	260.1034042	$^{127}I_2$
$5s\ ^1P_1^o \rightarrow 3p\ ^3P_1$	$3s_2 \rightarrow 2p_2$	0.640	468.2183324	$^{127}I_2$
$5s\ ^1P_1^o \rightarrow 3p\ ^3P_2$	$3s_2 \rightarrow 2p_4$	0.633	473.612353604	$^{127}I_2$
$5s\ ^1P_1^o \rightarrow 3p\ ^1D_2$	$3s_2 \rightarrow 2p_6$	0.612	489.8803549	$^{127}I_2$
$5s\ ^1P_1^o \rightarrow 3p\ ^3S_1$	$3s_2 \rightarrow 2p_{10}$	0.543	551.57948297	$^{127}I_2$

　　633 nm 谱线中较低的 $2p_4$ 态通过辐射进一步衰减到 1s 能级。在较高的压强下,该能态通过辐射捕获而重新布居,在较高的放电电流下,由于与电子的碰撞而重新布居,因此增加了较低激光能级的有效寿命 $\tau_2 \geqslant 20$ ns。通过与管壁的碰撞,有效地减少了 1 s 态的布居数。氦氖激光器的设计(见图 9.3)充分考虑了这些特点。毛细管中的放电电流被一个串联电阻($R \approx 70$ kΩ)限制为 5 mA$\lesssim$I$\lesssim 20$ mA。放电管用构成光学谐振腔的激光腔镜来进行密封,或者用布儒斯特角(Brewster 角,简称布角)窗镜来进行密封,这种方法至少减小了窗镜对于一个偏振分量的菲涅耳反射损耗。在后一种情况下,固定在刚性框架上的外部反射镜构成了光学谐振腔。

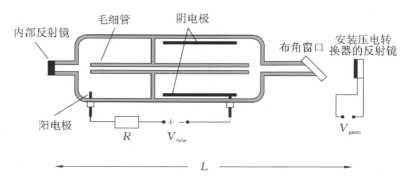

图 9.3　氦氖激光器的结构示意图

　　任何跃迁的自然线宽由初态和末态的寿命决定(见(2.38)式)。3s 态和 4p 态的寿命分别为 $\tau_1 \approx 10$ ns 和 $\tau_2 \approx 20$ ns,因此可以计算出 633 nm 激光跃迁的自然线宽为 $\Delta\nu \approx 20$ MHz。在激光器中,该谱线被均匀地展宽,即由均匀影响所有吸收体的机制来展宽。这些机制包括,因碰撞而导致的压力展宽

(FWHM≈20 MHz)和饱和展宽(FWHM<100 MHz)。最大的(非均匀的)谱线展宽效应是对所有原子都不同的多普勒频移引起的。根据(5.115)式可以计算出,对于氖原子在 $\lambda=633$ nm 处的多普勒展宽的线宽约为 1.5 GHz。

典型激光谐振腔的腔长为 $L=30$ cm(见图 9.3),纵模的频率间隔为 FSR=$c/2L\approx500$ MHz。一般来说,超过一个以上的模式能在增益曲线(见图 9.4)上超越阈值,其中特定的激光模式会与不同速度群的原子相互作用。如果自由光谱范围小于均匀线宽,则不同的模式都与相同速度群的原子相互作用,从而导致这些模式的耦合。在这种情况下,具有最多光子数的模式会消耗掉增益,而光子数较少的模式就会消失。在氩离子激光器和二极管激光器中,能观察到很强的模式耦合。模式的分布在时间上不一定是稳定的,因为特定的模式可以由于激光谐振腔长度的波动等原因而开始振荡。像其他的幅度调制一样(见第 2.1.2 节),特定模式的幅度波动必然导致激光器的线宽变宽,通常被称为模式分配噪声。

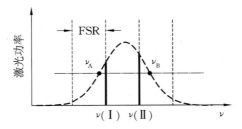

图 9.4 激光器的双模运行,其自由光谱范围(FSR)小于增益曲线的包络(虚线:激光阈值)

像氦氖激光器这样的气体激光器的噪声源主要是技术噪声,包括放电电流的波动和谐振腔长度的波动。后者受到温度的波动、装置的机械振动或周围空气的音频扰动等影响。对于约 10 kHz 以下的傅里叶频率,技术噪声对功率噪声谱密度的贡献(见图 9.1)占主导地位。对于更高的傅里叶频率,该贡献会迅速降低,源于自发辐射的白噪声将占主导地位。在激光功率为 $P=1$ mW、谐振腔腔长为 $L=30$ cm 和反射率为 $R=0.98$ 的条件下,我们预计(3.71)式的 Schawlow-Townes 线宽约为 18 mHz,转换为(3.70)式的功率谱密度为 $S_\nu\approx6\times10^{-3}\,\mathrm{Hz^2/Hz}$。因此,几千赫兹的伺服带宽足以有效地稳定氦氖激光器的频率。

9.1.2 基于增益谱的频率稳定

氦氖激光器的增益曲线的典型线宽约为 1.5 GHz，这是由原子的激光跃迁的多普勒展宽产生的。然而，对于谐振腔的腔长足够短的情形，其自由光谱范围大于增益曲线，就可以实现单频工作，该频率可以位于 ν_A 与 ν_B 之间的任何频率处（见图 9.4）。如果将激光器的频率保持在增益曲线的明确的位置，则可以减小自由运行的氦氖激光器相对频率不确定度 $\Delta\nu/\nu = 1.5\ \mathrm{GHz}/473.6\ \mathrm{THz} \approx 3\times10^{-6}$。输出功率对氦氖激光器增益曲线的频率相关性已被用于各种方便和廉价的激光稳频的方法中。

9.1.2.1 双模稳频

考虑一种选定谐振腔的腔长（从而选择轴向的模式间隔）的气体激光器，在较大的调谐范围内，只有两个相邻的轴向模式起振。如果谐振腔的腔长约为 30 cm（对应于 500 MHz 的模式间隔），通常就会遇到这种情况。如果使用的激光管没有明显的偏振相关的损耗，即没有使用布角窗镜而是内部腔镜，则这两种模式通常是偏振正交的，因为在这种情况下，这两种模式仅存在较小的模式竞争损耗。在后腔镜后面可以轻松地通过偏振分束器（如沃拉斯顿棱镜）分离两个正交偏振模式（见图 9.5）。当调节谐振腔的腔长时，两个模式同时在增益曲线上移动，并在偏振分束器后的各自的光电探测器上产生不同的信号。假设两个光电检测器具有相同的灵敏度，并且增益曲线是对称的，则两个信号之差将显示出一条反对称的鉴频曲线（见图 9.5(b)），在谱线中心即原子共振处差值为零。差分信号可用于稳定激光器的频率，其中两种模式的频率均相对于增益曲线对称。误差信号的反对称形状使得伺服放大器能够在扰动之后辨别应该增加还是减小激光谐振腔的腔长，从而将激光频率设置回到参考频率。

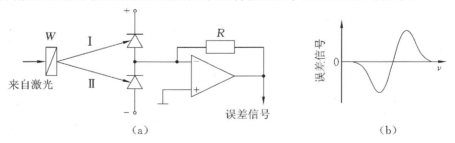

(a)　　　　　　　　　　　　　　　　　　(b)

图 9.5 双模偏振方案的结构示意图（(a)两个模式通过沃拉斯顿棱镜（Wollaston Prism）W 在空间上分开，其功率由两个光电二极管测量；(b)当两个模式具有不同的光强时）

对于工作在红色($\lambda = 633$ nm)或绿色($\lambda = 543$ nm)光谱范围的氦氖激光器,经常用到双模稳定技术[371]。具有两个正交偏振谐振器模式的双模稳频方式非常简单,特别是与外差干涉仪结合使用时在干涉仪的操作中很有用。如果一种模式会被抑制,例如插入了偏振片,则必须非常谨慎。由于剩余模式不在增益分布图的中心,因此可以根据差分信号的极性将模式频率稳定在增益曲线的任一侧。当这种激光器用作频率或波长的标准时,必须相应地校正该频移。采用双模稳频技术有时会出现一个难题,例如 543 nm 的氦氖激光器,当穿过增益曲线的中心时,模式会改变其偏振态。通过在增益管[372]附近放置一块磁铁,可以抑制这种偏振跳变。此外,电子锁定点可能会因光电二极管的不平衡增益和电子偏置而移动。

对偏振稳定的 $\lambda = 633$ nm 的氦氖激光器的频率研究显示,在超过两年的时间内频率的漂移约为 5 MHz[373],对应的分数频率变化为 10^{-8}。这些激光器通常显示出类似幅度的频率变化,这可以归因于外部磁场的波动、温度的波动和增益管中压强损失引起的老化。

9.1.2.2 塞曼稳频

如果将激光管置于轴向磁场中,则由于塞曼效应,放大介质中氖原子的能级会发生频移,其频移量与所加的磁场强度成正比。结果,激光线分裂成两个相反的圆偏振光,其频率分裂根据磁场而不同,通常为 300 kHz~2 MHz。在塞曼稳频的激光器中,两个圆偏振光借助于四分之一波片转换为两个正交的线偏振光。与双模稳频激光器类似(见第 9.1.2.1 节),两个探测器检测到的光功率之差可用来稳定激光频率。另一种替代的方法[374]则利用了以下事实:由于强烈的色散性,激光线中心的折射率随其频率而变化。因此,两个塞曼模式的差频在谱线中心处为最小值,可用于稳定激光频率。将塞曼分裂用于频率稳定时,两个模式的频率差远小于在双模稳频激光器中两个共振模式的间隔。鉴别曲线的斜率越高,伺服系统的增益就越高。另一方面,这种优势的代价是减小了锁定范围。

9.1.2.3 Lamb 凹陷稳频

考虑一种激光器,只有一个谐振器模式以本征频率 ν_L 激发。当用谐振腔的腔长来调谐激光频率 ν_L 时,输出功率在多普勒展宽的吸收线的中心出现很陡的最小值。此最小值是由 Williams Lamb Jr.[375,376] 预测的,因此通常被称为 Lamb 凹陷。考虑线性激光谐振腔中存在驻波场,我们就可以理解它的起因。可以认为驻波场是由两个波矢为 k 和 $-k$ 的相向传播的行波场产生的。这些波与速度为 v' 的原子共振,从而满足了多普勒条件 $\nu_L - \nu_0 = k \cdot v'$。当 $\nu_L \neq \nu_0$ 时,两个波与不同的速度群相互作用。在相应的频率处,速度分布上产生了光谱烧孔(见图 6.14(b))。如果通过改变激光谐振腔的腔长将激光器的频率 ν_L 调谐到激光跃迁的频率 ν_0(见图 6.14(c)),则两个波将与相同的速度群相互作用。这些原子的速度特征是沿着激光束的轴向(称为 z 轴)的多普勒频移为零,即零速($\nu_z = 0$)。通常,该速度群的跃迁相对于远离共振($\nu_L \neq \nu_0$)的速度的原子更饱和,因此吸收减小了。结果,较小的激光功率足以达到平衡条件,在该条件下饱和度增加,从而将增益降低到补偿损耗所需的程度。因此 Lamb 凹陷提供了比增益分布本身更窄的光谱特征,并且可以用于稳定激光器的频率。

到目前为止,讨论的不同类型的增益稳定激光器的共同点是,主动激光介质本身用于频率稳定,从而使人们可以构建紧凑而简单的设备。对于光频标,这些方法具有以下缺点:与激光介质有关的任何变化通常都会影响激光的频率。例如,包括温度、等离子体中的电磁场或激光介质中的折射率等的相关影响和放电电流的波动。为了克服这些缺点和其他缺陷,在碘分子稳频的氦氖激光器中,吸收体(碘分子)和激光介质(氖原子)由空间上分开的不同的物质组成。

9.1.3　碘分子稳频的氦氖激光

碘分子的吸收光谱(见第 5.2.2 节)在可见光谱的绿色和红色部分具有无数的超精细跃迁,并且与氦氖激光器的发射线正好重合(见表 9.1)。继 Hanes 和 Dahlstrom[377] 的早期工作之后,许多气体激光器的发射频率都已经稳频到碘分子的吸收线。使用最广泛的是波长为 633 nm 的氦氖激光器,因为同位素 ^{22}Ne 的多普勒展宽发射线与同位素 $^{127}I_2$ 的 R(127)线的振动跃迁 11-5 正好重合。实际上,这些吸收线很弱,并且氦氖激光器的输出光束的光强通常无法探测到具有良好信噪比的吸收信号。如果将吸收介质放在激光谐振腔内,则可以增加约两个数量级的光强(见图 9.6)。

由于吸收池中的碘分子具有热速度分布,碘分子的超精细谱线被多普勒展宽。对于任意的激光频率 ν_L,谐振腔内的两个相向传播的激光束通常都与不同的多普勒频移速度群发生共振相互作用。然而,如果激光的频率与无干扰的分子跃迁频率一致,则两个激光束都与沿激光束方向零速的同一速度群

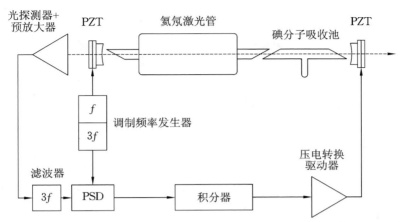

图 9.6 碘分子稳频的氦氖激光器的原理图(其吸收池位于激光谐振腔内:PZT,压电转换器;PSD,相敏探测器)

的分子相互作用。相应地,由于相应的非线性吸收的饱和,这些分子的吸收会降低。因此,激光谐振腔内的吸收损耗减小,并且激光的输出功率增大。对于典型的 $\lambda = 633$ nm 碘稳氦氖激光器,输出功率仅增加约 0.1%。通常,由于还存在放电相关的振幅噪声,因此无法直接检测到这种变化。此外,调谐激光频率通过整个吸收曲线时,输出功率变化约为 10%。为了将频率稳定在较大且变化的背景上的微弱信号的中心,可以采用一阶和高阶调制技术。

一阶、三阶及高阶谐波探测。

为了检测淹没在噪声中的吸收信号,在整个吸收谱线上对激光频率进行调制,并对相应的激光功率的同步变化进行相敏探测(见图 9.6)。为了调制激光频率,要以几千赫兹的频率周期性地改变谐振腔腔长 L,这是通过调制支撑激光腔镜的压电转换器(钛酸铅锆)上的高压来实现的。相敏探测器由一个锁相放大器构成,它在调制信号的每半个周期内改变极性,并进行积分。由于极性随调制频率变化,除与调制频率同步出现的频率分量外,探测信号中的其他所有频率分量的积分均为零。

考虑激光器输出功率 $P_L(\omega)$ 上有一个确定的变化,例如在多普勒背景有关的频率谱上存在的一个窄的吸收特征,其中激光角频率为 ω。因为激光的角频率在激光频率 ω_0 附近进行简谐调制,所以激光的输出功率变化为

$$P_L(\omega) = P_L(\omega_0 + \Delta\omega \sin\omega_m t) \tag{9.2}$$

其中,$\Delta\omega$ 是调频幅度。从泰勒展开中得到

$$P_{\mathrm{L}}(\omega)=P_{\mathrm{L}}(\omega_0)+\Delta\omega\sin\omega_{\mathrm{m}}t\left.\frac{\mathrm{d}P_{\mathrm{L}}(\omega)}{\mathrm{d}\omega}\right|_{\omega_0}+\frac{\Delta\omega^2}{2!}\sin^2\omega_{\mathrm{m}}t\left.\frac{\mathrm{d}^2P_{\mathrm{L}}(\omega)}{\mathrm{d}\omega^2}\right|_{\omega_0}$$

$$+\frac{\Delta\omega^3}{3!}\sin^3\omega_{\mathrm{m}}t\left.\frac{\mathrm{d}^3P_{\mathrm{L}}(\omega)}{\mathrm{d}\omega^3}\right|_{\omega_0}+\cdots \tag{9.3}$$

输出功率 $P_{\mathrm{L}}(\omega)$ 包含高阶分量 $\sin^n\omega_{\mathrm{m}}$。根据调和函数的三角法则，$\sin^n\omega_{\mathrm{m}}$ 包含 $\propto\sin n\omega_{\mathrm{m}}$ 的项。因此，$P_{\mathrm{L}}(\omega)$ 包含了调制频率的高次谐波 $n\omega_{\mathrm{m}}$ 的贡献。根据(9.3)式，该贡献的幅度与激光器输出功率的 n 阶导数成正比。

在典型的采用三次谐波技术的碘稳频氦氖激光器装置中(见图 9.6)，从检测到的信号中提取出 $3\omega_{\mathrm{m}}$ 附近的角频率分量，并将其馈入由角频率 $3\omega_{\mathrm{m}}$ 触发的锁定放大器。因为该三次谐波信号(见图 9.7)与信号的三阶导数成正比，与信号本身无关，因而不包含恒定的、线性的和二次型的背景贡献。因此，信号的中心过零点(见图 9.7)不会因这些贡献而偏移，并且很好地近似于相应吸收线的中心频率，可用于激光器的频率稳定。

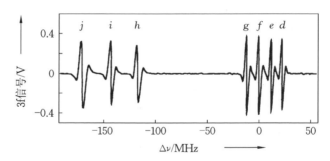

图 9.7 碘[127]I_2 分子的 R127(11-5)转动谱的超精细成分的三次谐波信号(根据国际计量委员会(CIPM)的建议，"f"线的中央过零点的频率值为 473612353604 kHz[370])

与奇数阶导数不同，偶数阶导数不适合于频率稳定。因为在最大或最小吸收位置处，奇数阶导数有过零点，相反的是偶数阶导数显示最大值或最小值。

在不同国家计量机构中运行的激光器之间进行了超过三十年的相互比对，结果已充分证明了碘稳频氦氖激光器的复现性(参见文献[378,379]和其中的参考文献)。稳频激光器的频率和许多操作参数有关，例如频率的调制幅度 $\Delta\omega$、碘分子吸收池中的蒸气压或谐振腔中的激光功率。激光频率随调制幅度的变化可以通过残余多普勒背景的影响以及吸收线的不对称来解释。碘池的冷指温度改变了蒸气压，因此影响了碘分子碰撞的速率和持续时间，从而影响了压力展宽和吸收谱线的移动。频率与激光功率的相关性是由碘池中饱和参数的变化和气体放电中折射率的变化引起的。后者可能导致气体透镜效应,并因此导致激光辐射的波前畸变以及相关的一阶多普勒频移。

通常,在 15 ℃ 附近,频率随压强和调制的变化分别为 6 kHz/Pa 和 -10 kHz/MHz。国际比对表明,只要所有激光器在相同条件下运行,大多数 $\lambda = 633$ nm 的碘稳频氦氖激光器的频率符合性大约为 10 kHz。这些标准条件已通过国际计量委员会(CIPM)的推荐[370]进行了规定。碘池的壁温应保持在 25 ℃ ± 5 ℃,冷指温度为 15 ℃ ± 0.2 ℃,以保持蒸气压固定。激光频率的调制全宽为 6 MHz ± 0.3 MHz,并且相向传播光波中的一个光波的内部功率应为 10 mW ± 5 mW。如果满足这些条件并提供"良好操作"[370],则激光频率的预期的相对不确定度为 2.5×10^{-11}。稳频激光器的频率值对于不同激光器的设计稍有不同。为了不超过评估的 2.5×10^{-11} 的相对不确定度,这个贡献必须小于或等于 1.4 kHz/mW。

通过使用飞秒激光频率梳(见第 11.5 节),可以随时随地更有规律地测量特定标准的频率(见第 11.5 节),文献[380]证明了在搬运后,特定的激光的复现性可达到 1×10^{-12}。

即使三次谐波技术能够大大减少非线性背景的影响,也存在更高阶的影响。因此,有时也使用五阶谐波调制。对于不同的超精细分量(d 至 g),在 26 kHz 至 35 kHz 调制频率的范围内,已经观察到三阶谐波和五阶谐波技术之间的频率偏差[379]。这表明碘稳频氦氖激光器的实际频率与无扰动的碘分子的相应跃迁频率有很大不同。这种频标的频率复现性主要与设计和操作的相似程度密切相关。

对于将其他激光器或干涉仪精确地锁定到该频标的情况,碘稳频氦氖激光器输出激光的频率调制是不利的。然而,已经证明,使用外部声光调制器(AOM)可以几乎完全地消除抖动调制[381]。在这项工作中,AOM 以两次通过的结构运行,从而避免了光束移位引起的幅度调制。当以抖动碘稳频激光器相同的频率驱动 AOM,并且具备正确的相移和适当调整的幅度时,抖动调制激光器的线宽可以从 6 MHz 减小到几千赫兹。原理上,只有负反馈可用于抑制测得的频率调制。Taubmann 和 Hall[381]发现,与前馈技术相比,该技术的效果较差,这是由于伺服系统在具有所需的大带宽上增加了附加噪声。

9.1.4 甲烷稳频氦氖激光

氦氖激光器(见图 9.2)的 3.39 μm 辐射与甲烷 ν_3 跃迁的 P(7)分量 $F^{(2)}$ 重合,这导致了高精度光频标的发展,因此也被推荐用来复现"米"定义(见表 13.1;文献[370])。由于 CH_4 分子高度对称,因此它的能级不容易受到干扰,因而与外部扰动相关的频移很小。与碘分子相比,甲烷分子的质量小,导致室温下的速度高(见表 9.2)。为了降低与此有关的渡越时间展宽,在固定激光器和便携式激光[382-384]中用在吸收池中的光束直径高达 20 cm。这些激光器能够分辨约 11 kHz 频率间隔的超精细结构三重态(见图 9.8),甚至每条谱线中 2.15 kHz 频率间隔的反冲双峰[217]。在列别捷夫物理学院,运行了一个包含三台氦氖激光器的激光系统[383]。它们被用作一个窄发射光谱的参考激光,一个单模外差激光和一台在腔体内具有望远镜扩束器的主激光,主激光用于分辨甲烷的超精细结构。第一和第三激光器运行在双模稳频状态,其中使用饱和吸收和饱和色散共振来将激光频率稳定到甲烷的跃迁上。通过监测两种模式之间的拍频来记录饱和色散共振,在吸收线中心附近由于频率牵引效应两种模式有些改变。频率电压转换器提供的电压作为用于激光器锁定的快速误差信号。事实证明,这种可移动标准在不同设备间的频率复现性为 1×10^{-12},在单个设备上几个月内的频率复现性为 2×10^{-13}。Bagayev 及其同事[384]报道了类似的可移动的 CH_4/He-Ne 激光器系统,也使用了三台激光器。测得的阿兰偏差在 $\tau\approx10$ s 时最小,为 5×10^{-15}。三年的复现性为 30 Hz($\Delta\nu/\nu\approx10^{-12}$)。

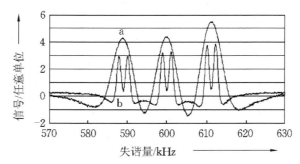

图 9.8 用两台不同的 CH_4 稳频的氦氖激光器获得的饱和色散信号的一阶导数的双记录(a 为可搬运激光器,光束直径为 60 mm;b 为固定激光器,光束直径为 200 mm。由 M. Gubin 提供)

对于固定系统,仅仅选择最慢的分子时,可以获得更高的吸收特征分辨率。在新西伯利亚的激光物理研究所运行的激光器[221]包含了一个 8 m 长的内部吸收池,该吸收池被冷却至 77 K。通过光学方式选择了最慢的分子(见第 6.5.2 节),即通过施加较低的激光功率仅使最慢的分子跃迁饱和。在 6×10^{-4} Pa 的压强下,Bagayev 等人[221]获得了约为 100 Hz 半高全宽。同时,使用冷的吸收体能大大降低二阶多普勒效应。

与 F 线相比,P(7)跃迁的 E 线没有超精细分裂,因此可能具有更高的精度。E 线的频率比 F 线低 3 GHz,可以通过塞曼频移氦氖激光器或者光学参量振荡器之类的可调谐光源进行探测。通过参考到 Cs 原子钟,E 线的频率被测定为 $\nu_E = (88873149028028553 \pm 200)$ Hz[386]。

由于其简单性和基于早期频率测量的高频率准确度[370,388-393],甲烷稳频的氦氖激光器经常被用作通往可见光和紫外线区域的频率链的起点,以进行最高精度的测量[394,395]。

表 9.2 与 532 nm 和 3.4 μm 的光频标相关的碘分子(I_2)和甲烷分子(CH_4)的特性比较[387]

	I_2	CH_4
跃迁	a_{10}(line # 1110[108])	F_2-P(7) in the ν_3 band
自然线宽	380 kHz	10 Hz
多普勒展宽	430 MHz(300 K)	275 MHz(300 K)
二阶多普勒频移	5×10^{-12}	10^{-12}
压力展宽	0.11 MHz/Pa	0.11 kHz/Pa
压力频移	4 kHz/Pa	1 Hz/Pa
渡越时间展宽	5 kHz ($2w_0 = 2$ mm, 300 K)	170 kHz ($2w_0 = 2$ mm, 77 K)
饱和展宽	660 kHz $\sqrt{1+I/I_{sat}}$	500 kHz $\sqrt{1+I/I_{sat}}$
交流斯塔克频移	25 kHz/mW (1 mW 下的线性系数)	
直流斯塔克频移		1 kHz(V/cm)
一阶塞曼频移		2 kHz/mT
二阶塞曼频移		0.1 kHz/$(mT)^2$
超精细分裂	约 10 MHz	11 kHz
反冲分裂	5.55 kHz	2.2 kHz

9.1.5　氧化锇稳频二氧化碳激光

氧化锇分子(OsO_4)中对称型 F_2 的两个三重简并振动跃迁频率为 $\nu_3 =$ 28.9 THz[396],这与 CO_2 激光的发射光谱吻合,因此它可用于建立 9.6 μm 附近的频标。锇原子的同位素 ^{192}Os、^{190}Os 和 ^{189}Os 的自然丰度分别为 41.0%、26.4% 和 16.1%。像 CH_4 分子一样,OsO_4 分子属于球形陀螺分子。在每一个分子中,绕分子主轴线旋转的主惯性矩相同。它共有三种不同的转动能级,分别称为 A、E 和 F。在分子 $^{192}Os^{16}O_4$ 中,四个相同原子核的核自旋为零,只有转动能级 A 存在。在 OsO_4 稳频的激光器中,系统性的频移效应很小,因为其能级不易受到外场的干扰。在偶数的锇原子同位素中,不存在超精细结构。由于 OsO_4 分子的质量较大,因此二阶多普勒效应和反冲分裂(约 15 Hz)的影响较小。

一些实验室已经建立了 CO_2/OsO_4 频标[222,397-403]。典型的频标装置[402]包括一个 1 m 长的密封 CO_2 激光器,其频率锁定在 OsO_4 分子饱和峰的三阶导数上。在此激光器中,OsO_4 分子吸收体密封在一个 1.5 m 长的吸收池中,该吸收池处于一个高精细度的法布里-珀罗增益腔内,从而在不到 1 μW 的外部激光功率下就能实现跃迁的饱和。调制法布里-珀罗腔,并且采用一阶谐波探测技术将中心频率保持在分子共振上。通过对两个独立系统六个月的比对,获得了 2×10^{-13} 的分数复现性[403]。据报道,直到 $\tau = 300$ s 的积分时间内,短期不稳定度均满足 $\sigma_y(\tau) = 6.6 \times 10^{-14}(\tau/s)^{-1/2}$,在约 500 s 附近的阿兰偏差最小,为 4×10^{-15}[404]。

已经实现的几个绝对频率测量(见文献[397,398,403,405,406])及其参考文献),其不确定度最低到 7×10^{-13}。某些 OsO_4 稳频激光器的频率已包括在 CIPM 为复现米定义而推荐的光源列表中[370]。$^{189}OsO_4$ 和 $^{197}OsO_4$ 具有奇同位素的锇原子,因此具有超精细结构,已被用于测定自旋-转动常数,并建立了一个差分的频率网格[407]。据报道通过在一个 18 m 长的气室中选择慢速分子,在 2×10^{-4} Pa 的压强下已将线宽压窄低至 160 Hz[222]。

9.2　激光频率稳定技术

使用适当的共振频率的色散或吸收特性可以稳定激光器的频率,该共振频率由微观参考(例如原子、分子和离子)或宏观参考(例如法布里-珀罗共振腔)提供。偏振光谱或射频相位调制光谱技术具有非常高的灵敏度。作为前者的例子,我们将在第 9.2.1 节中讨论 Hänsch-Couillaud 技术。一种特殊的相位调制光谱方法,称为 Pound-Drever-Hall 技术,通常用于将激光器稳定到法布里-珀罗谐振腔,从而压窄其线宽(见第 9.2.2 节)。后面将讨论两种不同的常用的相位调制光谱方法,这些方法可以使激光器的频率长期稳定在量子系统的参考频率上。

9.2.1　Hänsch-Couillaud 方法

Hänsch 和 Couillaud[408] 设计了一种频率稳定方法,该方法将偏振光谱方法与光学谐振腔结合使用来得到色散型的信号,因此该技术被称为 Hänsch-Couillaud 技术。考虑一个振幅为 $E^{(0)}$ 的光场入射到法布里-珀罗干涉仪(FPI)上。FPI(见图 9.9)包含一个与偏振相关的损耗的内部元件,例如布角片、偏振器或双折射晶体。

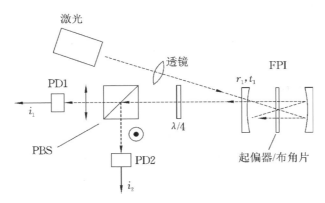

图 9.9 根据 Hänsch 和 Couillaud[408] 的偏振光谱方法,将激光频率稳定到法布里-珀罗干涉仪(FPI)的装置(PBS:偏振分束器。$\updownarrow$ 和 $\odot$ 表示激光束的平面内和垂直于平面的偏振。PD:光电二极管)

由于内部偏振元件的影响,反射光场的偏振分量 $E_{\parallel}^{(r)} = E^{(0)} \cos\theta$ 和 $E_{\perp}^{(r)} = E^{(0)} \sin\theta$ 分别平行和垂直于最小损耗方向,将分别遭受最小和最大的损失。θ 定义为入射光束的偏振和最小损耗方向之间的夹角。反射场 $E_{\parallel}^{(r)}$ 和 $E_{\perp}^{(r)}$ 的复振幅为(见 (4.92) 式)

$$E_{\perp}^{(r)} = E_{\perp}^{(0)} r_1 \tag{9.4}$$

和

$$E_{\parallel}^{(r)} = E_{\parallel}^{(0)} \left(r_1 - \frac{t_1^2}{r_1} \frac{r\,e^{-i\delta}}{1 - r\,e^{-i\delta}} \right)$$

$$= E_{\parallel}^{(0)} \left(r_1 - \frac{t_1^2 r^2}{r_1} \frac{-r^2 + \cos\delta - i\sin\delta}{(1-r^2)^2 + 4r^2 \sin^2(\delta/2)} \right) \tag{9.5}$$

其中，$\delta \equiv 2\Delta\omega L/c$。这里，$r_1$ 和 t_1 分别是入射镜的振幅反射系数和透射系数。r 是振幅衰减系数，它不仅包括输出镜的反射系数，还包括由图 9.9 的共焦腔两次离轴附加的反射引起的内部损耗。由于在两个偏振方向上的精细度不同，如果激光的频率与光学谐振腔（见图 4.16）的本征频率不一致，则两个分量 $E_{\parallel}^{(r)}$ 和 $E_{\perp}^{(r)}$ 经历的相移通常不一样。由于其损耗较高，垂直偏振分量在入射镜上基本上以较低频率相关的相移反射，因此可以作为平行偏振分量的大失谐相关相移的相位参考。这个相移将导致组合光束的椭圆度，该椭圆度由偏振分析仪来检测光束的偏振态。$\lambda/4$ 波片和偏振分束器组合后可用作这种偏振分析仪。适当调节 $\lambda/4$ 波片，线偏振光的功率在两个端口上可以平均分配。椭圆偏振光可以看作是振幅不同的左旋和右旋圆偏振分量组成的。$\lambda/4$ 波片把这两个偏振分量转换为两个正交的线偏振光，分别由两个光电二极管探测。光电流 i_1 和 i_2 分别与偏振分束器之后的光波的振幅平方 $|E_1|^2$ 和 $|E_2|^2$ 成正比。使用描述偏振光演化的琼斯矩阵，可以得出 $|E_1|^2$ 和 $|E_2|^{2[408]}$（参见文献[409]）。

$$E_{1,2} = \frac{1}{2} \begin{pmatrix} 1 & \pm 1 \\ \pm 1 & 1 \end{pmatrix} \begin{pmatrix} 1 & 0 \\ 0 & i \end{pmatrix} \begin{pmatrix} E_{\parallel}^{(r)} \\ E_{\perp}^{(r)} \end{pmatrix} \tag{9.6}$$

其中，第一个琼斯矩阵描述的是 45°线偏振起偏器，第二个琼斯矩阵描述的是快轴在水平方向的四分之一波片。因此，有

$$|E_{1,2}|^2 = \left| \frac{1}{2} \left(E_{\parallel}^{(r)} \pm i E_{\perp}^{(r)} \right) \right|^2 \tag{9.7}$$

使用(9.7)式和(9.5)式，很容易计算出光电流 $i_1 - i_2 \propto |E_1|^2 - |E_2|^2$ 的差分信号，即

$$i_1 - i_2 \propto |E^{(0)}|^2 \, 2\cos\theta \sin\theta \frac{t_1^2 r^2 \sin\delta}{(1-r^2)^2 + 4r^2 \sin^2 \delta/2} \tag{9.8}$$

相应的信号（见图 9.10）可以用作稳频的误差信号，在共振时具有陡峭的斜率，并且捕获范围延伸到下一个共振点的一半距离。

Hänsch-Couillaud 技术因其简单且装置便宜而非常通用，通常用于激光器的预稳定。但是，与任何直流技术一样，锁定点对误差信号的基线漂移很敏

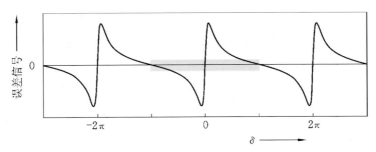

图 9.10 根据（9.8）式计算得到的 Hänsch-Couillaud 方法的误差信号，腔的精细度为 F^* $=\pi r/(1-r^2)=14$（灰色区域表示锁定到中央共振时的捕获范围）

感，而且在较低的傅里叶频率下还会受到激光器的技术噪声影响。

9.2.2　Pound-Drever-Hall 稳频技术

Pound-Drever-Hall 技术以其发明人[410]和 R. V. Pound 在微波区域中使用的相应技术[411]命名，它是一种相位调制光谱方法，可用来将激光器的频率稳定到光学谐振腔。在 Pound-Drever-Hall 技术（见图 9.11）中，激光束的相位由电光调制器（见第 11.2.2 节）进行调制，激光的角频率为 ω，电光调制的角频率为 ω_{m}。

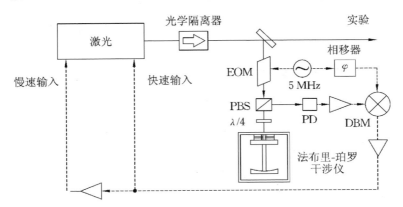

图 9.11 Pound-Drever-Hall 稳频方案（光学路径和电气路径分别以实线和虚线表示。EOM：电光调制器。PBS：偏振分束器。DBM：双平衡混频器）

在较小的调制系数 $\delta \ll 1$ 的情况下，只需考虑载波的角频率 ω（见（2.52）式）和两个近邻边带 $\pm\omega_{\mathrm{m}}$，即

$$E_{\mathrm{FM}}(\omega)=E_0\,[J_0(\delta)\mathrm{e}^{\mathrm{i}\omega t}+J_1(\delta)\mathrm{e}^{\mathrm{i}(\omega+\omega_{\mathrm{m}})t}-J_1(\delta)\mathrm{e}^{\mathrm{i}(\omega-\omega_{\mathrm{m}})t}]+c.c. \quad (9.9)$$

当载波和边带从法布里-珀罗干涉仪反射出来时,它们的幅度和相位由复反射率系数 $r_{FP}(\omega)$(见(4.92)式)改变为

$$E_r(\omega) = \frac{E_0}{2} \left[r_{FP}(\omega) J_0(\delta) e^{i\omega t} + r_{FP}(\omega + \omega_m) J_1(\delta) e^{i(\omega + \omega_m)t} \right.$$

$$\left. - r_{FP}(\omega - \omega_m) J_1(\delta) e^{i(\omega - \omega_m)t} \right] + c.c. \tag{9.10}$$

要将法布里-珀罗干涉仪反射回来的光束与入射光束分开,需要使用四分之一波片或法拉第旋光器(见图 9.11)。任一种装置的应用都会使得激光束偏振方向发生旋转,并且反射光束由偏振分束器导引到光电探测器。探测效率为 η_{PD} 的光电二极管的电流 i_{PD} 和反射功率 P_r 的关系是

$$i_{PD} \approx \eta_{PD} P_r \propto E_r E_r^* \tag{9.11}$$

并且,因此得到

$$i_{PD} \propto \left[J_0^2(\delta) |r_{FP}(\omega)|^2 + J_1^2(\delta) \{ |r_{FP}(\omega + \omega_m)|^2 + |r_{FP}(\omega - \omega_m)|^2 \} \right.$$

$$+ J_0 J_1 r_{FP}(\omega) r_{FP}^*(\omega + \omega_m) e^{-i\omega_m t}$$

$$- J_0 J_1 r_{FP}(\omega) r_{FP}^*(\omega - \omega_m) e^{i\omega_m t}$$

$$+ J_0 J_1 r_{FP}^*(\omega) r_{FP}(\omega + \omega_m) e^{i\omega_m t}$$

$$- J_0 J_1 r_{FP}^*(\omega) r_{FP}(\omega - \omega_m) e^{-i\omega_m t}$$

$$- J_1^2 \{ r_{FP}(\omega + \omega_m) r_{FP}^*(\omega - \omega_m) e^{i2\omega_m t}$$

$$\left. - r_{FP}^*(\omega + \omega_m) r_{FP}(\omega - \omega_m) e^{-i2\omega_m t} \} \right] \tag{9.12}$$

光电流(9.12)式包含由载波和两个边带的功率产生的三个直流分量,以及由三个场之间的拍频调制的成分。考虑一个探测器,它仅对接近调制频率 ω_m 附近的频率敏感,即仅对载波和边带之间的拍频敏感。然后,通过探测器的陷波滤波器来抑制高频和低频边带之间的 $2\omega_m$ 拍频信号。因此,在这种情况下,我们仅需保留(9.12)式中以调制频率 ω_m 振荡的各项,即可得到

$$i_{PD}^{(\omega_m)} \propto J_0 J_1 \{ [r_{FP}(\omega) r_{FP}^*(\omega + \omega_m) - r_{FP}^*(\omega) r_{FP}(\omega - \omega_m)] \exp(-i(\omega_m t))$$

$$+ [r_{FP}^*(\omega) r_{FP}(\omega + \omega_m) - r_{FP}(\omega) r_{FP}^*(\omega - \omega_m)] \exp(i(\omega_m t)) \}$$

$$\tag{9.13}$$

(9.13)式的右边等价于下式,即[2]

$$= 2J_0 J_1 \operatorname{Re}\{ r_{FP}(\omega) r_{FP}^*(\omega + \omega_m) - r_{FP}^*(\omega) r_{FP}(\omega - \omega_m) \} \cos\omega_m t \tag{9.14}$$

$$+ 2J_0 J_1 \operatorname{Im}\{ r_{FP}(\omega) r_{FP}^*(\omega + \omega_m) - r_{FP}^*(\omega) r_{FP}(\omega - \omega_m) \} \sin\omega_m t$$

---

② 使用 $A = a + ib$ 可以得出 $A \exp(-i\omega t) + A^* \exp(i\omega t) = 2a\cos\omega t + 2b\sin\omega t$。

从(9.14)式中,我们得到光电流为

$$i_{PD}^{(\omega_m)} \propto J_0(\delta)J_1(\delta)[A(\Delta\omega)\cos(\omega_m t) + D(\Delta\omega)\sin(\omega_m t)] \qquad (9.15)$$

它包含了正弦分量 $D(\Delta\omega)$ 和余弦分量 $A(\Delta\omega)$。为了计算系数 A 和 D,我们使用(4.98)式:

$$r_{FP} = -\frac{\Delta\omega(\Delta\omega + i\Gamma/2)}{(\Gamma/2)^2 + \Delta\omega^2} \qquad (9.16)$$

而不是(4.92)式中精确的艾里(Airy)函数,由

$$r_{FP}(\omega)r_{FP}^*(\omega + \omega_m) - r_{FP}^*(\omega)r_{FP}(\omega - \omega_m)$$

$$= \frac{\Delta\omega[\Delta\omega + i(\Gamma/2)](\Delta\omega + \omega_m)[\Delta\omega + \omega_m - i(\Gamma/2)]}{[(\Gamma/2)^2 + \Delta\omega^2][(\Gamma/2)^2 + (\Delta\omega + \omega_m)^2]} \qquad (9.17)$$

$$- \frac{\Delta\omega[\Delta\omega - i(\Gamma/2)](\Delta\omega - \omega_m)[\Delta\omega - \omega_m + i(\Gamma/2)]}{[(\Gamma/2)^2 + \Delta\omega^2][(\Gamma/2)^2 + (\Delta\omega - \omega_m)^2]}$$

通过比较(9.14)式和(9.15)式,我们可以分离实部和虚部,以确定系数 A 和 D。经过一些简单但乏味的代数运算,我们得到

$$D(\Delta\omega) = -4\frac{\omega_m^2(\Gamma/2)\Delta\omega[(\Gamma/2)^2 - \Delta\omega^2 + \omega_m^2]}{[\Delta\omega^2 + (\Gamma/2)^2][(\Delta\omega + \omega_m)^2 + (\Gamma/2)^2][(\Delta\omega - \omega_m)^2 + (\Gamma/2)^2]} \qquad (9.18)$$

和

$$A(\Delta\omega) = 4\frac{\omega_m(\Gamma/2)^2\Delta\omega[(\Gamma/2)^2 + \Delta\omega^2 + \omega_m^2]}{[\Delta\omega^2 + (\Gamma/2)^2][(\Delta\omega + \omega_m)^2 + (\Gamma/2)^2][(\Delta\omega - \omega_m)^2 + (\Gamma/2)^2]} \qquad (9.19)$$

(9.15)式中的光电流包含和 $\cos(\omega_m t)$ 和 $\sin(\omega_m t)$ 相关的贡献。通过与调制频率 ω_m 的相位 ϕ 的比较,可以选择前者(乘以 $\cos(\omega_m t)$)或后者(乘以 $\sin(\omega_m t) = \cos(\omega_m t - 90°)$)。在实验(见图 9.11)中,使用双平衡混频器(DBM;图 3.13)可以轻松地进行相位比较。如果使用低通滤波器,则仅保留差频项,并且仅保留了频率 $\omega_{RF} \approx \omega_{LO}$。考虑 $\omega_{RF}t = \omega_{LO}t + \varphi$ 的情况,其相位差 φ 可以通过移相器进行调整(见图 9.11),并且输出端的 IF 信号为 $1/2\cos\varphi$(见(3.88)式)。因此,施加到 DBM 的 RF 输入的误差信号被相位敏感地检测到,即被校正和积分,此时 DBM 起着锁相放大器的作用。

图 9.12 和图 9.13 分别所示的是根据(9.18)式和(9.19)式计算得到的信号,即与调制频率($\omega_m = 10\Gamma$)异相和同相的信号与 FPI 的失谐量 $\Delta\omega = \omega - \omega_0$ 之间的关系。

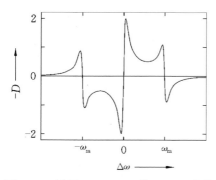

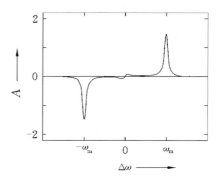

图 9.12 对于 $\omega_m = 10\Gamma$,从(9.18)式计算得到的色散项 $-D(\Delta\omega)$

图 9.13 对于 $\omega_m = 10\Gamma$,从(9.19)式计算得到的吸收项 $A(\Delta\omega)$

异相信号(见图 9.12)可以看作是三个色散信号的叠加,共振频率分别在 ω_0、$\omega_0 + \omega_m$ 和 $\omega_0 - \omega_m$ 处,对应于相位调制的反射波的三个频率分量。由于边带与载波异相,相应的信号会改变符号。如果调制频率比干涉仪的共振半宽度大得多,则这三个结构是分开的。在接近 FPI 的共振频率附近,仅反射了很小一部分载波功率,但这个波的相位在该区域有很大的变化(见图 2.5)。与 Hänsch-Couillaud 方法类似的是,三个反射场之间的相位差包含了有关激光频率与 FPI 共振频率的失谐量的信息。FPI 共振频率处的陡峭斜率可以用作激光频率稳定的误差信号。在这种情况下,混频器的输出信号($\propto \omega_{RF} - \omega_{LO}$)表征激光频率波动的幅度。

通过将调制频率和光电二极管信号之间的相位差调为 $0°$,DBM 对所有相位进行了平均(见图 9.13),并且对幅度变化(即 FPI 的吸收)特别敏感。因此,在边带频率处有两个吸收峰。在共振频率上,由于和两个边带频率的拍频的相位差为 π,因此吸收信号消失。

由于误差信号与 $J_0 \times J_1$ 成正比(见(9.15)式),因此在调制系数为 $\delta_{max} \approx 1.08$ 时可获得最强的信号(见图 9.14)。

这种技术的终极灵敏度受到探测的误差信号的散粒噪声的限制。在正确设计的伺服回路中,误差信号与零点的任何偏差都将通过送到伺服元件的反馈信号来抵消。

在谐振器阻抗匹配并且调制频率大于谐振腔线宽的情况下,只有两个边带的光功率从谐振腔反射并进入到探测器。如果效率为 η 的光电探测器的电噪声是由于激光振幅的散粒噪声引起的,则锁定的激光器的频率波动的谱密度为

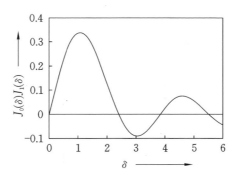

图 9.14 $J_0(\delta)J_1(\delta)$ 和调制系数 δ 的关系（在 Pound-Drever-Hall 技术中，该曲线与误差信号的斜率成正比）

$$S_\nu = \frac{\delta\nu_c}{\nu}\sqrt{\frac{h\nu}{8\eta P_d}} \tag{9.20}$$

其中，P_d 是照射在探测器上的激光功率。由（9.20）式计算得出的阿兰偏差为

$$\sigma_y(\tau) = \frac{1}{4Q}\sqrt{\frac{h\nu}{\eta P_d \tau}} \tag{9.21}$$

相对于锁边技术（见第 2.3.2.1 节文献[412]），Hänsch-Couillaud 技术和 Pound-Drever-Hall 技术均具有优势，即振荡器的频率稳定在共振的中心。Hänsch-Couillaud 技术的一个特殊优势是无需对振荡器频率进行调制，而 Pound-Drever-Hall 技术通常（除了二极管激光器外）需要附加的电光调制器。在后一种情况下，检测到的频率波动的误差信号位于调制频率附近的频带中，并且必须向下混频至基带，而 Hänsch-Couillaud 技术中的误差信号已经处于基带。Pound-Drever-Hall 技术的这种额外复杂性通常可以通过以下事实得到补偿：将调制频率选得足够高，可使激光器的技术噪声不再有关联。必须特别注意与频率调制同频的所有寄生幅度调制，因为这种剩余幅度调制可以被 Pound-Drever-Hall 技术检测到，从而会移动锁定点。这对于任何由于压电效应而在电光调制器中产生的剩余幅度调制特别重要。人们已经开始将很多注意力放在抑制这种效应上[413,414]。

9.2.3　相位调制饱和吸收光谱

相位调制光谱[415,416]通常用于将激光频率稳定到外部吸收池中的一阶消多普勒饱和吸收线上[118,417-420]。该方法与 Pound-Drever-Hall 技术密切相关。考虑碘稳频激光器的实验装置（见图 9.15(a)），通过 $\lambda/2$ 波片和偏振分束器

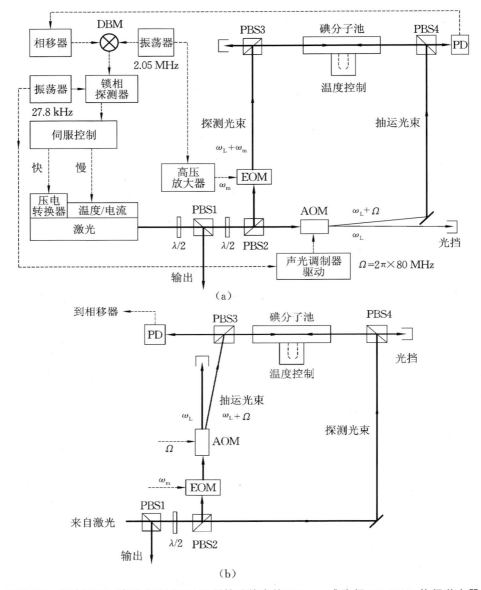

（a）

（b）

图 9.15 分别使用（a）相位调制和（b）调制转移技术的 532 nm 碘稳频 Nd:YAG 倍频激光器的装置图（EOM:电光调制器;AOM:声光调制器;PBS:偏振分束器;PD:光电探测器。光学路径和电气路径分别用实线和虚线表示）

PBS1 分离出激光输出的可调节部分。一个类似的组合（在 PBS2 处）产生一个探测光束和一个反向传播的抽运光束，与吸收池中的碘分子相互作用。以角

频率 ω_m 和调制系数 δ 对探测光束进行相位调制。为了考虑与分子吸收体的相互作用，首先假设 $\delta < 1$，而电场可以由载波以及低频和高频边带表示（见第 2.1.3 节）。

通过碘分子吸收池时，这三个具有相应频率的电场分量的相位和幅度受到吸收体相互作用的影响是不同的。按照 Bjorklund 的方法[415]，我们考虑用系数 $T_l = \exp^{[-\alpha_l - i\varphi_l]}$ 来表示每一个波的吸收和光学相移（色散），其中三个波对应 $l = -1, 0, +1$，α_l 描述了由吸收引起的振幅衰减，φ_l 代表了第 l 个场分量经历的相移。因此，相互作用后的探测场为

$$E_{\text{probe}}(t) = E_{0,\text{probe}}/2 \left[T_0 e^{i\omega t} + T_1 \frac{\delta}{2} e^{i(\omega + \omega_m)t} - T_{-1} \frac{\delta}{2} e^{i(\omega - \omega_m)t} \right] + c.c. \quad (9.22)$$

在近共振处，三个波之间的平衡受到了干扰，激光功率的幅度调制可以用光电探测器 PD（见图 9.15（a）中）探测。计算得到的信号为

$$P_{\text{probe}} \propto |E_{0,\text{probe}}|^2 e^{-2\alpha} \left| e^{-i\phi_0} e^{i\omega t} + \frac{\delta}{2} e^{-i(\alpha_0 - \alpha_1)} e^{-i\phi_1} e^{i(\omega + \omega_m)t} \right.$$
$$\left. - \frac{\delta}{2} e^{-i(\alpha_0 - \alpha_{-1})} e^{-i\phi_{-1}} e^{i(\omega - \omega_m)t} \right|^2 \quad (9.23)$$

丢掉 δ^2 项，我们得到

$$P_{\text{probe}} \propto e^{-2\alpha} \{ 1 + [e^{-i(\alpha_0 - \alpha_1)} \cos(\phi - \phi_0) - e^{-i(\alpha_0 - \alpha_{-1})} \cos(\phi_0 - \phi_{-1})] \delta \cos\omega t$$
$$+ [e^{-i(\alpha_0 - \alpha_1)} \sin(\phi - \phi_0) - e^{-i(\alpha_0 - \alpha_{-1})} \sin(\phi_0 - \phi_{-1})] \delta \sin\omega t \}$$
$$(9.24)$$

对于 $|\alpha_0 - \alpha_1| \ll 1$，$|\alpha_0 - \alpha_{-1}| \ll 1$，$|\varphi_0 - \varphi_1| \ll 1$ 和 $|\varphi_0 - \varphi_{-1}| \ll 1$ 的情况，从（9.24）式计算得出探测器上的功率为[415]

$$P_{\text{probe}} \propto e^{-2\alpha} [1 + (\alpha_{-1} - \alpha_1) \delta \cos(\omega_m t) + (\phi_1 - 2\phi_0 + \phi_{-1}) \delta \sin(\omega_m t)] \quad (9.25)$$

（9.25）式中的余弦项与调制频率同相，并且正比于低频和高频边带的吸收之差。而正弦项与调制频率相比有 $\pi/2$ 的相移，正比于两个边带的相位差。

如果光谱的吸收和色散特征是已知的，则可以计算出误差信号。Bjorklund 等人[421]假设光谱是洛伦兹线型，从而确定了在大范围参数下的吸收信号、色散信号和总拍频信号的模量。在这种情况下，（9.23）式中的吸收分量由两条对称线给出，该对称线以 $\omega - \omega_0$ 和 $\omega + \omega_0$ 为中心，表示洛伦兹线型的实部（见图 2.5（a））。因此，人们期望在 $\omega = \omega_0 \pm \omega_m$ 处得到同相分量的最大信号。色散分量是在角频率为 $\omega - \omega_0$、ω_0 和 $\omega + \omega_0$ 处三个色散形谱线的叠加（见图 2.5（b））。

类似地，Hall 等人[416]和 Shirley[422]计算了包括与二阶边带共振的非线性

吸收和色散等几个光谱分量的相位和幅度变化。他们使用符号:

$$x_j = \frac{\omega - \omega_0 - j\omega_m}{\Gamma/2}, \quad L_j = \frac{1}{1+x_j^2} \quad 和 \quad D_j = L_j x_j \tag{9.26}$$

其中,ω_m 是吸收线的中心频率,Γ 是速度群的平均功率展宽宽度,且考虑了抽运和探测光束的作用。变量 j 可以取值[③]-1、$-1/2$、0、$1/2$、1。计算得到的误差信号 V_{PMS} 为[416,422]

$$V_{PMS} \propto J_1(\delta) \times \{[(J_0(\delta) + J_2(\delta))(L_{1/2} - L_{-1/2}) - J_2(\delta)(L_1 - L_{-1})]\cos(\Phi) -$$
$$[(J_0(\delta) - J_2(\delta))(D_{1/2} - 2D_0 + D_{-1/2}) + J_2(\delta)(D_1 - 2D_0 + D_{-1})]\sin(\Phi)\} \tag{9.27}$$

图 9.16 和图 9.17 所示的是吸收和色散贡献的不同的洛伦兹线型(见图 2.5)。实验中,中心频率处的色散信号的陡峭斜坡(见图 9.18)可用于频率稳定。

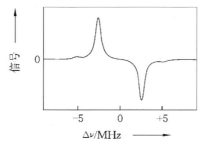

图 9.16 根据(9.27)式计算的相位调制光谱信号(其中 $\omega_m = 2\pi \times 5.185$ MHz,$\delta = 0.6$,$\Gamma = 2\pi \times 0.4$ MHz 和吸收型相位($\Phi = 0°$))

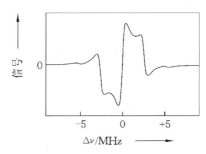

图 9.17 根据(9.27)式计算的相位调制光谱信号(其中 $\omega_m = 2\pi \times 5.185$ MHz,$\delta = 0.6$,$\Gamma = 2\pi \times 0.4$ MHz 和色散型相位($\Phi = 90°$))

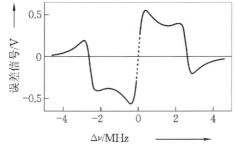

图 9.18 图 9.15(a)装置的相位调制光谱测量的误差信号(和图 9.17 可比较,由 H. Schnatz 提供)

---

③ 由于在图 9.15(a)的设置中仅对探测光束进行了相位调制,而对探测光束没有进行相位调制,因此一阶边带谐振相对于谐振频率的偏移是 $\omega_m/2$,而不是 ω_m(见图 9.16 和 图 9.17)。

为了探测消一阶多普勒的吸收线,使用一束与调相光束反向传播的激光束(见图 9.15(a))来制备吸收体。用声光调制器打开和关闭较强的未调制抽运光束,结合锁相放大器对探测信号进行相敏探测。用移相器可以调整光信号的相位 Φ,然后在双平衡混频器中将光信号与来自 EOM 驱动器的信号相乘以产生误差信号 V_{PMS}。通过调节移相器(见图 9.15)可以选择纯吸收分量($\Phi=0$;见图 9.16)、色散分量($\Phi=\pi/2$;见图 9.17)或任意的叠加信号。

该方法特别有用,因为可以选择足够大的调制频率,使得散粒噪声极限的探测不受激光器(主要是低频)技术噪声的影响。但是,激光锁定到吸收线中心的精度受到探测的误差信号中任意一种偏移的影响。其中一个特殊的问题是探测光束的剩余幅度调制(AM),该剩余幅度调制将同相边带添加到来自相位调制的异相边带中。杂散的 AM 总是在某种程度上存在,因此限制了锁定可达到的精度。如果采用未调制的探测光束,比如采用调制转移光谱技术,则可以在很大程度上避免这个问题。

9.2.4 调制转移光谱

在接近共振时,抽运光束和探测光束与吸收体之间的相互作用是完全非线性的,从而可实现将一个幅度调制或相位调制的光束中的调制转移到一个未调制的反向传播光束。调制转移方法[422-427]代表了四波混频的一个案例,其中探测光束的载波、它的一个边带和反向传播的未调制光束会产生第四个波,且它产生了未调制光束的一个边带。由于调制转移本质上是一个非线性过程,要求在吸收特征附近存在非线性效应,所以实际上没有非共振吸收的背景存在。因此,基于调制转移的稳频技术不太容易受到基线波动的影响,而基线波动会导致锁定点和稳频激光器的频率发生偏移。Shirley[422]阐明了其物理机理,将其主要归因于调制烧孔,即其调幅或调频的光束在吸收体的速度分布上烧出了调制深度的孔。当未调制的光束与烧孔相互作用时,其烧孔的深度随调制频率变化,那么未调制的光束会感受到调制的吸收和色散。使用(9.26)式中的表示法,其误差信号为[422,428]

$$V_{MTS} \propto J_0(\delta)J_1(\delta) \times \{(L_1 - L_{1/2} + L_{-1/2} + L_{-1})\cos(\Phi)$$
$$+ (-D_1 + D_{1/2} + D_{-1/2} - D_{-1})\sin(\Phi)\} \qquad (9.28)$$

除了要考虑调制烧孔的影响从而得到(9.28)式(见图 9.19 和图 9.20)之外,Shirley[422]指出,由于与饱和光束的高阶相互作用一般也存在额外的弱共振。此外,调制波的一部分载波和边带也可能会被布拉格反射到先前未调制的反向传播光束中。布拉格光栅是由两个反向传播的抽运光束和探测光束产生的驻波④中的空间调制的布居形成的。在相对于外部吸收峰的 $\pm\omega_{\mathrm{m}}/2$ 处，这种贡献改变了内部吸收峰的高度。

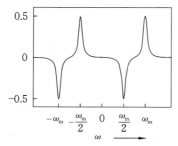
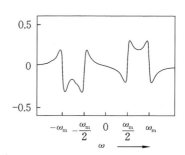

图 9.19 根据(9.28)式计算出的调制转移光谱信号($\omega_{\mathrm{m}}=10\varGamma$，吸收型相位设置($\varPhi=0°$))

图 9.20 根据(9.28)式计算出的调制转移光谱信号($\omega_{\mathrm{m}}=10\varGamma$，色散型相位设置($\varPhi=90°$))

由于其非线性起源，调制转移信号通常较弱，因此非常重要的是要获得较大的误差信号斜率。对于高于多普勒展宽吸收的频率，介质的非线性迅速减小。因此，最好将调制频率选择为 $\omega_{\mathrm{m}}\lesssim\varGamma/2$(见图 9.21)，以提供可用于稳定激光器频率的误差信号。从(9.28)式和实验[428]中可以发现，对于 $\varPhi\approx50°$ 和 $\omega_{\mathrm{m}}\approx0.35\varGamma$ 的条件，可得到鉴频曲线的最佳斜率(见图 9.22)。

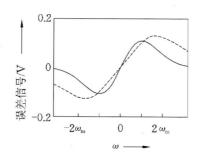
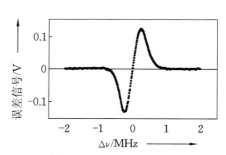

图 9.21 根据(9.28)式计算的误差信号($\omega_{\mathrm{m}}=\varGamma/4$，分别采用色散相位设置($\varPhi=90°$;实线)和吸收性相位设置($\varPhi=0°$;虚线))

图 9.22 采用调制转移光谱的碘分子稳频装置(图 9.15(b))获得的实验误差信号(由 H.Schnatz 提供)

---

④ 在图 9.15 中，未调制光束通过声光调制器频率偏移 $\varOmega$，这相当于一种"行波"。

根据(9.28)式，Jaatinen[429]计算了产生最大信号所需的参数。他发现调幅抽运光束提供的斜率比调频光束高。尽管用简单的理论可以很好地描述整个线型，但 Eickhoff 和 Hall[118]发现系统残差最终可能会限制基于此类光谱技术的频标可达到的精度。

调制转移光谱已被用来将 Nd：YAG 倍频激光器的频率稳定到碘分子上（见第 9.4.1 节）。

9.3 宽调谐激光

可调谐激光器被用来达到指定频率的特定吸收线。二极管激光器是最便宜，最小且能耗最低的激光器，并且能够在几十纳米的范围内进行调谐。尽管它们可以在较大的波长范围内以单模运行（见图 9.23），但常常无法达到所需的波长。而且，它们的输出功率通常被限制在几毫瓦到几十毫瓦。

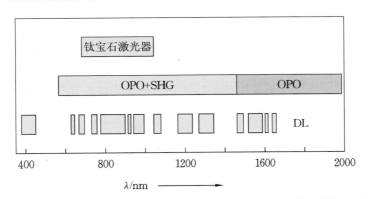

图 9.23 宽调谐的固态激光器（包括二极管激光器的波长范围（来自文献[430]）及钛宝石激光器的调谐范围。OPO：基于 Nd：YAG 泵浦的周期性极化 LiNbO_3 晶体的光学参量振荡器的信号光。OPO＋SHG：在外腔中闲频光束倍频的 OPO 的发射范围[431]。DL：二极管激光器）

在近红外波段，钛宝石激光器（见第 11.5.1 节）可以在 $0.7~\mu m$ 至 $1~\mu m$ 之间的任何波长达到几瓦的高功率。通过非线性晶体中的频率转换可以达到其他的波长区域。在更长的波长区域，例如，基于 $1.06~\mu m$ 的 Nd：YAG 激光器和周期性极化的 LiNbO_3 晶体的市售光学参量振荡器，其信号光束可以达到 $1.45~\mu m$ 和 $2~\mu m$ 之间的区域，其闲频光束可以达到 $2.4~\mu m$ 和大约 $4~\mu m$ 之间的区域。为了获得可见光的大功率可调谐激光辐射,特别是在二极管激光器无法达到的的黄色和绿色光谱范围内(见图9.23),染料激光器有时是唯一的选择(见图9.24)。在下文中,将在光频标有关的范围内讨论这些不同的激光器的特性。

9.3.1 染料激光

连续的染料激光器是一种多功能的工具,可以无间隙地从紫外到红外区域产生大功率的相干电磁辐射(见图9.24)。由于所需的泵浦激光器非常昂贵,技术噪声较大,还需要染料循环器,因此它们的使用仅限于实验室的频标。在下文中,我们集中讨论与光频标有关的染料激光器的特性。更详细的描述可以在参考文献[432]中找到。

染料激光器利用的是溶解在有机溶剂(例如乙二醇)中的有机分子。染料分子的简化能级结构(见图9.25)包括一个单重态电子基态、一个单重态激发态和一个三重态激发态,每个态都具有大范围的振转能级。由于染料分子与溶剂分子之间的强相互作用,振转态因碰撞而有很大的展宽。因此,荧光线相互重叠,并且导致均匀展宽的连续发射谱。激发态主要通过光泵浦来实现,泵浦光为在紫外或绿光光谱范围的高功率离子激光器或者 $0.53\ \mu m$ 附近的倍频固体激光器(比如 Nd:YAG 激光器)。染料分子从 $^1S_0$ 基态光学泵浦到 $^1S_1$ 态(见图9.25),在不到 10^{-12} s 的时间内衰减到最低振动态。

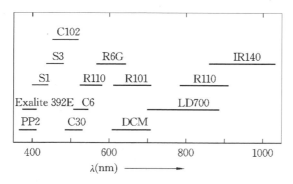

图 9.24 激光染料的调谐范围,覆盖了电磁光谱的可见和近红外部分

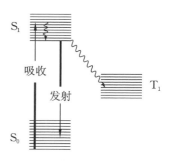

图 9.25 简化的染料能级结构

这个能级代表了激光发射到电子 $^1S_0$ 态的振转态的起点。由于与溶剂分

子的碰撞,可以发生向三重态体系的无辐射跃迁。处于长寿命三重态系统中的分子对激光发射没有贡献。为了使这些分子的数量保持较小的数量,染料溶液以 0.4 MPa 至 1.5 MPa 的压力泵浦通过喷嘴,产生约 0.2 mm 到 1 mm 宽,3 mm 到 5 mm 长的矩形横截面的染料喷射流。染料分子在泵浦激光束的束腰(约 10 μm)内大约耗费 1 μs 的时间通过。

激光谐振腔内部的染料喷射流的厚度波动会引起频率的波动(见图 9.1)。对于低于几兆赫兹的傅里叶频率,染料射流的机械共振在趋于自发辐射引起的白噪声之前主导了频率波动的功率谱密度。因此,需要几兆赫兹的伺服带宽来有效地抑制频率的波动。

由于染料激光器具有较宽的增益曲线,因此可以激发许多模式。染料激光器可以很容易地在 $\Delta\lambda \approx 30$ nm 或更大的范围内调谐(见图 9.24)。在 500 nm 处相应的频率宽度为 $\Delta\nu = |c/\lambda^2| \Delta\lambda = 36$ THz,其宽度足以容纳腔长为 1 m 的激光器的 120000 个纵模。为了实现单模工作,需要波长选择元件,这些元件要具有宽的可调谐性和较低的损耗,并且当激光频率改变时不改变光路。特别地,干涉光学元件满足了这些要求。通常用双折射滤光片(Lyot 滤光片)[⑤]进行粗调,每个滤光片的自由光谱范围为

$$\Delta\nu_{\mathrm{Lyot},i} = \frac{c}{(n_{\mathrm{o}} - n_{\mathrm{e}}) D_i} \tag{9.29}$$

根据厚度 D_i 以及寻常光和异常光的折射率 n_{o} 和 n_{e},自由光谱范围可以达到几吉赫兹。通常在可调谐激光器中,进一步使用的频率选择元件是标准具,其利用部分反射的薄玻璃板作为多光束干涉仪。标准具的自由光谱范围为

$$\Delta\nu_{\mathrm{etalon}} = \frac{mc}{2D \sqrt{n^2 - \sin^2\alpha}} \tag{9.30}$$

其计算方法与法布里-珀罗干涉仪是相似的[409,433]。在(9.30)式中,α 是入射角,m 表示干涉级次,D 表示板的厚度,n 表示折射率。通过倾斜标准具可实现频率的调谐。厚度为 $D = 1$ mm 的玻璃的薄标准具对应大约 100 GHz 的自由光谱范围(FSR),这还不足以实现 FSR ≈ 300 MHz 的激光器的单模运行。

---

⑤ Lyot 滤光片包括三个具有不同厚度 D_i 的双折射板。它本质上是一个双光束干涉仪,其中入射光束被分成两个不同的偏振分量,随后将其重新组合。旋转板允许人们改变两个光束的相对路径长度,从而获得双光束干涉仪的典型余弦干涉图样(见文献[433])。

因此,还需要另一个 FSR≈10 GHz 的干涉仪。可以选择第二个标准具,其厚度为 $D≈1$ cm。然而,在较大的角度 α 处,干涉光束显示出剪切性。这种剪切性导致干涉光束的不完全重叠,从而降低了干涉仪的对比度并导致了明显的偏离。因此,较厚的标准具有时会被马赫-曾德尔干涉仪(Mach-Zehnder interferometer,MZI)[434] 取代,该干涉仪具有较低的插入损耗,因为它可以稳定到干涉仪的暗条纹上。如果所有频率选择元件都相对于彼此进行了适当的调谐,则由于各个元件的透过率的乘积(见图 9.26),可以实现单模运行。为了有效地抵消染料激光器的技术频率波动(见图 9.1),激光谐振腔的最后一面腔镜安装在压电转换器上。压电元件通常很慢,因此被用来消除偏移较大但傅里叶频率较低的频率波动。通常使用腔内的电光调制器作为快速伺服元件,通过施加电压来改变光程长度(见第 11.2.2 节)。为了将这些不同的元素结合到染料激光器的谐振腔中,可以使用具有折叠光束路径的环形激光器设计(见图 9.27),并仅允许其中一个传播方向的行波振荡。使用单向设备(见文献[433],第 9.4.1.1 节)来抑制另一个行波,仅在该方向上进行偏振的旋转。在激光谐振腔中,沿该方向传播的波在每个偏振相关的元件(例如,布鲁斯特角的染料喷射流)上均感受到更高的损耗。由于在激光谐振腔中仅存在一个行波,所以避免了在主动介质中的空间烧孔。对于由布鲁斯特角的染料喷射流引入的像散,可以通过选择折叠球面镜 M_3 和 M_4 处的反射角来补偿。

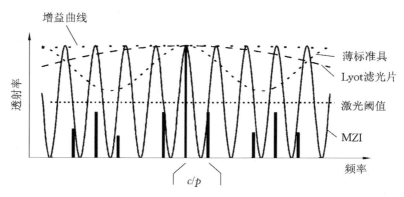

图 9.26 可调谐激光器中的模式选择(特定元素的自由光谱范围,按比例。MZI:马赫-曾德尔干涉仪。p:激光器的腔长。c/p:激光器的自由光谱范围)

为了压窄自由运行的染料激光器的线宽并使其频率预先稳定,目前使用

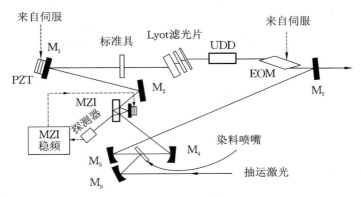

图 9.27 环形染料激光（M_1 至 M_5：腔镜。M_p：泵浦镜。MZI：马赫-曾德尔干涉仪。PZT：压电转换器。UDD：单向设备。EOM：电光调制器）

的是一种快速有效的稳定方案，即将激光器稳定到法布里-珀罗干涉仪的参考频率上。其中包括，锁边技术（见第 2.3.2.1 节，文献[412]）、偏振光谱方法（见第 9.2.1 节，文献[408]）和相位调制光谱方法（见第 9.2.2 节，文献[82,410]）。尽管染料激光器的自由运行线宽较宽，有大约一兆赫兹或更高，但已经有人实现了将线宽压窄到 1 Hz 以下[31]。

9.3.2 半导体激光器

9.3.2.1 半导体激光的原理

在二极管激光器中，主动介质是半导体，其 p-n 结在受到电流激励时会发出电磁辐射。半导体是固态材料，其价带充满电子，且导带在零温下为空。与绝缘体相比，这些能带间隙的能量宽度约为 1 eV。因此，在有限的温度下，一些电子被热激发到价带中。费米能，即填充能级和空能级的能级差，位于半导体材料的导带和价带中间的带隙中。如果半导体重掺杂了有带正电的给体离子（p 型材料）或带负电的受体离子（n 型），则在导带中会出现空穴或者在价带中会出现电子，费米能会分别偏移至价带或导带内。

在 p-n 结中，即在 p 型和 n 型材料的接触区域中，费米能变平。在施加电压 U 的正向偏置二极管中，两种材料的费米能量都被能量 eU 偏移，并且导带中的电子以及价带中的空穴被驱赶到一个空间受限的区域（见图 9.28 和图 9.29）。在 p-n 结的这个区域中，电子的布居数发生反转，因此电子可以通过发射光子与空穴重新结合。

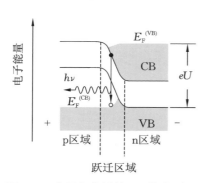

图 9.28 在正向偏置的 p-n 结中，电子和空穴被驱赶到跃迁区域，从而导致粒子数反转

图 9.29 正向偏置的双异质结构的激光二极管的能带结构（p^+ 和 n^+ 材料可以分别为 $Ga_{1-y}Al_y As$ 和 $Ga_{1-x}Al_x As$，其由未掺杂的 GaAs 组成的有源区宽度约为 $0.1\ \mu m$）

半导体材料的晶体结构很大程度上决定了能隙的大小以及发射光子的能量，并且通过正确选择其成分可以在大范围内确定波长，例如 $In_x Ga_{1-x} As$ 或 $InAs_{1-x} P_x$。如果将增益介质（即 p-n 结）放入光学谐振腔中，并且如果载流子密度足够高，则会产生激光。最简单的结构为法布里-珀罗型激光器，它用半导体晶体的解理面作为腔镜。由于半导体材料的高折射率 $3.5 \leqslant n \leqslant 4$，通过菲涅耳方程[409]可以得到反射率 R 为

$$R = \left(\frac{n-1}{n+1}\right)^2 = \frac{(3.5-1)^2}{(3.5+1)^2} \approx 30\% \tag{9.31}$$

由于主动介质的增益很大，因此足以实现激光振荡。

为了在不太高的注入电流下获得激光活性所需的载流子密度，必须使载流子复合区域保持尽可能小。因此，这样设计激光二极管，使激光束由仅维持最低横模的波导发射。扩散区的厚度决定了 p-n 结的有源层厚度（高度），约为 $1\ \mu m \leqslant d \leqslant 2\ \mu m$。通过合适的方式将其宽度从大约 $1\ \mu m$ 调整到大约 $100\ \mu m$（大面积二极管激光器）。由于衍射效应来自这样小面积的激光束具有较大的发散（见 (4.119) 式），发散角 θ 约为几十度。在靠近二极管激光器前端面的位置放置短焦距透镜可以减小激光场的发散角。根据限制波导的方法，激光二极管可分为增益导引或折射率导引两种类型。在这两种类型中，由于薄的有源层材料的折射率比相邻材料的折射率高，因此电磁波在垂直方向上是全反

射的。在增益导引型的二极管激光器中,电磁波的水平导引是由接触电极的几何形状引起的,从而导致电流的限制以及由此产生的折射率的热感应梯度。与之形成对比的是,折射率导引的激光二极管具有折射率的水平分布,将电磁波限制在激光器内部。二极管激光器的长度 L 通常为 $0.3\ \text{mm} \leqslant L \leqslant 0.5\ \text{mm}$。在激光谐振腔内部往返一圈后,电磁波的相位变化为

$$\phi_a = \omega t = 2\pi \nu_a n(\nu) \frac{2L}{c} \tag{9.32}$$

这和与频率有关的折射率 $n(\nu)$ 有关系。使用

$$\frac{\mathrm{d}\phi_a}{\mathrm{d}\nu} = 2\pi n(\nu)\frac{2L}{c} + 2\pi\nu_a \frac{\mathrm{d}n(\nu)}{\mathrm{d}\nu_a}\frac{2L}{c} = 2\pi\frac{2nL}{c}\left(1+\frac{\nu_a}{n}\frac{\mathrm{d}n}{\mathrm{d}\nu}\right) \approx \frac{\Delta\phi_a}{\Delta\nu} \tag{9.33}$$

因为其频率差 $\Delta\nu$ 满足 $\Delta\phi = 2\pi$,计算得到激光二极管的自由光谱范围(FSR)为

$$\text{FSR} = \Delta\nu(2\pi) = \frac{c}{2nL\left(1+\frac{\nu}{n}\frac{\mathrm{d}n}{\mathrm{d}\nu}\right)} \tag{9.34}$$

对于 GaAs 材料,其典型值为 $L=0.3\ \text{mm}$,$(\nu/n)(\mathrm{d}n/\mathrm{d}\nu)\approx 1.5$ 和 $n=3.5$,其自由光谱范围变为 $\text{FSR}\approx 57\ \text{GHz}$,对应于两个相邻纵模的波长差为 $\Delta\lambda = \lambda\Delta\nu/\nu \approx 0.2\ \text{nm}$。根据导带和价带的宽度,激光二极管的发射光谱的宽度可以高达几十纳米。通常,由于其设计的原因,增益导引的二极管激光器以多纵模方式工作(见图 9.30),而折射率导引的二极管激光器则在大电流下表现为单模行为(见图 9.31)。

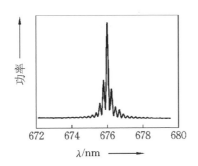

图 9.30 增益导引的独立激光二极管的光谱

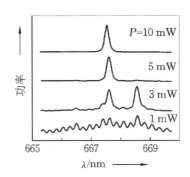

图 9.31 折射率导引的独立激光二极管的光谱

增益导引的激光二极管存在典型的横向多模结构,这会使得激光具有不

对称的远场光束轮廓。对于激光频标,最好使用折射率导引的激光二极管。如果它们不可用,则必须采用其他方法以实现单模运转。

9.3.2.2 半导体激光的噪声

1. 频率噪声

不同于大多数气体激光器和固体激光器,独立二极管激光器的线宽由自发辐射的量子过程决定。自发辐射到激光模场中的每个光子可以由受激辐射倍增,并且所产生的场振幅会增加到二极管激光场中。另一方面,激光谐振腔的谱线质量因数 Q 较小,不能维持内部场的明确的相位。由此产生的结果是,由于自发辐射光子统计波动的贡献导致总光场的相位显示出相当大的波动从而引起较大的 Schawlow-Townes 线宽(见(3.71)式)。因此,在一定的傅里叶频率范围内,技术噪声不再是主要噪声,通过图 9.1 和图 9.32 的比较可以看出,与其他激光器相比,二极管激光器的本底噪声较大。

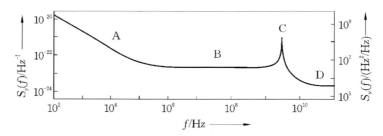

图 9.32 二极管激光器在 850 nm 附近的典型功率谱密度 $S_y(f)$ 和 $S_v(f)$(根据参考文献[436],在不同的频谱区域,它们是傅里叶频率 f 的函数。A:$1/f$ 波动。B:载流子密度的波动。C:弛豫振荡。D:自发辐射的波动)

在二极管激光器中,在弛豫振荡的时间里(即约 1 ns 内),自发辐射导致了折射率的额外波动,即

$$\Delta n = \Delta n' + i\,\Delta n'' \tag{9.35}$$

这里,n' 表示色散,n'' 表示吸收。因为 $\Delta n''$ 是电荷载流子密度 ΔN 的波动的结果,所以 $\Delta n''$ 的波动还导致了增益的波动。电荷载流子密度 ΔN 的波动还导致折射率的色散部分 n' 的波动,从而导致了激光相位的波动。本质上,光波的相位和振幅之间存在耦合,用亨利(Henry)耦合参数[435]来表示:

$$\alpha \equiv \frac{\Delta n'}{\Delta n''} = 2k\,\frac{\mathrm{d}n/\mathrm{d}N}{\mathrm{d}g/\mathrm{d}N} \tag{9.36}$$

相对于 Schawlow-Townes 线宽,这导致了一个额外的谱线展宽。在(9.36)式中,k 是波矢的模量,n 是折射率,g 是增益因子,N 是载流子密度。α 和二极管激光器的材料有关。对于 GaAs 和 $\lambda \approx 850$ nm,已经确定 $\alpha \approx 4$。

从"相扩散"的热力学模型出发,得到发射谱线是洛伦兹线型的,其宽度(FWHM)由所谓的"修正的 Schawlow-Townes 线宽"给出,如下式所示[39]:

$$\Delta\nu_{LD} = \frac{h\nu_0\mu}{2\pi\tau_P^2 P}(1+\alpha^2) = \frac{2\pi h\nu_0(\Delta\nu_{1/2})^2\mu}{P}(1+\alpha^2) \tag{9.37}$$

这里,P 是输出功率,$\mu \equiv N_2/(N_2-N_1)$ 是描述粒子数反转的参数,τ_P 是无源谐振腔中光子的寿命,而 $\Delta\nu_{1/2}$ 是无源谐振腔的半宽。

与其他激光器相比,半导体激光器里电磁场的振幅和相位之间的耦合要明显得多,因为增益和折射率的光谱分布相对于激光频率是不对称的。由自发辐射光子引起的增益波动导致了折射率的波动,进而导致了激光相位的波动。在(9.37)式中,通过系数 $(1+\alpha^2)$ 修正了这个额外的相位噪声对 Schawlow-Townes 线宽(3.71)式的贡献。

2. 强度噪声

与相位不同,激光二极管中电磁场的幅度受噪声的影响要小得多,因为后者通过增益饱和得以稳定。因此,除了在弛豫频率附近,在较宽的傅里叶频率范围内激光二极管的强度噪声都是非常小的。相对强度噪声的典型值为大约 10^{-6} Hz^{-1}[436]。

9.3.2.3 半导体激光器的频率稳定度和可调谐性

为了找到第 m 阶纵模的频率,必须考虑在激光器端面产生的相移。通常,二极管激光器后端面要镀膜作为高反射率的反射镜,并且激光场可以被认为是在端面上具有结点的驻波。作为输出耦合镜的另一端面的典型反射率为 $R \approx 35\%$,因此上面这个情况对输出耦合镜显然不适用。从输出端面向内部反射的波的相移等效于附加的光程长度,即

$$m\lambda = 2n(\nu)L + \varphi\frac{\lambda}{2\pi} = m\frac{c}{\nu} \tag{9.38}$$

或者

$$\nu_m = \frac{mc}{2n(\nu)L + \frac{\varphi \cdot c}{2\pi\nu}} \tag{9.39}$$

因此，发射波的频率 ν 与纵模的阶次 m、反射引起的相移 ϕ、激光晶体的长度 $L = L(T)$ 以及折射率 n 都有关。在这些参数微小变化的情况下，可以假设[37]

$$\frac{\Delta \nu}{\nu} = \frac{\Delta m \, \text{FSR}}{\nu} - \frac{\Delta \varphi \, \text{FSR}}{2\pi\nu} - \frac{\Delta L}{L} - \frac{\Delta n}{n} \tag{9.40}$$

其中自由光谱范围 FSR 由 (9.34) 式给出。(9.40) 式的第一个项可引入大约 100 GHz 的跳模（见图 9.33）。将二极管激光器发射的一部分光耦合回来，可以改变 (9.40) 式第二项中的相位 φ。这个效应可用于二极管激光器的频率稳定。另一方面，杂散的辐射回波（例如，通过二极管激光器外壳的窗口，准直透镜或其他光学组件反射回来）会改变激光器的频率，特别是在反射光相位存在波动的情况下。

(9.40) 式的最后两项受到激光器温度的影响。对于较小的温度变化，可以预计激光二极管的长度 $L(T)$ 将根据 (4.128) 式随温度线性变化。折射率 n 对激光频率的影响则较为复杂，因为它会随频率 ν、温度 T、注入电流 I 和激光功率 P 的变化而变化（$n = n(\nu, T, I, P)$）。温度波动会通过不同的效应影响折射率[37,39,430,436]。通常，升高激光二极管的温度会增加其波长，其单调的变化会被不连续的跳跃中断（见图 9.33）。

由于长度的变化和相关模式的频率漂移，典型的温度引起的单调变化值为 -30 GHz/K。同时，和温度相关的晶格常数与相关的能带结构的变化导致了激光器增益谱的偏移。因此，它会发生约 50 GHz 至 100 GHz 或更高频率的模式跳跃，并且在很宽的温度范围内，平均波长随温度的变化约为 -100 GHz/K。然而，波长不是温度的明确函数，无论温度升高还是降低均显示出与温度相关的滞后效应。

除环境温度外，二极管激光器的温度还受注入电流的影响（见图 9.34）。在 p-n 结两端的电压降几乎是恒定的情况下，耗散的功率（因而温度的升高）与注入电流成正比。因此，由于相关的温度变化，注入电流的平稳增加会导致激光器频率的红移。对于波长范围在 635 nm 至 1.5 μm 的 $(\text{Al}_x \text{Ga}_{1-x})_y \text{In}_{1-y} \text{P}$ 到 $\text{Ga}_x \text{In}_{1-x} \text{P}_y \text{As}_{1-y}$，独立二极管激光器的频率随注入电流的变化范围为 -5 GHz/mA 至 1 GHz/mA[430]。为了获得良好的长期频率稳定性，这些数值要求使用低纹波的低噪声电源。Fox 等人给出了一系列的实用的预防措施和设计标准[430]。

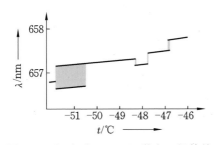

图 9.33 温度对 InGaAlP 激光二极管的
波长调谐（灰色区域表示多模
工作的区域）

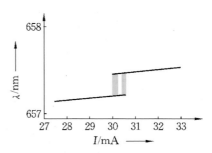

图 9.34 注入电流对 InGaAlP 激光二极
管的波长调谐（灰色区域表示
多模工作的区域）

通常,电流的变化还影响到折射率,这是通过自由电荷载流子的数量改变实现的。对于较大的注入电流变化和较高的调制频率,电流的这种影响起主要作用,当注入电流用作频率稳定的快速输入时,这一点尤为重要[37,437]。如果调制频率足够高,从电流到频率的传递函数会迅速下降,以至于热效应消失。由于弛豫振荡,对高于 1 GHz 的频率电流到频率的传递函数通常显示出类似于共振的特征。

导致弛豫振荡的机理可以这么来理解。让我们考虑由自发辐射引起的高于平衡值($n(t) > n_0$)的光子数量的时间波动,由于受激辐射的影响,只要泵浦速率恒定,粒子数反转将减少到平衡值以下($N(t) < N_0$)。与减少的反转粒子数有关,减少的发射光子数量($n(t) < n_0$)最终将趋向于再次将粒子数反转增加到平衡值以上($N(t) > N_0$)。$N(t)$ 和 $n(t)$ 之间的任何延迟都可能导致所谓的弛豫振荡。

对于接近弛豫振荡的频率,$N(t)$ 或 $n(t)$ 中的微小扰动将被放大,因此就像在频率波动的频谱密度中一样,在功率波动的频谱密度中也可以看到它们的影响(见图 9.32)。

对于二极管激光器的快速频率调制或频率控制,可以通过一些方法避免与偏置电流调制相关的相位延迟和幅度调制,例如使用腔内电光调制器[438]或注入"控制光"[439]。如果将用于控制的激光二极管的波长调整到接近受控的激光二极管的透明区域,即调整到吸收和受激辐射的两个区域之间的波长,则可以在无须调幅的情况下调制受控激光的折射率。

9.3.2.4　通过光学反馈压窄线宽

法布里-珀罗型独立二极管激光器的线宽可以高达几十赫兹到几百兆赫兹。这样的线宽不能仅通过负反馈电路来降低,因为很难获得所需的大伺服带宽。当前可用电子部件的频率范围和延迟时间非常有限,而且电子反馈回路中的信号存在相移,因此有必要首先通过电子学手段以外的方法来减小线宽。例如采用光反馈回路可以克服这些困难。Velichansky 等人[440] 以及 Fleming 和 Mooradian[441] 已经证明了,来自外部反射镜的反馈可用来改变激光二极管的线宽。考虑一个独立的二极管激光器,它发出的部分辐射被耦合回到二极管激光器中(见图 9.35)。在这种情况下,激光器中的电磁场由内部场和反向耦合场叠加而成。根据两个场之间的相位,所产生的场的幅度会增加或减小。由于二极管激光器的相位和振幅之间的强耦合,有源介质中的剧烈功率波动将导致二极管激光器中的场的相位波动。因此,在外部往返时间 $\tau_{\mathrm{d}}=2L_{\mathrm{d}}/c$ 之后耦合返回的场也产生了一个相移。根据内部场和反向耦合场之间的相位差,初始扰动将会增加或减小。

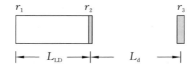

图 9.35　带有外部反射镜反馈的二极管激光器(即外腔激光器。对于 $r_2 \ll 1$,该设备称为扩展腔二极管激光器)

在后一种情况下,时刻 $t-\tau_{\mathrm{L}}$ 处的内部电场对于时刻 t 处的电场的影响,通过所谓的自注入锁定来减小频率的波动。因此,激光的频率对反射光的相位非常敏感。一个小的比例分数为

$$\beta \equiv \frac{P_{\mathrm{R}}}{P_1} \tag{9.41}$$

例如,激光功率 P_1 中的 $\beta \leqslant 10^{-6}$ 耦合回激光器就足以很大程度地影响二极管激光器的频率。对于反馈过程更具体的表征,不仅要考虑耦合回的激光二极管功率的部分 β,而且还需要考虑往返时间的比率 $\tau_{\mathrm{d}}/\tau_{\mathrm{LD}}$,其中 τ_{LD} 是激光二极管内部的行程时间。

用来表征反馈的参数 C 为

$$C = \frac{\tau_{\mathrm{d}}}{\tau_{\mathrm{LD}}} \frac{1-r_2^2}{r_2} r_3 \sqrt{1+\alpha^2} \tag{9.42}$$

其中,β 近似为(振幅)反射率 r_1 和 r_2 的比值(见图 9.35)。根据参数 C,已经确定了不同的区域[442,443]。在区域 I($C\ll 1$)中,二极管激光器的光谱是稳定的。可以实现的线宽压窄或展宽不大,并且主要取决于反射光的相位。二极管激光器的窗口或靠近二极管激光器前端面的玻璃板($0.1\ \text{mm}\leqslant L\leqslant 0.5\ \text{mm}$)反射的辐射可用于模式选择。在区域 II($C\approx 1$)中,激光器喜欢在外部谐振腔的几种模式之间跳跃,这和相位有关。在具有弱反馈的区域 III($C>1$)中,激光器以压窄的线宽在单模下稳定运行,其线宽与外部反馈的相位无关。增加外部反射镜的距离或通过增加其反射率可以增加 C(区域 IV;$C\gg 1$),这会导致"相干坍缩",这是由纳秒级的频繁的跳模引起的。相关的几吉赫兹的线宽是由模式分配噪声引起的。对于更强的反馈($C\gg 1$)区域 V,这将是一个稳定的反馈。其中,线宽由外部谐振腔决定,并且线宽较小。那些在频率上压窄了的光,通常通过衍射光栅或法布里-珀罗干涉仪等反馈回激光二极管。

根据用于实现反馈的元件和配置,创造了几个术语,但是在文献中它们的用法不同。只有它自身而没有任何外加元件的激光二极管称为"独立二极管激光器"。如果将外部反射元件添加到单独的二极管激光器,则这种组合结构被称为"外腔激光器"(ECL),因为外腔是由反射元件和单独激光器的输出耦合镜形成的。如果输出耦合镜具有较低的反射率(例如由增透膜产生的反射率),则激光腔由激光二极管的后镜和外部反射镜组成,因此可以用作"扩展腔二极管激光器"(ECDL)[⑥]。

基于不同的理论方法,在文献[444-447]中已经讨论了来自具有不同反馈水平的外部元件的反馈的各个方面。一种方法[447]是将外部元件(例如,反射镜、光栅、干涉仪或原子团)的影响视为对二极管激光器前端面的复反射率的修正:

$$r_{\text{eff}} = r(\omega)\,\text{e}^{\text{i}\Phi_{\text{r}}(t)} \tag{9.43}$$

模量 $r(\omega)$ 考虑了内部场的修正部分,这反映了外部元件对前端面的反射贡献。相移 $\Phi_{\text{r}}(t)$ 取决于外部扩展部分中反向耦合光的往返时间。可以用尝试解(9.43)式修改独立二极管激光器的速率方程。经过 Kazarinov 和 Henry[445] 的推导,得到有光反馈情况下压缩的洛伦兹谱线的线宽为

$$\Delta\nu = \frac{\Delta\nu_0}{(1+A+B)^2} \tag{9.44}$$

---

⑥ 但是,有时缩写 ECDL 也用于外腔激光器,有时将扩展腔二极管激光器缩写为 XCDL。

其中，$\Delta\nu_0$ 是无反馈的洛伦兹线宽。因子 A 和 B 分别由具有光学角频率 ω 的激光二极管中的往返相位和由激光二极管腔镜的反射率分别随 ω 的增量来确定，即

$$A - i\frac{B}{\alpha} = \frac{1}{i\tau_{\mathrm{LD}}}\frac{\mathrm{d}(\ln r_{\mathrm{eff}})}{\mathrm{d}\omega} = \frac{1}{\tau_{\mathrm{LD}}}\frac{\mathrm{d}\Phi_r}{\mathrm{d}\omega} - \frac{i}{\tau_{\mathrm{LD}}}\frac{\mathrm{d}(\ln r(\omega))}{\mathrm{d}\omega} \tag{9.45}$$

作为如何确定特定结构的有效反射率(9.43)式的一个例子，让我们考虑一个带外部平面镜的独立激光二极管的情形，其前端面的有效反射率为[444,445]⑦

$$r_{\mathrm{eff}} = \frac{r_2 + r_3(\omega)\mathrm{e}^{i\omega\tau_{\mathrm{d}}}}{1 + r_2 r_3(\omega)\mathrm{e}^{i\omega\tau_{\mathrm{d}}}} \tag{9.46}$$

在(9.46)式中，τ_{d} 是外部往返时间。(9.46)式的计算方法与(4.92)式类似。(9.46)式和(4.92)式中符号的差异反映了这样一个事实，法布里-珀罗共振腔的输入耦合镜的反射率在共振时会降低，而在外部腔镜的情况下，激光二极管输出端面的有效反射率是增加的。

商业化的"外腔二极管激光器"通常不使用平面镜，而是在距激光二极管几厘米的距离处放置一个衍射光栅。这种类型的激光器的频率稳定性取决于三个不同谐振腔之间的复杂相互作用，它们分别由激光二极管的前后端面、二极管的后端面和外部反射器、以及二极管的前端面和外部反射器形成。当来自外部法布里-珀罗干涉仪的光谱纯化后的反射光以较低的反馈（$\beta \ll 0.01$）被耦合回独立激光二极管时，可获得更高的频率和模式稳定性。"扩展腔二极管激光器"包括在前端面镀有良好增透膜的激光二极管。前端面反射镜被外部的光栅或其他反射镜所代替，将更大比例的功率 $0.1 < \beta \lesssim 0.8$ 耦合回去。下面将对最后两种方案进行更详细的讨论。

9.3.2.5　有扩展腔的半导体激光器

在光频标中使用的二极管激光器通常工作在区域 Ⅴ，满足 $R_2 \ll \beta$，例如，在长度为 L_{LD} 的激光二极管的输出端面之后距离 L 处放置一个反射镜。通常，外部镜面的反射光只有一小部分功率被反馈到激光二极管的有源区域，并且只有当前端面镀有增透（AR）膜时才能达到强反馈区域 Ⅴ。现在的最好的增透膜可实现幅度反射系数 $r_2 < 10^{-2}$。在这种情况下，来自前端面的残余反射的影响通常可以忽略不计，该设备被称为扩展腔二极管激光器（ECDL）。

---

⑦　作者们使用了不同的相位约定。在这里，我们遵循文献[445]中使用的方法，并相应地修改反射系数的符号。

扩展谐振腔的腔长最长可以达到约 30 cm,在这个距离上纵模间隔仅有约 500 MHz。这么小的纵模间隔允许二极管激光器在宽增益分布中能实现稳定的单模运转,而其代价仅仅是增加标准具、光栅或棱镜之类的额外的频率选择元件。衍射光栅选择的波长可以根据光栅方程得到

$$m\lambda = a(\sin\theta_i + \sin\theta_d) \tag{9.47}$$

它和入射角 θ_i,衍射角 θ_d,光栅常数 a 和衍射级次 m 有关。

在二极管激光器中,经常使用两种特定的结构。第一个称为 Littrow 结构,它采用反射光栅作为扩展腔的输出耦合器。设置光栅角,使得一级反射光与来自二极管激光器的入射光束一致(见图 9.36)。在这种情况下,$\theta_i = \theta_d = \theta$ 成立。零级反射用于耦合输出光束,二极管激光的波长通过光栅的旋转进行调整。

Littman 结构[448](见图 9.37)使用了折叠的激光腔。与 Littrow 结构不同,入射光束和衍射光束不再共线。衍射光束从反射镜反射回去,并在光栅上进行第二次衍射后被引导到激光二极管中。波长的调节是通过旋转反射镜实现的。同样地,零级光束用于耦合输出在腔中循环的一部分功率。比较两种结构可以看到[449],Littman 结构具有以下优点:调整频率时不会改变输出光束的方向。然而,两次衍射导致腔内损耗增加,需要高反射率的光栅。另一方面,两次通过的结构增加了其选择性。Littman 结构的另一个有利特征是可以自由选择与波长无关的入射角。因此,该结构允许人们独立地使用大的入射角,从而照亮光栅的大量凹槽,以得到更好的分辨率。

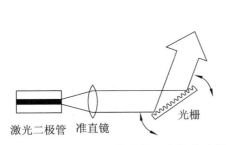

图 9.36 在 Littrow 结构中使用光栅作为输出耦合器的扩展腔二极管激光器(通过旋转光栅来实现波长选择)

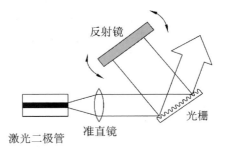

图 9.37 在 Littman 结构中具有腔内光栅的扩展腔二极管激光器(通过旋转反射镜可以实现波长选择)

对于带有光栅的扩展腔二极管激光器，有效反射率(9.46)式可以通过与频率相关的光栅反射率 r_3 进行修正，光栅反射率 r_3 为[444]

$$r_3 = r_0 \exp\left[-\left(\frac{N_{\mathrm{eff}}}{4}\right)^2 (\omega\rho - 2\pi m)^2\right] \tag{9.48}$$

在(9.48)式中，r_0 是光栅常数为 a 的光栅的反射率，该光栅在入射角 θ_i 下由全光斑大小 $2b$（$1/e$ 光强）的高斯光束照亮，且

$$\rho = \frac{2a}{c}\sin\theta_i \tag{9.49}$$

被照亮的光栅线数为

$$N_{\mathrm{eff}} = \frac{2b}{a\cos\theta_i} \tag{9.50}$$

结合(9.46)式和(9.48)式，得到有效反射率为

$$r_{\mathrm{eff}} = \frac{r_2 + r_0 \exp\left[-\left(\dfrac{N_{\mathrm{eff}}}{4}\right)^2 (\omega\rho - 2\pi m)^2\right] \mathrm{e}^{\mathrm{i}\omega\tau_d}}{1 + r_2 r_0 \exp\left[-\left(\dfrac{N_{\mathrm{eff}}}{4}\right)^2 (\omega\rho - 2\pi m)^2\right] \mathrm{e}^{\mathrm{i}\omega\tau_d}} \tag{9.51}$$

在(9.44)式和(9.45)式的帮助下，可用于计算最小可实现的线宽：

$$\Delta\nu = \frac{\Delta\nu_{\mathrm{LD}}}{[1 + (\tau_d/\tau_{\mathrm{LD}})]^2} = \frac{\Delta\nu_{\mathrm{LD}}}{[1 + (L_d/nL_{\mathrm{LD}})]^2} \tag{9.52}$$

其中，n 是激光二极管的折射率。在图 3.10 中，可以看到具有扩展腔的激光器中噪声降低了。对于低于约 80 kHz 的傅里叶频率 f，独立二极管激光器的频率波动 S_ν 的功率谱密度下降速度比 $1/f$ 快，并且在更高频率下显示白噪声。使用光栅时，转折频率高于 200 kHz，$S_\nu(f)$ 降低约 33 dB。需要注意的是，在 $f \approx$ 1 kHz 附近的频谱噪声密度的增加是由于声频振动改变了扩展腔的长度引起的[40]。通常，具有扩展腔的激光器更容易受到外部扰动的影响。频率波动的频谱密度的降低也表现为 ECDL 线宽相对独立二极管激光器明显减小（见图 9.38）。另一方面，在 ECDL 结构中，当注入电流用作伺服执行器时，伴随着注入电流灵敏度的降低，频率波动也相应减小。当腔长和光栅或反射镜同步调谐时，可以实现在光谱的扩展部分上无跳模的连续调谐[448,450,451]。

由于激光腔中各种元件造成的损耗，频率压窄的二极管激光器的功率通常太低，无法直接用于光频标。为了获得更高的功率，通常使用第二个激光器，进行注入锁定[452]或者进行光放大。大面积激光二极管[438]或锥形放大

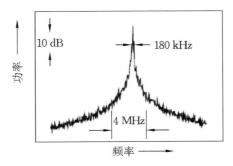

图 9.38 自由运行的扩展腔二极管激光器和频率稳定的染料激光器（线宽＜1 kHz）之间的拍频信号,基本上显示了扩展腔二极管激光器的线宽（测量时间:2 s）

器[191]都非常适合用于这个目的。

9.3.2.6 法布里-珀罗干涉仪的光学反馈

考虑一个被耦合回到激光二极管的高光谱纯度的弱光场。可以通过具有较高精细度的光学谐振腔对激光场进行滤波来产生这个光场。简单的方法是使用一个共焦法布里-珀罗干涉仪（Fabre-Pérot interferometer,FPI）[446,453],将二极管激光器的光场与共焦 FPI 进行模式匹配。在图 9.39 中使用了共焦的FPI,其中光轴相对于 FPI 的轴线倾斜一个角度。这时,FPI 起到了一个 V 形简并三镜腔的作用。由于 FPI 是倾斜的,在 FPI 的前镜面（方向 A）上以与频率无关方式反射的光不再耦合回二极管激光器。反馈到二极管激光器的光场在 FPI 内循环,因此在光谱上进行了过滤。为了工作在弱耦合区域,只需将$10^{-8}＜\beta＜10^{-4}$的激光功率耦合回二极管激光器就足够了。

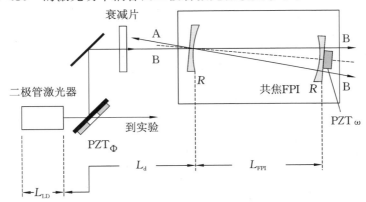

图 9.39 来自高精细度的共焦法布里-珀罗干涉仪（FPI）的光反馈（见参考文献[453]）

使用(4.93)式中的法布里-珀罗干涉仪的复反射系数的模数 $r_3(\omega)$ 和相位,就可以从(9.46)式计算出激光器前端面的有效反射率[447]。当激光器的频率对应于共焦 FPI 的本征频率($\omega = \omega_q$),并且从激光二极管到共聚焦 FPI 的距离大约是半波长的整数倍,其洛伦兹线宽最大可降低[447]至

$$\Delta\nu = \frac{\Delta\nu_0}{(1+\alpha^2)\beta\left(\dfrac{F^*_{\text{FPI}}L_{\text{FPI}}}{F^*_{\text{LD}}nL_{\text{LD}}}\right)^2} \tag{9.53}$$

其中,F^*_{FPI} 和 F^*_{LD} 分别是 FPI 和独立激光二极管的精细度(见(4.89)式)。由(9.53)式中可以发现,除了耦合系数 β 和亨利参数 α 以外,线宽的压缩比还由 FPI 与激光二极管的精细度和光学长度乘积的比值给出。对于典型值 $F^*_{\text{FPI}} = 100$,$F^*_{\text{LD}} = 2$,$L_{\text{FPI}} = 20$ cm,$nL_{\text{LD}} = 1$ mm 和 $\beta = 10^{-3}$,由(9.53)式可计算得到线宽压缩比为 10^{-8},即人们期望线宽为几赫兹。然而,实际上,测得的最小可实现线宽约为几千赫兹[446],这要归因于低于 1 MHz 的傅里叶频率的 $1/f$ 技术噪声的影响。

Laurent 等人在文献[446]中给出了速率方程的稳态解,该速率方程描述了共焦 FPI 反馈激光器的角频率 ω_N 对无反馈激光 ω 角频率的函数:

$$\omega_N = \omega + K\,\frac{\sin[\omega(\tau_d + \tau_{\text{FPI}}) + \Theta] - R^2\sin[\omega(\tau_d - \tau_{\text{FPI}}) + \Theta]}{1 + F^2\sin^2\omega\tau_{\text{FPI}}} \tag{9.54}$$

在(9.54)式中,各个参数为

$$\tau_d = \frac{2L_d}{c}$$

$$\tau_{\text{FPI}} = \frac{2L_{\text{FPI}}}{c} \tag{9.55}$$

$$F = \frac{2R}{1-R^2} \tag{9.56}$$

$$\Theta = \arctan(\alpha) \tag{9.57}$$

$$K = \sqrt{1+\alpha^2}\,\frac{c}{2nL_{\text{LD}}}\sqrt{\beta}\,\frac{1-r_0^2}{r_0}r\,\frac{1-r^2}{(1-r^4)^2} \tag{9.58}$$

其中,τ_d 和 τ_{FPI} 表示往返时间,$r_0 = r_1 = r_2$ 是激光端面的振幅反射系数,r 是共焦 FPI 的反射镜的振幅反射系数。$\text{FSR}_{\text{LD}} = c/(2nL_{\text{LD}})$ 是自由光谱范围,即独立激光二极管的纵模间隔,β 是功率反馈耦合因子。如图 9.40 所示,在共焦 FPI 反馈的影响下,(9.54)式如何在较大的失谐量 $\omega - \omega_N$ 上将激光器的频率

"锁定"到 FPI 的本征频率。该方案已被用来建立具有大调谐范围的预稳定激光器,作为高分辨光谱学的窄带光源[454],而后者又可以被频率稳定到分子跃迁[455]。

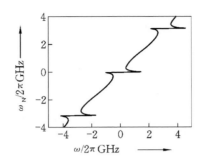

图 9.40 根据(9.54)式,有反馈激光器的角频率 ω_N 与自由运行的激光器的角频率 ω 的函数关系(其中 $\alpha = 5$, $\mathrm{FSR_{LD}} = 90$ GHz, $r_0^2 = 0.4$, $\beta = -40$ dB, $r^2 = 0.97$, $c/(4L_{FPI}) = 0.5$ GHz, $L_d/L_{FPI} = 3$)

9.3.3 光学参量振荡器

对于红外或紫外光等可调谐激光器无法触及的一些吸收线,可以利用合适材料中的非线性相互作用来产生连续波相干辐射(见第 11.1.3 节)。不断发展的功能强大且易于操作的固态激光器(如 Nd:YAG 激光器)与采用准相位匹配材料的倍频版本(见表 9.3)相结合,使得光学参量振荡器[456]可用于可调谐相干辐射源。泵浦激光器的强电场与非线性材料之间的光学参量过程,将来自能量为 $\hbar\omega_p$ 的泵浦光场的光子转换为两个光子,称为信号光子 $\hbar\omega_s$ 和闲频光子 $\hbar\omega_i$。在此过程中,能量和动量保持守恒,则有

$$\hbar\omega_p = \hbar\omega_s + \hbar\omega_i \tag{9.59}$$

$$\boldsymbol{k}_p = \boldsymbol{k}_s + \boldsymbol{k}_i \tag{9.60}$$

后一个条件(见(9.60)式)要求各个波的相位匹配,这可以通过不同的方式来实现(见第 11.1.3 节)。为了有效利用非线性过程,需要产生很高的场强,因此光学参量振荡器对泵浦光、信号光或闲频光束中的一个或多个采用单共振、双共振或三共振腔。通过旋转晶体或调谐温度可以实现 OPO 的调谐。对于周期性极化的材料,无法通过旋转晶体来调谐。在这种情况下,通常会在同一基板上安装具有不同周期的多个光栅,在该基板上,每个子设备都可以在几十吉赫兹的范围内进行温度调谐,并且调谐范围重叠。一个具有腔内标准具和带

有 33 个光栅的周期性极化 $LiNbO_3$ 晶体的 OPO 扩展腔已被使用[457]，得到了 CH_4 中 P7 振转跃迁的 $F_2^{(2)}$ 分量的消多普勒吸收线，其线宽为 100 kHz。

表 9.3　用于 Nd：YAG 激光器的基波和倍频波长的光学参量振荡器的相位匹配材料的特性

材料	透射范围(μm)	相位匹配范围	
		0.532 μm	1.064 μm
BBO	0.19—2.56	0.67—2.5	—
LBO	0.16—2.6	0.67—2.5	—
$KNbO_3$	0.35—4.2	0.61—4.2	1.43—4.2
KTP	0.35—4.0	0.61—4.0	1.45—4.0
$LiNbO_3$	0.35—4.3	0.61—4.3	1.42—4.3
$AgGaS_2$	0.8—9	1.2—9.0	2.6—9.0

9.4　基于中性吸收体的光频标

9.4.1　频率稳定的 Nd：YAG 激光器

Nd：YAG 激光具有良好的性能，例如高功率、紧凑的尺寸和内禀的高稳定性，使其成为在光频标中使用的优异的振荡器。激光的作用是由钇铝石榴石（$Y_3Al_5O_{12}$，称为 YAG）的立方基质晶体中存在的 Nd^{3+} 离子产生的。在 Nd：YAG 激光器中，约 1‰ 的 Y^{3+} 离子被 Nd^{3+} 离子替代。最活跃的 1.064 μm 激光跃迁（见图 9.41）是四能级激光系统的一部分。0.81 μm 二极管激光器的辐射将 Nd^{3+} 离子从 $^4I_{9/2}$ 基态泵浦到 $^4F_{5/2}$、$^2H_{9/2}$ 泵浦带，离子通过无辐射跃迁迅速衰减到 $^4F_{3/2}$ 能态。由于到较低能态的电偶极跃迁是禁戒的，因此该激光跃迁的上能态寿命较长，为 0.24 μs。激光跃迁的下能态（$^4I_{11/2}$）通过无辐射跃迁迅速到达基态而排空。室温附近，YAG 中的激射线通过晶格振荡均匀展宽。与其他固态激光器相比，室温附近的线宽（约为 100 GHz）较小，因此对于较小的泵浦功率具有较高的增益。这种特性加上四能级系统的低阈值，使人们可以制造功率相当大但尺寸适中的激光器。可用的大量主体晶体和掺杂离子为探测原子、离子（见文献[458]）和分子的跃迁（倍频后）提供了一定的灵活性，这对于光频标来说非常有吸引力。

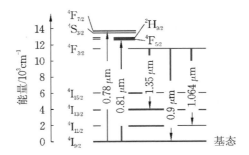

图 9.41 Nd:YAG 激光晶体中 Nd^{3+} 离子的简化能级结构,包括某些吸收和激光波长

9.4.1.1 独石环形激光器

固态激光介质允许构建独石激光器,其中谐振腔的反射表面直接附着在激光材料上,对声波干扰具有出色的免疫力。最简单的线性谐振腔就利用了两个抛光且镀膜的反射端面。但是,在驻波谐振腔中,通常会因模式竞争而降低稳定性,而输出功率会受到空间烧孔的限制。在驻波中存在空间烧孔,在驻波的节点处场强为零,从而抑制了受激辐射。环形激光器具有单向单频运行的特点,可以避免驻波激光器的这些缺点。Kane 和 Byer[459] 开发出独石环形激光器,采用了非平面的环形结构(见图 9.42)或准平面的环形设计[460]。为了在环形激光器中实现单向运行,一般采用一些元件的组合,这些元件以非互易的方式旋转两个相向传播的光波的偏振。因此,两个相向传播的波在环行腔的每个偏振元件上感受到不同的损耗。这种非互易的设备可以由法拉第旋转器⑧和有自然光学特性的平片(例如石英片)组合构成。选择两个元件的组合,使得在期望的光波传播方向上,第一元件中的偏振旋转在第二元件中被反向。在相反的方向上,两个偏振旋转相加,使得在合适的偏振元件处往返损耗增加。在图 9.42 的非平面环形激光器中,晶体本身具有正的 Verdet 常数。倾斜面上的内部反射 B 和 D 旋转了偏振方向[459]。在水平和垂直偏振方向上,输出耦合器 A 处的反射是不同的,因此输出具有偏振特性。

9.4.1.2 原子和分子吸收体

这种 Nd:YAG 激光器具有低噪声、尺寸紧凑和激光效率高的优点,使其成为光频标的优良振荡器。不幸的是,在其突出的波长 1.064 μm 上只有少数

---

⑧　法拉第旋转器由在感应强度为 B 的磁场中长度为 L 的材料构成,其方向平行于光的方向。偏振矢量的旋转角度为 $\alpha = VBL$,其中 Verdet 常数 V 是材料的特征。

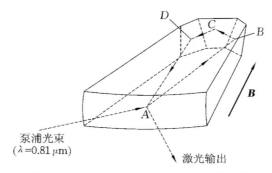

泵浦光束
($\lambda = 0.81\,\mu$m)

激光输出

图 9.42　独石非平面 Nd:YAG 环形激光器

的吸收线，其中包括^{133}Cs$_2$ 分子$^{[461-463]}$、乙炔分子 C$_2$H$_2$$^{[124]}$、氘代乙炔分子 C$_2HD^{[418]}$和二氧化碳分子 CO$_2$$^{[464]}$。Cs 分子的跃迁是电子跃迁，而其他跃迁则是由于振转泛音引起的，因此，与 Cs 分子中的跃迁相比，它们的谱线强度弱了约 9 个数量级。Cs$_2$ 分子稳频的 Nd:YAG 激光器没有得到广泛使用，主要是因为 Cs$_2$ 分子跃迁有很大的温度频移$^{[462]}$。为了利用光频标中的较弱的泛音跃迁，吸收体通常被置入共振腔中，以增强光强（见第 9.4.2 节）。

9.4.1.3　碘分子频率稳定的 Nd:YAG 倍频激光器

与 Nd:YAG 激光的基频形成对比的是，在 532 nm 处的倍频辐射在碘分子光谱上有着合适的吸收谱线（见图 5.5）。人们已准确确定了多个跃迁频率，并建议用来复现"米"单位（见文献[370]）。

人们已经使用了几种方法，将 Nd:YAG 倍频激光器的频率稳定到合适的吸收谱线。一个来自新西伯利亚的小组$^{[420]}$的设计方案中采用了一种方法，探测来自碘吸收池的荧光的调制，该调制是由调频激光束引起的。他们使用的调制频率为 455 Hz，调制幅度约为 500 kHz，并采用了三次谐波的探测方案。最吸引人的是，激光器的简单结构，以及良好的短期稳定度，两个相同系统之间的阿兰偏差最小为 $\sigma_y(\tau=300\text{ s})\approx 5\times10^{-14}$，相对不确定度为 2×10^{-12}。

据报道，在 $\tau=1000$ s 时，采用调制转移方法的阿兰偏差最小为 $\sigma_y(\tau)=5\times10^{-15}$$^{[465]}$。对碘稳频的 Nd:YAG 倍频激光器已经进行了广泛的频率比对（见文献[419,420,466]）。Hong 等人$^{[466]}$报道了这类激光器的频率复现性约为 1×10^{-13}。但是，不同激光器之间的频率差在 2 kHz 至 5 kHz 之间。Nevsky 等人$^{[420]}$报道了其激光器的不确定度为 2 kHz 和 1.1 kHz，对应的相对不确定度分别为 3.5×10^{-12} 和 2×10^{-12}。Ye 等人$^{[467]}$甚至推荐使用这种激光器作为

光学时钟,在一年内的测量不稳定度为 4.6×10^{-13}。

9.4.2 分子泛音稳频激光

分子的振转跃迁主要位于电磁谱的红外部分。因此,可见光范围的光频标无法直接应用其丰富的跃迁。但是,可见光或近红外光中的辐射能够激发所谓的分子泛音,其中两个或多个不同的振动或转动量子被转移给分子(见第5.2.3 节)。这些跃迁表现出与基频相同的千赫兹左右的较小线宽,但受到了较低的偶极矩和相应的弱吸收的困扰。因此,必须应用高灵敏度的光谱方法来利用这些跃迁。一种方法是将吸收材料放入具有高精细度的光学腔中来增加吸收长度[468]。此外,可以应用高灵敏度的相位调制技术,从而通过和受影响较小的边带比对,探测在分子共振附近的载波相移(见第 9.2.3 节)。然而,在结合两种技术的情形中遇到了困难。为了允许足够的边带功率通过谐振腔,调制频率必须与谐振腔的线宽相当。较低的调制频率使得实现频率稳定的伺服系统的带宽较低。同时,在较低频率处探测的误差信号,可能显现出相当大的激光器技术噪声。此外,即使将载波保持在谐振腔的透射曲线的最大值附近,边带也将位于其侧翼中。任何频率波动都会影响边带的幅度,并且频率噪声将转换为幅度噪声,从而限制分子信号可实现的信噪比。如果以与谐振腔的自由光谱范围相匹配的频率调制激光束,则可以有效地降低这种噪声。在这种情况下,可以将载波以及边带保持在各个透射最大值的中心,从而大大降低了频率到噪声的转换。这种所谓的"噪声免疫腔增强型光学外差分子光谱"(Noise-Immune Cavity-Enhanced Optical Heterodyne Molecular Spectroscopy[469],NICEOHMS)已被应用于 C_2H_2 分子[470](见图 9.43)、C_2HD 分子[469]、CH_4 分子[471]或 O_2 分子[472]的弱泛音光谱。乙炔稳频激光器的不稳定度被测定为 $\sigma_y(\tau) = 4.5 \times 10^{-11}\sqrt{s/\tau}$(测量时间 $\tau < 1000$ s)[418]。这些标准在光通信上可用作波长的参考[473](见第 13.1.4.1 节)。

9.4.3 双光子稳频铷原子频标

CIPM 最近推荐将激光频率稳定在铷原子的双光子跃迁 $5S_{1/2}$-$5D_{5/2}$(见图 9.44),从而实现长度单位[370]。利用易于操作的具有较低频率噪声的激光二极管可实现 778 nm 波长的近红外参考频率[474],从而开发出可搬运的高精度光频标。人们广泛地研究了这个光频标的不同实现方法。在简单的装置中,扩展腔二极管激光器的准直光束穿过充满铷蒸气的吸收池。吸收池的两端用

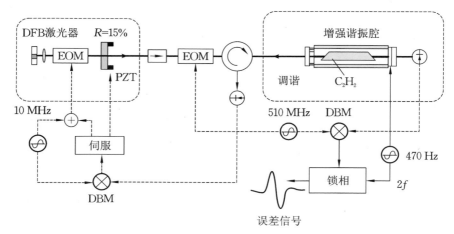

图 9.43 使用泛音光谱的乙炔稳频激光器实验装置[470]（由 U. Sterr 提供）

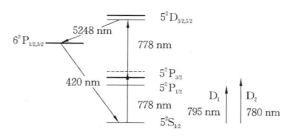

图 9.44 铷原子 778 nm 双光子跃迁的部分原子能级图

布角窗口进行密封,并填充了自然丰度的铷原子（73% 的 85Rb 和 27% 的 87Rb）。为了实现消多普勒的双光子激发,光束被反射镜或猫眼后向反射。法拉第隔离器避免了向二极管激光器的光反馈。当激光频率扫描通过共振频率时,可以通过探测 6P→5S 跃迁的蓝色荧光（420 nm）来观察双光子跃迁,它是级联自发衰变 5D→6P→5S 的一个跃迁。通过这种装置,已经实现了 $\sigma_y(\tau = 2000 \text{ s}) = 2 \times 10^{-14}$ 的频率稳定度。另一种设计[475] 是在非简并光学谐振腔内放置吸收池,该吸收池允许辐射的功率倍增,并因此实现了双光子信号的增强。此外,这种结构可以提供激光束的精确后向反射,这对于抑制残留的一阶多普勒频移是必需的。众所周知,基于双光子跃迁标准的稳定频率受到光频移的影响,光频移的大小与光强呈线性关系（见(5.137)式）。因此,控制好激光功率是非常重要的,并且要为激发的激光束制备一个固定的几何形状。在文献[475]的装置中,第一步是将激光频率预先稳定到谐振腔。如果通过向安装有一个反射镜的压电转换器施加电压来改变谐振腔的长度,则可以通过双光子共振信号来调谐这种激光器。与前面描述的简单装置的结果相比,观察到的频率稳定度大致相同。但是,这种结构可以更好地控制光频移,因此可以将跃迁频率更精确地外推到零激光功率。由于其二分频与光通信的 1.55 μm 透射频带一致,因此双光子 Rb 原子频标为光通信系统提供了精确的频率参考。此外,该激光器在作为光学频率综合的中间标准[476]以及在测定氢原子中 2S-8S/8D 双光子跃迁的频率以及测定里德堡常数[103]中起到了重要的作用。通过激光冷却铷原子[474]可以进一步地改进双光子跃迁的频标,然后可以将相同的双光子跃迁用作高精度但不是超高精度的光频标。

铯原子的双光子 6S-8S 跃迁[477]也已被测量,但其 1.5 MHz 的自然线宽是铷原子的三倍。

9.4.4　碱土金属原子的光频标

长期以来,人们一直认为碱土原子的互组跃迁是光频标的极佳参考(见文献[99]及其中的参考文献)。例如,镁(Mg)原子、钙(Ca)原子和锶(Sr)原子的自然线宽很窄(见表 5.2 和图 5.2),分别约为 0.035 kHz、0.37 kHz 和 6 kHz。此外,这些元素中的 $\Delta m_J = 0$ 跃迁的频率几乎不受磁场和电场的干扰。对于 Ca 原子,其关系分别为 $\Delta\nu/\nu = 1.3 \times 10^{-13}\,(\text{mT})^{-2} \times B^2$ [191,478] 和 $\Delta\nu/\nu = 5.4 \times 10^{-17}\,(\text{V/cm})^{-2} \times E^2$ [479]。对于镁原子[244]、钙原子、锶原子[96,480,481]和钡(Ba)原子[482],已经有人在喷射原子束中研究了它们的互组跃迁谱线。

9.4.4.1　钙原子束频标

使用碱土金属元素进行光频标的大多数工作都是在 Ca 原子中进行的。1980 年前后,Barger 等人已经获得了最低 1 kHz 的光谱分辨率[237,238]。德国联邦物理技术研究所(PTB)[483,484]、日本国家计量研究实验室(现为 NMIJ)[485,486]和美国国家标准与技术研究院(NIST)[191,487],已经建立了基于喷射原子束的频标。

PTB 开发了一种基于原子束的可搬运标准(见图 9.45)[484],已经将它和位于 Braunschweig 的 PTB 实验室和位于 Boulder 的 NIST 实验室的频标进行了比对。

该装置(见图 9.45)包括一个扩展腔二极管激光器(ECDL)系统,其频率通过 Pound-Drever-Hall 技术(见第 9.2.2 节)预先稳定在法布里-珀罗干涉仪

(FPI)上。大约两毫瓦的激光功率被发送到分束器/反射镜结构,并被分成等功率的两个光束 R1 和 R2。每个光束(R1 或 R2)都垂直穿过原子束,借助两个猫眼后向反射镜,获得了两对相向传播的激光束的几何结构用于激发原子。挡住其中的一个方向(R1 或 R2),通过光电倍增管测量在 $^3P_1$ 激发态的原子衰减过程中产生的荧光,可以探测四光束结构中激发的原子。在 Ca 原子互组跃迁(见图 9.46)中,$\delta m_j = 0$ 跃迁的探测荧光信号和激光角频率失谐量 $\Delta\omega = \omega - \omega_0$ 的关系可以描述为[215,483]

$$I(\Delta\omega) \propto \int_0^{+\infty} A(P, v, \Delta\omega) f(v) \left\{ \cos\left[2T\left(\Delta\omega + \delta_{rec} + \frac{\omega_0 v^2}{2} \right) + \Delta\Phi_L \right] \right.$$
$$\left. + \cos\left[2T\left(\Delta\omega - \delta_{rec} + \frac{\omega_0 v^2}{2} \right) + \Delta\Phi_L \right] \right\} dv + B(P, v, \Delta\omega)$$

$$(9.61)$$

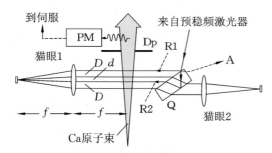

图 9.45　基于喷射的 Ca 原子束的光频标[484]
（Dp:光圈；Q:石英片 PM:光电倍增管）

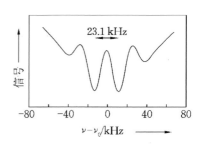

图 9.46　图 9.45 的装置上获得的光学
Ramsey 共振条纹(原子干涉)[484]

从赝自旋矢量的演化矩阵[215]（见第 5.3.1 节）或原子干涉仪的构架（见第 6.6.1 节）中,可以推导获得(9.61)式。在(9.61)式中,$A(P, v, \delta\omega)$ 表示具有速度 v 的特定原子对信号的贡献,而 $B(P, v, \delta\omega)$ 考虑了多普勒展宽谱线背景的振幅,其中包括了饱和凹陷,它既和激光功率 P 有关,也和失谐量 $\Delta\omega$ 有些关系。因子 $f(v)$ 代表了速度的分布。根据(9.61)式,每个速度群 v 都为信号提供了两个余弦函数的贡献。余弦函数的相位由(9.61)式中的方括号给出,它和失谐量及原子在两个相向传输的光束之间的飞行时间 $T = D/v$ 有关。这些相位包括了来自三个因素的贡献。其中一项来自光子反冲,$\delta_{rec} = \hbar k^2/(2m_{Ca} c^2) = 2\pi \times 11.5$ kHz,其中 k 是激光场的波矢量,m_{Ca} 是 Ca 原子的质量。$\omega_0 v^2/(2c^2)$ 项来自二阶多普勒频移,这是相对论时间膨胀的结果。

$$\Delta \Phi_{\mathrm{L}} = \Phi_4 - \Phi_3 + \Phi_2 - \Phi_1 \tag{9.62}$$

该式给出了由四个激发激光束转移到原子德布罗意波的剩余相位（见(6.52)式），在每个相互作用区域的相位分别为 $\Phi_i, i = 1, \cdots, 4$。

这两个余弦函数相对于共振频率对称移动，并由反冲分裂 $2\delta_{\mathrm{rec}} = 2\pi \times 23.1$ kHz 隔开，其周期为 $1/(2T)$，这和通过距离 D 的飞行时间有关。如果两个余弦的叠加使得周期为反冲分裂的整数倍，就有望获得最佳的对比度。信号的线宽由 FWHM $\approx 1/(4T)$ 给出。测得的荧光信号与失谐的关系（见图 9.46）显示出两个中心最小值，它来源于多普勒展宽谱线中心的饱和凹陷中由 23.1 kHz 的反冲分裂所分开的两个余弦项。图 9.46 所示信号的多普勒展宽为 7.5 MHz，这是原子束的选择性准直的结果。随着失谐量的增加，由于原子束的所有速度群 v 贡献的周期略有不同，余弦的周期结构被迅速抹平（见(9.61)式）。可分辨结构的 FWHM = 16 kHz，这是由光束的间距 $D = 10$ mm 和光束中原子的最可几速度 $v_{\mathrm{prob}} = 620$ m/s 确定的。

通过三阶谐波技术（其正弦调制频率为 325 Hz，频率调制全宽为 32 kHz），将预稳定到约 2 kHz 线宽的激光器长期稳定到图 9.46 中心的最大值。在积分时间为 $\tau = 1$ s 时，稳频激光器的短期不稳定度为 $\sigma_{\mathrm{y}}(\tau) < 10^{-12}$。频标的特征表明，频率不确定度的主要贡献来自较高的原子速度引起的剩余一阶多普勒效应和二阶多普勒效应。一阶多普勒效应的影响主要来自四个探测激光束的对准偏差以及相互作用区域处的波前曲率。

从(9.61)式可以明显看出，当激光束的方向反转时，相应的相移 $\Delta \Phi_{\mathrm{L}}$（见(9.62)式）会改变符号[483]。在图 9.45 的装置中，可以通过交替地挡住 R1 或 R2 来反转激光束。人们通过相应的频移来确定残余相移，并修正它的影响。

由剩余的一阶多普勒效应引起的不确定度评估为 500 Hz[23]。较大的原子速度会导致相当大的二阶多普勒效应，可以通过计算原子的速度分布 $f(v)$（见(9.61)式）对共振条纹的影响来修正其影响。它不使用麦克斯韦速度分布，而是必须使用有效的速度分布，包括由多种效应引起的修正，例如影响 $A(P, v, \omega)$ 的和速度相关的激发和探测效率[216]。有效速度分布是通过对测量信号的傅里叶分析来确定的（见图 9.46），这和 Cs 原子钟的做法是类似的（见文献[264,265]及其中的参考文献）。可搬运标准的相对不确定度评估为 1.3×10^{-12}[23]。固定频标的相对不确定度为 5×10^{-13}[486]，这主要受限于较高的原子速度相关的一阶和二阶多普勒效应。

9.4.4.2 冷原子碱土金属原子的光频标

为了最大限度地减小速度对频率不确定度的影响,人们已经做了很多工作来冷却和捕获频标中使用的碱土原子。通过连接 $^1P_1$ 态与 $^1S_0$ 基态的快速跃迁(见图 5.2),可以方便地在磁光阱(MOT)中对碱土原子进行激光冷却和捕获(见第 6.4.1 节)。没有基态分裂使得碱土金属元素非常适合光频标,但不容易达到低于 $^1S_0 \rightarrow {}^3P_1$ 跃迁的多普勒极限温度(见(6.12)式)。镁原子已经被冷却[488]和捕获[489],并且光频标所必需的光谱也已经被成功演示[490]。被捕获和存储[491]在磁光阱[163,492]中的激光冷却的锶原子尤其令人关注,因为使用互组谱线可以将原子进一步冷却到反冲极限[163,493]。由于窄的线宽导致冷却力接近重力(Ca 原子)或更小(Mg 原子),因此无法将相同的方法直接应用于其他碱土元素。这个问题可以通过互组跃迁的淬灭来克服,并且 Ca 原子也已经被"淬冷"到远远低于由 $^1P_1$-$^1S_0$ 跃迁宽度所限制的温度[164,165,494]。下面,将以 ^{40}Ca 为例,讨论激光冷却的光频标的进展。

采用激光冷却的飞行 Ca 原子的光频标已在不同的装置上被实现了[191,196,495]。一种方法是使用从加热到约 600 ℃ 的炉子中喷射出的原子,它首先在塞曼减速器中被反向传播的激光束(423 nm)进行激光冷却,随后先由驻波激光束偏转,最后被捕获在磁光阱中[196,199]。更紧凑的设备可以省略塞曼减速器(见图 9.47,文献[191,495])。然而,磁光阱只能捕获原子束中的低速原子。为了提高装载速度,必须将炉子放置在靠近磁光阱中心的位置。提高捕获速度的方法包括,使用两束激光进行原子束的水平准直[190],或用附加的减速光束来减速磁光阱的捕获速度边缘的原子[191]。$\lambda = 423$ nm 的辐射可以由氩离子紫外激光器泵浦的染料激光器产生,或由固态激光器系统产生,包括由倍频二极管激光器系统或倍频钛宝石激光器。磁光阱的装载时间通常为五到二十毫秒,最多可囚禁 10^8 个原子。此后,关闭磁光阱的捕获激光以及(需要更高精确度时)关闭磁光阱的磁场,使原子自由膨胀。然后,自由下落的原子在 657 nm 处的互组跃迁被高分辨率染料激光[82]或二极管激光[191,452]的辐射激发。根据多普勒展宽的互组谱线在 $\lambda = 657$ nm 处的宽度(约 3 MHz)和形状,可以确定原子样品的温度为 2 mK 至 3 mK。探测激发态原子的百分比的最简单方法是探测荧光衰减的光子($\lambda = 657$ nm)。然而,在这种情况下,每个被激发的原子仅发射一个光子,通常仅有约 0.1% 的概率可以探测到该光子,因此,探测的信噪比受到这些光子的散粒噪声的限制。为了以几乎 100% 的概率检测每个激发原子,对镁原子[489]和钙原子[191,496,497]采用了不同的搁置技术。这些方法监视在强跃迁$^1P_1$-$^1S_0$上的荧光,该跃迁通过公共的基态耦合到$^3P_1$-$^1S_0$跃迁(见图 5.2)。强跃迁($\lambda=423$ nm)上的荧光将以和激发到$^3P_1$状态并搁置一段时间的原子数成正比的速率降低。这些方法代表了对用于单离子的电子搁置技术的改进(见第 10.2.3.3 节,文献[498])。

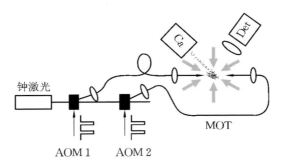

图 9.47　由钙原子(Ca)炉喷射出的原子束,其速度分布的尾部低速原子加载到磁光阱
(MOT)中[191,496](声光调制器(AOM)将钟频激光光束调制出大约 1 μs 的脉冲,
用于原子激发;Det:探测器)

冷却到接近$^1P_1$-$^1S_0$跃迁的多普勒极限的原子系综的均方根速度约为
1 m/s,这可以从约 3 MHz 多普勒展宽(见图 9.48)得出,因此必须采用消(一
阶)多普勒方法进行探询。由两个相向传播的激光脉冲的激发会导致多普勒
展宽谱线中心出现饱和凹陷,其宽度和脉冲的持续时间有关(见第 5.4.1 节)。
在钙原子中,与激发态的自然寿命相对应的 0.5 ms 的相互作用时间导致的线
宽约为 0.37 kHz,因此,多普勒展宽的速度分布中只有几乘 10^{-4} 个原子被激
发。通过使用一系列短脉冲来实现时域等效的分离场激发,可以实现高光谱
分辨率和良好的信噪比(S/N)。由此产生的光学 Ramsey 共振或 Bordé 原子
干涉(见第 6.6.1 节)的激发原子数与 $\cos(2\pi\nu T-2\pi\nu_0 T)$ 成正比(见图 9.48)。
即使在 1 μs 的短相互作用时间内,脉冲也仅激发冷原子系综的一小部分(见
图 9.48)。只要激励脉冲之间有足够大的时间间隔 T,就可以实现所需的高光
谱分辨率。如果脉冲的长度与其间隔相比较小,则干涉条纹的宽度 $\Delta\nu=1/(4T)$
与 T 成反比。根据时间 T,可以在不改变相互作用时间展宽的情况下提高分
辨率,并且信号不会随分辨率的提高而降低很多。得到了小于 300 Hz 的条纹
宽度,即接近钟频跃迁的自然线宽(见图 6.1(c)和文献[191])。干涉图样由

两个反冲分量的贡献组成，其频率差为 $2\delta_{rec} = \hbar/(m_{Ca}\lambda^2) = 23.1$ kHz。为了获得最大的对比度，通常会调整分辨率以使两种干涉图样重叠。对比度还和激发的类型有关，是采用驻波的三个脉冲方式，还是采用激光束沿各自方向的两个脉冲方式。

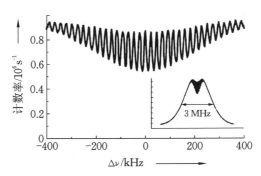

图 9.48 在激光冷却的 Ca 原子中观察到的多普勒展宽的互组谱线 $^1S_0 - {}^3P_1$（请参见插图）中心的原子干涉

通常会选择中心条纹来稳定激光的频率，即通过电子伺服控制系统将频率保持在荧光信号的最小值或最大值。从条纹的周期性来看，对于寻找合适的互组跃迁频率来说，其干涉条纹似乎不是很明确的。但是，有几种方法可以用来确定中心条纹。一种方法是基于以下事实：对于条纹周期的任意变化，只有对应两个反冲分量处的频率的最小值的位置是恒定的。

NIST[499] 和 PTB[495,500] 的研究小组已经对钙原子光频标的性能进行了研究。不确定度评估表给出的范围是 $1 \times 10^{-13[500]}$、$6 \times 10^{-14[501]}$ 和 $2 \times 10^{-14[502,503]}$，并有望达到更小的分数不确定度[497]。这些年，已经使用相位相干的频率链[504] 和锁模飞秒激光器[501,505] 测量了互组跃迁的频率（见第 11 章），其频率为 $\nu_{Ca} = 455986240494150(9)$ Hz。Ca 原子稳定的激光器的频率不确定度[502] 的优异表现使其成为了最准确的光频标之一。光学 Ca 原子标准最终能实现的不确定度可能会受到激发钟频跃迁的激光脉冲的相位波前误差的限制。垂直于激光束弯曲的相位波前方向移动的原子将经历连续的激光脉冲之间的相移，该相移等效于一阶多普勒频移。由于原子在第一个和最后一个激光脉冲之间通过重力而加速，如果激光束不是精确地水平，就会发生频移[506]。等效于不同类型的原子干涉仪，人们采用不同类型的激发方案来减少这些效应[503,506]。由于冷却激光的不完全抑制或来自 Ca 原子炉温度的辐射场而形成的频移辐射场分别导致了所谓的交流斯塔克频移或黑体辐射频移。对不确定度贡献较小的因素包括:两个反冲分量的叠加、多普勒背景的贡献以及稳定方案的影响。

这类基于中性原子的自由膨胀原子云的光频标的不确定度,最终受到原子速度和倾斜或弯曲波前相关相移的限制,并且可以通过使用较低速度的原子进一步有效地降低。用淬冷方式[507,508]冷却到微开尔文温度范围的 ^{40}Ca 原子测量的多普勒展宽的互组跃迁(见图 9.49(a))比用毫开尔文温度范围内的原子受速度的影响要小得多(见(9.48)式)。因此,可以更精确地对线型进行建模(见图 9.49(b)),这是以远小于线宽的精度确定真实谱线中心的必要前提。

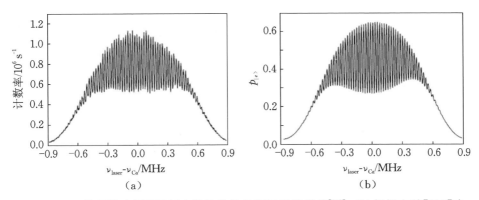

图 9.49 (a)使用淬冷原子用四个行波结构的原子干涉谱线[507];(b)根据文献[215]中式子计算的谱线

经测量,Ca 原子光频标的分数不稳定度为 $\sigma_y(\tau=1\ s)<4\times10^{-15}$[499]。用这种中性原子光频标可以获得的最小不稳定度是由量子投影噪声给出的(见第 14.1.3.1 节)。对于原子数为 $N_0=1\times10^7$ 和时间为 $T=0.6$ ms(对应线宽约为 0.6 kHz)的条件,从(3.97)式计算得出 $\sigma_y(\tau)<10^{-16}\sqrt{\tau/s}$[497,499]。

9.4.5 氢原子光频标

氢原子的 1S-2S 双光子跃迁具有约 1 Hz 的自然线宽以及相应的很高的 $Q\approx10^{15}$(见图 5.1 和表 5.2),使其非常适合用于精密光谱学和光频标。根据 Th. Hänsch 研究小组获得的结果[93,157,235,509],已建议将这种跃迁用于复现米定义[370]。在该小组的装置中(见图 9.50),无多普勒双光子跃迁是在原子束中由 486 nm 染料激光器得到的倍频辐射[510]所激发的。由于氢原子的质量小，在室温气体中它们的平均速度接近 2 km/s，因此相关的二阶多普勒频移很大（见图 5.19），限制了最终能达到的精度。因此，在约 7 K 温度的液氦冷却喷嘴中产生了氢原子的冷原子束。原子束中的原子被真空中线性光学腔共振增强的 243 nm 驻波光场所激发。为了探测到激发的原子，施加了一个电场对 2S 态和 2P 态进行混合。这个电场淬灭了 121 nm 的跃迁，该跃迁的光子可以在 243 nm 辐射被阻挡的时候被日盲光电倍增管探测到。

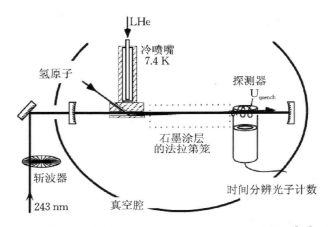

图 9.50 用于测量氢原子的 1S-2S 跃迁频率的装置（根据参考文献[157]。LHe:液氦。由 Th. Hänsch 提供）

对基于氢原子束的光频标的不确定度进行了评估，其分数不确定度为几乘以 10^{-14}，并且测量的频率值也达到了相同的精度[93]。其频移主要来自二阶多普勒效应、电场和磁场、光频移和压力频移的贡献。为了找到谱线的中心值，尽管存在二阶多普勒效应引起的线型不对称，人们对实验线型进行了建模，并与实验数据进行了比较[157]。此外，当选择原子束中最慢的原子时，可以进一步减小二阶多普勒频移。在挡住激光一段延迟时间 τ 之后，监测激发态原子的荧光。因此，原子的最大速度由 $v_{\max}=d/\tau$ 给出，其中 $d\approx13$ cm 是喷嘴和探测器之间的距离。

由于几近简并的 2P 和 2S 能级的混合，静电场造成的谱线偏移量为 $\Delta\nu_{dcStark}=3.6$ kHz$\times E^2/(V/m)^2$。为了将静电荷产生的电场以及直流斯塔克频移减到最小，这里使用了带有石墨涂层的法拉第笼（见图 9.50）。由于 243 nm 辐射相对于 1S-2S 能级的分裂为红失谐，因此排斥了这些能级。结果是，交流斯塔克频移导致了共振频率的蓝失谐,它和单向光强 I 的关系为 $\Delta\nu_{\mathrm{acStark}} = 2I \times 1.667 \times 10^{-4}$ Hz/(W/m)$^{2[157]}$。其频移量估计为几十赫兹。由于谐振腔中波矢量的有限平行度和谐振腔中高阶模的贡献,可能会出现剩余的一阶多普勒效应。基于双光子跃迁的频标可实现的最终不确定度似乎仅受限于测定和修正交流斯塔克频移的精度。

通过光学 Ramsey 双光子激发可以进一步提高双光子谱线的分辨率,这已在 1S-2S 跃迁中得到了证实[235]。因为在双光子激发中没有发生一阶多普勒频移,所以即使在光学域中相互作用的电磁辐射波长远小于原子束的宽度,两个相互作用区也是足够的。双光子光学 Ramsey 激发中,只有两个相互作用区的必要性使人们可以有效利用原子喷泉的概念,它原本是针对超冷氢原子所提出的[511]。通过使用氢光谱灯发出的共振光,已在磁阱中实现了将氢原子冷却至较低温度。达到的温度为 8 mK[512],距离约 3 mK 的多普勒极限也不太远。但是,对于喷泉,必须采用亚多普勒冷却方案,且要求使用相干辐射。在 121.56 nm 附近的 Lyman-α 线附近产生连续的相干辐射是非常困难的。然而,通过对来自三个激光器[513]的辐射进行四波混频已经获得了高达 200 nW 的功率,可能足以进行激光冷却。

9.4.6 中性吸收体光频标的其他候选

1. 银原子的双光子跃迁

在 ^{109}Ag 原子中,一个很有希望的双光子钟跃迁,其自然线宽约为 1 Hz,它可以由波长为 661.2 nm 的两个光子所激发(见图 9.51;文献[514])。银原子的跃迁已经在热原子束[105,515]和激光冷却的原子[104,516]中进行了研究。从技术上讲,在 328.1 nm 处产生紫外冷却辐射会遇到困难。然而,用 LBO 晶体倍频染料激光器或用 LiNbO$_3$ 晶体倍频带锥形放大器的二极管激光器可以产生的功率分别为 50 mW 和 5 mW[104]。最低温度达到 0.3 mK,已低于 0.56 mK 的多普勒极限,囚禁的原子为 3×10^6 个。相应的速度约为20 cm/s,已经低到足够形成一个自由膨胀原子云的频标。随着速度的进一步降低,似乎可以构造一个喷泉。与氢原子频标一样,银原子频标将来最终可达到的不确定度可能受到交流斯塔克频移的限制。

2. 氙原子的双光子跃迁

有人提出了一种基于氙原子的双光子跃迁的光频标[100,151],这个跃迁通过

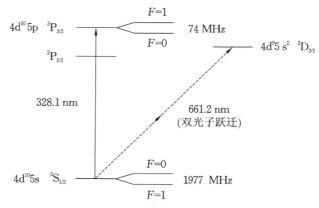

图 9.51 ^{109}Ag 原子的部分能级图

两个 2.19 μm 的光子将 ^{3}P$_2$ 态与 ^{3}P$_0$ 态连接起来。氩原子已在磁光阱中被激光冷却至微开的温度。由于观测到其钟频态被周围的室温黑体辐射退激发[100],从而使线宽比预期的 2 Hz 增加很多,这在某种程度上阻碍了该候选者的晋升。但要指出的是,通过将设备冷却至液氮温度,黑体辐射引起的展宽实际上可以被消除,并且相关的频移可以减少三个数量级[100]。

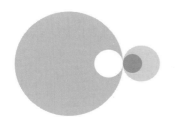

第 10 章
离子阱频标

频标的理想参考应该是不受其他粒子或场干扰的、在环境中静止的吸收体,同时它应该是具有高的谱线品质因子 Q 并且能被外部振荡器探测到强吸收信号。为了使微观粒子在空间中保持固定的位置,需要指向该位置点的强束缚力。由于中性原子或分子与电场和磁场的相互作用较弱,需要较强的场或场梯度才可以实现囚禁,这可能会干扰原子的能级。然而,对于电离粒子而言,随着电子的加入或者一个或多个电子从壳层中被移除,小得多的场就可以把粒子限制在所谓的离子阱中。离子阱在频标的应用上有几个优点,这里先做简要介绍,下文将详细讨论。第一,几天或更长的存储时间允许我们探测超窄的谱线,该谱线基本不存在有限相互作用时间导致的展宽。第二,吸收体压缩到很小的体积中,可以有效地进行激光冷却并检测从单点发出的感应信号。速度的降低和将粒子限制在小于探测辐射波长的区域(Lamb-Dicke 区域;见第 10.1.4 节)减小了各阶多普勒效应。第三,超高真空环境可以大大抑制和其他原子的碰撞,同时减少与外界的耦合。第四,Dehmelt 在 1982 年提出的"单离子振荡器作为潜在的终极激光频标"方法,可以避免与其他离子的强相互作用[517]。许多评论专门讨论了离子阱在频标领域的应用(如文献[277,518-521])。Thompson 在文献[519]中介绍了离子阱的历史,其中包括了重要的技术发展和参考文献。

10.1　离子阱基础

通过适当形状的电磁场结构，可以将带电粒子永久地限制在一个确定的空间区域。

由于不可能只用静电场将带电粒子固定（恩歇定理），必须采用静磁场和电场的组合（Penning 阱），或者用随时间变化的非均匀电场（射频 RF 阱或 Paul 阱）[①]的方法束缚离子。

10.1.1　射频离子阱

考虑一个由电势 $\Phi(r)$ 定义的电场分布 $E(r)$，它使得带电荷 q 的离子在俘获体积内任何一点都受到指向中心的力。下面我们考虑单电荷离子，其中电荷为 $q = +e = 1.602 \times 10^{-19}$ As。对离子的作用力满足

$$F(r) = eE(r) = -e \cdot \nabla\Phi(r) \tag{10.1}$$

这里，$\nabla = (\partial/\partial x, \partial/\partial y, \partial/\partial z)$，是向量微分算子，用于确定笛卡尔坐标中向量场的梯度。该作用力最好随离开中心的距离 r 线性增加，满足 $F(r) \propto r$，因为在这种情况下，粒子将做简谐振荡。相应的标量势 $\Phi(x, y, z)$ 呈抛物线形状，可以用下式描述：

$$\Phi = \mathrm{const} \cdot (ax^2 + by^2 + cz^2) \tag{10.2}$$

相关常数将在后面讨论。根据没有电荷密度的空间区域满足的拉普拉斯方程 $\Delta\Phi \equiv \nabla^2\Phi = 0$，我们可以推导（10.2）式所决定的电势常数满足

$$a + b + c = 0 \tag{10.3}$$

下面，我们将更详细地讨论满足（10.3）式的两个特定解，分别为

$$a = 1, \quad b = -1, \quad c = 0 \quad （线性四极阱构型） \tag{10.4}$$

和

$$a = b = 1, \quad c = -2 \quad （三维四极阱构型） \tag{10.5}$$

10.1.1.1　线性四极阱

（10.4）式表示的第一个解为与 z 无关的势阱构型，满足

---

① W.Paul 及其同事[522]在离子阱中存储带电粒子的开创性工作使他获得了 1989 年诺贝尔奖。Penning 阱是以 Penning[523]的名字命名的，他研究了低压放电时的磁场影响。

$$\Phi = \text{const} \cdot (x^2 - y^2) \tag{10.6}$$

这是二维线性四极阱的构型,如图 10.1 所示。在处理(10.5)式描述的第二种情况——三维势阱之前,我们将首先讨论这种构型。

这种二维四极电势可由一套四个双曲线电极(见图 10.1)产生,其中上下电极保持负电势,另外两个电极设置为正电势。考虑由外加电压产生的两组电极之间的电势差为 Φ_0。(10.2)式和(10.6)式中的常数可以很容易通过 $\Phi(r_0) = \Phi_0/2 = \text{const} \cdot r_0^2$ 得到,有 $\text{const} = \Phi_0/(2r_0^2)$,其中 $2r_0$ 是两个相对电极之间的距离。将该电势代入(10.1)式,计算得到电场为

$$E_x = \frac{\Phi_0}{r_0^2}x, \quad E_y = -\frac{\Phi_0}{r_0^2}y, \quad E_z = 0 \tag{10.7}$$

在 x-y 平面的静电场中,正电荷电极对电荷为 $+e$ 的粒子产生沿 x 方向的排斥力指向 $x=0$ 的中心。根据场强 E 与坐标 x 的线性关系(胡克定律),预期离子将在 x 方向上发生简谐振荡。离子沿 y 方向则情况相反,它朝最近的负电极加速运动。(10.6)式的势能面显示中心处对应一个鞍点,沿 x 方向最小,沿 y 方向最大(见图 10.2)。如果改变静电场的极性,就会在 y 方向产生束缚作用,在 x 方向则相应地产生远离中心排斥力。

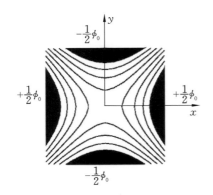

图 10.1 二维四极阱在 x-y 平面上的电势可以由四个双曲线型的电极(暗区)产生

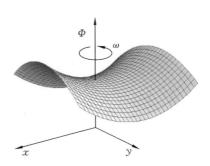

图 10.2 双曲线型的四极电极(见图 10.1)系统的势能面显示存在鞍点

为了在两个方向上限制离子,两对电极的电势周期性的变化。通常是把一个驱动角频率为 ω 的交流射频电压 U_{ac} 加在一个恒压 U_{dc} 上,满足

$$\Phi_0 = U_{dc} - U_{ac}\cos\omega t \tag{10.8}$$

这样,图 10.2 的势能面以 ω 的角频率沿穿过鞍点的纵轴旋转。直观地想,不会明显看到这种沿 x 和 y 方向的交替聚焦和去聚焦的方法可以产生束缚,因为我们觉得这些作用的积分平均效果会相互抵消,不会对离子产生净作用力。然而这个想法并不适用于周期性非均匀场,在这样的势场中,总是有一个小的平均力指向中心。在讨论这个力的起源之前,先考虑离子在束缚势中的运动,我们将按照 Dehmelt[524] 和 Paul(见文献[525]及其中的参考文献)给出的处理方法详细研究离子在束缚势场中的运动。

根据(10.8)式,考虑势阱中心附近离子受到的随时间变化的力。离子的位置和速度分量随时间的变化由它的运动方程给出,即

$$\begin{cases} F_x(t) = m\ddot{x}(t) = eE(x)\cos\omega t = \dfrac{e}{r_0^2}(U_{dc} - U_{ac}\cos\omega t)x \\[3mm] F_y(t) = m\ddot{y}(t) = eE(y)\cos\omega t = -\dfrac{e}{r_0^2}(U_{dc} - U_{ac}\cos\omega t)y \end{cases} \tag{10.9}$$

这里,用通用的标记 $\ddot{x}(t)$ 简写 $\mathrm{d}^2 x/\mathrm{d}t^2$,利用(10.7)式和如下的无量纲参数:

$$\tau \equiv \frac{\omega}{2}t, \quad a \equiv \frac{4eU_{dc}}{m\omega^2 r_0^2}, \quad q \equiv \frac{2eU_{ac}}{m\omega^2 r_0^2} \tag{10.10}$$

可由(10.9)式的方程导出马修微分方程[②]:

$$\frac{\mathrm{d}^2 x(\tau)}{\mathrm{d}\tau^2} + (a - 2q\cos 2\tau)x = 0 \tag{10.11}$$

和

$$\frac{\mathrm{d}^2 y(\tau)}{\mathrm{d}\tau^2} - (a - 2q\cos 2\tau)y = 0 \tag{10.12}$$

由于马修方程(10.11)式的系数是 τ 的周期函数,因此存在一个所谓的 Floquet 型解[59,526]:

$$F_\mu(\tau) = \mathrm{e}^{\mathrm{i}\mu\tau}P(\tau) \tag{10.13}$$

其中,$P(\tau)$ 与(10.11)式同周期系数,都是以 π 为周期的周期函数。(10.11)式的每个非周期解都是两个线性独立的 Floquet 型解 $F_\mu(\tau)$ 和 $F_\mu(-\tau)$ 的线性组合,它们的特征指数 $\mu \equiv \alpha + \mathrm{i}\beta$ 仅取决于参数 a 和 q。复数形式的特征指数 μ 通常会导致振幅的指数增长(见(10.13)式),因此称之为不稳定解。特征指

---

② 1868 年,法国数学家马修(Mathieu)研究椭圆膜的振动时,对这类方程进行了处理。

数的实部 $\mu=\beta,\beta\in R$，导致离子在均匀的有限振幅边界内振荡（稳定解）。显然，为了在实验中实现稳定囚禁，振幅必须小于从中心到电极的距离。由于特征指数是 a 和 q 的函数，因此对于给定的 $\beta=f(a,q)$，必须计算 $a(q)$ 的关系，可以采用连分数法[59,526]等方法。

图 10.3 所示的是 $a(q)$[526]的计算结果，从底部到顶部，$0\leqslant\beta\leqslant1,1\leqslant\beta\leqslant2$，$2\leqslant\beta\leqslant3$ 的稳定区域如图中的阴影部分所示③。

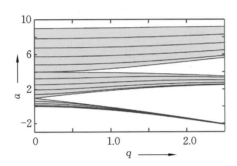

图 10.3 由 $\beta=f(a,q)$ 计算得到的 $a(q)$ 图（图中 $0\leqslant\beta\leqslant3$，增量为 0.2（实线）[526]，从图中可以发现三个稳定区域（阴影区域表示）。本图是关于 q 对称的，即 $a(q)=a(-q)$）

由于稳定囚禁完全取决于参数 a 和 q 的选取，因此（在某些合理限制内）它与初始条件（例如离子的速度）无关。

为了在图 10.1 所示的二维囚禁场或三维囚禁场中实现稳定囚禁，参数 a_i 和 $q_i(i=x,y)$ 必须独立地保持在各自的稳定区域。对于沿 x 和 y 方向的轨迹，只需用 $+a$ 和 $+q$ 表示 x 方向的运动，用 $-a$ 和 $-q$ 表示 y 方向的，利用 $a(q)=a(-q)$ 将两个方向的图绘制到一张单一的图中，就可构建复合稳定性图（见图 10.4）。我们只将 a-q 图像中 x 稳定区和 y 稳定区的重叠部分确定为稳定区。实验中几乎都只用到第一稳定区，它的图像如图 10.5 所示，图中还包括了 β 在两个独立坐标轴上的曲线，它是表征稳定性的常数参数。

（10.11）式的马修方程稳定解可以从（10.13）式的 Fluquet 型解 $F_\mu(\tau)$ 和 $F_\mu(-\tau)$ 的线性组合中得到，表示为 τ 的无限阶谐波叠加的形式[59]：

③ 在数学上，β 是否为整数对应明显不同的情况，例如，$\beta=1$ 代表第一和第二稳定区的边界。然而，在实践中，我们不需要关注这些整数解，因为势阱必须完全在稳定区域内运行，以便在 a 和 q 的设定电压值存在不可避免波动的情况下也能实现稳定俘获。

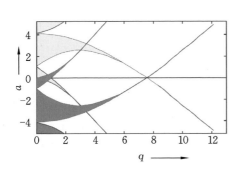

图 10.4 类似图 10.3 的显示 x 和 y 两个
方向重叠稳定区域的组合图

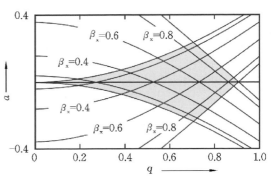

图 10.5 二维囚禁构型下的第一稳定区(阴影区),
线性 Paul 阱或质量选择器满足类似构型

$$x(\tau) = A \sum_{n=-\infty}^{\infty} c_n \cos(2n+\beta)\tau + B \sum_{n=-\infty}^{\infty} c_n \sin(2n+\beta)\tau \qquad (10.14)$$

其中,A 和 B 是常数,取决于初始条件,c_n 和 β 是 a 和 q 的函数。这样,利用
(10.14)式,可以给出由作用于势阱的驱动射频角频率 ω 决定的囚禁离子的运
动角频率谱的值,满足

$$\omega_n = \left(n \pm \frac{\beta}{2}\right)\omega \qquad (10.15)$$

现在我们不再进一步研究(10.14)式,而是回到为什么周期性非均匀电场
对离子存在残余囚禁力的问题。为了理解这种力的来源,我们将 Dehmelt[524]
和 Paul 给出的处理方法(见文献[525]及其中参考文献)概括如下:首先考虑单
个离子的运动,该离子相对阱的中心有一个 $\hat{x}$ 的移动。即使在粒子位置附近,
电场也存在局域的变化,我们暂时忽略了这个变化,将其用平均恒定场 $\hat{E}$ 表
示。将(10.9)式的第一个方程 $m\ddot{x}(t) = e\hat{E}\cos\omega t$ 作二次积分,为简单起见,
假设离子在 $t=0$ 处于静止状态,我们发现粒子的位置与时间的关系为

$$x(t) = \hat{x} - \frac{e\hat{E}}{m\omega^2}\cos\omega t \qquad (10.16)$$

因此,离子以驱动场的频率振荡,但(由于负号)相对于驱动场有 π 的相位
差。这种振荡被称为微运动,它的相位滞后是由于离子在图 10.2 所示的空间
相关势场中,向势阱中心加速运动造成的。当离子由于微运动从平均位置 $\hat{x}$ 向
势阱中心运动时,作用于离子的力指向远离中心的方向,反之亦然。我们现在

解除常数场 $\hat{E}$ 的限制。可以看到,离子加速离开阱中心的情况对应靠近阱中心的位置,这里的电场小于平均场 $\hat{E}$。因此,这个位置的电场作用力,小于离子在 $x > \hat{x}$ 位置由更强电场产生的作用力。这样,就存在一个指向振荡电场振幅减小方向的净作用力。如果驱动频率足够高,且电场的振幅足够低,这个力可被认为是由于一个势产生的,有时称之为赝势。在这种情况下,离子在振荡场一个周期内移动的距离 $x(t) - \hat{x}$ 非常小,可以用电场的一阶泰勒近似进行处理,即

$$F(t) = eE(\hat{x})\cos\omega t + e\frac{\mathrm{d}E(\hat{x})}{\mathrm{d}x}(x - \hat{x})\cos\omega t + \cdots$$

$$\approx eE(\hat{x})\cos\omega t - \frac{\mathrm{e}^2 E(\hat{x})}{m\omega^2}\frac{\mathrm{d}E(\hat{x})}{\mathrm{d}x}\cos^2\omega t \qquad (10.17)$$

这里,我们利用(10.16)式确定 $x(t) - \hat{x}$。对驱动场一个周期的作用力取平均,(10.17)式的第一项可以消去,第二项平均值为

$$F_{\mathrm{av}}(\hat{x}) = -\frac{\mathrm{e}^2 E(\hat{x})}{2m\omega^2}\frac{\mathrm{d}E(\hat{x})}{\mathrm{d}x} \qquad (10.18)$$

利用(10.1)式可从(10.18)式中得到与该作用力对应的赝势 Ψ_{pseudo},并将其扩展到二维,则有

$$\Psi_{\mathrm{pseudo}}(\hat{x}, \hat{y}) = \frac{eE^2(\hat{x}, \hat{y})}{4m\omega^2} \qquad (10.19)$$

在绝热近似[524]下,离子以作用于势阱(微运动)的频率快速振荡,并在赝势中做一种慢得多的运动(宏运动)。使动能与(10.19)式导出的势能相等,可以得到这种径向慢振荡的宏运动频率如下:

$$e\Psi_{\mathrm{pseudo}} = \frac{1}{2}m\omega_r^2(x^2 + y^2) \qquad (10.20)$$

简单起见,假设 $U_{\mathrm{dc}} = 0$,并将(10.7)式的 $E^2(x, y) = E_x^2 + E_y^2$ 代入(10.19)式中,得到 $\omega_r \approx eU_{\mathrm{ac}}/(\sqrt{2}m\omega r_0^2)$。这个角频率对应于(10.14)式的解的最低阶振荡。

到目前为止,我们已经找到了一个二维势,它只能径向限制离子。对于轴向约束,必须使用其他方法。可以将图 10.1 所示的囚禁电极弯曲成环形结构[527,528]。这种"赛道"式的结构对频标而言不太适合,因为它无法为特定

离子组提供必需的固定,这样就会限制与探询场的作用时间。有几种方法用于对所谓的线性势阱进行轴向约束,例如,额外的环形电极[529]或者将直流电势耦合到外电极中的分段电极[530](见图 10.6),或者独立的直流端电极[531,532]等。

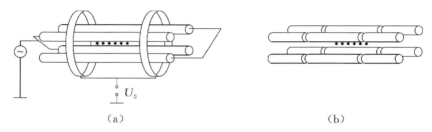

(a)   (b)

图 10.6 利用两个附加环形电极(a)或附加杆(b)对线型势阱产生轴向约束(图中的线型势阱是通过与图 10.1 中类似的方法实现轴向束缚的)

10.1.1.2 三维 Paul 阱

(10.5)式的第二个特例解产生三维势[533],即

$$\Phi = \frac{\Phi_0}{x^2 + y^2 + 2z_0^2} \cdot (x^2 + y^2 - 2z^2) \tag{10.21}$$

它可以由如下的势能面产生,即

$$x^2 + y^2 - 2z^2 \equiv r^2 - 2z^2 = \pm r_0^2 \tag{10.22}$$

(10.22)式中的正号形成了一个绕 z 轴旋转对称的双曲面,由内半径为 r_0 的环形电极产生(见图 10.7);负号使得旋转双曲线的两个分支被 $2z_0 = \sqrt{2} r_0$ 的距离隔开,同样显示相对 z 轴的旋转对称性。

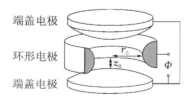

图 10.7 三维 Paul 阱

径向电场(E_r)和 z 方向的轴向电场($z_0 E_z$)相差 -2 的系数。柱坐标中的势场为

$$\Phi(r,z) = \frac{U_{dc}+U_{ac}\cos\omega t}{r_0^2+2z_0^2}(r^2-2z^2) \tag{10.23}$$

其中,r_0 和 z_0 的定义如图 10.7 所示。接下来,我们必须通过(10.10)式给出径向(a_r, q_r)和轴向(a_z, q_z)的独立常数 a 和 q,它们之间同样相差系数 -2,有

$$a_z=-2a_r\equiv a, \quad q_z=-2q_r\equiv q \tag{10.24}$$

我们再次绘制由轴向 $a_z(q_z)$ 图和径向 $a_r(q_r)$ 图组合得到的复合稳定性 $a(q)$ 图,如图 10.8 所示,通过两步实现:首先绘制 $a_z=a$ 和 $q_z=q$ 的稳定性图;然后,在同一个图表将 $a_r(q_r)$ 包括进来,并利用系数 2 对它进行缩放(见 (10.24)式)。与图 10.5 所示的二维情况相比,系数缩放使得第一稳定区有些变形(见图 10.8)。

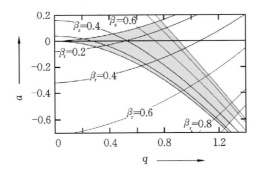

图 10.8　三维 Paul 阱的第一稳定区域(阴影部分)

尽管有不止一个区域可以进行稳定囚禁,但几乎所有的实验都选用第一个稳定区。PTB 中用于存储 ^{171}Yb$^+$ 离子的势阱的特定参数如下:半径为 $r_0=0.7$ mm,以 $\omega=2\pi\times16$ MHz 的角频率运行,$U_{ac}=500$ V,偏置电压 U_{dc} 为几伏。我们利用(10.10)式和(10.24)式计算了相应的参数为 $q_z=0.11$ 和 $a_z\approx 2\times10^{-3}$,发现该势阱可以在图 10.8 的第一稳定区内很好地运行。

可以通过类似二维情况(见(10.19)式)的处理方法,得到 Paul 阱的赝势 $\Psi_{pseudo}(\hat{r},\hat{z})$ 的表达式如下:

$$\begin{aligned}
\Psi_{pseudo}(\hat{r},\hat{z}) &= \frac{U_{dc}}{2r_0^2}(\hat{r}^2-2\hat{z}^2)+\frac{eU_{ac}^2}{4m\omega^2 r_0^4}(\hat{r}^2+4\hat{z}^2) \\
&= \frac{m\omega^2}{16e}[(q_r^2+2a_r)\hat{r}^2+4(q_r^2-a_r)\hat{z}^2] \tag{10.25}
\end{aligned}$$

我们分别将 $e\Psi_{\text{pseudo}}(r_0,0)$ 和 $e\Psi_{\text{pseudo}}(r_0/\sqrt{2},0)$ 看作势阱的径向和轴向深度。对于没有常数项($U_{\text{dc}}=0$)的交变电压,轴向势阱的深度是径向势阱的两倍。如果在环形电极上增加直流电压(与待储存离子的电荷具有相同符号),势场将变得更加对称。当 $a_r=q_r^2/2$ 时,势场成球对称。宏运动的频率可从(10.25)式计算得到,即

$$\omega_r=\frac{\omega}{\sqrt{8}}\sqrt{q_r^2+2a_r}\ \text{和}\ \omega_z=\frac{\omega}{\sqrt{2}}\sqrt{q_z^2+2a_z} \tag{10.26}$$

10.1.2　Penning 阱

Penning 阱采用与射频阱(Paul 阱)相同的电极排布,但没有施加高频场($U_{\text{ac}}=0$)。离子在 z 轴上感受到排斥势的作用。而在 x-y 平面上,这个势场将把离子踢出中心。为了俘获离子,沿 z 轴施加一个附加磁场。这种情况下,离子的(经典)运动方程为

$$m\ddot{\boldsymbol{r}}=e\boldsymbol{E}(\boldsymbol{r})+e\dot{\boldsymbol{r}}\times\boldsymbol{B} \tag{10.27}$$

该式等效于

$$m\ddot{x}=e(E_r+\dot{y}B_z)$$
$$m\ddot{y}=e(E_r-\dot{x}B_z)$$
$$m\ddot{z}=eE_z$$

电场的各个分量可以通过(10.23)式的电势 Φ 得到。求解最后一个方程可以得到的一个简谐振荡,它的角频率与 B_z 无关,满足

$$\omega_z^2=\frac{4eU_{\text{dc}}}{m(r_0^2+2z_0^2)} \tag{10.28}$$

如果只有磁感应强度为 B_z 的磁场,带电粒子将在垂直磁场的平面上做旋转运动,它的角频率为

$$\omega_c=\frac{e}{m}B_z\quad\text{(回旋角频率)} \tag{10.29}$$

(10.29)式的回旋角频率[④]可通过让洛伦兹力和用 $evB=mv^2/r$ 或 $eB=m\omega_c$ 表示的离心力保持平衡推导得出。然而,由于存在垂直于磁场 $\boldsymbol{B}$ 的径向

---

④　"回旋角频率"一词来源于回旋加速器,它对加速带电粒子至关重要。

电场E_r,离子产生 $\boldsymbol{E} \times \boldsymbol{B}$ 的移动,使其在 $x\text{-}y$ 平面上沿围绕 z 轴的一个圆轨道运动。由电场力和洛伦兹力 $qE_r = qvB$ 的平衡决定的磁控频率为[⑤]

$$\omega_m = \frac{E_r}{B_r} \quad \text{(磁控角频率)} \tag{10.30}$$

对于几个特斯拉的典型磁感应强度和几十伏的电压,磁控角频率 ω_m、轴向振荡的角频率 ω_z 和回旋角频率 ω_c 分别为几十千赫兹、几百千赫兹和几兆赫。因此,这三个频率存在以下的关系,即

$$\omega_c \gg \omega_z \gg \omega_m \tag{10.31}$$

在这种框架下,离子在 Penning 阱中的轨迹是三个基本独立运动的叠加(见图 10.9)。由(10.29)式决定的围绕磁力线的快速回旋运动、(10.28)式描述的沿磁力线的振荡及(10.30)式计算的缓慢($\boldsymbol{E} \times \boldsymbol{B}$)漂移。它的轨迹可以用在 $x\text{-}y$ 平面上具有周转圆的轨道来描述,离子同时在垂直平面的 z 方向沿磁场方向作简谐振荡。然而,如果回旋角频率 ω_c 不高于磁控频率 ω_m,那么 $x\text{-}y$ 平面上的轨道就不能再用外圆来描述。有几种方法求解(10.27)式中 $x\text{-}y$ 分量的两个耦合微分方程:

$$\ddot{x} = \frac{e}{m}\left(\frac{2U_{dc}}{r_0^2 + 2z_0^2}x + \dot{y}B_z\right) = \frac{\omega_z^2}{2}x + \omega_c\dot{y} \tag{10.32}$$

$$\ddot{y} = \frac{e}{m}\left(\frac{2U_{dc}}{r_0^2 + 2z_0^2}y - \dot{x}B_z\right) = \frac{\omega_z^2}{2}x - \omega_c\dot{x} \tag{10.33}$$

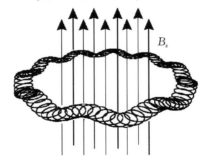

图 10.9 离子在 Penning 阱中的运动轨迹(它是由 $x\text{-}y$ 平面上包含周转圆的环形轨道以及在垂直平面的磁场轴 z 方向上的附加振荡组成的。该轨迹是以 $\omega_c = 10\omega_z = 100\omega_m$ 画出的)

---

⑤　磁控频率不取决于粒子的(诸如电荷、质量或速度等)属性,而是取决于电场和磁场的参数。它的名字源于被称为磁控管的设备,该设备用于产生高功率微波辐射。

最简单的方法可能是对(10.33)式乘以 i 的积与(10.32)式求和,并引入复变量 $r = x + \mathrm{i}y$[534],这样可以得到 $\ddot{r} = \omega_z^2 r/2 - \mathrm{i}\omega_c \dot{r}$。后一个方程可通过 $r = r_0 \exp(\mathrm{i}\omega t)$ 求解,得到 ω 的二次方程 $\omega^2 - \omega\omega_c - \omega_z^2/2 = 0$。该角频率方程的两个解为

$$\omega_c' = \frac{\omega_c}{2} + \sqrt{\frac{\omega_c^2}{4} - \frac{\omega_z^2}{2}} \quad \text{(修正回旋频率)} \tag{10.34}$$

$$\omega_m = \frac{\omega_c}{2} - \sqrt{\frac{\omega_c^2}{4} - \frac{\omega_z^2}{2}} \quad \text{(磁控频率)} \tag{10.35}$$

如果(10.34)式和(10.35)式中的平方根不是负数,也就是说,如果 $\omega_c \geqslant \sqrt{2}\omega_z$,这个解会产生两个新的频率,称为修正回旋角频率 ω_c' 和磁控角频率 ω_m。对"真的"回旋角频率 ω_c 的修正是由于(10.23)式的静电势中存在排斥项造成的。

通过将(10.34)式和(10.35)式两个方程相加及对它们的平方求和,得出以下关系式:

$$\omega_c = \omega_c' + \omega_m \tag{10.36}$$

$$\omega_c^2 = \omega_c'^2 + \omega_m^2 + \omega_z^2 \tag{10.37}$$

两个方程都可以用来计算(10.29)式的回旋频率,从中可以得到离子质量非常精确的比对结果,下文将进一步讨论这个问题。如 Brown 和 Gabrielse[535] 所述,最后的方程(10.37)式更精确,因为它也适用于磁场与电极的轴不对齐情况。另一个有用的关系是

$$\omega_m = \frac{\omega_z^2}{2\omega_c'} \tag{10.38}$$

该式是让(10.35)式对(10.34)式求差,将结果平方并代入(10.37)式得到的。

对于离子云,$(\boldsymbol{E} \times \boldsymbol{B})$ 漂移导致它们围绕磁力线旋转。相关的时间膨胀引起二阶多普勒频移,对基于 Penning 阱的离子微波频标贡献了一项系统频移。由于离子云的直径随着离子数的增加而增大,因此如果其他束缚条件不变,该项频移随着囚禁离子数的增加而增加[536]。远离 Penning 阱轴线的电场力与指向该轴线的磁力 $(\boldsymbol{v} \times \boldsymbol{B})$ 之间的平衡,在阱中形成了轨道,对阱中的离子产生径向的囚禁。与 Paul 阱不同,当离子受到中性粒子的碰撞时,Penning 阱不会对离子施加回复力,因此如果离子与背景气体分子发生碰撞,它们就可能从

阱中扩散出去。磁控运动、回旋运动和轴向运动有明显的区别。后者属于简谐振荡,能量在动能和势能之间相互转化。由于回旋运动的速度快、半径小,它的能量主要是动能,而从本质上讲,磁控运动属于势能。通过比较离子在阱中心附近和径向电极的附近进行磁控运动时的动能和势能,可以看到这一点。假设径向电极和轴向电极之间的电压为 10 V,则单个带电离子在这两个位置对应的势能从 0 减少到 $E_{pot} = -5$ eV $= -8 \times 10^{-19}$ J。利用(10.30)式计算势阱中离子的磁控速度(磁感应 $B = 5$ T;半径 $r = 1$ mm)为 $v \approx 1000$ m/s。对于约为 100 个核子的中等质量(1.6×10^{-25} kg)离子,相应的动能为 $E_{kin} = 1/2m\ v^2 = 8 \times 10^{-20}$ J,它比势能小 1 个数量级。因此,总能量随着磁控半径的增大而减小,碰撞最可能的结果就是增大磁控半径,最终导致离子损失。

对于频标而言,Penning 阱还受到大磁场导致的塞曼频移的影响,这对频标的应用非常不利。然而,在某些特殊情况下,还是有人实现或提出了基于 Penning 阱囚禁离子的频标(见文献[537-539]),下文将给出一个示例。

10.1.3　囚禁离子间的相互作用

迄今为止推导的离子运动只适用于单个离子,我们忽略了离子之间的库仑排斥强相互作用。如果一个势阱中几个离子的动能比它们库仑相互作用的能量小,那么这些离子将被排列成准晶体结构。在线性四极阱的零场强节线中,少量的离子可以像串上的珍珠一样排列起来[528,530](见图 10.10)。对于更多的离子,会出现类似螺旋[540]的更复杂结构。实验上,在三维 Paul 阱[541,542]中第一次观察到类晶体结构,在 Penning 阱[543]或线性四极阱[544]中则观察到含有多达 10^5 个离子的大晶体结构。

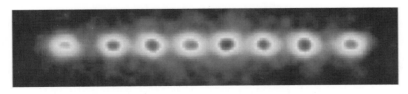

图 10.10　线性 Paul 四极阱中八个离子的荧光(图片由因斯布鲁克(Innsbruck)大学的 R. Blatt 提供)

离子的集体振荡产生新的离子运动频率。对于中间温度,库仑作用的非线性性导致离子的混沌行为,并使离子从囚禁场吸收能量,这一现象被称为射频加热。在更高的温度和足够小的密度情况下,离子又可以被看作是独立的粒子,它们的运动可以用马修方程描述。

加热是由作用于储存离子的非线性力引起的。Walther 指出[540],如果离子的密度足够高,离子之间的非线性库仑力会产生显著的加热。已经在实验上观察到离子云中的强加热效应,该效应与 Paul 阱的工作点以及离子云中的离子数有关[545,546]。这种加热用实际四极势相对理想四极势的偏差来解释,例如电极或电极孔的错位都会导致这种偏差。这种情况下,势阱中粒子的不同自由度之间会发生耦合,能量可以在其他未耦合的振荡之间交换导致加热效应。因此,这种加热引起的势阱不稳定性发生在共振处(见(10.15)式和图 10.11),即

$$\frac{n_r\beta_r}{2}+\frac{n_z\beta_z}{2}=1 \tag{10.39}$$

其中,n_r 和 n_z 是整数,满足 $n_r+n_z=N$,N 是势场的多极阶数,β_r 和 β_z 是稳定度参数。

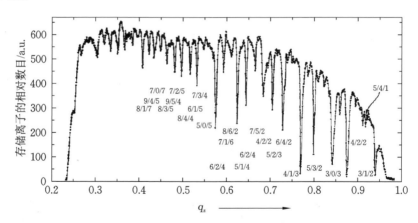

图 10.11 由于 Paul 阱加热而导致的不稳定性扫描结果图[547](图中共振位置的数字按照 N、n_r、n_z 给出。由 G.Werth 提供)

10.1.4 约束到 Lamb-Dicke 区域

采用激光辐射的高频率探询离子固然有许多优点,但它也导致了一阶多普勒效应引起的谱线的显著加宽,因为多普勒展宽与频率成正比(见(5.111)式)。对于温度为 1 mK 的离子,它的光频跃迁的多普勒加宽有几兆赫兹。由

于可调谐激光振荡器已经可以将频率稳定在 1 Hz 以内[31]，因此必须减少这种展宽。R. H. Dicke 认识到[152]，当粒子被限制在比波长小得多的范围时，它发出的辐射不受一阶多普勒效应的影响。同样地，如果势阱将离子的振荡幅度限制在远小于吸收辐射波长的范围，离子吸收谱线的多普勒加宽也会消失。为了理解这一点，我们重新考虑一个在势阱中以角频率 ω_m 做简谐振荡的离子感受到相位调制辐射场：

$$E(t) = E_0 \sin(\omega t + \delta \sin \omega_m t) \qquad (10.40)$$

即使实验室坐标下的无调制场 $E(t) = E_0 \sin(\omega t)$，也写为上述形式的。由(2.50)式可知，这种时域的相位调制辐射在频域上表示为角频率为 ω_m 的载波信号及角频率为 $\omega \pm n\omega_m (1 \leqslant n \leqslant \infty)$ 的无限阶边带组成的频谱。弱相位调制($\delta \equiv \Delta\omega / \omega_m \ll 1$)的情况下，只保留载波(见(2.52)式和(2.49)式)。我们把这个条件改写为

$$\delta \equiv \frac{\Delta\omega}{\omega_m} = \frac{\omega v_{max}}{\omega_m c} = \frac{\omega x_{max}}{c} = \frac{2\pi x_{max}}{\lambda} < 1 \qquad (10.41)$$

这里我们利用了多普勒频移 $\Delta\omega = v_{max}\omega/c$ 和谐振子的能量平衡 $m v_{max}^2 / 2 = D x_{max}^2 / 2$ 或 $v_{max}^2 = \omega_{max}^2 x_{max}^2$ 的公式。考虑限制在 $D = 2 x_{max}$ 空间范围振动的离子。从(10.41)式可知，如果该区域的直径限定一定范围内，有

$$d < \frac{\lambda}{\pi} \quad (\text{Lamb-Dicke 判据}) \qquad (10.42)$$

就可以满足 $\delta < 1$ 的条件。这样，离子基本上只吸收载波频率的辐射而不吸收边带频率的辐射，并且(10.42)式判据满足得越好，吸收线的多普勒展宽越窄。Dicke[152]为尺寸为 d 的盒子中的粒子推导了类似的条件 $d < \lambda/(2\pi)$，因此这个区域被称为 Dicke 区域或 Lamb-Dicke 区域。

10.2 实现离子阱的技术

10.2.1 离子阱的装载

只有当离子的动能小于势阱周围的势垒时，离子才能被囚禁在势阱中。因此，不可能将具有确定能量的离子注入势垒高度固定的离子阱中。有几种方法可以装载离子阱。最常见的方法是在势阱中由中性原子形成离子，例如，通过电子碰撞使原子束电离。这种方法不太适用于低丰度的同位素或反粒

子，它们需要通过加速器等设施才能生成或选择出来，然后必须在离子注入后通过提高势垒高度的办法实现囚禁，这需要在离子穿过势阱的足够短的时间内完成[548,549]。另一种已实现的方法是在离子通过势阱区域的时间内，通过有效的冷却方法快速降低离子的动能[550]。第一种装载离子阱的方法虽然很容易实现，但它在频标应用中却存在一些缺陷。该技术经常遇到的一个问题是，原子束中的原子会沉积到电极和绝缘材料上。这样的薄层足以产生表面电势，干扰射频势阱中的电势分布，从而使离子可以移动到射频场不为零的区域，导致微运动增加。新式的势阱通常包括额外的加热元件以便可以在装载[551]后对势阱进行加热，或者增加额外的电极补偿磁场。通过紫外线辐射等方式电离俘获区的原子也可以避免这样的情况。

10.2.2　冷却囚禁离子的方法

离子阱具有较深的势阱深度，即使携带高能量的离子也不会从阱中逃逸。它的阱深可达 20 eV，如果我们假设在高真空条件下离子的动能约为阱深的 10%[552]，则动能的等效离子温度比室温高 80 倍，室温对应的 $k_{\mathrm{B}}T \approx 1/40$ eV。对应质量数为 200 的离子的二阶多普勒频移为 $\Delta\nu/\nu = -v^2/(2c^2) = -(mv^2/2)/(mc^2) \approx -2\ \mathrm{eV}/(200 \times 0.94\ \mathrm{GeV}) \approx -10^{-11}$，对频标而言，这通常是不可接受的。由于势阱中的离子与环境很好地隔离，它们不会通过有效的传热达到装置的温度，因此必须采用适当的方法对其进行冷却。另一方面，如果离子通过诸如激光冷却方法已经被冷却到低温，离子可以长时间保持 1 K 以下的低温，而无须进一步冷却。离子的"冷却"一词必须谨慎使用。这里，我们用它来描述离子速度的降低，而不是降低它们的温度，因为温度的概念不太适用于单个离子或远离热平衡的离子。Holzschiter[553] 或 Itano 等人[554] 在他们的评论中更详细地描述冷却离子的主要方法。

10.2.2.1　电路中的能量耗散

离子在阱中振荡，阱电极上感应到电流。如果这些电流受到外部电阻的阻尼作用，离子的能量将被带走，离子的运动也受到抑制。如果没有加热，离子将在外部电路的温度下达到平衡。Dehmelt[555] 用一个简单模型描述该冷却过程对时间的依赖关系。考虑到质量为 m 电荷为 q 的单个离子沿 z 方向在距离 $2z_0$ 的势阱电极之间振荡（见图 10.7）。当离子在电极间的电场 E 中以速度

v 移动 ds 的距离时,它产生的电流可以通过移动离子所需的能量 $dW_z = qEds$ 计算得到。如果相应的功率 $dW_z/dt = qEds/dt \approx qUv/(2z_0)$ 是由连接电极的外部电源提供的,则从一个电极流向另一个电极的电流 I 可由 $IU = qUv/(2z_0)$ 计算得到,有 $I = qv/(2z_0)$。这里的近似是用平行板电容的电场取代了势阱电极构型的电场。电容中的移动离子可以看作一个理想的电流源,它被电容器分流,在与电极连接的外部电阻 R 上耗散的平均功率为 $\langle I^2 R \rangle$。这里,我们假设电极的电容 C 足够小,满足 $R \ll 1/(\omega_z C)$ 的条件。离子在外部电路中耗散的平均功率计算如下:

$$-\frac{dW_z}{dt} = \langle I^2 R \rangle = \frac{q^2 R W_z}{4 m z_0^2} \tag{10.43}$$

这里,我们用 $W_z = m\langle v_z^2 \rangle$ 表示离子的能量。这个微分方程的解表示离子具有指数能量衰减,其中阻尼时间为常数,满足

$$t_0 = \frac{4 m z_0^2}{q^2 R} \tag{10.44}$$

这种方法能够冷却所有离子。然而从(10.44)式可以看出,它对高电荷小质量的离子最有效。为了冷却 Paul 阱中的轴向运动(见图 10.7),可以将端盖直接与外部电阻电路连接。为了在径向(x 或 y 方向)产生阻尼作用,环形电极必须分成相对的两部分,并将这两部分与外部电路连接起来。这种冷却方法不适用于冷却 Penning 阱中的磁控运动,因为能量减少的同时会伴随磁控轨道直径的增加和磁控速度的增加。

从原理上讲,电路上使用负反馈可以缩短冷却时间。在这种情况下,其中一个端盖中感应到的由于离子位移产生的电信号可以作为误差信号,通过反相放大,产生伺服信号反馈到另一个端盖。对于离子云,只有质心运动才可以被阻尼。由于单个离子的能量扩散,经过一段时间后,质心再次发生位移,就可以再次使用这种所谓的随机冷却。该方法已被实验证明[556],但尚未应用于频标中。

10.2.2.2 缓冲气体冷却

在早期用射频阱俘获尘埃粒子的实验中,Wuerker 等人[557]观察到当背景气压升高到几百帕时,粒子失去动能,它们的运动受到抑制。同样,轻的缓冲气体也可以用来冷却重离子,就像将一个硬币抛向另一个质量较小的硬币时,

动能会转移到第二个硬币那样。实验显示，对于处于 10^{-3} Pa 氦气压下的汞离子[558]，每次碰撞的相对能量损失为

$$\frac{\Delta E_{\text{kin}}}{E_{\text{kin}}} = \frac{m_{\text{He}}}{m_{\text{Hg}}} \tag{10.45}$$

Cutler 等人[552]利用中性氦气原子的碰撞冷却机制来冷却 Paul 阱频标中的 ^{199}Hg$^+$ 离子。在他们的实验中，宏运动被冷却到室温，但微运动仍然对应更高的温度。缓冲气体冷却的缺点是有两个：首先，它会产生压力频移[559]；其次，如果囚禁离子的质量不是比缓冲气体粒子的质量大很多，碰撞将会造成势阱中的离子损失。

10.2.2.3　激光冷却

早在 1975 年，Wineland 和 Dehmelt 就提出了利用激光来冷却势阱中离子的想法[160]。Neuhauser 等人用钡离子[560]，Wineland 等人用镁离子[561]首次实现了离子的激光冷却。与第 6.3.1 节中对自由原子的讨论相同，该方法基于一个事实：就是让离子吸收的光子能量总体上小于离子随后释放的光子能量。然而与自由原子不同的是，束缚在势阱中离子只能处于一些离散的能量态（见 (10.14) 式），它们的能量间隔对应势阱中离子的运动频率。不过在能量间隔相比 $h\gamma$ 很小的情况下，冷却过程可以用经典方法处理，这里 γ 是冷却跃迁的自然线宽。用于冷却的强共振线通常具有几十兆赫兹的 γ 线宽，而束缚在阱中的离子的光谱频率间隔通常只有几兆赫兹或者更低，这使得相应的冷却过程与自由原子的多普勒冷却过程非常相似。冷却激光束的频率红失谐，即小于离子处于静止时的跃迁频率。因此，大多数朝冷却激光束的波矢方向 k 移动的离子吸收光束中的光子。每吸收一个光子，离子的动量减少 $p = \hbar k$。随后发射的自发辐射光子通常随机分布在各个方向，使得发射光子的平均动量转移为零。

这种激光冷却所能达到的最低温度由所谓的多普勒极限 $kT_{\text{D}} \equiv h\gamma/2$ 给出（见 (6.12) 式）。这一最低温度源于冷却和加热机制的平衡，第 6.3.1 节中有更详细的分析。通常，当失谐量比共振频率低半个线宽时，可以得到最低温度 T_{D}。温度和线宽之间的确切系数取决于具体情况。对于一个线宽为几十兆赫兹的强冷却跃迁，最低温度为 $T_{\text{D}} \approx 1$ mK。在 Paul 阱和 Penning 阱中都可以进行激光多普勒冷却。然而，只有在 Penning 阱中才能用该技术冷却大的

离子云。在三维 Paul 阱中，射频加热随囚禁离子数的增加而迅速增加，这是因为离子数的增加会导致库仑排斥作用的增强，而离子受到射频电场强度随阱中心距离增加而增加，这样，即使在由约 100 个离子组成的小离子云中，也无法通过激光冷却补偿射频加热。而由于 Penning 阱是非简谐囚禁场，它的加热效应要小得多。Bollinger 等人[537]研究了 Penning 阱中的加热效应，发现离子动能仅在约 20 s 后增加到约 20 eV。因此，Brewer 等人[562]能在超过 10000 个离子的离子云中观察到激光冷却也就不足为奇。

射频阱对激光冷却单离子或少数离子的加热效应通常要弱得多。然而，对于非常长探询时间的频标，它们起特别重要的作用。在 Paul 阱[563]中，多种不同机制导致运动加热，例如与背景气体的碰撞和场的起伏，后者使离子感受到起伏的力。场的起伏可能是由于约翰逊噪声、电极上的附着电势起伏或其他原因造成的。约翰逊噪声，即热电子噪声，可能是由势阱电极或外部电路中的电阻引起的。实验发现[563]，最大的贡献很可能来自电极表面不均匀产生的附着电势起伏，这种不均匀是由于电极上的随机定向域或吸附材料等造成的。

1. 运动边带冷却

强束缚于势阱中的离子对应高角频率 ω 或弱冷却跃迁，满足 $2\pi\gamma \ll \omega$ 的条件。如果激光线宽和反冲能量小于这个条件下的可分辨边带间的能级分裂，则可以采用 Wineland 和 Dehmelt[160]所述的方法进行冷却。考虑在势阱中以振荡频率 ν_a 振荡的离子。在简谐势阱中，该振荡离子的能级将以 $h\nu_a$ 为间隔等距分裂（见图 10.12）。简谐运动使得离子吸收实验室坐标系下的频率 ν_b 时，在发射光谱和吸收光谱上都产生了相位调制，在载波的周围形成 $\nu_b \pm m\nu_a$ 的可分辨边带，其中 m 是正整数。如果将照射离子的光频率调到 $\nu_b - \nu_a$，离子将吸收这个频率，但它辐射的频率平均值仍然为 ν_b。经过多次的吸收—发射循环，离子就会被输运到势阱的基态。在这种情况下，吸收光谱将发生显著变化，Diedrich 等人用这种方法将单个 $^{198}Hg^+$ 离子冷却到接近运动零点后，在实验中观察到了这个现象[564]（见图 10.13）。

考虑一个限制在 Lamb-Dicke 区域（见第 10.1.4 节）的离子，光谱中只有由于离子运动产生的一阶边带。如果离子处于电子基态的最低振动能级，则只能吸收跃迁频率为 ν_b 或 $\nu_b + m\nu_a$ 的激光辐射。因此吸收谱中的低频边带消失。

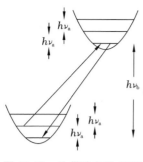

图 10.12 边带冷却的原理

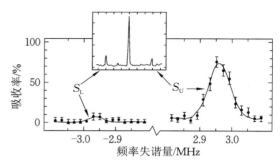

图 10.13 使用 194 nm 辐射进行边带冷却前后的 ^{198}Hg$^+$ 单离子 281.5 nm 跃迁的吸收光谱（由 D. Wineland 提供[564]）

通过比较上下运动边带的不同高度，可以得出势阱中谐振子能级的布居概率。图 10.13 中边带的不同高度对应如下的情况：当温度处于 50 μK 以下时，离子有约 95% 的时间处于俘获势阱的最低能级。

在 Paul 阱中，离子、杂散场和表面势之间的库仑排斥导致粒子以射频场的频率进行微运动。因此，相比可以通过激光冷却降低的宏运动，微运动中的动能不会降低。可以用线性 Paul 阱抑制这个问题，因为在势阱的节线处，射频场为零。

2. 协同冷却

当离子样品面临诸如不利的能级结构等情况，导致激光冷却遇到困难时，可以通过另一种能够激光冷却的介质来冷却这种离子介质。这种所谓的协同冷却首先应用于通过激光冷却的 ^{24}Mg$^+$ 离子来冷却它的不同同位素（^{25}Mg$^+$ 和 ^{26}Mg$^+$）[565]。协同冷却也应用于不同种类的离子，例如通过使用激光冷却的 ^{9}Be$^+$ 离子，在 Penning 阱实现了对 ^{198}Hg$^+$ 离子的协同冷却[566]。^{198}Hg$^+$ 离子通过与冷 ^{9}Be$^+$ 离子的库仑相互作用而被冷却并保持低温。势阱中离子的这种动力学特性导致了某种空间分离，较高质荷比的离子在径向上移动到较低质荷比离子的外部。在上述的后一个实验中，Hg$^+$ 被温度低一个数量级的铍离子冷却到接近 1 K 的温度。一般来说，激光冷却大的离子云只能在 Penning 阱中进行，协同冷却也是如此。

10.2.3　对囚禁激发离子的探测

像离子这样的带电粒子在离开势阱后可以很容易地被像通道电子倍增器（通道管）等设备探测到。它的原理是让加速的离子轰击出电子,电子在涂有高阻材料的管状通道内的电场中加速,并在每次撞击表面时发射次级电子实现电子倍增。这样,就能够以很高的增益监测损耗的离子流。该方法通过消耗势阱中的离子进行探测,因而优先应用于质谱分析中,不过对频标而言,最好的方法还是让离子保留在势阱中进行探测。

10.2.3.1　电子学探测

离子在势阱中的运动可以通过高度复杂的电子技术进行探测。人们发明出一种称之为"热辐射计量"的技术[567],该技术通过监测离子气体的平动温度来探测离子在适当能级之间的射频跃迁。移动的离子会在连接端盖之间的电阻中产生噪声电压,该方法就是用合适的电子设备将这个噪声放大后进行探测。其他更灵敏的方法是使用有源电路,通过施加在电极上的弱电压驱动离子运动。驱动电路的 Q 值很高,当离子的运动频率与驱动器的频率共振时,离子从电路中吸收能量而导致 Q 值降低,并使得驱动器中的关联电压降低。基于该方法建立了非常灵敏的超导探测系统[568,569],它与 Penning 阱结合得更好,因为 Penning 阱也需要保持低温来产生磁场。电子检测方法在检测过程中会加热囚禁离子,并且信号的信噪比比较小,因此它对频标没有太大价值。

10.2.3.2　光学探测

将激光调谐到对应的跃迁,就可以把处于某特定量子内态的囚禁离子选择性地激发到更高电子态。这种激发过程可以通过测量吸收功率或随后自发衰变的荧光辐射来进行监测。如果选择循环跃迁,也就是说如果激发态总是自发辐射到相同的初态,那么就可以检测到同一个离子散射出大量的光子。这一点对离子阱尤为重要,因为电极的尺寸经常严重影响荧光辐射的探测立体角。尽管增加用于光激发的激光器会使系统更加复杂,荧光探测仍然被广泛使用,甚至被用于微波基态分裂的测定[570]。如果已经采用激光冷却降低囚禁离子速度,则可以方便地利用冷却激光进行光学检测。

10.2.3.3　电子搁置与量子跳跃

一种广泛使用的技术依赖于称为"电子搁置"的双共振方法[498]。它通常应用于具有 V 型能级结构的离子,其中强(冷却)跃迁和弱(时钟)跃迁通过基态连接。考虑一个既能被强跃迁的共振光照射,又能被钟跃迁的激发光照射的离子。当离子被强跃迁的共振光照射时,由于激发态只有几纳秒的寿命,自发辐射使得该离子每秒发射超过 10^8 个荧光光子。以大约 10^{-3} 的中等探测效率监测荧光,则每秒可检测到多达 10^5 个光子。然而,如果离子从钟频激光吸收光子"量子跳跃"到长寿命激发态,只要电子被"搁置"在长寿命能级,就再也无法激发离子的强跃迁,强跃迁的荧光也将终止,直到离子最终返回基态,电子处于长寿命能级时,探测的荧光功率将显示暗间隔(见图 10.14)。从第一次实验演示之后[498,571],这种由于量子跳跃到长寿命能级而在离子荧光中出现探测暗间隔的方法就成为了一种常用的探测技术。

可以通过荧光处于暗态的时间直接确定长寿命激发态的寿命,具体地讲,就是将探测到的暗态按照持续时间归类,根据暗态出现的数量随其持续时间的函数曲线确定它的寿命(见图 10.15)。

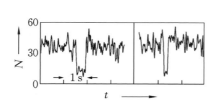

图 10.14　单个囚禁 In$^+$ 离子的荧光光谱中的暗间隔[572]表明其跃迁到长寿命态(由 E. Peik 提供)

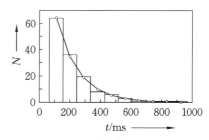

图 10.15　将图 10.14[572]所示的数据中观察到的暗态数量作为其持续时间的函数,可以利用指数衰减进行拟合,并确定长寿命态的寿命

在频标中,一般不需要等到发生自发辐射,在特殊情况下自发辐射时间可能高达数年[131]。相反,只要通过暗态明确识别出量子跳跃,离子就可以通过适当的激发和随后的快速自发辐射回到基态。

电子搁置的方法相当于量子放大,因为直接激发的光子探测效率非常低,而采用该方法后,可以以接近 1 的探测概率监测离子的激发。

10.2.4　其他囚禁结构

除了上文描述的,还有无数种可能的囚禁结构。它们中的许多,例如同时使用射频和磁场的组合势阱[533,573],并不适用于频标,此处不进行讨论。精确的双曲线电极形成抛物线型的势场,在鞍点附近可以进行一阶近似,加上选择适当尺寸的囚禁电极,可以将电势的高阶贡献最小化[574],它有助于避免出现如图 10.11 所示的不稳定共振。其他形状的电极,包括半球形[575]、球形[529]或圆锥形[576,577]电极,尽管包括了可能会导致增加射频加热率的高阶贡献,但由于它们利用更简单的电极布局就可以构造出一个以四极场为主的构型,因此这些结构也常应用于频标。

10.2.4.1 小型化势阱

大势阱中的激光冷却不是很有效,因为一个离子从开始就会进行大振幅振荡,待在激光场中的时间很短。这样在冷却循环开始时冷却速率非常低,而小型阱有望将离子良好的局域化。不过 Paul 阱并不是这种势阱的最佳候选,因为 Paul 阱用于冷却和激发的激光通路受到电极之间非常有限的空间的限制,用于收集探测光子的空间立体角很小,并且电极散射增加了杂散光。

如果要求囚禁离子必须保持很好的光路通道,通常使用 Paul-Straubel 阱。它可以溯源到 Straubel[578] 早期在单环电极的 50 Hz 交变场中的俘获油滴的工作。Yu 等人[579] 使用直径为 $100\ \mu m$ 的小环形电极囚禁单个钡离子。这类势阱可以看作是一个端盖远离的 Paul 阱。它的其他改进还有诸如采用三个薄环形电极[580] 或势阱仅包含两个端盖[581] 等。与具有端盖和环形电极的 Paul 阱(见图 10.7)相比,具有相同环形尺寸的 Paul-Straubel 阱需要较大的射频电压以获得相同的势阱深度。这是因为前者只在靠近环形电极的位置有电势降低,而后者电势降低一直延伸到接地处。对频标而言,小型阱具有独特的优点和缺点:更小的电极尺寸允许使用较小的射频电压。同时,接触电势产生的电场通常较大,对其补偿的要求更加苛刻。在小型势阱中,简谐势的区域很小,因此非简谐性导致的射频加热也可能较大。

10.2.4.2 级数更多的势阱

除了上面讨论的抛物线囚禁势的势阱,还有其他可能的势阱结构。高阶电多极场的射频阱具有更陡的束缚势,因此可以储存更多的离子,并将它们限制在比同等大小的 Paul 阱更小的体积中。有人分析了一种射频八极阱并将其应用于囚禁 Ba^+[582]。在 Paul 阱中,带电粒子的运动用线性非耦合运动方程(马修方程)描述,可以用解析方法求解。而离子在高阶射频阱中的运动由非线性、耦合和显式时变方程描述,这些方程必须通过数值积分来求解。实验观察到离子云在径向上表现出两个明显的最大值,其间距远大于 Paul 阱中的高斯空间分布宽度。

在由四根圆棒组成的线性离子阱中(见图 10.6),简谐度取决于圆棒的直径和间距。使用 8 个扇形的分段圆柱,其中 4 个角宽为 $60°$,另外 4 个角宽为 $30°$,得到了所需的四极势,势场随离开节线距离 ρ 的平方变化。它的第一个正比于 ρ^6 的高阶项可以抵消,留下的下一项为正比于 ρ^{10} 的相关项。这种结构可以用十二根圆棒的排列来近似[583]。结果表明[584],在基于多极阱的离子钟中,离子数起伏引起的时钟频率起伏比基于线性四极阱的同类钟小得多。

10.3 离子微波频标与离子光频标

囚禁的离子可以在微波或光频段提供参考频率。前一种情况主要采用基态超精细能级分裂间的磁偶极跃迁。在光频段,主要利用了不同电子态之间的禁戒电偶极跃迁或高阶多极跃迁。由于这两类跃迁的频率通常相差 4 到 5 个数量级,因此它们有各自的优势。微波跃迁可以方便地用于锁定射频振荡器,产生的信号频率可以很容易地用于常规电子设备的运行与计数。相比之下,光学跃迁的高频率进行频率比对时,可以用短得多的比对时间达到与微波钟相同的不确定度。不过这个优点的代价是必须依靠额外的装置将光频和微波频域联系起来。

10.3.1 囚禁离子的微波频标

表 10.1 所示的是已进行过研究的几种囚禁离子微波频标的候选元素。这里,我们将对 $^9\mathrm{Be}^+$、$^{171}\mathrm{Yb}^+$ 和 $^{199}\mathrm{Hg}^+$ 离子的频标进行更详细的讨论,以它们为例展示离子阱频标的最新技术。相关研究的综合汇编也可在文献[277,520]中找到。

表 10.1 离子中选取的微波钟跃迁(其他离子的基态超精细分裂可以在文献[585]中找到)

离子	频率(Hz)	参考文献
$^9\mathrm{Be}^+$	303016377.265070(57)	[536,537,586]
$^{43}\mathrm{Ca}^+$	3255608286.4(3)	[587]
$^{137}\mathrm{Ba}^+$	8037741667.694(360)	[588,589]
$^{113}\mathrm{Cd}^+$	15199862858.(2)	[590]
$^{171}\mathrm{Yb}^+$	12642812118.4685(10)	[591-593]
$^{199}\mathrm{Hg}^+$	40507347996.84159(44)	[529]

10.3.1.1　Penning 阱束缚的 $^9\mathrm{Be}^+$ 离子

$^9\mathrm{Be}^+$ 离子的核角动量和电子壳层角动量分别为 $I=3/2, J=1/2$。它的基态 $F=2$ 和 $F=1$ 在磁场中的分裂如图 10.16 所示。当磁感应强度 $B=0.8194$ T 时，$F=1, M_I=-3/2, M_J=1/2$ 态和 $F=1, M_I=-1/2, M_J=1/2$ 态之间的跃迁频率 ν_1 对磁场的一阶导数为 0，而这样的场强很容易在 Penning 阱中获得。这两个态之间的跃迁频率 $\nu_1\approx 303$ MHz 仅与磁感应 ΔB 的二次方相关，满足 $\Delta\nu_1/\nu_1=-0.017(\Delta B/B)^2$。美国国家标准与技术研究院在 Boulder 实现了基于该钟跃迁的频标[537,586,594]，他们采用不同的方案来获得两个子能态之间期望的布居差。在第一次实现频标[537]时，离子通过倍频染料激光器（$\lambda\approx 313$ nm）的辐射进行激光冷却，该激光器调谐到 2s $^2\mathrm{S}_{1/2}(M_I=-3/2, M_J=-1/2)$ 态到 2p $^2\mathrm{P}_{3/2}(M_I=-3/2, M_J=-1/2)$ 态的跃迁，光抽运使离子跃迁到 $M_I=-3/2$，$M_J=-1/2$ 态（见图 10.16）。使用频率约为 23.9 GHz 的微波（混合）辐射将一半离子从 $M_I=-3/2, M_J=-1/2$ 态再泵浦到 $M_I=-3/2, M_J=1/2$ 态。应用 303 MHz 钟跃迁附近的微波辐射可减少离子在更高能态的布居数，进而通过 29.5 GHz 的微波混合场减少最低能态（$M_I=-3/2, M_J=-1/2$）的布居数。因此，如果该能态的离子逐渐消失，就表明发生了钟跃迁的共振激发，可以监测到 313 nm 激光激发的荧光强度降低。钟跃迁的探询是通过两个持续时间为 t、时间间隔为 T 的微波脉冲实现的。这个脉冲方案在时域等效于 Ramsey 作用。探测得到 25 mHz 的线宽与 $T=19$s 的时间间隔相对应，可知谱线的品质因子为 $Q=1.2\times 10^{10}$。使用被动氢钟作为参考，测得的频率为 $\nu_1=303016377.265070(57)$ Hz，相对频率稳定度 $\sigma_y(\tau)$ 在 $1.3\times 10^{-11}(\tau/\mathrm{s})^{-1/2}$ 到 $4\times 10^{-11}(\tau/\mathrm{s})^{-1/2}$ 之间。相对不确定度约为 1.8×10^{-13}，主要受限于二阶多普勒频移。在探询期间，必须关闭冷却激光和微波混合辐射以避免光频移和交流塞曼频移。在测量期间，由几百个到约 2000 个离子组成的离子云温度从不足 1 K 上升到约 35 K。高分辨率探询钟跃迁意味着长的探询时间，为了在这个时间内冷却离子，最新版本的 $^9\mathrm{Be}^+$ 频标使用了协同激光冷却[586,594]。$^{26}\mathrm{Mg}^+$ 离子与 $^9\mathrm{Be}^+$ 离子一起装入同一势阱。由于用于冷却镁离子的波长为 280 nm，该激光频率远离 $^9\mathrm{Be}^+$ 离子的任何跃迁，可以通过它的连续辐射冷却镁离子，进而连续冷却铍离子。与前面所述方法不同，在 313 nm 的辐射下，$^9\mathrm{Be}^+$ 离子被光学泵浦到 $M_I=+3/2, M_J=+1/2$ 态。关闭此激光器后，离子通过 321 MHz 和 311 MHz 的两个 π 脉冲依次转移，先跃迁到 $M_I=+1/2, M_J=+1/2$ 态，然

后从那里跃迁到 $M_I=-1/2, M_J=+1/2$ 态。在用两个 Ramsey 脉冲探询从低态到高态的跃迁后,用 π 脉冲回泵到 $M_I=+3/2, M_J=+1/2$,并监测 313 nm 激光激发时发出的荧光,探测低能态剩余离子的数目。两个 Ramsey 脉冲之间的时间间隔可长达 550 s,相当于 0.9 mHz 的线宽。在 10^3 s$<\tau<10^4$ s 时,相对不稳定度优于 $3\times10^{-12}(\tau/s)^{-1/2}$。实验中意外观察到由于与 CH_4 分子碰撞产生的很大的压力频移,将稳定度限制在约 3×10^{-14},因此建议采用低温环境进行补救[536]。约 5×10^{-15} 的二阶多普勒频移[594]似乎是该频标的相对不确定度极限。

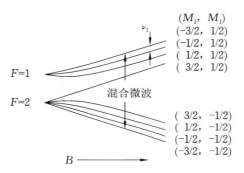

图 10.16 磁场中的 $^9Be^+$ 离子基态超精细能级(当磁感应强度 $B=0.8194$ T 时,从 $F=1$,$M_I=-3/2, M_J=1/2$ 态到 $F=1, M_I=-1/2, M_J=1/2$ 态的钟跃迁频率 ν_1 对磁场无一阶响应)

10.3.1.2 $^{171}Yb^+$ 微波频标

许多研究人员正在努力建立 $^{171}Yb^+$ 离子微波频标。该离子有如下的优点:镱离子的大质量使得它的多普勒频移较低,它具有简单的超精细谱,以及它的基态超精细子能级间的跃迁频率高达 12.6 GHz(见图 10.17)。它的冷却和探测的 $S_{1/2} \rightarrow P_{1/2}$,$\lambda=369.5$ nm 光学跃迁可以通过染料激光器或倍频固体激光器得到。美因茨(Mainz)大学的 G. Werth 小组[595]可能首次使用囚禁离子测量了该钟跃迁,他们得到 12.6 GHz 的跃迁频率。作者使用 Paul 阱中氦缓冲气体($P\approx10^{-4}$ Pa)冷却了约 10^5 个离子的离子云,获得了 $Q=2\times10^{11}$ 的谱线品质因子。他们没有直接检测微小的吸收功率并确定吸收谱线的中心,而是采用更一般的光抽运方案来获得消除背景的信号[596]。通过弱脉冲染料激光器($\lambda=369.5$ nm)将离子从 $S_{1/2}$,$F=1$ 态经由 $P_{1/2}$ 态光抽运到 $F=0$ 基态,并用荧光的衰减探测 $F=1$ 态的布居数变化。利用势阱一个端盖、在垂直于激光束的方向上对荧光进行探测,监测微波辐射引起的基态 $F=0$ 和 $F=1$,$m_F=0$ 子能级间的跃迁。

汉堡大学稍后展示了利用 Paul 阱中的约 10^6 个 Yb^+ 离子建立微波频标的可能性[597],频率测量的不确定度得到了降低,并且在直到数百秒的平均时间 τ 范围内测得的不稳定度曲线都满足 $\sigma_y(\tau)=2\times10^{-11}(\tau/s)^{-1/2}$。

布伦瑞克的联邦物理技术研究所(PTB)[559, 592],筑波的国家计量研究实验室(NRLM)[598-600],悉尼的澳大利亚联邦科学和工业研究组织(CSIRO)下属的国家计量实验室(NML)[591, 593],及加州理工学院的喷气推进实验室(JPL)[601]都开展了 Yb^+ 微波频标的研究,它们有些采用双曲形电极的射频阱(PTB、NRLM),有些采用了线性射频阱(NMI、JPL)。PTB 的 ^{171}Yb 离子云包含接近 50000 个碰撞冷却的离子,与大多数其他微波离子频标一样,PTB 将射频激励和激光制备与探测($\lambda=370$ nm)的双共振技术应用于 ^{171}Yb 离子[559]。通过与 Cs 基准频标的频率比对,测得它的基态超精细跃迁的频率为 $12642812118.471(9)$ Hz[592]。9 mHz 的不确定度主要受限于 2000 K 范围的高温。其他不确定度源包括相对频移系数为 $2\times10^{-17}(V/cm^2)^{-1}$ 的二阶交流斯塔克效应和氦气的压力频移。目前已经确定了与微波频标 Yb^+ 相关的氦、氮、氖和氢的压力频移[559,593],它们相对频移在 $10^{-8}/Pa$ 和 $10^{-10}/Pa$ 之间。Fisk 等人[593]在 CSIRO 使用线性阱结构实现 Yb^+ 微波频标的运行,该势阱限制射频场的节点是一条线,这使得射频加热和斯塔克频移大幅降低。在他们的 IT-2 频标中,Fisk 等人使用了长度为 24 mm,半径约 2 mm,温度约 400 K 的 2×10^4 个离子的离子云。这些离子被 $\pi/2$ 脉冲微波激发,脉冲持续 0.4 s,间隔 25 s,产生 40 mHz 的 Ramsey 干涉条纹。12.6 GHz 的辐射频率由低温蓝宝石振荡器通过频率合成得到。表 10.1 列出了相对未扰动 Yb^+ 离子频率的修正频率,其中最大修正项是约 0.8 Hz 的二阶塞曼效应。在文献[520]中汇总了该跃迁频率早期的值。

使用激光冷却的 $^{171}Yb^+$ 离子,测得的频率为 12642812118.4685 Hz,它的相对不确定度可以降低到 8×10^{-14} 以下,预计不确定度为 4×10^{-15}[591]。

几位研究人员报道称,369 nm 辐射激发的 Yb^+ 离子云荧光会逐渐变弱,信噪比也相应地逐渐降低。已经发现离子有可能被困到长寿命、亚稳、低能的 D 态和 F 态(见图 10.17)。有研究表明,在离子进一步衰变到极长寿命的 F 态之前,使用额外的激光辐射把离子从亚稳态的 D 态回泵将可以再次增强信号[598,602-605]。另一种方法[601]研究了利用不同的缓冲气体来淬灭 Yb$^+$ 的囚禁布居激发态，发现氮气是最合适的。

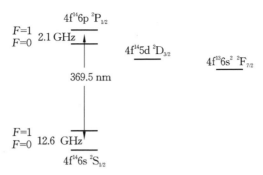

图 10.17 ^{171}Yb$^+$ 离子的部分能级图（微波钟工作在基态 $F=0$ 和 $F=1$ 之间的 12.6 GHz 跃迁上）

汉堡小组[606]研究了使用单个 Yb$^+$ 离子的频标，并展望它的潜在不确定度可达 10^{-16}。

10.3.1.3 ^{199}Hg$^+$ 微波频标

与镱离子相比，汞离子的质量更高，基态超精细分裂更大，可以发展基于 ^{199}Hg$^+$ 离子的高性能微波频标。

历史上，在以 $Q \approx 10^{10}$ 的品质因子观察到 40.5 GHz 基态超精细分裂[596]之后，原子钟实验室（LHA）[607,608]和惠普公司[552,609-611]分别实现了汞离子频标的首个原型机。这两个小组都使用双曲形电极的 Paul 阱，囚禁的典型离子数都是 10^6 个。后者使用 1.3×10^{-3} Pa 的氦缓冲气体来冷却离子。利用锁定在综合器上的微波源产生 40.5 GHz 的电磁辐射，将原子从基态 $F=0$ 激发到基态 $F=1$（见图 10.18）。与铷原子钟（见第 8.2 节）类似，汞离子的两种同位素波长之间存在一种天然的巧合。^{202}Hg$^+$ 同位素由于核自旋量子数 $I=0$ 而没有超精细分裂，它的 $^2S_{1/2}$-$^2P_{1/2}$ 跃迁（$\lambda = 194.2$ nm）与 ^{199}Hg$^+$ 同位素的 $^2S_{1/2}(F=1)$-$^2P_{1/2}$ 跃迁重合。当充满 ^{202}Hg$^+$ 的光谱灯照射囚禁 ^{199}Hg$^+$ 离子时，只有那些先前被微波辐射激发到 $F=1$ 态的离子才会重新发射 $\lambda=194.2$ nm 的紫外线，并被光电倍增管探测。三套这样的系统已经在美国海军天文台运行了多年。喷气推进实验室的小组发展了基于线性阱[531]的超稳频标[583,612]，他们通常囚禁 10^6 至 10^7 个 ^{199}Hg$^+$ 离子，由 ^{202}Hg 光谱灯进行抽运，并用缓冲气体将其冷却至接近室温。在一个扩展的线性阱中，离子在两个特定区域之间转移，一个用于离子的产生和检测，另一个用于 Ramsey 激发。评估的二阶多普勒频移相对贡献为-4×10^{-13}[612]。缓冲气体冷却的汞因禁频标具有非常低的不稳定度,其相对阿兰偏差为$\sigma_y(\tau)=7\times10^{-14}(\tau/\mathrm{s})^{-1/2}$。

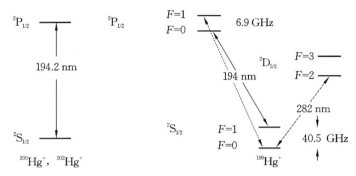

图 10.18 $^{200}\mathrm{Hg}^+$和$^{199}\mathrm{Hg}^+$离子的与激光冷却和探测相关的部分能级图(其中包括用于光频标的 282 nm 电四极跃迁)

通过在势阱中存储单个离子或少数几个离子,可以避免与大量 Hg^+ 离子云相关的不确定度。当 Paul 阱中激光冷却$^{198}\mathrm{Hg}^+$离子[542]的数目非常少时,它显示出团簇或晶体的性质。当离子的动能降低到与离子间库仑排斥有关的能量以下时,离子就会结晶。NIST 的研究小组运行一个线性离子阱,使其只因禁少量$^{199}\mathrm{Hg}^+$离子[613],这些离子以规则的"珍珠串"的结构排布在无场结线附近,用于研究它们在频标方面的应用。该实验可以储存数目从 1 个到超过 30 个的$^{199}\mathrm{Hg}^+$离子。通过向系统中泄漏汞原子进行离子加载,加载时的气压约为 10^{-6} Pa,加载后压强降低两个数量级。实验观察到了由于其他同位素或分子离子杂质造成晶体的"缺陷"[542,613]。在这个压力下,背景气体的中性汞原子很容易与冷却激光激发的离子形成聚合体,从而导致汞离子的损失。因此,NIST 的研究小组实现了基于一个低温线性离子阱的$^{199}\mathrm{Hg}^+$频标[529,551]。

由于$^{199}\mathrm{Hg}^+$中激发态具有 6.9 GHz 的超精细分裂,激光冷却方案中需要第二台 194 nm 的激光器进行光抽运,该激光器相对第一台激光器的频率偏移为 47.4 GHz。基态$^2\mathrm{S}_{1/2}(F=1)$子能级和$^2\mathrm{P}_{1/2}(F=0)$之间的跃迁是一个循环跃迁,因为由于偶极选择定则,激发离子只能自发辐射到同一个基态。然而,强冷却激光也有较小的概率将离子从$^2\mathrm{S}_{1/2}(F=1)$态激发到$^2\mathrm{P}_{1/2}(F=1)$态,离子可以从$^2\mathrm{P}_{1/2}(F=1)$态自发辐射到另一基态$^2\mathrm{S}_{1/2}(F=0)$,这样就无法再进行冷却了。因此就需要第二束弱激光将这些离子重新抽运到$^2\mathrm{P}_{1/2}(F=1)$态,离子可以从该能态自发辐射到两个基态。

$F=1$ 子能态的磁子能级结构使情况更加复杂,在激光冷却过程中需要强磁场,而在微波 Ramsey 激发[530]期间必须关闭磁场,或者需要调制两个冷却激光束的偏振[529]。尽管在超精细结构、紫外线激光器和 4 K 低温环境方面存在技术困难,相关研究还是取得了令人印象深刻的成果[529]。这种频标在 7 个离子和 100 s 的 Ramsey 作用时间下,在 $\tau < 2$ h 的测量时间内,测得相对频率不稳定度为 $3.2\times10^{-13}(\tau/\mathrm{s})^{-1/2}$。作者推导的相对不确定度为 1.1×10^{-14}(见表 10.1),主要是由测量时参考原子时标 TAI(见第 12.1.2 节)的频率信号不确定度所引起的。

10.3.2 囚禁离子的光频标

在光频段有几种候选的囚禁离子频标。表 10.2 所示的是这项研究的简短且不详尽的清单。选择离子最重要的标准是存在一个合适的钟跃迁和一个方便的激光冷却和探测跃迁。目前一些很有希望的备选方案受限于激光,因为它们的相关波长处于深紫外波段,没有适合的激光源。过去几年,激光技术发展迅速,而材料技术也取得了巨大成就,因此可以预见,在不久的将来这个问题就将不再是重要的限制。诸如蓝光半导体激光器、更有效的倍频晶体或光参量振荡器等技术可能为这项研究的发展铺平道路。因此,我们将在下面讨论一些具有技术挑战性的候选离子。

表 10.2 离子中选取的光学钟跃迁

离子	跃迁	频率/Hz 波长/μm	自然线宽/Hz
$^{138}\mathrm{Ba}^+$	$5\mathrm{d}\,^2\mathrm{D}_{3/2}\text{-}5\mathrm{d}\,^2\mathrm{D}_{5/2}$	24012048317170 12.5	0.02
	$6\mathrm{s}\,^2\mathrm{S}_{1/2}\text{-}5\mathrm{d}\,^2\mathrm{D}_{5/2}$	170.1×10^{12} 1.762	0.005
$^{88}\mathrm{Sr}^+$	$5\mathrm{s}\,^2\mathrm{S}_{1/2}\text{-}4\mathrm{d}\,^2\mathrm{D}_{5/2}$	444779044095510(50) 0.674	0.4
$^{43}\mathrm{Ca}^+$	$4\mathrm{s}\,\mathrm{S}_{1/2}\text{-}3\mathrm{d}\,\mathrm{D}_{5/2}$	411×10^{12} 0.729	0.13
$^{171}\mathrm{Yb}^+$	$6\mathrm{s}\,^2\mathrm{S}_{1/2}\text{-}5\mathrm{d}\,^2\mathrm{F}_{7/2}$	$642121496772.6(1.2)\times10^3$ 0.467	5×10^{-10}

续表

离子	跃迁	频率(Hz) 波长(μm)	自然线宽(Hz)
^{171}Yb$^+$	6s ^{2}S$_{1/2}$-5d ^{2}D$_{3/2}$	688358979309312(6) 0.435	3.2
^{171}Yb$^+$	6s ^{2}S$_{1/2}$-5d ^{2}D$_{5/2}$	729487779566(153)×10^3 0.411	22
^{115}In$^+$	5s^2 ^{1}S$_0$-5s5p ^{3}P$_0$	1267402452899.92(23)×10^3 0.2365	1.1
^{199}Hg$^+$	6s ^{2}S$_{1/2}$-5d^{9}6s ^{22}D$_{5/2}$	1064721609899143(10) 0.282	1.8

（数据来源为 Ba$^+$：文献[614-616]，Sr$^+$：文献[617,618]，Ca$^+$：文献[619-621]，Yb$^+$：文献[101,131,622-626]，In$^+$：文献[627-629]，Hg$^+$：文献[21,499,501]。在某些情况下，这些离子的其他同位素可能具有更大的优势。其他候选跃迁可以在文献[630]中找到）

10.3.2.1 ^{88}Sr$^+$ 光频标

单囚禁 Sr$^+$ 离子^{2}S$_{1/2}$-^{2}D$_{5/2}$ 的 674 nm 跃迁被研究用于光频标[84,618,631]。该离子的优点是激光源容易获得，674 nm 的钟跃迁波长可以由二极管激光器直接产生，而冷却和探测的 422 nm 的跃迁激光（见图 10.19）由 844 nm 二极管激光器倍频得到。然而它的冷却循环并不封闭，需要 1092 nm 辅助光将冷却循环中自发辐射到^{2}D$_{3/2}$ 亚稳态的损耗离子回泵回去。这种光也可以从掺 Nd^{3+} 的硅光纤激光器中得到[632]。钟跃迁的上能级寿命为(347 ± 33)ms。

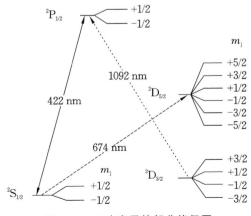

图 10.19 Sr$^+$ 离子的部分能级图

国际计量委员会(CIPM)最近推荐了一种频率参考到该跃迁的激光,用于复现长度单位[370]。英国国家物理实验室和加拿大国家研究委员会对 674 nm 的光学钟跃迁进行了细致的研究,两个研究所测得的[88]Sr 囚禁离子的频率在约 $10^{-13[617,618,631]}$ 保持一致。Madej 等人[618]发现[88]Sr 频标的相对不确定度可以降低到 10^{-17} 量级。

该频标的一个特别复杂之处是[88]Sr 同位素的核自旋为零,它的十个塞曼分量(见图 10.19)均与磁场线性相关。锶元素的另一个选择是[87]Sr 的 ${}^2S_{1/2}(F=5,m_F=0)-{}^2D_{5/2}(F'=7,m_{F'}=0)$ 跃迁,它的二阶赛曼频移为 $6.4\ \mathrm{Hz}/(\mu T)^{2[633]}$。

10.3.2.2 ^{171}Yb$^+$ 光频标

作为一种候选光频标,Yb$^+$ 单离子受到了广泛的关注。首先,^{171}Yb$^+$ 具有 $I=1/2$ 的核自旋,使得它的能级系统具有相对简单的超精细分裂和磁子能级结构,参考跃迁没有线性塞曼效应。其次,它的三种不同的高频光学跃迁均在蓝光区域(见表 10.2 和图 10.20),这几种跃迁与冷却或探测所需的其他光学跃迁均可由近红外半导体激光源倍频得到。图 10.21 所示的是 435 nm 跃迁的测量结果,记录的线宽小于 80 Hz;从中还可以识别出由势阱中离子的振荡频率产生的,与载波同时存在的,沿径向(r_1 和 r_2)和轴向(z)的运动边带。

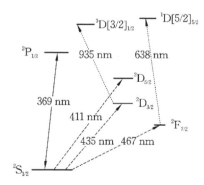

图 10.20　Yb$^+$ 离子的部分能级图(虚线 (411 nm,435 nm 和 467 nm)表示建议光频标的光跃迁,369 nm 实线用于冷却与探测)

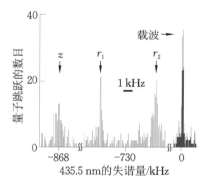

图 10.21　Paul 阱中的 Yb$^+$ 单离子跃迁谱[622]显示除了载波,还存在沿径向(r_1 和 r_2)和轴向(z)的运动边带(由 Chr. Tamm 提供)

Tamm 等人[623]比较了两个基本独立的 ^{171}Yb$^+$ 频标,发现在 1×10^{-15} 量级

没有显著偏差。相对不稳定度为 $\sigma_y(\tau = 1000\ \text{s}) = 1 \times 10^{-15}$,他们还用飞秒光梳测量了它的绝对频率(见表 10.2)。^{171}Yb 离子的最终精度可能受限于四极频移,类似于 ^{201}Hg$^+$ 离子[634]。然而,也可以在 ^{173}Yb$^+$ 同位素到 $I = 5/2, F = 0$ 态的跃迁中找到无四极频移的跃迁。

一个特别有趣的跃迁是 467 nm 的高度禁戒电八极(E3)跃迁,英国的 NPL 在光频标的研究[131]中发现 ^{2}F$_{7/2}$ 激发态的寿命估计为 10 年。八极跃迁很弱,因此需要高强度的探测激光探询该跃迁。在单个 ^{171}Yb$^+$ 囚禁离子中,利用线宽为 4.5 kHz[101],照度为 10^7 W/m^2 的钟激光记录了该跃迁。该实验中,高照度导致高达约 500 Hz 的交流斯塔克频移(见第 6.6 节)。考虑交流斯塔克频移系数为 47 μ HzW^{-1}m^2,钟激光的线宽为 0.5 Hz,可得预期的相对频移为 1×10^{-16}[101]。该跃迁不受一阶塞曼频移的影响,其二阶塞曼频移为 2.1 mHz/mT^2。

10.3.2.3　^{113}In$^+$ 和 ^{115}In$^+$ 光频标

为了找到理想的频标,Dehmelt[517,635] 建议使用 $J = 0 \rightarrow J = 0$ 的跃迁,特别是第三主族离子的 ^{1}S$_0$ 基态到 ^{3}P$_0$ 态的互组跃迁。在纯 LS 耦合结构下,角动量守恒使得这种跃迁在任何阶多极辐射场下都不可能发生。然而由于超精细相互作用,$J \neq 0$ 的其他态通常会混合到 ^{3}P$_0$ 态,导致发生偶极辐射引起的小概率自发辐射跃迁。由于基态和激发态都没有电子角动量,预期这些跃迁的频率受外场的扰动将非常小。与本文讨论的 Yb$^+$、Ca$^+$、Sr$^+$ 和 Hg$^+$ 离子的 S$\rightarrow$D 跃迁不同,当 $J \leqslant 1$ 时,离子的静态固有四极矩消失。对其他离子而言,四极矩与电场梯度的相互作用产生的相对频移可达 10^{-15},而该效应在 In$^+$ 离子中可以忽略。单基态体现了元素周期表第三主族离子的更大优点,因为这样就不会发生冷却过程中离子被泵浦到其他超精细能态的情况,因此不需要再泵浦激光。对于元素周期表中 III 族元素离子 B$^+$、Al$^+$、Ga$^+$、In$^+$ 和 Tl$^+$ 的 ^{1}S$_0$ 基态到 ^{3}P$_0$ 态的跃迁,由于较轻的元素缺少合适的冷却跃迁,目前不太适合应用于频标。重元素 In 和 Tl 是更好的候选者,Dehmelt 在他的建议中集中讨论了 Tl$^+$[517]。

马普研究所(德国 Garching)的研究小组对铟离子在频标方面的应用进行了研究[395,627,299]。由于钟跃迁 ^{1}S$_0 \rightarrow ^1$P$_0$(见图 10.22;$\lambda = 236.5$ nm)的自然线宽为 1.1 Hz,可以获得 $Q = 1.2 \times 10^{15}$ 的谱线品质因子。单重态有强跃迁(^{1}S$_0 \rightarrow ^1$P$_1$;$\lambda = 158.1$ nm;见图 10.22),可用于冷却和检测离子。然而该紫外跃迁激光的产生是一个技术难题。因此 Peik 等人[572]采用 ^{1}S$_0 \rightarrow ^3$P$_1$($\lambda = 230.6$ nm)互组跃

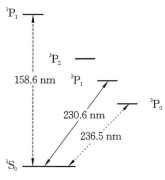

图 10.22　In^+ 离子的部分能级图

迁达到这个目的。$^3P_1$ 的寿命为 $\tau(^3P_1)=0.44\ \mu s$，对应线宽为 $360\ kHz$，它比 II 主族"碱土"离子或其他类 Ba^+ 或 Hg^+ 离子的冷却跃迁线宽小约两个数量级。由于该线宽小于离子的运动频率，因此可以进行光学边带冷却，达到 $20\ \mu K$ 的极低温度。另一方面，该跃迁的小线宽会导致冷却速率降低，当使用电子搁置技术探测时，它也会造成荧光散射速率的降低。冷却跃迁所需的辐射通过对 $461.2\ nm$ 的二苯乙烯 3 型染料激光器（见图 9.24）或固态激光器倍频得到。钟跃迁恰好与 Nd：YAG 激光器 $946\ nm$ 线的四次谐波相吻合，从而可以通过搭建窄线宽固态激光器实现[636]。

钟跃迁的线性塞曼效应可能会影响基于 In^+ 跃迁频标的最终精度[637]。由于稳定同位素 $^{113}In^+$ 和 $^{115}In^+$ 的核自旋高达 $I=9/2$，$^1S_0 \rightarrow {}^3P_1$（$m_F=\pm 1/2 \rightarrow m_F=\pm 1/2$）跃迁对应的频移约为 $2.4\ kHz/mT$，因此需要将磁场精度控制在纳特（nT）以下。目前已经测得 $170\ Hz$ 的窄线宽钟跃迁，并通过与 $532\ nm$ 的碘稳频光频标[395]或飞秒光梳[629]的频率比对测试了它的频率。

10.3.2.4　$^{199}Hg^+$ 光频标

NIST 的研究小组开展了 $^{199}Hg^+$ 中的电四极跃迁（$\lambda=282\ nm$；见图 10.18）应用于光频标参考的研究。只有克服许多具有挑战性的技术难题，才能实现基于该跃迁的频标。例如，在汞元素的高蒸气压下，因禁离子会与中性原子复合，缩短了离子的因禁时间。为了减少这种效应，该势阱工作在液氦温度下，这样实验人员才可以面对下一步的挑战[640]。为了利用钟跃迁的 $1.8\ Hz$ 窄线宽，他们发展了一种亚赫兹线宽的激光器[31]。在 $282\ nm$ 观察到 $6.7\ Hz$ 的傅里叶极限线宽[641]，这与实验实现的 $Q\approx 1.6\times 10^{14}$ 相一致。Hg^+ 单离子频标的预期准确度为 10^{-18}[641]。与 Yb^+ 一样，最终获得的不确定度可能受限于 $^2D_{5/2}$ 态的非零电子四极矩及其与势阱电场相互作用。场强梯度为 $10^3\ V/m^2$ 时，计算得到[634] ^{199}Hg 离子的四极频移在 $1\ Hz$ 量级。已经利用飞秒光梳对 $^{199}Hg^+$ 的钟跃迁频率[501]进行了测量频率，得到小于 10^{-14} 的相对不确定度。通过与 Ca 光频标的比较，得到了 $^{199}Hg^+$ 光钟的不稳定度上限为 $\sigma_y(\tau)=7\times 10^{-15}\ (\tau/s)^{-1/2}$。这些惊人的结果清楚地表明，合适的单离子光钟可以在与最好的微波钟竞争中占据优势。

10.3.2.5 其他候选离子

有大量合适的候选离子可以应用于未来的频标。人们已经研究了具有类似 Sr$^+$ 离子能级结构的 Ba$^+$ 和 Ca$^+$ 离子[521]。Ca$^+$ 离子的建议钟跃迁（4S-3D）（见表 10.2 和图 10.23）是一种电四极跃迁，其寿命约为 1 s[642]。具有奇核自旋 $I = 7/2$ 的 ^{43}Ca$^+$ 同位素有一个与剩余磁场一阶无关的跃迁。此外，钙离子是类氢原子的结构，因此它的波函数可以很容易地计算出来。从技术上讲，这种离子的所有相关光学跃迁都可以用半导体激光器实现，使得该离子及其跃迁变得更加有吸引力。

Dehmelt[635] 预言的 Tl$^+$ 离子与上文讨论的铟离子具有相同的外部电子结构。另一类完全不同的候选元素是位于元素周期表第四主族的双电离离子，它的中子和质子数为偶数（即所谓的 *gg* 核）[6]，核自旋消失。由于相关的钟跃迁 $^1S_0 \rightarrow {}^3P_1$ 位于 199 nm 到 166 nm 的深紫外，因此如果应用从 C^{2+} 到 Pb^{2+} 的这些元素，伴随而来的将是巨大的技术难度。然而根据文献[643] 提出的方案，可以通过同时俘

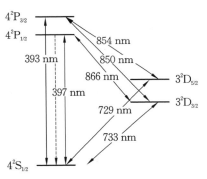

图 10.23　Ca$^+$ 离子的部分能级图

获钟离子和辅助离子的办法克服这些困难，可以通过辅助离子对钟离子进行冷却和态检测（见第 14.2.1 节）。除了 Tl$^+$ 离子，^{10}B$^+$ 和 ^{27}Al$^+$[644] 也可以成为合适的候选离子。

10.4　离子阱中的精密测量

除了将离子量子吸收体的内部振荡应用于频标领域，还可以通过对势阱中离子外部振荡频率的测试实现各种各样的测量，并且达到前所未有的测量精度。由于囚禁离子的外部振荡频率取决于离子本身的特征，因此可以从频率测量中提取有关这些离子的有价值信息。另一方面，这些离子可以长期监测，同一系统可以反复研究，这样我们可以将囚禁的离子用作高灵敏度探针，

---

⑥　见第 5 章脚注⑥。

对微小的时间关联和环境关联效应展开研究。从过去对囚禁离子的大量出色实验中，我们选定了几个与基础研究、计量学和技术应用密切相关的例子进行介绍。

10.4.1 质谱仪

如果把微观粒子的精确质量用作高精度实验中的探针，那么关于微观粒子精确质量的知识就变得非常重要，因为在这些高精度实验中，质量是其他测试量的输入数据。第 13.6.1 节给出了一个光频标测量里德堡常数的例子，在该实验中，只有对粒子的有限质量进行修正才能得出基本常数。建立从最轻原子粒子到最重原子粒子的一致的质量标尺也需要精确的质量测量。此外，原子和核的结合力对原子粒子的质量有贡献，只有以很低的不确定度对原子粒子进行称重才能检验原子核模型是否正确。

最精确的质量测量是用 Penning 阱实现的，根据(10.29)式，势阱中的离子在强磁场中真实的回旋频率与质荷比 m/e 和磁感应强度 B 有关。真实回旋频率可利用(10.37)式得到，该方法需要测量阱相关的修正回旋频率 ν'_c，并根据(10.38)式利用测得的轴向频率得到磁控频率 ν_m，或者可以利用(10.37)式从囚禁离子的三个标准模频率中确定真实回旋频率，这三个可观测的势阱相关的频率分别为修正回旋频率[646]、轴向频率 ν_z 和磁控频率 ν_m。

Difilippo 等人[646]通过将几种原子粒子和分子粒子的质量与原子质量单位 $m_u = m(C^{12})/12$ 联系起来，测量了它们的原子质量。实验中需要利用一个小电场使电场保持很小的扰动，以获得高准确度，由此形成的低轴向频率（160 kHz）利用超导谐振电路测量。为了将不同质量数的离子定位在阱中的同一位置，虽然粒子不同，阱电压保持不变。为了利用粒子各自回旋频率的比率来计算粒子的质量比，在测量过程中必须保持磁场恒定。为了减少磁场每小时 10^{-9} 量级含时漂移的影响，采用了交替测量两种离子的回旋频率的办法。最终他们得出了基本原子质量表，相对不确定度为 10^{-10} 甚至更低[646]。这种测量所能达到的精度令人叹服，我们几乎可以用它检测分子由于其结合能而产生的质量差异，并可以"对分子键称重"。

类似的技术也被应用于测定在加速器装置上利用高能反应产生的不稳定同位素的质量[647]。同位素序列的精确测量使人们能够将原子核的结合能作为质子和中子数的大范围函数加以研究。由此可以推断出核的性质，包括核子的壳闭合、配对或变形效应等，并用于检验核的模型。不稳定同位素寿命较短、频率不同、离子数量少,需要特殊的技术探测这些离子的回旋共振。一种方法是利用离子的轨道磁矩与磁场梯度的相互作用,将回旋运动的相关能量转换为轴向能量。在对离子进行运动激发并将其从势阱中射出后,受回旋频率激发的离子更快地向探测器移动。不稳定同位素的质量分辨率可以超过 10^6,质量测定的相对不确定度可以低于 10^{-7}。

基本粒子的质量和质量比的测量代表了 Penning 阱在精密频率测量方面的另一个重要应用领域,例如对质子、电子、正电子、中子或反质子的质量测定。原子质量标尺是基于 ^{12}C 同位素的质量建立的,因此,所有原子粒子的质量都必须参考该同位素。Van Dyck 等人[648]通过在补偿 Penning 阱中比较质子和 C^{4+} 离子的质量比值,测量了质子的静止质量。这些势阱不同于双曲线端盖加环形电极的结构,它们用护环电极补偿势阱中势场的非二次偶数阶项。为了有效地驱动和冷却回旋运动,并直接探测回旋频率,环形电极被分成四等份。质子和 C^{4+} 离子的质量比由自由空间回旋频率 $\nu_c(p^+)$ 和 $\nu_c(C^{4+})$ 确定,满足 $m_p = M(C^{4+}) \times \nu_c(C^{4+})/(4\nu_c(p^+))$。后者是利用(10.37)式,根据各自的修正回旋共振频率 ν'_c 推导得到的。为了将质子的质量与中性 ^{12}C 原子的质量联系起来,而不是与 C^{4+} 离子的质量相联系,必须对结合能 $E_B = 148.019$ eV 和四个被释放电子的质量 m_e 进行修正,得到 $M(^{12}C) = M(^{12}C^{4+}) - E_B + 4m_e$。修正值给出了质子质量,相对不确定度约为 3×10^{-9}。正电子和质子相对于电子的质量比 $m(e^+)/m(e^-)$[649] 和 $m(p^+)/m(e^-)$ 也是在 Penning 阱中测得的[650]。电子的质量也通过测量 $^{12}C^{5+}$ 中电子的 g 因子[652]的方法进行测定[651],这里还计算了量子电动力学的修正为 $0.0005485799092(4)m_u$,它的相对不确定度为 7.3×10^{-10}。

10.4.2　精密测量

由于许多频标都是基于超精细跃迁,因此研究超精细结构和那些引起频移的物理效应就变得至关重要。目前超精细分裂的测试精度超过了从第一性原理计算得到的这些分裂的能力。第一性原理计算与实验在 10^{-3} 级保持一致[585]。而通过比较同位素链中的超精细结构和 g_I 因子等差分效应,有望弄清楚原子核磁结构的细节[585]。

测量离子的磁矩或 g 因子需要很大的磁场,因此最好在 Penning 阱中操作。离子的基态 g_J 因子的测试相对不确定度在 10^{-7} 量级,这与计算得到的不确定度类似[585]，计算中相对论修正变得非常重要。因此可以用 g 因子对相对论波函数进行高灵敏度检测，它的不确定度主要受限于离子位置的磁场强度的测试不确定度。为此，美因茨大学的研究小组采用了双势阱结构[652]，两个势阱在空间上分离，离子的感应跃迁和探测跃迁分别在分析阱和精密阱中完成。在精密阱中，磁场尽可能均匀，可以在微波场照射下得到窄线宽的回旋共振线。移动两个势阱间的电势最小值，将离子输运到分析阱，然后利用非均匀磁场引起的自旋方向与离子轴向频率的耦合，通过探测非均匀磁场中的拉莫尔频率检测自旋翻转。他们利用该方法精确测量 $^{12}C^{5+}$ 离子的电子 g 因子，并结合量子电动力学的预测对电子静止质量进行了独立测定[651]。

10.4.3　检验基本理论

对电子（和正电子）反常磁矩的测量也对基本理论提出了挑战，因为人们认为偏差 $g-2$ 主要是由量子电动力学（QED）修正引起的[⑦]。QED 的贡献可以写成精细结构常数 α 的一系列幂级数的形式。Kinoshita[653,654]利用量子霍尔效应测量得到的 α 值给出了 $g-2$ 的值[655]。$g-2$ 的理论值和实验值分别为 $(g-2)_{theor}=(1159652156.4\pm23.8)\times10^{-12}$ 和 $(g-2)_{exp}=(1159652188.25\pm4.24)\times10^{-12}$[326]，二者的比较为实验和理论同时提供了明确证据，实验上，它显示了基于频率测量的实验所能达到的准确度；理论上，它证明了理论框架可以将完全不同的物理学领域联系起来。

检验粒子和它的反粒子在质量和电荷上的等效性是一项特别有吸引力的工作，它是在所谓的 CPT 变换下由物理定律不变性提出的要求。CPT 理论指出，在电荷 C 共轭，宇称反转 P 和时间逆转 T 的组合变换下物理定律必须保持不变。实验表明，弱相互作用下的 P 变换、CP 变换、T 单独变换都会发生违反不变性的现象，但 CPT 组合变换被认为将保持物理定律不变。Gabrielse 等人对质子和反质子的荷质比进行了比较[656,657]。Penning 阱不能同时囚禁正粒子和负粒子，必须交替变换囚禁电极的电压或者磁场方向来囚禁粒子或反粒子。由于实验过程中要保持磁场恒定，因此后一种方法实际不可行。需要一个大的开口将反质子有效地转移到势阱中，因此采用堆积的圆柱体而不是双曲线形状的电极来产生阱的四极势。通过仔细选择圆柱形电极的长度和电压，可以满足势场的高质量要求，保证势场中的简谐运动不受囚禁离子能量的

---

⑦　强相互作用和弱-电相互作用的贡献分别在 10^{-12} 和 10^{-14} 量级。

影响。Gabrielse 等人[656]在 $9 \times 10^{-11[657]}$ 的相对不确定度范围内，测得质子和反质子具有相同的荷质比。而根据先前对电子和正电子的 $g-2$ 测量实验，对可能违反 CPT 的现象给出了更严格的限制[658]。

基于离子阱的频标被用于进行一些基本物理问题的验证实验，它们被设计成测零实验，目的是为当前公认的理论设定新的极限，或发现偏差以改进我们对当前一些问题的理解。美国 NIST 的研究人员利用 Penning 阱中的 Be$^+$离子频标（见第 10.3.1.1 节）来探索它的 303 MHz 基态超精细跃迁频率对各种参数的可能的依赖性[586]。在第一个实验中，将 Be$^+$ 的跃迁频率与主动氢钟的频率进行比对。由于 ^{9}Be$^+$原子核为四极矩，而氢原子没有磁矩，可能的空间各向异性会导致两个频标的频率之比呈现以日为周期的变化，这是因为由于地球自转导致空间各向异性的变化周期为 24 小时。在实验不确定度范围内，没有观察到这种依赖关系[659]。另一个实验是寻找 Be$^+$ 离子的频率与跃迁激发方式的关系。他们应用一个具有明确的拉比角 θ 的射频脉冲激发离子。Be$^+$ 离子处于双能态上能级（$-3/2, 1/2$；见图 10.16）的概率随拉比角（见 (5.52) 式）以正弦的形式变化。特别地，如果采用 π 脉冲，离子将以 100% 的概率激发，而用 $\pi/2$ 脉冲进行激发时，离子将处于（$-3/2, 1/2$）和（$-1/2, 1/2$）的相干叠加态，并且在这两个态的布居概率相等（见图 10.16）。Weinberg 指出[660]，对量子力学的非线性修正将使得不同拉比角的跃迁频率发生小的偏移。Bollinger 等人[661]研究了拉比角接近 60° 与 120° 时的频率差，但在 1.3×10^{-14} 的极低相对不确定度范围内未发现这一项。

在另一个系列实验中，Wineland 等人[662]比较了由超导磁体产生的磁场或常规电磁铁产生的磁场对 Be$^+$ 的 303 MHz 跃迁频率的影响。该实验的目的是测试 Be$^+$ 离子的自旋、电磁铁铁杆面上的电子自旋、以及地球上的核子自旋之间可能存在但迄今未知的自旋相关的相互作用，我们可以从"零测试结果"中得到这种相互作用关系的上限。

第 11 章
光学频率综合
和分频

位于光学频段的激光振荡器具有频率高的优势,但只有当产生或测量光学频率的操作性和在微波频段中一样容易时,它才能得到充分利用。光学频率和微波频率要相差五个数量级,人们开发了特殊的设备,用来连接跨度如此大的两个频段。人们通过这些设备对较低的频率倍频或者对较高的频率分频,就像用齿轮调节机械轴的旋转频率那样。这些"齿轮"由非线性混频单元(见第 11.1 节)或移频元件(见第 11.2 节)组成,并通过谐波产生(见第 11.3 节)、分频(见第 11.4 节)或超短脉冲激光器的频率梳(见第 11.5 节)等方式来进行频率综合。

11.1 非线性元件

介质对一个小的激励 U 的扰动的响应 P 通常被认为是线性的,这与胡克定律中机械弹簧的伸长度与作用力成正比是类似的。如果系统受到一个角频率为 ω 的简谐扰动的激励

$$U(t) = U_0 \cos \omega t \qquad (11.1)$$

它以相同的频率 ω 响应。但是,对于较大的扰动,响应则变为非线性的形式:

$$P(U) = \alpha_1 U + \alpha_2 U^2 + \alpha_3 U^3 \cdots$$

$$= \alpha_1 U_0 \cos\omega t + \frac{\alpha_2}{2} U_0^2 (1 + \cos2\omega t) + \frac{\alpha_3}{4} U_0^3 (3\cos\omega t + \cos3\omega t) + \cdots$$

$$(11.2)$$

并且响应中出现了高次谐波 $2\omega, 3\omega, \cdots$。系数 α_i 可视为泰勒级数的 i 阶展开系数。因此，高次谐波 $2\omega, 3\omega, \cdots, n\omega$ 的产生与泰勒展开中该特定项的出现密切相关。换句话说，非线性器件的传递函数（见图 11.1）的大曲率对于产生高次谐波至关重要。

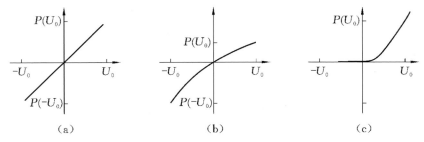

图 11.1　受扰动 U 激发的介质的(a)线性和(b,c)非线性特征响应 $P(U)$

从(11.2)式可以看出，非线性特性产生了谐波信号的高次幂。如果输入信号 U 由两个不同的角频率 ω_1 和 ω_2 的分量组成，则产生的（响应）信号将包含新的频率：

$$\omega = m\omega_1 \pm n\omega_2 \tag{11.3}$$

其中，m 和 n 是整数，$m+n$ 是非线性特性的最高次幂指数。在下文中，将讨论几种非线性效应，根据这些非线性效应制作的设备可用于产生和检测两个或更多个信号的适当的频率组合。

11.1.1　点接触二极管

整流二极管具有特别强的非线性特性（见图 11.1(c)），因此非常适合用于产生高次谐波。为了获得对高频的适当响应，设备的时间常数 $\tau = RC$ 必须尽可能低。使用由金属或高掺杂的半导体制成的高导电材料，可使串联电阻 R 最小化。使用尽可能小的点接触，可以获得最小的杂散电容 C。

点接触金属-绝缘体-金属（MIM）二极管长期以来一直用于远红外的绝对频率测量[663]。点接触二极管产生在 MIM 的界面，例如一个钨丝的尖端压在镍柱或钴柱的氧化表面上时就可以产生。钨丝的针尖是在约 8 μm 直径上蚀刻出的一个约 30 nm 半径的尖端。耦合到 MIM 界面的微波或远红外激光的辐射会产生上升的电信号,并以入射辐射的差频或和频或更高次谐波对电信号进行进一步的处理。对于远红外激光的电磁辐射,为了将接触线用作天线[664],激光束必须使用工作距离较长的高质量显微镜的物镜等方法实现很好的聚焦,准确地耦合到天线模式上。在红外波段,辐射到 MIM 二极管的耦合也严格取决于偏振方向。当使用可见辐射时,激光束的偏振和相对天线的取向的要求要低得多[665]。

通常,MIM 二极管的特性并不像图 11.1(c)所示的那样简单,而是显示出更对称或完全反对称的形状[666,667]。相应的信号严苛地取决于获得的特性、辐射的波长以及正向或反向偏置电压下 MIM 二极管的电场极化方向。制备一个好的 MIM 二极管是非常有技巧的。此外,MIM 二极管装置中最脆弱的一点是其中的细线,它直接暴露在耦合到接触点的高激光功率下,这使得特定的MIM 二极管的使用时间通常只有几个小时。

11.1.2 肖特基二极管

更稳定的混频器和探测器可以由肖特基(Schottky)势垒二极管来实现,它是基于金属-半导体的相变的。通过使用在高掺杂衬底上方的薄半导体层(厚度约为 0.1 μm),可以实现高频应用所需的小电阻。商业肖特基二极管通常包括在有源 n-GaAs 层上的 SiO_2 掩模内的几百个 AuPt 金属阳极,它们的直径为 1 $\mu m \lesssim d \lesssim 2$ μm。用钨晶须接触每一个 PtAu-GaAs 二极管,并用作耦合微波辐射的天线。通常,这样的二极管结构比 MIM 二极管更稳定。在文献[665][667]中对肖特基二极管与 MIM 二极管进行了更详细的比较。

11.1.3 光学二次谐波产生

在光学域中,非线性效应通常是很微弱。但随着强激光场的出现,出现了一些重要的非线性效应。电磁波在电介质中与原子或分子系统相互作用,可以驱动或感应微观的电偶极子。在谐波近似下,感应极化强度 $P(E)$ 是所有微小偶极子的总和,它随电场 E 线性变化(见图 11.1(a)),并且感应电偶极矩会按照电磁波的频率来振荡。这些振荡偶极子是电磁辐射的来源。但是,通常极化 $P(E)$ 是非线性的(见图 11.1(b)),则(11.2)式写为

$$P(E) = \varepsilon_0 [\chi^{(1)} E + \chi^{(2)} E^2 + \chi^{(3)} E^3 + \cdots] \tag{11.4}$$

这里,$\chi^{(i)}$ 是描述 i 阶相关过程的极化率,通常随着 i 的增加而变小。在(11.4)

式中,隐含地假设极化和电磁场的瞬时值有关,并且介质没有任何"记忆"。考虑具有二阶极化率的二次项 $\chi^{(2)} E^2$,其代表了一个张量方程的特例:

$$P_i = \varepsilon \sum_{j,k=1}^{3} \chi_{i,j,k}^{(2)} E_j E_k, \quad i,j,k = 1,2,3 \tag{11.5}$$

一般情况下,任何两个波 E_1 和 E_2 的叠加会产生(11.5)式中的乘积项 $E_j E_k$,即

$$(E_1 + E_2)^2 = E_{01}^2 \cos^2 \omega_1 t + 2 E_{01} E_{02} \cos \omega_1 t \cos \omega_2 t + E_{02}^2 \cos^2 \omega_2 t$$
$$= E_{01}^2 / 2 (1 - \cos 2\omega_1 t) + E_{02}^2 / 2 (1 - \cos 2\omega_2 t)$$
$$+ E_{01} E_{02} [\cos(\omega_1 - \omega_2) t - \cos(\omega_1 + \omega_2) t] \tag{11.6}$$

式中包含了频率为 $2\omega_1$ 和 $2\omega_2$ 的倍频项、和频项和差频项。通常,非线性光学材料中的频率转换实验可以被认为是三个不同的光场之间相互作用的结果,其频率分别为 ν_1、ν_2、ν_3,相应的真空波长为 $\lambda_i = c/\nu_i$。这三个光场的频率和波长要满足能量守恒条件:

$$\nu_1 + \nu_2 = \nu_3 \tag{11.7}$$

或

$$\frac{c}{\lambda_1} + \frac{c}{\lambda_2} = \frac{c}{\lambda_3} \tag{11.8}$$

我们可以定义下面几个过程:从左至右读取(11.7)式,描述了和频产生(SFG)的过程,其中两个光子 ν_1 和 ν_2 被湮灭,同时产生一个新光子,其频率为前两个光子之和。在 $\nu_1 = \nu_2$ 的情形下,这个过程称为二次谐波产生(SHG)。从右至左读取(11.7)式,可以从较高的频率为 ν_3 的"泵浦"光子中产生所需的频率 ν_1 的任何"信号"光子以及频率为 ν_2 的所谓"闲频"光子。第二个过程是在光学参量振荡器(OPO)中实现的(见第 9.3.3 节)。第三个过程是差频的产生(DFG),它产生的光子频率等于两个初始光子的频率之差。根据能量守恒条件的要求,产生具有差频 $\nu_1 - \nu_2$ 的光子时一定伴随其他两个光子,可以写成 $\nu_1 + \nu_2 = \nu_1 + (-\nu_2 + \nu_2) = (\nu_1 - \nu_2) + 2\nu_2$。

11.1.3.1 相位匹配

作为一个例子,我们考虑非线性晶体中的倍频现象。在具有二阶非线性极化率 $\chi^{(2)}$ 的介质中,基频为 ω_1 的电场会在二次谐波频率 $\omega_2 = 2\omega_1$ 上产生极化波。该极化波的传播速度和产生它的基波相同。因此,该速度由基频波长的折射率 n_1 确定。然而,极化波产生了二次谐波,二次谐波的传播速度由该二次谐波波长处的折射率 n_2 确定。通常,对于 $LiNbO_3$ 晶体,这些折射率并

不相同，而是随着波长单调的变化，如图 11.2 所示。由于这种材料通常用于高效的倍频，因此在下文中我们用它作为代表性的例子进行讨论。LiNbO$_3$ 是一种单轴双折射晶体，它有两种偏振的本征模式，分别称为寻常波和非常波，具有不同的相速度 c/n_o 和 c/n_e（见图 11.2）。寻常光束的电场矢量垂直于光轴，在各个方向上都具有相同的速度，即具有相同的折射率（见图 11.3），因此它的行为和在各向同性介质中是一样的。非常光束的相速度在两个本征偏振对应的极值速度之间单调变化，相应的折射率也随之单调变化。相比之下，非常光束的偏振垂直于寻常光，它的速度随光轴与光束方向之间的夹角变化。如果非常光束的方向与光轴一致，则其偏振垂直于该轴。因此，在这种情况下，非常光束和寻常光束的速度是相同的。

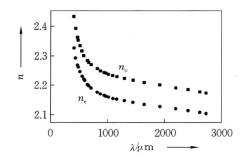

图 11.2　LiNbO$_3$ 晶体的寻常折射率 n_o 和非常折射率 n_e

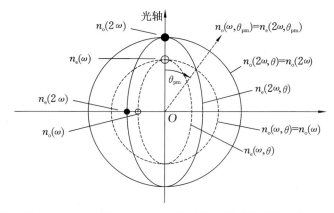

图 11.3　负单轴晶体（$n_e < n_o$，例如 LiNbO$_3$）的折射率椭球剖面图（对于指定的晶体方向 θ_{pm}，非常光束的折射率可以匹配寻常光束的折射率）

通常,由于基波和二次谐波的速度不同,在晶体长度增量 δz 中产生的二次谐波场增量相对于前面的长度单元产生的电磁场具有 $\delta\phi$ 的相位差。二次谐波贡献的总场强 $E^{2\omega}(z)$ 是将增量元素的所有相位增量相加而得到的(见图 11.4(a))。在相干长度 l_{c} 之后,两个波的相位差为 π,并且二次谐波的功率在 $2l_{\mathrm{c}}$ 处降至零(见图 11.5(a))。相干长度可以计算如下:

$$l_{\mathrm{c}} = \frac{\pi}{\Delta k} = \frac{\lambda}{4(n_{2\omega} - n_\omega)} \tag{11.9}$$

其中,λ 是基波光束的真空波长,并且这里用到了 $\Delta k = k_{2\omega} - 2k_\omega$。相干长度 l_{c} 是可用于产生二次谐波功率的最佳晶体长度[①]。为了在非线性晶体中一个较长的距离上实现倍频光,基波和二次谐波的相位必须匹配。在双折射晶体中可以实现相位匹配,这种晶体的特征是具有两个不同的折射率,与电场矢量相对于光轴的方向有关。

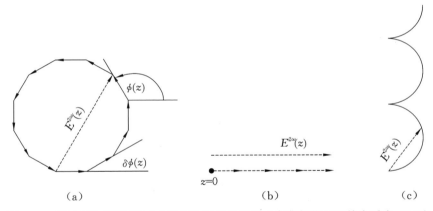

（a）　　　　　　　　　　（b）　　　　　　　　（c）

图 11.4　描述二次谐波 $E^{2\omega}(z)$ 演化的相位矢量((a)在非相位匹配的介质中;(b)完美的相位匹配;(c)准相位匹配。在最后一种情况下,(a)的多边形已被无限小的相位矢量的连续曲线代替)

对于晶体中寻常光束的折射率与非常光束的折射率匹配的方向,即 $n_{\mathrm{o}}(\omega) = n_{\mathrm{e}}(\omega)$,可以实现所谓的相位匹配条件 $n(\omega) = n(2\omega)$(见图 11.3)。在这种情况下,频率为 ω 和 2ω 的两个波的相速度相同,因此基波的能量连续流向二次谐波。后者的电场强度随晶体中的传播距离线性增加(见图 11.4(b)),功率则以平方关系增加(见图 11.5 中曲线 b)。为了获得最佳的相位匹配,需要精确

---

① 　有时[39]相干长度 l_{c} 被定义为(11.9)式中给出值的两倍。

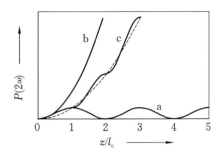

图 11.5 二次谐波幅度的增加（分别对应（a）基波和二次谐波之间的相位不匹配（b）完美的相位匹配和（c）准相位匹配）

选择角度 θ_{pm}，因此这种相位匹配类型通常称为临界相位匹配。除了角度匹配之外，在特定的合适温度下，对于垂直于光轴的光束传播方向，非常光束的椭球表面紧靠在常规光束的球面上。这种"90°相位匹配"或"非临界相位匹配"由于两个原因可以获得特别大的转换效率。首先，其转换效率与光束的发散度无关；其次，由于不会发生双折射，因此非常光束不会偏离寻常光束，并且可以使用更长的晶体来提高二次谐波的产生效率。

11.1.3.2 准相位匹配

现在已经开发出一种称为准相位匹配的简洁方法来实现高效的二次谐波产生[668,669]，该方法无须依赖临界或非临界相位匹配方法。从图 11.4(c)和图 11.5(c)中，我们可以理解其基本思想。考虑一个晶体的非线性系数被周期性地调制，这使得介质的极化方向在 l_c 的每个整数倍处发生改变。这导致对于二次谐波的感应极化强度（从而对 $E_{2\omega}$）有 π 相位的改变。所有相位矢量的总和代表了准相位匹配晶体中产生的二次谐波的所有小波的贡献，它是连续增加的。通过周期性地对晶体进行极化，从而产生一系列反向极化的光畴，可以实现这种结构。人们已经可以实现稳定的磁畴反转[669]，例如，通过将特定的强电脉冲施加到适当切割的材料上，其空间场的图案由具有所需周期的金属掩模来确定。对于确定的晶体长度和相同的非线性系数，准相位匹配器件在每个单位长度上的二次谐波产生效率不如相位匹配材料（见图 11.5）。但是，该方法允许使用(11.5)式具有更高非线性系数的对角元，而对于相位匹配，由于其完全依赖自然的双折射，无法达到这么高的非线性系数。适当的周期性极化材料中的二次谐波产生已被用来高效地产生紫外波段的相干辐射[670]。

11.1.4 激光二极管作为非线性元件

在激光二极管中,由于在半导体中存在强吸收带,至少吸收了一个有贡献场 E_i,因此包含 $\chi^{(2)}$ 项的过程不是那么重要。如文献[40][671]中所示,相关的 $\chi^{(3)}$ 过程是由四波混频引起的。通常具有三个频率 ν_i 的三个泵浦场 E_i 会产生具有频率 ν_4 的第四个场 E_4。其允许的频率由能量守恒条件决定,满足

$$\pm h\nu_1 \pm h\nu_2 \pm h\nu_3 = h\nu_4 \tag{11.10}$$

(11.10)式中通常只有一个泵浦频率为负号,该负号导致第四个信号的频率接近于泵浦波的频率,因此位于激光二极管的透明光谱范围内。激光二极管的四波混频中,泵浦波之间的频率差高达 30 GHz,它源于带间调制,即随载流子浓度的调制。对于更高的频率差,由光谱烧孔引起的频谱带内调制被认为是主要的相关机制[40]。已经证明,激光二极管中的四波混频的泵浦波频率差可高达 3.1 THz,因此这种激光二极管已被用于频率间隔的光学对分(见第 11.4.1 节)。

11.2 移频元件

对于光学频率的测量,通常需要使用一些元件来改变光波频率,并精确确定其频率增量。这种设备中最重要的特征是利用声光或电光效应。

11.2.1 声光调制器

声光调制器基于 $PbMoO_4$ 或 TeO_2 等材料的声光特性,材料中很高的声波速度 v 可以由压电转换器来激发(见图 11.6)。波长为 $\Lambda = 2\pi v/\omega_{sound}$ 的声波调节了材料的密度,从而调节了其折射率 n。和光栅的情况类似,由于折射率的周期性调制,穿过介质的一束激光发生了衍射。通常,光波是被薄光栅偏转还是被厚光栅偏转($\lambda \times l > \Lambda^2$)有很大差异,其中 l 是光栅的厚度。后一种情况称为布拉格情形。在这种情形下,光波和声波之间存在能量和动量的交换。在两种波中,能量都被量子化,并且线性地取决于波的角频率 ω。我们将光波和声波的量子分别称为光子 $\hbar\omega_{photon}$ 和声子 $\hbar\omega_{sound}$。衍射光束中的光子被偏转,因此偏转光束中每个光子的动量 $\hbar\mathbf{k}_d$ 与入射光束中的光子 $\hbar\mathbf{k}_i$ 的动量存在差异。根据动量守恒定律要求,这种差异由声波吸收的声子动量提供,即

$$\hbar\mathbf{k}_i + \hbar\mathbf{k}_{sound} = \hbar\mathbf{k}_d \tag{11.11}$$

如图 11.6(b)所示。同样地,能量守恒定律要求

$$\hbar\omega_i + \hbar\omega_{sound} = \hbar\omega_d \tag{11.12}$$

或

$$\omega_d - \omega_i = \omega_{sound}$$

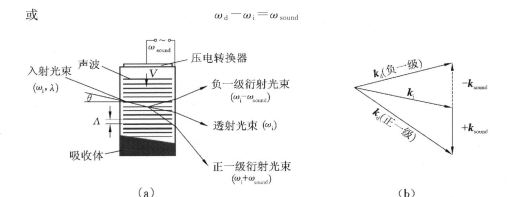

图 11.6 (a)在声光调制器中,光波是通过角频率为 ω_{sound} 的超声波所引起的折射率调制
而发生衍射的;(b)动量守恒关系

由(11.11)式和图 11.6,我们发现未偏转的激光束(零级)和衍射束之间的角
度由用于激励的超声波的频率决定,因为传递的动量随角频率 ω_{sound} 的增加而增
加。通常,商用声光调制器的工作频率为 40 MHz$\lesssim\omega_{sound}/(2\pi)\lesssim$0.5 GHz。为了
获得较高的衍射效率,调制器通常以较低的衍射级次运行,根据超声波的功
率,效率最高可达约 85%。因此,根据这种功率依赖关系,很容易通过驱动压
电转换器的功率来调制或调节透射和衍射激光束的振幅。此外,根据(11.12)
式,可以通过改变驱动压电转换器的振荡器的频率来改变衍射激光束的频率。
使用正或负的衍射级次可以增加或减小光波的频率(见图 11.6)。可以很容易
地将移频后的偏转光束与未偏转的激光束分开,尽管偏转光束的角度随频率
的变化有时在应用中是不利的。根据矢量方程(11.11)式,计算出偏转角 $\alpha =$
2θ 满足

$$\sin\theta = \frac{k_{sound}}{2k_i} = \frac{\lambda\nu_{sound}}{2v} \tag{11.13}$$

这里使用了 $k_i \approx k_d$ 的近似。根据(11.13)式可计算得到,由 PbMoO$_4$ 制成的
声光调制器(声速为 $v = 3650$ m/s)工作在 80 MHz 时,激光束($\lambda = 633$ nm)的
偏转角为 $\alpha \approx 2\sin\theta = 13.9$ mrad。

从(11.12)式中,我们找到一个(乘以时间 t 的)方程,该方程将衍射光束的
相位与声波的相位关联起来。因此,声光调制器也可以用作衍射光波的移
相器。

11.2.2　电光调制器

在某些晶体中,可以通过多种施加电场的方式改变电磁辐射的传播特性(见文献[39])。考虑一个双折射晶体,例如(NH_4)H_2PO_4(ADP)、$LiTaO_3$、$LiNbO_3$等,以这样一种方式切割和使用,即晶体的光轴垂直于激光束的入射方向(见图 11.7)。线偏振激光束被分为两个正交偏振光束,分别称为寻常光束(遵循斯涅耳(Snell)折射定律)和非常光束。寻常光束和非常光束分别根据其不同的折射率 n_o 和 n_e 以不同的速度传播。当将电场施加到电光介质时,束缚电子的电荷中心会相对于离子核发生位移。对应的材料的极化将引起折射率的改变。通常,必须用张量来描述晶体对施加电场的各向异性响应。为简单起见,在图 11.7 中,外加电场 E_z 的方向与非常光束的偏振方向一致。沿该方向的折射率 n 由于施加的电场 E_z 被修改为

$$n=\left(n_e-\frac{1}{2}n_e^3 r_{zz}E_z\right) \tag{11.14}$$

这里,r_{zz} 是张量的对角元,描述了沿 z 方向施加电场时晶体沿 z 方向的响应。光波的相位在晶体中移动了

$$\delta\phi=\frac{2\pi n}{\lambda}L=\frac{n_e^3 r_{zz}}{\lambda}\frac{L}{d}\pi U_m\equiv\pi\frac{U_m}{V_\pi} \tag{11.15}$$

其中,电场是通过施加电压实现的,$U_m=dE_z$。所谓的"半波电压"为

$$V_\pi=\frac{\lambda}{n_e^3 r_{zz}}\frac{d}{L} \tag{11.16}$$

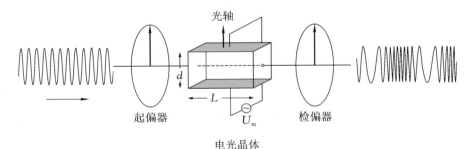

图 11.7　用作横向相位调制器的电光晶体

它是指光波穿过晶体后其相位的改变为 $\delta\varphi=\pi$ 的电压。这种电光装置可以用于不同的目的。它已经被用作激光器频率稳定的快速伺服元件(见第 9 章),通过它改变光路的长度 nL,从而在技术上抵消光程的波动。该设备的另

一个用途是作为电光(相位)调制器,通过施加正弦调制电压 $U_m = U_0 \sin\omega_m t$ 来调制光波的相位。在这种情况下,$\pi U_0/V_\pi$ 在(11.15)式中表示调制系数,并且除了载波之外,相位调制的激光束中还包括了边带,根据(2.52)式可知,边带的幅度和调制系数有关。

在另一个不同的结构中,电光调制器可用于光场的快速幅度调制,类似于普克尔斯(Pockels)盒。考虑一个入射到晶体的线性偏振激光束,该晶体的快(慢)轴相对于激光束的偏振方向倾斜了 45°(见图 11.8)。在这种结构中,具有不同偏振的两个分波的速度不同,导致晶体之后的两个分波间产生相移,它和晶体上施加的电压有关。对于输入光束的偏振,0° 和 180° 的相位差会得到偏振轴分别平行和垂直的线偏振光。90° 和 270° 的相位差会得到圆偏振光,而所有其他的相位差都会得到椭圆偏振光。将一个检偏器放置在电光调制器的出口之后(见图 11.8),可以通过施加的电压调节激光功率。用作幅度调制器的电光调制器和声光调制器通常都被用作"消噪器",以消除激光功率的波动。在这样的结构中,一部分的发射激光功率被分离出来并入射到光电二极管上。光电流与恒定电流源的参考电流之差可用作电子伺服系统的误差信号,该电子伺服系统使用电光调制器作为伺服元件来保持激光功率的恒定。

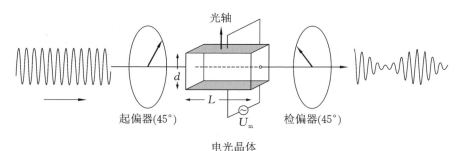

图 11.8　用作横向幅度调制器的电光晶体

在光学频标中,电光调制器通常用作相位调制器,并且要求没有幅度调制存在(见第 9.2.2 节)。然而,在实际设备中,相位调制通常会伴随一定的幅度调制贡献。即使对于调节得很好的偏振,也几乎不能避免幅度调制,因为所有具有非零的电光系数的材料在某种程度上也存在压电效应。结果是,用于调制光波相位的交流电场同时激发了材料的振动。通常,这些振动通过弹光效应还会调制折射率。光束方向上引入的任何调制又可以转换成幅度调制,例如在限制孔径处会发生这样的调制。

11.2.3　电光频率梳发生器

由电光调制器（EOM）产生的边带可用于桥接光学范围内的频率差，该频率差远大于可以直接用光电二极管测量的频率差。通过使用更高的射频频率或通过产生大量的边带，可以增加最大的频率间隔。Kallenbach 等人采用了第一种路线[672]，他们将电光调制器放入共振的微波谐振腔中，以产生 72 GHz 的边带。第二种实现方法是在共振的光学腔中使用共振微波腔，其中的每个边带可以再次成为新的边带的基频源，从而大大增加了边带的总数（见图 11.9）。在这种光学频率梳发生器中，任何两个相邻的频率都以调制频率为间隔分开，并且所有波之间存在明确的相位关系。已经开发出来的电光频率梳发生器可以跨越几太赫兹的频率范围[673,674]。Telle 和 Sterr[675] 计算出第 k 个边带相对于载波 P_c 的功率比值为

$$\frac{P_k}{P_c} = \exp\left(-\frac{\pi|k|}{\delta \times F^*}\right) \tag{11.17}$$

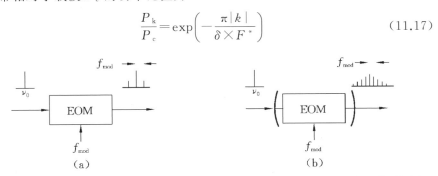

图 11.9　(a)在电光调制器中产生的边带；(b)在谐振光学腔中产生附加的边带，其中调制频率对应于自由光谱范围的整数倍

其中，δ 是单通相位调制系数，F^* 是光学谐振腔的精细度，对应于每个边带的阶数为 -13.64 dB/$(\delta \times F^*)$。假设 $\delta=0.5$，$F^*=100$ 和 $f_{mod}=9.2$ GHz，则梳齿功率的变化为 -30 dB/THz。借助足够高的载波功率和灵敏的检测器，可以桥接几个太赫兹。然而，在几太赫兹的频率下，由于群速度色散[676,677]，边带功率突然下降，其中边带的频率不再是自由光谱范围的整数倍。材料的色散通常对于更长的波长会减小，在 1.064 μm[677] 处频率跨度为 3 THz，到 1.54 μm[678] 处跨度增加到 7.7 THz，在 1.8 μm[678] 以上则可能超过 20 THz。如果谐振腔的频率锁定到略偏离激光的谐振频率位置[677,678]，则可以进一步提高这个值。Brothers 和 Wong[677] 利用腔内棱镜对来部分补偿铌酸锂调制器的材料色散，从而将 1064 nm 处的频率梳范围从 3.0 THz 增大到 4.3 THz。

频率梳的宽度还可以通过非线性相互作用来扩展，例如光纤中的自相位调制。在周期极化的准相位匹配的 $LiNbO_3$（见第 11.1.3.2 节）材料中，通过倍频已经产生了 22 THz 宽度的频率梳[678]。电光频率梳发生器已经用于在光频测量中测试频率间隔[679]。对于频标的应用，通常只需要特定的边带。Ye 等人[680]使用了带有两个可调反射镜的三镜腔。通过这种结构，他们可以谐振地耦合出所需的边带，同时将所有其他边带保持在谐振腔中，以保证持续地产生梳齿。

11.3   倍频频率综合

一直以来，将光学激光振荡器的频率与微波频段的振荡器的频率进行比对都并非易事，这是因为两个域之间的频率比约为 10^5。在可见光中，最先对 Lamb 凹陷稳频的氦氖激光器进行了光频的测量，确定了两个光频的差和比值，其相对不确定度为 6×10^{-8}[681]。1983 年，有人报道了碘分子稳频氦氖激光器（$\lambda = 633$ nm；见第 9.1.3 节）的频率测量[682]。在接下来的几年中，开发了几个所谓的"频率测量链"，将微波时钟连接到红外振荡器[391,392,397]，从红外到光学频段[683]，或者直接从铯钟到光学频段[103,504,684]。这些频率链都是基于大量具有不同频率的中介振荡器，分别通过非线性元件的谐波混合和拍频测量进行比对和锁相。

可以利用在微波频率的测量中已知的技术进行光学频率的测量。这里，用已知的振荡器频率 ν_1 在非线性元件中可以产生高次的谐波。如果合适的谐波 $n\nu_1$ 足够接近另一个振荡器的未知频率 ν_2，则可以使用后者的频率与 ν_1 的 n 次谐波之间的拍频 $\delta\nu$ 来确定之前未知的频率，其方法是

$$\nu_2 = n\nu_1 \pm \delta\nu \tag{11.18}$$

通过监视由频率 ν_1 的增加而引起的拍频的变化，很容易确定（11.18）式中的正负号。可以将几个倍频过程组合到一个所谓的倍频链上，从而将微波频率链接到一个光学频率。在这种链的不同步骤中使用的非线性器件是肖特基二极管（$\nu \leqslant 5$ THz）、金属-绝缘体-金属（MIM）二极管（$\nu \leqslant 120$ THz）和非线性晶体（$\nu > 120$ THz）。图 11.10 所示的是这样一个倍频链的事例，该倍频链用于将 Ca 原子稳定的激光器的光学频率（456 THz）参考到铯原子钟的频率（9.2 GHz）[504,667]。在该链的低频端，氢微波激射器的频率被锁定在铯原子基

准钟的频率上。这种组合将铯原子钟的长期准确度与氢原子激射器的短期稳定度结合在一起,从而使人们能够在较短的积分时间内进行精确的测量。100 MHz 的石英振荡器充当"飞轮",在距载波 10 kHz 处的相位噪声为 $S_\Phi \approx$ -170 dBc。它的频率倍频后,驱动了一个阶跃恢复二极管,该二极管在耿氏(Gunn)振荡器的 22.7 GHz 附近产生谐波。一个 F 波段谐波混频器对 22.7 GHz 信号进行倍频,得到 386 GHz 的 17 次谐波信号,该信号在一个肖特基二极管里与一个来自后向波振荡器的辐射进行混频,将后者的相位锁定到耿氏振荡器的信号上。甲醇激光器在 4.25 THz 处的一部分辐射与反向波振荡器的辐射一起耦合到一个肖特基势垒二极管上,并利用其 11 次谐波与甲醇激光器的辐射之间的拍频对后者的频率进行松散的锁定。下一步,对甲醇激光器的 7 次谐波信号与 CO_2 激光器信号间的拍频进行测量。使用 MIM 二极管时,该激光器的频率再次通过一系列其他 CO_2 激光器锁定到两个 28.5 THz 的 CO_2 激光器(CO_2 P(14)激光器和 $^{12}C^{18}O_2$ P^*(20)激光器)上。来自这两个激光器中的光子的频率之和非常接近于工作在 2.6 μm 的色心激光器(KCL：Li)的光子频率。对 MIM 二极管产生的约为 1.4 GHz 的混频信号进行计数。接下来的倍增是通过在角度匹配的 $AgGaS_2$ 晶体中二倍频实现的。用光电探测器测量该辐射与工作在 1314 nm 的二极管激光器的辐射的拍频信号,并预先将二极管激光器稳定在法布里-珀罗干涉仪上,对色心激光器和二极管激光器的频率进行相位锁定。最终,二极管激光器的辐射在温度匹配的 β-硼酸锂(LBO)晶体中进行倍频。LBO 晶体在 12 ℃附近满足 1314 nm 激光的非临界相位匹配条件,其中,基波作为寻常光束传播,其偏振垂直于二次谐波的非常光束(Ⅰ类相位匹配)。倍频的频率非常接近于 Ca 原子稳频的激光器频率,对两个辐射拍频并用光电探测器进行测量。二极管激光器的频率由锁相环控制,以使其拍频信号保持恒定。因此,两个振荡器的频率,即 Ca 原子稳频的激光器和 1314 nm 的二极管激光器的频率是彼此相位相关的。

图 11.10 中频率链的上半部分与 Ca 原子稳频的激光器进行相位锁定,下半部分与铯原子钟进行相位锁定。因此,如果两个子链都实现相位相干锁定,那么由计数器 3 测得的拍频频率、所有的偏移频率以及乘数,可给出 Ca 原子稳频激光器和铯钟的真实的相位相干的频率比值。

然而,图 11.10 的频率链中的远红外甲醇激光器并未通过锁相环直接锁定

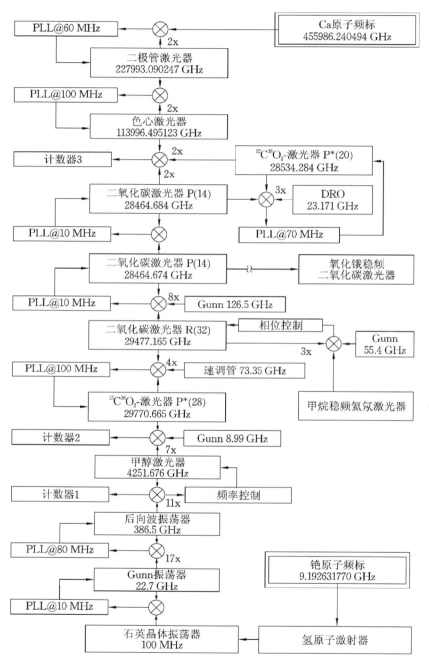

图 11.10 基于频率合成的频率倍增测量链（Schnatz 等人给出的方法[504]。PLL:锁相环；
DRO:介质谐振振荡器）

到相邻的频率链上。这种激光器通常很难操作[667],并且它的某些特性不允许进行直接的相位锁定。尽管如此,频率链中的相位相干性还是通过"传递振荡器概念"[667,685,686]保留了下来。为了理解这个概念,我们考虑图 11.10 中的频率链的上方和下方,其在甲醇激光器的上下两个混频器上产生了稳定的频率。如果由计数器 2 测得的甲醇激光器的七次谐波与 CO_2 激光器的拍频频率在电子学上除以 7,则所得信号的频率波动将是计数器 1 处的甲醇激光器的频率波动。甲醇激光器和来自后向波振荡器的第 11 次谐波之间的拍频信号会显示出符号相反大小相等的波动。这两个频率的和则消除了甲醇激光器的频率波动。这样的消除既可以在得到两个计数器的读数后通过电子计算来完成,也可以使用混频器和分频器在电子学上直接实现[686]。实验中,频率传递激光器(甲醇激光器)的频率被松散地锁定,以便将拍频频率保持在所用的电子滤波器的频带之内。通常,相比于对一台激光器进行相位锁定,使用纯电子的方式来跟踪预稳定激光器的相位似乎是更好的选择,因为无惯性电子系统所提供的跟踪范围几乎是无法超越的。

几年来,已经对不同的 Ca 原子频标进行了频率测量[495,504]。所有频率测量结果的平均值为 $\nu_{Ca}=455986240494.13$ kHz,其总的相对不确定度为 2.5×10^{-13},这与飞秒频率梳发生器的最新频率测量结果非常吻合[501,505]。图 11.10 中的频率测量链还可用于同时测量频率链中其他激光器的频率,包括 CH_4 稳频的波长为 3.39 μm 的氦氖激光器的频率(见第 9.1.4 节;文献[392,667])和 OsO_4 稳频的波长为 10.6 μm 的 CO_2 激光器的频率(见第 9.1.5 节)。

基于非线性元件倍频的频率测量还被用于将可见光或近红外频段的新型频标连接到已知的频标(见文献[475,687])。

11.4 光学分频

除了已经讨论的常规的频率倍增技术,对于较大的光频差的测量,还有一种完全不同的方法。该方法将精确已知的光学频率间隔分隔为可以直接测量的频率间隔。如果频率间隔跨越一个完整的倍频程,即从 ν 扩展到 2ν,则将频率 ν 直接确定为 $\nu=2\nu-\nu$。

11.4.1 频率间隔分隔

Telle、Meschede 和 Hänsch[688]发明了一种能够将光频间隔二等分的光频间隔分频器。考虑由两个频率为 ν_1 和 ν_2 的激光器产生的频率间隔 $\nu_1-\nu_2$(见图 11.11)。

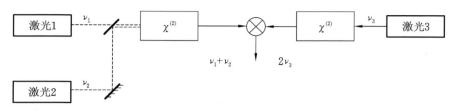

图 11.11   光频率间隔的分频器(由 Telle 等人提出[688])

在具有二阶非线性极化率 $\chi^{(2)}$ 的非线性材料中,这两个激光器的光束会产生一个和频的波,频率为 $\nu_1 + \nu_2$。频率为 ν_3 的第三激光束在第二个非线性设备中倍频产生频率为 $2\nu_3$ 的波,这个波和之前的和频光波进行混频。调节这个频率,如果光电探测器的拍频信号为零,则满足

$$\nu_1 + \nu_2 = 2\nu_3$$

或
$$\nu_3 = \frac{\nu_1 + \nu_2}{2} \qquad (11.19)$$

在这种情况下,ν_3 恰好位于频率 ν_1 和 ν_2 的正中间。以相同的方式,可以将 ν_1 和 ν_3 之间或 ν_3 和 ν_2 之间的频率间隔再次进行平分。在一定数量的级联间隔分频器的帮助下,该技术可以将初始间隔分隔为任何所需的频率差。包含 n 级分频器的频率链可以将初始频率差降低 2^n 倍。有人提出通过使用分频器链与微波频标的频率进行直接的比对,从而测量光学频率的方法,其中分频器链的初始频率间隔对应于一个光学倍频程,即 $\nu_2 = 2\nu_1$。图 11.12 所示的是利用这种方法获得 Ca 原子稳频激光器的分数谐波频率的结构,其中频率 ν_2 是 ν_1 的二次谐波。测量最终间隔的能力决定了所需的分频器的级数。

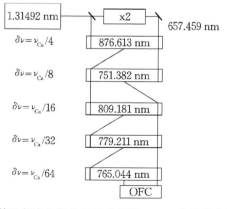

图 11.12   基于频率间隔分割的分频链(OFC:光学频率梳发生器)

随着光学频率梳发生器的出现（见第 11.2.3 节），可以用较少的分频器级数来测量较大的光频差。根据可用的激光二极管和非线性晶体，可以选定最终的频率差测量的波长范围。文献[689]建议使用与图 11.12 相同的起始点，最终得到的波长范围在 875 nm 附近。也有人使用类似的方案，通过与其他光学或红外标准的比对来测量光学频率[394,395,690]。

11.4.2　光参量振荡器作为分频器

Wong[691]设计了一种不同的分频器方案（见图 11.13）。该方案中，频率为 ν_1 的激光器被光学参量振荡器（2:1）分隔产生了 $\nu_1/2$ 的频率，并且被第二个分频器（3:1）分隔产生了 $2\nu_1/3$ 的频率（同时产生了 $\nu_1/3$ 的频率）。调节第二个辅助激光器（激光器 2）的频率，使其频率 ν_2 接近从第一激光器得到的频率 $2\nu_1/3$，从而通过拍频信号来测量其差频 x。通过第三个光学参量振荡器（3:1）可从辅助激光器产生频率为 $2\nu_2/3$ 的光，从而用来测量频率差 y。这些频率的关系是

$$\nu_2 = \frac{2}{3}\nu_1 + x$$

或

$$\frac{2}{3}\nu_2 = \frac{4}{9}\nu_1 + \frac{2}{3}x \tag{11.20}$$

和

$$\frac{2}{3}\nu_2 = \frac{1}{2}\nu_1 - y \tag{11.21}$$

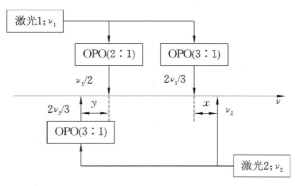

图 11.13　使用三个光学参量振荡器（OPO）的分频方案（按照 Wong 的方案[691]）

联立(11.20)式和(11.21)式，可以得到

$$\frac{4}{9}\nu_1 + \frac{2}{3}x = \frac{1}{2}\nu_1 - y$$

或
$$\nu_1 = 12x + 18y \tag{11.22}$$

这样就可以从两个测得的拍频频率 x 和 y 直接计算得到激光器 1 的频率。利用与微波频段的相干相位链接，已经实现了使用光学参量振荡器的光学频率测量方案[692]，证明了它具有无周跳测量的运行能力，测试准确度达到 5×10^{-18}[693]。

11.5 超短脉冲激光器和频率梳

超短脉冲激光器可以获得比电光发生器宽得多的频率梳（见第 11.2.3 节）。重复频率为 f_{rep} 的连续波锁模激光器发射周期性的超短光脉冲序列，产生了等频率间距的梳状结构。从下面的描述中很容易理解这一点：具有相同的频率偏移 $\Delta\omega$ 的谐波信号的相干叠加会产生一个周期信号，其时域中的脉冲（见图 11.14）以 $T = 2\pi/\Delta\omega = 1/f_{\text{rep}}$ 为间隔分隔开。图 11.14 展示了一个例子，它计算了 21 个等频率间距的梳齿产生的周期性脉冲信号。为了找到 N 个脉冲的包络，需要计算

$$E(t) = \sum_{n=0}^{N-1} e^{i(\omega_0 + n\Delta\omega)t} = e^{i\omega_0 t} \sum_{n=0}^{N-1} e^{in\Delta\omega t} = e^{i\omega_0 t} \left[\sum_{n=0}^{\infty} e^{in\Delta\omega t} - \sum_{n=N}^{\infty} e^{in\Delta\omega t} \right]$$
$$= e^{i\omega_0 t} \left[\frac{1}{1 - e^{i\Delta\omega t}} - e^{iN\Delta\omega t} \frac{1}{1 - e^{i\Delta\omega t}} \right] = \frac{1 - e^{iN\Delta\omega t}}{1 - e^{i\Delta\omega t}} e^{i\omega_0 t} \tag{11.23}$$

对于 $|q| < 1$ 的情形，这里使用了 $\sum_{n=0}^{\infty} q^n = 1/(1-q)$。相应的光强由下式给出，即

$$I(t) \propto |E(t)|^2 = \frac{1 - \cos N\Delta\omega t}{1 - \cos\Delta\omega t} = \frac{\sin^2 N\Delta\omega t/2}{\sin^2 \Delta\omega t/2} \tag{11.24}$$

根据(11.24)式，对于 $N \gg 1$ 的情形，可以根据第一个零点的位置来估算脉冲的宽度。对应于整个基底的宽度 $2t_0 = 4\pi/(N\Delta\omega)$，第一个零点出现在 $\pm N\Delta\omega t_0/2 = \pi$ 处。脉冲的半高全宽 τ_{p} 约为这个值的一半，即

$$\tau_{\text{p}} \approx \frac{2\pi}{\Delta\omega N} \tag{11.25}$$

由(11.25)式可以发现，脉冲的脉宽越短，对信号有贡献的频率（N）就越

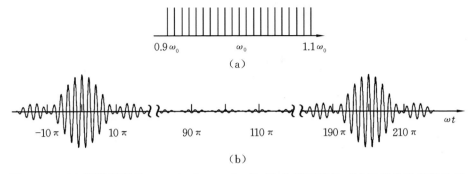

图 11.14 （a）频率间隔为 $\Delta\omega = 2\pi f_{rep} = 0.1\omega$ 的 21 个频率梳齿；（b）相应的时域脉冲序列，可由（a）中的 21 个等距振幅的相位相干叠加计算得出

多。等效地可以这样解释（11.25）式，即梳齿的频谱宽度与脉宽成反比。随着钛宝石飞秒锁模激光器的出现，频率梳可以覆盖大部分的光谱范围。

11.5.1　钛宝石激光器

掺钛蓝宝石激光器（Ti：sapphire laser，以下简称钛宝石激光器）具有超大的增益范围，其增益区覆盖了 670～1100 nm 的波长范围。激光器的活性介质由蓝宝石晶体（Al_2O_3）中的 Ti^{3+} 离子形成，其中 Ti^{3+} 离子替代了绝大部分的 Al^{3+} 离子。晶体中掺杂了多达千分之几的质量比的钛离子。由于 Ti^{3+} 离子与晶格中其他相邻离子的键合作用，其能级受到斯塔克效应的影响，有很大的移动。Ti^{3+} 离子外层只有一个电子，处于 $3d^1$ 能级，由于晶体场的立方部分，它分裂成了 ^2E 和 $^2T_2$ 两个能态（见图 11.15）。

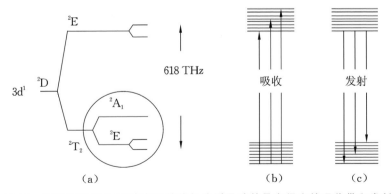

图 11.15　蓝宝石晶体中 Ti^{3+} 离子的能级分裂导致其具有很宽的吸收带和发射带

晶体场的三角部分与自旋轨道耦合在一起，引起了进一步的能级分裂。由于与晶格振动存在相互作用，这些能级被大大的展宽，并相互重叠。大体上，存在两个分离得很开的能带。光子的吸收可以在低能带的底部到高能带的任何能级之间发生。由此产生的掺钛蓝宝石的宽吸收带在 500 nm 附近有最大值，通过氩离子激光器或倍频的 Nd：YVO$_4$ 激光器可以以约 50% 的效率对这些能级进行泵浦。受激的 Ti^{3+} 离子通过无辐射过程迅速衰减到高能带的最低能级。在 20 ℃下，其寿命约为 3 μs，并且可以通过辐射跃迁到低能带的任何能级。这么宽的发射带提供了一个有效的模式耦合过程，它是产生超短脉冲的前提。

11.5.2 模式锁定

如果要在激光器中生成宽带频率梳，则所有对频率梳产生贡献的激光模式都必须具有已知且恒定的相位关系。通过有源或无源装置，可以实现不同频率的模式锁定，其固定的频率间隔为激光谐振腔的自由光谱范围。锁定的模式越多，激光发射的脉冲就越短。实际上，通过被动的模式锁定，可以得到最短约 5 fs 的脉冲[694]。

11.5.2.1 主动锁模

主动模式锁定方案中，通常采用声光调制器（AOM）或电光调制器（EOM）来调制激光谐振腔内的损耗。考虑一个腔内的 AOM，由频率为 f 的正弦电压驱动，其一阶衍射光束从谐振腔中耦合出来。如果光子在周长为 z 的激光谐振腔中折返一周的时间反比于重复频率 $f_{rep} = c/z$，则在施加电压为零的情形下，通过 AOM 的光子将感受到最小的损耗。在每一次环行经 AOM 后，相对于中心部分，脉冲的首尾部的功率都会减小。在谐振腔中循环的脉冲的重复性整形和放大会导致脉冲的脉宽缩短，并且由激光器发出一个脉冲序列。使用声光调制器，可实现脉冲时间低于 100 ps 的连续脉冲序列。使用可饱和吸收体或克尔透镜进行模式锁定的被动锁模方案可以获得更短的脉冲[69,695]。

11.5.2.2 可饱和吸收体

将可饱和吸收体（例如有机染料或半导体）放置在激光谐振腔中，可以实现激光器的有效的被动模式锁定。可饱和吸收体的透射率和激光束的光强有关，在高功率下吸收体会变得透明。具有可饱和吸收器的激光器在开始振荡时存在未锁定的不同模式。具有较高光强的波动(对应于不同模式的同相叠加)会导致可饱和吸收体的透射率更高,因而损耗较低,从而在接下来的循环中被显著放大。相对于已锁相的模式,任何获得正确相位的其他波动模式都能对获得更高的脉冲功率起到作用,由此进一步降低了可饱和吸收体的吸收。半导体可饱和吸收镜(SESAM)[696,697]有时用于实现锁模激光器的自启动。

11.5.2.3　克尔透镜锁模

克尔透镜(Kerr lens)模式锁定是基于光学克尔(Kerr)效应,它表示一种随着光强的增加折射率发生的非线性变化。它是基于(11.4)式的三阶非线性项 $\chi^{(3)}E^3$。与中心对称材料中的二阶极化率项完全为零不同,三阶极化率项在所有光学材料中均不为零。保留(11.4)式中的线性项和三阶非线性项,可以得出由电场引起的迁移:

$$D = \varepsilon_0 E + P = \varepsilon_0(1+\chi^{(1)})E + \chi^{(3)}E^3 = \varepsilon_0[1+\chi^{(1)}+\varepsilon_0^{-1}\chi^{(3)}E^2]E$$
$$(11.26)$$

(11.26)式中方括号内的项可以看作是非线性介电"常数",即

$$\varepsilon' = \varepsilon_1 + \varepsilon_2 E^2 \tag{11.27}$$

其中包含的线性介电常数为 $\varepsilon_1 \equiv 1+\chi^{(1)}$,非线性贡献为 $\varepsilon_2 \equiv \chi^{(3)}/\varepsilon_0$。使用 $n = \sqrt{\varepsilon'}$,从(11.27)式中可得出折射率为 $n \approx n_0 + n_2'E^2$(其中 $n_2' = \varepsilon_2/2$),或

$$n \approx n_0 + n_2 I \tag{11.28}$$

因此,折射率的变化与激光束的光强 I 成正比。例如,用于光纤材料的玻璃和在 800 nm 附近的蓝宝石的非线性折射率分别为 $n_2 \approx 10^{-16}\ \mathrm{cm^2/W}$[69]和 $n_2 \approx 3.2 \times 10^{-16}\ \mathrm{cm^2/W}$[698]。光脉冲在克尔介质中的传播以两种不同的方式受到影响,分别称为横向克尔效应和纵向克尔效应。高斯光束中光强的横向空间变化会引起克尔介质中相移的空间变化,该相移的作用就和一块透镜的作用类似。这种所谓的克尔透镜导致激光束的自聚焦,从而使光束的高辐照部分比低辐照部分更强地聚焦。克尔透镜可用于实现被动模式锁定,因为克尔介质后面的孔径上对高光强产生的损耗较小。类似于可饱和吸收体的情况,它导致在通孔上有较高的功率和较小的损耗,因此会存在模式锁定。在钛宝石激光器中,长度为几毫米的晶体既作为激光介质又作为克尔介质。考虑到克尔透镜起到了软孔径的作用,还可以通过优化泵浦光束与谐振腔模式的重叠来实现模式锁定。在文献[699]中,可以找到实用的对模式锁定进行优化的提示。

纵向克尔效应是基于光脉冲光强的时间相关性。飞秒激光器发射脉冲的时间包络通常可以用双曲线正割脉冲来进行近似，即

$$E(t)=\frac{1}{\pi\tau_{p}}\,\mathrm{sech}\left(\frac{t}{\tau_{p}}\right)\mathrm{e}^{\mathrm{i}\omega_0 t}=\frac{1}{\pi\tau_{p}}\cosh^{-1}\left(\frac{t}{\tau_{p}}\right)\mathrm{e}^{\mathrm{i}\omega_0 t} \tag{11.29}$$

相比之下，高斯脉冲的包络为

$$E(t)=\frac{1}{\sqrt{2\pi}\,\tau_{p}}\exp\left(-\frac{t^{2}}{2\tau_{p}^{2}}\right)\mathrm{e}^{\mathrm{i}\omega_0 t} \tag{11.30}$$

其正割脉冲的两翼更加明显（见图 11.16）。但是，由于两种脉冲形状并没有太大不同，因此下文中我们更愿意使用高斯脉冲进行讨论，因为它在数学上更容易处理。

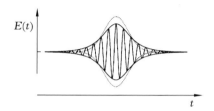

图 11.16 双曲正割短脉冲及其包络线（实线，(11.29)式）与高斯脉冲包络线（虚线，(11.30)式），并将两个脉冲包络的幅度对其相同面积进行归一化

考虑一个光强分布为 $I(t)=I_0\exp[-(t/\tau_{p})^{2}]$ 的脉冲，该脉冲对应于(11.30)式的高斯脉冲，并经过长度为 L 的克尔介质，得到的相位因子为 $\exp(\mathrm{i}\Phi)=\exp(\mathrm{i}\omega_0 Ln/c)$。使用(11.28)式，并在中心附近将高斯脉冲按照 $I(t)=I_0\left[1-\left(\frac{t}{\tau_{p}}\right)^{2}+\cdots\right]$ 展开，在长度为 L 的克尔介质后面的脉冲场为

$$E(t)\propto\exp[-(t/\tau_{p})^{2}]\exp(\mathrm{i}\omega_0 t)\exp(\mathrm{i}\omega_0 L/c\{n_0+n_2 I_0[1-(t/\tau_{p})^{2}]\})$$
$$\tag{11.31}$$

由相位：

$$\Phi(t)=\omega_0 t+\omega_0 L/c\{n_0+n_2 I_0[1-(t/\tau_{p})^{2}]\} \tag{11.32}$$

可以计算瞬时频率 ω 为

$$\omega(t)\equiv\frac{\mathrm{d}}{\mathrm{d}t}\Phi(t)=\omega_0-2\omega_0\frac{n_2 I_0 L}{c\tau_{p}^{2}}t \tag{11.33}$$

因此，在脉冲中心附近，频率随 t 线性变化。这个频率啁啾意味着，对于 $n_2>0$（即正色散），频率随着时间 t 的增加而降低。脉冲中心部分由于光强最

大而被延迟,从而在脉冲的前沿产生红移,在尾部产生蓝移。有时,将这种效应称为自相位调制。

11.5.3　超短脉冲的传播

在掺钛蓝宝石晶体这样的介质中传播时,超短脉冲具有一些通常不会遇到的特性,因为平时我们仅考虑几乎单色辐射的传播。根据(5.5)式,超短脉冲的频率要覆盖相当大的频谱范围,因此要将色散,即折射率和波长的关系考虑进来。如下文,假设为正常色散($\mathrm{d}n/\mathrm{d}\omega > 0$)的情况,则高频分量相对于低频分量来说会有延迟,这种群速度色散(GVD)导致脉冲的时间变宽以及变化的瞬时频率(称之为啁啾)(见图 11.17)。由于脉冲形状受色散的影响很大,因此在描述介质中脉冲的传播常数 $k = 2\pi/\lambda = \omega_n(\omega)/c$ 时,必须将这个效应的影响包括进来。我们将传播常数在 ω_0 处进行值泰勒级数展开,有

$$k(\omega) = k(\omega_0) + (\omega - \omega_0)\frac{\mathrm{d}k}{\mathrm{d}\omega}\bigg|_{\omega=\omega_0} + \frac{1}{2}(\omega - \omega_0)^2 \frac{\mathrm{d}^2 k}{\mathrm{d}\omega^2}\bigg|_{\omega=\omega_0} + \cdots \quad (11.34)$$

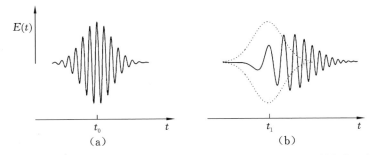

图 11.17　超短高斯脉冲在通过具有正常色散的材料之前(a)和之后(b)的振幅(该脉冲相对于原始脉冲有一个延迟(虚线),它被拉伸并在脉冲的后沿获得具有蓝移频率分量)

不同幂级数的系数以不同的方式影响着脉冲在色散介质中的传播,即

$$k(\omega_0) \equiv \frac{\omega_0}{v_\phi} \quad (11.35)$$

它是角频率为 ω_0 的正弦载波在脉冲包络内如何传播的一个量度。在传播距离 z 之后,相应的相位延迟为 $k(\omega_0)z$,时间延迟为 $t_\phi = k(\omega_0)z/\omega_0 = z/v_\phi$。相速度 v_ϕ 与折射率的关系为 $n \equiv c/v_\phi$,则有

$$\frac{\mathrm{d}k}{\mathrm{d}\omega}\bigg|_{\omega=\omega_0} = \frac{1}{v_g} \quad (11.36)$$

是群速度为 v_g 的包络移动多快的一个量度。因此,也存在一个脉冲波群的折

射率：

$$n_g(\lambda) \equiv \frac{c}{v_g} = c\frac{\mathrm{d}k}{\mathrm{d}\omega} = c\frac{\mathrm{d}}{\mathrm{d}\omega}\frac{\omega n}{c} = n + \omega\frac{\mathrm{d}n}{\mathrm{d}\omega} = n(\lambda) - \lambda\frac{\mathrm{d}}{\mathrm{d}\lambda}n(\lambda) \quad (11.37)$$

其中，我们使用了 $\mathrm{d}\omega/\mathrm{d}\lambda = -\omega/\lambda$。如果群速度小于相速度（$v_g < v_\phi$），则对于锁模激光中的一系列脉冲，载波频率的周期会从尾部通过脉冲包络线移动到前沿。（11.34）式的第三项中的二阶导数为

$$\left.\frac{\mathrm{d}^2 k}{\mathrm{d}\omega^2}\right|_{\omega=\omega_0} = \frac{\mathrm{d}}{\mathrm{d}\omega_0}\left(\frac{1}{v_g(\omega)}\right) \quad (11.38)$$

它代表了群速度色散。当脉冲通过具有非零的群速度色散的介质时，这一项将导致脉冲的畸变。在光学材料（例如光纤）中，群速度色散通常用色散度来表征，即

$$D \equiv \frac{1}{L}\frac{\mathrm{d}T}{\mathrm{d}\lambda} \quad (11.39)$$

其中，λ 是真空波长，T 是脉冲穿过长度为 L 的材料所花费的时间。该时间为 $T = L/v_g$，因此，有

$$D = \frac{\mathrm{d}\frac{1}{v_g}}{\mathrm{d}\lambda} = -\frac{\omega}{\lambda}\frac{\mathrm{d}\frac{1}{v_g}}{\mathrm{d}\lambda} = -\frac{2\pi c}{\lambda^2}\frac{\mathrm{d}^2 k}{\mathrm{d}\omega^2} \quad (11.40)$$

其中，我们使用了（11.36）式。石英玻璃是制作光纤的典型材料，其折射率 $n(\lambda)$ 和群折射率 $n_g(\lambda)$ 如图 11.18 所示，相应的色散如图 11.19 所示。

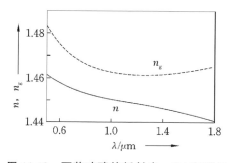 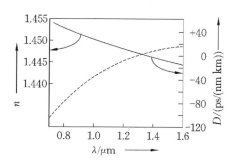

图 11.18　石英玻璃的折射率 $n(\lambda)$ 和群折　　图 11.19　石英玻璃的折射率 $n(\lambda)$ 和色散
　　　　　射率 $n_g(\lambda)$（见（11.39）式）　　　　　　　　　（见（11.37）式）

　　在光波导或光纤中，群速度色散不仅取决于材料色散，还受到波导色散、模式色散或偏振模色散的影响。后三个是由波导模式的约束产生的，其中传

播常数 k 及 v_g 随角频率 ω 改变。如果存在材料和波导的色散,那它们均会对群速度色散产生贡献[39]:

$$D = -\frac{\lambda}{c}\left[\left(\frac{\partial^2 n}{\partial\lambda^2}\right)_m + \left(\frac{\partial^2 n}{\partial\lambda^2}\right)_w\right] \tag{11.41}$$

其中,下标 m 和 w 分别指材料和波导。单纯的石英玻璃光纤在 $1.3~\mu m$ 的波长附近的材料色散为零。在这个波长下,很短的脉冲可以长距离传输而不会发生色散展宽。考虑到模式色散,可以通过制备合适的波导来使零色散位置偏移,通过波导色散来补偿材料色散。使用零色散的特种光纤(见第 11.5.5 节)可将零色散位置移至约 800 nm,在这里,钛宝石激光器可以产生短脉冲,从而产生非常宽的频率梳。

11.5.4 钛宝石飞秒锁模激光器

基于克尔透镜锁模的钛宝石飞秒激光器通常为线性谐振腔,由输出耦合器和端镜构成,类似于图 11.20 所示的结构。布鲁斯特角端面的掺钛蓝宝石晶体通常由一个 10 W 的 532 nm 单频输出的 Nd:YVO₄ 倍频激光器来泵浦。为了产生短脉冲,必须在激光谐振腔内部插入一对熔融石英棱镜[700]来补偿掺钛蓝宝石晶体中的正常群速度色散。通过棱镜的调整,人们可以校正环行一周的群速度色散。

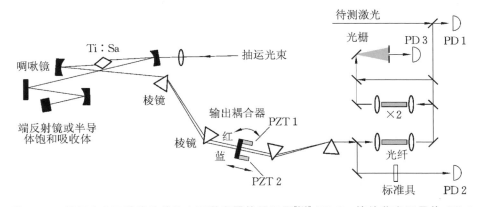

图 11.20 用于产生飞秒脉冲的钛宝石激光器的原理图[505](Ti:Sa:掺钛蓝宝石晶体;PD 1 ~PD 3:光电二极管)

要实现重复频率约为 100 MHz 的钛宝石飞秒激光器的自启动并不容易,因为当激光器从连续输出切换到脉冲运行时,峰值功率变化了约六个数量级。

因此,在连续模式下,克尔透镜的模式锁定过程非常弱。为了实现脉冲激光器的自启动,有时会插入一个半导体饱和吸收体(SESAM)[505,696]。宽带可饱和吸收体是一个复合的镜片,由镀了 5 μm 银镜的硅基板和一系列复杂的膜组成,其中包括 15 nm 厚的低温 GaAs 半导体吸收层[696]。使用这种反射镜,可以获得 6.5 fs 的激光脉冲[697],并覆盖 690 nm 至 900 nm 的波长范围。

啁啾镜。

即使一对棱镜补偿了群速度色散,但熔融石英棱镜的高阶色散仍然是产生超短脉冲的最重要限制。为了在扩展的带宽上同时获得高反射率和群延迟的补偿,必须使用啁啾镜[701]。它们由离子束溅射到 SiO_2 基板上多层的 TiO_2 和 SiO_2 膜构成。高折射率(800 nm 附近,$n(TiO_2) \approx 2.3$ 和 $n(SiO_2) \approx 1.45$)的交替膜层形成了布拉格反射镜。每一层的折射率变化都会导致菲涅耳反射,其振幅反射率为 $r = [n(TiO_2) - n(SiO_2)]/[n(TiO_2) + n(SiO_2)] \approx 0.23$。在具有相同厚度 a 的一系列交替膜层序列中,在角度 θ 上会发生布拉格反射[②],其中 $n\lambda = 2a\sin\theta$。为了补偿其他元件中的群延迟色散,啁啾镜需要群延迟,该群延迟要求随波长近似呈线性变化。这种变化可以通过周期不恒定的多层镀膜反射镜(见图 11.21)(有时称为啁啾反射镜)得到。在啁啾镜中,波包在一定的深度上被多层结构反射,该结构的深度与波包的中心波长相匹配。在图 11.21 中,与较短波长相比,较长波长在反射镜的较深区域反射,因此对较长的波长有较大的群延迟。然而,由于法布里-珀罗型共振会强烈干扰群延迟色散,因此膜厚单调变化的啁啾多层膜是不合适的。反射镜前部的部分反射和反射镜后部的布拉格反射导致具有较长波长的成分发生干涉。可以通过适当调整膜层厚度[701]来避免干涉,由此可以得到双啁啾镜[702](见图 11.21)。在非常宽的范围内,这类反射镜的反射率可能远远高于 99%[701,702]。

利用这些技术,克尔透镜锁模的激光器在常规的操作下就可以将脉冲长度降低至约 10 fs。这种脉冲的空间长度仅为 $\Delta l = c \times 10$ fs ≈ 3 μm,对应于 $\Delta\lambda/\lambda = \Delta\nu/\nu \approx 10\%$(见(5.98)式和表 5.5)。为了应用于光学频率的测量,将频

---

② 注意,布拉格角 θ 的定义与普通光学的入射角 α 不同。α 是入射光线与表面法线之间的角度,而 θ 表示入射光束的波矢与表面之间的角度。

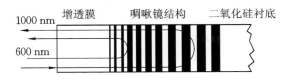

图 11.21 通用的双啁啾镜结构的示意图（根据文献[702]）

率梳覆盖整个光学倍频程甚至更大的范围是十分有利的（见第 11.5.6 节）。

11.5.5　扩展频率梳

当飞秒激光器脉冲在光纤中经历自相位调制时，能产生更宽带的光谱。然而，对于传统的光纤，由克尔透镜锁模激光器产生的几十皮秒的短脉冲在光纤的前几百微米就会迅速展宽。同时，脉冲的峰值功率迅速降低，自相位调制过程变得效率低下。微结构光纤的发展，使人们可以将零色散波长移至 $\lambda \approx 0.8~\mu m$ 附近，而这是克尔透镜锁模的钛宝石激光器发出的飞秒脉冲的中带波长。在这样的光纤中，这些脉冲可以传播几厘米而不会发生严重的脉冲扩展。

光纤的自相位调制可被认为是四波混频过程。在频域上考虑用两个相邻梳齿的角频率为 ω_1 和 $\omega_2 = \omega_1 + \delta$ 表示短脉冲。在光纤中，非线性过程可能产生 $2\omega_1$ 和 $2\omega_2 = 2\omega_1 + 2\delta$ 的频率。这两个新频率与原始频率的差频 $2\omega_1 - \omega_2$ 和 $2\omega_2 - \omega_1$ 一起产生了新的频率为 $\omega_1 - \delta$ 和 $\omega_2 + \delta = \omega_1 + 2\delta$。结果，产生的新频率展宽了频率梳。因为存在群速度色散，超短脉冲迅速展宽，使得无法在光纤中一定距离内维持产生有效的自相位调制所需的峰值功率。在特种光纤中，可以对群速度色散进行定制。光纤由中空的二氧化硅纤维紧密堆积成二维周期阵列（所谓的有孔纤维），形成二维光子晶体[703]。如果这种光纤的纤芯由没有孔的光纤组成，则在频率在光子带隙内的辐射将无法穿透光纤的包层。多孔光纤可以通过以下的步骤来制造[703,704]：将很细的玻璃毛细管堆叠成周期性阵列，并在高温下熔融和拉伸。多次重复该过程就能得到所需的结构，如图 11.22 和图 11.23 所示。文献[705]的作者使用了一种微结构光纤，该光纤由直径为 $1.7~\mu m$ 的二氧化硅芯构成，并被六边形密排的直径为 $1.3~\mu m$ 的气孔阵列包围。在这样的光纤中，可以调整波导色散以补偿材料色散，波导色散为纤芯直径的函数，波长为 $0.7~\mu m$、$0.8~\mu m$ 和大于 $0.9~\mu m$ 以上时，对应的纤芯直径分别为 $1.4~\mu m$、$1.7~\mu m$ 和 $4~\mu m$[705]。

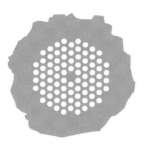

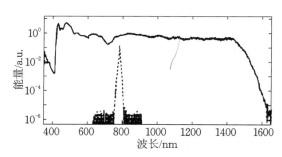

图 11.22　分布着周期性气孔的光纤的横截面，气孔沿着长度方向（中心孔不存在，中心区域具有高折射率并被气隙包围，可用于引导光束）

图 11.23　在微结构光纤的 75 cm 截面中产生的连续光谱（虚线曲线显示了初始 100 fs 脉冲的频谱。经文献[705]授权）

使用微结构光纤时不再需要低于 10 fs 的脉冲，因此大多数用于测量光学频率的飞秒激光器都不再采用 SESAM。

更详细地讲，微结构光纤中的"超连续谱产生"包括了自相位调制、孤子裂变、四波混合和拉曼散射[706]这几个过程。为了使用这些频率梳，必须确保在这些过程中相位保持一致。其根本的噪声限制来自沿着光纤的自发拉曼散射[707]。无论如何，利用微结构光纤，很容易产生频率梳，其宽度超过了一个倍频程，并且每条梳齿之间的相位相干性也保留下来。

11.5.6　用飞秒激光测量光学频率

锁模激光器（见图 11.20）发射几个飞秒的脉冲，其重复频率由激光谐振腔的自由光谱范围给出。典型的重复频率为 100 MHz $\leqslant f_{rep} \leqslant 1$ GHz。

通常，由于脉冲的群速度不同于波的相速度，因此在激光谐振腔中激光脉冲每环行一次后，载波的相位相对于其包络偏移 $\Delta\Phi$（见图 11.24）。这样，时域上的振幅谱就不再是周期性的，因此对应频谱的每条谱线都不再是重复频率的精确整数倍。如果这种变化以恒定的速率发生，则整个梳状结构将发生所谓的载波包络偏置频移：

$$\nu_{CEO} = \frac{d\Phi}{dt} = \frac{\Delta\Phi}{2\pi T} \tag{11.42}$$

因此，假设我们测量了重复频率 f_{rep} 和 ν_{CEO}，并且 m 是已知的，梳齿的每个频率 ν_m 可以由下式确定，即

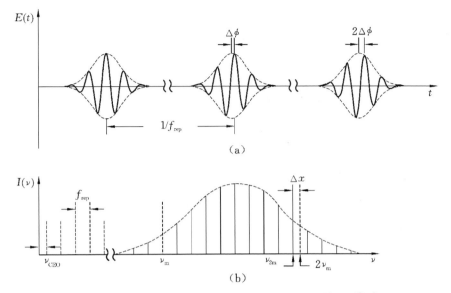

图 11.24　锁模飞秒激光器的时域(a)和频域(b)的光谱[708]

$$\nu_m = m f_{rep} + \nu_{CEO} \tag{11.43}$$

因为重复频率在几百兆赫兹量级,我们可以用波长计来确定 m 并且不存在任何歧义。很容易用光电二极管(见图 11.20 的 PD 2)来测量其重复频率,并与微波范围的频标进行比对。通常,需要测量更高阶的谐波(例如,10 GHz 附近)而不是重复频率本身,因为在这种情况下,快速的 InGaAs PIN 光电二极管可以实现更高的信噪比[43]。为此,一般在光电二极管 PD 2 前面要使用一个自由光谱范围为 10 GHz 的标准具(见图 11.20)。

如果梳齿跨度大于一个频率倍频程,即梳齿同时包含频率 $\nu_m = m f_{rep} + \nu_{CEO}$ 和频率 $\nu_{2m} = 2 m f_{rep} + \nu_{CEO}$,两者又都有足够的功率,则可以确定频率梳的频移 ν_{CEO}。考虑一个来自激光器的辐射,其频率被锁相到频率梳的频率 ν_m,并且在非线性晶体中被倍频。倍频光的频率很容易由 $2\nu_m = 2 f_{rep} + 2\nu_{CEO}$ 给出。该谱线与频率梳的谱线 ν_{2m} 的拍频频率 Δx 为

$$\Delta x = 2\nu_m - \nu_{2m} = 2(m f_{rep} + \nu_{CEO}) - (2 m f_{rep} + \nu_{CEO}) = \nu_{CEO} \tag{11.44}$$

由此精确给出了载波偏移频率 ν_{CEO}。为了实现该方案,要将倍频梳齿(见图 11.20)与基频梳齿重合,并指向光栅。对倍频过程有贡献的模式的数量取决于非线性晶体中相位匹配的光谱宽度。选择光栅的分辨率,以便可以通过

后面合适的光阑选择出那些模式，使得光电探测器 PD 3 能获得最好的信噪比。如果频率梳不具备完整的倍频程，则可以用其他方案来确定 ν_{CEO}[709]。

如果必须将重复频率 f_{rep} 和光学频率 ν_m 稳定或保持在滤波器或锁相环的最佳范围内，则必须对频率梳进行微调。可以用安装在压电转换器（PZT；见图 11.20）上的腔镜来改变激光腔的长度，从而同时移动频率梳的所有模式[710,711]。用第二个 PZT 倾斜棱镜对后面的腔镜，可显著地影响腔内的色散。因此，这样可以控制模式的间隔，也就等于控制了重复频率。从后面的方程式可以看出，这两个转换器（倾斜和长度变化）并不完全正交。考虑到掺钛蓝宝石晶体的影响，飞秒激光的重复频率由下式给出，即

$$f_{rep} = \frac{c}{z + l_{Ti:Sa}(n_g + n_{2g}I - 1)} \tag{11.45}$$

其中，z 是激光器的周长，$l_{Ti:Sa}$ 是掺钛蓝宝石晶体的长度，n_g 和 n_{2g} 是和（11.28）式类似的（群）折射率。第 m 个模式的载波频率为

$$\nu_m = \frac{mc}{z + l_{Ti:Sa}(n_p + n_{2p}I - 1)} \tag{11.46}$$

其中，n_p 和 n_{2p} 为相位折射率。在飞秒激光器中，造成重复频率和载波频率的波动的各种影响的组合效应最后作为噪声显现出来（见图 11.25）。审视（11.45）式和（11.46）式，可以发现它们的影响。路径长度 z 的变化，包括棱镜内的路径改变和谐振腔内的空气变化，分别可导致载波频率几个吉赫兹和几个太赫兹的变化。路径长度的波动主要归因于声学扰动。由掺钛蓝宝石晶体中的热耗散引起的热波动和由（11.28）式中的 n_2 引起的波动是其他的噪声来源。除了倾斜输出耦合器之外，还有其他的技术可提供快速伺服单元，例如可通过改变泵浦功率来改变光强[709]。通过向激光晶体注入额外的激光场，从而调制克尔透镜，也可以生成非常快的调制输入[712]。从技术上讲，通常可以将波动控制到一定的程度，以使得真正的相位相干测量可以实行。

通过将重复率 f_{rep} 和载波偏置频率 ν_{CEO} 稳定到微波频标（例如 Cs 原子钟），频率梳就可以代表一种已知光学频率的自参考"频率标尺"。

多个比对实验证明了多种光学频率测量方法之间的等效性，这些频率测量方法包括用飞秒光梳和谐波产生综合[501,505,713]、频率间隔分频链路[679]或者两个独立的频率梳[714]。

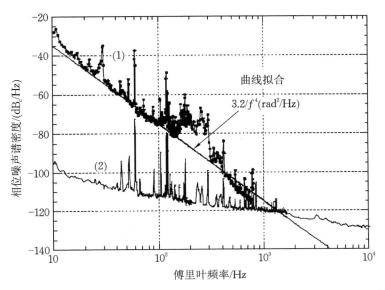

图 11.25 实测的重复频率 f_{rep} 的相位噪声谱密度((1)为自由运行的克尔透镜锁模激光器,(2)为用于对比的频率合成器的相位噪声。由 L.Hollberg 提供)

Telle 等人[686]已经将传递振荡器概念应用于光学频率测量,该测量不会因克尔透镜锁模激光器的噪声特性而降低。考虑图 11.26 中的信号处理方案,x 是被测激光器的未知频率 ν_x 与最近的梳齿谱线间的频率差。在混频器 M1 中,测得的重复频率 f_{rep} 与作为射频源的本地振荡器提供的射频频率 f_{LO} 进行混频。选出差频信号通过一个谐波锁相环实现 m_2 倍频,得到

$$\nu_A = m_2(f_{LO} - m_1 f_{rep}) \tag{11.47}$$

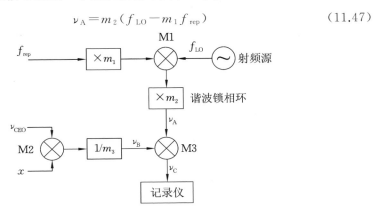

图 11.26 用于链接光频和射频的信号处理方案[686](M1、M2、M3 为混频器)

在混频器 M2 中,产生 ν_{CEO} 和 x 的和频,在分频器后输出的频率为

$$\nu_B = \frac{\nu_{CEO} + x}{m_3} \tag{11.48}$$

在混合器 M3 之后,产生了如下的差频频率 $\nu_A - \nu_B$,即

$$\nu_C = \nu_A - \nu_B = m_2 f_{LO} - \left(m_1 m_2 f_{rep} + \frac{\nu_{CEO} + x}{m_3} \right) \tag{11.49}$$

另一方面,从(11.43)式得出

$$\frac{\nu_x}{m_3} = m_1 m_2 f_{rep} + \frac{\nu_{CEO} + x}{m_3} \tag{11.50}$$

将(11.50)式代入(11.49)式中,最终得到

$$\nu_x = m_2 m_3 f_{LO} - m_3 \nu_C \tag{11.51}$$

因此,如果可以清楚地跟踪图 11.26 的方案中所有信号的相位,该方案对光学频率 ν_x 的测量不会因为克尔透镜锁模激光器的噪声而降低。

类似地,光学频率比值的测量不会由于微波振荡器的不稳定性而降低精度。考虑如下的情况,来自两个独立的光频标的两个不同光学频率 ν_1 和 ν_2 被锁定到同一个光频梳的合适梳齿频率上,则有

$$\nu_1 = \nu_{CEO} + m f_{rep} + \Delta x \tag{11.52}$$

$$\nu_2 = \nu_{CEO} + n f_{rep} + \Delta y \tag{11.53}$$

如果给出的 ν_1 和 ν_2 的值的精度要比脉冲的重复频率 f_{rep} 高得多,则 m 和 n 就是已知的,而不会有歧义。由于测量了 ν_{CEO}、Δx 和 Δy,因此只有两个未知数 ν_1/ν_2 和 f_{rep},它们可以通过(11.52)式和(11.53)式来确定。该方法已被证明可以以优于 6×10^{-19} 的精度来测量频率比[715]。

除了钛宝石激光器之外,还有其他固态飞秒系统[698]可用于产生频率梳。Cr:LiSAF(Cr:LiSrAlF$_6$)是另一种能够产生脉宽小于 60 fs 的候选激光器[499,716]。这种激光器可以由 670 nm 二极管激光器直接泵浦,从而能以可移动的电池系统供电。该激光器的结构类似于图 11.20 所示,用腔内的 SESAM 和棱镜对来调节群速度色散,其重复频率被锁定在 100 MHz 的石英振荡器上[716]。另一个非常有前途的候选是掺 Er 放大激光器[717]。它们可以用商用的通讯激光器和组件来构造,因而便宜很多。它们可以制造得非常紧凑,甚至适合于太空应用。

飞秒光梳发生器在发明后,立即用于 Cs 原子的 D1 线[718]和许多光频

标[501,505,626,713,719-721]的频率测量。随着实验的快速进展,精度不断提高,已经证明了[715,718]飞秒光频率发生器的相对精度可以小于 6×10^{-19}。与基于倍增法的频率链相比,用频率梳发生器来对光学频率进行分频有许多优势。首先,与专用于特定光学跃迁的频率链相反,已知频率的频率标尺已经扩展到可见、红外和近紫外光谱范围,这使得任一个光学频率的测量都变得更加容易。其次,全固态系统具有很高的可靠性,再加上紧凑的尺寸和可接受的价格,使其成为光钟里一个方便的时钟装置。最后,分频过程避免了在每个倍增步骤中增加相关的相位噪声。因此,飞秒光梳发生器解决了长期以来对光学频率能不能进行简单测量的问题,从而使人们能够充分利用光频标和光钟的全部潜力。

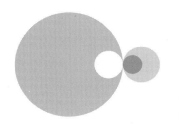

第 12 章
时标与时间发布

　　准确的时间和频率对技术和科学至关重要。它们与我们的日常生活息息相关的技术,例如船舶、飞机和车辆的导航、大地定位、广域网或高速数字通信都是基于准确的时间和频率。公众对它们在科学前沿的另外一些应用则了解较少,包括深空导航、甚长基线干涉测量、基本常数的测量和基本计量单位的复现等。

　　所有这些应用都以某种方式依赖频率或时间信号的发布。在远端的地点,接收到的时间和频率信息允许人们比较、生成或同步本地时间标尺(以下简称"时标"),以驾驭振荡器或测量发射机和接收机之间的传播延时。时间信号沿传输路径以光速传播的事实,允许我们根据测量的路径延迟确定几何距离或精确定位。然而传输技术必须根据传输的是时间信息还是频率信息满足不同的要求。对于时间传输,必须正确地计入引起时延的各种贡献,如电缆、设备和传播路径。因此,时间传输中所达到的不确定度最终受到信号的结构、对发送和接收设备标定的延迟准确度、信号延迟在设备和传播路径上的稳定度的影响。所有这些贡献加起来就是时间传递的不确定度。另一方面,如果将频率作为信号周期性的结果进行比对,则无须知道延迟量,但需要该值在比对时保持恒定。此外,当今的频标、时钟和相互比对方法的性能指标都非常高，使得我们有必要彻底阐述广义相对论带来的限制。本章首先简要描述时标及其历史（见第 12.1 节），接着，我们给出比对所需的详尽的广义相对论处理方法（见第 12.2 节）。然后，我们讨论当前应用于发布和比对时间和频率信号的方法和技术。最后，我们展示了最严苛的应用实例，如脉冲星守时和超长基线干涉测量。

12.1　时标与时间单位

12.1.1　历史框架

长期以来，真正的太阳日，即同一子午线相继两次通过太阳的时间间隔，是人类的天然时间单位[①]。因为地球绕太阳运动的轨道是椭圆形的，并且椭圆是倾斜的，所以这一时间周期是不均匀的，一年中最多有 50 s 的变化。因此，国际天文联合会（IAU）在 1928 年通过了现在称为 UT0 的世界时（Universal Time，UT）定义，它以格林尼治子午线午夜开始的平均太阳日为基础，将一天划分为 86400 s，这样，"秒"事实上通过这个定义与地球自转联系起来。在对 UT0 修正了地球极轴振荡的周期性贡献后得到的时标称为 UT1，它与地球转动的角度位置相关，但仍然受各种原因导致的季节性波动的影响，UT1 应用于天文导航。为了消除这些波动，通过对 UT1 进行高达 10^{-8} 的修正，得到更均匀的时标 UT2。

为了获得一个不再依赖于地球自转的时间单位，1956 年国际计量大会（CGPM）决定采用 1952 年 IAU 定义的历书"秒"作为时间单位。历书"秒"在 1960 年被国际单位制（SI）采纳，成为时间的基本单位。简言之，历书"秒"是基于地球的绕日公转周期，它比地球本身的自转更容易预测。该定义不是以恒星年[②]，而是以回归年，也就是测量从一个春分点到下一个春分点的时间间隔给出的[③]。"秒"被定义为"自历书时 1899 年 12 月 31 日 12 时算起的回归年的 1/31556925.9747"，该定义在 1967 年被如下的定义所取代："秒是铯 133 原子基态的两个超精细能级间跃迁对应辐射的 9192631770 个周期的持续时间。"

[①]　更详细的历史描述见文献[8]。

[②]　一个恒星年是指地球绕太阳公转一周后，相对于多个遥远恒星的固定参照系，到达相同的测量位置的时间。

[③]　在用于天文时定义的地心系统中，太阳在天球上的相对路径是一个大圆，它与地球赤道在春分和秋分的投影相交。关于更详细的描述，读者可参考文献[1,8,722]。

这一定义是基于 1955 年至 1958 年根据 Cs 的跃迁周期测量历书"秒"的实验结果给出，该项工作由英国国家物理实验室（NPL）[14]和美国海军天文台（USNO）的合作完成。

12.1.2 时标

当前使用的时标有很多种，其中一些将在下面进行简要描述。作为"带编号的有序尺度标记集"[1]的时标分为两类，即动力学时标和积分时标。动力学时标是从动力学物理系统的描述中衍生出来的，这里时间 t 是描述系统演化的参数。动力学时标的例子有世界时（UT1）和历书时（ET），它们分别是从地球绕其极轴自转和绕太阳公转的观测和建模中得出的。所经过的时间可由观测位置和相应的方程确定。积分时标基于时间间隔，例如，"秒"是利用 ^{133}Cs 原子的跃迁频率产生的。积分时标是通过选取一个合适的时间起点并对确定的时间单位连续地积分得到的。国际原子时（法文 Temps Atomique Internationald，TAI）和协调世界时（Coordinated Universal Time，UTC）是积分时标的代表。这两个时标都是由设在巴黎的国际计量局（BIPM）的时间部门通过一个复杂的流程建立的。大约 50 个国家级授时机构利用他们的钟组为实现这一流程做出贡献（见图 12.1），这些钟组可以是商业钟或基准钟，也可以两者兼而有之，通过这些钟组，他们建立本地的原子时标 TA(k)，其中 k 是该研究机构的缩写。进而，国家级授时机构产生一个本地表征 UTC（k），它近似于世界协调时标 UTC，稍后将对此做进一步讨论。每个月底，各成员机构向 BIPM 报告各自的时钟与当地 UTC（k）的时间差。除了时钟数据外，各授时中心间定期的时标比对结果也会传送给 BIPM。

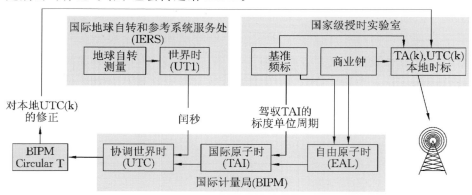

图 12.1 生成国际原子时间（TAI）和协调世界时（UTC）的结构简图（根据 Jones[8]）

BIPM 通过一个高度复杂的架构使用这些数据,得出表征世界平均值的自由原子时标(法文 Echelle Atomique Libre, EAL)。由于有约 250 台的大量时钟参与,EAL 是一个非常稳定的时标。然而,EAL 的标度单位并不一定与从基准频标得出的标度单位一致。因此,从 EAL 中导出 TAI 时,需要驾驭 EAL 标度单位的持续时间,使之与一些主要授时实验室的基准钟复现的 SI 秒保持一致。SI 秒对 EAL 的修正要低于 EAL 的短期波动。TAI 的起点是 1958 年 1 月 1 日,在那个时刻,它与 UT1 一致。

由于我们的日常生活和天文导航都受地球自转的支配,1972 年采用了一种称为协调世界时(UTC)的原子时标。UTC 参考格林尼治子午线,它由 TAI 导出,通过插入闰秒的方式与地球自转保持同步。闰秒[722]的插入使得 UTC 与 UT1 大体保持一致,满足 $|\mathrm{UTC}(t)-\mathrm{UT1}(t)| < 0.9$ s 的条件。因此,UTC 的标度单位与 TAI 的标度单位相同,但 UTC 和 TAI 的标度单位相差 1 秒的整数 n 倍,其中 n 是由地球不规律的角速度造成的,即

$$\mathrm{UTC}(t) = \mathrm{TAI}(t) - n \tag{12.1}$$

由于 UTC 的标度单位是 SI 定义的"秒",所以 UTC 是原子时标。闰秒在世界范围内在同一时刻插入到 UTC,最好是在年中或年末插入。两次闰秒之间的时间间隔取决于对地球自转的天文观测。该信息由国际地球自转和参考系统服务处(IERS)提供。由于地球自转速度在不断减慢,在 2000 年,UTC 比 TAI 晚了半分多钟。

BIPM 计算 TAI 和 UTC 的原子时标,在称为"Circular T"[723]的月报中发布这些信息,并给出各地时标 UTC(k) 的偏差分布。由于收集和处理传输到 BIPM 的数据需要时间,这些时标和其他时标以"后验概率"的形式进行比较。因此,只是近似 UTC 的不同授时中心的本地 UTC(k) 是实时可用的,它们被广泛应用到导航、电信、空间科学和基础研究等不同的领域。

对某一特定 UTC(k) 的要求是它与 UTC 的偏差不超过 1 μs,并且以后争取做到最大偏差小于 0.1 μs[1],在 2004 年已经有大约 30 个 UTC(k) 实验室已经实现了这一精度要求。因此,必须按照 UTC 驾驭本地 UTC(k)。为此,国家级授时中心需要选择一个在过去几个月内特别稳定的时钟,并对其频率进行了调整,以使其能够实现尽可能接近 UTC 的时标。

还有其他的时标,例如全球定位系统(GPS)和俄罗斯全球导航卫星系统(GLONASS)使用的系统时间。虽然 GPS 和 GLONASS 系统时间是独立维

持的时标，但它们实际上以非常高的更新率分别受控于美国海军天文台的
UTC(USNO)和俄罗斯授时中心的 UTC(SU)。

根据 SI 秒的定义，每个时钟是在它的本地参照系下生成原时，从另一个
本地参照系下观察，其他地点的本地时受到当地(不同的)引力势的影响。广
义相对论预言(见第 12.2 节)，一个参照系产生的时间可能会缩短或延长，这取
决于该参照系相对观察者参照系的引力势差的正负号。例如，从位于布伦瑞
克(海拔 79.5 m)的 PTB 观察位于博尔德(海拔约 1.6 km)的 NIST 的时钟，其
运行速度似乎快了约 2×10^{-13}。因此，TAI 将引力红移的影响也计入定义中，
"TAI 是地心参照系下(地球中心的原点)定义的坐标时标，以在旋转的大地水
平面上复现的 SI 秒作为标度单位[1]"。

12.2 广义相对论基础

科学技术应用中使用的频标和时钟的准确度很早就达到非常高的水平，
使得精确时间和频率比对实验必须考虑相对论效应的影响。地球附近的时钟
受到引力和旋转力的影响。此时，时钟代表了一个加速系统，需要用广义相对
论的时空弯曲几何项描述。两个无限接近的时空事件之间的关系由相对论线
元给出，即

$$\mathrm{d}s^2 = g_{\alpha,\beta}(x^\mu)\mathrm{d}x^\alpha \mathrm{d}x^\beta \tag{12.2}$$

其中，$g_{\alpha,\beta}(x^\mu)$ 是坐标相关的度规张量，$(x^\mu) \equiv (x^0 = ct, x^1, x^2, x^3)$ 表示四个
时空坐标，t 表示坐标时间，c 表示光速。在(12.2)式中使用了重复指数的爱因
斯坦求和法则。在太阳系中，引力场产生的时空曲率非常微弱，从狭义相对论
的闵可夫斯基度规($g_{00} = -1, g_{ij} = \delta_{ij}$，其中克罗内克(Kronecker)$\delta$ 函数满足
$i = j$ 时 $\delta_{ij} = 1, i \neq j$ 时 $\delta_{ij} = 0$)经过小的修正可推导得到度规张量 $g_{\alpha,\beta}(x^\mu)$，它
的分量在引力势中表示为幂级数的形式[724]。地球附近的势场很弱，可以用牛
顿引力势 U 近似④。(非旋转的)地心惯性参照系下的度规表示为

$$g_{00} = -\left(1 - \frac{2U}{c^2}\right), \quad g_{0j} = 0, \quad g_{ij} = \left(1 + \frac{2U}{c^2}\right)\delta_{ij} \tag{12.3}$$

在非旋转地心坐标系下，度规张量的非对角元消失。因此，线元可以近似为

---

④ 这里我们采用"时钟群"和 IAU 的符号，这里"势"用一个正号表示。注意，空间和时间坐标的
符号没有一般的约定，这里我们遵循参考文献[263,724]的约定。

$$\mathrm{d}s^2 = -\left(1-\frac{2U}{c^2}\right)c^2\mathrm{d}t^2 + \left(1+\frac{2U}{c^2}\right)\left[(\mathrm{d}x^1)^2 + (\mathrm{d}x^2)^2 + (\mathrm{d}x^3)^2\right] \quad (12.4)$$

其中,势场 $U = U_\mathrm{E} + U_\mathrm{T}$ 由地球的牛顿引力势 U_E 和外部天体的引潮势 U_T 组成。地球引力势可简单近似为[263]

$$U_\mathrm{E} = \frac{GM_\mathrm{E}}{r} + J_2 GM_\mathrm{E}a_1^2\,\frac{(1-3\sin^2\phi)}{2r^3} \quad (12.5)$$

考虑到地球在赤道附近相对凸起[⑤],因此势场与用角度 ϕ 表征的纬度有关,它在赤道处为零,取北极方向为正。地球的赤道半径为 $a_1 = 6378136.5$ m;r 为到地心坐标系原点的距离,$GM_\mathrm{E} = 3.986004418 \times 10^{14}$ m^3/s^2 为引力常数与地球质量的乘积。$J_2 = +1.082636 \times 10^{-3}$ 是地球的四极矩系数。对频标和时钟的引力红移进行修正时,(12.5)式的势场使得修正结果的相对不确定度为 $\delta\nu/\nu < 10^{-14}$。

在一个与地球共同旋转的坐标系下讨论问题时,必须进行坐标变换,即从惯性系转换到以恒定角速度 ω 向东旋转的参照系

$$\begin{aligned}
x &= x'\cos(\omega t') - y'\sin(\omega t'),\\
y &= x'\sin(\omega t') + y'\cos(\omega t'),\\
z &= z',\\
t &= t'
\end{aligned} \quad (12.6)$$

其中,$\omega = 7.292115 \times 10^{-5}$ rad/s 是地球的自转角速度。这里,我们仅限于讨论 $\omega(x'^2 + y'^2) \ll c^2$ 的情况。将(12.6)式及其导数代入到惯性参照系的间距的平方项 $\mathrm{d}s^2 = -c^2\mathrm{d}t^2 + \mathrm{d}x^2 + \mathrm{d}y^2 + \mathrm{d}z^2$ 中,得到

$$\begin{aligned}
\mathrm{d}s^2 &= -\left[1-\frac{\omega^2}{c^2}(x'^2+y'^2)\right]c^2\mathrm{d}t'^2 - 2\omega y'\mathrm{d}x'\mathrm{d}t' + 2\omega x'\mathrm{d}y'\mathrm{d}t' + \mathrm{d}x'^2 + \mathrm{d}y'^2 + \mathrm{d}z'^2\\
&= g'_{\alpha,\beta}(x'^\mu)\mathrm{d}x'^\alpha\mathrm{d}x'^\beta
\end{aligned} \quad (12.7)$$

这里我们暂时忽略势场 U 的影响。在(12.7)式的第一项中,我们发现与势场 $U_\mathrm{centr} = \omega^2\rho^2/2$ 相关的附加项 $\omega^2\rho^2$,这是一个质量块在与旋转轴相距 $\rho = \sqrt{x'^2+y'^2}$ 处、以角速度 ω 旋转时所受到的离心力的贡献。因此,在没有引力势的旋转坐标系中,我们发现

$$g_{00} = -\left(1-\frac{2U_\mathrm{centr}}{c^2}\right) \quad (12.8)$$

---

⑤ 注意:(12.5)式对地球整体的椭球形状作了近似,但没有考虑质量不规则性。

它的形式与(12.3)式的度规表达式相同,反映了加速度和引力势的等效性。由(12.7)式可知,在共同旋转地心坐标系下,度规张量存在非对角项。

　　进行球坐标变换时,取 r、ϕ 和 L 分别为距地心的距离、纬度角和经度角(向东为正),则有

$$
\begin{aligned}
x' &= r\cos\phi\cos L \,,\\
y' &= r\cos\phi\sin L \,,\\
z' &= r\sin\phi \,,\\
t' &= t
\end{aligned}
\tag{12.9}
$$

结合度规,最终得到[263]

$$
\mathrm{d}s^2 = -c^2\mathrm{d}t^2 + \left[\mathrm{d}r^2 + r^2\mathrm{d}\phi^2 + r^2\cos^2\phi\left(\omega^2\mathrm{d}t^2 + 2\omega\mathrm{d}L\,\mathrm{d}t + \mathrm{d}L^2\right)\right] \tag{12.10}
$$

　　与(12.3)式不同,具有引力势的共同旋转参照系下的度规表示为

$$
g_{00} = -\left(1 - \frac{2U}{c^2} - \frac{(\boldsymbol{\omega}\times\boldsymbol{r})^2}{c^2}\right), \quad g_{0j} = \frac{(\boldsymbol{\omega}\times\boldsymbol{r})_j}{c}, \quad g_{ij} = \left(1 + \frac{2U}{c^2}\right)\delta_{ij} \tag{12.11}
$$

这里,角速度矢量 $\boldsymbol{\omega}$ 和从地球中心指向地面上某点的矢量 $\boldsymbol{r}$ 的矢量乘积项造成了离心势和萨格纳克(Sagnac)效应,稍后将通过张量中的非对角元进行讨论(见(12.3)式和(12.11)式)。

　　根据 SI 秒定义,时钟显示的时间是原时 τ,即在与时钟绑定的坐标系下测量的时间 t。考虑在外部坐标系下,时钟在两个无限接近事件之间传递,从 x^0、x^1、x^2、x^3 到 $x^0 + \mathrm{d}t$、$x^1 + \mathrm{d}x^1$、$x^2 + \mathrm{d}x^2$、$x^3 + \mathrm{d}x^3$。则度规为

$$
\mathrm{d}\tau = \frac{1}{c}\sqrt{-\mathrm{d}s^2} \tag{12.12}
$$

　　将时钟测得的原时增量与外部坐标系下 t 时刻测量的时间增量 $\mathrm{d}t$ 联系起来。时刻 t 称为坐标时间。从坐标系观察,时钟显示的坐标时间增量为 $\mathrm{d}t_{\text{clock}}$ 满足

$$
\mathrm{d}t_{\text{clock}} = \mathrm{d}\tau_{\text{clock}}\frac{\mathrm{d}t}{\mathrm{d}\tau} \tag{12.13}
$$

该式是利用度规(12.12)式得到的,在(12.12)式里所有的量必须在事件 x^0、x^1、x^2、x^3 中进行评估。沿时钟的世界线对(12.13)式的积分产生时钟的坐标时间 $t_{\text{clock}}(t)$。从(12.2)式和(12.12)式可以得出 $\dfrac{\mathrm{d}\tau}{\mathrm{d}t}$ 的关系式为

$$
\frac{\mathrm{d}\tau}{\mathrm{d}t} = \sqrt{-g_{00}(x^0,x^1,x^2,x^3) - \frac{2}{c}g_{0i}(x^0,x^1,x^2,x^3)\frac{\mathrm{d}x^i}{\mathrm{d}t} - \frac{1}{c^2}g_{ij}(x^0,x^1,x^2,x^3)\frac{\mathrm{d}x^i}{\mathrm{d}t}\frac{\mathrm{d}x^j}{\mathrm{d}t}}
$$

$$
\tag{12.14}
$$

在地球附近,引力势对度规的影响很小($2U/c^2 \approx 1.4 \times 10^{-9} \ll 1$)。这个条件下,我们可以只考虑 $\dfrac{\mathrm{d}\tau}{\mathrm{d}t}$ 相对平直空间的偏差,定义为 $h(t)$,满足

$$\frac{\mathrm{d}\tau}{\mathrm{d}t} \equiv 1 - h(t) \tag{12.15}$$

这里,$h(t)$ 表示为 $1/c$ 的幂级数,坐标时与原时的差由下式给出

$$\Delta t \equiv t - \tau = \int_{t_0}^{t} h(t)\,\mathrm{d}t \tag{12.16}$$

利用(非旋转)地心参照系的(12.4)式的度规,或者旋转地心坐标系的(12.10)式的度规都可以计算 Δt。在非旋转地心坐标系的(12.4)式度规中,非对角元素消失,代入(12.14)式得

$$h(t) = 1 - \sqrt{\left(1 - \frac{U}{2c^2}\right) - \frac{1}{c^2}\left(1 + \frac{U}{2c^2}\right)v^2} \tag{12.17}$$

将(12.17)式中的根号项展开,最终可得

$$h(t) = \frac{U(t)}{c^2} + \frac{v(t)^2}{2c^2} + O\left(\frac{1}{c^4}\right) \tag{12.18}$$

其中,第二项被称为时间膨胀偏移,它是由时钟相对于坐标系中心(即地球中心)以速度 v 运动而产生的。(12.18)式中 $O\left(\dfrac{1}{c^4}\right)$ 的贡献通常小于 10^{-18},在下面的讨论中将其忽略。对于旋转地心坐标系,Guinot[263]给出

$$h(t) = \frac{1}{c^2}\left[U_g + \Delta U(t) + \frac{V(t)^2}{2}\right] + \frac{2\omega}{c^2}\frac{\mathrm{d}A_E}{\mathrm{d}t} \tag{12.19}$$

利用度规(12.10)式也可以得出类似的结果。V 是相对地球的坐标速度的模。最后一项来自萨格纳克效应[725]:

$$\frac{1}{c^2}\int_P^Q (\boldsymbol{\omega} \times \boldsymbol{r}) \cdot \mathrm{d}\boldsymbol{r} = \frac{1}{c^2}\int_P^Q \boldsymbol{\omega} \cdot (\boldsymbol{r} \times \mathrm{d}\boldsymbol{r}) = 2\frac{1}{c^2}\int_P^Q \boldsymbol{\omega} \cdot \mathrm{d}\boldsymbol{A}_E = \frac{2\omega A_E}{c^2}$$

$$\tag{12.20}$$

其中,A_E 是时钟在旋转坐标系下静止或缓慢运动的过程中,从地球中心指向时钟位置的矢量在赤道平面的投影扫过的面积(见图 12.2)。$U_g = 6.26368575 \times 10^7 \ \mathrm{m}^2/\mathrm{s}^2$,是地心旋转坐标系下,旋转大地水平面处的恒定势,可由(12.5)式通过增强离心力的势能计算得到。如果 10^{-14} 的相对不确定度足以满足条件,则在考虑旋转大地水准面离心力势能的情况下,特定位置和大地水准面之间的引力势差可用下列模型表示为

$$\Delta U(\boldsymbol{r}) = \frac{GM_{E}}{r} + J_2 GM_E a_1^2 \frac{(1 - 3\sin^2\phi)}{2r^3} + (\omega^2 r^2 \cos^2\phi) - U_g \quad (12.21)$$

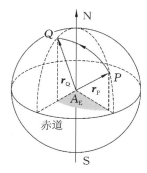

图 12.2 由于萨格纳克效应,时钟从地球上 P 点移动到 Q 点会经历时间差,该时间差正比于面积 A_E

有一个更好的参数化表达式描述 ΔU,它是大地水准面以上高度 b 和纬度 ϕ 的函数,形式如下[263],即

$$\frac{\Delta U(b,\phi)}{c^2} = (-1.08821 \times 10^{-16} - 5.77 \times 10^{-19} \sin^2\phi)\frac{b}{m} + 1.716 \times 10^{-23}\left(\frac{b}{m}\right)^2$$
$$(12.22)$$

该近似适用于大地水准面以上 $b < 15$ km 的高度范围,势能的相对不确定度小于 10^{-15}。

一个频标 H 的固有频率是该频标的频率 $\nu_H(\tau)$,这里 τ 是频标在当地的原时,该频率被称为"标称频率" $\nu_{H,0}$。通常,需要将频标的固有频率 $\nu_H(t)$ 作为选定坐标时间 t 的函数。按照 Guinot[263] 的方法,我们将频标 H 的无量纲量"固有归一化频率"或"固有相对频率"定义为

$$\Phi_H(t) \equiv \frac{\nu_H(t)}{\nu_{H,0}} \quad (12.23)$$

考虑一台放置在大地水准面上的时钟。这个大地水准面相对于地心参照系旋转,地心参照系是由地球的质心定义的,该位置的地球自转轴相对于遥远的银河系外天体没有旋转。地心参照系的坐标时称为地心坐标时(法文 Temps Coordonnée Géocentrique,TCG)。在 TCG 坐标时下的时钟固有归一化频率为

$$\Phi_H(TCG, x^\mu_{\text{geoid}}) = \frac{d\tau}{dT_{TCG}} = 1 + \frac{U_g}{c^2} + O\left(\frac{1}{c^4}\right) = 1 + 6.9692903 \times 10^{-10} \quad (12.24)$$

因此,所有在大地水准面上按照 SI 秒的定义运行的时钟 H,它们相对

TCG 都会有这个分数的提前,它在 1 年的时间内累积到 22 ms。这样就引入了一个称为地球时(Terrestrial Time,TT)的地心坐标时,它的标度单位是在旋转大地水准面条件上复现的 SI 秒。两个系统具有相同的归一化频差。TT是由 TAI 实现的。

12.3 时间与频率比对

由于广义相对论中没有定义同时性,因此首先必须就如何使时钟同步达成一致。同步时钟在同一时刻显示相同的读数。与爱因斯坦同步[6]相反,目前的约定[724]是采用"坐标同步",指的是在适当坐标系下,如果坐标分别为 x_1^μ 和 x_2^μ 的两个事件的时间坐标值相等($x_1^0 = x_2^0$),就认为它们是同步的[7]。

在地球上不同位置 P 点和 Q 点工作的时钟可以用不同的方法进行比对。最常见的包括搬运时钟比对或 P 点和 Q 点之间的电磁信号交换比对。这两个过程都很容易用原点位于地球中心的地心坐标系描述。可以选两种不同的坐标系,一种是在空间中具有固定方向的局域惯性系(相对于宇宙中最远的物体),另一种与旋转地球绑定的共同旋转系。下面给出的方程式与坐标系的选取有关。国际电信联盟在文献[726]中对两个方法都进行了推荐并在文献[263,725]中举例描述。

12.3.1 通过搬运钟比对

当时间通过一个可搬运时钟从 P 点传输到 Q 点时,在地心非旋转参照系下,该传输过程中累积的坐标时间为

$$\Delta t = \int_P^Q \mathrm{d}s \left[1 + \frac{U(\boldsymbol{r}) - U_\mathrm{g}}{c^2} + \frac{v^2}{2c^2} \right] \tag{12.25}$$

其中,$U(\boldsymbol{r})$ 是时钟位置处的纯引力势,v 是时钟在地心非旋转参考系下的速度。$\mathrm{d}s$ 是在移动钟的静止参照系下测量的原时增量。

在旋转地心参照系下,时间差为

$$\Delta t = \int_P^Q \mathrm{d}s \left[1 + \frac{\Delta U(\boldsymbol{r})}{c^2} + \frac{V^2}{2c^2} \right] + \frac{2\omega}{c^2} A_\mathrm{E} \tag{12.26}$$

---

⑥ 考虑两个分开的时钟 A 和时钟 B。一个时间信号在 $\tau_\mathrm{A}^\mathrm{send}$ 时刻从时钟 A 发送时钟 B,在 $\tau_\mathrm{B}^\mathrm{rec}$ 时刻被时钟 B 接收并回传给时钟 A,时钟 A 在 $\tau_\mathrm{A}^\mathrm{rec}$ 时刻收到信号。如果 $\tau_\mathrm{B}^\mathrm{rec} = 1/2(\tau_\mathrm{A}^\mathrm{rec} + \tau_\mathrm{A}^\mathrm{send})$ 则称时钟 A 和时钟 B(爱因斯坦)同步[266]。

⑦ 与爱因斯坦同步不同,坐标同步导致传递性,即如果时钟 1 和时钟 2 是同步的,时钟 2 和时钟 3 是同步的,那么时钟 1 和时钟 3 也是同步的。

其中，V 是时钟相对于大地的速度。r 是原点位于地心、指向时钟位置矢量，当时钟从 P 点搬运到 Q 点时，该矢量 r 的赤道投影扫过的面积为 A_E。

(12.26)式中的三个项分别代表了万有引力、时间膨胀和萨格纳克效应的影响。后者实际上只不过是"变相的时间膨胀"[8]，它是由地球上的时钟以相同的角速度随地球共同旋转造成的，它们的速度取决于由纬度所决定的它们到地球极轴的距离。当路径在赤道面上投影有向东的分量时 A_E 为正值（图12.2 所示的情况导致负的 A_E）。

12.3.2 通过电磁信号的时间传递

采用射频或光频电磁信号比较两个或两个以上的远程时钟的读数时，用到了如下几个技术，它们的造价和可实现的准确度各不相同，分别为单向时间传递、共视比对和双向时间传递。在非旋转地心参照系下，电磁信号的发射和接收之间的时间为

$$\Delta t = \frac{1}{c}\int_P^Q \mathrm{d}\sigma\left[1 + \frac{U(r) - U_g}{c^2} + \frac{v^2}{2c^2}\right] \tag{12.27}$$

式中，$\mathrm{d}\sigma$ 是沿 P 和 Q 间传输路径的固有长度的增量，所有其他量的定义如前文所述。

在旋转地心参照系下，时间差为

$$\Delta t = \frac{1}{c}\int_P^Q \mathrm{d}\sigma\left[1 + \frac{\Delta U(r)}{c^2}\right] + \frac{2\omega}{c^2}A_E \tag{12.28}$$

这里，$\Delta U(r)$ 是从一个严格绑定地球的坐标系监测到的 r 点的引力势（减去大地水准面势，也就是标准地球的势），A_E 是以地心、发射信号的 P 点和记录信号的 Q 点为 3 个顶点的三角形在赤道面投影面积。如果信号有向东分量，则面积 A_E 为正值。

对于从地球表面的某个位置到一颗地球静止轨道卫星的往返路径，包括 $\Delta U(r)/c^2$ 的第二项引入约 1 ns 的修正，对应的距离 ct 约为 30 cm。第三项中 $2\omega/c^2 = 1.6227 \times 10^{-6}$ ns/km^2，该项在大距离下可以达到几百纳秒。

12.3.2.1 单路时间传递

最常见的时间信息的传播方法是用编码信息传输电磁信号。例如，可以通过常规电话和电视服务或互联网访问时间信号。无线电发射机发布的几兆赫频率的短波广播或者几十千赫频率的长波广播（见第 12.4 节），允许用户在广大区域使用时间信号。安装在环绕地球运行的卫星上的时钟，例如全球定

位系统(GPS)能在全球范围内提供准确的时间。从地面站和卫星发送的时间信息用于设置时钟和计算机时间,或用于驾驭用作频标和无线电控制时钟振荡器,这些信息对日常生活产生特殊影响。接收站用户时钟的准确度,也就是它与发射端时钟的同步精度取决于信号传输到用户时钟所需的时间。当信号通过互联网或地球同步卫星传输时,这个时间延迟可以达到十分之几秒。通过互联网传输时,信号在互联网中的传播时间是最大的时延贡献,它通过测量"客户-服务器-客户"往返路径的时延,并假设两个传播方向的路径长度相等进行计算。对于卫星链路,它可以用光速和已知的距离计算及修正时延。

12.3.2.2 共视时间传递

采用在不同位置同步观察某卫星发出的同一信号的方法,也可以同步特定位置的时钟。考虑两个站点 A 和 B 分别通过路径 $S\text{-}A$ 和路径 $S\text{-}B$ 接收时间信号 t_S,其延迟时间分别为 τ_{SA} 和 τ_{SB}。当 A 站和 B 站交换测量结果 $\Delta t_A = (t_S - \tau_{SA}) - t_A$ 和 $\Delta t_B = (t_S - \tau_{SB}) - t_B$ 时,它们得到

$$\Delta t_B - \Delta t_A = (t_A - t_B) - (\tau_{SA} - \tau_{SB}) \tag{12.29}$$

这就是它们时钟的时间差 $t_A - t_B$ 和路径延迟差。因为评估中消去了 t_S,所以这种被称为"共视法"的方法不需要知道卫星上时钟的确切时间,这一特性在 2000 年前特别有用,当时为了降低定位精度,GPS 卫星(见第 12.5 节)中的时钟信号通过所谓的"选择性可用性"[8]而故意恶化。共视法经常用于比对不同授时机构的时钟。

12.3.2.3 双向时间传递

目前,最精确的远程时标比对方法是卫星双向时频传递(TWSTFT)。考虑两个站点 A 和 B,每个站点都有一台时钟、一个发送机和一个接收机(见图 12.3)。每个站点向卫星发送一个信号(上行链路),然后卫星向另一个站点(下行链路)发送该信号。各站点采用同一天线发送和接收信号,为了不让强出站信号干扰弱进站信号,上行链路和下行链路采用不同的(Ku 波段)载波频率,上行链路约 14 GHz,下行链路约 12 GHz。在确定的 t_A 时刻,A 站的时钟触发一个信号,通过卫星传送到 B 站,同时启动 A 站的计数器。在 B 站的 t_B 时刻进行同样的操作。当接收到来自卫星的信号就停止计数器。这样,A 站

---

⑧ 译者注:选择性可用性(The Selective Availability)指美国因为担心敌对国家或组织会利用 GPS 对美国发动攻击,在早期的民用 GPS 信号中人为地加入误差以降低其精确度。2000 年,时任美国总统的克林顿签署命令,取消了对民用 GPS 信号的干扰。

和 B 站的计数器测量到时间差分别为

$$\Delta t_{\mathrm{A}} = t_{\mathrm{A}} - t_{\mathrm{B}} + \delta_{\mathrm{B} \to \mathrm{A}} \tag{12.30}$$

$$\Delta t_{\mathrm{B}} = t_{\mathrm{B}} - t_{\mathrm{A}} + \delta_{\mathrm{A} \to \mathrm{B}} \tag{12.31}$$

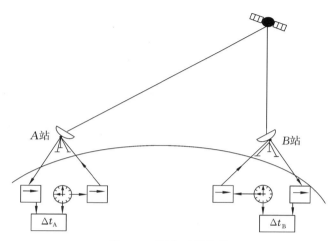

图 12.3　双向时间传递

如果两个站之间的信号传输完全是互逆的,则延迟时间 $\delta_{\mathrm{B} \to \mathrm{A}}$ 和 $\delta_{\mathrm{A} \to \mathrm{B}}$ 相等。交换两个站点的读数后,可以通过将(12.30)式和(12.31)式相减,计算得出 A 站和 B 站两个时钟之间的时差 $\Delta T = (\Delta t_{\mathrm{A}} - \Delta t_{\mathrm{B}})/2$。然而某些效应导致两个传播方向具有不同的时延。$A$ 站和 B 站时钟之间的时差计算为[727]

$$\Delta T = \frac{\Delta t_{\mathrm{A}} - \Delta t_{\mathrm{B}}}{2} + \frac{(\tau_{\mathrm{A}}^{\mathrm{up}} + \tau_{\mathrm{B}}^{\mathrm{down}}) - (\tau_{\mathrm{B}}^{\mathrm{up}} + \tau_{\mathrm{A}}^{\mathrm{down}})}{2} + \frac{\tau_{\mathrm{A} \to \mathrm{B}} - \tau_{\mathrm{B} \to \mathrm{A}}}{2}$$

$$+ \frac{(\tau_{\mathrm{A}}^{T} - \tau_{\mathrm{A}}^{R}) - (\tau_{\mathrm{B}}^{T} - \tau_{\mathrm{B}}^{R})}{2} + \Delta \tau_{\mathrm{R}} \tag{12.32}$$

除了测量的时间差 $(\Delta t_{\mathrm{A}} - \Delta t_{\mathrm{B}})/2$,(12.32)式右侧的第二项 $[(\tau_{\mathrm{A}}^{\mathrm{up}} + \tau_{\mathrm{B}}^{\mathrm{down}}) - (\tau_{\mathrm{B}}^{\mathrm{up}} + \tau_{\mathrm{A}}^{\mathrm{down}})]/2$ 为上行、下行两个方向不同路径时延的贡献,在准同步传输的情况下,这一项可以忽略不计。第三项计算了卫星在两个方向上使用不同转发器引入的不同时延。(12.32)式的第四个修正项则考虑了各站点接收和发送部分的不同时延。最后一项 $\Delta \tau_{\mathrm{R}}$ 是由旋转地球的萨格纳克效应引入的修正。Petit 和 Wolf[728] 给出了相对论效应的修正表达式,其精度可达到皮秒量级。

12.4 无线电控制时钟（长波授时）

在美国、日本或德国等多个地区，长波发射器用于发布时间信号。我们以 DCF77 的长波发射机举例介绍，它位于德国法兰克福附近的 Mainfringen，地理坐标为北纬 $50°01'$，东经 $09°00'$，由德国电信公司负责运行，并受联邦物理技术研究所（PTB）监督。利用该设备所在地的商用铯原子钟驱驭发射机的时间信号。时间和频率由 77.5 kHz 的载波频率传送，通过秒生成器对其进行幅度调制。在每秒（第 59 s 除外）开始时，载波频率的振幅在 0.1 s 或 0.2 s 的持续时间内降低到约 20%，分别对应二进制零或一（见图 12.4）。包络的后沿表示一秒的开始。为了识别新一分钟的开始，省略了第 59 s 的脉冲。

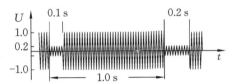

图 12.4 将 77.5 kHz 的 DCF77 信号载波振幅降低到 20%，以此定义新一秒的开始（0.1 s 或 0.2 s 振幅调制周期对应二进制的 0 或 1）

时间信息按照如图 12.6 所示的方案编码，这是一套以二进制编码的十进制（二-十进制代码，BCD）系统，其中每分钟里有 59 s 的信息比特可用，它们都具有特定的含义。例如，21 到 27 比特位用来标记本小时内的当前分钟数。这样，一小时的第 47 min 通过设置代表分钟的第 40、4、2 和 1 比特位实现，也就是让第 21 s、22 s、23 s 和 27 s 的振幅减小的持续时间为 0.2 s（比特数为 1），而第 24 s、25 s 和 26 s 的振幅减少的持续时间为 0.1 s（比特数为 0）。类似地，后面的信息分别是对当前的小时、天、星期、月或年份的最后两位数字的编码。编码的时间信息与德国的法定时间关联。第 1 到 14 位是为将来预留的，例如可用于向公众报警，而第 15 到 20 位具有特定的含义。Z1 和 Z2 位携带有关时区的信息（Z1=0、Z2=1 表示 MEZ，即标准欧洲时间；而 Z1=1、Z2=0 表示 MESZ，即夏令时）。

为了实现更精确的时间传输和更好地利用可用的频谱，除了图 12.4 中的振幅调制外，载波还采用伪随机相位噪声进行相位调制。载波相位按照二进制序列移动了 $\pm13°$（见图 12.5），而载波信号的平均相位没有改变。645.83 Hz

的调制频率是载波频率的 1/120 次谐波（$645.8\overline{3}=77500/120$）。每个伪噪声周期持续 793 ms，并传递 1 比特的信息，如果反转序列则对应"1"态，由此。载波的伪随机相移键控对应 29 位二进制随机序列，它叠加在幅度调制（AM）的秒标记上，通过伪随机噪声得到的二进制信息与除分钟标识位以外的 AM 信息相对应。在接收机中，伪随机码可以作为信号被复制，并用于与接收到的伪随机相位噪声进行互相关。这样就可以以更高的精度检测接收到的时间标记。AM 时间标记的接收不受相位调制的影响，作为标准频率发射机的 DCF77 的长期性能也不会降低。

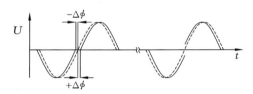

图 12.5　用伪随机相移键控对 DCF77 进行相位调制

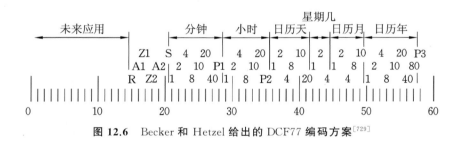

图 12.6　Becker 和 Hetzel 给出的 DCF77 编码方案[729]

　　DCF77 的长波电磁信号可以通过不同的路径到达接收机。发射的电磁辐射的一个重要分量沿表面传输（见图 12.7），称为地面波。电磁波也可以通过电离层反射的所谓天波到达同一个接收机[9]。由于阻尼损失较大，对于大于约 500 km 的距离，地面波变得不重要，DCF77 信号可以到达的最大距离是沿地面切向传输的天波所能到达的距离（见图 12.7）。

---

　　[9]　在离地 70 km 到 1000 km 之间的电离层中，太阳发出的紫外线能够电离空气分子，产生一个由电荷为 e 和质量为 m_e 的自由电子和重的几乎静止的离子组成的等离子体。等离子体电子的扰动导致电子在其平衡位置附近自由振荡。对应的等离子体（角）频率 $\omega_p=\sqrt{\dfrac{n_e e^2}{\varepsilon_0 m_e}}$ 受电子密度 n_e 的平方根的影响；ε_0 是真空介电常数，具有角频率 $\omega \ll \omega_p$ 的电磁波迫使电子以频率 ω 振荡，导致电离层的反射。

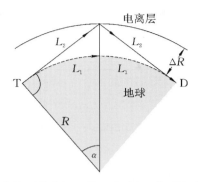

图 12.7 信号从发射机 T 传输到接收机 D 的两条路径,分别通过表面波传输 $2L_1$ 距离和沿天波传输 $2L_2$ 距离

根据图 12.7,取电离层高度 $\Delta R = 90$ km,利用公式 $\cos\alpha = R/(R + \Delta R)$ 可以计算出最大距离 $L_1 = 2\alpha R \approx 2100$ km。位于法兰克福附近的 DCF77 发射机几乎可以为整个西欧提供 100 μV/m 或更强的信号。其覆盖范围白天缩小,夜间扩大。此外,它还受可用场强的影响,例如,最先进的腕表接收机要求最小场强在 15 μV/m 至 20 μV/m 之间才能不受干扰地工作。天波与表面波之间的时延由公式 $\Delta L = 2L_2 - 2L_1 = 2R(\tan\alpha - \alpha)$ 给出,这使得最大距离的时延 $\Delta t = \Delta L/c$ 约为 70 μs。发射器和接收器之间的距离较小时,延迟很容易达到 0.5 ms。DCF77 的 77.5 kHz 载波频率是一个标准频率,一天内平均相对不确定度为 1×10^{-12}。在发射天线端,相位时间与 UTC(PTB)的一致性保持在大约 ± 25 μs 的范围。接收器位置处的较大相位和频率波动是由于天波和地波的叠加造成的。

在美国和日本等地也有类似的长波系统(见表 12.1)在工作。美国系统(WWVB)位于科罗拉多州的 Ft. Collins 附近,工作频率为 60 kHz,功率高达 50 kW,信号在美国大部分地区都可用。时间码使用脉冲宽度调制,与 DCF77 类似。载波功率在每秒钟开始时降低 10 dB,使用负脉冲的前沿代表"开始"标记。分别用在 0.2 s、0.5 s 或 0.8 s 后恢复满功率的方式,表示二进制"0"、"1"或位置标记。WWVB 也使用 BCD 格式,但时间代码与图 12.6 所示的不同。尽管 GPS 越来越重要(将在第 12.5 节中描述),但发布时间的长波发射器在未来几年仍将有应用,其优点包括价格便宜、功耗低和接收机可以在室内使用。它有大量的应用,例如发电厂的相位同步、交通信号灯的控制、空中的交通引导以及计算机和电信网络的同步等。此外,长波报时服务还用于电话通话和股票交易的精确计费，以及无线电控制的手表等。

表 12.1　长波标准频率和时间信号的典型代表（其他可在文献[730]中找到。$\Delta\nu/\nu$ 表示载波频率的日相对不确定度（1σ））

呼叫信号	地点	纬度	经度	载波频率	$\delta\nu/\nu$
BPC	中国蒲城	$34°57'$N	$109°33'$E	68.6 kHz	
DCF77	德国 Mainflingen	$50°01'$N	$09°00'$E	77.5 kHz	$\pm1\times10^{-12}$
HBG	瑞典 Prangins	$46°24'$N	$06°15'$E	75 kHz	$\pm1\times10^{-12}$
JJY	日本冈田山	$37°22'$N	$140°51'$E	40 kHz	$\pm1\times10^{-12}$
JJY	日本钢山	$33°28'$N	$130°11'$E	40 kHz	$\pm1\times10^{-12}$
MSF	英国 Rugby	$52°22'$N	$01°11'$W	60 kHz	$\pm2\times10^{-12}$
WWVB	美国 Fort Collins	$40°40'$N	$105°03'$W	60 kHz	$\pm1\times10^{-11}$

12.5　全球卫星导航系统

天基导航系统已经超过或即将超过大多数其他的地基导航系统。最广为人知的天基导航系统是从专用军事系统发展而来的美国带授时和测距的全球定位系统（导航星 GPS）、俄罗斯的全球导航卫星系统（GLONASS），和即将到来的纯民用的欧洲的伽利略系统（GALILEO）[10]。

12.5.1　卫星导航的概念

全球导航卫星系统（GNSS）可分为三个部分，通常称为空间段、运行控制段和用户设备段。空间段由一系列卫星组成，这些卫星向用户发送测距信号和其他重要数据，卫星的数目对系统有直接影响。运行控制段由多个监测站、地面天线和一个主控站组成。监测站被动跟踪所有在视卫星，积累测距数据。这些信息在主控站进行处理，以确定卫星轨道，进而通过地面天线传输给每颗卫星，以更新每颗卫星的导航信息。

空间段的卫星上装备有原子钟。每颗卫星都会广播一个信号，包括它的位置、状态，以及它的星载钟时间信息。用户接收几个已知位置的卫星发出的时间信号，得到他或她所处位置相对这些卫星的距离，进而确定自己的位置。

为了确定其在地球上的本地位置，GNSS 接收机同时接收来自不同卫星

---

⑩　在文献[731]中描述了 GPS 的形成与发展历史。

的带有时间戳的信号,并将它们与本地时钟进行比对。如果处于坐标 X、Y、Z 处的用户 U 接收到已知坐标为 x_i、y_i、z_i 的特定"i"卫星(见图 12.8)发出的信号,信号的发送和接收之间的时延就对应对卫星与用户之间距离的测量。

如果用户接收机中的时钟与卫星上的时钟同步,则可以根据传播速度 c 和时延 Δt_1 计算出第一颗卫星的真实距离 $R_1 = c \times \Delta t_1$。与第二颗卫星进行类似评估后,立即可以给出用户在由两颗卫星和用户构成的平面上的位置,它位于以两个卫星为圆心、半径分别为 R_1 和 R_2 的两个圆相交的其中一个交点上(见图 12.8)。而要在空间中进行三维定位,就需要第三颗卫星。星载钟对同步精度有非常高的要求,因为 $\delta t = 1\ \mu s$ 的时差就对应约 300 m 的系统误差,但一般来说,用户接收机中的石英钟达不到这么高的精度。在图 12.8 所示的二维情况下,假设用户时钟的时间 T_U 相对系统时间 T_{GNSS} 提前了 $\delta t_U = T_U - T_{GNSS}$,测试的距离就会增加 $c \times \delta t_U$,最终导致错误地定位到 U'。待测距离由卫星时钟和用户时钟之间的明显时间差测距计算得到,其中包含了由时间差 δt_U 产生的偏移,被称为"伪距"$P_i = R_i + c \times \delta t_U$。

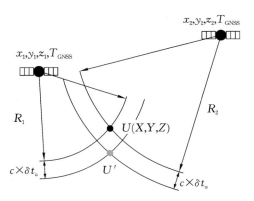

图 12.8　卫星导航与测时的概念

如果用四个不同的伪距 P_i 建立四个未知量的四个方程,则用户时钟的三个空间坐标 X、Y、Z 和偏移量 δt_U 可由下列方程组确定,即

$$(x_1 - X)^2 + (y_1 - Y)^2 + (z_1 - Z)^2 = (P_1 - c\delta t_u)^2,$$
$$(x_2 - X)^2 + (y_2 - Y)^2 + (z_2 - Z)^2 = (P_2 - c\delta t_u)^2,$$
$$(x_3 - X)^2 + (y_3 - Y)^2 + (z_3 - Z)^2 = (P_3 - c\delta t_u)^2,$$
$$(x_4 - X)^2 + (y_4 - Y)^2 + (z_4 - Z)^2 = (P_4 - c\delta t_u)^2 \tag{12.33}$$

可以通过线性化、闭合形式或卡尔曼滤波[731]求解非线性方程组(12.33)式

的未知量。将(12.33)式进行泰勒展开,得到线性方程组,通过对起始位置和时钟偏移的估计进行不断迭代的办法求解。而作为参考的大地椭球面,主要采用了 1984 年世界地心大地测量系统(WGS84)。

在下文中,我们以 GPS 为例,更详细地描述了基于卫星的导航系统的特征,需要记住的是,它们同样适用于 GLONASS 和伽利略系统。

12.5.2　GPS 系统

GPS 卫星的星载钟与 GPS 系统时间相联系,后者相对 UTC(USNO)有一个已知的时间差,因此,基于卫星的定位系统发布一个近似 UTC 的时间信号。GPS 时标是基于卫星和地面站不同原子钟的读数,通过复杂的数据处理过程得到的。通过 GPS 控制段的驾驭,它与美国海军天文台的 UTC(USNO)除了有整数的秒差,一致性保持在 1 μs 以内。两个时标在 1980 年 1 月 6 日 0 时是一致,但现在不同,因为与 UTC(USNO)相比,GPS 系统时间不进行闰秒的调节。

GPS 发布的信号包括了卫星时间、星载钟和 GPS 系统时的时间差、该时间差的预期含时变化(即星载钟的漂移)、卫星的位置、各自卫星的开普勒轨道数据和所有其他 GPS 卫星的状态。

12.5.2.1　卫星星座

卫星的轨道由地球引力和离心力之间的平衡确定,满足

$$G\,\frac{M_{\mathrm{E}}M_{\mathrm{S}}}{R^{2}}=M_{\mathrm{S}}\omega^{2}R \tag{12.34}$$

这里 $GM_{\mathrm{E}}=3.986004418\times10^{14}$ m^{3}/s^{2},是引力常数 G 与地球质量的乘积。(12.34)式允许有无数条再入式开普勒轨道。然而,为了实现 GPS 的优化卫星星座,必须考虑到一系列限制因素。首先,为了对地球上任何地点进行连续的定位和定时,必须保证地面的每个点都由四颗卫星的辐射锥同时覆盖。其次,卫星绕轨一圈的时间(轨道周期)选为半个恒星日,对应 12 h 减去 2 min,这样可以利用遥远的恒星定位每颗卫星。因此,这些卫星出现在某个特定位置的时间每天提前 4 min。卫星的绕地轨道为以地心为一个焦点的椭圆轨道,根据已选定的卫星绕轨时间,由开普勒第三定律计算得到椭圆轨道的半长轴为 26560 km。为了使二阶多普勒频移和引力红移引起的修正尽可能保持不变,卫星在几乎圆形的轨道上运行,偏心率[11]不大于 $\varepsilon=0.02$。

---

[11]　偏心率与椭圆的半长轴 a 和半短轴 b 的关系为 $b=a\sqrt{1-\varepsilon^{2}}$。

需要六个参数来描述卫星在某个时刻也就是时间点的运动。例如,可以将六个参数选择为空间坐标和速度的三个分量,但是由于卫星轨道在开普勒椭圆上,所以用六个"开普勒参数"来表示卫星的矢量更为合适。选择由地球赤道平面定义的地球赤道系作为参照系,而由遥远恒星确定的惯性参照系则指向春分点 γ 的方向,即天球赤道和黄道的交点[12]的方向。

卫星平面在空间中相对于赤道平面的方向由两个参数给出:轨道倾角和升交点的右倾角,其中升交点指卫星从南到北经过赤道平面时的交点。卫星的轨道椭圆用半长轴的长度和椭圆的偏心率表征。

椭圆在轨道平面上的方向由到升交点和近地点方向的夹角来描述。第六个参数是与时间相关的真近点角,即近地点方向和卫星实际位置方向的夹角。GPS 卫星的星座原理上由 24 颗卫星组成,它们在 6 个固定轨道平面上运行,每个轨道面上有 4 颗卫星,轨道面对赤道倾斜 55°。

12.5.2.2　星载钟和信号

每颗卫星上有四台原子钟,可以是铯钟或铷钟,或两者兼而有之,它们用来发布卫星时间。与地面钟相比,载荷钟的精度通常较低,因此星载钟时间与系统时间之间的偏差信息被同步传送。

星载钟产生 4 个相位相干的频率,分别为 1.023 MHz、10.23 MHz、L1＝1540×1.023 MHz＝1.57542 GHz 和 L2＝1200×1.023 MHz＝1.22760 GHz。L1 和 L2 处于微波 L 波段,是每颗卫星发布的两个信号的载波频率。每颗卫星的载波由各自的扩频码,即二进制伪随机数(PRN)码(见图 12.9)进行调制。采用两种编码序列,分别称为粗码(C/A 码)和精码(P 码)。C/A 码是一个 $2^{10}-1=1023$ 位的伪随机数,具有 1.023 MHz 的码片率[13],因此它是每隔 1ms 重复一次。P 码每 266.4 天重复一次。每颗卫星都对 P 码贡献一个独立的一周代码段。因此,C/A 码和 P 码允许用户借助 GPS 接收机中存储的代码,明确识别发送信号的卫星。

L1 和 L2 都用 P 码调制,此外,L1 还用 C/A 码调制。为了传输 PRN 序列之外的更多信息,每个代码的 PRN 序列都以 50 Hz 的比特率进行反向的(状态 1)或非反向的(状态 0)调节(见图 12.10)。为了用两个编码调制高频信

---

[12]　春分点是指太阳的年度路径上,在春天开始时所处的天空中那一点。

[13]　使用术语"片(chip)"而不是"位(bit)"来表示序列中没有信息传输(除了卫星的标识)。

号 L1,将该信号分为相位相差 π/2 的两部分。一部分用 C/A 码调制,另一部分用 P 码调制,调制后的两部分再次叠加并被传输出去。因此,根据 P 码和 C/A 码的状态,发送的信号可以显示四个不同的相位(0/0、0/1、1、1/0)。读者如果对更多细节感兴趣可参考文献[731]。

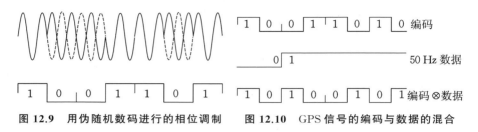

图 12.9　用伪随机数码进行的相位调制　　图 12.10　GPS 信号的编码与数据的混合

12.5.2.3　与 GPS 相关的不确定度

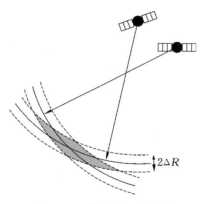

图 12.11　精度的几何扩散

用户利用 GPS 可以实现的定位、定速或定时的不确定度主要取决于影响测定卫星伪距的各种效应。伪距的不确定度被称为"用户等效距离误差"(UERE)。与卫星和用户相关的几何学综合效应会导致不确定度进一步增加。如图 12.11 所示,如果用户观察几颗卫星的视角接近,卫星伪距的不确定度可能会引起沿某个特定方向的巨大定位不确定度。这种效应被称为"精度的几何扩散"(GDOP),通过将 UERE 与一个 GDOP因子相乘计算得到。这个方向相关的几何因子是通过同时求解四颗卫星的线性伪距方程组得到的。分析表明,如果四颗卫星和用户的位置为顶点构造一个多面体,则 GDOP 因子与这个多面体的体积成反比。

伪距的不确定度取决于导致伪距偏离真距的各种因素以及修正这些偏差的能力。

1. 星历表

若想确定用户的位置和时间,就必须知道每颗卫星的确切位置。由于引力及其他扰动,卫星并不完全沿开普勒轨道运行。这些扰动包括来自外层大气的阻力或太阳风的辐射压力。引力的扰动是由地球的扁率及太阳和月球的潮汐效应(见图 13.4)等造成的。地球偏离球形的形状导致卫星轨道的缓慢进动。由于这些影响和其他效应的存在,使得如果进行修正,卫星的轨道就不会保持稳定,而这样的修正是由用于对卫星进行的操控和定轨(即让卫星保持在正确的轨道位置)的卫星推进器完成。卫星的位置由监测站确定,监测站利用伪距测试数据、精确已知的位置参考和时间参考确定卫星的位置和星载钟的时间。主控制站处理来自监测站的数据,对卫星星历和时间进行准确估计,并对它们未来的值进行预测。星历数据、生成的历书[14]和时钟数据由卫星发布,这些数据构成了用户确定自己的位置和时间的必要信息。

2. 星载钟的不确定度

根据广义相对论,时钟的频率与引力势有关(见(12.15)式和(12.17)式),根据等效原理,它由引力势和离心势组成。在距离地球中心 R 处以速度 $v = \omega \times R$ 绕地球运动的时钟感受的势能为

$$U = -\frac{GM_E}{R} - \frac{\omega^2 R^2}{2} \tag{12.35}$$

根据(12.35)式和参考文献[263]中的数据,我们计算位于大地水准面表面的时钟的势能为 $U_{surface} = -62.6 \ (km/s)^2$。如果时钟装在卫星上,则结合(12.35)式和(12.34)式可得

$$U_{satellite} = -\frac{GM_E}{R} - \frac{GM_E}{2R} = -\frac{3}{2}\frac{GM_E}{R} \tag{12.36}$$

卫星上的时钟和地球表面时钟的势能差使得二者间的相对频率差为

$$\frac{\Delta \nu}{\nu} = \frac{\Delta U}{c^2} = \frac{1}{c^2}\left(-\frac{3}{2}\frac{GM_E}{R} + 62.6 \times 10^6 \left(\frac{m^2}{s^2}\right)\right) \tag{12.37}$$

使用(12.37)式可以计算出低轨卫星每天对应的时差(见图 12.12)为负,在距地面约 3190 km 的高度(相当于地球半径的一半)处为零,而对于轨道更高的卫星,例如 GPS 卫星或地球同步卫星,它变为正值。因此,从地球表面观察,轨道高度为 $R = 26600$ km 的 GPS 卫星的时钟的提前量为 38.5 $\mu s/d$。为了补偿这一影响,对星载钟设置了固定的相对频移为 $-4.464733 \times 10^{-10}$[725,732],因此它输出的频率为 10.2299999954326 MHz 而不是 10.23 MHz。然而,这种驾驭并没有考虑到 GPS 卫星轨道的轻微偏心。在近地点,卫星的

---

[14] 历书数据由包括卫星健康状况的卫星星座信息组成。

引力势较低而速度较高,从地球表面看,这两种效应都会降低卫星的时钟频率;而在远地点,由于较低的速度和较高的引力势,卫星时钟运行得更快。这种效应可导致 70 ns 的最大偏差[731]。

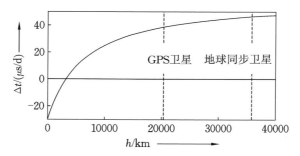

图 12.12 地面以上高度为 h 的卫星上的时钟与地球表面时钟每天的时差(根据(12.37)式计算得到)

3. 大气中的时延

卫星发送的电磁波在真空中传输和地球大气时传输的情况不同。最大的效应发生在电离层。频率为 ν 的电磁信号的相位传播折射率 n_p 可以用一个很好的近似表示为

$$n_p = 1 + \frac{c_2}{\nu^2} \tag{12.38}$$

其中系数 $c_2 = -40.3 \times n_e$ Hz² 与从卫星到用户的路径上的电子密度 n_e 有关。沿这条路径的电子密度积分被称为总电子数(TEC),它表示一个面积为 1 m² 的体积柱内的自由电子数。TEC 在 10^{16} m⁻² 到 10^{19} m⁻² 之间变化,取决于用户的位置、每日时间、卫星高度、太阳黑子活动及其他因素。由于 GPS 信号是调制产生的,这就意味着它是一个具有有限宽度的频带,由 $n_g = n_p + \nu \mathrm{d}n_p/\mathrm{d}\nu$ 给出的群速度表示为

$$n_g = 1 - \frac{c_2}{\nu^2} \tag{12.39}$$

信号(群速度)受电离层影响引入的时延由下式给出,即

$$\Delta T = \frac{40.3 \times \mathrm{TEC}}{c\nu^2} \tag{12.40}$$

使用两个不同的传输频率 L1 和 L2 会导致两者之间存在时延差:

$$\Delta \widetilde{T} \equiv \Delta T(\mathrm{L1}) - \Delta T(\mathrm{L2}) = \frac{40.3 \times \mathrm{TEC}}{c}\left(\frac{1}{\nu_1^2} - \frac{1}{\nu_2^2}\right) = \Delta T(\mathrm{L1})\frac{\nu_2^2 - \nu_1^2}{\nu_2^2}$$

$$(12.41)$$

这样,可以通过测量时延差 $\Delta \widetilde{T}$ 并代入(12.41)式得到 L1 频率的延时 ΔT_1,L2 频率的延时 ΔT_2 可以通过乘以倍率 $\nu_1^2/\nu_2^2 = (77/60)^2$ 计算得到。

如果只测量了 L1,电离层的影响必须通过参考经验模型进行修正。模型的参数包含在广播信息中。修正后的不确定度可达到该效应本身值的 50%。

大气的较低部分称为对流层,它对 15 GHz 以下的频率信号几乎都没有色散。因此,对流层内的信号延迟不能通过比较信号 L1 和 L2 来测量。对流层的折射率取决于温度、气压和湿度。必须将这些参数和卫星仰角代入半经验模型,对路径长度进行修正,对应的路径长度修正约为数米。

4. 定时与定位的准确度

1990 年至 2000 年间,GPS 系统采用所谓的选择性可用性(SA)有意降低了性能。SA 是通过扰动星载钟实现的。这样,只有了解操控规律的军方和其他授权人员才能使用未受干扰的数据。各种效应也影响伪距的不确定度(见表 12.2)。但对定位与定时的不确定度影响最大的(见表 12.3)是有没有包含 SA。

表 12.2　按照空间段、控制段和用户段划分的伪距不确定度评估表(根据文献[731]得到)

不确定度源	不确定度
星载钟不稳定度	3.0 m
卫星扰动	1.0 m
其他扰动	0.5 m
星历预报	4.2 m
其他	0.9 m
电离层时延	2.3 m
对流层时延	2.0 m
接收机噪声	1.5 m
多路径	1.2 m
其他	0.5 m
汇总	6.6 m

为了提高定位和定时的准确度,有时会使用所谓的"差分 GPS"。这种方法依赖于一个 GPS 系统的扩展系统,该系统利用位置已知的固定接收机接收 GPS 信号,得到位置修正的差分信息,然后采用地基无线电信标将该信息传送到移动 GPS 接收机。

表 12.3　SPS 粗码(C/A 码)和 PPS 精码(P 码)的不确定度表

	C/A	P
位置(3D)	95 m	17 m
水平	56 m	10 m
竖直	72 m	13 m
时间	100 ns	87 ns
速度	0.1 m/s	

表 12.3 是利用表 12.2 的伪距(UERE)数据不确定度,并考虑精度的几何扩散(GDOP)(见图 12.11)得到的。表中 SPS 和 PPS 之间的巨大差距主要是由是否包含 SA 造成的。

12.5.2.4　基于 GPS 的时间与频率传递

表 12.4 所示的是通过 GPS 的不同传播方法进行时间和频率传递所能达到的相对不确定度。单向 GPS 测量依靠 GPS 卫星传输的数据进行校准。单通道共视比对方法采用两个不同位置的 GPS 接收机同时跟踪同一个 GPS 卫星。多通道共视比对法则是让每个接收机收集所有在视卫星的数据[15]。与单通道法相比,多通道可用的数据更多,使得统计不确定度更小。

表 12.4　测量时间为 24 小时的 GPS 测量技术可实现的(2σ)不确定度(根据文献[733])

技术方法	相对时间不确定度	相对频率不确定度
单路	<20 ns	$<2\times10^{-13}$
单通道共视	≈10 ns	$\approx1\times10^{-13}$
多通道共视	<5 ns	$<5\times10^{-14}$
载波相位共视	<500 ps	$<5\times10^{-15}$

---

[15]　为此,BIPM 推荐了在全球不同地区接收来自 24 颗卫星信号的时间表。通过对每天 20～30 次比对的平均,可以使同一大陆上两个守时中心的时标比对不确定度达到几纳秒,洲际间的比对不确定度略大,约为 10～20 ns。

所谓的"大地测量"GPS 接收机也可用于时间传递。目前在国际地球动力学 GPS 服务机构(IGS)⑯框架下,已经在全球范围内实现了这种功能。这些接收机处理包括载波信号相位在内的所有 GPS 观测数据(PA 码、P1 码、P2 码、L1 和 L2 的相位)。由于多普勒效应会造成载波相位的严重失真,因此必须整合多普勒频移测量来重建载波相位。通过观测相位,人们可以非常准确地比对两个远程时钟的频率。如果要比对时标,必须解决相位模糊的问题,即必须明确卫星和接收器之间波长的准确数目。使用精码进行一系列不间断测量就可以做到这一点。需要将各种大地测量接收机的测量值和网络中必要的卫星数据结合起来进行评估。在欧洲,这项工作由位于瑞士伯尔尼的欧洲定轨中心(CODE)完成,该中心是 IGS 的一部分。相位测量的精度大体上在 10 ps 左右,对应几毫米的位置精度。

若想使时间传输的不确定度低于 1 ns,就必须对时间测量接收站中的接收机进行精确定位,因为信号在 1 m 同轴电缆中的传输时间就能导致 5 ns 的时延。从测得的时差 $\delta_{\text{geod.rec.}}$ 计算两个 A 站和 B 站之间的时差时,必须确定并修正每个接收器的时延 D_A 和 D_B,有

$$\delta_{\text{geod.rec.}} = (T_A + D_A) - (T_B + D_B) = (T_A - T_B) + (D_A - D_B) \quad (12.42)$$

可以通过所谓的"共同时钟实验"测定(12.42)式中的本地时延差 $D_A - D_B$,该方法让两个大地测量接收机在同一实验室中彼此靠近并参考同一时钟。在这种情况下,(12.42)式中的 $T_A - T_B = 0$。这种"零基线实验"可以抵消由于对流层或电离层不完备模型引入的误差。而当它们再次放置到被较长基线分开的两个站点进行站点间的时间比对时,上面测得的差分结果仍然会对测量的时间差有贡献。

图 12.13 给出 2001 年双向卫星时频传递(TWSTFT)方法和 GPS 共视时间传递方法的比较,从图中可以看出时间传递的水平。由于 TWSTFT 的不确定度较小,图 12.13 中差分数据的 2.6 ns 标准偏差对应后一种方法可实现的测试不确定度。长期变化可能也是由 GPS 引起的,但这很难验证。

PTB 和 USNO 进行了跨大西洋的时间和频率比对[734],不稳定度在 300 s 后达到了 10^{-13},并在 30000 s 后达到 10^{-14}。由于多路径效应和热效应的影响,

---

⑯ 译者注:该机构于 2015 年 3 月 14 日更名为国际 GNSS 服务机构(International GNSS Service),英文缩写"IGS"保持不变。

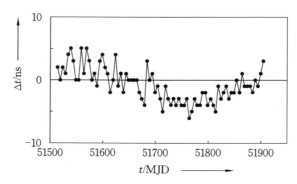

图 12.13 NPL 和 PTB 之间的双向卫星时频传递链路和 GPS C/A 码共视比对链路测得的时间差随修正儒略日期 MJD 的变化,MJD 是对天数做连续计数(MJD=0 对应 1858 年 11 月 17 日 0 时)

用大地测量接收机和双向卫星的时频传输这两种方法测得的时延差呈现几纳秒的微小季节性变化。

12.5.3 通过光学方法的时间频率传递

少数实验尝试使用光频辐射,利用自由空间传输或者光纤约束传输进行时间和频率传递。LASSO 实验(静止轨道的激光同步)[735] 使用了携带时钟的卫星,从位于法国格拉斯和美国德克萨斯州麦当劳的地面站发射 Nd:YAG 激光脉冲进行时间传递。预期的时间传递不确定度为 100 ps,但后来实际的不确定度增加到 1.5 ns。和平号空间站和国际空间站(ISS)间的激光链路时间传递(T2L2)实验已经列入计划[736],但目前为止尚未实现。这类方法需要没有云的晴空,因此不可能适用于任何地点和任意时刻。不过它是卫星之间时频传递的理想方法。

光纤链路已用于本地和区域光纤网络中的频率传递。已经实现了巴黎的两个实验室间,基于一根 3 km 长的单模 1.3 μm 光纤的 385 THz($\lambda=778$ nm)的光频传递[737]。接收端的光信号通过声光调制器(AOM)移频后再经过光纤回传到发射端,以此测量光纤引起的频移。测得的频移为 0.4 Hz,这可能是由于温度效应导致的时延引起的,温度变化为每小时几十微开。声压引起的频率跳动很容易产生若干弧度的相位变化,也容易导致载波的千赫兹的展宽。马龙生等人[738] 已经展示了如何将这种展宽压缩到毫赫兹量级的方法,他们使用二次通过外差测量的方法测得相位噪声,测得的相位游走量除以 2 获得修正信号,将其馈入相位补偿 AOM 实现补偿。这种方法也适用于受到相同相位扰动的对向传播信号的情况。这种对易性在长距离传输中不一定成立。

美国国家标准与技术研究院(NIST)和科罗拉多州 Boulder 的 JILA 通过一根 3.45 km 的光纤链路将光学和微波频标连接起来[739]。用飞秒光梳比对了 1064 nm 碘稳频的 Nd:YAG 激光器的光学频率和主动氢钟和微波频率,并且在两个实验室都实现了这两种频率信号传输前后的比对。

一条更长距离的光学链路将相距 13 km 的巴黎北部的物理激光实验室和巴黎中心的 BNM-SYRTE 连接起来,将基于飞秒光梳的频率信号连接到 SYRTE 的微波频标上[406]。1.55 μm 的激光束经过 100 MHz 幅度调制,进入一个改造的商用网络进行传输,该网络是通过将几十个标准单模光纤的网络互连点熔接起来实现的。在完成约 85 km 的往返行程后,将主动氢钟发出的传输信号与原始信号进行比对,发现光链路的附加噪声对应的相对阿兰偏差为 $\sigma_y(\tau = 10000 \text{ s}) < 10^{-15}$。更近期的测量显示噪声又降低了一个数量级,预计使用更高的 1 GHz 调制频率后噪声可以进一步降低。与自由空间微波链路的噪声特性相比,它的噪声特性指标更好。

12.6 时钟与天文学

时间和频率的准确计量以及时钟的同步在诸如精密宇宙学、星际介质物理学、轨道演化测量和空间探索等领域,几乎可以找到无数个应用。下面将举几个例子进行讨论。

12.6.1 甚长基线干涉(VLBI)

射电天文学利用望远镜收集和聚焦来自天文源的无线电波,它对今天有关天体的认识做出了难以置信的贡献。任何成像系统的最小可分辨角间距 θ 满足

$$\theta = \alpha \frac{\lambda}{b} \tag{12.43}$$

它是由于有限孔径 b 的衍射造成的,常数 α 是在"1"数量级的无量纲系数,它的大小取决于孔径的几何形状和穿过孔径的光照。根据(12.43)式,可以得到 λ 在厘米到米范围内的无线电波的最高角分辨率对孔径的需求,而如此大孔径的射电望远镜在当前技术下是无法建造的。

(12.43)式的衍射极限是由望远镜上的不同点的不同部分波干涉形成的。

因此,如果将不同的单个望远镜的信号通过合适的相位关系结合起来,就可以提高分辨率。然后把两个不同接收器的信号相互关联,并对产生的条纹图案进行分析,就可以得到诸如远距离天体图像或者天文射电源精确位置等的信息。这样就形成了所谓的"合成孔径望远镜"。例如,超大阵列(VLA)将位于新墨西哥州索科罗附近的 27 根射电望远镜天线连接起来,实现了 36 km 的最大尺寸。VLA 在最高频率 43 GHz 下的分辨率为 0.04 rad/s。

对于所谓的"甚长基线干涉"(VLBI),它的干涉仪元件可以相距数千公里或者分布在多个大陆上(见图 12.14)。例如,甚大基线阵列(VLBA)由一组专门用于 VLBI 的射电望远镜阵列组成,它从夏威夷延伸至维尔京群岛。对于如此大的距离,将各个望远镜的信号实时进行物理连接已经不再可行。因此,首先要将数据以包含时间戳的数字格式记录在磁带上,然后通过后续处理将它们相关。数据记录带通过各自站点的主动氢钟进行同步。相关器剔除了由于站点的位置和运动引起的多普勒频移和几何延迟,然后将它们相互关联。因此,VLBI 可以认为是对来自非常遥远天体(如类星体[⑰])的射电信号到达两个望远镜的时间差进行测量。

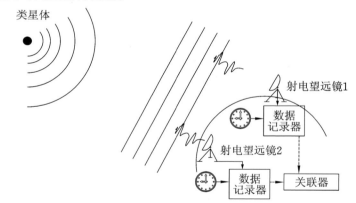

图 12.14 甚长基线干涉(VLBI)的原理

---

⑰ 类星体"QUASAR"是类星射电源的缩写,它是 20 世纪 60 年代创造出来的,当时射电观测的位置精度变得足够高,使得可见天体能被归类为已知射电源,$0.1 \leqslant v/c \leqslant 5$ 的巨大红移表明这些天体距离我们 10^9 光年,因此它们具有巨大的绝对亮度。类星体的辐射在数天之内有 10 倍的变化,由于信号源的起伏速度不能超过光束穿过信号源所需的速度,这个现象说明它的尺寸不会超过几个光日(光在 1 日传播的距离)。类星体的真正属性还不清楚。一个合理解释指出它是星系中心的一个黑洞,其质量是太阳的 10^9 倍。当黑洞从附近吸入气体和恒星时,加速的电离气体质量会产生巨大的磁场,从而发出高能辐射。

由 VLBI 测量的这些银河系外射频源（主要是类星体）的位置是以微弧度秒为单位定标的，国际天文学联合会以此建立了一个天球参照系。这些信号源的巨大距离使得它们在天空中的运动几乎无法被探测到，因此它们构成了一个真正的惯性参照系。该系统用于确定恒星在银河系中的位置，并且非常精确地测量地球的位置和方向。这些数据被地球物理学家用来构造模型，推导大气角动量、海洋潮汐或固体地球弹性响应的影响。同时，一天的 VLBI 测量就可以将天线相对位置的测试精度提高到水平方向 1 mm，垂直方向 3 mm。从这些数据中能够得到板块构造运动的宝贵信息。

地球上最大的基线受限于地球的直径，限定在 12750 km 左右。可以通过在系统中引入星载射电望远镜的办法进一步提高 VLBI 的基线。例如，在 VLBI 空间天文台计划（VSOP）中，日本的携带 8 m 射电天线的 HALCA 射电望远镜于 1997 年发射到一个椭圆形的地球轨道上。该系统结合地基天线，得到了超过 30000 km 的基线。对于 5 GHz 的频率信号，VSOP 任务允许以低于 1 毫角秒的分辨率成像。

12.6.2　脉冲星与频标

发射周期性信号的射电源于 1967 年被首次观测到，那是一个非常令人兴奋的发现[742]。这些射电源被称为脉冲星，很快人们就认识到它们发射的是周期在毫秒到秒之间的宽带辐射脉冲。在 1998 年底，已经探测到 1000 多个脉冲星。由于脉宽相对脉冲之间的时间间隔 τ 是恒定值，约为 $\Delta\tau/\tau \approx 10^{-3}$，因此必须假设这些脉冲是由刚性非常好的天体发出的。可以将它想象成一个具有固定射电源的快速旋转物体，其辐射锥像探照灯或灯塔的光束一样扫过地球。考虑旋转体表面的线速度不能超过光速 c，可以立即得出其大小的上限。因此，每毫秒发射一个脉冲的脉冲星半径 R 小于 50 km。脉冲星 PSR B1937+21[743][18]的旋转周期为 1.6 ms。预计不会发现更快的脉冲星，因为天体表面离心力和引力之间的平衡为旋转频率 $\Omega = \sqrt{GM/R^3}$ 设定了上限。Ω 受半径 R、引力常数

---

⑱　任何星体的位置都可以用赤纬和赤经两个角度来定义。如果我们认为这样一个星体固定在一个以地球为中心的天球上，那么赤纬和赤经分别对应于地理经度和纬度。赤纬是天球赤道与被测天体的夹角，北面对应 $0° \rightarrow +90°$，南面对应 $0° \rightarrow -90°$。赤经从西到东以小时为单位计数。脉冲星由前缀 PSR 标识。例如，名为 PSR B1937+21 的脉冲星可以在赤纬 19 小时 37 分钟和赤经 $21°$（北）的角坐标上找到。

G、质量 $M=4\pi R^3\rho/3$ 的影响,将已知的最高密度,即中子星的典型密度 $\rho\approx$ 10^{17} kg/m³ 代入可得旋转周期为 1.2 ms。因此,假设这些脉冲星是旋转的中子星[19]。如果坍缩前的恒星具有磁场,则坍缩过程将使得磁场增强。考虑坍缩前后的半径分别为 $R_i\approx7\times10^8$ m,$R_f\approx5\times10^4$ m,磁通量守恒要求 $B_i4\pi R_i^2=$ $B_f4\pi R_f^2$,使得坍缩的磁场 B 增加约 8 个数量级,场强达到 10^8 T[20]。脉冲星辐射的起源很容易用"灯塔模型"解释(见图 12.15)。当中子星以角速度 Ω 旋转时,带电粒子沿着磁层中的磁场线加速。加速粒子主要在中子星磁极附近区域发射电磁辐射,辐射场围绕中子星的磁场轴呈锥形分布。由于磁场轴与旋转轴通常不重合,所以辐射束就像灯塔的光一样每个旋转周期扫过一次观察者。因此,脉冲周期由中子星的旋转周期决定。脉冲星可探测的频率通常在几百兆赫到几吉兆赫之间。即使脉冲星发射的能量非常高,在地球上也只能探测到极小的一部分。探测到的脉冲星光谱辐照度非常低,在 400 MHz参考频率附近的辐照度通常在 10^{-29} Wm^{-2} Hz^{-1} 到 10^{-27} Wm^{-2} Hz^{-1} 之间[745,746]。低辐照度使得单个的射电脉冲常常隐藏在噪声中。然而,由于脉冲是周期性的,应用相敏检测的标准技术可以降低噪声并恢复脉冲星信号,就是将望远镜接收到的数字信号以预期脉冲周期进行切片并相干求和。实验发现,脉冲的平均轮廓在某种程度上显示每个脉冲星的独特结构特征(见图 12.16),并且它与探测频率有关。大约 3% 的平均脉冲波形显示在主脉冲后约一半时间处有一个中介脉冲(如图 12.16(b)所示的 PSR B1937+21 的脉冲)。这个现象可以解释为由于中子星具有相反的两个磁极,围绕这两极的两个束锥都扫过了地球上的观察者形成了双脉冲结构,该结构也可能由于射频沿空心圆锥的方向发射造成的[748]。

图 12.16 由 V.Kaspi 提供。这些积分脉冲包络代表了脉冲星的"指纹"。更多信息见文献[746]和文献[748]。大量的已知脉冲星可分为具有明确不同性质

---

[19] 中子星可能源于一颗耗尽了聚变燃料的恒星,它的质量为 $5M_\odot\leqslant M\leqslant10M_\odot$,其中 $M_\odot$ 是太阳的恒星质量。在恒星的稳定状态下,重力加速度和辐射压力处于平衡态。当恒星燃尽时,辐射压力降低,恒星坍缩,并在超新星爆炸中加热并吹走日冕。剩余物质的温度足够高,将原子电离并使得质子(p^+)和电子(e^-)发生反中子衰变($p^++e^-\rightarrow n+\nu$)。中微子 ν 辐射出去,剩下的所有物质都由中子(n)组成,形成所谓的中子星。

[20] 事实上,在以约 7.4 s 的周期旋转的脉冲星发射的低能伽马射线爆中,可以观察到更高的磁场。从旋转周期和旋转速度的减慢推导出磁场有 8×10^{10} T[744]。

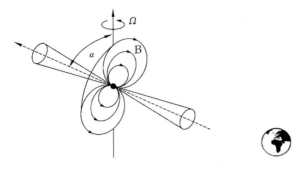

图 12.15 旋转的中子星沿旋转的圆锥方向发射辐射,就像宇宙灯塔一样

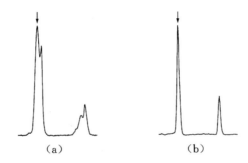

（a）   （b）

图 12.16 分别以 1.4 GHz 和 2.4 GHz 频率记录的 PSR B1855＋09 和 PSR B1937＋21 脉
冲星的平均脉冲波形[747]

的两类[745]。较多的一类称为"正常"或"慢脉冲星",它们的脉冲周期,即旋转周期 P 在秒量级(33 ms＜P＜5 s)。大多数正常脉冲星的旋转周期通常以 $\dot{P}\approx$ 10^{-15} s/s 的速率增加。第二类称为"毫秒脉冲星",它们的周期为 1.5 ms≲P≲30 ms,旋转周期以 $\dot{P}\approx10^{-19}$ s/s 的速率减慢。慢脉冲星和毫秒脉冲星之间还有以下的差异:它们的年龄不同,分别为 10^{5} 年≲τ＜10^{9} 年和 $\tau\approx10^{9}$ 年;它们的表面磁场也不同,分别为 $B\approx10^{8}$ T 和 $B\approx10^{4}$ T。此外,约 80％的毫秒脉冲星观测到轨道伴星,而慢脉冲星的这一比例低于 1％[745]。已经有合理的理论模型可以解释这些观测结果并推导出这些数据,该模型用旋转磁偶极子和经典磁偶极矩 M 来描述具有强磁场的脉冲星。磁偶极矩以转动频率 Ω 旋转,偶极轴与旋转轴之间的夹角为 α,根据经典电动力学,旋转磁偶极子发出辐射,总辐射功率由下式给出,即

$$\frac{dE}{dt} = \frac{2(M\sin\alpha)^2\Omega^4}{3c^2} \tag{12.44}$$

功率辐射使得旋转的中子星减速并降低了转动能:

$$E_{\text{rot}} = \frac{1}{2}\Theta\Omega^2 \tag{12.45}$$

其中,Θ 是中子星的转动惯量。对于半径为 $R \approx 15$ km、密度为 $\rho \approx 10^{17}$ kg/m^3 的球体,转动惯量为 $\Theta = 2/5MR^2 = 8/15\pi\rho R^5 \approx 1.3 \times 10^{38}$ kg·m^2。转动能的损失可由观测到的转动频率 $\Omega = 2\pi/P$ 及其导数 $\dot{\Omega} = -2\pi\dot{T}/P^2$ 计算得到

$$\frac{dE_{\text{rot}}}{dt} = \Theta\Omega\dot{\Omega} = -4\pi^2\Theta\frac{\dot{P}}{P^2} \tag{12.46}$$

Camilo 和 Nice[746] 对 29 个慢脉冲星进行了计算,得出了 10^{23} W $\lesssim \dot{E}_{\text{rot}} \lesssim 10^{26}$ W 的结论。后一个值大致相当于太阳在核聚变过程中辐射的功率。让 (12.46)式的转动能损失与(12.44)式的磁偶极子辐射的总功率相等,可得出

$$\dot{\Omega} = \frac{2(M\sin\alpha)^2}{3\Theta c^3}\Omega^3 \tag{12.47}$$

这样,根据磁偶极矩 M (12.47)式,可利用 $B \propto \sqrt{P\dot{P}}$ 估算表面磁感应强度 B。

12.6.2.1 脉冲星计时

为了精确测定脉冲星的特性参数,必须修正各种效应对脉冲星信号到达时间的影响,该信号是利用移动着的地球上的天线检测得到的。作为第一步,数据被参照到惯性观测者。太阳系的引力中心(质心参照系)可视为一个很好的惯性系统,它可以消除地球绕太阳公转引起的正弦年变化和地球绕地月重心旋转产生的正弦月变化的影响。利用望远镜测得的到达时间 t,可以得到信号到达太阳质心的时间 t_b,满足

$$t_b = t + \frac{\boldsymbol{r} \cdot \hat{\boldsymbol{n}}}{c} + \frac{(\boldsymbol{r} \cdot \hat{\boldsymbol{n}})^2 - |\boldsymbol{r}|^2}{2cd} - \frac{D}{f^2} + \Delta_{\text{E}\odot} + \Delta_{\text{S}\odot} + \Delta_{\text{A}\odot} \tag{12.48}$$

其中,t 是测得的站心到达时间,$\boldsymbol{r}$ 是从太阳质心到望远镜的矢量,$\hat{\boldsymbol{n}}$ 是从太阳质心到脉冲星的单位矢量,c 是光速,d 是脉冲星的距离,D 是星际介质的色散常数,它是由电离的星际等离子体造成的,f 是射频频率。$\Delta_{\text{E}\odot}$ 是红移和时间膨胀引起的爱因斯坦时延,$\Delta_{\text{S}\odot}$ 是太阳附近时空弯曲引起的夏皮罗(Shapiro)时延,$\Delta_{\text{A}\odot}$ 是地球转动引起的光行差[749]。这些参数采用行星星历表进行修正,而这样的星历表可以在 JPL-DE200 或 JPL-DE450 码中找到[750]。

完成(12.48)式的变换后,通过对脉冲星的旋转相位 $\Phi(t)$ 进行泰勒展开可以得到脉冲星的旋转参数:

$$\Phi(t) = \varphi(t_0) + \Omega(t-t_0) + \frac{1}{2}\dot{\Omega}(t-t_0)^2 + \frac{1}{6}\ddot{\Omega}(t-t_0)^3 + \cdots \quad (12.49)$$

其中,Ω 表示脉冲星的角速度。利用这些数据可以得到关于脉冲星本身性质的有价值信息,例如中子星的结构、状态方程或脉冲星演化等。除了研究脉冲星本身,它还成为验证基本理论和其他应用的工具[751]。基本物理检验包括[752]相对论进动、爱因斯坦和夏皮罗时延、引力波、G 的变化、钱德拉塞卡质量、强等效原理、洛伦兹不变性和守恒定律。Hulse 和 Taylor 因为对由中子星和伴星组成的 59 ms 双脉冲星 1913+16 的研究而获得诺贝尔奖[753]。这些研究工作使广义相对论得到了最准确的检验。比水星近日点进动高四个数量级以上的近星点转动得到了很好的证实。测得的 $\dot{P}/P \approx -3\times10^{-12}$ 的减少可以用发射引力波来解释。在此期间,还以更高的精度进行了一些更精确的基本物理问题检验[752]。可以通过测量轨道周期导数的办法检测牛顿引力常数 G 的含时变化。例如,通过对 PSR J1713+0747 双脉冲星的观测,得到 $\dot{G}/G = (-22\pm775)\times10^{-12}\ \mathrm{a}^{-1}$。

12.6.2.2 脉冲星作为频标

脉冲星被称为"自然界最稳定的时钟"[5]。事实上,已经测得脉冲星 1937+21 和 1855+09 的稳定度分别为 $\dot{P} = 1.05\times10^{-19}$ s/s 和 $\dot{P} = 1.78\times10^{-20}$ s/s[754]。稳定度也受到测量噪声的影响,测量噪声通常被认为是白相位噪声,测量不确定度在微秒量级。

为了确定稳定度,就必须去除定时数据中存在的确定但先验未知的漂移,以免与长期随机起伏混淆。为了忽略固定的频率漂移,Matsakis 等人[755] 和 Vernotte[756] 提出并应用了三阶差分的方法,得到的方差称之为"脉冲星方差"或 σ_z^2。脉冲星的相对不稳定度在几年的测量时间内可以降低到 $\sigma_z \approx 10^{-15}$ 的范围内[5,755]。

然而,有几种效应可以改变脉冲星的旋转频率。首先,如果磁场轴不与旋转轴共线,如图 12.15 所示,电磁波将带走能量。同样,质量分布旋转对称性的任何偏差都会导致引力波的发射。在双星系统中,观测到了广义相对论所预言的、与引力波发射并存的轨道频率降低。这两种效应都会降低脉冲星信号的频率，因此年老的脉冲星应该变慢。另一方面，双星系统中的脉冲星，由于从伴星中吸入物质，增加了它们的旋转频率。在这种情况下，吸入的等离子体被收集在双星系统轨道平面的吸积盘中。当等离子体最终被中子星捕获时，其角动量转移到后者，从而使其旋转加速。此外，还观察到一些脉冲星在频率稳定下降的过程中会出现频率突然增加的情况。对这些称之为"跃变"的解释是基于如下假设：中子星由流体内部和固体脆壳组成。这种跃变被解释为中子星壳层破裂或内部中子超流中定量涡流特性引起的角动量波动。综上所述，带有内置精密时钟的脉冲星是天文学中极为有用的工具，但目前似乎可以下一定论，就是它们将不会用于守时。

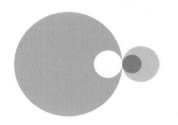

第 13 章
技术与科学应用

基于原子钟和频标的时间和频率计量实现了很高的准确度,它挑战并激励研究人员和工程师将如此高的准确度传递到其他物理量的测量中。随着易用而便宜的参考频率得到广泛应用,在几乎每一个准确度水平上,都有基于频率的测量技术应用于技术的各个领域。在低精度范围的突出例子是基于石英的各种传感器,其中石英振荡器的本征频率(见第 4.1 节)会随着外部的影响以确定的方式变化。灵敏而准确的温度计、压力规和微天平加速度计就是利用这一原理实现的。微量天平利用了石英晶体的本征频率随沉积在晶体上的质量变化而变化的原理,它可用于定量地感知蒸气或液体中的有机分子的吸附情况。不过本章介绍的将是以最高的精度对空间、电学、磁学物理量进行测量,及它们在技术和基础物理中的应用。

13.1 长度与长度相关物理量

13.1.1 长度单位的历史回顾与定义

在法国大革命期间,人们认识到有必要建立一个普适的单位系统[1],这些

---

① 更多的细节综述见文献[757]。

单位可以从地球的性质中获得。长度单位"米"被定义为四分之一地球子午线长度的 1000 万分之一。"米"由大地测量长度确定,然后传递到一个称之为"米原器"的长度杆上。到 1889 年,第一届国际计量大会(CGPM)将长度单位"米"定义为由铂铱合金制成的"国际米原器"的长度,它的长度可以和原来的"米原器"联系起来。除了定义像"米"的标准单位,人们还对"复现"这个单位的程序感兴趣,即如何根据这个定义进行实际的测量。由国际米原器复现"米"的相对不确定度约为 10^{-7}(见图 13.1),它主要受限于国际米原器中用作长度标记的凹槽边缘的品质。

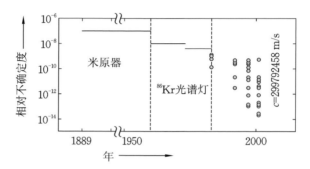

图 13.1 在国际单位制(SI)中实现长度单位的精度的进展(根据 CGPM 的定义,米由国际原器(1889-1960;见文献[758])、氪波长(1960-1983;见文献[759])和光速定义,光速通过激光频标实现(1983 年;见文献[760-762]))

早在 20 世纪初,迈克尔逊等人就根据更早的麦克斯韦的建议②,通过将各种发射谱线(如镉和汞)的波长与国际米原器比较,创建了"二级长度标准"。20 世纪 50 年代,德国联邦物理技术研究所(PTB)的 Engelhard 研制了一种特殊的氪灯,其 605.78 nm 橙色波长在稳定性和复现性方面优于任何人造器物标准。该灯使用了气体放电激发的 ^{86}Kr 同位素的 $5d_5 \rightarrow 2p_{10}$ 跃迁(按照 Paschen 给的方式命名,见第 9 章脚注①)。为了减小多普勒展宽,放电过程被浸泡到液氮进行中。1960 年,在迈克尔逊的首次尝试 60 年后,CGPM 开始采用氪灯的波长定义"米"。

然而在同年,激光被发明出来,它在输出功率、相干长度及频率的复现性

---

② "如果我们希望获得绝对永久的长度、时间和质量标准,我们不能从我们星球的尺寸、运动或质量寻找定义,而必须将其建立在不朽的、不变的并且完全相同的分子的波长、振动周期和绝对质量之上。"引自 Petley[763],15 页。

方面的指标都优于氪灯,因此这项发明促进了频率稳定光源的发展。人们可以清楚地预见到未来新的、更稳定的激光器将不断出现,从原理上讲,这些激光器可以不断提高"米"的复现准确度。然而,要充分利用这些激光器中最好的一种来进行精确的长度测量,需要频繁地重新定义国际单位"米"。为了解决这个问题,1983 年召开的第 17 届 CGPM 采用了新的米定义,即

米是光在 1/299792458 秒的时间间隔内在真空中传播的路径长度。

这个定义将长度计量与基于原子频标的时间测量联系起来,结合基本常数光速 c 的值,实现了惊人的准确度。根据 1983 年的"米"定义,光速 $c = 299792458$ m/s 的值现在被固定下来。在实验室中,通过测量距离和频率(见文献[681])非常精确地确定了这个值。光速的不变性不仅是基于迈克尔逊和莫利实验的爱因斯坦相对论的一个假设,而且在实验上证明了它在非常低的不确定度下仍然有效[764]。

为了复现 1983 年定义的"米",国际计量局(CIPM)推荐采用以下方法中的一种复现"米"。

(1) 飞行时间法:通过在 t 时间间隔内平面电磁波在真空中传播的路径长度 l 复现"米";该长度使用关系式:

$$l = c \times t \tag{13.1}$$

其中,真空中光速的值 $c = 299792458$ m/s,通过对时间 t 的测量得到。

(2) 干涉法:通过频率为 f 的平面电磁波在真空中的波长 λ 复现"米";该波长通过对频率 f 的测量获得,利用了关系式 $\lambda = c/f$,其中真空中光速值的值 $c = 299792458$ m/s。

(3) 查表法:通过列表中的一个辐射(见表 13.1)复现"米",其公布的真空波长或频率可在给定的不确定度下使用,前提是测量遵循给定的规范和公认的良好实践,并且在所有情况下,对任何必要的修正都结合实际的实验条件进行了计算,如衍射、引力或真空中的缺陷[761]等。

表 13.1　CIPM 推荐的实现单位"米"的辐射跃迁

量子吸收体	跃迁	波长(nm)	相对标准不确定度
$^{115}\text{In}^+$	$5s^2\ {}^1S_0\text{-}5s5p\ {}^3P_0$	236.54085354975	3.6×10^{-13}
^1H	1S-2S	243.13462462604	2.0×10^{-13}
$^{199}\text{Hg}^+$	$5d^{10}6s\ {}^2S_{1/2}\,(F=0) - 5d^96s^2\,{}^2D_{5/2}$ $(F=2)\Delta m_F = 0$	281.568867591969	1.9×10^{-14}

续表

量子吸收体	跃迁	波长（nm）	相对标准不确定度
^{171}Yb$^+$	6s ^{2}S$_{1/2}$($F=0$)$-$5d ^{2}D$_{3/2}$($F=2$)	435.51761073969	2.9×10^{-14}
^{171}Yb$^+$	^{2}S$_{1/2}$($F=0, m_F=0$)$-^2$F$_{7/2}$($F=3$, $m_F=0$)	466.878090061	4.0×10^{-12}
^{127}I2	R(56) 32$-$0，a$_{10}$	532.245036104	8.9×10^{-12}
^{127}I2	R(127) 11$-$5，a$_{16}$ 或者(f)	632.99121258	2.1×10^{-11}
^{40}Ca	^{1}S$_0-^3$P$_1$；$\Delta m_J=0$	657.45943929167	1.1×10^{-13}
^{88}Sr$^+$	5 ^{2}S$_{1/2}-4$ ^{2}D$_{5/2}$	674.0255908631	7.9×10^{-13}
^{85}Rb	5S$_{1/2}$($F_g=3$)$-$5D$_{5/2}$($F_e=5$)	778.10542123	1.3×10^{-11}
^{13}C$_2$H$_2$	P(16)（$\nu_1+\nu_3$）	1542.383712	5.2×10^{-10}
CH$_4$	甲烷(7-6)跃迁中的 P(7)υ_3 谱线的 F$_2^{(2)}$ 分量	3392.231397327	3.0×10^{-12}
OsO$_4$	与 ^{12}C^{16}O$_2$ 激光线吻合的 R(10) (00^{0}1)$-$(10^{0}0)	10318.436884460	1.4×10^{-13}

以下将更详细地讨论这些方法。

13.1.2　飞行时间法测距

飞行时间法尤其适合对大距离的测量。该方法的例子包括卫星导航（见第 12.5 节）或天文尺度上以光年为计量单位的距离测量。

13.1.2.1　月球测距

该方法的一个事例是对地球和月球之间距离进行的长达 30 多年的定期测量，这是通过向月球发射脉冲激光束实现的。光脉冲被月球表面的反射镜反射回来实现测量，这些反射镜是美国的阿波罗 11 号、14 号和 15 号及（前）苏联的 Luna 21 号在执行航天任务时放置到月球上面的。对激光传播时间的测量使人们能够以几厘米的不确定度测量这个距离[765,766]。这些数据被用作引力理论的精确检验。重力会导致陀螺顶部的进动。一个典型的例子是陀螺在重力场中自由下落时发生的进动。地月系统展现出一个角动量，因此可以认为它是一个围绕太阳旋转的陀螺仪。De Sitter 早在 1916 年就认识到该系统有一个广义相对论引起的进动。月球轨道的 De Sitter 进动角的计算值为每世纪 2″左右。通过将月球测距数据与地球和月球轨道模型进行比较，该理论值以 1‰的不确定度得到验证[767,768]。

13.1.2.2 深空网络

基于精确授时和先进时钟的测距艺术在深空导航中达到了极高的准确度。这里以卡西尼(Cassini)计划为例说明。卡西尼号宇宙飞船于 1997 年年末升空,开始前往土星的七年之旅,其间将借助金星(两次)、地球和木星完成四次引力助飞。卡西尼号飞船预计于 2004 年到达土星并在土星系统中发射欧空局(ESA)的惠更斯探测器,探测器将降落到拥有稠密大气层的土星的卫星"泰坦"(土卫六)上。风会对惠更斯的局部水平速度造成扰动,通过对惠更斯入口探针的多普勒跟踪,预期能够测量到土卫六上的纬向风廓线[769]。在木星上已经完成了类似的探测,利用伽利略探测器下降过程中的速度变化测量了木星的深纬向风,得到高达 200 m/s 的风速测量结果[770]。为了这些研究目标,卡西尼号飞船携带了一个 SC 切割的超稳石英晶体振荡器,频率为 4.79 MHz,阿兰偏差为 $\sigma(\tau = 1 \text{ s}) = 2 \times 10^{-13}$。惠更斯探测器上则配备一台铷钟,指标为 $\sigma(\tau = 1 \text{ s}) = 6 \times 10^{-11}$[771]。

航天器的遥测由美国国家航空航天局(NASA)的深空网络完成,它由三个呈约 120°分布的跟踪站构成,分别位于戈德斯通(美国加州)、堪培拉(澳大利亚)和马德里(西班牙)。为了跟踪航天器,3 个地面站向航天器发送射频信号,航天器将相位相干信号传回地球,地面站通过测量多普勒频移确定航天器的速度。测距是通过在上行链路信号中发送一个伪随机码,航天器收到该代码后又通过下行链路将该信号传回而实现的。通过测量接收到的代码与(上行链路)测距信号副本的相关性,地面站测得往返时间并完成测距。

为了理解精准操纵所需的非常精确的遥测技术,这里以飞越金星的引力助飞说明。航天器需要用最小的起飞燃料到达目的地,因此要求在助飞过程中,将动能转移到航天器上。该助飞任务要求航天器将通过金星时的高度控制在(300±25)km 范围。该计划的另一个挑战要求航天器在距离地球约 1.5×10^9 km 的地方以 10 km 的精度飞越土卫六。

13.1.3 干涉法测距

飞行时间法在测量日常生活相关的尺度上不太准确。假设距离测量为 1 m,期望的相对不确定度为 1×10^{-7},这对应国际米原器复现的不确定度(见图 13.1)。这样的中等不确定度要求测量的飞行时间为 3 ns,不确定度为 0.3 fs,不容易实现。

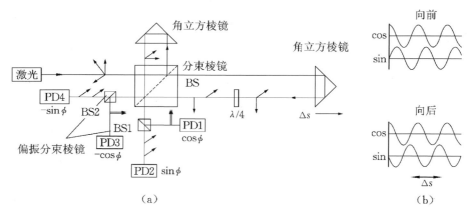

图 13.2 用于 Δs 位移测量的迈克尔逊型位移测量干涉仪((a)显示光偏振方向的干涉仪结构示意图;(b)探测器 PD1 和 PD2 的光电流)

因此,实验室尺度的距离测量采用了干涉法,通过将被测距离与干涉仪中特定辐射波长的数目进行比较实现测量。当激光器将频率稳定到原子、分子或离子跃迁时,这种光源的频率和真空波长在很大程度上与环境条件无关。如果对已知的可见光辐射的 $\lambda \approx 0.5~\mu m$ 波长已经获得足够高的准确度,那么这个小波长就为长度测量提供了一把准确的标尺。第 13.1.1 节中推荐的干涉法和查表法展示了如何以很低的测量不确定度获得特定辐射源的真空波长。

对于干涉法的距离测量,通常使用迈克尔逊型(见图 13.2)的双光束干涉仪。在经典的激光干涉仪设计中,使用角立方棱镜代替了平面镜,因为这种结构对反射镜运动过程中的倾斜不太敏感,并且它可以使激光光线的背向反射最小化,而这种背向反射可能会改变激光源的频率。由于使用了角立方棱镜,测量光束和参考光束总是平行于入射光束。在分束器中,光波被分成振幅为 E_1 和 E_2 的两个分波,这两个分波沿着不同路径 R_1 和 R_2 传播后在分束器处重新合束,产生

$$E_1 = E_{01}\cos(kr_1 - \omega t + \phi_1)$$

和
$$E_2 = E_{02}\cos(kr_2 - \omega t + \phi_2) \tag{13.2}$$

被分束器反射和透射的波经历了独立的相移,该相移要计入附加相位 ϕ_1 和 ϕ_2。探测器上的含时功率变化为

$$
\begin{aligned}
I(t) &\propto (E_1+E_2)^2 = E_1^2 + E_2^2 + 2E_1E_2 \\
&= E_1^2 + E_2^2 + 2E_{01}E_{02}[\cos(kr_1+\phi_1)\cos\omega t + \sin(kr_1+\phi_1)\sin\omega t] \\
&\quad \times [\cos(kr_2+\phi_2)\cos\omega t + \sin(kr_2+\phi_2)\sin\omega t] \\
&= E_1^2 + E_2^2 + 2E_{01}E_{02}[\cos(kr_1+\phi_1)\cos(kr_2+\phi_2)\cos^2\omega t \\
&\quad + \sin(kr_1+\phi_1)\cos(kr_2+\phi_2)\sin\omega t\cos\omega t \\
&\quad + \cos(kr_1+\phi_1)\sin(kr_2+\phi_2)\sin\omega t\cos\omega t \\
&\quad + \sin(kr_1+\phi_1)\sin(kr_2+\phi_2)\sin^2\omega t]
\end{aligned}
$$

$$(13.3)$$

这里我们利用了恒等式：

$$\cos(\alpha-\beta) = \cos\alpha\cos\beta + \sin\alpha\sin\beta \tag{13.4}$$

将相位表达式中的空间关联项 $kr+\phi$ 和时间关联项 ωt 分离，由于光电探测器不足以快到响应像光频这样高的载波频率，因此包含 $\sin\omega t$ 和 $\cos\omega t$ 快速振荡项对时间平均的积分为零，最终的结果为

$$
\begin{aligned}
I &= \langle I(t)\rangle \\
&\propto \frac{1}{2}E_{01}^2 + \frac{1}{2}E_{02}^2 + 2(E_{01}E_{02})\frac{1}{2}[\cos(kr_1+\phi_1)\cos(kr_2+\phi_2) \\
&\quad + \sin(kr_1+\phi_1)\sin(kr_2+\phi_2)] \\
&= \frac{E_{01}^2}{2} + \frac{E_{02}^2}{2} + E_{01}E_{02}\cos(kr_1+\phi_1-kr_2-\phi_2) \\
&\propto I_1 + I_2 + 2\sqrt{I_1I_2}\cos(kr_1-kr_2+\phi_1-\phi_2)
\end{aligned}
$$

$$(13.5)$$

这里我们再次用到了(13.4)式。I_1 和 I_2 是两束分波的时间平均光强。

如果反射镜在间隔为 Δs 的两个位置之间移动，而参考镜保持在固定位置，则功率随路径差而周期性变化。如果保持 $I_1=I_2$，则可视度或对比度 $V\equiv(I_{max}-I_{min})/(I_{max}+I_{min})$ 为最佳值 ($V=1$)。通过对功率在最大值和最小值间的变化进行计数 $N(\Delta s)$，可以得到距离 Δs 为

$$2\Delta s = N(\Delta s)\lambda \tag{13.6}$$

信号的周期性使得只有当反射镜的位移在 $\lambda/4$ 的周期内时，探测器才可以明确测量该值。为了测量更大的位移，必须连续跟踪信号，并且对由于余弦项过零点产生的周期变化计数。单凭一个周期信号无法确定反射镜的运动方向，因此需要产生第二个具有 90° 常数相移的干涉信号。图 13.2 所示的是这种"零差干涉仪"可能的光学结构。在主分束器 BS 中，测量光束和参考光束分

别由线性偏振矢量分解成振幅相等、偏振相互正交的两束激光。在测量光束的光路中加入了一个主轴相对于光束偏振方向夹角为 $45°$ 的 $\lambda/4$ 波片，得到圆偏振光，其中垂直偏振态具有 $90°$ 的相移，而参考光束分解出的两个相互垂直的偏振光束是同相的。将测量光束和参考光束叠加通过主分束棱镜后，用一块二级偏振分束棱镜 BS1 产生两个 $90°$ 相移的干涉信号并由 PD1 和 PD2 探测。这样当测量光束上的角反射镜位于第一个干涉信号的过零点附近时，可以通过第二个干涉信号的符号确定它的移动方向（见图 13.2(b)）。主分束器的第二个输出信号后面接第二个二级偏振分束棱镜 BS2 和另外的光电探测器 PD3 及 PD4，用于探测另外两个干涉信号，这两个信号分别有 $180°$ 和 $270°$ 的固定相移，这样可以将干涉信号的偏置最小化。只需对两个干涉信号的过零点进行计数，就可以得到 $\lambda/8$ 的分辨率。为了提高精度，可以通过内插法提高分辨率，其中干涉信号的相位 ϕ 由 $0°$ 信号的光通量 I_0 和 $90°$ 信号的光通量 I_{90} 确定，满足 $\phi = \arctan(I_0/I_{90})$。

用光路长度测定反射镜位移的方法受到波长 $\lambda(n) = n\lambda_{vac}$ 的影响，它与空气折射率 n 相关。空气折射率 $n_{air} \approx 1.00027$ 在很大程度上依赖于温度、压力、湿度及其他气体，特别是二氧化碳的含量。在实用干涉仪中，通常需要测量温度、压力和湿度并使用经验公式确定波长与真空波长的偏差。这些修正最初由 Edlén[772] 测得，随后进行了改进（见文献[773]及类似参考文献）。在理想情况下，这些校正可以实现高达 $\Delta n/n \approx 10^{-8}$ 的相对不确定度。然而，对于大距离或在工业工厂等恶劣环境中，由于对空气成分缺乏精确掌握，可实现的不确定度将会差很多。

在对精度有更高需求的应用中，运动过程中变化的光路被放置在真空中。干涉测量实现了低至 2×10^{-11} 的相对不确定度[774]，这里的待测位移为 $\Delta s \approx 4$ m。通过将一个可调谐激光器锁定到干涉最小值点并测量该激光器与频标的拍频，实现了干涉条纹零点间的内插所必须要达到精度（小于 10^{-4}）。伴随着距离和时间测量展现出如此惊人的精度，对速度和加速度的测量也实现了前所未有的准确度，下面将以重力的测量为例进行讨论。

13.1.3.1 重力测量

科学和技术应用的广泛领域对地球重力加速度 g 的绝对值有非常高的精度要求，其中包括确定地球的地壳形变、测量不断变化的海平面、格陵兰或南极洲的冰层变化，或者利用功率天平[775]等测量基本常数和单位。精确测 g 的重力仪也用于地球物理勘探,以确定原油或其他自然资源的位置。

由地球引力产生的对质量为 m、位置为 $\boldsymbol{r}_0$ 的物体重力加速度 g 为

$$g(\boldsymbol{r}_0) = \frac{\boldsymbol{F}}{m} = G \int \frac{\mathrm{d}M_{\text{Earth}}}{(\boldsymbol{r} - \boldsymbol{r}_0)^2} = G \int \frac{\rho(\boldsymbol{r}_0)\mathrm{d}V}{(\boldsymbol{r} - \boldsymbol{r}_0)^2} \tag{13.7}$$

这里,$G = 6.67 \times 10^{-11}$ m^3/(s^{2}kg) 是牛顿万有引力常数,上式对地球局部变化的密度 ρ 进行积分。因此,地球表面 g 的局部变化预示着地球密度的变化,这可能是由天然气气泡、矿石或石油沉积物引起的。根据(13.7)式给出的 $1/r^2$ 依赖关系,附近的密度变化对本地重力加速度的贡献大于较远密度变化的贡献。目前使用重力仪对本地重力加速度进行精确测量(见图 13.3)。

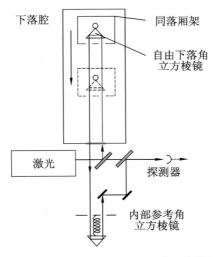

图 13.3　用于测量本地重力加速度的重力仪原理图

这类重力仪的一个主要代表是一种带有垂直臂的迈克尔逊干涉仪,它的反射器是一个角立方镜。通过在一分钟内多次让反射器在真空垂直管自由下落,同时监测干涉条纹随时间的变化确定 g 的值。测量干涉极大值的时间序列可以得到高度 $h(t)$,根据自由落体条件确定 g。计算公式如下:

$$h(t - t_0) = \frac{1}{2} g(t - t_0)^2 \tag{13.8}$$

干涉仪中的两个光束被移开以避免激光反向反射回激光器。为了消除仪器中残余气体的摩擦对下落角立方镜的影响,从而降低 g 的测量值,角立方块放置到一个同落厢架中,与该厢架一起自由下落。

最先进的干涉仪使用碘稳频氦-氖激光器，同时也在使用双模稳频氦-氖激光器。迈克尔逊干涉仪测得的路径差主要取决于第二块角立方体给出的惯性参考。在文献[776]所述的系统中，参考角立方镜放置在一个两级弹簧隔离平台上，其中第二级采用"超级弹簧"系统。超级弹簧的思想[777]是使用一个弹性系数非常小的相对较短的弹簧模拟一个非常长的弹簧。这种短弹簧可以看作长弹簧的末端部分，其中"缺失部分"的特性通过主动电子稳定结构模拟实现。用这种装置测定 g 可获得低至 $10^{-9}g$ 的相对不确定度[776,778]。

新型重力仪基于 Ramsey-Bordé 原子干涉仪[779-781] 的技术（见第 6.6.2.3 节）。这些装置采用了原子喷泉中的激光冷却铯原子，用三对拉曼脉冲分别通过 $\pi/2$、π、$\pi/2$ 脉冲对原子波包进行合束、重定向和重新合束。在重力的影响下，用于重新合束部分波的第三个脉冲必须具有的相移（见第 9.4.4.2 节）为

$$\Delta\Phi = gk_{\mathrm{eff}}T^2 \tag{13.9}$$

其中，$k_{\mathrm{eff}} = 2\pi/(\lambda_1 + \lambda_2)$ 是相向传播拉曼光束的等效波矢。该重力仪与使用自由下落角立方棱镜的重力仪进行测试比较，结果在 $(7\pm7)\times10^{-9}$[781] 精度内保持一致。在这种准确度水平下，必须根据月球和太阳引起的潮汐对测量加速度的含时变化进行修正（见图 13.4）。原子干涉仪也被用来测量重力梯度[782]。

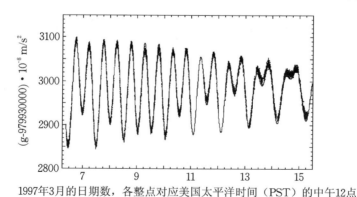

1997年3月的日期数，各整点对应美国太平洋时间（PST）的中午12点

图 13.4 在加州斯坦福大学的测量点用原子干涉仪（点）测量地球重力加速度 g 的变化[779-781] 和重力潮汐的理论模型（线）的比较（由 A. Peters 提供）

13.1.4 "米"定义的复现

若想让干涉测量方法达到它可以达到的最高准确度，必须保证干涉仪中

使用的辐射的波长达到相应的准确度。已知真空波长的光频标已经在各种光谱范围发展起来(见第 9 章)。干涉法使得人们可以根据米的定义确定任何单色电磁辐射源的波长,它的准确度度最终取决于频率测量的准确度。现在可以通过与基准时标和基准频标的频率进行直接比对的方法来测量光学频率(见第 11 章)。尽管光学频率测量技术的不断发展最终降低了如飞秒光梳等技术的复杂性,但这些方法仍然只能在少数设备齐全的实验室实现。因此,CIPM 推荐了一些经过验证和选定的稳频激光辐射作为实现"米"和精密光谱学的参考(见表 13.1 和文献[370])。第 13.1.1 节中给出实现"米"的列表被称为"'米'定义的复现"。它包含一系列经批准的波长标准,已经对这些标准进行了频率测量,并对准确度进行了评估。在 1983 年第一版[761]之后,该列表于1992 年[762]、1997 年[95]、2001 年[370]进行了更新,其中包含一些稳定到原子(见表 5.2)、离子(见表 10.2)或分子跃迁(见表 5.4 和表 9.1)的激光。这些标准的波长范围从近紫外(243 nm)到红外(10.3 μm)。

13.1.4.1 光通信中的频标

精度要求较低的光学参考频率,如表 13.1 中给出的 1.54 μm 的乙炔跃迁,也可在光通信中找到重要应用,在那里,光纤的波分复用(WDM)技术给出了多个波长通道。在掺铒放大器从约 1.540 μm 到 1.56 μm 的重要波长范围,国际电信联盟(ITU)建议使用 50 GHz 或 100 GHz 的信道频率间隔,并在不久的将来有望实现更窄的间隔。

充满合适吸收体的参考泡可用作传递标准,该标准是从国家计量机构传递过来的。发光二极管等宽带光源发出的光通过这些吸收泡时,表现出分子光谱的吸收凹陷特性。这些谱线可用于校准光谱分析仪或波长计,并以零点几皮米的不确定度来表征可调谐激光器和信道的波长(见表 13.2)。乙炔$^{12}C_2H_2$(见图 13.5)和$^{13}C_2H_2$ 中的 $\nu_1 + \nu_3$ 的振动-转动跃迁在约 1510 nm 到 1550 nm 的范围内各有 50 多条强吸收线(见图 5.7 和图 13.5)。氰化氢 $H_{13}C_{14}N$ 中的 $2\nu_3$ 泛频跃迁光谱跨越了大约 1525 nm 到 1565 nm 之间的范围[473]。在 1565 nm 到1625 nm 的波分复用 L 波段,碘化氢(HI)和一氧化碳($^{12}C^{16}O$)的光谱覆盖了高频范围,而$^{13}C^{16}O$ 在 1595 nm 到 1628 nm 之间有 35 条线。半导体分布反馈(DFB)激光器、扩展腔二极管激光器和 DFB 光纤激光器在这一波长范围得到了广泛的应用。后者的频率稳定到接近 1.58 μm 的 CO 谱线上,在几分钟内具有几兆赫的频率稳定度[783]。与 HI 相比,CO 的谱线通常较弱[473]。为了获得更高的精度,已经使用了 Rb 双光子跃迁的分数谐波(见第 9.4.3 节)或工作在 1523 nm 的 He-Ne 激光器。

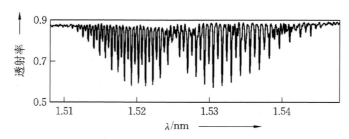

图 13.5 电信波段中用作频率参考的乙炔振动-转动吸收线(由 F.Bertineto 提供)

表 13.2 电信波段的光学频率标准(其他候选介质可在文献[47]中找到)

波段	范围(nm)	吸收体	参考文献
O-波段	1260~1360		[784]
E-波段	1360~1460		
S-波段	1460~1530	$^{12}C_2H_2$	
C-波段	1530~1565	HCN	[473]
L-波段	1565~1625	HI, $^{12}C^{16}O$	[473]
U-波段	1625~1675		

13.2 电压标准

可以通过约瑟夫森效应将电压的测量溯源到频率测量。1962 年,Brian D. Josephson 描述了该效应,它可以发生由两个超导层构成的,被厚度为几纳米的隔离层隔开的"约瑟夫森结"上[785],势垒两侧的超导态可用"库珀对"表征,每个"库珀对"由两个具有相反的自旋和 k 矢量的电子组成,整个超导态用包含所有库珀对宏观相位的单一宏观波函数来描述。如果势垒足够薄,库珀对可以隧穿它,势垒两侧的两个波函数被弱耦合起来。当约瑟夫森结与电流源相连时,两个量子力学态的耦合导致电流通过势垒,该势垒随两个态的相位差 ϕ 正弦变化[786]。此外,相位差的演化与超导体之间施加的电压 U 有关,该电压 U 导致电流随频率变化,满足

$$f = \frac{1}{2\pi}\frac{\mathrm{d}\phi}{\mathrm{d}t} = \frac{2e}{h}U \equiv K_J U \tag{13.10}$$

约瑟夫森常数 K_J 是超导体中基本磁通量量子 Φ_0 的倒数。可以由普朗克常数 h 和基本电荷 e 计算得到

$$\Phi_0 = h/2e \qquad (13.11)$$

因此,约瑟夫森效应可以看作是一个压控振荡器,它通过基本常数将电压与频率联系起来。如果振荡器锁定在外部频率 f_e,约瑟夫森结的非线性直流特性会产生振荡频率的高次谐波,从而导致电压输出以固定的值阶跃,满足

$$U_n = n\frac{h}{2e}f \qquad (13.12)$$

这里 $n = 1, 2, \cdots$。

在实际的约瑟夫森器件中,理想的约瑟夫森结与电容、高频源和欧姆电阻并联,形成了振荡器的阻尼。电压的阶跃(见图 13.6)可以当作可重复的参考频率使用。把 20000 个约瑟夫森结串联起来[787,788],就能将图 13.6(b)中很低的阶跃电压值增加到 1 V 和 10 V,该系统运行了数年,得到的 10 V 标准电压的复现性高达 5×10^{-11}[788]。串联的约瑟夫森结和测量系统已经实现商业化。16 个国家、工业和军事实验室利用 4 个行波齐纳(Zener)二极管标准开展了 10V 标准电压的比对,结果表明大多数实验室的相对偏差小于 2×10^{-8}[789]。然而,必须强调的是,这并不是国际单位制(SI)中的电压测量准确度,因为基本常数的值并不具有足够的准确度。因此,1990 年,电力咨询委员会(CCE)推荐以 $K_{J-90} = 483597.9\ \text{GHz/V}$ 这个值来保持电压单位"伏",该约定值允许大家以高于国际单位制(SI)定义的精度复现单位电压,根据文献[790,791],SI 体系中电压精度的取决于 $h/2e = 483597879(41) \times 10^9\ \text{Hz/V}$,相对标准不确定度为 8.5×10^{-8}。低温电压标准已经发展起来,该技术依赖于 DCF77(见第 12.4 节)或 GPS(见第 12.5 节)传输的标准频率。

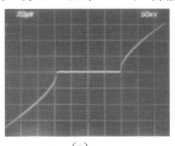
(a)

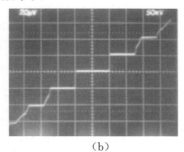
(b)

图 13.6 (a)无微波的 Nb-PdAu-Nb 高阻尼约瑟夫森结的直流电压-电流特性;(b)施加 10 GHz 微波频率的电压-电流特性(由 J.Niemeyer 提供)

13.3 电流的测量

把麦克斯韦的建议(见本章脚注②)扩展到电学单位,从量子标准中重新产生"安培"作为电流的 SI 单位显然是一件非常有意义的事。简单考虑,这条路线似乎很直接,因为用很好定义的频率 f 产生周期,然后以这样的周期输送一定数量 N 的电荷 e 就会产生电流:

$$I = Nef \qquad (13.13)$$

该方法的困难在于与基本电荷相关的电流很小,并且在实际设备中明确确定电荷的数目也很难实现。这里,我们探索了几种利用(13.13)式将电流测量与频率联系起来的可能性。

13.3.1 储存环中的电子

有人建议使用电子储存环[792]中以确定的频率循环的电子作为电流标准。由于电子在储存环中具有几百兆电子伏到几吉电子伏的高动能,这些相对论电子以非常接近光速 c 的速度运动。在用于将电子轨迹弯曲到闭合轨道的磁铁中,电子被径向加速,从而沿着轨迹向一个小圆锥体发射同步辐射。在储存环中,由于同步辐射而导致的动能损失由插入储存环的一个微波腔中的加速电磁场来补偿。微波场的射频频率 f_{rf} 与电子的旋转频率 f_e 同步。一般来说,满足 $f_{rf} = nf_e$ 的关系,旋转频率是射频频率的精确 $1/n$ 次谐波,因此可以精确测量。对于几千个绕轨道运行的电子,可以利用光电探测器测量同步辐射的辐射功率,从而直接测定实际的电子数 N,如图 13.7 所示。

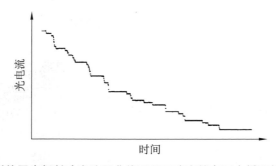

图 13.7 探测到的同步辐射功率阶跃曲线可用于确定储存环中循环的确切电子数[792]

当一个电子从一定数目(例如 100 个)的存储电子中移除时,如果监测同步辐射功率的探测器具有足够的线性并且噪声水平不太高,它测到的光电流将减少 1%。图 13.7[792] 所示的是从四十个电子的电子束中连续移除电子、直到剩下单个电子时的光电流阶跃曲线。对于 $L=62.4$ m 的存储环周长,对应单个电子的电流约为 $I_e=ec/L\approx0.77\times10^{-12}$ A。此方法可达到的精度取决于存储环中的电子电流与外部需要校准的电流相比较时可获得的精度。可以通过低温电流比较器进行这种比较,其中两种电流的磁场差用 SQUID 磁强计测量(见第 13.4.1 节)。测得的分辨率低至 6 fA/$\sqrt{\text{Hz}}$ 到 65 fA/$\sqrt{\text{Hz}}$,它与频率范围有关[793]。对于一个优化的设备[794],预计白噪声区域的分辨率会更低,达到 0.1 fA/$\sqrt{\text{Hz}}$。这样的装置可以将一个周长 6 m 的专用储存环中 1300 个循环电子携带的 10 nA 电流与外部需要校准的电流进行比较,在测量时间为 1 s 时精度达到 10^{-8}。

13.3.2 单电子装置

单电子器件基于单电荷载体之间的长程库仑相互作用,这种作用有助于实现电子在基于小导电区域的电路中的传输。用几个额外的量子电荷给小的中性体充电的相关效应的研究已经有很长的历史,可以追溯到 20 世纪初著名的密立根实验。现代单电子器件使用的是孤立岛,它最多可以充入几个基本电荷。某个特定岛的电荷流来源于电子对岛间势垒的连续隧穿。电子从一个岛隧穿到下一个岛的概率取决于(由装置的温度 T 决定)它的动能和电子在这个过程中获得的能量。把电子输送到岛上等于给电容器充电。对于孤立岛的小电容 C,库仑能 $E_c=eU$ 远高于热能,满足

$$E_c=\frac{e^2}{2C}\gg kT \tag{13.14}$$

在这种情况下,只要外部施加的电压 U_{ext} 不补偿电压 U,隧穿就被阻塞(库仑阻塞)。因此,单电子器件中的电流是由单电子隧穿效应产生的,通过施加外部电压可以有效控制电流。应用这个原理可以开发一种电流源,其中单个电荷的运动可以通过精确的射频进行门控。被称为单电子隧穿泵浦的基本电路可由两个岛和每个岛的栅电极组成(见图 13.8),由于单个电子的输运依赖于两个栅极电压的瞬时值,因此对两个栅极电压的周期性调制会产生电流 $I=ef_{rf}$,对应每个射频周期输送一个电子。几兆赫的射频频率产生几个皮安的低电流。单电子隧道装置也被用来建立基于计数电子的电容标准,其相对不确定度为 3×10^{-7}[795,796]。在这项工作中,一个单电子隧穿元件包括七个隧穿触点,目的是减少所谓的"共同隧穿","共同隧穿"效应是由于高阶量子力学隧

过程产生的，它可以穿过整个链路并导致错误的电子计数。

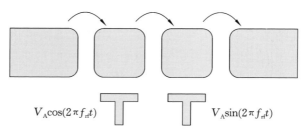

$$V_A\cos(2\pi f_{cl} t) \qquad\qquad V_A\sin(2\pi f_{cl} t)$$

图 13.8 基于三个隧穿段的单电子隧穿泵浦

如果将这样的直流电流源用作计量，则它的皮安（pA）量级的电流太低了，即使利用最先进的 SQUID 电流比较器，也无法以所需的精度实现与大电流的比较。然而，已经证明，这种方法在纳安（nA）量级可以达到所需的灵敏度[794]。另一种可以达到这一指标的合适方法是利用半导体材料的表面声波，材料表面的单个电子在电势的极小值中传输[797,798]。由于砷化镓的压电效应，可以在靠近表面的二维电子气中实现静电势的传播调制。几吉赫兹（GHz）的更高频率和更高的相关电流使该方法有望提供新的候选电流标准，这个标准仅仅通过基本常数和频率标准就可以建立[799]。

13.4 磁场的测量

有几种方法可以通过频率测量非常精确地测量磁场。下面对这些进行详细介绍。

13.4.1 超导量子干涉（SQUID）磁强计

超导量子干涉仪（SQUID）由超导环构成，环中的磁通量满足

$$\Phi = n\Phi_0 = n\,\frac{h}{2e} \tag{13.15}$$

它可以在两种不同的架构下实现[800]。在直流 SQUID 中，两个约瑟夫森结将环分成两个半环（见图 13.9），它可以用直流偏置电流操作。而射频 SQUID 的超导环只包含一个约瑟夫森结，由一个电感耦合谐振电路读出磁通量。超导回路中磁通量的量子化和约瑟夫森效应形成了与磁通量量子周期相关的磁通量-电压特性[801]。为了获得较大的动态范围，可以采用磁通量量子计数的零位检测器方案。直流 SQUID 磁强计的磁通量噪声与带宽的关系为

$10^{-6}\,\Phi_0/\sqrt{\mathrm{Hz}}$。SQUID 是迄今为止最灵敏的磁通传感器,采集线圈的面积只要几平方毫米就可以实现 $50\,\mathrm{fT}/\sqrt{\mathrm{Hz}}$ 的磁场分辨率。SQUID 需要冷却到低温,至少要冷却到 YBaCuO 这类高温超导体可以工作的温度,使用液氮或低温冷却器可以实现这样的温度。SQUID 可以测量很小的磁场(约 20 fT)和磁场梯度(<1 pT/cm)。

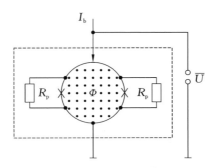

图 13.9 用偏置电流 I_b 驱动的 SQUID 测量的电压"$\bar{U}$",它是通过测量超导环的磁通量 Φ 实现的,该超导环被两个约瑟夫森结(×)隔成两半,两个约瑟夫森各与一个电阻并联(虚线框表示为了维持超导状态所必需的低温环境)

13.4.2 碱金属磁强计

利用碱金属铯(见图 7.1)、铷(见图 8.8)或钾的能级分裂和频移随磁场的变化,可以实现紧凑型激光磁强计。已经实现了几种方案,它们基于零场水平交叉共振[802]或非线性磁光旋转(法拉第效应)[803]的原理。灵敏的磁强计也可以基于磁敏暗共振的原理实现,在(如 Rb 或 Cs)碱原子的 ∧ 能级结构中,当两个相干激光场将两个靠近的基态与一个共同的第三能级耦合起来时,可以发生暗共振(见图 5.12(a))。根据图 8.11 所示的原理图可以构造一个工作在室温下、低功耗的紧凑型磁强计,它在 1 秒的积分时间下可达到几皮特(pT)的探测灵敏度。

13.4.3 核磁共振

核磁共振(NMR)方法利用核自旋作为探针,灵敏地探测电子云的结构和动力学,并对周围的其他原子核进行类似的测量。该技术的发明[805, 806]为分子光谱学、医学诊断和其他领域做出了巨大贡献。它的精确度取决于是否可以将探头对频率变化响应以相应的准确度读取出来。外磁场 B_0 和原子核磁

矩之间的相互作用能满足

$$E_{\mathrm{mag}} = -\boldsymbol{\mu}_{\mathrm{I}}\boldsymbol{B}_0 = g_{\mathrm{I}}\mu_{\mathrm{N}}B_0 m_{\mathrm{I}} \tag{13.16}$$

则原子核磁矩为

$$\boldsymbol{\mu}_{\mathrm{I}} = \frac{g_{\mathrm{I}}\mu_{\mathrm{N}}}{\hbar}\boldsymbol{I} \tag{13.17}$$

相互作用能取决于原子核的角动量(自旋)I 及其由磁量子数 $m_{\mathrm{I}} = I$,$I-1,\cdots,-I$ 所描述的方向。与电子壳层的朗德 g_{J} 因子不同,每一个 $I \neq 0$ 的原子核的 g_{I} 因子不能由其他量子数计算出来,而是必须由实验测定,并且它可正可负。由于核磁子 $\mu_{\mathrm{N}} = 5.051 \times 10^{-27}$ A·m² 比玻尔磁子 μ_{B} 小 $m_{\mathrm{e}}/m_{\mathrm{p}}$ 倍,核磁矩的相互作用能(13.16)式远小于电子壳层磁矩的相互作用能(5.8)式。

因此,激发核的塞曼分裂磁子能级间的跃迁所需的频率 $\nu = \Delta E_{\mathrm{mag}}/h$ 远小于电子基态时的情况。对于氢原子核($g_{\mathrm{I}} = 5.5856912$;$\Delta m_{\mathrm{I}} = \pm 1$),核磁共振频率约为 42.576 MHz/T,相比之下,氢原子基态电子的塞曼分裂在吉赫兹量级(见图 5.22)。

将样品置于 $B_0 \lesssim 20$ T 的磁场中。高磁场可获得较大的振荡频率,因此具有较好的分辨率。一个高频线圈产生磁场脉冲,激励样品中的原子核发生塞曼分裂能级之间的跃迁。两个分裂能级的吸收和受激发射之间存在强度上的差异,由此产生了吸收信号。由于两个能级的相对布居数差异很小,即

$$\frac{N_1 - N_2}{N_1 + N_2} = \frac{1 - \exp(-g_{\mathrm{I}}\mu_{\mathrm{N}}B_0/k_{\mathrm{B}}T)}{1 + \exp(-g_{\mathrm{I}}\mu_{\mathrm{N}}B_0/k_{\mathrm{B}}T)} \approx \frac{g_{\mathrm{I}}\mu_{\mathrm{N}}B_0}{2k_{\mathrm{B}}T} \tag{13.18}$$

样品总自旋数中只有很小的一部分对样品的极化有贡献。振荡信号波长很长,通常超过待测样品的尺寸,因此一个短的高频脉冲会同相地激发所有的偶极子,从而导致样品的宏观磁化。这种磁化以两种不同的机制进行衰减。沿着 B_0 的分量(纵向分量)的衰减取决于不同能级间的布居数差及热起伏等引起的衰变,它的时间常数对液体样品而言在 10^{-4} s $\lesssim T_1 \lesssim 10$ s 之间,对固体样品而言则在 10^{-2} s $\lesssim T_1 \lesssim 1000$ s 的范围内。因此,纵向弛豫可以用来获得晶体样品中晶格原子间结合力的信息。单个磁矩绕着磁场 B_0 的拉莫尔进动对应横向的正弦磁场。样品本身也能引起磁场的局部波动,导致不同的磁偶极子具有不同的进动频率。因此,在经历称为横向弛豫时间 T_2 的一段时间后,横向分量的相位随机分布。横向弛豫可以用来确定原子的平均扩散。

13.4.3.1　核磁共振磁强计

核磁共振（NMR）的方法用于对静态磁场进行高精度测量[807]。在核磁共振磁强计中，将含有自旋不为零的几个立方厘米的原子核（通常是氢或氘）样品置于待测的静磁场 B_0 中。根据（13.16）式，激发共振跃迁所需的频率与磁场 B_0 成正比，这样就可以通过吸收线的共振频率确定 B_0 的值。

商用核磁共振磁强计具有很窄的吸收线，因此可以在 $0.01\ \mathrm{T} \lesssim B_0 \lesssim 20\ \mathrm{T}$ 的磁场范围实现 10^{-6} 量级的相对不准确度。此外，它的共振频率对温度的依赖性很低，在 $-20\ ℃$ 到 $+70\ ℃$ 范围误差低于 10^{-6} 量级。通常使用氘样品（$^2\mathrm{H}; I=1; g_1=0.8574376$）作为强磁场的探针。另一方面，这些磁强计不太适合测量相对不均匀性 $\Delta B_0/(B_0\Delta x)$ 远大于 $10^{-4}\ \mathrm{cm}^{-1}$ 的磁场。

13.5　与国际标准单位制中其他单位的联系

由于当前对米的定义取得了成功，它使人们能够利用真空中光速的固定值将长度测量与时间或频率测量联系起来，因此人们给出许多的建议，要按照同样的路线重新定义 SI 国际标准单位制中的其他基本单位③。千克目前仍被定义为国际原器的质量，该原器保存在巴黎的 BIPM。作为实现基本单位的最后一件实物，该原器促使人们提出了基于频率的"千克"定义建议。其中一些建议是基于方程 $E=h\nu$ 和 $E=mc^2$，这样，就可以利用公式 $m=h/c^2 \times \nu$，通过普朗克常数 h 和光速 c 两个基本物理常数将粒子质量与频率联系起来。由于 c 在当前的 SI 定义中已经是固定的，所以只要将普朗克常数也取为固定值，就可以通过频率测量来测量微观粒子的质量。

Wignal 提出了一个质量的绝对原子定义，其中粒子的质量由其德布罗意（角）频率 $mc^2/\hbar$ 定义[808]。这样，可以通过测量已知速度 v 的单能粒子束的约化德布罗意波长 $\lambda/(2\pi)=\hbar/(m\gamma v)$ 确定质量，其中 $\gamma=(1-v^2/c^2)^{-1/2}$。

利用基本常数定义质量单位"千克"的一个新方法是利用阿伏伽德罗常数 N_A。这项工作包含一系列的精确测量，包括晶体硅球的质量和体积，及硅的晶格常数和硅中其他材料的特性。其中一些测量，例如晶格常数和体积的测

---

③　译者注：这个建议目前已经成为法律文件，国际标准单位制 IS 在 2018 年发生了重大变化。在 2018 年举行的第 26 届国际计量大会（CGPM）上，对国际单位制中四个基本单位（千克、安培、开尔文和摩尔）进行了修订，实现了所有单位基于物理规律和基本物理常数的定义，包括千克原器等的实物定义正式退出历史舞台。

量与波长有关,因此也与频率测量相关。该方法目前达到的相对不确定度高于 $10^{-7[809,810]}$,但还需要降低至少一个数量级,才能达到目前"千克"定义的不确定度水平。

Taylor 和 Mohr[811]建议采用最近用于确定普朗克常数[812]的动圈能量天平[775],并提出了"一个静止的物体,如果它的等效能量等于频率之和为 135639274×10^{42} Hz 的光子总能量,则它的质量为 1 kg"。这样,质量单位就直接与频率相关,而不必对所用的实现方法做任何说明。

13.6 基本物理常数的测量

不同的原因驱使着我们以越来越高的精度测量基本物理常数。首先,利用这些常数可以实现标准单位,这些标准单位不依赖环境、当地条件或材料工艺。使用约瑟夫森常数的约定值(见第 13.2 节)就是这样一个例子,这使得人们可以为了工业和贸易的利益,在实际的计量中以能够达到的高精度进行计量。第二,这些常数经常出现在自然科学的不同分支中,每个分支都有其特定的理论。精确测定不同子领域的相关物理常数,可以检验这些理论的一致性及其局限性。一个典型事例就是对测定精细结构常数的讨论(见第 13.6.2 节)。

13.6.1 里德堡(Rydberg)常数

里德堡常数(见(5.6)式)定义了原子中的能级,进而与其他基本常数 m_e、e 和 c 建立联系。最好利用氢测量里德堡常数,因为它是最简单的原子,对它的能级计算精度是最高的,并且它有合适的能级跃迁能够达到激光光谱的最高分辨率。氢原子的(原子核有限质量导致的)约化质量(见(5.7)式)相对电子静止质量 m_e 的偏差是所有原子中最大的。而电子和质子的质量比 m_e/m_p 可在离子阱中进行高精度测量(见第 10.4.1 节),最近的测量[650]结果为 $m_p/m_e = 1836.1526646(58)$。(5.4)式的简单性使得人们可以通过测量主量子数为 n 和 m 的两个能级之间的跃迁频率来确定里德堡常数 R_∞,满足

$$\nu_{m,n} = \frac{E_n - E_m}{h} = cZ^2 R_\infty \left(\frac{1}{n^2} - \frac{1}{m^2} \right) \tag{13.19}$$

它的相对不确定度约为 $\Delta R_\infty / R_\infty \approx 10^{-5}$。为了获得更精确的值,必须进行各种理论修正,包括相对论效应、电子自旋与核自旋之间的相互作用、量子电动

力学的贡献以及由于核的有限尺寸而引起的修正等。量子电动力学的修正导致 S 能级和 P 能级之间的兰姆位移,从而在主量子数和总角动量相同的情况下消除了轨道角动量的简并性。由于 S 电子会在原子核的位置停留一段时间,因此原子核的扩展电荷分布导致了 S 能级的额外移动。

　　T.W.Hänsch 小组(德国 Garching)[93,813] 和 F.Biraben 小组(巴黎)[103,814] 对里德堡常数进行了多年的测量,准确度越来越高。Hänsch 小组测量了 1S-2S 和 2S-4S 双光子跃迁,而巴黎小组则测试了 2S-8D,2S-12D 的跃迁。早期的测量是通过与两个不同频率的光学频标进行比对来确定氢原子的跃迁频率,其中的光学频标分别是甲烷稳频氦氖激光器和碘稳频氦氖激光器。最近,已经实现了与 Cs 原子钟频率的直接比对[93]。在 2002 年 CODATA 公布的基本常数评估中,这些测量值获得了较高的权重,公布的里德堡常数为 $R_\infty = 10973731.568525(73)$ m^{-1},它的相对不确定度为 6.6×10^{-12},是测量精度最高的基本常数之一。类似的测量已经确定了氢原子和氘原子 1S 基态的兰姆位移[102,394]。为了对测量与理论进行有意义的比较,必须考虑量子电动力学的修正和核电荷的分布。由于目前实验获得的准确度比理论修正高很多,这些测量代表了一种检验量子电动力学或核电荷分布理论有效性的方法,取决于哪种效应对不确定度的贡献最大[815]。

13.6.2　精细结构常数的测定

　　精细结构常数 α 是自然界中最基本的常数之一,因为它描述了电磁相互作用的程度。它的值[④]可以通过不同物理分支中的各种独立实验测定,包括 von Klitzing 效应(量子霍尔效应)、交流约瑟夫森效应、电子的 $g-2$ 值、中子的德布罗意波长[816] 或原子干涉法[817] 等。到目前为止,α 的测量相对不确定度范围从包括 QED 评估[653] 的 $g-2$ 实验(见第 10.4.2 节)测得的 4.2×10^{-9} 到比它高一个数量级。正如下面两个实验所指出的,所有方法基本上都依赖于频率测量。精细结构常数可与第 13.6.1 节中描述的里德堡常数 R_∞ 的测定和 h/m_e 的测量联系起来,且满足

$$\alpha^2 = \frac{2R_\infty}{c} \frac{h}{m_e} \tag{13.20}$$

其中,h/m_e 的定量测定可以和任何其他比率 $h/m = h/m_e \times m_e/m$ 的测定联

---

　　④　CODATA[791] 给出的值为 $1/\alpha = 137.03599911(46)[3.3 \times 10^{-9}]$。

系起来,因为一般而言,微观粒子之间的质量比又可以通过离子阱中的频率测量来确定(见第 10.4 节)。在中子实验中[816],利用中子波包的德布罗意波长 $\lambda_n \approx 0.25$ nm、硅晶体的布拉格反射、中子速度 ν_n 确定 $h/M_n = \lambda_n \nu_n$。λ_n 通过 $\lambda_n = 2a\sin\theta$(布拉格定律)推导得到,其中 a 是硅晶体原子平面间距,利用干涉的方法将其参考到激光波长标准上测得。速度 ν_n 采用飞行轨迹法或者飞行时间法进行干涉测量,就是先对中子束进行周期性极化调制,然后在其飞行一段路径后对调制进行探测。

朱棣文小组(斯坦福大学)小组利用铯原子、通过原子干涉的方法对精细结构常数进行了测量[817-819],他们利用下式将 h/m_{Cs} 与精细结构常数联系起来,即

$$\alpha^2 = \frac{2R_\infty}{c} \frac{h}{m_{Cs}} \frac{m_p}{m_e} \frac{m_{Cs}}{m_p} = 2R_\infty \frac{c\,\Delta\nu_{rec}}{\nu_{Cs}} \frac{h}{m_{Cs}} \frac{m_p}{m_e} \frac{m_{Cs}}{m_p} \tag{13.21}$$

这里,

$$\Delta\nu_{rec} = 2\,\frac{hk^2}{2m\,4\pi^2} \tag{13.22}$$

是两个反冲分量之间的频率间隔,它可以在窄线宽的饱和光谱或 Ramsey-Bordé 原子干涉(见第 6.6.2.3 节)实验中观察到。(13.21)式表明,仅需频率测量即可得出精细结构常数,因此该方法可以实现高精度测量。

13.6.3 原子钟与基本物理常数的不变性

早在 1937 年,狄拉克[820]就在他的大数假设⑤中提出了关于基本常数(例如精细结构常数 α)是真的常数还是随时间变化的问题。狄拉克的大数假设基于如下的观察:大多数无量纲常数,如精细结构常数 $\alpha \approx 1/137$,都接近单位 1,但其他无量纲比率却很大,比值在 10^{40} 左右,例如,电子和质子之间的库仑静电力除以万有引力、宇宙的尺度除以电子的经典半径或宇宙的年龄除以光穿过经典电子半径所花的时间。如果这不是偶然的巧合,而是因为所有的值都成比例,则它们会随着时间的推移而增加,因为宇宙的半径随时间而变化。根据一些能被视为常数的"常数",可以推导出其他常数有不同的变化。从数量级上讲,哈勃常数 β 的预期变化相对已知值为 $\dot{\beta}/\beta \approx 10^{-11}$/年。今天,狄拉克的大数假设已经被实验数据否定(见文献[821]和表 13.3),但还有其他理论要求基本常数随时间变化。

---

⑤　对基本物理常数的意义和早期测量所做的广泛的综述是由 Petley 完成的。

表 13.3　一些实验测得的基本常数 $\beta \in G$，a 的含时变化极限（a^{-1} 表示每年）

方法	β	$\beta/\beta(a^{-1})$	参考文献
月球轨道	G	$(1 \pm 1) \times 10^{-12}$	[766]
奥克罗（Oklo）自然裂变反应堆	α	$< 5 \times 10^{-17}$	[827]
类星体光谱	α	$(-2.2 \pm 5.1) \times 10^{-16}$	[828]
宇宙背景	α	$< 7 \times 10^{-13}$	[834]
Mg 与 Cs 的钟比对	α	$< 2.7 \times 10^{-13}$	[832]
氢钟与 Hg^+ 的比对	α	$< 3.7 \times 10^{-14}$	[833]
Cs 与 Rb 的钟比对	α	$(-0.04 \pm 1.6) \times 10^{-15}$	[835]
$^{199}Hg^+$（1.064 THz）与 Cs 钟的比对	α	$< 1.2 \times 10^{-15}$	[639]
$^{171}Yb^+$（1.064 THz）与 Cs 钟的比对	α	$< 2 \times 10^{-15}$	[836]
^1H（2.466 THz）与 Cs 钟的比对	α	$< 2.9 \times 10^{-15}$	[837]

　　广义相对论的等效原理排除了非引力基本常数的含时变化。然而试图统一引力和其他相互作用的理论则可以违背这个原理。在弦论和 Kaluza-Klein 理论的概念中，额外的空间维度和称之为标量"膨胀场"或者"模场"的新的场被提了出来，与爱因斯坦张量场 $g_{\mu\nu}$ 并列。这些场与物质耦合，可能引起基本常数随时间变化[823,824]，并且违反了所有物体在外部引力场中以相同的加速度自由下落的普适性。远距离类星体[825]发生频移的吸收光谱的报告使人们对这些想法重新燃起了兴趣，这些结果作为证据可以解释精细结构常数 α 的宇宙演化。尽管如此，这些违反现象受到严格的实验阈值的限制。从月球激光测距实验中发现，地球和月球朝着太阳的下落加速度相同，一致性优于 10^{-12}。原子核数据与奥克洛（Oklo）现象、天体物理数据与钟比对，则对违反现象给出了更加严格的界限，下面做进一步介绍。奥克洛现象是指加蓬国（西部非洲）境内由地下水调控（慢化与控制）形成的天然核裂变反应堆。奥克洛矿的矿石给出了证据，表明这座大约 20 亿年前的裂变反应堆运行了 100 万年，这些矿石中 ^{149}Sm、^{151}Eu、^{155}Gd 和 ^{157}Gd 的含量明显少于它们的天然丰度。例如，从这个地点测得的 $^{149}Sm/^{147}Sm$ 同位素比值约为 0.02，而从其他地点测得的天然矿石同位素比值约为 0.9。法国原子能委员会对这一现象进行了研究，认为像 ^{149}Sm 这样的同位素是一种很好的中子吸收体，它被铀裂变产生的中子流烧掉，由此造成这些同位素的损耗。由于共振，相关的 $^{149}Sm + n \rightarrow {}^{150}Sm + \gamma$ 核反应

的碰撞截面比它的同位素相应的 $^{147}\mathrm{Sm}+\mathrm{n}\rightarrow{}^{158}\mathrm{Sm}+\gamma$ 核反应约大两个数量级。从 $^{149}\mathrm{Sm}/^{147}\mathrm{Sm}$ 的比值可以推断出从反应堆开始运行到今天共振位置的最大变化。正如 Shlyakter[826] 指出的那样,共振能量变化的微小性为 α 的可能变化设定了一个上限。Damour 和 Dyson[827] 对数据进行了重新评估,他们获得了 α 的相对变化率 $\dot{\alpha}/\alpha<5\times10^{-17}$/年的严格限制。

类星体光谱的吸收线是另一种完全不同的数据源,它同样可以确定基本常数任何可能的时间依赖性。这些类星体天体距离我们长达 10^{10} 光年,意味着测得的吸收光谱包含了 10^{10} 年前的精细结构常数的信息。然而,目前实验室获得的这些谱线在相应吸收谱上的可能频移或许隐藏在类星体辐射的巨大红移中,比较来自同一类恒星天体的重原子和轻原子的光谱,或同一元素的包括精细结构的总体结构可以使我们克服这一困难。对 Fe^{+} 和 Mg^{+} 的光谱进行相对论修正[828-830]后,评估得出 $\alpha^{2}<10^{-14}$ 的相对变化。

原子钟的快速发展,使人们能够用比对不同时钟频率的办法来研究基本常数的可能变化,而这些时钟具有不同物理原理或跃迁。Turneaure 和 Stein 对一个 8.6 GHz 附近的超导腔稳定振荡器和一台 Cs 束钟的频率进行了 12 天的比对,并观察到 $(-0.4\pm3.4)\times10^{-14}$/天的相对漂移率。这种宏观时钟和微观时钟的比对原理是监测与超导腔尺寸相关的玻尔半径相对 Cs 原子超精细结构分裂的变化。该实验为包括 α^{3} 在内的一个基本常数组合的变化给出了小于 1.5×10^{-12} 的上限[60,61,831]。Godone 等人[832] 通过卫星时间比对,将 $^{24}\mathrm{Mg}$ 的 $^{3}\mathrm{P}_{0}\rightarrow{}^{3}\mathrm{P}_{1}$,$\Delta M_{j}=0$ 的 601 MHz 频率与参考 PTB 铯基准频标的一台商用铯钟进行了大约一年的比对,得出了 $\dot{\alpha}/\alpha<2.7\times10^{-13}$/年的精细结构常数时间稳定度限制。Prestage 等人[833] 将储存在离子阱中的 Hg^{+} 超精细跃迁频率 (40.5 GHz)与主动氢钟的超精细频率进行了比对,得出了 $\dot{\alpha}/\alpha<3.7\times10^{-14}$/年的极限,根据 Karshenboim[831] 的评论,该极限可能需要略做修正。这种时钟频率的比率相对精细结构常数变化的灵敏度源于超精细分裂的相对论贡献,是 α 乘以原子核电荷 Z 的函数,对于较重的原子或离子,函数的值会随之增加。

喷泉钟和光学频标的快速发展使得当前的相对变化极限很可能在未来几年内大幅降低。对 Cs 和 Rb 喷泉钟的频率进行大约五年的比对,得到 $\dot{\alpha}/\alpha<(0.4\pm16)\times10^{-16}$/年[835]。

与微波频标相比,没有关于光学跃迁频率对 α 依赖性的解析公式。然而,对于一些最有前景的光频标,已经有人计算了它们的相对论修正[830,838]。根据这些计算,人们预计它对 ^{199}Hg 离子的贡献最大,对 ^{171}Yb 离子的贡献较小,对 ^{40}Ca 和 ^{1}H 的影响最小。目前它们是不确定度最低的光频标,并且最有希望将不确定度进一步显著降低,因此,它们应该是该实验的候选元素,通过对它们的频率进行一段时间的比对,有望测到更低的基本常数时间依赖性极限。Bize 等人测试了两年时间内 ^{199}Hg^{+} 光学频标(见第 10.3.2.4 节)相对 Cs 原子钟超精细跃迁的变化[639],得出 $\dot{\alpha}/\alpha < 1.2 \times 10^{-12}$/年的上限。将该结果与 Yb^{+} 频标[836]的测量值(见第 10.3.2.2 节)或 ^{1}H 频标[837]的测量值(见第 9.4.5 节)相结合,可以得出类似的上限,并且分析表明它们所需的先验假设更少。

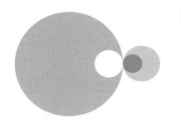

第 14 章
逼近和突破极限

根据图 1.2 所示的频标和时钟性能的时间演化图,我们预期这些设备在准确度和稳定度方面的巨大进步的步伐不会在不久的将来就停下来。因此,讨论最终限制频标性能的约束条件是件有趣的事情。由于可能探测到的最小系统频移必须是能够从频标的频率起伏中分离出来的,因此良好的稳定度始终是实现频标极限精度的先决条件。在本章中,我们将首先回顾辐射场和吸收体的量子本质对稳定度的限制,然后讨论可能克服一些限制的想法。我们将对新技术的发展进行预测,这些技术可能导致准确度更高的频标,以此作为本书的结尾。

14.1 逼近量子极限

在本节中,我们假设频标中与振荡器相关的技术噪声已经被降低到很低的水平,此时稳定度只受限于基本量子力学起伏,它取决于频标的实验实现方式,有不同的极限情况。

考虑一个采用图 1.3 的方案的设备,一个弱辐射场探询大量的量子吸收体,其中散射光用于探测。这里探测到的辐射的起伏可能会限制可实现的信噪比和相应的频标的稳定度。对于辐射场的不相关起伏,基本极限通常由光子的散粒噪声给出(见第 14.1.2 节)。

在其他频标中,辐射场可与少量的量子吸收体相互作用。由于这里探测到的辐射场包含了大量的光子,因此它的起伏相对于量子吸收体和光子之间相互作用过程相关的起伏可以忽略不计。在这种情况下,量子投影噪声影响频标的稳定度[89](见第 14.1.3.1 节),它已经限制了单离子频标或最好的铯喷泉的稳定度。

然而,适当制备具有相关起伏的辐射场或吸收体可以克服这些限制,使其接近最终的基于量子力学不确定关系的海森堡极限。

14.1.1 不确定关系

根据量子力学,两个没有共同本征态的非对易算符 $\hat{A}$ 和 $\hat{B}$ 可以描述为

$$[\hat{A},\hat{B}] \equiv \hat{A}\hat{B} - \hat{B}\hat{A} = i\,\hat{C} \tag{14.1}$$

它导致了一个不确定关系:

$$\sqrt{\langle \hat{A}^2 \rangle \langle \hat{B}^2 \rangle} \geqslant \frac{1}{2} |\langle \hat{C} \rangle| \tag{14.2}$$

作为(14.1)式的一个例子,考虑到

$$[\hat{q}_i, \hat{p}_{i'}] = i\hbar \delta_{ii'} \mathbf{1},$$
$$[\hat{p}_i, \hat{p}_{i'}] = [\hat{q}_i, \hat{q}_{i'}] = 0 \tag{14.3}$$

对于空间坐标算符 $\hat{q}_i$ 和自由粒子动量算符 $\hat{p}_{i'}$,它们之间的对易关系为 $\hat{C} = \hbar \mathbf{1}$。不确定关系(14.2)式对任意的非对易算符都成立,因此对平均偏差算符也成立,即可观测量 $\hat{A}$ 和 $\hat{B}$ 的不确定度:

$$\Delta \hat{A} = \hat{A} - \langle \hat{A} \rangle \quad \text{和} \quad \Delta \hat{B} = \hat{B} - \langle \hat{B} \rangle \tag{14.4}$$

导致了海森堡不确定关系:

$$\sqrt{\langle \Delta \hat{A}^2 \rangle \langle \Delta \hat{B}^2 \rangle} \geqslant \frac{1}{2} |\langle \hat{C} \rangle| \tag{14.5}$$

测量由两个非对易算符表示的两个共轭量的期望值时,(14.5)式给出了可以实现的最小起伏的下限。由(14.5)式导出的极限通常称为海森堡极限。例子包括同时测量粒子的空间坐标和动量的不确定度:

$$\Delta x \Delta p_x \geqslant \frac{\hbar}{2} \tag{14.6}$$

或者同时测量电磁场的光子数 n 和相位 ϕ 的不确定度(见文献[39][①]):

---

① 注意,没有对应于经典相位变量的厄密算符,因此文献[39]中的推导是半经典的。

$$\Delta n \Delta \phi \geqslant \frac{1}{2} \tag{14.7}$$

14.1.2 电磁场的量子起伏

14.1.2.1 场的量子化

在量子光学教科书中，基于麦克斯韦方程组的经典电磁场的量子化是从在长度为 L 的线性腔②中的电场开始的[133,135]。选择腔轴为 z 轴，沿 x 方向的线性偏振电场可以用腔的简正模展开为

$$E_x(z,t) = \sum_j A_j q_j(t) \sin(k_j z) = \sum_j \sqrt{\frac{2\omega_j^2 m_j}{\varepsilon_0 V}} q_j(t) \sin(k_j z) \tag{14.8}$$

这里将模的振幅 $A_j q_j(t)$ 分解为单位为 $\mathrm{V/m^2}$ 的因子 A_j 和一个"机械"振幅 $q_j(t)$，它的单位是 m。V 是谐振腔的模体积，$k_j = \omega_j c = j\pi/L$，$j = 1, 2, \cdots$。由 (14.8) 式和麦克斯韦方程 (4.23) 得到磁场为

$$H_y(z,t) = \sum_j \sqrt{\frac{2\omega_j^2 m_j}{\varepsilon_0 V}} \frac{\varepsilon_0}{k_j} \dot{q}_j(t) \cos(k_j z) \tag{14.9}$$

将 (14.8) 式和 (14.9) 式代入到电磁场的经典哈密顿量，有

$$\mathcal{H} = \frac{1}{2} \int \left[\varepsilon_0 E_x^2 + \mu_0 H_y^2 \right] \mathrm{d}V \tag{14.10}$$

得到

$$\mathcal{H} = \frac{1}{2} \sum_j \left[m_j \omega_j^2 q_j^2 + \frac{\dot{q}_j^2}{m_j} \right] \tag{14.11}$$

它等价于一系列谐振子哈密顿量之和，每个谐振子由振幅 q_j 和速度 $\dot{q}_j$（动量 p_j/m_j）表征。通过将 (14.11) 式中第 j 个振子的振幅 q 和动量 p 用满足对易关系 (14.3) 式的算符代替，电磁场可以被量子化。

在 (14.11) 式中，代表第 j 个模式的单谐振子哈密顿量的薛定谔方程可以通过 $p = -\mathrm{i}\hbar \mathrm{d}/\mathrm{d}q$ 对应关系解出[839]，得到用厄米多项式表示的本征函数和本征能量：

$$W_n = \hbar \omega_j \left(n + \frac{1}{2} \right) \tag{14.12}$$

或者，按照 Scully 和 Zubairy[135] 的处理方法，分别定义湮灭和产生算符 $\hat{a}$ 和 $\hat{a}^+$：

---

② 就本章而言，在无界自由空间中场的量子化结果的差异无关紧要。

$$\hat{a}\,\mathrm{e}^{-\mathrm{i}\omega t}=\frac{1}{\sqrt{2m\hbar\omega}}(m\omega\,\hat{q}+\mathrm{i}\hat{p})\,,$$

$$\hat{a}^{\dagger}\mathrm{e}^{\mathrm{i}\omega t}=\frac{1}{\sqrt{2m\hbar\omega}}(m\omega\,\hat{q}-\mathrm{i}\hat{p}) \tag{14.13}$$

根据(14.3)式,它们的对易关系为

$$[\hat{a}_i,\hat{a}_{i'}^{\dagger}]=\mathrm{i}\hbar\delta_{ii'}\,,$$

$$[\hat{a}_i,\hat{a}_{i'}]=[\hat{a}_i^{\dagger},\hat{a}_{i'}^{\dagger}]=0 \tag{14.14}$$

将(14.13)式代入(14.10)式,则单模哈密顿量可以表示为

$$H=\hbar\omega_j\left(\hat{a}\hat{a}^{\dagger}+\frac{1}{2}\right) \tag{14.15}$$

利用(14.13)式,电场和磁场的(14.8)式和(14.9)式可以写为

$$E_x(z,t)=\sum_j\sqrt{\frac{\hbar\omega_j}{\varepsilon_0 V}}(\hat{a}\,\mathrm{e}^{-\mathrm{i}\omega t}+\hat{a}^{\dagger}\mathrm{e}^{\mathrm{i}\omega t})\sin(k_j z) \tag{14.16}$$

$$H_y(z,t)=-\mathrm{i}\varepsilon_0 c\sum_j\sqrt{\frac{\hbar\omega_j}{\varepsilon_0 V}}(\hat{a}\,\mathrm{e}^{-\mathrm{i}\omega t}-\hat{a}^{\dagger}\mathrm{e}^{\mathrm{i}\omega t})\cos(k_j z) \tag{14.17}$$

通过引入厄米算符,有

$$\hat{X}_1=\frac{1}{2}(\hat{a}+\hat{a}^{\dagger})\quad\text{和}\quad\hat{X}_2=\frac{1}{2i}(\hat{a}-\hat{a}^{\dagger}) \tag{14.18}$$

由(14.18)式和(14.14)式推出的对易关系:

$$[\hat{X}_1,\hat{X}_2]=\frac{\mathrm{i}}{2} \tag{14.19}$$

第 j 个模的电场现在可以写为

$$E_x(z,t)=2\sqrt{\frac{\hbar\omega_j}{\varepsilon_0 V}}(\hat{X}_1\cos\omega t+\hat{X}_2\sin\omega t)\sin(k_j z) \tag{14.20}$$

(14.20)式中的两个非对易算符 $\hat{X}_1$ 和 $\hat{X}_2$ 对应于经典单色电磁场的经典正交振幅 E_1 和 E_2(见(2.7)式),它们的相位相差 $\pi/2$。因此,电磁场的正交分量不能同时以零不确定度来测定。不确定性原理为 E_1 和 E_2 的不确定度乘积设定了一个下限。由(14.19)式得到电场正交算符的不确定关系(见第 14.1.1 节):

$$\Delta\hat{X}_1\Delta\hat{X}_2\geqslant\frac{1}{4} \tag{14.21}$$

作为经典近似,电场有时[39]也被写为

$$E(t)=E_1(t)+\mathrm{i}E_2(t)\,,$$

$$E_1(t) = \langle E_1(t) \rangle + \Delta E_1(t),$$

$$E_2(t) = \langle E_2(t) \rangle + \Delta E_2(t) \tag{14.22}$$

这里 $E_1(t)$ 和 $E_2(t)$ 由它们的期望值 $\langle E_1(t) \rangle$ 和 $\langle E_2(t) \rangle$ 给出，它们可以通过取多(无限)次测量的平均值得到，$\Delta E_1(t)$ 和 $\Delta E_2(t)$ 是不确定度。因此，有

$$\Delta E_1 \Delta E_2 \geqslant \frac{\hbar \omega}{2\varepsilon_0 V} \tag{14.23}$$

14.1.2.2 光场态

1. 数态

(14.12)式的能量 W_n 对应的本征态 $|n\rangle$ 表示在第 j 个模式下有确定光子数的态，称为数态或者 Fock 态。湮灭和产生算符分别减少和增加光子数：

$$\hat{a} |n\rangle = \sqrt{n} |n-1\rangle \tag{14.24}$$

$$\hat{a}^\dagger |n\rangle = \sqrt{n+1} |n+1\rangle \tag{14.25}$$

最低的数态 $|0\rangle$ 称为真空态。数态构成一个完备、正交和归一化的状态集。

2. 相干态

制备具有精确光子数 n 的状态通常是不容易实现的，只能有确定的平均光子数 $\langle n \rangle$。一类具有这些性质的，特别有用的状态是相干态[840]，它们是湮灭算符 $\hat{a}$ 的本征态[135,841]，即

$$\hat{a} |\alpha\rangle = \alpha |\alpha\rangle \tag{14.26}$$

其中，α 通常是一个复数。虽然两种不同的相干态不是正交的，但是相干态构成了一个超完备的基，因此可以用来作为基矢展开任意态。与 Fock 态每次测量光子数都给出同样的结果不同，在相干态测量 n 个光子的概率由泊松概率分布给出[840,841]，即

$$p(n) = \frac{\langle n \rangle^n e^{-n}}{n!} \tag{14.27}$$

泊松分布的方差 $(\Delta n)^2$ 等于平均值 $\langle n \rangle$，因此

$$\Delta n = \sqrt{\langle n \rangle} \tag{14.28}$$

(14.27)式和(14.28)式中的光子起伏，也出现在用于测量辐射场的光电探测器的电流起伏中，常常被称为散粒噪声。

相干态的一个重要性质是正交分量的不确定度(14.21)式是最小且相等的。这个极限被称为"标准量子极限"，满足

$$\langle \Delta \hat{X}_1^2 \rangle = \langle \Delta \hat{X}_2^2 \rangle = \frac{1}{4} \qquad (14.29)$$

对于 E_1 和 E_2 标准量子极限表达为

$$\Delta E_1 = \Delta E_2 = \sqrt{\left(\frac{\hbar\omega}{2\varepsilon_0 V}\right)} \qquad (14.30)$$

因此,电场的相干态由一个不确定度轮廓为圆的相量表示,如图 14.1(a)所示。

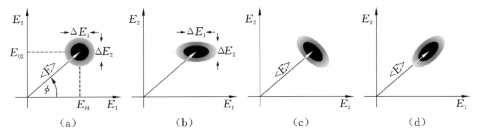

图 14.1 (a)期望值 $\langle E \rangle$ 表示的相干态电磁场相量,在它的两个正交分量 E_1 和 E_2 上的
不确定度 ΔE_1 和 ΔE_2 相等;(b)$\Delta E_1 > \Delta E_2$ 的压缩场;(c)振幅起伏小于相干
态的压缩态;(d)相位起伏小于相干态的压缩态

14.1.2.3 压缩态

如果以牺牲共轭分量为代价,将相干态电场的一个正交分量的起伏降低
到标准量子极限以下(见图 14.1(b))但是不确定关系(14.23)式保持不变,则
称这个相干态是被"压缩"的。这种情况如图 14.1(c)、图 14.1(d)所示。在压
缩光中,相位和场振幅(光子数)或正交分量等对应量的起伏是相关的。有几
个过程可以用来关联正交分量和产生压缩光。例如,考虑一种表现光学克尔
效应的介质,它的折射率取决于光强(见(11.28)式)。由于光波的相位受折射
率的影响,因此光子数和相位之间存在耦合,从而从介质输出时这两个量的起
伏之间存在相关性。

14.1.2.4 压缩光在频标中可能的应用

压缩光可能在光频标中得到应用,在那里,用来探询微观或宏观吸收体的
光的量子起伏限制了频标可达到的稳定度。采用哪一种正交分量取决于探询
的方法。对于采用吸收谱线作为光学振荡器频率参考的频标可以使用振幅压
缩光。目前已有几种方法[841]用来产生振幅压缩光,例如二次谐波过程[842],光
参量振荡器[843]或半导体激光器[844]。可以通过四波混频等过程产生正交相位
压缩光,这种光的振幅噪声增大,相位噪声减小。

利用光学参量振荡器产生的振幅压缩光,Polzik 等人[843]能够将光电探测器产生的电流起伏降低到比真空态低 5 dB 的水平。利用压缩光能够以更高的灵敏度测量铯原子的 852 nm 的消多普勒饱和信号,从而使噪声降低了 3 dB 以上。

光频标的短期稳定度一般由锁定到法布里-珀罗干涉仪上的预稳定激光器(见第 9 章)的稳定度所决定,这种情况下将激光的波长稳定到两个反射镜之间的距离上。干涉仪测量两个或两个以上镜子之间距离的精度也受限于海森堡极限。从海森堡不确定关系 $\Delta z \Delta p_z \approx \Delta z (m \Delta z / \tau) \geqslant \hbar/2$ 可以推导出在一个持续时间 τ 内对质量为 m 的镜子位置测量的不确定度为

$$\Delta z_{\mathrm{HL}} = \sqrt{\frac{\hbar \tau}{2m}} \tag{14.31}$$

对于一个 0.5 kg 的质量,持续时间 $\tau = 1$ ms,由(14.31)式给出的极限为 $\Delta z_{\mathrm{HL}} \approx 3 \times 10^{-19}$ m。通常,光电管在干涉仪输出端后面探测信号产生光电流,它的散粒噪声导致的起伏对干涉仪的长度测量给出了更大的限制。假设光子和光电子服从泊松统计,则相对起伏与辐射功率成反比,因此可以通过对干涉仪馈入更高的功率来减少相对起伏。然而,增加功率也相应地增加了照射到干涉仪上的辐射的压力起伏[845]。存在一个最优功率,此时由辐射压力引起的起伏与由光子计数引起的起伏相等。综合起伏的最小值接近干涉仪的标准量子极限。通常情况是可用的激光功率太低,以至于无法达到标准量子极限,相干激光源的相对相位起伏的 $1/\sqrt{n}$ 散粒噪声决定了测量精度。为了在低激光功率下接近干涉仪的 $1/n$ 的海森堡极限,建议使用非经典光[845],例如,通过用压缩光照明干涉仪的未使用的输入端口。根据这一建议,在一套马赫-曾德尔干涉仪中展示的信噪比相对于散粒噪声极限提高了 3 dB[841,846]。然而必须强调的是,减小光电流的起伏必定以增加辐射压力的起伏为代价。还有其他一些关于改善干涉仪中相位测量的建议[847],例如可以使用纠缠态或压缩态[848-850],或通过两个包含相等数量光子的 Fock 态驱动干涉仪[851]。

14.1.3 量子吸收体的布居数起伏

14.1.3.1 量子投影噪声

现在我们转到另一种情况,通过辐射场探询量子吸收体系综得到信号,该信号起伏不再受辐射场本身量子起伏的限制。

考虑一个合适的窄跃迁两能级系统,它的共振频率为 ν_0,受到近共振的频率为 ν 的电磁场的探询。对于两脉冲 Ramsey 激励,发现量子吸收体在 $|2\rangle$ 能级的概率为(见(6.44)式)

$$p_2 = \frac{1+\cos(\omega-\omega_0)T}{2} \tag{14.32}$$

这里 T 是自由演化时间,并且我们已经假设 Ramsey 脉冲持续时间 τ 小于 T。通过扫描振荡器的频率,由 N 个两能级系统原子组成的系综吸收的光子数对频率的依赖关系形成一条如图 14.2 所示的曲线。在这条曲线的最大值附近,发现量子吸收体在 $|2\rangle$ 能级的概率 p_2 接近 1,而共振曲线的最小值反映这个概率趋近于 0 的情况。内态一般是两个本征态的叠加

$$|\psi\rangle = c_1|1\rangle + c_2|2\rangle \tag{14.33}$$

根据第 5.3.1 节,这里 $|c_1|^2 + |c_2|^2 = 1$,$p_1 = |c_1|^2$,$p_2 = |c_2|^2$ 分别是发现两能级系统在 $|1\rangle$ 能级和 $|2\rangle$ 能级的概率。当开始测量时,无论是否吸收光子,该两能级系统的状态是确定的,而测量过程会使其坍缩到一个本征态。考虑频率 ν 接近图 14.2 曲线拐点的情况。如果为了将探询振荡器锁定到中心频率 ω_0 而对振荡器的频率进行方波调制,并且选择调制宽度接近谐振曲线的半宽度(见图 14.2),就会出现这种情况。除了 c_1 或 c_2 为零的情况,量子力学要求无法精确预测吸收过程的发生。测量过程将两能级原子投影到 $|1\rangle$ 能级或 $|2\rangle$ 能级,分别不吸收光子或者吸收光子。为了确定测量 $|2\rangle$ 能级的方差 σ^2,我们按照 Itano 等人的方法[89]定义一个投影算符 $\hat{P}_2 \equiv |2\rangle\langle 2|$。发现原子处于 $|2\rangle$ 能级的概率由期望值 $\langle\psi|\hat{P}_2|\psi\rangle = |c_2|^2 = p_2$ 给出。然后计算方差为

$$\sigma^2 = (\Delta\hat{P}_2)^2 = \langle(\hat{P}_2 - \langle\hat{P}_2\rangle)^2\rangle = \langle\hat{P}_2^2 - 2\langle\hat{P}_2\rangle\hat{P}_2 + \langle\hat{P}_2\rangle^2\rangle$$
$$= \langle\hat{P}_2^2\rangle - \langle\hat{P}_2\rangle^2 \tag{14.34}$$

使用 $\hat{P}_2^2 = (|2\rangle\langle 2|)(|2\rangle\langle 2|) = |2\rangle\langle 2| = \hat{P}_2$,得到

$$\sigma^2 = \langle\hat{P}_2\rangle - \langle\hat{P}_2\rangle^2 = \langle\hat{P}_2\rangle(1-\langle\hat{P}_2\rangle) = p_2(1-p_2) \tag{14.35}$$

根据(14.35)式,量子投影噪声用 σ 描述,即当 $p_2 = 1$ 或 $p_2 = 0$ 时发现原子在 $|2\rangle$ 能级的测量不确定度为零,在图 14.2 的拐点处它有最大值 $\sigma(p_2=1/2) = 1/2$。对于 N 个粒子的系综,激发态原子数的方差为

$$\langle\Delta N\rangle^2 = Np_2(1-p_2) \tag{14.36}$$

这种情况等价于激光束的光子入射到用功率反射率 p_2 和透射率 p_1 表征的分

束器。在任何一个输出端口后面检测到的光子数的不确定度与两能级原子处于基态或激发态的原子数的不确定度相同。假设在频标中投影到激发态 $|2\rangle$ 的量子吸收体的数量能够以 1 的概率被探测到,则 ω_0 估计值的不确定度可以使用(14.36)式推导得出,即

$$| \delta\omega_0 | = \frac{\sqrt{Np_2(1-p_2)}}{\left| \dfrac{\mathrm{d}(Np_2)}{\mathrm{d}\omega} \right|} \qquad (14.37)$$

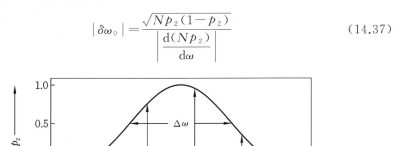

图 14.2 将振荡器的角频率 ω 稳定到合适吸收体的共振频率 ω_0,通常是通过对振荡器的角频率进行 $\pm\Delta\omega/2$ 的调制来实现的(对于对称的谐振曲线,如果在两个偏离频率处得到的信号平均值是相等的则 ω_{osc} 是 ω_0 的一个估计值)

根据(14.32)式,在图 14.2 中由 $(\omega-\omega_0)t=\pi/2$ 确定的拐点处,我们可以得到 $p_2=1/2$,从而得到

$$| \delta\omega_0 | = \frac{1}{\sqrt{N}\tau} \qquad (14.38)$$

我们再次遇到了散粒噪声极限 $\propto 1/\sqrt{N}$。使用单个 $^{199}\mathrm{Hg}^+$ 离子或多个 $^9\mathrm{Be}^+$ 离子的离子阱[89]都已达到量子投影噪声的基本极限。根据(14.35)式,采用多达 385 个 $^9\mathrm{Be}^+$ 离子的实验清楚地显示出在图 14.2 的拐点附近有增强的噪声。Santarelli 等人[64]也在铯喷泉钟里观察到了量子投影噪声极限。

14.1.3.2　量子力学关联的吸收体

类似于光子散粒噪声极限 $1/\sqrt{n}$,来源于辐射场与 N 个两能级原子相互作用的 $1/\sqrt{N}$ 起伏,即量子投影噪声并不是一个无法逾越的限制。使用特别制备的具有精心选择的量子力学关联的量子态,原则上可以让我们突破这个极限。

1. 纠缠态

量子力学系统经常必须用不能被分解成乘积态的波函数来描述,也就是

说不能写成子系统的波函数乘积的形式。此时就说这些子态实现了"纠缠"。因此,可以将两个或多个粒子制备到纠缠态,对于这个态,特定的量子力学量有一个确定的值,但是对每个单独的粒子,该变量的态并没有确定的定义。

一个众所周知的两粒子纠缠态的例子就是所谓的 Einstein-Podolsky-Rosen 态 $|\Psi_{\mathrm{EPR}}\rangle$,它名字来源于 Einstein、Podolsky 和 Rosen 的理想实验[852]。在 Bohm 的版本中,自旋为 1 的粒子衰变为由如下单态描述的一对自旋为 1/2 的粒子:

$$|\Psi_{\mathrm{EPR}}\rangle = \frac{1}{\sqrt{2}}(|\uparrow_1, \downarrow_2\rangle - |\downarrow_1, \uparrow_2\rangle) \tag{14.39}$$

$$|\Psi_{\mathrm{EPR}}\rangle = \frac{1}{\sqrt{2}}(|+r_1, -r_2\rangle - |-r_1, +r_2\rangle) \tag{14.40}$$

这里 $|\uparrow\rangle$ 和 $|\downarrow\rangle$ 态是粒子 1 和 2 沿着由量子化轴定义的 z 轴的自旋本征态。$|r_1\rangle$ 和 $|r_2\rangle$ 是沿任意方向 r 的两个态。在进行测量之前,粒子 1 和粒子 2 都不处于确定的态。然而,当粒子 1 的自旋被测量并发现指向一个确定的方向 r 时,粒子 2 的自旋方向是固定的指向 $-r$。因此粒子 1 和粒子 2 之间存在关联并且与选择的基无关。当问及诸如"第二个粒子是如何知道我们已经沿着一个特定的方向测量了第一个粒子的自旋,为什么它能以高于光速的速度对测量作出响应?"的经典问题时,这些关联是反直觉的。不仅如此,量子力学的统计预测也违背了局域理论的预测(例如见文献[853]),它由贝尔(Bell)不等式[854]表示。这些矛盾在 Greenberger、Horne 和 Zeilinger(GHZ)[855]研究的由自旋为 1/2 粒子的三重态形成的纠缠态中更明显

$$|\Psi_{\mathrm{GHZ}}\rangle = \frac{1}{\sqrt{2}}(|\uparrow_1, \uparrow_2, \uparrow_3\rangle + |\downarrow_1, \downarrow_2, \downarrow_3\rangle) \tag{14.41}$$

这里单一的理想实验对于量子力学和局域理论产生完全不同的结果[856]。Mermin[857]研究了由 N 个自旋为 1/2 的粒子构成的 GHZ 态并指出这些态是两个在所有 N 个自由度上不相同的态的叠加。从只有 N 个粒子算符的平均值显示出干涉效应这一事实,他得出结论:量子力学的非局域性是作为宏观上不同态之间干涉效应的直接结果而产生的。

2. 原子自旋压缩态

纠缠粒子态的一个特例是"自旋压缩态",这种方式构造的纠缠态由于关联,使得起伏低于散粒噪声极限(标准量子极限)。

一个两能级原子与辐射场的相互作用可以用与描述磁场中自旋 $1/2$ 系统相同的数学方法来描述(见第 5.3.1 节)[139]。因此,后者框架常被用来方便地描述大量($N=2S$ 个)的全同两能级原子的集体观测量。例如,考虑由总自旋为 $J=S=N/2$ 的 J_z 分量给出的单个原子的两种内部状态的布居数差。对自旋 $1/2$ 系统的角动量算符应用对易关系(14.1)式

$$[\hat{J}_i, \hat{J}_j] = i\hbar\hat{J}_k \tag{14.42}$$

和循环置换,则从(14.5)式得到笛卡尔分量的海森堡不确定关系

$$\Delta\hat{J}_x\Delta\hat{J}_y \geqslant \frac{\hbar}{2}|\langle\hat{J}_z\rangle| \tag{14.43}$$

因此,在 N 个自旋 $1/2$ 系统中,每一个都对宏观自旋有贡献。如果所有的自旋系统都处于自旋向上的状态,宏观系统的状态为本征态 $|J_z=S\rangle$,长度为 $S(S+1)$ 的总自旋矢量构成一个圆锥体(见图 14.3(a))。在相干自旋态中,特定自旋矢量的不相干地相加导致起伏 ΔJ_x 和 ΔJ_y 相等并且乘积满足最小值 $\hbar/2|J_z|$(见(14.43)式)。

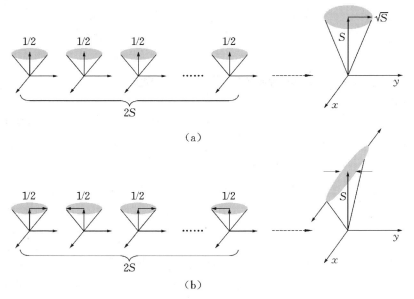

图 14.3 (a) $2S$ 个不关联的自旋 $1/2$ 态导致相干态;(b)y 分量之间的关联导致的自旋压缩态,沿 y 方向起伏减小,沿 x 方向起伏增大(取自文献[858])

考虑一个与之不同的例子,各个自旋以图 14.3(b)描述的方式相互关联,

这导致 y 方向上总自旋起伏的压缩和 x 方向起伏的增大。

3. 制备原子自旋压缩态

已经发展了方法制备类似于图 14.3(b) 的原子自旋压缩态。由于离子可以容易地被制备在特定的运动状态,它和环境的耗散相互作用很小,因此下面我们主要考虑由非常少的囚禁离子(例如线性 rf 阱中离子)构成的纠缠态。N 个自旋 1/2 粒子的集合可以被制备在任意的纠缠态:

$$
\begin{aligned}
|\psi\rangle = & a_0 |\downarrow\rangle_1 |\downarrow\rangle_2 \cdots |\downarrow\rangle_N \\
& + a_1 |\downarrow\rangle_1 |\downarrow\rangle_2 \cdots |\uparrow\rangle_N \\
& + \cdots \\
& + a_k |\downarrow\rangle_1 |\downarrow\rangle_2 \cdots |\downarrow\rangle_k \cdots |\uparrow\rangle_{N-1} |\uparrow\rangle_N \\
& + \cdots \\
& + a_{2N-1} |\uparrow\rangle_1 |\uparrow\rangle_2 \cdots |\uparrow\rangle_N
\end{aligned}
\tag{14.44}
$$

其中,a_k 是 k 个原子处于自旋向上能级的概率幅。可以使用 Cirac-Zoller 方案[859]构建这样的状态,基于该方案,利用一对囚禁在离子阱中的离子演示了[860]有效的纠缠。

作为 GHZ 态的推广(见 (14.41) 式),最大纠缠态:

$$
|\psi\rangle = \frac{1}{\sqrt{2}} (|\downarrow\rangle_1 |\downarrow\rangle_2 \cdots |\downarrow\rangle_N + \mathrm{e}^{\mathrm{i}\Phi} |\uparrow\rangle_1 |\uparrow\rangle_2 \cdots |\uparrow\rangle_N) \tag{14.45}
$$

具有这样的结果:对任意一个原子的测量立即决定所有其他原子的值。Mølmer 和 Sørensen 设计了一种方案[861]使用单一的激光脉冲来产生大规模的 (14.45) 式的最大纠缠态。

考虑如图 14.4(a) 所示的一个原子或离子系统,其中两个自旋为 1/2 的粒子保持在简谐势阱中。这样一个系统由处于离子阱的简谐势阱中的两个全同离子构成,简谐势阱的振荡角频率为 ω_m。由于两个离子处于一个质心运动能量为 $n\hbar\omega_m$ 的集体运动态 n,我们假设两个离子最初纠缠在 $|\downarrow\downarrow\rangle$ 内态。用两个(光学)角频率为 $(\omega_0 - \omega_m)$ 和 $(\omega_0 + \omega_m)$ 的拉曼脉冲,通过两个干涉通道将离子从 $|\downarrow\downarrow\rangle$ 能级激发到 $|\uparrow\uparrow\rangle$ 能级。由于有失谐量 δ,没有一个频率与单粒子跃迁共振但是两个频率的和与双粒子跃迁共振。两条路径的跃迁概率幅分别是 $(\eta\Omega_R \sqrt{n+1})^2/\delta$ 和 $-(\eta\Omega_R \sqrt{n})^2/\delta$,其中 η 是 Lamb-Dicke 系数,Ω_R 是单离子共振拉比频率。这两条路径对 n 的依赖关系是不同的,它可以用

(14.24)式和(14.25)式给出的简谐振子的产生算符和湮灭算符的性质计算得到。符号"-"来源于沿着两条不同路径的蓝和红失谐。当概率幅相加时就出现了有趣的特性,即在 Lamb-Dicke 区域($\eta^2(n+1)\ll1$),总跃迁概率幅等于 $\eta^2\Omega_R^2/\delta$,它不依赖于离子中间运动状态的量子数 n。通过用适当的 $\pi/2$ 脉冲激励跃迁,可以产生纠缠态:

$$\psi_2=\frac{|\uparrow\uparrow\rangle+\mathrm{e}^{\mathrm{i}\phi+}|\downarrow\downarrow\rangle}{\sqrt{2}} \tag{14.46}$$

其中,ϕ_+ 是两个离子位置处的两个激光的相位和。类似地,在 N 个纠缠离子态 ϕ_+ 包含所有 N 个激光的相位和。对于两个 Ramsey 脉冲激励,发现离子处于激发态的概率以如下形式振荡:

$$p_2^{(N)}=\frac{1+\cos[N(\omega-\omega_0)\tau]}{2} \tag{14.47}$$

它与(14.32)式不同之处是多了系数 N。因此,这会影响频率 ω_0 估算的不确定度,现在它是

$$|\delta\omega_0|=\frac{1}{N\tau} \tag{14.48}$$

与(14.38)式相比,现在采用纠缠态测量时,起伏随 $1/N$ 减少而不是随 $1/\sqrt{N}$ 减小,因此在 N 较大的情况下,采用纠缠的吸收体可以显著提高频标的稳定度。这个方案适用于任何偶数离子并且可以扩展到奇数离子[863]。在一个稍微修改的系统中(见图 14.4(b),文献[862]),该方案应用于具有两基态的 2 个和 4 个 $^9\mathrm{Be}^+$ 离子。

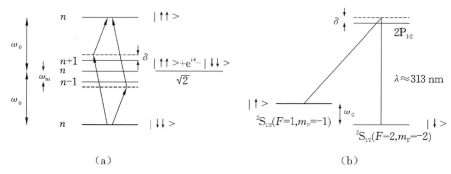

图 14.4　(a)Mølmer 和 Sørensen[861]提出的两离子纠缠方案(ϕ_- 是两个离子位置上两个激光的相位差);(b)Sackett 等人[862]将图 14.4(a)的方案应用到 $^9\mathrm{Be}^+$ 离子

4. 将纠缠态应用于频标

有人建议用有 N 个纠缠原子或离子态的大系统提高频标中由量子属性限制的信噪比[864-866]。它的基本思想是从文献[865]中来的,可以用图 14.5 中给出的赝自旋矢量在两脉冲 Ramsey 激励下的演化显示,第 6.6.1 节中对此有更详细的描述。我们从所有原子都处在压缩的基态的能态开始,量子力学吸收体之间的关联使得组合态的 ΔJ_x、ΔJ_y 和 ΔJ_z 的不确定度是关联的,并且形成一个对 $\Delta J_y(0)$ 压缩的不确定度椭球。应用第一个 $\pi/2$ 相互作用脉冲使赝自旋在 x-z 平面上绕 y 轴旋转,y 轴也是激励(铯原子的两个基态之间)钟跃迁的 B_1 场的方向。在这个短的相互作用之后,期望值 $\langle J(t_{\pi/2})\rangle$ 沿着 x 轴(见图 14.5(a))。在第一和第二 Ramsey 脉冲之间的时间内,磁矩及赝自旋绕与 z 轴平行的 C 场(B_r)进动。对于激励辐射场的频率相对于原子共振频率红失谐半个原子共振谱线线宽的情况,即 $\omega-\omega_0=-\pi/(2T)$,$\langle J(t_{\pi/2}+T)\rangle$ 现在指向 $-y$ 轴(见图 14.5(b))。第二个 Ramsey 脉冲使赝自旋绕 B_1 场旋转 $\pi/2$。有趣的事情出现了,现在起伏 $\Delta J_z=\Delta J_y(0)$ 被压缩(见图 14.5(c))从而使量子投影噪声小于相干态的情况。

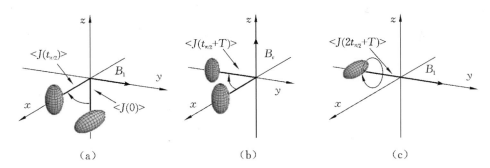

图 14.5　采用自旋压缩态的 Ramsey 探询方案

然而,有人指出[867],如果考虑退相干的影响,最大纠缠态就会失去[866]它表现出来的这种优势。与其他更健壮的纠缠态相比[867,868],最大纠缠态是特别脆弱的。Huelga 等人[867]得出的结论是 N 个粒子的最大纠缠态获得的最小不确定度与标准 Ramsey 谱相同,但是所需的时间小 $\sqrt{N}$ 倍。因而该方法的最小测量时间由自旋相位的退相干时间给出,后者源于碰撞、杂散电磁场或辐射源的起伏。

Meyer 等人[869]已经演示了在两个离子的相干自旋态中,当采用 Ramsey 探询方案来确定跃迁频率时,如何利用纠缠态提高精度使其低于标准量子极限(散粒噪声极限)(见图 14.6)。在少量离子的情况下,标准量子极限 $\propto 1/\sqrt{N}$ 和海森堡极限 $\propto 1/N$ 之间的微小增益裕度没有中性原子系统那样大。

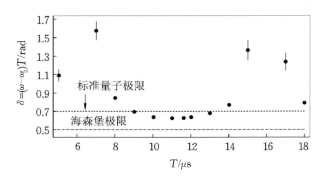

图 14.6 在 Ramsey 探询方案中提高确定跃迁频率的精度[869](SQL:标准量子极限。由 D. Wineland 提供)

对于中性原子系统,已有几种不同的纠缠途径。在超冷原子的热源中也观察到了两原子关联[870],但是由于远离量子简并,波函数的微小重叠使得这些关联不太适合直接使用。也有人提出通过类声子激励将光晶格中的中性原子耦合起来[871],但是,"中性原子的量子纠缠将导致频标中的信噪比降低"这件事本身仍有待证明。通过采用压缩光[872]或离共振激光束[873]照射原子已经产生压缩的原子样品。后一种方法导致相干自旋态预期的自旋噪声比标准量子极限低 70%。在由玻色-爱因斯坦凝聚体的原子布居的光晶格中也已制备出原子数压缩态[874]。

应用非经典光或纠缠态的原子吸收体可能允许我们突破由给定光功率或吸收体数量对应的相干态给出的标准量子极限,但不能突破海森堡极限。然而,从中性原子频标的例子可以看出潜力是巨大的。在相同的测量时间从 $1/\sqrt{N}$ 依赖的标准量子极限到 $1/N$ 依赖的海森堡极限,采用 10^5 个原子的铯喷泉钟的不稳定度可以降低约 300 倍。或者,在后一种情况下达到相同的不稳定度所需的测量时间减少了 10^5 倍。

从理论上已经证明[875],量子纠缠和压缩也可以用于突破时钟同步或测距的经典极限。

14.2 新概念

14.2.1 采用辅助读出离子的离子光钟

有一些性能优异的候选离子,由于冷却离子和探测电子搁置技术激励的跃迁都处于深紫外波段,它们没有被用于光频标。已经设计出一种方法[644]来克服这些限制,即在同一个势阱中使用两个离子,除了钟离子还有第二个离子,被称为逻辑③离子,它用于冷却钟离子和探测钟离子的跃迁。该方法利用了钟离子和逻辑离子的内态与它们外部自由度的纠缠。考虑钟离子和逻辑离子都可以用具有 $|\uparrow\rangle$ 和 $|\downarrow\rangle$ 这样两个能态的两能级系统描述的情况。两个离子在势阱中的运动用运动量子态 $|n\rangle_M$ 描述,$n=0,1,2,\cdots$。钟离子被逻辑离子协同冷却,而逻辑离子则通过传统的激光冷却技术重新冷却回初态,这样就将两个原子都制备到它们的基态并且处于量子化的运动基态 $|0\rangle_M$(见图 14.7(a)):

$$|\psi_0\rangle = |\downarrow\rangle_L |\downarrow\rangle_C |0\rangle_M \tag{14.49}$$

应用一个调谐到钟跃迁频率的相干辐射脉冲,使钟离子的两个电子态相干叠加,它们的概率幅分别为 α 和 β,有(见图 14.7(b))

$$|\psi_0\rangle \rightarrow |\psi_1\rangle = |\downarrow\rangle_L [\alpha|\downarrow\rangle_C + \beta|\uparrow\rangle_C]|0\rangle_M = |\downarrow\rangle_L \alpha|\downarrow\rangle_C |0\rangle_M + \beta|\uparrow\rangle_C |0\rangle_M] \tag{14.50}$$

如果现在对钟离子施加一个调谐到蓝失谐运动边带的 π 脉冲,由于不存在 $|\downarrow\rangle_C |-1\rangle_M$ 态,则仅有 $|\downarrow\rangle_C$ 态受到影响而 $|\uparrow\rangle_C$ 态不受影响。因此,有

$$|\psi_1\rangle \rightarrow |\psi_2\rangle = |\downarrow\rangle_L [\alpha|\uparrow\rangle_C |1\rangle_M + \beta|\uparrow\rangle_C |0\rangle_M] = |\downarrow\rangle_L |\uparrow\rangle_C [\alpha|1\rangle_M + \beta|0\rangle_M] \tag{14.51}$$

通过对比(14.50)式和(14.51)式,我们注意到应用这个蓝失谐的 π 脉冲已经将钟态映射到运动态(见图 14.7(c))。由于这两种离子的内态和外态的纠缠特性,这种映射同时影响钟离子和逻辑离子两种离子。下一步(见图 14.7(d)),通过应用一个调谐到红失谐运动边带的 π 脉冲将运动态映射到逻辑离子的能态:

$$|\psi_2\rangle \rightarrow |\psi_{\text{final}}\rangle = [\alpha|\uparrow\rangle_L + \beta|\downarrow\rangle_L]|\uparrow\rangle_C |0\rangle_M \tag{14.52}$$

现在,可以通过电子搁置技术测量量子跳跃的数目等方法,读出逻辑离子处于

---

③ 这个名称反映了一个事实,即这里采用的方案与量子信息领域对离子采取的处理方法非常相似。

基态的概率β^2,同时这个测量也给出了钟离子被激发的概率。

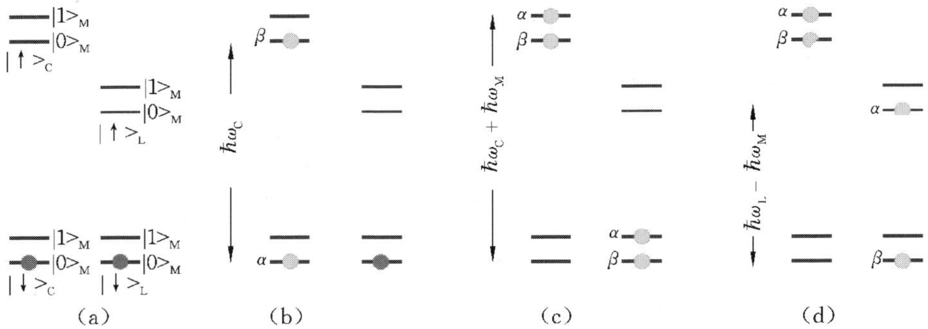

图 14.7　一种在不同的电子态($\uparrow$和$\downarrow$)和运动态(下标为 M)中激发钟离子(下标为 C)和利用逻辑离子(下标为 L)读出激发概率的方案(根据文献[644]给出。(a)钟离子和逻辑离子处于电子和运动基态;(b)激发钟离子;(c)一个调谐到蓝失谐运动边带的 π 脉冲映射钟离子的激发几率幅 α 和 β 到钟离子的运动态,由于纠缠也映射到逻辑离子的运动态;(d)一个调谐到红失谐运动边带的 π 脉冲映射激发概率幅 α 和 β 到逻辑离子的电子态)

美国 Boulder 的 NIST 利用该技术完成了一项实验,他们采用了 ^{27}Al$^+$ 离子的 ^{1}S$_0 \rightarrow {}^3$P$_0$($\lambda = 267.44$ nm)作为钟跃迁,其预期寿命为($\tau(^3P_0) = 284$ s)[644]。^{27}Al$^+$ 离子的冷却和钟跃迁探测是通过使用 Be$^+$ 作为逻辑离子实现的。

14.2.2　中性原子晶格钟

Hidetoshi Katori[163,493] 提出了一个很有前途的光频标候选方案,它结合了单离子频标和大量中性原子系综的优点,即相互作用时间长和短期稳定度高。在这个方案中,超冷 Sr 原子被囚禁在光晶格的势阱中(见第 6.4.2 节),在囚禁的系综中,钟跃迁被激励。虽然产生光晶格的辐射会使与钟跃迁相关的原子能级发生移动,但是我们可以找到一个所谓的“魔术”波长,使得两个能级的光频移彼此抵消。类似的概念也用于 ^{9}Be Penning 阱微波频标,在那里,与微波钟跃迁相关的两个能级的巨大塞曼频移在一个给定的(“魔术”)磁场时相互抵消(见第 10.3.1.1 节)。其基本思想依赖于这样一个事实,就是没有必要避免所有的扰动,而是要以确定的方式控制它们。Katori 提出使用 ^{87}Sr 同位素的 $5s^2\ ^1S_0(F = 9/2) - 5s5p\ ^3P_0(F = 9/2)$ 跃迁。由于核的自旋-轨道相互作用,这个严格禁戒的 $J = 0 \rightarrow J = 0$ 跃迁通过 $^3P_0(F = 9/2)$ 能级与 $^1P_1$ 和 $^3P_1$ 能级的超精细混合获得了一个允许的偶极跃迁概率,对应的激发态寿命大约为 160 s。在魔术波长为(813.5±0.9) nm 的一维光晶格中已经观察到[87]Sr 原子的钟跃迁[876]。在自由飞行中确定的[87]Sr 原子频率为 429 228 004 235(20) kHz[877]。光晶格的囚禁使得 Ido 和 Katori[878] 可以将[88]Sr 原子限制在 Lamb-Dicke 区域,在这里一阶多普勒效应被抑制,不发生反冲频移(见图 14.8)。对钟跃迁的交流多极极化率和偶极超极化率的计算结果表明,高阶光频移的贡献可以减小到小于 1 mHz,允许预期的相对不确定度优于 10^{-17}[876]。除了锶还有其他合适的候选者,如[171]Yb[879,880] 或[43]Ca。存在将大量处于运动基态的原子存储在魔术波长的光晶格中的可能性,我们可以在这样的系统中采用本章所讨论的其他一些有前途方法,充分发挥他们的潜力。

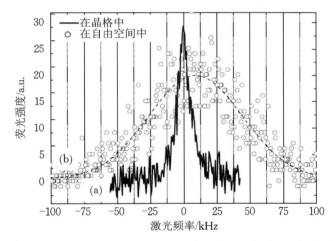

图 14.8 实测的[88]Sr 原子的组合跃迁(其中(a)表示使用囚禁在以"魔术"波长运行的光晶格中的原子,(b)表示使用自由飞行的原子[878]。由 H. Katori 提供)

14.2.3 采用核跃迁

到目前为止,频标中已经使用的钟跃迁仅仅连接原子的电子壳层能级。然而在原子核中存在寿命非常长的可能导致窄线宽的能级,它已被成功地应用于穆斯堡尔(Mössbauer)光谱。与电子能级相比,核能级可能对一些外部扰动,如碰撞或黑体辐射更具免疫性。通常核能级的能量间隔比电子壳层能级要大得多,因此适当的穆斯堡尔跃迁必须由 X 射线源的辐射来激发,它的相干特性与频标所使用的振荡器相差甚远。虽然由 X 射线激光、脉冲激光源的高次谐波或未来的自由电子激光产生的辐射的相干性在稳步增加,目前存在的真正的相位相干源的最高频率只能达到光学频段。

然而,也存在将核跃迁用于光频标的其他可能性。根据 γ 射线光谱学,已推导出 ^{229}Th 的一个长寿命的同质异构能级[633,881,882]。这个能级预计具有几个小时的寿命,它的能量比基态高 (3.5 ± 1.0) eV。Peik 和 Tamm[883] 提出了一种采用双共振法探测原子核的激光激励的方法,即通过监测电子壳层的超精细跃迁来探测核内跃迁。这些作者证明核跃迁的频率在一阶和二阶近似下不依赖于外部磁场和电场,使得 ^{229}Th 吸收体成为高精度光钟的新颖候选者。

14.3　环境因素导致的最终限制

在可以展望的未来,地球表面并不是准确和稳定时钟的最理想位置。人为的和自然的各种扰动可能限制性能,因此可获得的精度和稳定度将取决于人们可以把这些扰动控制到什么程度。噪声的例子包括限制宏观参考最佳稳定度的地震扰动,导致黑体频移的温度辐射(见第 7.1.3.4 节),或引力势的变化。

根据定义,每个频标和时钟实现其原时并可用于各种应用,例如第 12 章和第 13 章中描述的应用。然而,当标准在引力势中工作时,如果频标的频率必须与在不同引力势中的其他时钟的频率进行比较,就必须考虑引力势的影响。如前所示(见(12.24)式),在大地水准面附近这种影响可以高达 7×10^{-10}。在大地水准面上引力势的不确定度在 1 m^2/s^2 数量级[263],它对频率不确定度的贡献大约是 1×10^{-17} s/s(TCG)。如果大地水准面以上的高度可以通过使用大地 GPS 接收机测定到 1 m,由此产生的不确定度为 10^{-16} s/s (TCG)。现在,差分 GPS 和水准测量网络相结合可以提供几厘米的水准测量不确定度。在这个精度范围,地球不能再被看作是一个稳定的平台。来自月球和太阳引力势的潮汐效应可以使当地的海拔高度改变几十厘米。甚至大约 1 厘米/年的大陆漂移也会通过一阶多普勒效应导致 1×10^{-18} 的相对频移。因此在地球表面使时钟同步到协调时 TCG 的精度似乎被限制在 10^{-17} 量级[724]。

根据(12.22)式,比 1 m 小很多的时钟的归一化固有频率在这个垂直距离内将变化 1.1×10^{-16},因此按照这种不确定度的量级,1 m 高的典型铯喷泉不能再被看作一个局域系统。

地球的引力势阱很深,使它的表面对于时钟而言不是最理想的地方,人们可以考虑将来把"主时钟"放在有更平坦引力势的空间区域。Wolf 已经证明[724]，可以以 10^{-18} 量级的精度将人造地球卫星上的频标和时钟同步到 TCG，它受限于轨道精度。对于 1000 公里高度的卫星所要求的位置和速度精度分别是 1 cm 和 1×10^{-5} m/s，对于地球同步轨道卫星则大约是 0.4 m 和 3×10^{-5} m/s。

如果如图 1.2 所示的频标和时钟性能的快速发展在将来能持续，我们必须准备把最好的时钟放在微重力环境中。国际空间站（ISS）的第一个实验已经在进行中（见第 7.4 节），但是像国际空间站这样的多用途空间站，由于空气阻力，它的高度以大约 1 cm/s 的速度下降，因此需要定期再提升[884]，从而它仍然不是理想的微重力环境。人们可能会设想最终这种原子"太空主时钟"将被安装在专用卫星上。

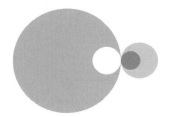

参考文献

[1] R. L. Sydnor, D. W. Allan. *Handbook Selection and Use of Precise Frequency and Time Systems*. Radiocommunication Bureau of the International Telecommunication Union, ITU, Place des Nations, CH-1211 Geneva 20, Switzerland, 1997.

[2] J. R. Vig. Quartz crystal oscillators and resonators. http://www.ieee-uffc.org/fc, October 1999. SLCET-TR-88-1 (Rev. 8.3.9).

[3] Guide to the expression of uncertainty in measurement. ISO/TAG 4. Published by ISO, 1993 (corrected and reprinted, 1995) in the name of the BIPM, IEC, IFCC, ISO, IUPAC, IUPAP and OIML, 1995. ISBN number: 92-67-10188-9, 1995.

[4] J. W. Wells. Coral growth and geochronometry[J]. *Nature*, 197:948-950, 1963.

[5] J. H. Taylor, Jr. Millisecond pulsars: Nature's most stable clocks[J]. *Proc. IEEE*, 79:1054-1062, 1991.

[6] Dava Sobel. *Longitude*[M]. Walker Books, New York, 1995.

[7] A. Scheibe, U. Adelsberger. Schwankungen der astronomischen Tageslänge

und der astronomischen Zeitbestimmung nach den Quarzuhren der Phys-
ikalisch-Technischen Reichsanstalt[J]. *Physikal. Zeitschrift*, 37:185-
203, 1936.

[8] Tony Jones. Splitting the Second: *The Story of Atomic Time*[J]. Insti-
tute of Physics, Bristol and Philadelphia, 2000.

[9] Norman F. Ramsey. History of atomic clocks[J]. *J. Res. NBS*, 88:301-
320, 1983.

[10] N. F. Ramsey. Experiments with separated oscillatory fields and hydro-
gen masers[J]. *Rev. Mod. Phys.*, 62:541-552, 1990.

[11] Jacques Vanier, Claude Audoin. *The Quantum Physics of Atomic Fre-
quency Standards*. Adam Hilger, Bristol and Philadelphia, 1989.

[12] Norman F. Ramsey. Fifty years of atomic frequency standards. In P.
Gill, editor, *Frequency standards and Metrology*, *Proceedings of the
Sixth Symposium*, pages 8-17, Singapore, 2002. World Scientific.

[13] L. Essen, J. V. L. Parry. The caesium frequency standard. In *NPL
News*, volume 65. National Physics Laboratory, Teddington, UK,
September 1955.

[14] L. Essen, J. V. L Parry. The Caesium resonator as a standard of fre-
quency and time[J]. *Phil. Trans. Roy. Soc.*, A 250:45-69, 1957.

[15] Paul Forman. Atomichron: The atomic clock from concept to commer-
cial product[J]. *Proc. IEEE*, 73:1181-1204, 1985.

[16] Andreas Bauch, K. Dorenwendt, B. Fischer, et al. CS2: The PTB's
new primary clock[J]. *IEEE Trans. Instrum. Meas.*, IM-36:613-
616, 1987.

[17] A. Clairon, C. Salomon, S. Guellati, et al. Ramsey resonance in a Za-
charias fountain. *Europhys. Lett.*, 16:165-170, 1991.

[18] Pierre Lemonde, Philippe Laurent, Giorgio Santarelli, et al. Cold-atom
clocks on earth and in space. In Andre N. Luiten, editor, *Frequency
Measurement and Control*, volume 79, pages 131-152. Springer,
Berlin, Heidelberg, New York, 2001.

[19] S. Weyers, U. Hübner, R. Schröder, et al. Uncertainty evaluation of

the atomic caesium fountain CSF1 of the PTB[J]. *Metrologia*, 38:343-352, 2001.

[20] S. R. Jefferts, J. Shirley, T. E. Parker, et al. Accuracy evaluation of NIST-F1[J]. *Metrologia*, 39:321-336, 2002.

[21] S. A. Diddams, Th. Udem, J. C. Bergquist, et al. An optical clock based on a single trapped $^{199}Hg^+$ ion[J]. *Science*, 293:825-828, 2001.

[22] Paul Horowitz, Winfield Hill. *The Art of Electronics*. Cambridge University Press, Cambridge, New York, Melbourne, second edition, 1989.

[23] P. Kersten. Ein transportables optisches Calcium-Frequenznormal. PTB-Bericht PTB-Opt-59, Physikalisch-Technische Bundesanstalt, Braunschweig, 1998.

[24] John L. Hall, Matthew S. Taubman, Jun Ye. Laser stabilization. In Michael Bass, Jay M. Enoch, Eric W. Van Stryland, and William L. Wolfe, editors, *Handbook of Optics*, pages 27.1-25.24. McGraw-Hill, New York, 2001.

[25] J. Rutman. Characterization of phase and frequency instabilities in precision frequency sources: fifteen years of progress[J]. *Proc. IEEE*, 66:1048-1075, 1978.

[26] D. W. Allan. Statistics of atomic frequency standards[J]. *Proc. IEEE*, 54:221-230, 1966.

[27] J. A. Barnes, A. R. Chi, L. S. Cutler, et al. Characterization of frequency stability[J]. *IEEE Trans. Instrum. Meas.*, IM-20:105-120, 1971.

[28] John A. Kusters, Leonard S. Cutler, Edward D. Powers. Long-term experience with cesium beam frequency standards. *In Proceedings of the 1999 Joint Meeting of the European Frequency and Time Forum and The IEEE International Frequency Control Symposium*, pages 159-163, 1999.

[29] Andreas Bauch. Caesium atomic clocks: Function, performance and applications[J]. *Meas. Sci. Technol.*, 14:1159-1173, 2003.

[30] Anthony G. Mann. Ultrastable cryogenic microwave oscillators[J]. In A.

N. Luiten，editor，*Frequency Measurement and Control*，volume 79 of *Topics in Applied Physics*，pages 37-66.Springer，Berlin，Heidelberg，New York，2001.

[31] B. C. Young，F. C. Cruz，W. M. Itano，et al. Visible lasers with sub-hertz linewidths[J]. *Phys. Rev. Lett.*，82：3799-3802，1999.

[32] C. W. Oates，E. A. Curtis，L. Hollberg. Improved short-term stability of optical frequency standards：approaching 1 Hz in 1 s with the Ca standard at 657 nm[J]. *Opt. Lett.*，25：1603-1605，2000.

[33] Angela Duparré，Josep Ferre-Borrull，Stefan Gliech，et al. Surface characterization techniques for determining the root-meansquare roughness and power spectral densities of optical components[J]. *Appl. Opt.*，41：154-171，2002.

[34] DavidW. Allan，James Barnes. A modified "Allan variance" with increased oscillator characterization ability[J]. *In Proceedings of the 35th Ann. Freq. Control Symposium*，pages 470-475，Ft. Monmouth，NJ 07703，May 1981. Electronic Industries Association.

[35] John L. Hall，Miao Zhu. An introduction to phase-stable optical sources [J]. In Laser Manipulation of Atoms and Ions，volume Course CXVIII of *Proceedings Internat. School of Physics "Enrico Fermi"*，pages 671-702. North Holland-Elsevier，Amsterdam，1992.

[36] D. S. Elliott，Rajarshi Roy，S. J. Smith. Extracavity laser band-shape and bandwidth modification[J]. *Phys. Rev. A*，26：12-26，1982.

[37] H. R. Telle. Stabilization and modulation schemes of laser diodes for applied spectroscopy[J]. *Spectrochimica Acta Rev.*，15：301-327，1993.

[38] A. Godone，F. Levi. About the radiofrequency spectrum of a phase noise modulated carrier[J]. *In Proceedings of the* 1998 *European Frequency and Time Forum*，pages 392-396，1998.

[39] Amnon Yariv. *Optical Electronics in Modern Communications*[J]. Oxford University Press，New York，Oxford，fifth edition，1997.

[40] Christian Koch. Vierwellen-Mischung in Laserdioden[C]. PTB-Bericht Opt-43，Physikalisch-Technische Bundesanstalt，Braunschweig，1994.

[41] M. J. O'Mahony, I. D. Henning. Semiconductor laser linewidth broadening due to 1/f carrier noise[J]. *Electron. Lett.*, 19:1000-1001, 1983.

[42] H. Telle:. Lecture notes; unpublished, 2003.

[43] Fred L. Walls. Phase noise issues in femtosecond lasers[C]. In John L. Hall and Jun Ye, editors, *Proceedings of SPIE: Laser Frequency Stabilization, Standards, Measurement, and Applications*, volume 4269, pages 170-177, P. O. Box 10, Bellingham, Washington 98227-0010 USA, 2001. SPIE.

[44] Klaus H. Sann. The measurement of near-carrier noise in microwave amplifiers[J]. *IEEE Trans Microw. Theory Tech.*, MTT-16:761-766, 1968.

[45] Eugene N. Ivanov, M. E. Tobar, R. A.Woode. Microwave interferometry: Application to precision measurements and noise reduction techniques[J]. *IEEE Trans. Ultrason., Ferroelect., Freq. Contr.*, 45:1526-1536, 1998.

[46] L. E. Richter, H. I. Mandelberg, M. S. Kruger, et al. Linewidth determination from self-heterodyne measurements with subcoherence delay times[J]. *IEEE J. Quantum Electron.*, QE-22:2070-2074, 1986.

[47] Tetsuhiko Ikegami, Shoichi Sudo, Yoshihisa Sakai. *Frequency Stabilization of Semiconductor Laser Diodes* [J]. Artech House, Boston, London, 1995.

[48] G. Kramer. Noise in passive frequency standards[C]. In CPEM 74: *Conference on Precision Electromagnetic Measurements*, 1-5 *July London*, pages 157-159. IEE Conference Publication 113, 1974.

[49] Claude Audoin, Vincent Candelier, Noel Dimarcq. A limit to the frequency stability of passive frequency standards due to an intermodulation effect[J]. *IEEE Trans. Instrum. Meas.*, 40:121-125, 1991.

[50] G. J. Dick, J. Prestage, C. Greenhall, et al. Local oscillator induced degradation of medium-term stability in passive atomic frequency standards. In *Proceedings of the 22nd Annual Precise Time and Time Interval (PTTI) Applications and Planning Meeting*, Vienna VA,

USA，pages 487-509，1990.

[51] Giorgio Santarelli，Claude Audoin，Ala'a Makdissi，et al. Frequency stability degradation of an oscillator slaved to a periodically interrogated atomic resonator [J]. *IEEE Trans. Ultrason.，Ferroelect.，Freq. Contr.*，45：887-894，1998.

[52] Alain Joyet，Gaetano Mileti，Gregor Dudle，et al. Theoretical study of the Dick effect in a continuously operated Ramsey resonator[J]. *IEEE Trans. Instrum. Meas.*，50：150-156，2001.

[53] Charles A. Greenhall，G. John Dick. Local oscillator limited frequency stability for passive atomic frequency standards using square wave frequency modulation [J]. *IEEE Trans. Ultrason. Ferroelec. Freq. Contr.*，47：1593-1600，2000.

[54] E. Philippot，Y. V. Pisarevsky，B. Capelle，et al. Present state of the development of the piezoelectric materials[C]. In *Proceedings of the 15th European Frequency and Time Forum*，pages 33-37，Rue Jaquet-Droz 1，Case postale 20，CH-2007 Neuchâtel，Switzerland，2001. FSRM Swiss Foundation for Research in Microtechnology.

[55] Raymond A. Heising，editor. *Quartz Crystals for Electrical Circuits* [M]. Van Nostrand，New York，1947.

[56] R. J. Besson. A new "electrodeless" resonator design[J]. In *Proceedings of the 31ˢᵗ Annual Symposium on Frequency Control*，pages 147-152，Fort Monmouth，New Jersey，1977. U.S. Army Electronics Command.

[57] R. J. Besson，M. Mourey，S. Galliou，et al. 10 MHz hyperstable quartz oscillators performances[J]. In *Proceedings of the 1999 Joint Meeting of the European Frequency and Time Forum and The IEEE International Frequency Control Symposium*，pages 326-330，26 Chemin de l' Epitaphe，25030 BESANCON CEDEX-FRANCE，1999. EFTF co/ Société Francaise des Microtechniques et de Chronométrie (SFMC).

[58] John David Jackson. *Classical Electrodynamics* [M]. John Wiley & Sons，New York，third edition，1998.

[59] M. Abramowitz，I. A. Stegun. *Handbook of Mathematical Functions*

[M]. Dover Publications, New York, 1968.

[60] J. P. Turneaure, S. R. Stein. An experimental limit on the time variation of the fine structure constant. In J. H. Sanders and A. H. Wapstra, editors, *Atomic Masses and Fundamental Constants*, volume 5, pages 636-642. Plenum Press, New York, London, 1976.

[61] J. P. Turneaure, C. M. Will, B. F. Farrell, et al. Test of the principle of equivalence by a null gravitational red-shift experiment[J]. *Phys. Rev. D*, 27:1705-1714, 1983.

[62] S. Buchmann, J. P. Turneaure, J. A. Lippa, et al. A superconducting microwave oscillator clock for use on the space station. In *Proceedings of the 52th Annual IEEE International Frequency Control Symposium*, Pasadena, USA, pages 534-539, 1998.

[63] John G. Hartnett, Michael E. Tobar. Frequency-temperature compensation techniques for high-Q microwave resonators. In A. N. Luiten, editor, *Frequency Measurement and Control*, volume 79 of *Topics in Applied Physics*, pages 67-91. Springer, Berlin, Heidelberg, New York, 2001.

[64] G. Santarelli, Ph. Laurent, P. Lemonde, et al. Quantum projection noise in an atomic fountain: A high stability cesium frequency standard [J]. *Phys. Rev. Lett.*, 82:4619-4622, 1999.

[65] Rabi T. Wang, G. John Dick. Cryocooled sapphire oscillator with ultra-high stability[J]. *IEEE Trans. Instrum. Meas.*, 48:528-531, 1999.

[66] Dana Z. Anderson, Josef C. Frisch, Carl S. Masser. Mirror reflectometer based on optical cavity decay time[J]. *Appl. Opt.*, 23:1238-1245, 1984.

[67] G. Rempe, R. J. Thompson, H. J. Kimble, et al. Measurement of ultralow losses in an optical interferometer[J]. *Opt. Lett.*, 17: 363-365, 1992.

[68] H. Kogelnik, T. Li. Laser beams and resonators[J]. *Appl. Opt.*, 5: 1550-1567, 1966.

[69] Anthony E. Siegman. *Lasers. University Science Books* [M]. Mill Valley, California, 1986.

［70］ J. Durnin. Exact solutions for nondiffracting beams［J］. I. The scalar theory. *J. Opt. Soc. Am. A*, 4:651-654, 1987.

［71］ I. Kimel, L. R. Elias. Relations between Hermite and Laguerre Gaussian modes［J］. *IEEE J. Quantum Electron.*, 29:2562-2567, 1993.

［72］ V. B. Braginsky, M. L. Gorodetsky, V. S. Ilchenko. Quality-factor and nonlinear properties of optical whispering-gallery modes［J］. *Phys. Lett A*, 137:393-397, 1989.

［73］ M. L. Gorodetsky, A. A. Savchenkov, V. S. Ilchenko. Ultimate Q of optical microsphere resonators［J］. *Opt. Lett.*, 21:453-455, 1996.

［74］ V. V. Vassiliev, V. L. Velichansky, V. S. Ilchenko, et al. Narrow-line-width diode laser with a high-Q microsphere resonator［J］. *Opt. Commun.*, 158:305-312, 1998.

［75］ M. L. Gorodetsky, V. S. Ilchenko. High-Q optical whispering-gallery microresonators: precession approach for spherical mode analysis and e-mission patterns with prism couplers［J］. *Opt. Commun.*, 113:133-143, 1994.

［76］ Mitchell H. Fields, Jürgen Popp, Richard K. Chang. Nonlinear optics in microspheres［J］. In Emil Wolf, editor, *Progress in Optics*, volume 41, pages 1-95. Elsevier, Amsterdam, 2000.

［77］ V. S. Ilchenko, P. S. Volikov, V. L. Velichansky, et al. Strain-tunable high-Q optical microsphere resonator［J］. *Opt. Commun.*, 145: 86-90, 1998.

［78］ Wolf von Klitzing, Romain Long, Vladimir S. Ilchenko, et al. Frequency tuning of the whispering-gallery modes of silica microspheres for cavity quantum electrodynamics and spectroscopy［J］. *Opt. Lett.*, 26: 166-168, 2001.

［79］ M. L. Gorodetsky, V. S. Ilchenko. Optical microsphere resonators: optimal coupling to high-Q whispering-gallery modes［J］. *J. Opt. Soc. Am. B*, 16:147-154, 1999.

［80］ Ming Cai, Kerry Vahala. Highly efficient optical power transfer to whisperinggallery modes by use of a symmetrical dual-coupling configuration[J]. *Opt. Lett.*, 25:260-262, 2000.

[81] F. Bayer-Helms, H. Darnedde, G. Exner. Längenstabilität bei Raum-temperatur von Proben der Glaskeramik "Zerodur"[J]. *Metrologia*, 21:49-57, 1985.

[82] J. Helmcke, J. J. Snyder, A. Morinaga, et al. New ultra-high resolution dye laser spectrometer utilizing a non-tunable reference re-sonator[J]. *Appl. Phys. B*, 43:85-91, 1987.

[83] F. Riehle. Use of optical frequency standards for measurements of di-mensional stability[J]. *Meas. Sci. Technol.*, 9:1042-1048, 1998.

[84] L. Marmet, A. A. Madej, K. J. Siemsen, et al. Whitford. Precision fre-quency measurement of the $^2S_{1/2}$-$^2D_{5/2}$ transition of Sr^+ with a 674-nm diode laser locked to an ultrastable cavity[J]. *IEEE Trans. Instrum. Meas.*, 46:169-173, 1997.

[85] S. Seel, R. Storz, G. Ruoso, et al. Cryogenic optical resonators: A new tool for laser frequency stabilization at the 1 Hz level[J]. *Phys. Rev. Lett.*, 78:4741-4744, 1997.

[86] R. Storz, C. Braxmaier, K. Jäck, et al. Ultrahigh long-term dimensional stability of a sapphire cryogenic optical resonator[J]. *Opt. Lett.*, 23:1031-1033, 1998.

[87] James D. Bjorken, Sidney Drell. *Relativistic Quantum Mechanics*[M]. Mc Graw-Hill, New York, 1965.

[88] B. Cagnac. Progress on the Rydberg constant: The hydrogen atom as a frequency standard [J]. *IEEE Trans. Instrum. Meas.*, 42: 206-212, 1993.

[89] W. M. Itano, J. C. Bergquist, J. J. Bollinger, et al. Quantum projection noise: Population fluctuations in two-level systems[J]. *Phys. Rev. A*, 47:3554-3570, 1993.

[90] J. Vanier, R. Larouche. A comparison of the wall shift of TFE and FEP teflon coatings in the hydrogen maser[J]. *Metrologia*, 14:31-37, 1978.

[91] S. Bize, Y. Sortais, M. S. Santos, et al. Highaccuracy measurement of the ^{87}Rb ground-state hyperfine splitting in an atomic fountain[J]. *Eu-*

rophys. Lett.，45:558-564，1999.

[92] Bureau International des Poids et Mesures. *Comptes Rendus des séances de la* 13e *CGPM*[C]. Pavillon de Breteuil，F-92310 Sévres，France，1967/1968. BIPM.

[93] M. Niering，R. Holzwarth，J. Reichert，et al. Measurement of the hydrogen 1S-2S transition frequency by phase coherent comparison with a microwave cesium fountain clock[J]. *Phys. Rev. Lett.*，84:5496-5499，2000.

[94] Charlotte E. Moore. *Atomic Energy Levels*[C]. Number 35/V.I in Nat. Stand. Ref. Data，Nat. Bur. Stand. (US). National Bureau of Standards，U. S. Government Printing Office，Washington D. C. 20402，1971.

[95] T. J. Quinn. Practical realization of the definition of the metre (1997)[J]. *Metrologia*，36:211-244，1999.

[96] G. Ferrari，P. Cancio，R. Drullinger，et al. Precision frequency measurement of visible intercombination lines of strontium[J]. *Phys. Rev. Lett.*，91:243002-1-4，2003.

[97] P. L. Larkins，P. Hannaford. Precision measurement of the energy of the $4d^9$ $5s^{2\,2}$ $d_{5/2}$ metastable level in Ag I[J]. *Z. Phys. D*，32:167-172，1994.

[98] Charlotte E. Moore. *Atomic Energy Levels*[C]. Number 35/V.III in Nat. Stand. Ref. Data，Nat. Bur. Stand. (US). National Bureau of Standards，U. S. Government Printing Office，Washington D. C. 20402，1971.

[99] J. L. Hall，M. Zhu，P. Buch. Prospects for using laser-prepared atomic fountains for optical frequency standards applications[J]. *J. Opt. Soc. Am. B*，6:2194-2205，1989.

[100] M. Walhout，U. Sterr，A. Witte，et al. Lifetime of the metastable 6s' $[1/2]_0$ clock state in xenon[J]. *Opt. Lett.*，20:1192-1194，1995.

[101] S. A. Webster，P. Taylor，M. Roberts et al. A frequency standard using the $^2S_{1/2}$—$^2F_{7/2}$ octupole transition in ^{171}Yb$^+$[J]. In Patrick Gill，

editor, *Proceedings of the Sixth Symposium on Frequency standards and Metrology*, pages 115-122, New Jersey, London, Singapore, Hong Kong, 2002. World Scientific.

[102] M. Weitz, A. Huber, F. Schmidt-Kaler, et al. Precision measurement of the hydrogen and deuterium 1S ground state Lamb shift[J]. *Phys. Rev. Lett.*, 72:328-331, 1994.

[103] B. de Beauvoir, F. Nez, L. Julien, B. Cagnac, et al. Absolute frequency measurement of the 2S-8S/D transitions in hydrogen and deuterium: New determination of the Rydberg constant[J]. *Phys. Rev. Lett.*, 78:440-443, 1997.

[104] G. Uhlenberg, J. Dirscherl, H. Walther. Magneto-optical trapping of silver atoms[J]. *Phys. Rev. A*, 62:063404-1-4, 2000.

[105] S. Guérandel, T. Badr, M. D. Plimmer, et al. Frequency measurement, isotope shift and hyperfine structure of the $4d^9 5s^2 \, ^2D_{5/2} \rightarrow 4d^{10} 6p \, ^2P_{3/2}$ transition in atomic silver[J]. *Eur. Phys. J. D*, 10:33-38, 2000.

[106] C. H. Townes, A. L. Schawlow. *Microwave Spectroscopy*[M]. Dover Publications, New York, 1975.

[107] Hermann Haken, Hans Christoph Wolf. *Molekülphysik und Quantenchemie*[M]. Springer, Berlin, Heidelberg, New York, third edition, 1998.

[108] S. Gerstenkorn, P. Luc. Atlas du spectre d'absorption de la molécule d'iode: 14 000 cm^{-1}-15 600 cm^{-1} (1978); 15 600 cm^{-1}-17 600 cm^{-1} (1977); 17 500 cm^{-1}-20 000 cm^{-1} (1977). Technical report, Laboratoire Aimé-Cotton CNRS II, Centre National de la Recherche Scientifique, 15, quai Anatole-France, 75700 Paris, 1977-1978.

[109] S. Gerstenkorn, J. Verges, J. Chevillard. Atlas du spectre d'absorption de la molécule d'iode: 11 000 cm^{-1}-14 000 cm^{-1} (1982). Technical report, Laboratoire Aimé-Cotton CNRS II, Centre National de la Recherche Scientifique, 15, quai Anatole-France, 75700 Paris, 1977-1978.

[110] H. Kato. Doppler-free high resolution spectral atlas of iodine molecule.

Technical report, Japan Society for the Promotion of *Science*, 2000.

[111] B. Bodermann, H. Knöckel, E. Tiemann. Widely usable interpolation formulae for hyperfine splittings in the $^{127}I_2$ spectrum[J]. *Eur. Phys. J. D*, 19:31-44, 2002.

[112] H. Knöckel, B. Bodermann, E. Tiemann. High precision description of the rovibronic structure of the I_2 B-X spectrum[J]. *Eur. Phys. J. D*, 28:199-209, 2004.

[113] J. L. Dunham. The energy levels of a rotating vibrator[J]. *Phys. Rev.*, 41:721-731, 1932.

[114] S. Gerstenkorn, P. Luc. Description of the absorption spectrum of iodine recorded by means of Fourier transform spectroscopy: the (B-X) system[J]. *J. Physique*, 46:867-881, 1986.

[115] C. R. Vidal. Accurate determination of potential energy curves[J]. *Comments At. Mol. Phys.*, 17:173-197, 1986.

[116] M. Broyer, J. Vigué, J. C. Lehmann. Effective hyperfine Hamiltonian in homonuclear diatomic molecules. Application to the B state of molecular Iodine[J]. *J. de Physique*, 39:591-609, 1978.

[117] M. Gläser. Hyperfine components of iodine for optical frequency standards. PTB-Bericht Opt-25, Physikalisch-Technische Bundesanstalt, Braunschweig, 1987.

[118] Mark L. Eickhoff, J. L. Hall. Optical frequency standard at 532 nm [J]. *IEEE Trans. Instrum. Meas.*, 44:155-158, 1995.

[119] K. Hedfeld, R. Mecke. Das Rotationsschwingungsspektrum des Acetylens[J].I. *Z. Phys.*, 64:151-161, 1930.

[120] W. H. J. Childs, R. Mecke. Das Rotationsschwingungsspektrum des Acetylens[J]. II. *Z. Phys.*, 64:162-172, 1930.

[121] R. Mecke. Das Rotationsschwingungsspektrum des Acetylens[J]. III. *Z. Phys.*, 64:173-185, 1930.

[122] E. K. Plyler, E. D. Tidwell, T. A. Wiggins. Rotation-vibration constants of Acetylene[J]. *J. Opt. Soc. Am.*, 53:589-593, 1963.

[123] A. Baldacci, S. Ghersetti, K. Narahari Rao. Interpretation of the Acet-

ylene spectrum at 1.5 μm[J]. *J. Mol. Spectrosc.*, 68:183-194, 1977.

[124] K. Nakagawa, M. de Labachelerie, Y. Awaji, et al. Accurate optical frequency atlas of the 1.5-μm bands of acetylene[J]. *J. Opt. Soc. Am. B*, 13:2708-2714, 1996.

[125] J. Cariou, P. Luc. Atlas du spectre d'absorption de la molecule de Tellure: partie1: 17 500-20300 cm^{-1}, temperature: 680 ℃[C]. Technical report, Laboratoire Aimé-Cotton CNRS Ⅱ, Centre National de la Recherche Scientifique, 15, quai Anatole-France, 75700 Paris, 1980.

[126] J. Cariou, P. Luc. Atlas du spectre d'absorption de la molecule de Tellure: partie3: 20 900-23 700 cm^{-1}, temperature: 600 ℃[C]. Technical report, Laboratoire Aimé-Cotton CNRS Ⅱ, Centre National de la Recherche Scientifique, 15, quai Anatole-France, 75700 Paris, 1980.

[127] G. P. Barwood, W. R. C. Rowley, P. Gill, et al. Interferometric measurements of $^{130}Te_2$ reference frequencies for 1S-2S transitions in hydrogenlike atoms[J]. *Phys. Rev. A*, 43:4783-4790, 1991.

[128] Ph. Courteille, L. S. Ma, W. Neuhauser, et al. Frequencymeasurement of $^{130}Te_2$ resonances near 467 nm[J]. *Appl. Phys. B*, 59:187-193, 1994.

[129] Y. Awaji, K. Nakagawa, M. de Labachelerie, et al. Optical frequency measurement of the $H^{12}C^{14}N$ Lamb-dip-stabilized 1.5-μm diode laser [J]. *Opt. Lett.*, 20:2024-2026, 1995.

[130] B. Bodermann, M. Klug, H. Knöckel, et al. Frequency measurement of I_2 lines in the NIR using Ca and CH4 optical frequency standards [J]. *Appl. Phys. B*, 67:95-99, 1998.

[131] M. Roberts, P. Taylor, G. P. Barwood, et al. Observation of an electric octupole transition in a single ion[J]. *Phys. Rev. Lett.*, 78: 1876-1879, 1997.

[132] Harold J. Metcalf and Peter van der Straten. *Laser Cooling and Trapping*[M]. Springer, New York, Berlin, Heidelberg, 1999.

[133] Pierre Meystre and Murray Sargent Ⅲ. *Elements of Quantum Optics* [M]. Springer, Berlin, Heidelberg, New York, second edition, 1991.

[134] Harald Schnatz and Friedhelm Mensing. Iodine-stablized, frequency-

doubled Nd:YAG lasers at $\lambda = 532$ nm: design and performance[C]. In John L. Hall and Jun Ye, editors, *Proceedings of SPIE: Laser Frequency Stabilization, Standards, Measurement, and Applications*, volume 4269, pages 239-247, P.O. Box 10, Bellingham, Washington 98227-0010 USA, 2001. SPIE.

[135] Marlan O. Scully, M. Suhail Zubairy. *Quantum Optics*[M]. Cambridge University Press, Cambridge, New York, Melbourne, Madrid, 1997.

[136] A. R. Edmonds. *Angular momentum in quantum mechanics* [M]. Princeton University Press, Princeton, New Jersey, 1957.

[137] F. Bloch, A. Siegert. Magnetic resonance for nonrotating fields[J]. *Phys. Rev.*, 57:522-527, 1940.

[138] L. Allen , J. H. Eberly. *Optical Resonance and Two-Level Atoms* [M]. Dover Publications Inc., New York, 1987.

[139] Richard P. Feynman, Frank L. Vernon, Jr., Robert W. Hellwarth. Geometrical representation of the Schrödinger equation for solving maser problems[J]. J. *Appl. Phys.*, 28:49-52, 1957.

[140] I. I. Rabi, N. F. Ramsey, J. Schwinger. Use of rotating coordinates in magnetic resonance problems [J]. *Rev. Mod. Phys.*, 26: 167-171, 1954.

[141] Alfred Kastler. Quelques suggestions concernant la production optique et la détection optique d'une inégalité de population des niveaux de quantification spatiale des atomes. Application a l'expérience de Stern et Gerlach et a la résonance magnétique[J]. J. *Phys. Radium*, 11: 255-265, 1950.

[142] E. Arimondo. Coherent population trapping in laser spectroscopy[J]. In E. Wolf, editor, *Progress in Optics*, volume XXXV, pages 257-354. Elsevier, Amsterdam, 1996.

[143] G. Janik, W. Nagourney, H. Dehmelt. Doppler-free optical spectroscopy on the Ba+ mono-ion oscillator[J]. J. *Opt. Soc. Am. B*, 2: 1251-1257, 1985.

[144] P. L. Kelley, P. J. Harshman, O. Blum, Radiative renormalization a-

nalysis of optical double resonance[J]. *J. Opt. Soc. Am. B*, 11:2298-2302, 1994.

[145] Yves Stahlgies. Lichtverschiebung und Fano-Resonanzen in einem einzelnen Ba$^+$-Ion. Master's thesis, Universität Hamburg, 1993.

[146] R. C. Hilborn. Einstein coefficients, cross sections, f values, dipole moments, and all that[J]. *Am. J. Phys.*, 50:982-986, 1982. Erratum in: Am. J. Phys., 51 (1983), 4710.

[147] R. E. Walkup, A. Spielfiedel, D. E. Pritchard. Observation of non-Lorentzian spectral line shapes in Na-noble-gas systems[J]. *Phys. Rev. Lett.*, 45:986-989, 1980.

[148] Rudolf Grimm, Matthias Weidemüller, Yurii B. Ovchinnikov. Optical dipole traps for neutral atoms[J]. *Adv. At. Mol. Opt. Phys.*, 42:95-170, 2000.

[149] A. L. Schawlow, C. H. Townes. Infrared and optical masers[J]. *Phys. Rev.*, 112:1940-1949, 1958.

[150] John W. Farley, William H. Wing. Accurate calculation of dynamic Stark shifts and depopulation rates of Rydberg energy levels induced by blackbody radiation. Hydrogen, helium, and alkali-metal atoms[J]. *Phys. Rev. A*, 23:2397-2424, 1981.

[151] S. L. Rolston, W. D. Phillips. Laser-cooled neutral atom frequency standards[J]. *Proceedings IEEE*, 79:943-951, 1991.

[152] R. H. Dicke. The effect of collisions upon the Doppler width of spectral lines[J]. *Phys. Rev.*, 89:472-473, 1953.

[153] R. H. Romer, R. H. Dicke. New technique for high-resolution microwave spectroscopy[J]. *Phys. Rev.*, 99:532-536, 1955.

[154] Stephan Briaudeau, Solomon Saltiel, Gerard Nienhuis, et al. Coherent Doppler narrowing in a thin vapor cell: Observation of the Dicke regime in the optical domain[J]. *Phys. Rev. A*, 57:R3169-R3172, 1998.

[155] N. F. Ramsey. *Molecular Beams*[M]. Clarendon Press, Oxford, 1956.

[156] P. Jacquinot. Atomic beam spectroscopy[C]. In K. Shimoda, editor, *High-Resolution Laser Spectroscopy*, volume 13 of *Topics in*

Applied Physics, pages 52-93. Springer, Berlin, Heidelberg, New York, 1976.

[157] A. Huber, B. Gross, M. Weitz, et al. High-resolution spectroscopy of the 1S-2S transition in atomic hydrogen[J]. *Phys. Rev. A*, 59:1844-1851, 1999.

[158] D. J. Wineland, Wayne M. Itano. Laser cooling of atoms[J]. *Phys. Rev. A*, 20:1521-1540, 1979.

[159] T.W. Hänsch, A. L. Schawlow. Cooling of gases by laser radiation[J]. *Opt. Commun.*, 13:68-69, 1975.

[160] D.Wineland, H. Dehmelt. Proposed 10^{14} $\Delta\nu/\nu$ laser fluorescence spectroscopy on Tl$^+$ mono-ion oscillator III[J]. *Bull. Am. Phys. Soc.*, 20:637, 1975.

[161] S. Chu, L. Hollberg, J. E. Bjorkholm, et al. Three-dimensional viscous confinement and cooling of atoms by resonance radiation pressure[J]. *Phys. Rev. Lett.*, 55:48-51, 1985.

[162] P. D. Lett, W. D. Phillips, S. L. Rolston, et al. Optical molasses[J]. *J. Opt. Soc. Am. B*, 6:2084-2107, 1989.

[163] Hidetoshi Katori, Tetsuya Ido, Yoshitomo Isoya, et al. Magneto-optical trapping and cooling of strontium atoms down to the photon recoil temperature[J]. *Phys. Rev. Lett.*, 82:1116-1119, 1999.

[164] T. Binnewies, G. Wilpers, U. Sterr, et al. Doppler cooling and trapping on forbidden transitions[J]. *Phys. Rev. Lett.*, 87: 123002-1-4, 2001.

[165] E. A. Curtis, C.W. Oates, L. Hollberg. Quenched narrow-line laser cooling of ^{40}Ca to near the photon recoil limit[J]. *Phys. Rev. A*, 64: 031403(R)-1-4, 2001.

[166] A. Aspect, E. Arimondo, R. Kaiser, et al. Laser cooling below the one-photon recoil energy by velocity-selective coherent population trapping[J]. *Phys. Rev. Lett.*, 61:826-829, 1988.

[167] T. Esslinger, F. Sander, M. Weidemüller, et al. Subrecoil laser cooling with adiabatic transfer[J]. *Phys. Rev. Lett.*, 76:2432-2435, 1996.

[168] M. Kasevich, S. Chu. Laser cooling below a photon recoil with three-level atoms[J]. *Phys. Rev. Lett.*, 69:1741-1744, 1992.

[169] Jonathan D. Weinstein, Robert de Carvalho, Thierry Guillet, et al. Magnetic trapping of calcium monohydride molecules at millikelvin temperatures[J]. *Nature*, 395:148-150, 1998.

[170] Hendrick L. Bethlem, Giel Berden, Floris M. H. Crompvoets, et al. Electrostatic trapping of ammonia molecules[J]. *Nature*, 406:491-494, 2000.

[171] Hendrick L. Bethlem, Giel Berden, André J. A. van Roij, et al. Trapping neutral molecules in a traveling potential well[J]. *Phys. Rev. Lett.*, 84:5744-5747, 2000.

[172] A. Fioretti, D. Comparat, A. Crubellier, et al. Formation of cold Cs_2 molecules through photoassociation[J]. *Phys. Rev. Lett.*, 80:4402-4405, 1998.

[173] T. Takekoshi, B. M. Patterson, R. J. Knize. Observation of optically trapped cold Cesium molecules[J]. *Phys. Rev. Lett.*, 81:5105-5108, 1998.

[174] A. N. Nikolov, J. R. Ensher, E. E. Eyler, et al. Efficient production of ground-state potassium molecules at sub-mK temperatures by two-step photoassociation[J]. *Phys. Rev. Lett.*, 84:246-249, 2000.

[175] Roahn Wynar, R. S. Freeland, D. J. Han, et al. Molecules in a Bose-Einstein condensate[J]. *Science*, 287:1016-1019, 2000.

[176] William H. Wing. On neutral particle trapping in quasistatic electro-magnetic fields[J]. *Prog. Quant. Electr.*, 8:181-199, 1984.

[177] W. Ketterle, D. E. Pritchard. Trapping and focusing ground state atoms with static fields[J]. *Appl. Phys. B*, 54:403-406, 1992.

[178] A. Ashkin, J. P. Gordon. Stability of radiation-pressure particle traps: an optical Earnshaw theorem[J]. *Opt. Lett.*, 8:511-513, 1983.

[179] Alan L. Migdall, John V. Prodan, William D. Phillips, et al. First observation of magnetically trapped neutral atoms[J]. *Phys. Rev. Lett.*, 54:2596-2599, 1985.

［180］William H. Wing. Electrostatic trapping of neutral atomic particles[J]. *Phys. Rev. Lett.*, 45:631-634, 1980.

［181］T. Bergeman, Gidon Erez, Harold J. Metcalf. Magnetostatic trapping fields for neutral atoms[J]. *Phys. Rev. A*, 35:1535-1546, 1987.

［182］Ettore Majorana. Atomi orientati in campo magnetico variabile[J]. *Il Nuovo Cimento*, 9:43-50, 1932.

［183］Wolfgang Petrich, Michael H. Anderson, Jason R. Ensher,et al. Stable, tightly confining magnetic trap for evaporative cooling of neutral atoms[J]. *Phys. Rev. Lett.*, 74:3352-3355, 1995.

［184］J. D. Miller, R. A. Cline, D. J. Heinzen. Far-off-resonance optical trapping of atoms[J]. *Phys. Rev. A*, 47:R4567-R4570, 1993.

［185］Nir Davidson, Heun Jin Lee, Charles S. Adams, et al. Long atomic coherence times in an optical dipole trap[J]. *Phys. Rev. Lett.*, 74:1311-1314, 1995.

［186］H. J. Lee, C. S. Adams, M. Kasevich, et al. Raman cooling of atoms in an optical dipole trap[J]. *Phys. Rev. Lett.*, 76:2658-2661, 1996.

［187］E. L. Raab, M. Prentiss, A. Cable,et al. Trapping of neutral sodium atoms with radiation pressure [J]. *Phys. Rev. Lett.*, 59: 2631-2634, 1987.

［188］A. M. Steane, M. Chowdhury, C. J. Foot. Radiation force in the magneto-optical trap[J]. *J. Opt. Soc. Am. B*, 9:2142-2158, 1992.

［189］C. Monroe, W. Swann, H. Robinson, et al. Very cold trapped atoms in a vapor cell. *Phys. Rev. Lett.*, 65:1571-1574, 1990.

［190］G. Zinner. Ein optisches Frequenznormal auf der Basis lasergekühlter Calciumatome. PTB-Bericht PTB-Opt-58, Physikalisch-Technische Bundesanstalt, Braunschweig, 1998.

［191］C. W. Oates, F. Bondu, R. W. Fox, et al. A diode-laser optical frequency standard based on laser-cooled Ca atoms: Sub-kilohertz spectroscopy by optical shelving detection[J]. *Eur. Phys. J. D*, 7:449-460, 1999.

［192］B. P. Anderson , M. A. Kasevich. Enhanced loading of a magnetooptic trap from an atomic beam[J]. *Phys. Rev. A*，50：R3581-3584，1994.

[193] W. D. Phillips，H. Metcalf. Laser deceleration of an atomic beam[J]. *Phys. Rev. Lett.*，48：596-599，1982.

[194] William D. Phillips，Jon V. Prodan，Harold J. Metcalf. Laser cooling and electromagnetic trapping of neutral atoms[J]. *J. Opt. Soc. Am. B*，2：1751-1767，1985.

[195] T. Kurosu，M. Morinaga，F. Shimizu. Observation of the Ca $4s^1S_0$-$4p^3P_1$ transition in continuous free-falling cold atomic flow from an atom trap[J]. *Jpn. J. Appl. Phys.*，31：L273-L275，1992.

[196] Th. Kisters，K. Zeiske，F. Riehle，et al. High-resolution spectroscopy with laser-cooled and trapped calcium atoms[J]. *Appl. Phys. B*，59：89-98，1994.

[197] F. Riehle，H. Schnatz，B. Lipphardt，et al. Optical frequency standard based on laser-cooled Ca atoms[C]. In J. C. Bergquist，editor，*Proceedings of the Fifth Symposium on Frequency standards and Metrology*，pages 277-282，Singapore，New Jersey，London，Hong Kong，1996. World Scientific.

[198] R. L. Cavasso-Filho，D. A. Manoel，D. R. Ortega，et al. Optical frequency standards based on cold calcium atoms[C]. In P. Gill，editor，*Frequency standards and Metrology*，*Proceedings of the Sixth Symposium*，pages 546-548，Singapore，2002. World Scientific.

[199] A. Witte，Th. Kisters，F. Riehle，et al. Laser cooling and deflection of a calcium atomic beam[J]. *J. Opt. Soc. Am. B*，9：1030-1037，1992.

[200] A. Hemmerich，T. W. Hänsch. Two-dimensional atomic crystal bound by light[J]. *Phys. Rev. Lett.*，70：410-413，1993.

[201] G. Grynberg，B. Lounis，P. Verkerk，et al. Quantized motion of cold cesium atoms in two-and three-dimensional optical potentials[J]. *Phys. Rev. Lett.*，70：2249-2252，1993.

[202] Marshall T. DePue，Colin McCormick，S. LukmanWinoto，et al. Unity occupation of sites in a 3D optical lattice[J]. *Phys. Rev. Lett.*，

82:2262-2265，1999.

[203] Hidetoshi Katori. Spectroscopy of strontium atoms in the Lamb-Dicke confinement[C]. In P. Gill, editor, *Proceedings of the Sixth Symposium on Frequency standards and Metrology*, pages 323-330, Singapore, 2002. World Scientific.

[204] W. Ketterle, D.S. Durfee, D.M. Stamper-Kurn. Making, probing and understanding Bose-Einstein condensates[C]. In *Bose-Einstein condensation in atomic gases*, *volume Course CXL of Proceedings Internat. School of Physics "Enrico Fermi"*, pages 67-176, Amsterdam, Oxford, Tokyo, Washington DC, 1999. IOS Press.

[205] Dieter Meschede. Optics, *Light and Lasers*. Wiley-VCH, Weinheim-New York, 2004.

[206] Paul D. Lett, Richards N.Watts, Christoph I. Westbrook, William D. Phillips, Phillip L. Gould, and Harold J. Metcalf. Observation of atoms laser cooled below the Doppler limit[J]. *Phys. Rev. Lett.*, 61: 169-172, 1988.

[207] A. S. Arnold, P. J. Manson. Atomic density and temperature distributions in magneto-optical traps[J]. *J. Opt. Soc. Am. B*, 17:497-506, 2000.

[208] A. Kastberg, W. D. Phillips, S. L. Rolston, et al. Adiabatic cooling of Cesium to 700 nK in an optical lattice[J]. *Phys. Rev. Lett.*, 74:1542-1545, 1995.

[209] A. M. Steane, C. J. Foot. Laser cooling below the Doppler limit in a magneto-optical trap[J]. *Europhys. Lett.*, 14:231-236, 1991.

[210] P. Kohns, P. Buch, W. Süptitz, et al. On-line measurement of sub-Doppler temperatures in a Rb magneto-optical trap by trap centre oscillations[J]. *Europhys. Lett.*, 22:517-522, 1993.

[211] Mark Kasevich, David S.Weiss, Erling Riis, et al. Atomic velocity selection using stimulated Raman transitions[J]. *Phys. Rev. Lett.*, 66: 2297-2300, 1991.

[212] V. S. Letokhov. Saturation spectroscopy[C]. In K. Shimoda, editor,

High-Resolution Laser Spectroscopy，volume 13 of *Topics in Applied Physics*，pages 95-171. Springer，Berlin，Heidelberg，New York，1976.

[213] W. R. Bennett，Jr. Hole burning effects in a He-Ne optical maser[J]. *Phys. Rev.*，126:580-593，1962.

[214] Christian Bordé. Progress in understanding sub-Doppler lineshapes[C]. In J. L. Hall and J. L. Carlsten，editors，*Laser Spectroscopy III*，volume 21 of *Springer Series in Optical Sciences*，pages 121-134，Berlin，1977. Springer.

[215] Ch. J. Bordé，Ch. Salomon，S. Avrillier，et al. Optical Ramsey fringes with traveling waves[J]. *Phys. Rev. A*，30:1836-1848，1984.

[216] J. Ishikawa，F. Riehle，J. Helmcke. Strong-field effects in coherent saturation spectroscopy of atomic beams[J]. *Phys. Rev. A*，49:4794-4825，1994.

[217] J. L. Hall，Ch. J. Bordé，K. Uehara. Direct optical resolution of the recoil effect using saturated absorption spectroscopy[J]. *Phys. Rev. Lett.*，37:1339-1342，1976.

[218] F. Riehle，J. Ishikawa，J. Helmcke. Suppression of a recoil component in nonlinear Doppler-free spectroscopy[J]. *Phys. Rev. Lett.*，61:2092-2095，1988.

[219] F. Riehle，A. Witte，Th. Kisters. Interferometry with Ca atoms[J]. *Appl. Phys. B*，54:333-340，1992.

[220] T. Kurosu，A. Morinaga. Suppression of the high-frequency recoil component in optical Ramsey-fringe spectroscopy[J]. *Phys. Rev. A*，45:4799-4802，1992.

[221] S. N. Bagayev，V. P. Chebotayev，A. K. Dmitriyev，et al. Second-order Doppler-free spectroscopy[J]. *Appl. Phys.*，B 52:63-66，1991.

[222] C. Chardonnet，F. Guernet，G. Charton，et al. Ultrahigh-resolution saturation spectroscopy using slow molecules in an external cell[J]. *Appl. Phys. B*，59:333-343，1994.

[223] L. S. Vasilenko，V. P. Chebotaev，A. V. Shishaev. Line shape of two-

photon absorption in a standing-wave field in a gas[J]. *JETP Lett.*, 12:113-116，1970.

[224] N. Bloembergen，M. D. Levenson. Doppler-free two-photon absorption spectroscopy[M]. In K. Shimoda，editor，*High-Resolution Laser Spectroscopy*，volume 13 of *Topics in Applied Physics*，pages 315-369. Springer，Berlin，Heidelberg，New York，1976.

[225] Malcolm Geoffrey Boshier. *Precise Laser Spectroscopy of the Hydrogen 1S-2S Transition*[C]. PhD thesis，University of Oxford，1988.

[226] F. Biraben，M. Bassini，B. Cagnac. Line-shapes in Doppler-free two-photon spectroscopy. The effect of finite transit time[J]. *J. Physique*，40:445-455，1979.

[227] N. F. Ramsey. A molecular beam resonance method with separated oscillating fields[J]. *Phys. Rev.*，78:695-699，1950.

[228] Norman F. Ramsey. Molecular beam resonances in oscillatory fields of nonuniform amplitudes and phases [J]. *Phys. Rev.*，109：822-825，1958.

[229] G. Kramer. Linear optical "Ramsey" resonance by means of a spacially modulated molecular beam [J]. *J. Opt. Soc. Am.*，68：1634-1635，1978.

[230] Ye. V. Baklanov，B. Ya. Dubetsky，V. P. Chebotayev. Non-linear Ramsey resonance in the optical region[J]. *Appl. Phys.*，9：171-173，1976.

[231] G. Kramer，C. O. Weiss，B. Lipphardt. Coherent frequency measurements of the hfs-resolved methane line[M]. In A. De Marchi，editor，*Frequency standards and Metrology*，pages 181-186，Springer，Berlin，Heidelberg，New York，1989.

[232] Ye. V. Baklanov，V. P. Chebotayev，B. Ya. Dubetsky. The resonance of two-photon absorption in separated optical fields[J]. *Appl. Phys.*，11:201-202，1976.

[233] M. M. Salour，C. Cohen-Tannoudji. Observation of Ramsey's interference fringes in the profile of Doppler-free two-photon resonances[J].

Phys. Rev. Lett., 38:757-760, 1977.

[234] S.-A. Lee, J. Helmcke, J. L. Hall. High-resolution two-photon spectroscopy of Rb Rydberg levels[M]. In H. Walther and K. W. Rothe, editors, *Laser Spectroscopy* IV, volume 21 of *Springer Series in Optical Sciences*, pages 130-141, Berlin, 1979. Springer.

[235] A. Huber, B. Gross, M. Weitz, et al. Two-photon optical Ramsey spectroscopy of the 1S-2S transition in atomic hydrogen[J]. *Phys. Rev. A*, 58:R2631-R2634, 1998.

[236] J. C. Bergquist, S. A. Lee, J. L. Hall. Saturated Absorption with Spatially Separated Laser Fields: Observation of Optical "Ramsey" Fringes[J]. *Phys. Rev. Lett.*, 38:159-162, 1977.

[237] R. L. Barger, J. C. Bergquist, T. C. English, et al. Resolution of photon-recoil structure of the 6573-Å calcium line in an atomic beam with optical Ramsey fringes[J]. *Appl. Phys. Lett.*, 34:850-852, 1979.

[238] R. L. Barger. Influence of second-order Doppler effect on optical Ramsey fringe profiles[J]. *Opt. Lett.*, 6:145-147, 1981.

[239] M. Baba, K. Shimoda. Observation of Ramsey resonance absorption in three separated laser fields produced by a corner reflector[J]. *Appl. Phys.*, 24:11-12, 1981.

[240] Ch. J. Bordé, S. Avrillier, A. van Lerberghe, et al. Observation of optical Ramsey fringes in the 10 μm spectral region using a supersonic beam of SF6[J]. *Appl. Phys. B*, 28:82-83, 1982.

[241] J. Helmcke, D. Zevgolis, B. Ü. Yen. Observation of high contrast, ultra narrow optical Ramsey fringes in saturated absorption utilizing four interaction zones of travelling waves[J]. *Appl. Phys. B*, 28:83-84, 1982.

[242] Ch. J. Bordé. Atomic interferometry with internal state labelling[J]. *Phys. Lett. A*, 140:10-12, 1989.

[243] Ch. J. Bordé. Atomic interferometry and laser spectroscopy[C]. In M. Ducloy, E. Giacobino, and G. Camy, editors, *Laser Spectroscopy*, pages 239-245, Singapore, 1992. World Scientific.

[244] U. Sterr, K. Sengstock, J. H. Müller, et al. The magnesium Ramsey interferometer: Applications and prospects[J]. *Appl. Phys. B*, 54: 341-346, 1992.

[245] U. Sterr, K. Sengstock, W. Ertmer, et al. Atom interferometry based on separated light fields. In P. Berman, editor, *Atom Interferometry*, pages 293-362, San Diego, 1997. Academic Press.

[246] F. Riehle, Th. Kisters, A. Witte, et al. Optical Ramsey spectroscopy in a rotating frame: Sagnac effect in a matter-wave interferometer[J]. *Phys. Rev. Lett.*, 67:177-180, 1991.

[247] J. Jacobsen, G. Björk, Y. Yamamoto. Quantum limit for the atom-light interferometer[J]. *Appl. Phys. B*, 60:187-191, 1995.

[248] H. Hinderthür, F. Ruschewitz, H.-J. Lohe, et al. Time-domain high-finesse atom interferometry[J]. *Phys. Rev. A*, 59:2216-2219, 1999.

[249] A. Bauch, B. Fischer, T. Heindorff, et al. Performance of the PTB re-constructed primary clock CS1 and an estimate of its current uncer-tainty[J]. *Metrologia*, 35:829-845, 1998.

[250] A. Bauch, B. Fischer, T. Heindorff, et al. Comparisons of the PTB primary clocks with TAI in 1999[J]. *Metrologia*, 37:683-692, 2000.

[251] A. De Marchi, J. Shirley, D. J. Glaze, et al. A new cavity configuration for cesium beam primary frequency standards[J]. *IEEE Trans. In-strum. Meas.*, 37:185-190, 1988.

[252] Robert E. Drullinger, David J. Glaze, J. L. Lowe, et al. The NIST op-tically pumped Cesium frequency standard[J]. *IEEE Trans. Instrum. Meas.*, 40:162-164, 1991.

[253] W. D. Lee, R. E. Drullinger, J. H. Shirley, et al. Accuracy evaluations and frequency comparisons of NIST-7 and CRL-01. In *Proceedings of the 1999 Joint Meeting of the European Frequency and Time Forum and The IEEE International Frequency Control Symposium*, pages 62-65, 1999.

[254] A. De Marchi, G. D. Rovera, A. Premoli. Pulling by neighbouring transitions and its effects on the performance of caesium-beam fre-

quency standards[J]. *Metrologia*, 20:37-47, 1984.

[255] Ho Seong Lee, Taeg Yong Kwon, Hoon-Soo Kang, et al. Comparison of the Rabi and Ramsey pulling in an optically pumped caesium-beam standard[J]. *Metrologia*, 40:224-231, 2003.

[256] L. S. Cutler, C. A. Flory, R. P. Giffard, et al. Frequency pulling by hyperfine σ transitions in cesium beam atomic frequency standards[J]. *J. Appl. Phys.*, 69:2780-2792, 1991.

[257] Andreas Bauch, Roland Schröder. Frequency shifts in a cesium atomic clock due to Majorana transitions[J]. *Ann. Physik*, 2:421-449, 1993.

[258] Wayne M. Itano, L. L. Lewis, D. J. Wineland. Shift of 2S1/2 hyperfine splittings due to blackbody radiation[J]. *Phys. Rev. A*, 25:1233-1235, 1982.

[259] V. G. Pal'chikov, Yu. S. Domnin, A. V. Novoselov. Black-body radiation effects and light shifts in atomic frequency standards[J]. *J. Opt. B: Quantum Semiclass. Opt.*, 5:S131-S135, 2003.

[260] A. Bauch, R. Schröder. Experimental verification of the shift of the Cesium hyperfine transition frequency due to blackbody radiation[J]. *Phys. Rev. Lett.*, 78:622-625, 1997.

[261] E. Simon, P. Laurent, A. Clairon. Measurement of the Stark shift of the Cs hyperfine splitting in an atomic fountain[J]. *Phys. Rev. A*, 57:436-439, 1998.

[262] Nikolaos K. Pavlis, Marc A. Weiss. The relativistic redshift with 3×10^{-17} uncertainty at NIST, Boulder, Colorado, USA[J]. *Metrologia*, 40:66-73, 2003.

[263] B. Guinot. Application of general relativity to metrology[J]. *Metrologia*, 34:261-290, 1997.

[264] Jon H. Shirley. Velocity distributions calculated from the Fourier transforms of Ramsey lineshapes[J]. *IEEE Trans. Instrum. Meas.*, 46:117-121, 1997.

[265] Ala'a Makdissi, Emeric de Clercq. A signal approach analysis of the Ramsey pattern in Cesium beam frequency standards[J]. *IEEE Trans.*

Instrum. Meas., 46：112-116，1997.

[266] Claude Audoin，Bernard Guinot. *The Measurement of Time：Time，Frequency and the Atomic Clock*［M］. Cambridge University Press，Cambridge，New York，2001.

[267] Jon H. Shirley，W. D. Lee，G. D. Rovera,et al. Rabi pedestal shifts as a diagnostic tool in primary frequency standards［J］. *IEEE Trans. Instrum. Meas.*，44：136-139，1995.

[268] A. Bauch，T. Heindorff，R. Schröder，et al. The PTB primary clock CS3：type B evaluation of its standard uncertainty［J］. *Metrologia*，33：249-259，1996.

[269] Jean-Louis Picqué. Hyperfine optical pumping of a cesium atomic beam，and applications［J］. *Metrologia*，13：115-119，1977.

[270] G. Avila，V. Giordano，V. Candelier，et al. State selection in a cesium beam by laser-diode optical pumping［J］. *Phys. Rev. A*，36：3719-3728，1987.

[271] A. Makdissi，E. de Clercq. Evaluation of the accuracy of the optically pumped caesium beam primary frequency standard of the BNM-LPTF. *Metrologia*，38：409-425，2001.

[272] S.-I. Ohshima，Y. Nakadan，T. Ikegami,et al. Characteristics of an optically pumped Cs frequency standard at the NRLM［J］. *IEEE Trans. Instrum. Meas.*，38：533-536，1989.

[273] Ken Hagimoto，S. Ohshima，Y. Nakadan，et al. Accuracy evaluation of the optically pumped Cs frequency standard at NRLM［J］. *IEEE Trans. Instrum. Meas.*，48：496-499，1999.

[274] G. D. Rovera，E. de Clercq，A. Clairon. An analysis of major frequency shifts in the LPTF optically pumped primary frequency standard［J］. *IEEE Trans. Ultrason. Ferroelec. Freq. Contr.*，41：245-249，1994.

[275] W. D. Lee，J. H. Shirley，J. P. Lowe,et al. The accuracy evaluation of NIST-7［J］. *IEEE Trans. Instrum. Meas.*，IM 44：120-123，1995.

[276] E. de Clercq，A. Makdissi. Current status of the LPTF optically pumped Cs beam standard［C］. In J. C. Bergquist, editor, *Proceedings*

of the Fifth Symposium on Frequency standards and Metrology,
pages 409-410, Singapore, New Jersey, London, Hong Kong, 1996.
World Scientific.

[277] R. E. Drullinger, S. L. Rolston, W. M. Itano. Primary atomic-fre-
quency standards: New developments[C]. In W. Ross Stone, editor,
Review of Radio Science 1993-1996, pages 11-41, Oxford, New
York, 1996. Oxford University Press.

[278] M. A. Kasevich, E. Riis, S. Chu, et al . rf spectroscopy in an atomic
fountain[J]. *Phys. Rev. Lett.*, 63:612-615, 1989.

[279] A. Clairon, S. Ghezali, G. Santarelli, et al . Preliminary accuracy eval-
uation of a cesium fountain frequency standard. In J. C. Bergquist, edi-
tor, *Proceedings of the 5th Symposium on Frequency standards and
Metrology*, pages 49-59, Singapore, 1996. World Scientific.

[280] D. M. Meekhof, S. R. Jefferts, T. E. Parker. Accuracy evaluation of a
cesium fountain primary frequency standard at NIST[J]. *IEEE Trans.
Instrum. Meas.*, 50:507-509, 2001.

[281] Stefan Weyers, Andreas Bauch, Udo Hübner, et al. First performance
results of PTB's atomic caesium fountain and a study of contributions
to its frequency instability[J]. *IEEE Trans. Ultrason. Ferroelec.
Freq. Contr.*, 47:432-437, 2000.

[282] E. Burt, T. Swanson, C. Ekstrom. Cesium fountain development at
USNO. In *Proceedings of the* 1999 *Joint Meeting of the European
Frequency and Time Forum and The IEEE International Frequency
Control Symposium*, pages 20-23, 1999.

[283] P. B. Whibberley, D. Henderson, S. N. Lea. Development of a caesium
fountain primary frequency standard at the NPL. In *Proceedings of
the* 1999 *Joint Meeting of the European Frequency and Time Forum
and The IEEE International Frequency Control Symposium*, pages
24-26, 1999.

[284] M. S. Huang, A. Yao, J. L. Peng, et al. Compact cesium atomic foun-
tain clock. *In Proceedings of the* 1999 *Joint Meeting of the European*

Frequency and Time Forum and The IEEE International Frequency Control Symposium，pages 27-29，1999.

[285] W. Liji，W. Changhua，H. Bingying，et al. Design & preliminary results of NIM cesium fountain primary frequency standard. In *Proceedings of the* 1999 *Joint Meeting of the European Frequency and Time Forum and The IEEE International Frequency Control Symposium*，pages 30-33，1999.

[286] Y. Sortais，S. Bize，C. Nicolas，et al. Cold collision frequency shifts in a ^{87}Rb atomic fountain[J]. *Phys. Rev. Lett.*，85：3117-3120，2000.

[287] Ch. Fertig，R. Legere，W. Süptitz，et al. Laser-cooled Rb fountain clocks. In *Proceedings of the* 1999 *Joint Meeting of the European Frequency and Time Forum and The IEEE International Frequency Control Symposium*，pages 39-42，1999.

[288] A. Joyet，G. Mileti，P. Thomann，et al. Continuous fountain Cs standard：Stability and accuracy issues. In P. Gill，editor，*Frequency standards and Metrology*，*Proceedings of the Sixth Symposium*，pages 273-280，Singapore，2002. World Scientific.

[289] Filippo Levi，Luca Lorini，Davide Calonico，et al. Systematic shift uncertainty evaluation of IEN CSF1 primary frequency standard[J]. *IEEE Trans. Instrum. Meas.*，52：267-271，2003.

[290] D. Boiron，A. Michaud，P. Lemonde，et al. Laser cooling of cesium atoms in grey optical molasses down to 1.1 μK[J]. *Phys. Rev. A*，53：R3734-R3737，1996.

[291] K. Gibble，S. Chu. Laser-cooled Cs frequency standard and a measurement of the frequency shift due to ultracold collisions[J]. *Phys. Rev. Lett.*，70：1771-1774，1993.

[292] S. Ghezali，Ph. Laurent，S. Lea，et al. An experimental study of the spinexchange frequency shift in a laser-cooled cesium fountain frequency standard[J]. *Europhys. Lett.*，36：25-30，1996.

[293] Paul J. Leo，Paul S. Julienne，Fred H. Mies，et al. Collisional frequency shifts in ^{133}Cs fountain clocks[J]. *Phys. Rev. Lett.*，86：

3743-3746，2001.

[294] F. Pereira Dos Santos，H. Marion，S. Bize，et al. Controlling the cold collision shift in high precision atomic interferometry[J]. *Phys. Rev. Lett.*，89:233004-1-4，2002.

[295] Chad Fertig，Kurt Gibble. Measurement and cancellation of the cold collison frequency shift in an 87Rb fountain clock[J]. *Phys. Rev. Lett.*，85:1622-1625，2000.

[296] Shin-Ichi Ohshima，Takayuki Kurosu，Takeshi Ikegami，et al. Multi-pulse operation of cesium atomic fountain. In J. C. Bergquist，editor，*Proceedings of the Fifth Symposium on Frequency standards and Metrology*，pages 60-65，Singapore，New Jersey，London，Hong Kong，1996. World Scientific.

[297] Kurt Gibble. Collisional effects in cold alkalis. In J. C. Bergquist，editor，*Proceedings of the Fifth Symposium on Frequency standards and Metrology*，pages 66-73，Singapore，New Jersey，London，Hong Kong，1996. World Scientific.

[298] R. Legere ，K. Gibble. Quantum scattering in a juggling atomic fountain[J]. *Phys. Rev. Lett.*，81:5780-5783，1998.

[299] P. Berthoud，E. Fretel，P. Thomann. Study of a bright，slow，and cold cesium source for a continuous beam frequency standard. In *Proceedings of the 1999 Joint Meeting of the European Frequency and Time Forum and The IEEE International Frequency Control Symposium*，pages 88-91，1999.

[300] Patrick Berthoud，Emmanuel Fretel，Allan Joyet，et al. Toward a primary frequency standard based on a continuous fountain of laser-cooled cesium atoms[J]. *IEEE Trans. Instrum. Meas.*，48:516-519，1999.

[301] G. Dudle，A. Joyet，E. Fretel，et al. An alternative cold cesium frequency standard: The continuous fountain. In *Proceedings of the 1999 Joint Meeting of the European Frequency and Time Forum and The IEEE International Frequency Control Symposium*，pages 77-80，1999.

［302］ P. Lemonde，P. Laurent，E. Simon，et al. Test of a space cold atom clock prototype in the absence of gravity［J］. *IEEE Trans. Instrum. Meas.*，48：512-515，1999.

［303］ Ph. Laurent，P. Lemonde，M. Abgrall，et al. Interrogation of cold atoms in a primary frequency standard. In *Proceedings of the* 1999 *Joint Meeting of the European Frequency and Time Forum and The IEEE International Frequency Control Symposium*，pages 152-155，1999.

［304］ Ph. Laurent，A. Clairon，P. Lemonde，et al. The space clock PHARAO：Functioning and expected performances. In *Proceedings of the* 2003 *IEEE International Frequency Control Symposium and PDA Exhibition Jointly with the 17th European Frequency and Time Forum*，pages 179-184，2003.

［305］ S. R. Jefferts，T. P. Heavner，L. W. Hollberg，et al. PARCS：A primary atomic reference clock in space. In *Proceedings of the* 1999 *Joint Meeting of the European Frequency and Time Forum and The IEEE International Frequency Control Symposium*，pages 141-144，1999.

［306］ Chad Fertig，Kurt Gibble，Bill Klipstein，et al. Laser-cooled microgravity clocks. In *Proceedings of the* 1999 *Joint Meeting of the European Frequency and Time Forum and The IEEE International Frequency Control Symposium*，pages 145-147，1999.

［307］ G. J. Dick，W. M. Klipstein，T. P. Heavner，et al. Design concept for the microwave interrogation structure in PARCS. In Proceedings of the 2003 International Frequency Control Symposium and PDA Exhibition Jointly with the European Frequency and Time Forum，pages 1032-1036，2003.

［308］ N. G. Basov，A. M. Prokhorov. Application of molecular beams to radiospectroscopic investigations of rotational molecular spectra［J］. *Sov. Phys. JETP*，27：431-438，1954. (In Russian).

［309］ J. P. Gordon，H. J. Zeiger，C. H. Townes. Molecular microwave oscillator and new hyperfine structure in the microwave spectrum of NH3 [J]. *Phys. Rev.*, 95:282-284, 1954.

[310] H. M. Goldenberg, D. Kleppner, N. F. Ramsey. Atomic hydrogen maser[J]. *Phys. Rev. Lett.*, 5:361-365, 1960.

[311] Daniel Kleppner, H. Mark Goldenberg, Norman F. Ramsey. Theory of the hydrogen maser[J]. *Phys. Rev.*, 126:603-615, 1962.

[312] D. Kleppner, H. C. Berg, S. B. Crampton, et al. Hydrogen-maser principles and techniques[J]. *Phys. Rev. A*, 138:972-983, 1965.

[313] J. Vanier. Atomic frequency standards: Basic physics and impact on metrology. In *Recent Advantages in Metrology and Fundamental Constants, volume Course CXLVI of Proceedings Internat. School of Physics "Enrico Fermi"*, pages 397-452, Amsterdam, Oxford, Tokyo, Washington DC, 2001. IOS Press Ohmsha.

[314] P. L. Bender. Effect of hydrogen-hydrogen exchange collisions[J]. *Phys. Rev.*, 132:2154-2158, 1963.

[315] Howard C. Berg. Spin exchange and surface relaxation in the atomic hydrogen maser[J]. *Phys. Rev.*, 137:A1621-A1635, 1965.

[316] H. Friedburg , W. Paul. Optische Abbildung mit neutralen Atomen [J]. *Naturwissenschaften*, 38:159-160, 1951.

[317] Helmut Friedburg. Optische Abbildung mit neutralen Atomen[J]. *Z. Phys.*, 130:493-512, 1951.

[318] Aaron Lemonick, Francis M. Pipkin, Donald R. Hamilton. Focusing atomic beam apparatus[J]. *Rev. Sci. Instrum.*, 26:1112-1119, 1955.

[319] R. L. Christensen , D. R. Hamilton. Permanent magnet for atomic beam focusing[J]. *Rev. Sci. Instrum.*, 30:356-358, 1959.

[320] W. G. Kaenders, F. Lison, I. Müller, A. Richter, et al. Refractive components for magnetic optics [J]. *Phys. Rev. A*, 54: 5067-5075, 1996.

[321] F. G. Major. *The Quantum Beat* [M]. Springer, New York, Berlin, Heidelberg, 1998.

[322] H. Bryan Owings, Paul A. Koppang, Collin C. MacMillan, et al. Ex-

perimental frequency and phase stability of the hydrogen maser standard output as affected by cavity auto-tuning. In *Proceedings of the 46th Annual IEEE International Frequency Control Symposium*, 27-29 May 1992，Hershey，Pa，USA，pages 92-103，1992.

[323] A. Boyko，G. Yolkin，N. Gestkova，et al. Hydrogen maser with improved short-term frequency stability. *In Proceedings of the 15th European Frequency and Time Forum*，pages 406-408，Rue Jaquet-Droz 1，Case postale 20，CH-2007 Neuchâtel，Switzerland，2001. FSRM Swiss Foundation for Research in Microtechnology.

[324] Helmut Hellwig，Robert F. C. Vessot，Martin W. Levine，et al. Measurement of the unperturbed hydrogen hyperfine transition frequency [J]. *IEEE Trans. Instrum. Meas.*，IM-19：200-209，1970.

[325] Robert F. C. Vessot，Edward M. Mattison，George U. Nystrom，et al. High precision time transfer to test an H-maser on Mir. In J. C. Bergquist，editor，*Proceedings of the Fifth Symposium on Frequency standards and Metrology*，pages 39-45，Singapore，New Jersey，London，Hong Kong，1996. World Scientific.

[326] R. S. Van Dyck，Jr.，P. B. Schwinberg，H. G. Dehmelt. New high-precision comparison of electron and positron g factors[J]. *Phys. Rev. Lett.*，59：26-29，1987.

[327] C. Audoin. Fast cavity auto-tuning systems for hydrogen masers[J]. *Revue Phys. Appl.*，16：125-130，1981.

[328] J. M. V. A. Koelman，S. B. Crampton，H. T. C. Stoof，et al. Spin-exchange frequency shifts in cryogenic and room-temperature hydrogen masers[J]. *Phys. Rev.*，38：3535-3547，1988.

[329] Ronald L. Walsworth，Isaac F. Silvera，Edward M. Mattison，et al. Measurement of a hyperfine-induced spin-exchange frequency shift in atomic hydrogen[J]. *Phys. Rev. A*，46：2495-2512，1992.

[330] Michael E. Hayden，Martin D. Hürlimann，Walter N. Hardy. Atomic hydrogen spin-exchange collisions in a cryogenic maser [J]. *IEEE*

Trans. Instrum. Meas.，42:314-319，1993.

[331] S. J. J. M. F. Kokkelmans, B. J. Verhaar. Discrepancies in experiments with cold hydrogen atoms[J]. *Phys. Rev. A*, 56:4038-4044, 1997.

[332] S. B. Crampton. Spin-exchange shifts in the hydrogen maser[J]. *Phys. Rev.*, 158:57-61, 1967.

[333] L. S. Cutler, C. L. Searle. Some aspects of the theory and measurement of frequency fluctuations in frequency standards[J]. *Proc. IEEE*, 54:136-154, 1966.

[334] Thomas E. Parker. Hydrogen maser ensemble performance and characterization of frequency standards. In *Proceedings of the* 1999 *Joint Meeting of the European Frequency and Time Forum and The IEEE International Frequency Control Symposium*, pages 173-176, 1999.

[335] N. A. Demidov, A. V. Pastukhov, A. A. Uljanov. Progress in the development of IEM KVARZ passive hydrogen masers. In *Proceedings of the* 31th *Annual Precise Time and Time Interval (PTTI) Applications and Planning Meeting*, *December* 7-9, 1999 *Laguna Cliffs Marriott*, *Dana Point*, *California*, *volume* 31, (Compact Disk only), pages 579-587, http://tycho.usno.navy.mil/ptti/ptti99/PTTI_1999_579.PDF, 1999.

[336] L. Mattioni, M. Belloni, P. Berthoud, et al. The development of a passive hydrogen maser clock for the Galileo navigation system. In *Proceedings of the* 34th *Annual Precise Time and Time Interval (PTTI) Applications and Planning Meeting*, *December* 3-5, 2002, *PTTI* 2002, *The Hyatt Regency*, *Reston Town Center*, *Reston*, *Virginia*, volume 34, pages 579-587, http://tycho.usno.navy.mil/ptti/ptti2002/paper14.pdf, 2002.

[337] G. Busca, Q. Wang. Time prediction accuracy for a space clock[J]. *Metrologia*, 40:S265-S269, 2003.

[338] R. F. C. Vessot, E. M. Mattison, R. L. Walsworth, et al. The cold hydrogen maser[J]. In A. De Marchi, editor, *Frequency standards and Metrology*, pages 88-93. Springer, Berlin, Heidelberg, 1989.

[339] S. B. Crampton. Introduction to cold hydrogen masers. In A. De Marchi, editor, *Frequency standards and Metrology*, pages 86-87. Springer, Berlin, Heidelberg, New York, 1989.

[340] Harald F. Hess, Greg P. Kochanski, John M. Doyle, et al. Spin-polarized hydrogen maser[J]. *Phys. Rev. A*, 34:1602-1604, 1986.

[341] Ronald L. Walsworth, Jr. Isaac F. Silvera, H. P. Godfried, et al. Hydrogen maser at temperatures below 1 K[J]. *Phys. Rev. A*, 34:2550-2553, 1986.

[342] M. D. Hürlimann, W. N. Hardy, A. J. Berlinsky, et al. Recirculating cryogenic hydrogen maser[J]. *Phys. Rev. A*, 34:1605-1608, 1986.

[343] M. E. Hayden, W. N. Hardy. Spin exchange and recombination in a gas of atomic hydrogen at 1.2 K[J]. *Phys. Rev. Lett.*, 76:2041-2044, 1996.

[344] R. F. C. Vessot, M. W. Levine, E. M. Mattison, et al. Test of relativistic gravitation with a space-borne hydrogen maser[J]. *Phys. Rev. Lett.*, 45:2081-2084, 1980.

[345] A. Bauch, S. Weyers. New experimental limit on the validity of local position invariance[J]. *Phys. Rev. D*, 65:081101-1-4, 2002.

[346] D. F. Phillips, M. A. Humphrey, E. M. Mattison, et al. Limit on Lorentz and CPT violation of the proton using a hydrogen maser[J]. *Phys. Rev. A*, 63:111101-1-4, 2001.

[347] D. Colladay, V. A. Kostelecký. Lorentz-violating extension of the standard model[J]. *Phys. Rev. D*, 58:116002-1-23, 1998.

[348] H. Weaver, D. R. W. Williams, N. H. Dieter, et al. Observations of a strong unidentified microwave line and of emission from the OH molecule[J]. *Nature*, 208:29-31, 1965.

[349] James M. Moran. Cosmic masers: A powerful tool for astrophysics. In J. Hamelin, editor, *Modern Radio Science* 1996, pages 245-262. Oxford University Press, 1996.

[350] Normand Cyr, Michel T˜etu, Marc Breton. All-optical microwave frequency standard: A proposal[J]. *IEEE Trans. Instrum. Meas.*, 42:

640-649，1993.

[351] N. Vuki˜cevi'c，A. S. Zibrov，L. Hollberg，et al. Compact diode-laser based Rubidium frequency reference. In *Proceedings of the* 1999 *Joint Meeting of the European Frequency and Time Forum and The IEEE International Frequency Control Symposium*，pages 133-136，1999.

[352] E. B. Alexander，M. V. Balabas，D. Budker，et al. Light-induced desorption of alkali-metal atoms from paraffin coating[J]. *Phys. Rev. A*，66:024903-1-12，2002.

[353] M. Stephens，R. Rhodes，C. Wieman. Study of wall coatings for vapor-cell laser traps[J]. J. *Appl. Phys.*，76:3479-3488，1994.

[354] Csaba Szekely，Robert Drullinger. Improved rubidium frequency standards using diode lasers with AM and FM noise control[J]. *Proc. of the SPIE*，1837:299-305，1992.

[355] Y. Koyama，H. Matsuura，K. Atsumi，et al. An ultra-miniature rubidium frequency standard with two-cell scheme. In *Proceedings of the 49th Annual IEEE International Frequency Control Symposium*，31 *May*-2 *June* 1995，*San Francisco*，USA，pages 33-38，1995.

[356] Claire Couplet，Pascal Rochat，Gaetano Mileti，et al. Miniaturized rubidium clocks for space and insdustrial applications. In *Proceedings of the 49th Annual IEEE International Frequency Control Symposium*，31 *May*-2 *June* 1995，*San Francisco*，USA，pages 53-59，1995.

[357] T. McClelland，I. Pascaru，I. Shtaerman，et al. Subminiature rubidium frequency standard：Manufacturability and performance results from production units. In *Proceedings of the 49th Annual IEEE International Frequency Control Symposium*，31 *May*-2 *June* 1995，*San Francisco*，USA，pages 39-52，1995.

[358] A. Jeanmaire，P. Rochat，F. Emma. Rubidium atomic clock for Galileo. In *Proceedings of the 31th Annual Precise Time and Time Interval（PTTI）Applications and Planning Meeting*，*December 7-9*，1999，*Laguna Cliffs Marriott Dana Point*，*California*，NASA Conference Publication，pages 627-636，U.S. Naval Observatory，3450

Massachusetts Ave., N.W. Washington, D.C. 20392-5420, USA, 1999.

[359] Pascal Rochat, Bernard Leuenberger. A new synchronized miniature rubidium oscillator with an auto-adaptive disciplining filter. In *Proceedings of the 33th Annual Precise Time and Time Interval (PTTI) Applications and Planning Meeting*, November 27-29, 2001, *Hyatt Regency Hotel Long Beach, California*, pages 627-636, U.S. Naval Observatory, Time Service, 3450 Massachusetts Ave., N. W. Washington, DC 20392-5420, USA, 2001.

[360] J. G. Coffer, J. C. Camparo. Long-term stability of a rubidium atomic clock in geosynchronous orbit. In *Proceedings of the 33th Annual Precise Time and Time Interval (PTTI) Applications and Planning Meeting*, December 7-9, 1999, *Laguna Cliffs Marriott Dana Point, California*, pages 65-74, U. S. Naval Observatory, Time Service, 3450 Massachusetts Ave., N. W. Washington, DC 20392-5420, USA, 1999.

[361] Y. Saburi, Y. Koga, S. Kinugawa, et al. Short-term stability of laser-pumped rubidium gas cell frequency standard[J]. *Electron. Lett.*, 30: 633-635, 1994.

[362] G. Mileti, J. Deng, F. L. Walls, et al. Drullinger. Laser-pumped Rubidium frequency standards: new analysis and progress[J]. *IEEE J. Quantum Electron.*, 34:233-237, 1998.

[363] J. Kitching, S. Knappe, N. Vukicevic, et al. A microwave frequency reference based on VCSEL-driven dark line resonances in Cs vapor[J]. *IEEE Trans. Instrum. Meas.*, 49:1313-1317, 2000.

[364] M. Zhu, L. S. Cutler. Theoretical and experimental study of light shift in a CPTbased Rb vapor cell frequency standard. In *Proceedings of the 31th Annual Precise Time and Time Interval (PTTI) Systems and Applications Meeting*, November 28-30, 2000, *Washington DC, USA*, volume 2220 of *NASA Conference Publication*, pages 311-324, U.S. Naval Observatory, Time Service, 3450 Massachusetts Ave., N. W. Washington, DC 20392-5420, USA, 2001.

[365] J. Kitching, S. Knappe, L. Hollberg. Miniature vapor-cell atomic frequency references[J]. *Appl. Phys. Lett.*, 81:553-555, 2002.

[366] R. Lutwak, D. Emmons, T. English, et al. The chip-scale atomic clock-recent development progress. In *Proceedings of the 34th Annual Precise Time and Time Interval (PTTI) Systems and Applications Meeting*, *December* 2-4, 2003, *The Hilton Resort on Mission Bay*, *San Diego*, *California*, pages 539-550, U. S. Naval Observatory, Time Service, 3450 Massachusetts Ave., N. W. Washington, DC 20392-5420, USA, 2003.

[367] Li-Anne Liew, Svenja Knappe, John Moreland, et al. Microfabricated alkali atom vapor cells[J]. *Appl. Phys. Lett.*, 84:2694-2696, 2004.

[368] Li Hua. Verbesserung der Kohärenzeigenschaften der Emission von Halbleiterlasern durch Rückkopplung von einem Resonator hoher Finesse. PTB-Bericht PTB-Opt-33, Physikalisch-Technische Bundesanstalt, Braunschweig, Juni 1990.

[369] H. Gerhardt, H. Welling, A. Güttner. Measurements of the laser linewidth due to quantum phase and quantum amplitude noise above and below threshold[J]. I. *Z. Physik*, 253:113-126, 1972.

[370] T. J. Quinn. Practical realization of the definition of the metre, including recommended radiations of other optical frequency standards (2001)[J]. *Metrologia*, 40:103-133, 2003.

[371] R. Balhorn, H. Kunzmann, F. Lebowsky. Frequency stabilization of internal-mirror Helium-Neon lasers [J]. *Appl. Opt.*, 11: 742-744, 1972.

[372] U. Brand, F. Mensing, J. Helmcke. Polarization properties and frequency stabilization of an internal mirror He-Ne laser emitting at 543.5 nm wavelength[J]. *Appl. Phys.*, B48:343-350, 1989.

[373] T. M. Niebauer, J. E. Faller, H. M. Godwin, et al. Frequency stability measurements on polarization-stabilized He-Ne lasers [J]. *Appl. Opt.*, 27:1285-1289, 1988.

[374] T. Baer, F. V. Kowalski, J. L. Hall. Frequency stabilization of a 0.633

μm He-Ne longitudinal Zeeman laser[J]. *Appl. Opt.*，19：3173-3177，1980.

[375] R. A. McFarlane，W. R. Bennett，Jr.，W. E. Lamb，Jr. Single mode tuning dip in the power output of an He-Ne optical maser[J]. *Appl. Phys. Lett.*，2：189-190，1963.

[376] Willis E. Lamb，Jr. Theory of an optical maser. *Phys. Rev.*，134：A1429-A1450，1964.

[377] G. R. Hanes，C. E. Dahlstrom. Iodine hyperfine structure observed in saturated absorption at 633 nm[J]. *Appl. Phys. Lett.*，14：362-364，1969.

[378] H. Darnedde，W. R. C. Rowley，F. Bertinetto，et al. International comparisons of He-Ne lasers stabilized with $^{127}I_2$ at λ ≈ 633 nm (July 1993 to September 1995)[J]. *Metrologia*，36：199-206，1999.

[379] A. Lassila，K. Riski，J. Hu，et al. International comparison of He-Ne lasers stabilized with $^{127}I_2$ at λ ≈ 633 nm[J]. *Metrologia*，37：701-707，2000.

[380] A. A. Madej，J. E. Bernard，L. Robertsson，et al. Long-term absolute frequency measurements of 633 nm iodine-stabilized laser standards at NRC and demonstration of high reproducibility of such devices in international frequency measurements [J]. *Metrologia*，41：152-160，2004.

[381] Matthew S. Taubman，John L. Hall. Cancellation of laser dither modulation from optical frequency standards[J]. *Opt. Lett.*，25：311-313，2000.

[382] D. A. Tyurikov，M. A. Gubin，A. S. Shelkovnikov，et al. Accuracy of the computer-controlled laser frequency standards based on resolved hyperfine structure of a methane line[J]. *IEEE Trans. Instrum. Meas.*，44：166-169，1995.

[383] M. A. Gubin，D. A. Tyurikov，A. S. Shelkovnikov，et al. Transportable He-Ne/CH_4 optical frequency standard and absolute measurements of its frequency [J]. *IEEE J. Quantum Electron.*，31：2177-

2182，1995.

[384] S. N. Bagayev，A. K. Dmitriyev，P. V. Pokasov. Transportable He-Ne/CH$_4$ frequency standard for precision measurement[J]. *Laser Physics*，7：989-992，1997.

[385] O. Acef，A. Clairon，G. D. Rovera，et al. Absolute frequency measurements with a set of transportable Methane optical frequency standards. In *Proceedings of the* 1999 *Joint Meeting of the European Frequency and Time Forum and The IEEE International Frequency Control Symposium*，pages 742-745，1999.

[386] P. S. Ering，D. A. Tyurikov，G. Kramer，et al. Measurement of the absolute frequency of the methane E-line at 88 THz[J]. *Opt. Commun.*，151：229-234，1998.

[387] Claus Braxmaier. *Fundamentale Tests der Physik mit ultrastabilen optischen Oszillatoren*[M]. PhD thesis，Universität Konstanz，Konstanz，2001.

[388] K. M. Evenson，G. W. Day，J. S. Wells，et al. Extension of absolute frequency measurements to the cw He-Ne laser at 88 THz（3.39 μ）[J]. *Appl. Phys. Lett.*，20：133-134，1972.

[389] D. J. E. Knight，G. J. Edwards，P. R. Pearce，et al. Frequency of the methanestabilized He-Ne laser at 88 THz measured to $\pm$3 parts in 10^{11} [J]. *Nature*，285：388-390，1980.

[390] Yu. S. Domnin，N. B. Koshelyaevskii，V. M. Tatarenkov，et al. Measurement of the frequency of a He-Ne/CH$_4$ laser[J]. *JETP Lett.*，34：167-170，1981.

[391] B. G. Whitford，G. R. Hanes. Frequency of a methane-stabilized helium-neon laser[J]. *IEEE Trans. Instrum. Meas.*，37：179-184，1988.

[392] C. O. Weiss，G. Kramer，B. Lipphardt，et al. Frequency measurement of a CH$_4$ hyperfine line at 88 THz / "optical clock"[J]. *IEEE J. Quantum Electron.*，24：1970-1972，1988.

[393] M. Gubin，E. Kovalchuk，E. Petrukhin，et al. Absolute frequency measurements with a set of transportable He-Ne/CH^4 optical

frequency standards and prospects for future design and applications. In P. Gill, editor, *Frequency standards and Metrology, Proceedings of the Sixth Symposium*, pages 453-460, Singapore, 2002. World Scientific.

[394] A. Huber, Th. Udem, B. Gross, et al. Hydrogen-deuterium 1S-2S isotope shift and the structure of the deuteron[J]. *Phys. Rev. Lett.*, 80:468-471, 1998.

[395] J. von Zanthier, J. Abel, Th. Becker, et al. Absolute frequency measurement of the $^{115}In^+$ $5s^2 {}^1S_0$-$5s5p$ $^3P_0$ transition[J]. *Opt. Commun.*, 166:57-63, 1999.

[396] E. N. Bazarov, G. A. Gerasimov, K. I. Guryev, et al. Vibration-rotational super-high resolution spectrum of OsO_4 and its theoretical interpretation[J]. *J. Quant. Spectrosc. Radiat. Transfer*, 17:7-12, 1977.

[397] Yu. S. Domnin, N. B. Koshelyaevskii, V. M. Tatarenkov, et al. CO_2: $^{192}OsO_4$ laser: Absolute frequency of optical oscillations and new possibilities[J]. *JETP Lett.*, 30:249-252, 1979.

[398] André Clairon, Alain Van Lerberghe, Christophe Salomon, et al. Towards a new absolute frequency reference grid in the 28 THz range[J]. *Opt. Commun.*, 35:368-372, 1980.

[399] A. Clairon, O. Acef, C. Chardonnet, et al. State-of-the-art for high accuracy frequency standards in the 28 THz range using saturated absorption resonances of OsO4 and CO_2. In A. De Marchi, editor, *Frequency standards and Metrology*, pages 212-221, Berlin, Heidelberg, New York, 1989. Springer-Verlag.

[400] Yu. S. Domnin, N. B. Koshelyaevskii, A. N. Malimon, et al. Infrared frequency standard based on osmium tetraoxide[J]. *Sov. J. Quantum Electron.*, 17:801-803, 1987.

[401] K. Stoll. Perspektiven für ein OsO_4-Frequenznormal. PTB-Bericht PTB-Opt-49, Physikalisch-Technische Bundesanstalt, Braunschweig, 1995.

[402] O. Acef. Metrological properties of CO_2/OsO_4 optical frequency standard[J]. *Opt. Commun.*, 134:479-486, 1997.

[403] O. Acef，F. Michaud，Giovanni Daniele Rovera. Accurate determination of OsO_4 absolute frequency grid at 28/29 THz [J]. *IEEE Trans. Instrum. Meas.*，48:567-570，1999.

[404] O. Acef. CO_2/OsO_4 lasers as frequency standards in the 29 THz range [J]. *IEEE Trans. Instrum. Meas.*，IM-46:162-165，1997.

[405] Giovanni Daniele Rovera，O. Acef. Absolute frequency measurement of midinfrared secondary frequency standard at BNM-LPTF[J]. *IEEE Trans. Instrum. Meas.*，48:571-573，1999.

[406] A. Amy-Klein，A. Goncharov，C. Daussy，et al. Absolute frequency measurement in the 28-THz spectral region with a femtosecond laser comb and a long-distance optical link to a primary standard[J]. *Appl. Phys. B*，78:25-30，2004.

[407] Ch. Chardonnet，Ch. J. Bordé. Hyperfine interactions in the ν3 band of osmium tetroxide: Accurate determination of the spin-rotation constant by crossover resonance spectroscopy[J]. *J. Mol. Spectr.*，167:71-98，1994.

[408] T. W. Hänsch，B. Couillaud. Laser frequency stabilization by polarization spectroscopy of a reflecting reference cavity[J]. *Opt. Commun.*，35:441-444，1980.

[409] Eugene Hecht，Alfred Zajac. *Optics*. Addison-Wesley，Reading MA，Amsterdam，London，6 edition，1980.

[410] R. W. P. Drever，J. L. Hall，F. V. Kowalski，et al. Laser phase and frequency stabilization using an optical resonator[J]. *Appl. Phys. B*，31:97-105，1983.

[411] R. V. Pound. Electronic frequency stabilization of microwave oscillators[J]. *Rev. Sci. Instrum.*，17:490-505，1946.

[412] J. Helmcke，S. A. Lee，J. L. Hall. Dye laser spectrometer for ultrahigh spectral resolution: Design and performance [J]. *Appl. Opt.*，21:1686-1694，1982.

[413] N. C. Wong，J. L. Hall. Servo control of amplitude modulation in fre-quencymodulation spectroscopy: demonstration of shot-noise-limited

detection[J]. *J. Opt. Soc. Am. B*，2：1527-1533，1985.

[414] Edward A. Whittaker，Chi Man Shum，Haim Grebel，et al. Reduction of residual amplitude modulation in frequency-modulation spectroscopy by using harmonic frequency modulation[J]. *J. Opt. Soc. Am. B*，5：1253-1256，1988.

[415] G. C. Bjorklund. Frequency-modulation spectroscopy: a new method for measuring weak absorptions and dispersions[J]. *Opt. Lett.*，5：15-17，1980.

[416] J. L. Hall，L. Hollberg，T. Baer,et al. Optical heterodyne saturation spectroscopy[J]. *Appl. Phys. Lett.*，39：680-682，1981.

[417] Ady Arie，Robert L. Byer. Laser heterodyne spectroscopy of $^{127}I_2$ hyperfine structure near 532 nm[J]. *J. Opt. Soc. Am. B*，10：1990-1997，1993.

[418] Jun Ye，Long-Sheng Ma，John L. Hall. Ultrastable optical frequency reference at 1.064 μm using a C_2HD molecular overtone transition[J]. *IEEE Trans. Instrum. Meas.*，46：178-182，1997.

[419] P. Cordiale，G. Galzerano，H. Schnatz. International comparison of two iodinestabilized frequency-doubled Nd：YAG lasers at $\lambda = 532$ nm [J]. *Metrologia*，37：177-182，2000.

[420] A. Yu. Nevsky，R. Holzwarth，J. Reichert，et al. Frequency comparison and absolute frequency measurement of I2-stabilized lasers at 532 nm[J]. *Opt. Commun.*，192：263-272，2001.

[421] G. C. Bjorklund，M. D. Levenson，W. Lenth,et al. Frequency modulation (fm) spectroscopy: Theory of lineshapes and signal-to-noise analysis[J]. *Appl. Phys. B*，32：145-152，1983.

[422] Jon H. Shirley. Modulation transfer processes in optical heterodyne saturation spectroscopy[J]. *Opt. Lett.*，7：537-539，1982.

[423] J. J. Snyder，R. K. Raj，D. Bloch，et al. High-sensitivity nonlinear spectroscopy using a frequency-offset pump[J]. *Opt. Lett.*，5：163-165，1980.

[424] R. K. Raj，D. Bloch，J. J. Snyder，et al. High-frequency optically het-

erodyned saturation spectroscopy via resonant degenerate four-wave mixing[J]. *Phys. Rev. Lett.*, 44:1251-1254, 1980.

[425] A. Schenzle, R. G. DeVoe, R. G. Brewer. Phase-modulation laser spectroscopy[J]. *Phys. Rev. A*, 25:2606-2621, 1982.

[426] G. Camy, Ch. J. Bordé, M. Ducloy. Heterodyne saturation spectroscopy through frequency modulation of the saturating beam[J]. *Opt. Commun.*, 41:325-330, 1982.

[427] M. Ducloy, D. Bloch. Theory of degenerate four-wave mixing in resonant Dopplerbroadened media. II. Doppler-free heterodyne spectroscopy via collinear four-wave mixing in two-and three-level systems[J]. *J. Physique*, 43:57-65, 1982.

[428] Ma Long-Sheng, J. L. Hall. Optical heterodyne spectroscopy enhanced by an external optical cavity: Toward improved working standards[J]. *IEEE J. Quantum Electron.*, 26:2006-2012, 1990.

[429] Esa Jaatinen. Theoretical determination of maximum signal levels obtainable with modulation transfer spectroscopy[J]. *Opt. Commun.*, 120:91-97, 1995.

[430] R.W. Fox, L. Hollberg, A. S. Zibrov. Semiconductor diode lasers. In F. B. Dunning and Randall G. Hulet, editors, *Atomic, Molecular, and Optical Physics: Electromagnetic Radiation*, volume 29C, pages 77-102. Academic Press, San Diego, 1997.

[431] Ulrich Strößner, Jan-Peter Meyn, Richard Wallenstein, et al. Single-frequency continuous-wave optical parametric oscillator system with an ultrawide tuning range of 550 to 2830 nm[J]. *J. Opt. Soc. Am. B*, 19:1419-1424, 2002.

[432] Andrew Dienes, Diego R. Yankelevich. Continuous wave dye lasers. In F. B. Dunning and Randall G. Hulet, editors, *Atomic, Molecular, and Optical Physics: Electromagnetic Radiation*, volume 29C, pages 45-75. Academic Press, San Diego, 1997.

[433] Wolfgang Demtröder. *Laser Spectroscopy: Basic Concepts and Instrumentation*[M]. Springer, Berlin, Heidelberg, New York, 2003.

［434］J. C. Bergquist，L. Burkins. Efficient single mode operation of a cw ring dye laser with a Mach-Zehnder interferometer ［J］. *Opt. Commun.*，50：379-385，1984.

［435］Ch. H. Henry. Theory of the linewidth of semiconductor lasers［J］. *IEEE J. Quantum Electron.*，QE-18：259-264，1982.

［436］Motoichi Ohtsu. Highly Coherent Semiconductor Lasers［M］. Artech House，Boston，London，1992.

［437］A. Celikov，F. Riehle，V. L. Velichansky，et al. Diode laser spectroscopy in a Ca atomic beam［J］. *Opt. Commun.*，107：54-60，1994.

［438］V. Vassiliev，V. Velichansky，P. Kersten，et al. Subkilohertz enhanced-power diode-laser spectrometer in the visible［J］. *Opt. Lett.*，23：1229-1231，1998.

［439］B. Bodermann，H. R. Telle，R. P. Kovacich. Amplitude-modulation-free optoelectronic frequency control of laser diodes［J］. *Opt. Lett.*，25：899-901，2000.

［440］V. L. Velichanskii，A. S. Zibrov，V. S. Kargopol'tsev，et al. Minimum line width of an injection laser［J］. *Sov. Tech. Phys. Lett.*，4：438-439，1978.

［441］M.W. Fleming，A. Mooradian. Spectral characteristics of external-cavity controlled semiconductor lasers［J］. *IEEE J. Quantum Electron.*，QE-17：44-59，1981.

［442］K. Petermann. *Laser Diode Modulation and Noise*［M］. Kluwer Academic Publishers，The Hague，Netherlands，1988.

［443］J. Mørk，B. Tromborg，J. Mark，et al. Instabilities in a laser diode with strong optical feedback ［J］. *Proc. of the SPIE*，1837：90-104，1992.

［444］Bjarne Tromborg，Henning Olesen，Xing Pan，et al. Transmission line description of optical feedback and injection locking for Fabry-Perot and DFB lasers［J］. *IEEE J. Quantum Electron.*，QE-23：1875-1889，1987.

［445］Rudolf F. Kazarinov，Charles H. Henry. The relation of line narrowing and chirp reduction resulting from the coupling of a semi-conductor laser to a passive resonator [J]. *IEEE J. Quantum Electron.*, QE-23:1401-1409, 1987.

[446] Ph. Laurent, A. Clairon, Ch. Bréant. Frequency noise analysis of optically selflocked diode lasers [J]. *IEEE J. Quantum Electron.*, 25: 1131-1142, 1989.

[447] Dag Roar Hjelme, Alan Rolf Mickelson, Raymond G. Beausoleil. Semiconductor laser stabilization by external optical feedback [J]. *IEEE J. Quantum Electron.*, QE-27:352-372, 1991.

[448] K. Liu, M. G. Littman. Novel geometry for single-mode scanning of tunable lasers[J]. *Opt. Lett.*, 6:117-118, 1981.

[449] T. Day, F. Luecke, M. Brownell. Continuously tunable diode lasers [J]. *Lasers and Optronics*, June 1993:15-17, 1993.

[450] F. Favre, D. Le Guen, J. C. Simon, et al. External-cavity semiconductor laser with 15 nm continuous tuning range[J]. *Electron. Lett.*, 22: 795-796, 1986.

[451] W. R. Trutna, Jr. et al. L. F. Stokes. Continuously tuned external cavity semiconductor laser [J]. *J. Lightwave Technol.*, 11: 1279-1286, 1993.

[452] V. Vassiliev, V. Velichansky, P. Kersten, et al. Injection locking of a red extended-cavity diode laser [J]. *Electron. Lett.*, 33: 1222-1223, 1997.

[453] B. Dahmani, L. Hollberg, R. Drullinger. Frequency stabilization of semiconductor lasers by resonant optical feedback[J]. *Opt. Lett.*, 12: 876-878, 1987.

[454] A. Hemmerich, D. H. McIntyre, D. Schropp, et al. Optically stabilized narrow linewidth semiconductor laser for high resolution spectroscopy [J]. *Opt. Commun.*, 75:118-122, 1990.

[455] S. Kremser, B. Bodermann, H. Knöckel, et al. Frequency stabilization of diode lasers to hyperfine transitions of the iodine molecule[J]. *Opt. Commun.*, 110:708-716, 1994.

[456] M. Ebrahimzadeh, M. H. Dunn. Optical parametric oscillators. In Michael Bass, Jay M. Enoch, Eric W. Van Stryland, and William L. Wolfe, editors, *Handbook of Optics*, pages 22.1-22.72. McGraw-Hill, New York, 2001.

[457] E. V. Kovalchuk, D. Dekorsy, A. L. Lvovsky, et al. High-resolution Doppler-free molecular spectroscopy using a continuouswave optical parametric oscillator[J]. *Opt. Lett.*, 26:1430-1432, 2001.

[458] G. Hollemann, E. Peik, A. Rusch, et al. Injection locking of a diode-pumped Nd: YAG laser at 946 nm [J]. *Opt. Lett.*, 20: 1871-1873, 1995.

[459] Thomas J. Kane, Robert L. Byer. Monolithic, unidirectional single-mode Nd: YAG ring laser[J]. *Opt. Lett.*, 10:65-67, 1985.

[460] W. R. Trutna, Jr., D. K. Donald, Moshe Nazarathy. Unidirectional diode-laserpumped Nd: YAG ring laser with a small magnetic field[J]. *Opt. Lett.*, 12:248-250, 1987.

[461] Ady Arie, Eran Inbar. Laser spectroscopy of molecular cesium near 1064 nm enhanced by a Fabry-Perot cavity[J]. *Opt. Lett.*, 20:88-90, 1995.

[462] E. Inbar, V. Mahal, A. Arie. Frequency stabilization of Nd: YAG lasers to $^{133}Cs_2$ sub-Doppler lines near 1064 nm[J]. *J. Opt. Soc. Am. B*, 13:1598-1604, 1996.

[463] Shie-Chang Jeng, De-Yuan Chung, Chi-Chang Liaw, et al. Absolute frequencies of the $^{133}Cs_2$ transitions near 1064 nm[J]. *Opt. Commun.*, 155:263-269, 1998.

[464] Peter Fritschel, Rainer Weiss. Frequency match of the Nd: YAG laser at 1.064 μm with a line in CO_2[J]. *Appl. Opt.*, 31:1910-1912, 1992.

[465] Jun Ye, Lennart Robertsson, Susanne Picard, et al. Absolute frequency atlas of molecular I2 lines at 532 nm [J]. *IEEE Trans. Instrum. Meas.*, 48:544-549, 1999.

[466] Feng-Lei Hong, Yun Zhang, Jun Ishikawa, et al. Frequency reproducibility of I_2-stabilized Nd: YAG lasers. In John L. Hall and Jun Ye,

editors，*Proceedings of SPIE：Laser Frequency Stabilization，Standards，Measurement，and Applications*，volume 4269，pages 248-254，P. O. Box 10，Bellingham，Washington 98227-0010 USA，2001. SPIE.

[467] Jun Ye，Long Shen Ma，John L. Hall. Molecular iodine clock[J]. *Phys. Rev. Lett.*，87:270801-1-4，2001.

[468] M. de Labachelerie，K. Nakagawa，M. Ohtsu. Ultranarrow $^{13}C_2H_2$ saturatedabsorption lines at 1.5 μm[J]. *Opt. Lett.*，19:840-842，1994.

[469] Jun Ye，Long-Sheng Ma，John L. Hall. Sub-Doppler optical frequency reference at 1.064 μm by means of ultrasensitive cavity-enhanced frequency modulation spectroscopy of a C_2HD overtone transition[J]. *Opt. Lett.*，21:1000-1002，1996.

[470] Takayuki Kurosu，Uwe Sterr. Frequency-stabilization of a 1.54 micrometer DFBlaser diode to Doppler-free absorption lines of acetylene. In John L. Hall and Jun Ye，editors，*Proceedings of SPIE：Laser Frequency Stabilization，Standards，Measurement，and Applications*，volume 4269，pages 143-154，P.O. Box 10，Bellingham，Washington 98227-0010 USA，2001. SPIE.

[471] Chikako Ishibashi，Kotaro Suzumura，Hiroyuki Sasada. Sub-Doppler resolution molecular spectroscopy in the 1.66-μm region. In John L. Hall and Jun Ye，editors，*Proceedings of SPIE：Laser Frequency Stabilization，Standards，Measurement，and Applications*，volume 4269，pages 32-40，P.O. Box 10，Bellingham，Washington 98227-0010 USA，2001. SPIE.

[472] Livio Gianfrani，RichardW. Fox，Leo Hollberg. Cavity-enhanced absorption spectroscopy of molecular oxygen[J]. *J. Opt. Soc. Am. B*，16:2247-2254，1999.

[473] Sarah S. Gilbert，William C. Swann，Tasshi Dennis. Wavelength standards for optical communications. In John L. Hall and Jun Ye，editors，*Proceedings of SPIE：Laser Frequency Stabilization，Standards，Measurement，and Applications*，volume 4269，pages 184-191，

P.O. Box 10，Bellingham，Washington 98227-0010 USA，2001. SPIE.

[474] Y. Millerioux, D. Touahri, L. Hilico,et al. Towards an accurate frequency standard at $\lambda = 778$ nm using a laser diode stabilized on a hyperfine component of the Doppler-free two-photon transitions in rubidium[J]. *Opt. Commun.*, 108:91-96, 1994.

[475] D. Touahri, O. Acef, A. Clairon, et al. Frequency measurement of the $5S_{1/2}(F = 3)$-$5D_{5/2}(F = 5)$ two-photon transition in rubidium[J]. *Opt. Commun.*, 133:471-478, 1997.

[476] J. L. Hall, J. Ye, L.-S. Ma, et al. Optical frequency standards-some improvements, some measurements, and some dreams. In J. C. Bergquist, editor, *Proceedings of the Fifth Symposium on Frequency standards and Metrology*, pages 267-276, Singapore, 1996. World Scientific.

[477] G. Hagel, C. Nesi, L. Jozefowski,et al. Accurate measurement of the frequency of the 6S-8S two-photon transitions in cesium. *Opt. Commun.*, 160:1-4, 1999.

[478] N. Beverini, F. Strumia. High precision measurements of the Zeeman effect in the Calcium metastable states. In *Interaction of Radiation with Matter*, *A Volume in honour of A. Gozzini*, Quaderni della Scuola Normale Superiore de Pisa, pages 361-373, Pisa, 1987.

[479] K. Zeiske, G. Zinner, F. Riehle,et al. Atom interferometry in a static electric field: Measurement of the Aharonov-Casher phase[J]. *Appl. Phys. B*, 60:205-209, 1995.

[480] G. M. Tino, M. Barsanti, M. de Angelis, et al. Spectroscopy on the 689 nm intercombination line of Strontium using an extended-cavity InGaP/InGaAlP diode laser[J]. *Appl. Phys. B*, 55:397-400, 1992.

[481] A. Celikov, P. Kersten, F. Riehle, et al. External cavity diode laser high resolution spectroscopy of the Ca and Sr intercombination lines for the development of a transportable frequency/length standard. In *Proceedings of the 49th Annual IEEE International Frequency Control Symposium*, *31 May-2 June 1995*, *San Francisco*, *USA*, pa-

ges 153-160，1995.

[482] A. M. Akulshin，A. A. Celikov，V. L. Velichansky. Nonlinear Doppler-free spectroscopy of the $6\ ^1S_0$-$6\ ^3P_1$ intercombination transition in barium[J]. *Opt. Commun.*，93：54-58，1992.

[483] A. Morinaga，F. Riehle，J. Ishikawa，et al. A Ca optical frequency standard：Frequency stabilization by means of nonlinear Ramsey resonances[J]. *Appl. Phys. B*，48：165-171，1989.

[484] P. Kersten，F. Mensing，U. Sterr，et al. A transportable optical calcium frequency standard[J]. *Appl. Phys. B*，68：27-38，1999.

[485] N. Ito，J. Ishikawa，A. Morinaga. Frequency locking a dye laser to the central optical Ramsey fringe in a Ca atomic beam and wavelength measurement[J]. *J. Opt. Soc. Am. B*，8：1388-1390，1991.

[486] N. Ito，J. Ishikawa，A. Morinaga. Evaluation of the optical phase shift in a Ca Ramsey fringe stabilized optical frequency standard by means of laser-beam reversal[J]. *Opt. Commun.*，109：414-421，1994.

[487] A. S. Zibrov，R. W. Fox，R. Ellingsen，et al. High-resolution diode-laser spectroscopy of calcium[J]. *Appl. Phys. B*，59：327-331，1994.

[488] N. Beverini，E. Maccioni，D. Pereira，et al. Production of lowvelocity Mg and Ca atomic beams by laser light pressure. In G. C. Righini，editor，*Quantum Electronics and Plasma Physics* 5th *Italian Conference*，pages 205-211，Bologna，Italy，1988. Italian Physical Society.

[489] K. Sengstock，U. Sterr，G. Hennig，et al. Optical Ramsey interferences on laser cooled and trapped atoms，detected by electron shelving [J]. *Opt. Commun.*，103：73-78，1993.

[490] F. Ruschewitz，J. L. Peng，H. Hinderthür，et al. Sub-kilohertz optical spectroscopy with a time domain atom interferometer[J]. *Phys. Rev. Lett.*，80：3173-3176，1998.

[491] T. Kurosu，F. Shimizu. Laser cooling and trapping of alkaline earth atoms[J]. Jpn. J. *Appl. Phys.*，31：908-912，1992.

[492] T. P. Dinneen，K. R. Vogel，E. Arimondo，et al. Cold collisions of Sr *-Sr in a magneto-optical trap [J]. *Phys. Rev. A*，59：1216-

1222，1999.

[493] Hidetoshi Katori，Tetsuya Ido，Yoshitomo Isoya，et al. Laser cooling of strontium atoms toward quantum degeneracy. In E. Arimondo，P. DeNatale，and M. Inguscio，editors，*Atomic Physics*，volume XVII，pages 382-396，Woodbury，New York，2001. American Institute of Physics.

[494] T. Binnewies，U. Sterr，J. Helmcke，et al. Cooling by Maxwell's demon：Preparation of single-velocity atoms for matter-wave interferometry[J]. *Phys. Rev. A*，62：011601(R)-1-4，2000.

[495] F. Riehle，H. Schnatz，B. Lipphardt，et al. The optical calcium frequency standard[J]. *IEEE Trans. Instrum. Meas.*，48：613-617，1999.

[496] T. Kurosu，G. Zinner，T. Trebst，et al. Method for quantum-limited detection of narrow-linewidth transitions in cold atomic ensembles[J]. *Phys. Rev. A*，58：R4275-R4278，1998.

[497] Guido Wilpers，Tomas Binnewies，Carsten Degenhardt，et al. Optical clock with ultracold neutral atoms[J]. *Phys. Rev. Lett.*，89：230801-1-4，2002.

[498] W. Nagourney，J. Sandberg，H. Dehmelt. Shelved optical electron amplifier：Observation of quantum jumps[J]. *Phys. Rev. Lett.*，56：2797-2799，1986.

[499] Leo Hollberg，Chris W. Oates，E. Anne Curtis，et al. Optical frequency standards and measurements[J]. *IEEE J. Quantum Electron.*，37：1502-1513，2001.

[500] F. Riehle，H. Schnatz，B. Lipphardt，et al. The optical Ca frequency standard. In *Proceedings of the* 1999 *Joint Meeting of the European Frequency and Time Forum and The IEEE International Frequency Control Symposium*，pages 700-705，26 Chemin de l'Epitaphe，25030 BESANCON CEDEX-FRANCE，1999. EFTF co/Société Francaise des Microtechniques et de Chronométrie (SFMC).

[501] Th. Udem，S. A. Diddams，K. R. Vogel，et al. Absolute frequency measurement of the Hg^+ and Ca optical clock transitions with a femto-

second laser[J]. *Phys. Rev. Lett.*，86:4996-4999，2001.

[502] G. Wilpers. Ein Optisches Frequenznormal mit kalten und ultrakalten Atomen[M]. PTBBericht PTB-Opt-66（ISBN 3-89701-892-6），Physikalisch-Technische Bundesanstalt，Braunschweig，2002. Dissertation，University of Hannover.

[503] G. Wilpers，C. Degenhardt，T. Binnewies，et al. Improvement of the fractional uncertainty of a neutral atom calcium optical frequency standard to 2 • 10^{-14}[J]. *Appl. Phys. B*，76:149-156，2003.

[504] H. Schnatz，B. Lipphardt，J. Helmcke，et al. First phase-coherent frequency measurement of visible radiation[J]. *Phys. Rev. Lett.*，76:18-21，1996.

[505] J. Stenger，T. Binnewies，G.Wilpers，et al. Phase-coherent frequency measurement of the Ca intercombination line at 657 nm with a Kerr-lens mode-locked laser[J]. *Phys. Rev. A*，63:021802(R)，2001.

[506] T. Trebst，T. Binnewies，J. Helmcke，et al. Suppression of spurious phase shifts in an optical frequency standard［J］. *IEEE Trans. Instrum. Meas.*，50:535-538，2001.

[507] T. Binnewies. Neuartige Kühlverfahren zur Erzeugung ultrakalter Ca-Atome. PTBBericht PTB-Opt-65，Physikalisch-Technische Bundesanstalt，Braunschweig，2001.

[508] E. Anne Curtis，Christopher W. Oates，Leo Hollberg. Quenched narrow-line second-and third-stage laser cooling of ^{40}Ca[J]. *J. Opt. Soc. Am. B*，20:977-984，2003.

[509] B. Gross，A. Huber，M. Niering，et al. Optical Ramsey spectroscopy of atomic hydrogen[J]. *Europhys. Lett.*，44:186-191，1998.

[510] F. Schmidt-Kaler，D. Leibfried，S. Seel，et al. High-resolution spectroscopy of the 1S-2S transition of atomic hydrogen and deuterium[J]. *Phys. Rev. A*，51:2789-2800，1995.

[511] R. G. Beausoleil，T. W. Hänsch. Ultrahigh-resolution two-photon optical Ramsey spectroscopy of an atomic fountain[J]. *Phys. Rev. A*，33:1661-1670，1986.

[512] I. D. Setija, H. G. C. Werij, O. J. Luiten, et al. Optical cooling of atomic hydrogen in a magnetic trap[J]. *Phys. Rev. Lett.*, 70:2257-2260, 1993.

[513] K. S. E. Eikema, J. Walz, T. W. Hänsch. Continuous wave coherent Lyman-α radiation[J]. *Phys. Rev. Lett.*, 83:3828-3831, 1999.

[514] W. Ertmer, R. Blatt, J. L. Hall. Some candidate atoms and ions for frequency standards research using laser radiative cooling techniques [J]. In W. D. Phillips, editor, *Laser Cooled and Trapped Atoms*, pages 154-161. U. S. National Bureau of Standards special publication Vol. 653, Reading, Massachusetts, 1983.

[515] T. Badr, S. Guérandel, Y. Louyer, et al. Towards a silver atom optical clock[J]. In P. Gill, editor, *Frequency standards and Metrology, Proceedings of the Sixth Symposium*, pages 549-551, Singapore, 2002. World Scientific.

[516] J. Dirscherl, H. Walther. Towards a silver frequency standard[J]. In *Digest of the 14th International Conference on Atomic Physics (ICAP 94)*, page Poster 1H3, Boulder, 1994.

[517] H. G. Dehmelt. Mono-ion oscillator as potential ultimate laser frequency standard[J]. *IEEE Trans. Instrum. Meas.*, IM-31:83-87, 1982.

[518] R. Blatt, P. Gill, R. C. Thompson. Current perspectives on the physics of trapped ions[J]. *J. Mod. Opt.*, 39:193-220, 1992.

[519] R. C. Thompson. Spectroscopy of trapped ions[J]. In D. Bates and B. Bederson, editors, *Advances in Atomic, Molecular, and Optical Physics*, volume 31, pages 63-136, Boston, 1993. Academic Press.

[520] P. T. H. Fisk. Trapped-ion and trapped-atom microwave frequency standards[J]. *Rep. Prog. Phys.*, 60:761-817, 1997.

[521] Alan A. Madej, John E. Bernard. Single-ion optical frequency standards and measurement of their absolute optical frequency[J]. In Andre N. Luiten, editor, *Frequency Measurement and Control*, volume 79 of *Topics in Applied Physics*, pages 153-194. Springer, Berlin, Heidelberg, New York, 2001.

［522］W. Paul，M. Raether. Das elektrische Massenfilter［J］. *Z. Phys.*，140：262-273，1955.

［523］F. M. Penning. Die Glimmentladung bei niedrigem Druck zwischen ko-axialen Zylindern in einem axialen Magnetfeld［J］. *Physica III*，9：873-894，1936.

［524］H. G. Dehmelt. Radiofrequency spectroscopy of stored ions I：Storage ［M］. In D. R. Bates and I. Estermann，editors，*Advances in Atomic and Molecular Physics*，volume 3，pages 53-72. Academic Press，New York，London，1967.

［525］W. Paul. Electromagnetic traps for charged and neutral particles［J］. *Rev. Mod. Phys.*，62：531-540，1990.

［526］T. Tamir. Characteristic exponents of Mathieu functions［J］. Math. Comp.，XVI：100-106，1962.

［527］D. A. Church. Storage-ring ion trap derived from the linear quadrupole radio-frequency mass filter［J］. J. *Appl. Phys.*，40：3127-3134，1969.

［528］I. Waki，S. Kassner，G. Birkl，et al. Observation of ordered structures of laser-cooled ions in a quadrupole storage ring［J］. *Phys. Rev. Lett.*，68：2007-2010，1992.

［529］D. J. Berkeland，J. D. Miller，J. C. Bergquist，et al. Lasercooled mercury ion frequency standard ［J］. *Phys. Rev. Lett.*，80：2089-2092，1998.

［530］M. G. Raizen，J. M. Gilligan，J. C. Bergquist，et al. Ionic crystals in a linear Paul trap［J］. *Phys. Rev. A*，45：6493-6501，1992.

［531］J. D. Prestage，G. J. Dick，L. Maleki. New ion trap for frequency standard applications［J］. J. *Appl. Phys.*，66：1013-1017，1989.

［532］P. T. H. Fisk，M. J. Sellars，M. A. Lawn，et al. Performance of a prototype microwave frequency standard based on laser-detected，trapped 171Yb＋ ions［J］. *Appl. Phys. B*，60：519-527，1995.

［533］E. Fischer. Die dreidimensionale Stabilisierung von Ladungsträgern in einem Vierpolfeld［J］. *Z. Physik*，156：1-26，1959.

［534］R. S. Van Dyck，Jr.，P. B. Schwinberg，H. G. Dehmelt. Electron magnetic moment from geonium spectra: Early experiments and background concepts[J]. *Phys. Rev. D*, 34:722-736, 1986.

[535] L. S. Brown, G. Gabrielse. Precision spectroscopy of a charged particle in an imperfect Penning trap[J]. *Phys. Rev. A*, 25:2423-2425, 1982.

[536] J. N. Tan, J. J. Bollinger, D. J. Wineland. Minimizing the timedilation shift in Penning trap atomic clocks[J]. *IEEE Trans. Instrum. Meas.*, IM 44:144-147, 1995.

[537] J. J. Bollinger, J. D. Prestage, W. M. Itano, et al. Laser-cooledatomic frequency standard[J]. *Phys. Rev. Lett.*, 54:1000-1003, 1985.

[538] F. Plumelle, M. Desaintfuscien, M. Jardino, et al. Laser cooling of magnesium ions: Preliminary experimental results[J]. *Appl. Phys. B*, 41:183-186, 1986.

[539] R. C. Thompson, G. P. Barwood, P. Gill. Progress towards an optical frequency standard based on ion traps[J]. *Appl. Phys. B*, 46:87-93, 1988.

[540] H. Walther. Phase transitions of stored laser-cooled ions[J]. In D. Bates and B. Bederson, editors, *Advances in Atomic, Molecular, and Optical Physics*, volume 31, pages 137-182, Boston, 1993. Academic Press.

[541] F. Diedrich, E. Peik, J. M. Chen, et al. Observation of a phase transition of stored laser-cooled ions [J]. *Phys. Rev. Lett.*, 59:2931-2934, 1987.

[542] D. J. Wineland, J. C. Bergquist, W. M. Itano, et al. Atomicion Coulomb clusters in an ion trap[J]. *Phys. Rev. Lett.*, 59:2935-2938, 1987.

[543] J. N. Tan, J. J. Bollinger, B. Jelenkovic, et al. Long-range order in lasercooled, atomic-ion Wigner crystals observed by Bragg scattering [J]. *Phys. Rev. Lett.*, 75:4198-4201, 1995.

[544] M. Drewsen, C. Brodersen, L. Hornekaer, et al. Large ion crystals in a linear Paul trap[J]. *Phys. Rev. Lett.*, 81:2878-2881, 1998.

[545] R. Alheit, C. Hennig, R. Morgenstern, et al. Observation of instabilities in a Paul trap with higher-order anharmonicities[J]. *Appl. Phys.*

B，61:277-283，1995.

[546] Th. Gudjons, F. Kurth, P. Seibert,et al. Ca$+$ in an Paul trap[J]. In *Proceedings of the workshop frequency standards based on laser-manipulated atoms and ions*，volume Opt. 51，pages 59-66，Braunschweig，1996.

[547] R. Alheit, S. Kleineidam, F. Vedel, et al. Higher-order non-linear resonances in a Paul trap[J]. *Int. J. Mass Spectrom. Ion Processes*，154:155-169，1996.

[548] H. Schnatz, G. Bollen, P. Dabkiewicz, et al. In-flight capture of ions into a Penning trap[J]. *Nucl. Instrum. Meth.*，A 251:17-20，1986.

[549] R. B. Moore, G. Rouleau. In-flight capture of an ion beam in a Paul trap[J]. *J. Mod. Opt.*，39:361-371，1992.

[550] G. Gabrielse, X. Fei, K. Helmerson, et al. First capture of antiprotons in a Penning trap: A kiloelectronvolt source[J]. *Phys. Rev. Lett.*，57:2504-2507，1986.

[551] J. D. Miller, D. J. Berkeland, J. C. Bergquist,et al. A cryogenic linear ion trap for ^{199}Hg^{+} frequency standards[J]. In *Proceedings of the 1996 IEEE International Frequency Control Symposium*，volume IEEE catalog number 96CH35935，36CB35935，pages 1086-1088，IEEE Service Center，Piscataway，NJ，1996.

[552] L. S. Cutler, R. P. Giffard, M. D. McGuire. Thermalization of ^{199}Hg ion macromotion by a light background gas in an rf quadrupole trap [J]. *Appl. Phys. B*，36:137-142，1985.

[553] M. H. Holzscheiter. Cooling of particles stored in electromagnetic traps[J]. *Physica Scripta*，T22:73-78，1988.

[554] W. M. Itano, J. C. Bergquist, J. J. Bollinger, et al. Cooling methods in ion traps[J]. *Phys. Scripta*，T59:106-120，1995.

[555] H. G. Dehmelt. Radiofrequency spectroscopy of stored ions II: Spectroscopy[J]. In D. R. Bates and I. Estermann, editors, *Advances in Atomic and Molecular Physics*，volume 5，pages 109-154. Academic Press，New York，London，1982.

[556] N. Beverini, V. Lagomarsino, G. Manuzio, et al. Experimental verification of stochastic cooling in a Penning trap[J]. *Physica Scripta*, T22:238-239, 1988.

[557] R. F. Wuerker, H. Shelton, R. V. Langmuir. Electrodynamic containment of charged particles[J]. J. *Appl. Phys.*, 30:342-349, 1959.

[558] F. G. Major, H. G. Dehmelt. Exchange-collision technique for the rf spectroscopy of stored ions[J]. *Phys. Rev.*, 170:91-107, 1968.

[559] A. Bauch, D. Schnier, Chr. Tamm. Microwave spectroscopy of ^{171}Yb$^+$ stored in a Paul trap[J]. In J. C. Bergquist, editor, *Proceedings of the Fifth Symposium on Frequency standards and Metrology*, pages 387-388, Singapore, New Jersey, London, Hong Kong, 1996. World Scientific.

[560] W. Neuhauser, M. Hohenstatt, P. Toschek, et al. Optical-sideband cooling of visible atom cloud confined in parabolic well[J]. *Phys. Rev. Lett.*, 41:233-236, 1978.

[561] D. J. Wineland, R. E. Drullinger, F. L. Walls. Radiation-pressure cooling of bound resonant absorbers[J]. *Phys. Rev. Lett.*, 40:1639-1642, 1978.

[562] L. R. Brewer, J. D. Prestage, J. J. Bollinger, et al. Static properties of a non-neutral ^{9}Be$^+$-ion plasma[J]. *Phys. Rev. A*, 38:859-873, 1988.

[563] Q. A. Turchette, D. Kielpinski, B. E. King, et al. Heating of trapped ions from the quantum ground state[J]. *Phys. Rev. A*, 61:063418-1-8, 2000.

[564] F. Diedrich, J. C. Bergquist, W. M. Itano, et al. Laser cooling to the zero-point energy of motion[J]. *Phys. Rev. Lett.*, 62:403-406, 1989.

[565] R. E. Drullinger, D. J. Wineland, J. C. Bergquist. High-resolution optical spectra of laser cooled ions[J]. *Appl. Phys.*, 22:365-368, 1980.

[566] D. J. Larson, J. C. Bergquist, J. J. Bollinger, et al. Sympathetic cooling of trapped ions: A laser-cooled two-species nonneutral ion plasma[J]. *Phys. Rev. Lett.*, 57:70-73, 1986.

[567] H. G. Dehmelt, F. L. Walls. "Bolometric" technique for the rf spec-

troscopy of stored ions[J]. *Phys. Rev. Lett.*，21:127-131，1968.

[568] R. M. Weisskoff, G. P. Lafyatis, K. R. Boyce, et al. rf SQUID detector for single-ion trapping experiments[J]. J. *Appl. Phys.*，63:4599-4604，1988.

[569] S. R. Jefferts, T. Heavner, P. Hayes, et al. Superconducting resonator and a cryogenic GaAs field-effect transistor amplifier as a single-ion detection system[J]. *Rev. Sci. Instrum.*，64:737-740，1993.

[570] R. Iffländer, G. Werth. Optical detection of ions confined in a rf quadrupole trap[J]. *Metrologia*，13:167-170，1977.

[571] D. J. Wineland, J. C. Bergquist, W. M. Itano, et al. Double-resonance and optical-pumping experiments on electromagnetically confined, laser-cooled ions[J]. *Opt. Lett.*，5:245-247，1980.

[572] E. Peik. Laserspektroskopie an gespeicherten Indium-Ionen[J]. Dissertation MPQ 181，Max-Planck-Institut für Quanten*Optik*，1993.

[573] D. J. Bate, K. Dholakia, R. C. Thompson, et al. Ion oscillation frequencies in a combined trap[J]. J. *Mod. Opt.*，39:305-316，1992.

[574] E. C. Beaty. Simple electrodes for quadrupole ion traps[J]. J. *Appl. Phys.*，61:2118-2122，1987.

[575] W. Neuhauser, M. Hohenstatt, P. E. Toschek, et al. Localized visible Ba^+ mono-ion oscillator[J]. *Phys. Rev. A*，22:1137-1140，1980.

[576] J. C. Bergquist, D. J. Wineland, W. M. Itano, et al. Energy and radiative lifetime of the $5d^9 6s^2 {}^2 D_{5/2}$ state in Hg II by Doppler-free twophoton laser spectroscopy [J]. *Phys. Rev. Lett.*，55: 1567-1570，1985.

[577] Chr. Tamm, D. Engelke. Optical frequency standard investigations on trapped, lasercooled ^{171}Yb ions[J]. In J. C. Bergquist, editor, *Proceedings of the Fifth Symposium on Frequency standards and Metrology*，pages 283-288，Singapore，New Jersey，London，Hong Kong，1996. World Scientific.

[578] H. Straubel. Zum Öltröpfchenversuch von Millikan[J]. *Naturwiss.*，42:506-507，1955.

[579] N. Yu，W. Nagourney，H. Dehmelt. Demonstration of new Paul-Straubel trap for trapping single ions[J]. J. *Appl*. *Phys*.，69：3779-3781，1991.

[580] R. G. Brewer，R. G. DeVoe，R. Kallenbach. Planar ion microtraps[J]. *Phys*. *Rev*. *A*，46：6781-6784，1992.

[581] C. A. Schrama，E. Peik，W. W. Smith，et al. Novel miniature ion traps [J]. *Opt*. *Commun*.，101：32-36，1993.

[582] J. Walz，I. Siemers，M. Schubert，et al. Ion storage in the rf octupole trap[J]. *Phys*. *Rev*. *A*，50：4122-4132，1994.

[583] J. D. Prestage，R. L. Tjoelker，L. Maleki. Hg^+ frequency standards [J]. In Daniel H. E. Dubin and Dieter Schneider，editors，*Trapped charged particles and fundamental physics*，volume 457 of AIP *Conference Proceedings*，pages 357-363，American Institute of Physics，Woodbury，New York，1999.

[584] John D. Prestage，Robert L. Tjoelker，Lute Maleki. Higher pole linear traps for atomic clock applications[J]. In *Proceedings of the* 1999 *Joint Meeting of the European Frequency and Time Forum and The IEEE International Frequency Control Symposium*，pages 121-124，1999.

[585] G.Werth. Hyperfine structure and g-factor measurements in ion traps [J]. *Physica Scripta*，T59：206-210，1995.

[586] J. J. Bollinger，S. L. Gilbert，W. M. Itano，et al. Frequency standards utilizing Penning traps[M]. In A. De Marchi，editor，*Frequency standards and Metrology*，pages 319-325，Berlin，Heidelberg，New York，1989. Springer.

[587] F. Arbes，M. Benzing，T. Gudjons，et al. Precise determination of the ground state hyperfine structure splitting of ^{43}Ca II[J]. *Z*. *Phys*. *D*，29：27-30，1994.

[588] R. Blatt，G. Werth. Precision determination of the ground-state hyperfine splitting in ^{137}Ba$^+$ using the ion-storage technique[J]. *Phys*. *Rev*. *A*，25：1476-1482，1982.

[589] H. Knab，K.-D. Niebling，G.Werth. Ion trap as a frequency standard. Measurement of Ba$^+$ HFS frequency fluctuations[J]. *IEEE Trans. Instrum. Meas.*，IM-34：242-245，1985.

[590] U. Tanaka，H. Imajo，K. Hayasaka，et al. Laser microwave double-resonance experiment on trapped ^{113}Cd$^+$ ions[J]. *IEEE Trans. Instrum. Meas.*，IM 46：137-140，1997.

[591] R. B. Warrington，P. T. H. Fisk，M. J. Wouters，et al. A microwave frequency standard based on laser-cooled ^{171}Yb$^+$ ions. In Patrick Gill，editor，*Proceedings of the Sixth Symposium on Frequency standards and Metrology*，pages 297-304，New Jersey，London，Singapore，Hong Kong，2002. World Scientific.

[592] C. Tamm，D. Schnier，A. Bauch. Radio-frequency laser double-resonance spectroscopy of trapped ^{171}Yb ions and determination of line shifts of the ground-state hyperfine resonance[J]. *Appl. Phys. B*，60：19-29，1995.

[593] P. T. H. Fisk，M. J. Sellars，M. A. Lawn，et al. Accurate measurement of the 12.6 GHz "clock" transition in trapped ^{171}Yb$^+$ ions[J]. *IEEE Trans. Ultrason. Ferroelec. Freq. Contr.*，44：344-354，1997.

[594] J. J. Bollinger，D. J. Heinzen，W. M. Itano，et al. A 303 MHz frequency standard based on trapped Be$^+$ ions[J]. *IEEE Trans. Instrum. Meas.*，40：126-128，1991.

[595] R. Blatt，H. Schnatz，G. Werth. Ultrahigh-resolution microwave spectroscopy on trapped ^{171}Yb$^+$ ions[J]. *Phys. Rev. Lett.*，48：1601-1603，1982.

[596] F. G. Major，G. Werth. High-resolution magnetic hyperfine resonance in harmonically bound ground-state ^{199}Hg ions[J]. *Phys. Rev. Lett.*，30：1155-1158，1973.

[597] R. Casdorff，V. Enders，R. Blatt，et al. A 12-GHz standard clock on trapped Ytterbium ions[J]. Ann. Phys.，7：41-55，1991.

[598] K. Sugiyama，J. Yoda. Study of Yb$^+$ trapped in a rf trap with light buffer gas by irradiation with resonant light [J]. *IEEE Trans.*

Instrum. Meas., 42:467-473, 1993.

[599] K. Sugiyama, J. Yoda. Characteristics of buffer-gas-cooled and laser-cooled Yb$^+$ in rf traps[J]. In J. C. Bergquist, editor, *Proceedings of the Fifth Symposium on Frequency standards and Metrology*, pages 432-433, Singapore, New Jersey, London, Hong Kong, 1996. World Scientific.

[600] K. Sugiyama, J. Yoda. Production of YbH$^+$ by chemical reaction of Yb$^+$ in excited states with H2 gas[J]. *Phys. Rev. A*, 55: R10-R13, 1997.

[601] D. J. Seidel, L. Maleki. Efficient quenching of population trapping in excited Yb$^+$[J]. *Phys. Rev. A*, 51:2699-2702, 1995.

[602] R. Blatt, R. Casdorff, V. Enders, et al. New frequency standards based on Yb$^+$[M]. In A. DeMarchi, editor, *Frequency standards and Metrology*, pages 306-311, Berlin, Heidelberg, New York, 1989. Springer-Verlag.

[603] A. Bauch, D. Schnier, Chr. Tamm. Collisional population trapping and optical deexcitation of ytterbium ions in a radiofrequency trap[J]. *J. Mod. Opt.*, 39:389-401, 1992.

[604] P. Gill, H. A. Klein, A. P. Levick, et al. Measurement of the 2S$_{1/2}$-2D$_{5/2}$ 411-nm interval in laser-cooled trapped ^{172}Yb$^+$ ions. *Phys*[J]. *Rev. A*, 52:R909-R912, 1995.

[605] P. T. H. Fisk, M. A. Lawn, C. Coles. Laser cooling of ^{171}Yb$^+$ ions in a linear Paul trap[J]. *Appl. Phys. B*, 57:287-291, 1993.

[606] V. Enders, Ph. Courteille, R. Huesmann, et al. Microwave-optical double resonance on a single laser-cooled ^{171}Yb$^+$ ion[J]. *Europhys. Lett.*, 24:325-331, 1993.

[607] M. Jardino, M. Desaintfuscien, R. Barillet, et al. Frequency stability of a mercury ion frequency standard [J]. *Appl. Phys.*, 24: 107-112, 1981.

[608] C. Meis, M. Jardino, B. Gely, et al. Relativistic Doppler effect in ^{199}Hg$^+$ stored ions atomic frequency standard[J]. *Appl. Phys. B*, 48:

67-72，1989.

[609] L. S. Cutler，R. P. Giffard，M. D. McGuire. A trapped mercury 199 ion frequency standard[J]. In *Proceedings of the 13th Annual Precise Time and Time Interval (PTTI) Applications and Planning Meeting*，*December* 1-3，1981，*Washington DC*，*USA*，volume 2220 of *NASA Conference Publication*，pages 563-578，U.S. Naval Observatory，Time Service，3450 Massachusetts Ave.，N.W. Washington，DC 20392-5420，USA，1981.

[610] L. S. Cutler，R. P. Giffard，P. J. Wheeler，et al. Initial operational experience with a mercury ion storage frequency standard[J]. In Proceedings of the 41st Annual Frequency Control Symposium May 27-29，1987，Philadelphia，pages 12-17，National Technical Information Service，Springfield，VA 22161，USA，1987.

[611] D. N. Matsakis，A. J. Kubik，J. A. DeYoung，et al. Eight years of experience with mercury stored ion devices[J]. In *Proceedings of the 49th Annual IEEE International Frequency Control Symposium*，31 *May-2 June* 1995，*San Francisco*，*USA*，pages 86-108，1995.

[612] R. L. Tjoelker，J. D. Prestage，L. Maleki. Record frequency stability with mercury in a linear ion trap[J]. In J. C. Bergquist，editor，*Proceedings of the Fifth Symposium on Frequency standards and Metrology*，volume 31，pages 33-38，Singapore，New Jersey，London，Hong Kong，1996. World Scientific.

[613] M. G. Raizen，J. M. Gilligan，J. C. Bergquist，et al. Linear trap for high-accuracy spectroscopy of stored ions[J]. *J. Mod. Opt.*，39:233-242，1992.

[614] Alan A. Madej，Klaus J. Siemsen，John D. Sankey，et al. High-resolution spectroscopy and frequency measurement of the midinfrared $5d^2$ $D_{3/2}$-$5d^2 D_{5/2}$ transition of a single laser-cooled barium ion[J]. *IEEE Trans. Instrum. Meas.*，IM-42:234-241，1993.

[615] A. A. Madej，K. J. Siemsen，B. G. Whitford，et al. Precision absolute frequency measurements with single atoms of Ba^+ and Sr^+[J]. In J. C.

Bergquist, editor, *Proceedings of the Fifth Symposium on Frequency standards and Metrology*, pages 165-170, World Scientific, Singapore, New Jersey, London, Hong Kong, 1996.

[616] W. Nagourney, N. Yu, H. Dehmelt. High resolution Ba^+ monoion spectroscopy with frequency stabilized color-center laser[J]. *Opt. Commun.*, 79:176-180, 1990.

[617] H. S. Margolis, G. Huang, G. P. Barwood, et al. Absolute frequency measurement of the 674-nm $^{88}Sr^+$ clock transition using a femtosecond optical frequency comb[J]. *Phys. Rev. A*, 67:032501-1-5, 2003.

[618] A. A. Madej, J. E. Bernard, P. Dubé, et al. Absolute frequency measurement of the 88Sr$^+$, 5s $^2S_{1/2}$-4d $^2D_{5/2}$ reference transition at 445 THz and evaluation of systematic shifts[J]. *Phys. Rev. A*, 2004. Accepted for publication.

[619] S. Urabe, K. Hayasaka, M.Watanabe,et al. Laser cooling of Ca^+ ions and observation of collision effects[J]. Jpn. J. *Appl. Phys.*, 33:1590-1594, 1994.

[620] M. Knoop, M. Vedel, F. Vedel. Lifetime, collisional-quenching, and j-mixing measurements of the metastable 3D levels of Ca^+[J]. *Phys. Rev. A*, 52:3763-3769, 1995.

[621] G. Ritter, U. Eichmann. Lifetime of the Ca^+ $3^2D5/2$ level from quantum jump statistics of a single laser-cooled ion[J]. *J. Phys. B*, 30:L141-L146, 1997.

[622] Chr. Tamm, D. Engelke, V. Bühner. Spectroscopy of the electric-quadrupole transition $_2S_{1/2}(F = 0)$-$_2D_{3/2}(F = 2)$ in trapped $^{171}Yb^+$[J]. *Phys. Rev. A*, 61:053405-1-9, 2000.

[623] Chr. Tamm, T. Schneider, E. Peik. Comparison of two single-ion optical frequency standards at the sub-hertz level[J]. In P. Hannaford, A. Sidorov, H. Bachor, and K. Baldwin, editors, *Laser Spectroscopy, Proceedings of the XVI International Conference*, pages 40-48, New Jersey, 2004. World Scientific. eprint physics/0402120.

[624] P. Taylor, M. Roberts, S. V. Gateva-Kostova, et al. Investigation of

the $_2S_{1/2}$-$_2D_{5/2}$ clock transition in a single ytterbium ion[J]. *Phys. Rev. A*, 56:2699-2704, 1997.

[625] M. Roberts, P. Taylor, S. V. Gateva-Kostova, et al. Measurement of the $^2S_{1/2}$-$^2D_{5/2}$ clock transition in a single $^{171}Yb^+$ ion[J]. *Phys. Rev. A*, 60:2867-2872, 1999.

[626] Jörn Stenger, Christian Tamm, Nils Haverkamp, et al. Absolute frequency measurement of the 435.5-nm $^{171}Yb^+$-clock transition with a Kerrlens mode-locked femtosecond laser[J]. *Opt. Lett.*, 26:1589-1591, 2001.

[627] E. Peik, G. Hollemann, H. Walther. Laser cooling and quantum jumps of a single indium ion[J]. *Phys. Rev. A*, 49:402-408, 1994.

[628] W. Nagourney, J. Torgerson, H. Dehmelt. Optical frequency standard based upon single laser-cooled Indium ion[J]. In Daniel H. E. Dubin and Dieter Schneider, editors, *Trapped charged particles and fundamental physics*, volume 457 of *AIP Conference Proceedings*, pages 343-347, Woodbury, New York, 1999. American Institute of Physics.

[629] J. von Zanthier, Th. Becker, M. Eichenseer, et al. Absolute frequency measurement of the In^+ clock transition with a mode-locked laser[J]. *Opt. Lett.*, 25:1729-1731, 2000.

[630] J. Helmcke, A. Morinaga, J. Ishikawa, et al. Optical frequency standards[J]. *IEEE Trans. Instrum. Meas.*, IM 38:524-532, 1989.

[631] G. P. Barwood, G. Huang, H. A. Klein, et al. Subkilohertz comparison of the single-ion optical clock $^2S_{1/2}$-2$D_{5/2}$ transition in two $^{88}Sr^+$ traps[J]. *Phys. Rev. A*, 59:R3178-R3181, 1999.

[632] G. P. Barwood, P. Gill, H. A. Klein, et al. Clearly resolved secular sidebands on the $^2S_{1/2}$-$^2D_{5/2}$ 674-nm clock transition in a single trapped Sr^+ ion[J]. *IEEE Trans. Instrum. Meas.*, 46:133-136, 1997.

[633] G. P. Barwood, K. Gao, P. Gill, G. Huang, et al. Observation of the hyperfine structure of the $^2s_{1/2}$-$^2d_{5/2}$ transition in $^{87}Sr^+$[J]. *Phys. Rev. A*, 67:013402-1-5, 2003.

[634] Wayne M. Itano. External-field shifts of the $^{199}Hg^+$ optical frequency

standard[J]. *J. Res. NIST*，105：829-837，2000.

[635] H. Dehmelt. Proposed $10^{14} \delta\nu < \nu$ laser fluorescence spectroscopy on Tl$^+$ mono-ion oscillator[J]. *Bull. Am. Phys. Soc.*，18：1521，1973.

[636] A. Yu. Nevsky, M. Eichenseer, J. von Zanthier, et al. Narrow linewidth laser system for precise spectroscopy of the indium clock transition[J]. In Patrick Gill, editor, Proceedings of the Sixth Symposium on *Frequency standards and Metrology*，pages 409-416，New Jersey，London，Singapore，Hong Kong，2002. World Scientific.

[637] Th. Becker, J. v. Zanthier, A. Yu. Nevsky, et al. High-resolution spectroscopy of a single In$^+$ ion： Progress towards an optical frequency standard[J]. *Phys. Rev. A*，63：051802-1-4，2001.

[638] J. C. Bergquist, U. Tanaka, R. E. Drullinger, et al. A mercury-ion optical clock [J]. In P. Gill, editor, *Frequency standards and Metrology*，*Proceedings of the Sixth Symposium*，pages 99-105，Singapore，2002. World Scientific.

[639] S. Bize, S. A. Diddams, U. Tanaka, et al. Testing the stability of fundamental constants with the ^{199}hg$^+$ single-ion optical clock[J]. *Phys. Rev. Lett.*，90：150802-1-4，2003.

[640] R. J. Rafac, B. C. Young, F. C. Cruz, et al. ^{199}Hg$^+$ optical frequency standard： Progress report[J]. In *Proceedings of the 1999 Joint Meeting of the European Frequency and Time Forum and The IEEE International Frequency Control Symposium*，pages 676-681，1999.

[641] R. J. Rafac, B. C. Young, J. A. Beall, et al. Sub-dekahertz ultraviolet spectroscopy of ^{199}Hg$^+$[J]. *Phys. Rev. Lett.*，85：2462-2465，2000.

[642] M. Block, O. Rehm, P. Seibert, et al. 3d ^{2}D$_{5/2}$ lifetime in laser cooled Ca$^+$： Influence of cooling laser power[J]. *Eur. Phys. J. D*，7：461-465，1999.

[643] D. J.Wineland, C. Monroe, W. M. Itano, et al. Experimental issues in coherent quantum-state manipulation of trapped atomic ions[J]. *J. Res. Nat. Inst. Stand. Technol.*，103：259-328，1998.

[644] D. J. Wineland, J. C. Bergquist, J. J. Bollinger, et al. Quantum com-

puters and atomic clocks[J]. In Patrick Gill, editor, *Proceedings of the Sixth Symposium on Frequency standards and Metrology*, pages 361-368, New Jersey, London, Singapore, Hong Kong, 2002. World Scientific.

[645] G. Audi, A. H. Wapstra. The 1993 atomic mass evaluation[J]. Nucl. Phys., A 565:1-397, 1993.

[646] F. DiFilippo, V. Natarajan, K. R. Boyce, et al. Accurate atomic masses for fundamental metrology[J]. *Phys. Rev. Lett.*, 73:1481-1484, 1994.

[647] G. Bollen, The ISOLTRAP Collaboration. Mass determination of radioactive isotopes with the ISOLTRAP spectrometer at ISOLDE, CERN [J]. *Physica Scripta*, T 59:165-175, 1995.

[648] R. S. Van Dyck Jr., F. L. Moore, D. L. Farnham, et al. Mass ratio spectroscopy and the proton's atomic mass[M]. In A. De Marchi, editor, *Frequency standards and Metrology*, pages 349-355, Berlin, Heidelberg, New York, 1989. Springer-Verlag.

[649] P. B. Schwinberg, R. S. Van Dyck, Jr., H. G. Dehmelt. New comparison of the positron and electron g factors[J]. *Phys. Rev. Lett.*, 47: 1679-1682, 1981.

[650] R. S. Van Dyck Jr., D. L. Farnham, P. B. Schwinberg. Precision mass measurements in the UW-PTMS and the electron's "atomic mass"[J]. *Physica Scripta*, T59:134-143, 1995.

[651] Tomas Beier, Hartmut Häffner, Nikolaus Hermanspahn, et al. New determination of the electron's mass[J]. *Phys. Rev. Lett.*, 88:011603-1-4, 2002.

[652] H. Häffner, T. Beier, N. Hermanspahn, et al. High-accuracy measurement of the magnetic moment anomaly of the electron bound in hydrogenlike carbon[J]. *Phys. Rev. Lett.*, 85:5308-5311, 2000.

[653] Toichiro Kinoshita. Fine-structure constant obtained from an improved calculation of the electron g-2[J]. *IEEE Trans. Instrum. Meas.*, IM-46:108-111, 1997.

[654] Toichiro Kinoshita. Improvement of the fine-structure constant obtained from the electron g-2[J]. *IEEE Trans. Instrum. Meas.*, IM-50:568-571, 2001.

[655] A. M. Jeffery, R. E. Elmquist, L. H. Lee, et al. NIST comparison of the quantized Hall resistance and the realization of the SI OHM through the calculable capacitor[J]. *IEEE Trans. Instrum. Meas.*, 46:264-268, 1997.

[656] G. Gabrielse, D. Phillips, W. Quint, et al. Special relativity and the single antiproton: Fortyfold improved comparison of ⁻p and p charge-to-mass ratios[J]. *Phys. Rev. Lett.*, 74:3544-3547, 1995.

[657] G. Gabrielse, A. Khabbaz, D. S. Hall, et al. Precision mass spectroscopy of the antiproton and proton using simultaneously trapped particles[J]. *Phys. Rev. Lett.*, 82:3198-3201, 1999.

[658] H. Dehmelt, R. Mittleman, R. S. Van Dyck, Jr., et al. Past electron-positron g-2 experiments yielded sharpest bound on CPT violation for point particles[J]. *Phys. Rev. Lett.*, 83:4694-4696, 1999.

[659] J. D. Prestage, J. J. Bollinger, W. M. Itano, et al. Limits for spatial anisotropy by use of nuclear-spin-polarized ^{9}Be$^+$ ions[J]. *Phys. Rev. Lett.*, 54:2387-2390, 1985.

[660] St. Weinberg. Precision tests of quantum mechanics[J]. *Phys. Rev. Lett.*, 62:485-488, 1989.

[661] J. J. Bollinger, D. J. Heinzen, W. M. Itano, et al. Test of the linearity of quantum mechanics by rf spectroscopy of the ^{9}Be$^+$ ground state[J]. *Phys. Rev. Lett.*, 63:1031-1034, 1989.

[662] D. J. Wineland, J. J. Bollinger, D. J. Heinzen, et al. Search for anomalous spin-dependent forces using stored-ion spectroscopy[J]. *Phys. Rev. Lett.*, 67:1735-1738, 1991.

[663] L. O. Hocker, A. Javan, D. Ramachandra Rao, et al. Absolute frequency measurement and spectroscopy of gas laser transitions in the far infrared[J]. *Appl. Phys. Lett.*, 10:147-149, 1967.

[664] L. M. Matarrese, K. M. Evenson. Improved coupling to infrared

whisker diodes by use of antenna theory[J]. *Appl. Phys. Lett.*, 17:8-10, 1970.

[665] O. Acef, L. Hilico, M. Bahoura, et al. Comparison between MIM and Schottky diodes as harmonic mixers for visible lasers and microwave sources[J]. *Opt. Commun.*, 109:428-434, 1994.

[666] H. H. Klingenberg, C. O.Weiss. Rectification and harmonic generation with metalinsulator-metal diodes in the mid-infrared[J]. *Appl. Phys. Lett.*, 43:361-363, 1983.

[667] Carl O. Weiss, G. Kramer, B. Lipphardt, et al. Optical frequency measurement by conventional frequency multiplication[J]. In A. N. Luiten, editor, *Frequency Measurement and Control*, volume 79 of *Topics in Applied Physics*, pages 215-247. Springer, Berlin, Heidelberg, New York, 2001.

[668] Martin M. Fejer, G. A. Magel, Dieter H. Jundt, et al. Quasi-phase-matched second harmonic generation: Tuning and tolerances [J]. *IEEE J. Quantum Electron.*, 28:2631-2653, 1992.

[669] Houé M, Townsend P D. An introduction to methods of periodic poling for second-harmonic generation[J]. *J. Phys. D: Appl. Phys.*, 28:1747-1763, 1995.

[670] J.-P. Meyn, M. M. Fejer. Tunable ultraviolet radiation by second-harmonic generation in periodically poled lithium tantalate [J]. *Opt. Lett.*, 22:1214-1216, 1997.

[671] Ch. Koch, H. R. Telle. Bridging THz-frequency gaps in the near IR by coherent four-wave mixing in GaAlAs laser diodes[J]. *Opt. Commun.*, 91:371-376, 1992.

[672] R. Kallenbach, B. Scheumann, C. Zimmermann, et al. Electro-optic sideband generation at 72 GHz[J]. *Appl. Phys. Lett.*, 54: 1622-1624, 1989.

[673] Motonobu Kourogi, Ken'ichi Nakagawa, Motoichi Ohtsu. Wide-span optical frequency comb generator for accurate optical frequency difference measurement [J]. *IEEE J. Quantum Electron.*, 29: 2693-

2701，1993.

[674] M. Kourogi, T. Enami, M. Ohtsu. A monolithic optical frequency comb generator[J]. *IEEE Phot. Techn. Lett.*, 6:214-217, 1994.

[675] Harald R. Telle, Uwe Sterr. Generation and metrological application of optical frequency combs[M]. In A. N. Luiten, editor, *Frequency Measurement and Control*: Advanced Techniques and Future Trends, pages 295-313. Springer; Berlin, Heidelberg, New York, 2001.

[676] M. Kourogi, B. Widiyatomoko, Y. Takeuchi, et al. Limit of optical-frequency comb generation due to material dispersion[J]. *IEEE J. Quantum Electron.*, 31:2120-2126, 1995.

[677] L. R. Brothers, N. C. Wong. Dispersion compensation for terahertz optical frequency comb generation [J]. *Opt. Lett.*, 22: 1015-1017, 1997.

[678] Motonobu Kourogi, Kazuhiro Imai, BambangWidiyatmoko, et al. Generation of expanded optical frequency combs[M]. In A. N. Luiten, editor, *Frequency Measurement and Control*: Advanced Techniques and Future Trends, pages 315-335. Springer; Berlin, Heidelberg, New York, 2001.

[679] Th. Udem, J. Reichert, T. W. Hänsch, et al. Accuracy of optical frequency comb generators and optical frequency interval divider chains [J]. *Opt. Lett.*, 23:1387-1389, 1998.

[680] J. Ye, L.-S. Ma, T. Daly, et al. Highly selective terahertz optical frequency comb generator[J]. *Opt. Lett.*, 22:301-303, 1997.

[681] Z. Bay, G. G. Luther, J. A. White. Measurement of an optical frequency and the speed of light[J]. *Phys. Rev. Lett.*, 29:189-192, 1972.

[682] D. A. Jennings, C. R. Pollock, F. R. Petersen, et al. Direct frequency measurement of the I_2-stabilized He-Ne 473-THz (633-nm) laser[J]. *Opt. Lett.*, 8:136-138, 1983.

[683] O. Acef, J. J. Zondy, M. Abed, et al. A CO_2 to visible optical frequency synthesis chain: accurate measurement of the 473 THz HeNe/I_2 laser[J]. *Opt. Commun.*, 97:29-34, 1993.

[684] J. E. Bernard, A. A. Madej, L. Marmet, et al. Cs-based frequency measurement of a single, trapped ion transition in the visible region of the spectrum[J]. *Phys. Rev. Lett.*, 82:3228-3231, 1999.

[685] G. Kramer, B. Lipphardt, C. O. Weiss. Coherent frequency synthesis in the infrared[J]. In *Proc. 1992 IEEE Frequency Control Symposium*, pages 39-43, Hershey, Pennsylvania, USA, 1992. IEEE catalog no. 92CH3083-3.

[686] Harald R. Telle, Burghard Lipphardt, Jörn Stenger. Kerr-lens mode-locked lasers as transfer oscillators for optical frequency measurements [J]. *Appl. Phys. B*, 74:1-6, 2002.

[687] Peter A. Jungner, Steve Swartz, Mark Eickhoff, et al. Absolute frequency of the molecular iodine transition R(56)32-0 near 532 nm[J]. *IEEE Trans. Instrum. Meas.*, 44:151-154, 1995.

[688] H. R. Telle, D. Meschede, T. W. Hänsch. Realization of a new concept for visible frequency division: phase locking of harmonic and sum frequencies[J]. *Opt. Lett.*, 15:532-534, 1990.

[689] K. Nakagawa, M. Kourogi, M. Ohtsu. Proposal of a frequency-synthesis chain between the microwave and optical frequencies of the Ca intercombination line at 657 nm using diode lasers[J]. *Appl. Phys. B*, 57:425-430, 1993.

[690] Th. Udem, A. Huber, B. Gross, et al. Phase-coherent measurement of the hydrogen 1S-2S transition frequency with an optical frequency interval divider chain[J]. *Phys. Rev. Lett.*, 79:2646-2649, 1997.

[691] N. C. Wong. Optical-to-microwave frequency chain utilizing a two-laser-based optical parametric oscillator network[J]. *Appl. Phys. B*, 61:143-149, 1995.

[692] T. Ikegami, S. Slyusarev, S. Ohshima, E. Sakuma. A cw optical parametric oscillator for optical frequency measurement[J]. In J. C. Bergquist, editor, *Proceedings of the Fifth Symposium on Frequency standards and Metrology*, pages 333-338, Singapore, New Jersey, London, Hong Kong, 1996. World Scientific.

[693] T. Ikegami, S. Slyusarev, S. Ohshima, et al. Accuracy of an optical parametric oscillator as an optical frequency divider [J]. *Opt. Commun.*, 127:69-72, 1996.

[694] D. H. Sutter, G. Steinmeyer, L. Gallmann, et al. Semiconductor saturable-absorber mirrorassisted Kerr-lens mode-locked Ti: Sapphire laser producing pulses in the two-cycle regime[J]. *Opt. Lett.*, 24:631-633, 1999.

[695] U. Siegner, U. Keller. Nonlinear optical processes for ultrashort pulse generation[J]. In Michael Bass, Jay M. Enoch, Eric W. Van Stryland, and William L. Wolfe, editors, *Handbook of Optics*, pages 25.1-25.31. McGraw-Hill, New York, 2001.

[696] R. Fluck, I. D. Jung, G. Zhang, et al. Broadband saturable absorber for 10-fs pulse generation[J]. *Opt. Lett.*, 21:743-745, 1996.

[697] I. D. Jung, F. X. Kärtner, N. Matuschek, et al. Self-starting 6.5-fs pulses from a Ti: sapphire laser[J]. *Opt. Lett.*, 22:1009-1011, 1997.

[698] Ferenc Krausz, Martin E. Fermann, Thomas Brabec, et al. Femtosecond solid-state lasers [J]. *IEEE J. Quantum Electron.*, 28:2097-2122, 1992.

[699] V. Magni, G. Cerullo, S. De Silvestri, et al. Astigmatism in Gaussian-beam self-focussing and in resonators for Kerr-lens mode-locking[J]. *J. Opt. Soc. Am. B*, 12:476-485, 1995.

[700] R. L. Fork, O. E. Martinez, J. P. Gordon. Negative dispersion using pairs of prisms[J]. *Opt. Lett.*, 9:150-152, 1984.

[701] Robert Szipöcs, Kárpát Ferencz, Christian Spielmann, et al. Chirped multilayer coatings for broadband dispersion control in femtosecond lasers[J]. *Opt. Lett.*, 19:201-203, 1994.

[702] F. X. Kärtner, N. Matuschek, T. Schibli, et al. Design and fabrication of double-chirped mirrors[J]. *Opt. Lett.*, 22:831-833, 1997.

[703] J. C. Knight, T. A. Birks, P. St. J. Russell, et al. All-silica single-mode optical fiber with photonic crystal cladding[J]. *Opt. Lett.*, 21:1547-1549, 1996.

[704] A. B. Fedotov, A. M. Zheltikov, L. A. Mel'nikov, et al. Spectral broadening of femtosecond laser pulses in fibers with a photonic-crystal cladding[J]. *JETP Lett.*, 71:281-284, 2000.

[705] Jinendra K. Ranka, Robert S. Windeler, Andrew J. Stentz. Visible continuum generation in air-silica microstructure optical fibers with anomalous dispersion at 800 nm[J]. *Opt. Lett.*, 25:25-27, 2000.

[706] A. Husakou, V. P. Kalosha, J. Hermann. Nonlinear phenomena with ultrabroadband optical radiation in photonic crystal fibers and hollow waveguides[J]. In K. Porsezian and V. C. Kuriakose, editors, *Optical Solitons. Theoretical and Experimental Challenges*, Lecture Notes in Physics, pages 299-325. Springer, 2003.

[707] K. L. Corwin, N. R. Newbury, J. M. Dudley, et al. Fundamental noise limitations to supercontinuum generation in microstructure fiber [J]. *Phys. Rev. Lett.*, 90:113904-1-4, 2003.

[708] David J. Jones, Scott A. Diddams, Matthew S. Taubman, et al. Frequency comb generation using femtosecond pulses and cross-phase modulation in optical fiber at arbitrary center frequencies[J]. *Opt. Lett.*, 25:308-310, 2000.

[709] H. R. Telle, G. Steinmeyer, A. E. Dunlop, et al. Carrier-envelope offset phase control: A novel concept for absolute optical frequency measurement and ultrashort pulse generation[J]. *Appl. Phys. B*, 69:327-332, 1999.

[710] J. Reichert, R. Holzwarth, Th. Udem, et al. Measuring the frequency of light with mode-locked lasers[J]. *Opt. Commun.*, 172:59-68, 1999.

[711] Jun Ye, John L. Hall, Scott A. Diddams. Precision phase control of an ultrawidebandwidth femtosecond laser: a network of ultrastable frequency marks across the visible spectrum[J]. *Opt. Lett.*, 25:1675-1677, 2000.

[712] Jörn Stenger, Harald R. Telle. Intensity-induced mode shift in femtosecond lasers via the nonlinear index of refraction[J]. *Opt. Lett.*, 26:1553-1555, 2000.

[713] Jun Ye，Tai Hyun Yoon，John L. Hall，et al. Accuracy comparison of absolute optical frequency measurement between harmonic-generation synthesis and a frequency-division femtosecond comb[J]. *Phys. Rev. Lett.*，85:3797-3800，2000.

[714] Scott A. Diddams，L. Hollberg，Long-Sheng Ma，et al. Femtosecond-laser-based optical clockwork with instability $\leqslant 6.3 \times 10^{-16}$ in 1 s[J]. *Opt. Lett.*，27:58-60，2002.

[715] Jörn Stenger，Harald Schnatz，Christian Tamm，et al. Ultra-precise measurement of optical frequency ratios[J]. *Phys. Rev. Lett.*，88:073601-1-4，2002.

[716] Hidemi Tsuchida. Timing-jitter reduction of a mode-locked Cr:LiSAF laser by simultaneous control of cavity length and pump power[J]. *Opt. Lett.*，25:1475-1477，2000.

[717] Florian Tauser，Alfred Leitenstorfer，Wolfgang Zinth. Amplified femtosecond pulses from an Er:fiber system:Nonlinear pulse shortening and self-referencing detection of the carrier-envelope phase evolution [J]. *Optics Express*，11:594-600，2003.

[718] Th. Udem，J. Reichert，R. Holzwarth，et al. Accurate measurement of large optical frequency differences with a mode-locked laser[J]. *Opt. Lett.*，24:881-883，1999.

[719] Scott A. Diddams，David J. Jones，Long-Sheng Ma，et al. Optical frequency measurement across a 104-THz gap with a femtosecond laser frequency comb[J]. *Opt. Lett.*，25:186-188，2000.

[720] S. A. Diddams，D. J. Jones，J. Ye，et al. Direct link between microwave and optical frequencies with a 300 THz femtosecond laser comb [J]. *Phys. Rev. Lett.*，84:5102-5105，2000.

[721] J. Reichert，M. Niering，R. Holzwarth，et al. Phase coherent vacuum-ultraviolet to radio frequency comparison with a mode-locked laser[J]. *Phys. Rev. Lett.*，84:3232-3235，2000.

[722] R. A. Nelson，D. D. McCarthy，S. Malys，et al. The leap second:its history and possible future[J]. *Metrologia*，38:509-529，2001.

[723] Bureau International de Poids et Mesures. Circular T can be found in http://www.bipm.fr/en/scientific/tai/.

[724] Peter Wolf. Relativity and the metrology of time. Monographie 97/1, Bureau International des Poids et Mesures, Pavillon de Breteuil, F-92312 Sevres Cedex, 1997.

[725] Robert A. Nelson. *Relativistic Effects in Satellite Time and Frequency Transfer and Dissemination*[C]. International Telecommunication Union, Geneva, 2004. to be published.

[726] International Telecommunication Union, ITU, Place des Nations, CH-1211 Geneva 20, Switzerland. *ITU-R Recommendations: Time Signals and Frequency Standards Emissions*, 1997.

[727] D. Kirchner. Two-way satellite time and frequency transfer (TWST-FT): Principle, implementation, and current performance[M]. In W. Ross Stone, editor, *Review of Radio Science* 1996-1999, pages 27-44, Oxford, New York, 1999. Oxford University Press.

[728] G. Petit, P. Wolf. Relativistic theory for picosecond time transfer in the vicinity of the earth[J]. *Astron. Astrophys.*, 286:971-977, 1994.

[729] G. Becker, P. Hetzel. Kodierte Zeitinformation über den Zeitmarken- und Normalfrequenzsender DCF77[J]. *PTB-Mitteilungen*, 83:163-164, 1973.

[730] International Telecommunication Union, ITU, Place des Nations, CH-1211 Geneva 20, Switzerland. *ITU-R Recommendation TF-768-3: Standard Frequencies and Time Signals*, 1997.

[731] Elliot D. Kaplan, editor. *Understanding GPS: Principles and Applications*[M]. Artech House, Boston, London, 1996.

[732] Neil Ashby, Marc Weiss. Global positioning system receivers and relativity[C]. Technical Report NIST Technical Note 1385, National Institute of Standards and Technology, USA, 1999.

[733] Michael L. Lombardi, Lisa M. Nelson, Andrew N. Novick, et al. Time and frequency measurements using the global positioning system (GPS). *Cal. Lab. Int. J. Metrology*, pages 26-33, July-September 2001.

［734］ G. Dudle，F. Overney，Th. Schildknecht，et al. Transatlantic time and frequency transfer by GPS carrier phase［J］. In *Proceedings of the 1999 Joint Meeting of the European Frequency and Time Forum and The IEEE International Frequency Control Symposium*，pages 243-246，1999.

［735］ P. Fridelance，C. Veillet. Operation and data analysis in the LASSO experiment［J］. *Metrologia*，32:27-33，1995.

［736］ E. Samain，P. Fridelance. Time transfer by laser link（T2L2）experiment on Mir［J］. *Metrologia*，35:151-159，1998.

［737］ B. de Beauvoir，F. Nez，I. Hilico，et al. Transmission of an optical frequency through a 3 km long optical fiber［J］. *Eur. Phys. J. D*，1:227-229，1998.

［738］ Long-Sheng Ma，Peter Jungner，Jun Ye，et al. Accurate cancellation（to milli-Hertz levels）of optical phase noise due to vibration or insertion phase in fiber transmitted light［J］. In Yaakov Shevy，editor，*Proceedings of SPIE：Laser Frequency Stabilization and Noise Reduction*，volume 2378，pages 165-175，P. O. Box 10，Bellingham，Washington 98227-0010 USA，1995. SPIE.

［739］ Jun Ye，Jin-Long Peng，R. Jason Jones，et al. Delivery of high-stability optical and microwave frequency standards over an optical fiber network［J］. *J. Opt. Soc. Am. B*，20:1459-1467，2003.

［740］ C. Hazard，M. B. Mackey，A. J. Shimmins. Investigation of the radio source 3C 273 by the method of lunar occultations［J］. *Nature*，4872:1037-1039，1963.

［741］ M. Schmidt. 3C 273：A star-like object with large red-shift［J］. *Nature*，197:1040，1963.

［742］ A. Hewish，S. J. Bell，J. D. H. Pilkington，et al. Observation of a rapidly pulsating radio source［J］. *Nature*，217:709-713，1968.

［743］ D. C. Backer，Shrinivas R. Kulkarni，Carl Heiles，et al. A millisecond pulsar［J］. *Nature*，300:615-618，1982.

［744］ C. Kouveliotou，S. Dieters，T. Strohmayer，et al. An x-ray pulsar with a superstrong magnetic field in the soft γ-ray repeater SGR1806-20[J]. *Nature*, 393:235-237, 1998.

[745] D. R. Lorimer. Binary, millisecond pulsars. http://www.livingreviews.org/ Articles/ Volume1/ 1998-10lorimer, 1998.

[746] F. Camilo, D. J. Nice. Timing parameters of 29 pulsars[J]. *Astrophys. J.*, 445:756-761, 1995.

[747] V. M. Kaspi. High-precision timing of millisecond pulsars and precision astrometry[J]. In E. Høg and P. K. Seidelmann, editors, *Proceedings of the IAU Symposium 166: Astronomical and Astrophysical Objectives of Sub-Milliarcsecond Optical Astrometry*, page 163, The Hague, Netherlands, 1995. Kluwer.

[748] Michael Kramer. Determination of the geometry of the PSR B1913+16 system by geodetic precession[J]. *Astrophys. J.*, 509:856-860, 1998.

[749] J. H. Taylor, J. M. Weisberg. Further experimental tests of relativistic gravity using the binary pulsar PSR 1913+16[J]. *Astrophys. J.*, 345:434-450, 1989.

[750] Arnold Rots. JPL DE200 and DE405 in FITS, Barycenter Code. ftp:// heasarc.gsfc.nasa.gov/xte/calibdata/clock/bary, 2001.

[751] J. F. Bell. Radio pulsar timing[J]. *Adv. Space Res.*, 21:137-147, 1998.

[752] J. Bell. Tests of relativistic gravity using millisecond pulsars[J]. In *Pulsar Timing, General Relativity, and the Internal Structure of Neutron Stars*, pages 31-38, 1996. Amsterdam.

[753] R. A. Hulse, J. H. Taylor. Discovery of a pulsar in a binary system [J]. *Astrophys. J.*, 195:L51-L53, 1975.

[754] G'erard Petit. Limits to the stability of pulsar time[J]. In *Proceedings of the 27th Annual Precise Time and Time Interval (PTTI) Applications and Planning Meeting, November 29-December 1, 1995, San Diego, California*, volume 3334 of NASA Conference Publication, pages 387-396, Goddard Space Flight Center, Greenbelt, Maryland 20771, 1995.

[755] Demetrios N. Matsakis, J. H. Taylor, T. Marshall Eubanks. A

statistic for describing pulsar and clock stabilities[J]. *Astron. Astrophys.*, 326:924-928, 1997.

[756] Francois Vernotte. Estimation of the power spectral density of phase: Comparison of three methods[J]. In *Proceedings of the* 1999 *Joint Meeting of the European Frequency and Time Forum and The IEEE International Frequency Control Symposium*, pages 1109-1112, 1999.

[757] Jürgen Helmcke, Fritz Riehle. Physics behind the definition of the meter[J]. In *Recent Advances in Metrology and Fundamental Constants*, volume Course CXLVI of *Proceedings Internat. School of Physics "Enrico Fermi"*, pages 453-493, Amsterdam, Oxford, Tokyo, Washington DC, 2001. IOS Press Ohmsha.

[758] L'Ecole Polytechnique, du Bureau des Longitudes. *Comptes Rendus des séances de la* 1er *CGPM* 1889, Quai des Grands-Augustins, 55, France, 1890. Gauthier-Villars et Fils.

[759] Bureau International des Poids et Mesures, editor. *Comptes Rendus des séances de la* 11e *CGPM*, Quai des Grands-Augustins, 55, France, 1960. Gauthier-Villars & Cie.

[760] Bureau International des Poids et Mesures, editor. *Comptes Rendus des séances de la* 17e *CGPM*, Pavillon de Breteuil, F-92310 Sévres, France, 1983. BIPM.

[761] Editor's note. Documents concerning the new definition of the metre [J]. *Metrologia*, 19:163-177, 1984.

[762] T. J. Quinn. Mise en pratique of the definition of the Metre (1992)[J]. *Metrologia*, 30:523-541, 1993/94.

[763] Brian William Petley. *The fundamental physical constants and the frontier of measurement*[M]. Adam Hilger, Bristol, 1985.

[764] B. E. Schaefer. Severe limits on variations of the speed of light with frequency[J]. *Phys. Rev. Lett.*, 82:4964-4966, 1999.

[765] DFG. M. Schneider, editor. *Satellitengeodäsie: Ergebnisse aus dem gleichnamigen Sonderforschungsbereich der TU München*[M]. VCH-Verlag Weinheim, 1990.

[766] Kenneth Nordtvedt. Lunar laser ranging-a comprehensive probe of the post-Newtonian long range interaction [J]. In F. W. Hehl C. Lämmerzahl, C. W. F. Everitt, editor, *Gyros*, *Clocks*, *Interferometers…: Testing Relativistic Gravity in Space*, pages 317-329, Springer, Berlin, Heidelberg, New York, 2001.

[767] J. G. Williams, X. X. Newhall, J. O. Dickey. Relativity parameters determined from lunar laser ranging [J]. *Phys. Rev. D*, 53：6730-6739, 1996.

[768] Jürgen Müller, Kenneth Nordtvedt. Lunar laser ranging and the equivalence principle signal[J]. *Phys. Rev. D*, 58:062001-1-13, 1998.

[769] D. H. Atkinson, J. B. Pollack, A. Seiff. Measurement of a zonal wind profile on Titan by Doppler tracking of the Cassini entry probe[J]. *Radio Science*, 25:865-881, 1990.

[770] David H. Atkinson, James B. Pollack, Alvin Seiff. Galileo Doppler measurements of the deep zonal winds at Jupiter[J]. *Science*, 272：842-843, 1996.

[771] Sami Asmar. Trends in performance and characteristics of ultra-stable oscillators for deep space radio science experiments [J]. In Lute Maleki, editor, *Proceedings of the Workshop on the Scientific Applications of Clocks in Space*, November 7-8, 1996, volume JPL Publication 97-15, pages 195-199, 1997.

[772] B. Edlén. The refractive index of air[J]. *Metrologia*, 2:71-80, 1966.

[773] G. Bönsch, E. Potulski. Measurement of the refractive index of air and comparison with modified Edlén's formulae[J]. *Metrologia*, 35:133-139, 1998.

[774] G. Bönsch, A. Nicolaus, U. Brand. Wavelength measurement of a 544 nm FM-I_2-stabilised He-Ne laser[J]. *Optik*, 107:127-131, 1998.

[775] Richard L. Steiner, David B. Newell, Edwin R. Williams. A result from the NIST watt balance and an analysis of uncertainties[J]. *IEEE Trans. Instrum. Meas.*, 48:205-208, 1999.

[776] T. M. Niebauer, G. S. Sasagawa, J. E. Faller, et al. A new generation

of absolute gravimeters[J]. *Metrologia*, 32:159-180, 1995.

[777] Peter G. Nelson. An active vibration isolation system for inertial reference and precision measurement[J]. *Rev. Sci. Instrum.*, 62:2069-2075, 1991.

[778] L. Robertsson, O. Francis, T. M. vanDam, et al. Results from the fifth international comparison of absolute gravimeters, ICAG'97[J]. *Metrologia*, 38:71-78, 2001.

[779] Achim Peters. *High Precision Gravity Measurements using Atom Interferometry* [J]. PhD thesis, Stanford University, Stanford, CA, 1998.

[780] A. Peters, K. Y. Chung, S. Chu. Measurement of gravitational acceleration by dropping atoms[J]. *Nature*, 400:849-852, 1999.

[781] A. Peters, K. Y. Chung, S. Chu. High-precision gravity measurements using atom interferometry[J]. *Metrologia*, 38:25-61, 2001.

[782] M. J. Snadden, J. M. McGuirk, P. Bouyer, et al. Measurement of the Earth's gravity gradient with an atom interferometer-based gravity gradiometer[J]. *Phys. Rev. Lett.*, 81:971-974, 1998.

[783] Harald Simonsen, Jes Henningsen, Susanne Søgaard. DFB fiber lasers as optical wavelength standards in the 1.5 μm region[J]. *IEEE Trans. Instrum. Meas.*, 50:482-485, 2001.

[784] T. Dennis, E. A. Curtis, C. W. Oates, et al. Wavelength references for 1300-nm wavelength-division multiplexing[J]. *J. Lightw. Technol.*, 20:804-810, 2002.

[785] B. D. Josephson. Possible new effects in superconductive tunneling[J]. *Phys. Lett.*, 1:251-253, 1962.

[786] R. P. Feynman. The Feynman Lectures on Physics [J]. Adison Wesley, Reading MA, 1965.

[787] Jürgen Niemeyer. Counting of single flux and single charge quanta for metrology. In J. Hamelin, editor[J], *Modern Radio Science* 1996, pages 85-109. Oxford University Press, Oxford, 1996.

[788] J. Niemeyer. Das Josephsonspannungsnormal-Entwicklung zum Quan-

tenvoltmeter. PTB-Mitt., 110:169-177, 2000.

[789] David Deaver, illiam B. Miller, Leonardo Pardo, et al. Interlaboratory comparison of Josephson voltage standards[J]. *IEEE Trans. Instrum. Meas.*, 50:199-202, 2001.

[790] Peter J. Mohr, Barry N. Taylor. Codata recommended values of the fundamental physical constants: 1998[J]. *Rev. Mod. Phys.*, 72:351-495, 2000.

[791] P. J. Mohr, B. N. Taylor. The 2002 CODATA recommended values of the fundamental physical constants[J]. Web Version 4.0, available at physics.nist.gov/constants (National Institute of Standards and Technology, Gaithersburg, MD 20899, 9 December 2003), 2004. to be published in 2004.

[792] F. Riehle, S. Bernstorff, R. Fröhling, et al. Determination of electron currents below 1 nA in the storage ring BESSY by measurement of the synchrotron radiation of single electrons[J]. *Nucl. Instr. Meth. Phys. Res.*, A268:262-269, 1988.

[793] Andreas Peters, Wolfgang Vodel, Helmar Koch, et al. A crogenic current comparator for the absolute measurement of nA beams[J]. In Robert O. Hettel, Stephen R. Smith, and Jennifer D. Masek, editors, *AIP Conference Proceedings of the Beam Instrumentation Workshop*, May 1998, Stanford, CA, USA, volume 451, pages 163-180, 1998.

[794] J. Sesé, G. Rietveld, A. Camôn, et al. Design and realization of an optimal current sensitive CCC[J]. *IEEE Trans. Instrum. Meas.*, 48:370-374, 1999.

[795] Mark W. Keller, Ali L. Eichenberger, John M. Martinis, et al. A capacitance standard based on counting electrons[J]. *Science*, 285:1706-1709, 1999.

[796] Mark W. Keller. Standards of current and capacitance based on single-electron tunneling devices[J]. In *Recent Advances in Metrology and Fundamental Constants*, volume Course CXLVI of *Proceedings of the Internat. School of Physics "Enrico Fermi"*, pages 291-316, Amster-

dam, Oxford, Tokyo, Washington DC, 2001. IOS Press Ohmsha.

[797] J. M. Shilton, V. I. Talyanskii, M. Pepper, et al. High-frequency single-electron transport in a quasione-dimensional GaAs channel induced by surface acoustic waves[J]. *J. Phys.: Condens. Matter*, 8: L531-L539, 1996.

[798] J. Cunningham, V. I. Talyanskii, J. M. Shilton, et al. Single-electron acoustic charge transport by two counterpropagating surface acoustic wave beams[J]. *Phys. Rev. B*, 60:4850-4855, 1999.

[799] J. Cunningham, V. I. Talyanskii, J. M. Shilton, et al. Quantized acoustoelectric current-an alternative route towards a standard of electric current[J]. *J. Low Temp. Phys.*, 118:555-569, 2000.

[800] H. Weinstock. *SQUID Sensors: Fundamentals, Fabrication and Applications. Kluwer Academic Publishers*[M]. Dordrecht, Boston, London, 1996.

[801] Volkmar Kose, Friedmund Melchert. *Quantenmaße in der elektrischen Meßtechnik*[M]. VCH, Weinheim, New York, Basel, Cambridge, 1991.

[802] J. Dupont-Roc, S. Haroche, C. Cohen-Tannoudji. Detection of very weak magnetic fields (10^{-9} Gauss) by ^{87}Rb zero-field level crossing resonances[J]. *Phys. Lett.*, 28A:638-639, 1969.

[803] D. Budker, D. F. Kimball, S. M. Rochester, et al. Sensitive magnetometry based on nonlinear magneto-optical rotation[J]. *Phys. Rev. A*, 62:043403-1-7, 2000.

[804] R. Wynands, A. Nagel. Precision spectroscopy with coherent dark states[J]. *Appl. Phys. B*, 68:1-25, 1999.

[805] F. Bloch. Nuclear induction[J]. *Phys. Rev.*, 70:460-474, 1946.

[806] F. Bloch, W. W. Hansen, M. Packard. The nuclear induction experiment[J]. *Phys. Rev.*, 70:474-485, 1946.

[807] R. Prigl, U. Haeberlen, K. Jungmann, et al. A high precision magnetometer based on pulsed NMR[J]. *Nucl. Instr. and Meth.*, A 374: 118-126, 1996.

[808] J. W. G. Wignall. Proposal for an absolute, atomic definition of mass

[J]. *Phys. Rev. Lett.*, 68:5-8, 1992.

[809] Paul De Bièvre, Staf Valkiers, Rüdiger Kessel, et al. A reassessment of the molar volume of silicon and of the Avogadro constant[J]. *IEEE Trans. Instrum. Meas.*, 50:593-597, 2001.

[810] P. Becker. The molar volume of single-crystal silicon[J]. *Metrologia*, 38:85-86, 2001.

[811] B. N. Taylor, P. J. Mohr. On the redefinition of the kilogram[J]. *Metrologia*, 36:63-64, 1999.

[812] E. R. Williams, R. I. Steiner, D. B. Newell, et al. Accurate measurement of the Planck constant [J]. *Phys. Rev. Lett.*, 81: 2404-2407, 1998.

[813] T. Andreae, W. König, R. Wynands, et al. Absolute frequency measurement of the hydrogen 1S-2S transition and a new value of the Rydberg constant[J]. *Phys. Rev. Lett.*, 69:1923-1926, 1992.

[814] C. Schwob, L. Jozefowski, B. de Beauvoir, et al. Optical frequency measurement of the 2S-12D transitions in hydrogen and deuterium: Rydberg constant and Lamb Shift determinations [J]. *Phys. Rev. Lett.*, 82:4960-4963, 1999.

[815] K. Pachucki, D. Leibfried, M. Weitz, et al. Theory of the energy levels and precise two-photon spectroscopy of atomic hydrogen and deuterium[J]. *J. Phys. B: At. Mol. Opt. Phys.*, 29:177-195, 1996.

[816] Eckhard Krüger, Wolfgang Nistler, Winfried Weirauch. Determination of the finestructure constant by measuring the quotient of the Planck constant and the neutron mass[J]. *IEEE Trans. Instrum. Meas.*, 46: 101-103, 1997.

[817] Andreas Wicht, Joel M. Hensley, Edina Sarajlic, et al. A preliminary measurement of h/MCs with atom interferometry[J]. In P. Gill, editor, *Frequency standards and Metrology, Proceedings of the Sixth Symposium*, pages 193-212, Singapore, 2002. World Scientific.

[818] D. S. Weiss, B. C. Young, S. Chu. Precision measurement of the photon recoil of an atom using atomic interferometry[J]. *Phys. Rev.*

Lett., 70:2706-2709, 1993.

[819] D. S. Weiss, B. C. Young, S. Chu. Precision measurement of $\hbar/m_{Cs}$ based on photon recoil using laser-cooled atoms and atomic interferometry[J]. *Appl. Phys. B*, 59:217-256, 1994.

[820] P. A. M. Dirac. The cosmological constants [J]. *Nature*, 264: 323, 1937.

[821] P. Sisterna, H. Vucetich. Time variation of fundamental constants: Bounds from geophysical and astronomical data[J]. *Phys. Rev. D*, 41:1034-1046, 1990.

[822] Oskar Klein. Quantentheorie und fünfdimensionale Relativitätstheorie [J]. *Z. Phys.*, 37:895-906, 1926.

[823] William J. Marciano. Time variation of the fundamental "constants" and Kaluza-Klein theories[J]. *Phys. Rev. Lett.*, 52:489-491, 1984.

[824] T. Damour. Equivalence principle and clocks[J]. In J. D. Barrow, editor, *Proceedings of the 34th Rencontres de Moriond*, "*Gravitational waves and Experimental Gravity*", pages 1-6, gr-qc/9711084, 1999.

[825] J. K. Webb, M. T. Murphy, V. V. Flambaum, et al. Further evidence for cosmological evolution of the fine structure constant[J]. *Phys. Rev. Lett.*, 87:091301-1-4, 2001.

[826] A. I. Shlyakther. Direct test of the constancy of fundamental nuclear constants[J]. *Nature*, 264:340, 1976.

[827] Thibault Damour, Freeman Dyson. The Oklo bound on the time variation of the fine-structure constant revisited[J]. *Nucl. Phys. B*, 480: 37-54, 1996.

[828] J. K. Webb, V. V. Flambaum, Ch. W. Churchill, et al. Search for time variation of the fine structure constant[J]. *Phys. Rev. Lett.*, 82: 884-887, 1999.

[829] V. A. Dzuba, V. V. Flambaum, J. K. Webb. Space-time variation of physical constants and relativistic corrections in atoms[J]. *Phys. Rev. Lett.*, 82:888-891, 1999.

[830] V. A. Dzuba, V. V. Flambaum, J. K. Webb. Calculations of the rela-

tivistic effects in many-electron atoms and space-time variation of fundamental constants[J]. *Phys. Rev. A*, 59:230-237, 1999.

[831] Savely G. Karshenboim. Some possibilities for laboratory searches for variations of fundamental constants[J]. *Canad. J. Phys.*, 78:639-678, 2000.

[832] A. Godone, C. Novero, P. Tavella, et al. New experimental limits to the time variations of $g_p(m_e/m_p)$ and α[J]. *Phys. Rev. Lett.*, 71:2364-2366, 1993.

[833] John D. Prestage, Robert L. Tjoelker, Lute Maleki. Atomic clocks and variations of the fine structure constant[J]. *Phys. Rev. Lett.*, 74:3511-3514, 1995.

[834] Steen Hannestad. Possible constraints on the time variation of the fine structure constant from cosmic microwave background data[J]. *Phys. Rev. D*, 60:023515-1-5, 1999.

[835] H. Marion, F. Pereira Dos Santos, M. Abgrall, et al. Search for variations of fundamental constants using atomic fountain clocks[J]. *Phys. Rev. Lett.*, 90:150801-1-4, 2003.

[836] E. Peik, B. Lipphardt, H. Schnatz, et al. New limit on the present temporal variation of the fine structure constant. arXiv: hysics/0402132, 2004. to be published in 2004.

[837] M. Fischer, N. Kolachevsky, M. Zimmermann, et al. New limits to the drift of fundamental constants from laboratory measurements[J]. arXiv: hysics/0312086, 2004. to be published in 2004.

[838] V. A. Dzuba, V. V. Flambaum. Atomic optical clocks and search for variation of the fine-structure constant[J]. *Phys. Rev. A*, 61:034502-1-3, 2000.

[839] Leonard I. Schiff. *Quantum Mechanics* [M]. Mc Graw-Hill, New York, 1968.

[840] Roy J. Glauber. Coherent and incoherent states of the radiation field [J]. *Phys. Rev.*, 131:2766-2788, 1963.

[841] Hans-A. Bachor. *A Guide to Experiments in Quantum Optics* [M].

Wiley-VCH，Weinheim-New York，1998.

[842] R. Paschotta，M. Collett，P. Kürz，K. Fiedler，H. A. Bachor，and J. Mlynek. Bright squeezed light from a singly resonant frequency doubler[J]. *Phys. Rev. Lett.*，72:3807-3810，1994.

[843] E. S. Polzik，J. Carri，H. J. Kimble. Spectroscopy with squeezed light [J]. *Phys. Rev. Lett.*，68:3020-3023，1992.

[844] J. Kitching，A. Yariv，Y. Shevy. Room temperature generation of amplitude squeezed light from a semiconductor laser with weak optical feedback[J]. *Phys. Rev. Lett.*，74:3372-3375，1995.

[845] Carlton M. Caves. Quantum-mechanical noise in an interferometer[J]. *Phys. Rev. D*，23:1693-1708，1981.

[846] Min Xiao，Ling-An Wu，H. J. Kimble. Precision measurement beyond the shotnoise limit[J]. *Phys. Rev. Lett.*，59:278-281，1987.

[847] Andrew J. Stevenson，Malcolm B. Gray，Hans-A. Bachor，et al. Quantum-noise-limited interferometric phase measurements[J]. *Appl. Opt.*，32:3481-3493，1993.

[848] Bernard Yurke，Samuel L. McCall，John R. Klauder. SU(2) and SU(1,1) interferometers[J]. *Phys. Rev. A*，33:4033-4054，1986.

[849] B. Yurke. Input states for enhancement of fermion interferometer sensitivity[J]. *Phys. Rev. Lett.*，56:1515-1517，1986.

[850] B. C. Sanders，G. J. Milburn. Optimal quantum measurements for phase estimation[J]. *Phys. Rev. Lett.*，75:2944-2947，1995.

[851] M. J. Holland，K. Burnett. Interferometric detection of optical phase shifts at the Heisenberg limit [J]. *Phys. Rev. Lett.*，71: 1355-1358，1993.

[852] A. Einstein，B. Podolsky，N. Rosen. Can quantum-mechanical description of physical reality be complete? [J] *Phys. Rev.*，48: 777-780，1935.

[853] Alain Aspect，Philippe Grangier，Gérard Roger. Experimental realization of Einstein-Podolsky-Rosen-Bohm Gedankenexperiment: A new violation of Bell's inequalities[J]. *Phys. Rev. Lett.*，49:91-94，1982.

[854] J. S. Bell. On the Einstein Podolsky Rosen paradox[J]. *Physics*，1：195-200，1964.

[855] Daniel M. Greenberger，Michael A. Horne，Abner Shimony，et al. Bell's theorem without inequalities[J]. *Am. J. Phys.*，58：1131-1143，1990.

[856] Jian-Wei Pan，Dik Bouwmeester，Matthew Daniell，et al. Experimental test of quantum nonlocality in three-photon Greenberger-Horne-Zeilinger entanglement[J]. *Nature*，403：515-519，2000.

[857] N. David Mermin. Extreme quantum entanglement in a superposition of macroscopically distinct states[J]. *Phys. Rev. Lett.*，65：1838-1840，1990.

[858] Masahiro Kitagawa and Masahito Ueda. Squeezed spin states[J]. *Phys. Rev. A*，47：5138-5143，1993.

[859] J. J. Cirac，P. Zoller. Quantum computations with cold trapped ions[J]. *Phys. Rev. Lett.*，74：4091-4094，1995.

[860] Q. A. Turchette，C. S. Wood，B. E. King，et al. Deterministic entanglement of two ions[J]. *Phys. Rev. Lett.*，81：1525-1528，1998.

[861] Klaus Mølmer，Anders Sørensen. Multiparticle entanglement of hot trapped ions[J]. *Phys. Rev. Lett.*，82：1835-1838，1999.

[862] C. A. Sackett，D. Kielpinski，B. E. King，et al. Experimental entanglement of four particles[J]. *Nature*，404：256-259，2000.

[863] C. Monroe，C. A. Sackett，D. Kielpinski，et al. Scalable entanglement of trapped ions[C]. In E. Arimondo，P. deNatale，and M. Inguscio，editors，*AIP Conference Proceedings*，volume 551，pages 173-186，American Institute of Physics，Melville，New York，2001.

[864] D. J. Wineland，J. J. Bollinger，W. M. Itano，et al. Spin squeezing and reduced quantum noise in spectroscopy[J]. *Phys. Rev. A*，46：R6797-R6800，1992.

[865] D. J. Wineland，J. J. Bollinger，W. M. Itano，et al. Squeezed atomic states and projection noise in spectroscopy[J]. *Phys. Rev. A*，50：67-88，1994.

[866] J. J. Bollinger, Wayne M. Itano, D. J. Wineland, et al. Optimal frequency measurements with maximally correlated states[J]. *Phys. Rev. A*, 54:R4649-R4652, 1996.

[867] S. F. Huelga, C. Macchiavello, T. Pellizzari, et al. Improvement of frequency standards with quantum entanglement[J]. *Phys. Rev. Lett.*, 79:3865-3868, 1997.

[868] W. Dür. Multipartite entanglement that is robust against disposal of particles[J]. *Phys. Rev. A*, 63:020303-1-4, 2001.

[869] V. Meyer, M. A. Rowe, D. Kielpinski, et al. Experimental demonstration of entanglement-enhanced rotation angle estimation using trapped ions[J]. *Phys. Rev. Lett.*, 86:5870-5873, 2001.

[870] Masami Yasuda, Fujio Shimizu. Observation of two-atom correlation of an ultracold neon atomic beam[J]. *Phys. Rev. Lett.*, 77:3090-3093, 1996.

[871] A. Hemmerich. Quantum entanglement in dilute optical lattices[J]. *Phys. Rev. A*, 60:943-946, 1999.

[872] A. Kuzmich, Klaus Mølmer, E. S. Polzik. Spin squeezing in an ensemble of atoms illuminated with squeezed light[J]. *Phys. Rev. Lett.*, 79:4782-4785, 1997.

[873] A. Kuzmich, L. Mandel, N. P. Bigelow. Generation of spin squeezing via continuous quantum nondemolition measurement[J]. *Phys. Rev. Lett.*, 85:1594-1597, 2000.

[874] C. Orzel, A. K. Tuchman, M. L. Fenselau, et al. Squeezed states in a Bose-Einstein condensate[J]. *Science*, 291:2386-2389, 2001.

[875] Vittorio Giovannetti, Seth Lloyd, Lorenzo Maccone. Quantum-enhanced positioning and clock synchronization[J]. *Nature*, 412:417-419, 2001.

[876] Hidetoshi Katori, Masao Takamoto, V. G. Pal'chikov, et al. Ultrastable optical clock with neutral atoms in an engineered light shift trap [J]. *Phys. Rev. Lett.*, 91:173005-1-4, 2003.

[877] I. Courtillot, A.Quessada, R.P. Kovacich, et al. Clock transition for a

future optical frequency standard with trapped atoms[J]. *Phys. Rev. A*, 68:030501-1-4, 2003.

[878] Tetsuya Ido, Hidetoshi Katori. Recoil-free spectroscopy of neutral Sr atoms in the Lamb-Dicke regime[J]. *Phys. Rev. Lett.*, 91:053001-1-4, 2003.

[879] Chang Yong Park, Tai Hyun Yoon. Efficient magneto-optical trapping of Yb atoms with a violet laser diode[J]. *Phys. Rev. A*, 68:055401-1-4, 2003.

[880] S. G. Porsev, A. Derevianko, E. N. Fortson. Possibility of an ultra-precise optical clock using the $6\ ^1S0 \rightarrow 6\ ^3P_0^o$ transition in ^{171,173}Yb atoms held in an optical lattice[J]. *Phys. Rev. A*, 69:021403(R)-1-4, 2004.

[881] R. G. Helmer, C. W. Reich. An excited state of ^{229}Th at 3.5 eV[J]. *Phys. Rev. C*, 49:1845-1858, 1994.

[882] E. V. Tkalya. Properties of the optical transition in the ^{229}Th nucleus [J]. *Physics-Uspekhi*, 46:315-324, 2003.

[883] E. Peik, Chr. Tamm. Nuclear laser spectroscopy of the 3.5 eV transition in Th-229[J]. *Europhys. Lett.*, 61:161-186, 2003.

[884] P. Uhrich, P. Guillemot, P. Aubry, et al. ACES microwave link requirements[J]. *In Proceedings of the 1999 Joint Meeting of the European Frequency and Time Forum and The IEEE International Frequency Control Symposium*, pages 213-216, 1999.